Schmidt-Gröttrup / Risse

Mathe - kann ich

AF888803

Ihr Plus – digitale Zusatzinhalte!

Auf unserem Download-Portal finden Sie zu diesem Titel kostenloses Zusatzmaterial. Geben Sie dazu einfach diesen Code ein:

plus-keega-4zuay

plus.hanser-fachbuch.de

Markus Schmidt-Gröttrup
Thomas Risse

Mathe – kann ich

Band 3: Diskrete Mathematik und Lineare Algebra

HANSER

Über die Autoren:
Dr. Markus Schmidt-Gröttrup, Hochschule Osnabrück
Dr. Thomas Risse, Hochschule Bremen

Print-ISBN: 978-3-446-48228-9
E-Book-ISBN: 978-3-446-48229-6

Bibliografische Information der Deutschen Nationalbibliothek:
Die Deutsche Nationalbibliothek verzeichnet diese Publikation in der Deutschen Nationalbibliografie; detaillierte bibliografische Daten sind im Internet unter http://dnb.d-nb.de abrufbar.

Vilshofener Straße 10 | 81679 München | info@hanser.de
www.hanser-fachbuch.de
Lektorat: Dipl.-Ing. Natalia Silakova-Herzberg
Coverkonzept: Marc Müller-Bremer, www.rebranding.de, München
Covergestaltung: Max Kostopoulos
Titelmotiv: © Thomas Risse, Markus Schmidt-Gröttrup
Satz: Markus Schmidt-Gröttrup
Druck: CPI Books GmbH, Leck
Printed in Germany

Inhaltsverzeichnis

Vorwort

Mit dem vorliegenden dritten Band setzen wir die Reihe *Mathe - kann ich* mit Vertiefungen von Themen der ersten beiden Bände und der Behandlung neuer Themen fort. Den Kapiteln auch dieses Bandes liegt die bewährte Struktur aus Einleitung, Lernziel-Liste, Aufgaben und Lösungen zugrunde.

Zu den Themen dieses Buches gehört Einfaches und Grundlegendes wie Wahrheitstabellen, Geometrie von Geraden und Ebenen, Vektoren und lineare Gleichungssysteme. Die meisten weitergehenden Themen knüpfen direkt an Schulstoff an, wie Rekursion an Folgen oder Kegelschnitte an Parabeln. Fachlich geht es um diskrete Mathematik (Kapitel 31-34), analytische Geometrie (Kapitel 35-36) und lineare Algebra (Kapitel 37-42). Der Kapitel-Zuschnitt entspricht der Gliederung von Core Level 1 des SEFI-Curriculums Alpers (2014), weitere Kapitel zur Statistik hätten den Rahmen dieses Buches gesprengt.

B. Alpers. *A Framework for Mathematics Curricula in Engineering Education*. European Society for Engineering Education (SEFI), 3. Auflage, 2014. URL **http://sefi.htw-aalen.de**

Mit den drei Bänden haben Studierende in ingenieurwissenschaftlichen Studiengängen alles zur Hand, was sie an Angewandter Mathematik für ihr Grundstudium benötigen.

Kann-Listen

Kann-Listen enthalten konkrete Lernziele, formuliert als Feststellung der Art „Ich kann das in Frage stehende Problem lösen". Kann-Listen strukturieren die Lernziele und ordnen ihnen Aufgaben zu - ein an Schulen vielfach verwendetes Hilfsmittel zur Organisation des eigenen Lernens. Wir haben hier die Lernziele aus dem SEFI-Curriculum übernommen und an einigen Stellen ergänzt.

Studierende haben immer wieder bestätigt, dass sie mit den Kann-Listen ihren individuellen Fortschritt dokumentieren und damit die eigene Motivation stärken. Mit unserer Reihe *Mathe - kann ich* zielen wir auch darauf ab, dieses wirksame Hilfsmittel zur Lernorganisation an Hochschulen und Universitäten sowie im Selbststudium zu etablieren.

Zum Gebrauch

Die Einleitungen sollen kompakt und dennoch anschaulich, eigenständig und in sich abgeschlossen sein. Deswegen gibt es Doppelungen wie beispielsweise beim Vektorprodukt, das für die dreidimensionale Geometrie (Kapitel 36) ein unverzichtbares Werkzeug ist, im Aufbau des Curriculums aber erst bei der Anwendung von Vektoren (Kapitel 38) vorkommt.

Die Lernziele aus dem SEFI-Curriculum sind nicht immer wörtlich ins Deutsche übersetzt, sondern teils übertragen. Besonderes Augenmerk liegt dabei auf der Operationalisierung der Lernziele, also zu entwickelnde Kenntnisse und Kompetenzen möglichst konkret zu benennen.

Die Aufgaben dienen dazu, Sicherheit im Umgang mit alten und neuen Begriffen zu gewinnen, Sachverhalte zu verifizieren, Beispiele und Gegenbeispiele zu finden, Probleme aus der Anwendung zu lösen, Beobachtungen zu verallgemeinern und Software einzusetzen. Jede Aufgabe ist mit einer Zeitangabe versehen, die bei Auswahl und Planung helfen soll. Diese Zeitangabe ist als grober Anhaltspunkt gedacht.

Zu jeder Aufgabe gibt es eine ausformulierte Lösung. Viele Lösungen sind länger als unbedingt nötig: einerseits wünschen Studierende ausführliche Lösungen, andererseits geben erst unterschiedliche Wege zum Ziel Sicherheit für die Richtigkeit einer Lösung und ermutigen, eigene oder generierte Lösungen kritisch zu bewerten.

Lernen durch Verknüpfen

Lernen ist einerseits Anknüpfen an Bekanntes und andererseits Verknüpfen von Einzelteilen zu etwas Neuem. Dazu machen Anmerkungen und Verweise auf andere Teile des Buches sowie auf Band 1 und Band 2 Zusammenhänge sichtbar.
An etlichen Stellen gehen wir über das SEFI-Curriculum hinaus, um den Stoff mit wichtigen Anwendungen zu verbinden. Ein Beispiel ist der Dijkstra-Algorithmus, der kürzeste Wege in Graphen bestimmt. Lernziele, die wir ergänzt haben, sind wie im vorigen Band mit Sternchen markiert, z.B. 296* *Ich kann die Potenzmenge bestimmen.*

Zeit für Mathematik

Der Student Ilhan Ingenc formulierte beim Kennenlernen: „Mathe ist wie meine Freundin. Ich liebe sie, brauche aber Zeit, um sie zu verstehen."
Auch das Schreiben dieses Buches brauchte Zeit. Das positive Feedback unserer Studierenden zu den ersten beiden Bänden lässt die für diese Buchreihe aufgewendete Stunden sinnvoll erscheinen.
Unsere Bücher haben ihren Zweck erfüllt, wenn sie Ihnen, liebe Studierende, helfen den Einsatz ihrer Zeit mit Studienerfolg zu belohnen. Sollten Sie darüber hinaus entdecken, wie überaus vielseitig, nützlich und faszinierend Mathematik sein kann, ist es das Beste, was wir erreichen können.

Dank

Die fruchtbare Zusammenarbeit mit unseren Studierenden, ihr Engagement und ihre wertvollen Rückmeldungen haben uns außerordentlich motiviert. Zudem haben uns viele Kolleginnen und Kollegen immer wieder ermutigt. Das Lektoratsteam des Hanser-Verlages hat uns mit seiner eindeutigen Überzeugung von diesem Buchprojekt nachhaltig bestärkt. Für die hilfreiche Unterstützung bedanken wir uns herzlich bei Frau Silakova-Herzberg, Frau Kubiak, Frau Schafft und Herrn Katzenmayer.

Bremen, September 2024

Markus Schmidt-Gröttrup, Thomas Risse

31 Logik

31.1 Einleitung

Mathematischer Text unterliegt wie andere Sprachen den Regeln von Syntax und Semantik. Der regelgerechte Umgang mit beiden ist die Aufgabe der *Logik*. So verletzt ein Ausdruck wie $x^2 - 1 \Leftrightarrow \sqrt{x} = 4$ die Syntax, weil der Term $x^2 - 1$ nicht äquivalent zur Gleichung $\sqrt{x} = 4$ sein kann. Der Ausdruck $\sqrt{x-4} = -1$ ist syntaktisch, aber nicht semantisch korrekt, da eine Quadratwurzel niemals negativ ist. Es wird zunächst geklärt, was in natürlicher Sprache Aussagen sind und wie sie in der Mathematik aussehen. Es geht dann um Verknüpfungen von Aussagen, Wahrheitstabellen und Quantoren, mit denen zusammengesetzte Aussagen formuliert werden. Wahrheitstabellen und Quantoren formalisieren Beweise und machen sie damit einfacher und besser überprüfbar. Mehr über Logik lesen Sie Kapitel 2 im Buch von Peter Hartmann[1].

[1] P. Hartmann. *Mathematik für Informatiker*. Springer Vieweg, 7. Auflage, 2019

31.1.1 Aussagen und Wahrheitswerte

Aussagen sind der Gegenstand der Logik. Eine *Aussage* ist ein sprachlicher Ausdruck, von dem entschieden werden kann, ob er *wahr* oder *falsch* ist. Für Aussagen werden meist große Buchstaben als Bezeichner verwendet.

Beispiel. Diese vier Sätze sind Aussagen:
- ▷ A: „Alle Rosen sind rot".
- ▷ B: „Die Zahl 13 ist eine Primzahl".
- ▷ C: „2050 ist der Euro kein Zahlungsmittel mehr".
- ▷ D: „Ich wünsche Dir Glück!"

A ist falsch, B wahr. C kann wahr oder falsch sein. Das ist noch unbekannt. Ist D eine wahre Aussage? Hoffentlich.

Beispiel. Hier liegen keine Aussagen vor:
- ▷ E: „Bringe mir morgen den iPod mit".
- ▷ F: „Darf ich Summenzeichen einer Doppelsumme tauschen?"

▷ G: „Glückwunsch zum Bachelor!"
E und G sind Ausrufesätze, F eine Frage.

Aussagen, die eine oder mehrere *Variablen* enthalten, werden *Aussageformen* genannt. Das Einsetzen eines Wertes in die Variable wird *Belegung* genannt. Mit einer Belegung wird aus einer Aussageform eine Aussage.

Beispiel. Aussageformen
▷ R(x): „Im Garten von x blühen rote Rosen". Für x können Personen eingesetzt werden, z.B. Abdul, Beate oder Carolin. Je nach Belegung der Aussage ändert sich der Wahrheitswert. So kann R(Abdul) eine wahre, aber R(Beate) eine falsche Aussage sein.
▷ P(x): „Die Zahl x ist eine Primzahl". In die Aussageform P können sinnvollerweise natürliche Zahlen für x eingesetzt werden.
▷ H(x,y): „Person x macht y den Hof". H ist eine zweistellige Aussageform. Es müssen beide Variable belegt werden, um daraus eine Aussage zu machen.

Gleichungen und Ungleichungen sind als Beispiele für Aussageformen bekannt. Das Einsetzen eines Wertes in eine Gleichung ist die Belegung der Aussage, die über den *Wahrheitswert* entscheidet. Der Wahrheitswert einer Aussage ist entweder wahr oder falsch. Eine *Boolesche* Variable wird in der Programmierung gebraucht, um einen solchen Wahrheitswert zu repräsentieren. Die Abwandlung einer Aussage, die den Wahrheitswert in jedem Fall umkehrt, heißt die *Negation*. Die Negation einer Aussage A wird mit $\neg A$ bezeichnet.

Der Begriff Boolesch bezieht sich auf den englischen Logiker George Boole (1815-1864).

Beispiel. Gegensätze sind nicht dasselbe wie die Negation.
▷ O: „Anna räumte ihren Tisch an allen Tagen auf". (Ordentlich)
▷ U: „Anna räumte ihren Tisch an keinem Tag auf". (Unordentlich)
U steht im Gegensatz zu O, ist aber nicht ihre Negation $\neg O$. Die Aussage $\neg O$ besagt „Anna räumte ihren Tisch nicht an allen Tagen auf", ist also von U deutlich zu unterscheiden. Die Aussage $\neg U$ besagt „Anna räumte ihren Tisch an mindestens einem Tag auf".

31.1.2 *Verknüpfungen*

In Tabelle 31.1 sind die fünf wichtigsten Verknüpfungen für ein bzw. zwei Aussagen zusammengestellt. Die Negation ist oben bereits besprochen. Die *Konjunktion* oder *Und-Verknüpfung* ist sprachlich unmissverständlich. $A \wedge B$ ist nur wahr, wenn sowohl A also auch B gilt.

Tabelle 31.1: Verknüpfungen in Präzedenzfolge

Zeichen	Name	Sprich
$\neg A$	Negation	nicht A
$A \wedge B$	Konjunktion	A und B
$A \vee B$	Disjunktion	A oder B
$A \Rightarrow B$	Implikation	wenn A dann B
$A \Leftrightarrow B$	Äquivalenz	A genau dann wenn B

Die *Disjunktion* bzw. *Oder-Verknüpfung* bezeichnet ein einschließendes „oder", es können beide Aussagen wahr sein. Das umgangssprachlich oft ausschließende „oder" im Sinne von „entweder ... oder" ist eine andere logische Operation. $A \vee B$ ist wahr, wenn mindestens eine der beiden Aussagen A oder B wahr ist.

Die *Implikation* $A \Rightarrow B$ ist der Schluss von A auf B. Wenn A wahr ist, muss B auch wahr sein. Ist A dagegen falsch, ist für B nichts festgelegt. Im Alltag wird oft eine andere Schlussweise genutzt: Aus A folgt B, nun stellen sich heraus, dass B stimmt, vermutlich wird auch A richtig sein. Dies gilt nicht für die Implikation.

> **Beispiel.** Schlussumkehr bei der Implikation ist nicht möglich.
> Für $x \in \mathbb{R}$ ist die Aussage $x = \pi \Rightarrow x > 3$ wahr,
> dagegen ist die Umkehrung $x > 3 \Rightarrow x = \pi$ falsch.

Bei der *Aequivalenz@Äquivalenz* ist der Schluss in beide Richtungen möglich. Es ist somit $A \Leftrightarrow B$ genau dann, wenn $(A \Rightarrow B) \wedge (B \Rightarrow A)$, also die Wahrheitswerte von A und B gleich sind. Wenn logische Ausdrücke nur im Bezug auf ihren Wahrheitswert untersucht werden, wird oft einfach das Gleichheitszeichen geschrieben, z.B. $A \wedge B = B \wedge A$ oder $A \vee B = B \vee A$.

Die *Präzedenz* der logischen Operationen, also die Rangfolge, die ihre Ausführungsreihenfolge bestimmt, wird oft gemäß Tabelle 31.1 definiert. Danach ist der Ausdruck $A \Leftrightarrow B \Rightarrow \neg C \vee D \wedge E$ gleichbedeutend zu $A \Leftrightarrow (B \Rightarrow ((\neg C) \vee (D \wedge E)))$.

31.1.3 Wahrheitstabellen

Wahrheitstabellen stellen logische Kombinationen dar. Die Wahrheitswerte wahr und falsch werden durch 1 und 0 codiert. Die Codierung mit w und f oder t (true) und f (false) ist ebenso üblich. In der Tabelle müssen alle möglichen Kombinationen aufgeführt werden. Bei zwei Aussagen sind es vier Möglichkeiten. Tabelle 31.2 zeigt die Wahrheitstabelle für die oben definierten Verknüpfungen.

Tabelle 31.2: Wahrheitstabelle für fünf Verknüpfungen

A	B	$\neg A$	$A \wedge B$	$A \vee B$	$A \Rightarrow B$	$A \Leftrightarrow B$
0	0	1	0	0	1	1
0	1	1	0	1	1	0
1	0	0	0	1	0	0
1	1	0	1	1	1	1

Tabelle 31.3: Beweis von $A \Rightarrow B \Leftrightarrow B \vee \neg A$ mit Wahrheitstabelle

A	B	$\neg A$	$B \vee \neg A$	$A \Rightarrow B$
0	0	1	1	1
0	1	1	1	1
1	0	0	0	0
1	1	0	1	1

Logische Regeln lassen sich durch Wahrheitstabellen beweisen. In Tabelle 31.3 wird die Äquivalenz $A \Rightarrow B \Leftrightarrow B \vee \neg A$ gezeigt. Die Richtigkeit der Behauptung ergibt sich daraus, dass die beiden letzten Spalten identische Wahrheitswerte haben. Mitunter wird eine Spalte mit der Gesamtaussage ergänzt. In dieser steht immer 1 als Wahrheitswert. Eine Aussage, die immer wahr ist, heißt *Tautologie*. Eine logische Aussage ist bewiesen, wenn gezeigt ist, dass sie eine Tautologie ist. Bei einem *Widerspruch* steht in der Wahrheitstabelle nur die 0.

31.1.4 Quantoren

Das umgekehrte A und das gespiegelte E sind in der Logik sogenannte *Quantoren*. Sie geben die Quantität der Richtigkeit der nachfolgenden Aussageform an.
▷ $\forall$ - für alle
▷ $\exists$ - es existiert (mindestens ein)
▷ $\exists!$ - es existiert genau ein

Beispiel. Quantoren
▷ $\forall n \in \mathbb{N} : n + 1 \in \mathbb{N}$
d.h. alle natürlichen Zahlen haben einen Nachfolger.
▷ $\exists (a, b, c) \in \mathbb{N}^3 : a^2 + b^2 = c^2$
d.h. es gibt mindestens ein pythagoräisches Zahlentripel.
▷ $\forall x \in \mathbb{Q}^+ \exists! p, q \in \mathbb{Z}^+ : x = \frac{p}{q}$ sowie p und q sind teilerfremd
d.h. alle positiven rationalen Zahlen haben eine eindeutige Darstellung als teilerfremder Bruch.

Die Negation von Ausdrücken mit Quantoren ist sehr einfach und in Tabelle 31.4 zusammengefasst.

Tabelle 31.4: Negation mit Quantoren

$\neg\forall t : A(t)$	$\Leftrightarrow$	$\exists t : \neg A(t)$
$\neg\exists t : A(t)$	$\Leftrightarrow$	$\forall t : \neg A(t)$

Beispiel. Negation mit Quantoren
Die Aussagen über Antonias Schreibtischordnung im obigen Beispiel lassen sich mit der Variable t für den Tag formulieren.

$A(t)$: „Antonia räumte am Tag t ihren Schreibtisch auf". Es gelten dann $O = \forall t : A(t)$ und $U = \forall t : \neg A(t)$.

Die Negation $\neg O$ der Aussage O bedeutet, dass Antonia an mindestens einem Tag t nicht aufräumte. Es ist also $\neg\forall t : A(t) \Leftrightarrow \exists t : \neg A(t)$. Umgekehrt ist die Negation einer Existenzausssage gerade die Allaussage der Negation der Aussage: $\neg\exists t : A(t) \Leftrightarrow \forall t : \neg A(t) = U$.

Beispiel. Negation mit zwei Quantoren
Die Aussage, dass jede nichtnegative reelle Zahl eine reelle Wurzel hat, schreibt sich mit Quantoren: $\forall x \in \mathbb{R}_0^+ \exists y \in \mathbb{R} : y^2 = x$.

Negiert wird sie $\exists x \in \mathbb{R}_0^+ \forall y \in \mathbb{R} : y^2 \neq x$. Diese negierte Aussage ist natürlich falsch. Sie wird richtig, wenn statt reeller Zahlen rationale Zahlen verwendet werden: $\exists x \in \mathbb{Q}_0^+ \forall y \in \mathbb{Q} : y^2 \neq x$. Ein Beispiel ist $x = 2$.

31.1.5 Beweise

Wichtige Anwendung in der Mathematik findet die Logik bei *Beweisen*.

Kapitel 13 von Band 1 erklärt einige grundlegende Begriffe zu Beweisen, wie das *Axiom*.

Einfachstes Beweisverfahren ist der *direkte* Beweis, bei dem die Implikation benutzt wird. Aus wahren oder bekannten Aussagen wird schrittweise die gewünschte Aussage abgeleitet.

In der antiken Logik wird diese Schlussweise des direkten Beweises als *Modus ponens* bezeichnet: Wenn $A \Rightarrow B$ und A wahr sind, dann gilt auch B.

Beispiel. Direkter Beweis
Es soll die Aussage bewiesen werden: Wenn eine natürliche Zahl n gerade ist, so ist auch ihr Quadrat n^2 eine gerade Zahl.

Wenn n eine gerade Zahl ist, dann lässt sich $n = 2k$ für eine Zahl $k \in \mathbb{N}$ schreiben. Dann ist $n^2 = (2k)^2 = 4k^2 = 2 \cdot (2k^2)$. Somit lässt sich n^2 als Produkt von 2 und einer natürlichen Zahl schreiben. n^2 ist gerade.

Beim logischen Schließen kann eine Reihe von Implikationen hintereinander angewendet werden. Aus $A \Rightarrow B$ und $B \Rightarrow C$ wird $A \Rightarrow C$ gefolgert, denn es handelt sich bei der Implikation um eine transitive Relation.

Beispiel. Logisches Schließen
A: „Es regnet", B: „Die Straße ist nass", C: „Es besteht Rutschgefahr". Wenn es regnet, ist die Straße nass ($A \Rightarrow B$), wenn die Straße nass ist, besteht Rutschgefahr ($B \Rightarrow C$). Also gilt: Wenn es regnet, besteht Rutschgefahr ($A \Rightarrow C$).

Aussage A bedingt die Wahrheit von B. Die Straße kann auch ohne Regen nass sein, aber wenn es regnet, ist sie nass. Hier wird von einer *hinreichenden Bedingung* gesprochen. A ist hinreichend für B. Umgekehrt wird von einer *notwendigen Bedingung* gesprochen, wenn ohne das Eintreten der Bedingung die Aussage nicht gelten kann. Wenn keine Rutschgefahr besteht, kann die Straße auch nicht nass sein. C ist eine notwendige Bedingung für B.

Eine Implikation $A \Rightarrow B$ kann oft durch die logisch äquivalente *Kontraposition* $\neg B \Rightarrow \neg A$ gezeigt werden.

Beispiel. Beweis durch Kontraposition
Gezeigt werden soll die Aussage $\forall m, n \in \mathbb{Z} : 2|m\,n \Rightarrow 2|m \vee 2|n$, oder ausformuliert: ist das Produkt zweier ganzer Zahlen gerade, so ist mindestens eine der beiden Zahlen gerade. Ist die Aussage $2|m \vee 2|n$ falsch, gibt es ganze Zahlen i, j, so dass $m = 2\,i + 1$ und $n = 2\,j + 1$. Dann ist $m\,n = (2\,i + 1)\,(2\,j + 1) = 2 \cdot (2\,i\,j + i + j) + 1$, also $m\,n$ eine ungerade Zahl. Damit ist $2|m\,n$ negiert und die logisch äquivalente Schlussfolge $2|m\,n \Rightarrow 2|m \vee 2|n$ gezeigt.

Ein *Aequivalenzbeweis@Äquivalenzbeweis* zeigt, dass eine Aussage A genau dann wahr ist, wenn B wahr ist. Er wird durch zwei direkte Beweise geführt: einmal $A \Rightarrow B$ und zum anderen $B \Rightarrow A$. Wird das Beispiel mit Aufgabe 31.29 ergänzt, ist bewiesen, dass die Aussagen n gerade und n^2 gerade äquivalent sind.

Bei einem *Beweis durch Widerspruch* wird vom logischen Gegenteil der zu beweisenden Tatsache ausgegangen und mit dessen Hilfe ein Widerspruch konstruiert. Ein Widerspruch ist logisch eine Aussage der Form $A \wedge \neg A$. Ein prominentes Beispiel soll als Erläuterung ausreichen.

Beispiel. Euklids Widerspruchbeweis der Irrationalität von $\sqrt{2}$
Annahme: $\sqrt{2} \in \mathbb{Q}$.

Jede rationale Zahl lässt sich als Bruch teilerfremder ganzer Zahlen darstellen. Nach der Annahme gibt es daher teilerfremde Zahlen $p, q \in \mathbb{Z}$, so dass $\frac{p}{q} = \sqrt{2}$. Es folgt $\frac{p^2}{q^2} = 2$ oder $p^2 = 2q^2$. Es muss p^2 also eine gerade Zahl sein. Auch p muss eine gerade Zahl sein, denn für eine ungerade Zahl der Form $2k+1$ ist das Quadrat $(2k+1)^2 = 4k^2+4k+1$ ebenfalls ungerade. p ist gerade also $p = 2k$. Dann liefert die Gleichung $2q^2 = p^2 = (2k)^2 = 4k^2 \Rightarrow q^2 = 2k^2$. Das gleiche Argument wie bei p ergibt jetzt, dass auch q eine gerade Zahl ist. Dies steht im Widerspruch zur Annahme, dass p und q teilerfremd sind. Die gemachte Annahme $\sqrt{2} \in \mathbb{Q}$ muss also falsch sein.

31.2 Lernziele

Nr	Ich kann	Aufgabe	√
	Logische Sprache		
280	Aussagen von anderen sprachlichen Gebilden unterscheiden,	31.1-a, 31.2, 31.5	
281	eine Aussage negieren,	31.3-c, 31.4-a	
282	zusammengesetzte Aussagen mit den Verknüpfungen UND, ODER sowie der Implikation bilden,	31.3-a, 31.6, 31.7, 31.9, 31.10-abc, 31.14	
	Wahrheitstabellen		
283	eine Wahrheitstabelle für eine zusammengesetzte Aussage erstellen,	31.11, 31.12, 31.13, 31.15	
284	eine Wahrheitstabelle für eine Implikation erstellen,	31.10-de, 31.16, 31.17	
285	die Äquivalenz zweier Aussagen mithilfe einer Wahrheitstabelle prüfen,	31.8, 31.18, 31.19, 31.20	
	Beweislogik		
286	einen Widerspruch oder eine Tautologie identifizieren,	31.21	
287	die Umkehrung eines Schlusses konstruieren,	31.10-b	
288	eine Kontraposition als Satz formulieren,	31.4-b, 31.10-d, 31.18	
	Quantoren		
289	Formeln mit All-Quantoren lesen und verwenden,	31.22, 31.23, 31.25	
290	Formeln mit Existenz-Quantoren lesen und verwenden,	31.22, 31.24, 31.25	
291	Ausagen mit Quantoren negieren	31.25, 31.27	
	Beweistypen		
292	einfachen Beispiele von direkten oder indirekten Beweisen folgen,	31.3-b, 31.26, 31.28, 31.29-a	
293	einem einfachen Beweis durch Widerspruch folgen.	31.29-b, 31.30, 31.31	

31.3 Aufgaben

Aufgabe 31.1 (5 min) Es geht um den Satz: *Gib mir den Ball oder ich spiel nicht mehr.*

a) Begründen Sie, warum der Satz keine Aussage ist.
b) Formulieren Sie den Satz so, dass er eine Aussage wird.
c) Ist das *oder* im Satz aussagenlogisch gemeint? Begründen Sie ihre Ansicht.

Aufgabe 31.2 (5 min) Was liegt bei den nachfolgend gegebenen Ausdrücken vor? Kommentieren Sie diese im Hinblick auf Syntax und Semantik.

a) $x^2 - 2 = x + 4$
b) $x^3 + \sqrt{x} - \pi$
c) $\sqrt{x^2 - 1 = 5}$
d) $x^2 + 2 = -\pi$

Aufgabe 31.3 (20 min) In der Cafeteria unterhalten sich einige Neuankömmlinge über ihr Studium. Dem allgemeinen Stimmengewirr sind diese Sätze zu entnehmen:

Anna: „Ich studiere Wirtschaftsinformatik und habe wöchentlich sechs Stunden Mathe".

Benedikt: „Das stimmt nicht, dass du pro Woche sechs Stunden Mathe hast. Ich studiere auch Wirtschaftsinformatik und habe wöchentlich vier Stunden Mathe-Vorlesung".

Anna: „Ich habe wöchentlich vier Stunden Mathe-Vorlesung und zwei Stunden Mathe-Tutorium".

Benedikt: „Ich besuche nur die Mathe-Vorlesung, nicht das Tutorium".

Anna: „Wenn ich das Mathe-Tutorium nicht regelmäßig besuche, sehe ich keine Chance, die Prüfung zu bestehen".

Celina: „Ich sehe genau dann eine Chance, die Prüfung zu bestehen, wenn ich die Mathe-Vorlesung und das Tutorium regelmäßig besuche und beide gründlich durcharbeite".

a) Geben Sie das Gespräch in Form von logischen Aussageverknüpfungen wieder. Verwenden Sie dazu die Aussagen:

   C: „Ich sehe eine *Chance*, die Prüfung zu bestehen".

   G: „Ich arbeite die Mathe-Vorlesung und das Tutorium *gründlich* durch".

   S: „Ich habe (bzw. du hast) wöchentlich *sechs* Stunden Mathematik".

   V: „Ich habe (besuche) wöchentlich *vier* Stunden Mathe-Vorlesung".

   W: „Ich studiere *Wirtschaftsinformatik*".

   Z: „Ich habe (besuche) wöchentlich *zwei* Stunden Mathe-Tutorium".

b) Sieht Anna den Tutoriumsbesuch als notwendig oder als hinreichend für eine Chance zum Bestehen der Prüfung an?
c) Formulieren Sie unter Verwendung der oben erklärten Aussagen die Verneinung der von den Studierenden in der Cafeteria gesprochenen Sätze (symbolisch und in Worten).

Aufgabe 31.4 (5 min)
a) Negieren Sie folgende Aussage: A: *f ist ein Polynom und hat bei $x = 1$ eine Nullstelle.*
b) Bilden Sie die Kontraposition: B: *Wenn eine reelle Funktion $g : \mathbb{R} \to \mathbb{R}$ in $x \in \mathbb{R}$ differenzierbar ist, dann ist g in x auch stetig.*

Aufgabe 31.5 (5 min) Bei welchen der folgenden Sätze handelt es sich um eine Aussage, bei welchem um eine Aussageform? Kreuzen Sie an, wenn es sich um eine Aussageform handelt.
- ☐ An der Stelle x hat die Funktion f mit $f(x) = \sin(x)$ eine Nullstelle.
- ☐ Mister X ist untergetaucht.
- ☐ An allen Stellen x, an denen f differenzierbar ist und einen Extremwert hat, gilt $f'(x) = 0$.
- ☐ Mach mir kein X für ein U vor!
- ☐ x gehört zur Lösungsmenge der Gleichung $g(x) = x$.
- ☐ Für x gilt x^2 ist größer als x.

Aufgabe 31.6 (5 min) Gegeben sind die Aussagen
A: „Hannover ist die Hauptstadt von Niedersachsen". *wahr*
B: „Die Ems fließt durch Hannover". *falsch*
Gesucht sind die Wahrheitswerte von

a) $\neg A$	d) $(\neg A) \vee B$	g) $A \wedge \neg B$
b) $A \wedge B$	e) $A \Rightarrow \neg B$	h) $A \Leftrightarrow (A \Rightarrow \neg B)$
c) $A \vee B$	f) $A \Leftrightarrow B$	i) $B \wedge \neg B$

Aufgabe 31.7 (15 min)
a) Mit den Aussagen A, B, C, D und E seien die folgenden logischen Implikationen gegeben: $A \Rightarrow \neg B$, $\neg C \Rightarrow B$, $C \Rightarrow D$, $\neg E \Rightarrow \neg D$. Alle Implikationen seien wahr. Die Aussage E sei falsch! Welche Wahrheitswerte haben A, B, C, D?
b) Die folgenden Implikationen sind wahr $A \Rightarrow B$ und $(A \vee B) \Rightarrow C$, dagegen sind diese Aussagen falsch: $A \Leftrightarrow B$ und $(A \vee B) \Leftrightarrow \neg(C \Leftrightarrow D)$. Welche Wahrheitswerte haben A, B, C und D?

Aufgabe 31.8 (10 min) In Band 1 finden Sie in Kapitel 14 die *de-morganschen Regeln* für Mengen. Ihre logische Entsprechung lautet: $\neg(A \vee B) \Leftrightarrow \neg A \wedge \neg B$ und $\neg(A \wedge B) \Leftrightarrow \neg A \vee \neg B$. Beweisen Sie die de-morganschen Regeln mithilfe einer Wahrheitstabelle.

Augustus De Morgan (1806–1871) gilt neben George Boole als einer der Begründer der formalen Logik.

Aufgabe 31.9 (10 min) Abhängig vom Wert einer Booleschen Variablen V soll in einem Programm verzweigt werden. A, B, C, D, TMP1, TMP2 und V seien als Boolesche Variablen deklariert. Zwei Personen haben die Ermittlung von V formuliert:

Person 1	V	:= NOT((NOT A AND B) OR (C AND D));
Person 2	TMP1	:= A OR NOT B;
	TMP2	:= NOT C OR NOT D;
	V	:= TMP1 OR TMP2;

Hat V für alle möglichen Werte der Booleschen Variablen A, B, C und D in beiden Programmen jeweils den selben Wert?

Aufgabe 31.10 (10 min) Zwei Aussagen sind gegeben. A: „Viele Sterne sind am Himmel zu sehen" und B: „Es ist Nacht".

a) Formulieren Sie die Implikation $A \Rightarrow B$ als normalen deutschen Satz.
b) Erklären Sie, warum nicht $B \Rightarrow A$ gelten muss.
c) Zeigen Sie, dass mit der Implikation $A \Rightarrow B$ gilt: Entweder es ist Nacht oder es sind nicht viele Sterne am Himmel zu sehen.
d) Als *Kontraposition* wird die Aussage $A \Rightarrow B \Leftrightarrow (\neg B) \Rightarrow (\neg A)$ bezeichnet. Wenden Sie die Kontraposition auf das Beispiel an.
e) Stellen Sie die Aussagen aus c) und d) in einer Wahrheitstabelle dar.

Aufgabe 31.11 (10 min) Vereinfachen Sie den nachstehenden Ausdruck, indem Sie eine Wahrheitstabelle aufstellen: $(A \Rightarrow B) \wedge (A \Leftrightarrow \neg B)$.

Aufgabe 31.12 (15 min) Erstellen Sie eine Wahrheitstabelle für:

$$(A \Rightarrow \neg B) \wedge (C \vee \neg A)$$

Vereinfachen Sie den logischen Ausdruck.

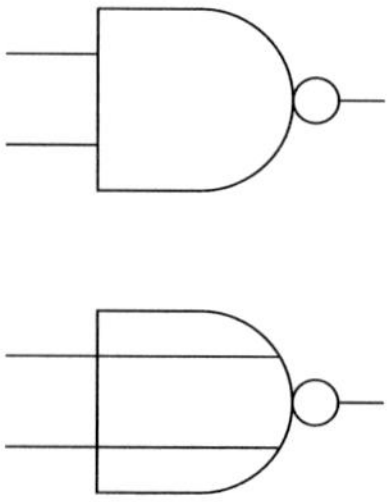

Bild 31.1: Digitale Schaltungen NAND und NOR

Aufgabe 31.13 (5 min) Boole'sche Operationen lassen sich durch digitale Schaltungen oder *Gatter* realisieren, wie sie in Bild 31.1 dargestellt sind. *NAND* und *NOR* sind als logische Verneinungen von *AND* und *OR* definiert.

$$A \text{ AND } B = A \wedge B, \quad A \text{ NAND } B = \neg(A \wedge B),$$
$$A \text{ OR } B = A \vee B, \quad A \text{ NOR } B = \neg(A \vee B).$$

Erstellen Sie Wahrheitstabellen für die Operationen *NAND* und *NOR*.

Aufgabe 31.14 (15 min) Zeigen Sie durch Konstruktion, dass sich die logischen Operationen Negation, Konjunktion sowie Disjunktion ausschließlich mittels NAND-Gattern und ausschließlich mit NOR-Gattern realisieren lassen. Vergleiche Aufgabe 31.13.

Aufgabe 31.15 (10 min) Finden Sie eine logische Formel für das „ausschließende Oder", wie es im Deutschen durch „entweder - oder"ausgedrückt wird.

Tipp: Erstellen Sie eine Wahrheitstabelle mit den passenden Wahrheitswerten und drücken Sie „entweder - oder"durch $\neg, \wedge, \vee, \Rightarrow$ und $\Leftrightarrow$ aus.

Aufgabe 31.16 (5 min) Bei einem Kartenspiel trägt jede Karte auf einer Seite eine Zahl und auf der anderen Seite einen Buchstaben. Dabei gilt folgende Regel:

Wenn der Buchstabe auf einer Karte ein Vokal ist, dann ist die Zahl auf der anderen Seite der Karte eine gerade Zahl.

Welche der Karten in Bild 31.2 müssen umgedreht werden, um zu prüfen, ob die Regel eingehalten wurde?

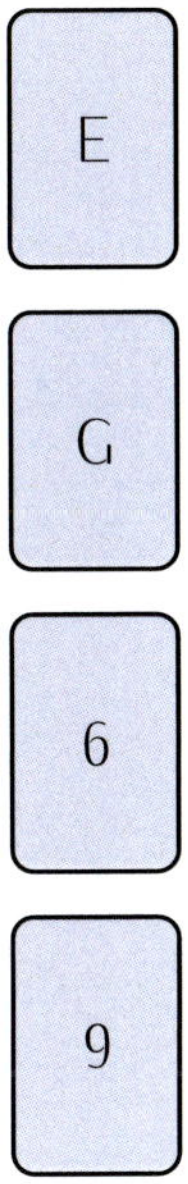

Bild 31.2: Der Kartentest

Aufgabe 31.17 (5 min) Vereinfachen Sie den logischen Ausdruck $A \vee B \Rightarrow A \wedge B$, indem Sie eine Wahrheitstabelle erstellen.

Aufgabe 31.18 (5 min) Überprüfen Sie die Äquivalenz von Implikation und Kontraposition mithilfe einer Wahrheitstabelle.

Aufgabe 31.19 (10 min) Beweisen Sie mithilfe einer Wahrheitstabelle die Gültigkeit des Distributivgesetzes

$$((A \Rightarrow B) \vee C) = ((A \vee C) \Rightarrow (B \vee C))$$

Aufgabe 31.20 (15 min) Beschreiben Sie Ihr Vorgehen, wenn Sie ein Distributivgesetz für $A \Rightarrow (B \vee C)$ beweisen wollen. Nennen Sie das fragliche Distributivgesetz. Geben Sie Schritt für Schritt an, wie der Beweis abläuft und führen ihn durch.

Aufgabe 31.21 (5 min) Welche der folgenden Aussagen ist eine Tautologie?

a) $A \Rightarrow (B \Rightarrow A)$ b) $(B \Rightarrow A) \Rightarrow A$

Aufgabe 31.22 (5 min) Es bezeichne P_3 die Menge aller reellen Polynome von Grad 3. Drücken Sie den folgenden Sachverhalt mit Quantoren aus. Jedes Polynom aus P_3 hat mindestens eine reelle Nullstelle.

Aufgabe 31.23 (5 min) Kreuzen Sie an, was die richtig formulierte Bedeutung dieses Ausdrucks ist:

$$\forall x \in \mathbb{R}^+ : P(x).$$

- ☐ x ist eine positive, reelle Zahl, es gilt also $x > 0$,
- ☐ für alle x aus der Menge der positiven, reellen Zahlen gilt $P(x)$,
- ☐ für alle x aus der Menge der positiven, reellen Zahlen, gehört x auch zur Menge P,
- ☐ es gibt ein x aus der Menge der positiven, reellen Zahlen sodass $P(x)$,
- ☐ wenn x zur Menge P gehört, ist x eine positive, reelle Zahl,
- ☐ wenn für x die Eigenschaft $P(x)$ gilt, ist x eine positive, reelle Zahl.

Aufgabe 31.24 (5 min) Es sei f eine im Intervall I definierte reelle Funktion. Geben Sie die Bedeutung des folgenden Ausdrucks an

$$\exists x \in I : f(x) = 0.$$

- ☐ x gehört zum Intervall I, wenn $f(x) = 0$ ist,
- ☐ für alle x aus dem Intervall I gilt $f(x) = 0$,
- ☐ es existiert ein x aus dem Intervall I mit $f(x) = 0$,
- ☐ f hat im Intervall I eine Nullstelle,
- ☐ alle Nullstellen von f liegen in I.

Aufgabe 31.25 (15 min) Die Stetigkeit einer Funktion $f(x)$ an der Stelle x_0 kann so formuliert werden. Vergleiche Aufgabe 26.4 aus Band 2.

$$\forall \epsilon > 0 \, \exists \delta > 0 \, \forall x \in (x_0 - \delta, x_0 + \delta) : |f(x) - f(x_0)| < \epsilon$$

a) Schreiben Sie den Ausdruck im sprachlichen Klartext aus.
b) Berechnen Sie für die Funktion $f(x) = x^2$, den Wert $x_0 = 1$ und $\epsilon = 0.4$ einen geeigneten Wert δ. Skizzieren Sie die Situation.
c) Bilden Sie die Negation des Ausdrucks.

Aufgabe 31.26 (10 min) Zeigen Sie, dass für alle $x, y \in \mathbb{R}^+$ das geometrische Mittel kleiner gleich dem arithmetische Mittel ist, also

$$\sqrt{xy} \leq \frac{x + y}{2}$$

Tipp: Setzen Sie $a = \sqrt{x}$ und $b = \sqrt{y}$ und benutzen Sie eine binomische Formel.

Aufgabe 31.27 (5 min) Es bezeichne P_4 die Menge aller reellen Polynome bis zum Grad 4. Negieren Sie den folgenden Quantoren-Ausdruck

$$\forall f \in P_4 \, \exists x \in \mathbb{R}^+ : f(x) = 0.$$

Aufgabe 31.28 (5 min) Softwareingenieur W. testet ein Netzwerkprogramm, indem er der Reihe nach alle möglichen Zustände mit allen Eingaben ausprobiert. Mit welcher Methode „beweist"er die Korrektheit seines Programms?

Aufgabe 31.29 (15 min) Ist das Quadrat n^2 einer natürlichen Zahl n gerade, so ist n ebenfalls gerade. Beweisen Sie diesen Satz

a) direkt, b) durch Widerspruch.

Aufgabe 31.30 (15 min) Beweisen Sie, dass die Wurzel einer Primzahl p keine rationale Zahl sein kann.

Tipp: Verwenden Sie den Beweis von Euklid der Irrationalität von $\sqrt{2}$ als Vorlage.

Aufgabe 31.31 (15 min) Zeigen Sie durch Widerspruch: jede alternierende und konvergente Folge (a_n) hat den Grenzwert 0. Vgl. Kapitel 27 aus Band 2.

31.4 Lösungen

Lösung 31.1

a) Der Satz enthält die Aufforderung *Gib mir den Ball*. Dies ist keine Aussage, da eine Aufforderung nicht als wahr oder falsch klassifiziert werden kann. Die Zusammensetzung mit der Aussage *ich spiel nicht mehr* ändert daran nichts.
b) *Du gibst mir den Ball oder ich spiel nicht mehr.*
c) Nein. Das aussagenlogische *oder* ist inklusiv, erlaubt also die Wahrheit beider Teile. Im fraglichen Satz ist das exklusive *entweder ... oder* gemeint, sonst ist die Androhung des Spielabbruchs unwirksam.

Lösung 31.2

a) Der Ausdruck ist eine Gleichung, also ein Aussage. Für $x = 3$ oder $x = -2$ ist die Gleichung wahr.
b) Der Ausdruck ist ein Term. Er ist weder wahr noch falsch, sondern nimmt je nach dem Wert von x einen Zahlenwert an. Für negative x ist er nicht definiert.
c) Der Ausdruck ist unsinnig, da aus einer Gleichung keine Wurzel gezogen werden kann. Der Ausdruck ist syntaktisch fehlerhaft.
d) Der Ausdruck ist eine Aussage, die jedoch immer falsch ist, da $x^2 + 2$ nicht negativ sein kann. Er ist daher semantisch falsch.

Lösung 31.3

a) Anna: $W \wedge S$
Benedikt: $\neg S$; $W \wedge V$
Anna: $V \wedge Z$
Benedikt: $V \wedge \neg Z$
Anna: $\neg Z \Rightarrow \neg C$
Celina: $C \Leftrightarrow V \wedge Z \wedge G$

b) Anna sieht den Tutoriumsbesuch als notwendige Voraussetzung für eine Chance zum Bestehen der Prüfung.

c) *Anna:* $\neg W \vee \neg S$ - „Ich studiere nicht Wirtschaftsinformatik oder habe wöchentlich keine sechs Stunden Mathe".

Benedikt: S; $\neg W \vee \neg V$ - „Du hast pro Woche sechs Stunden Mathe. Ich studiere nicht Wirtschaftsinformatik oder habe wöchentlich keine 4 Stunden Mathe-Vorlesung."

Anna: $\neg V \vee \neg Z$ - „Ich habe wöchentlich keine vier Stunden Mathe-Vorlesung oder keine zwei Stunden Mathe-Tutorium."

Benedikt: $\neg V \vee Z$ - „Ich besuche nicht die Mathe-Vorlesung oder ich besuche das Tutorium."
Gleichwertig oder äquivalent ist:
$V \Rightarrow Z$ - „Wenn ich die Mathe-Vorlesung besuche, dann auch das Tutorium."

Anna: $\neg Z \wedge C$ - „Ich besuche das Mathe-Tutorium nicht, sehe aber eine Chance, die Prüfung zu bestehen."Grund: $\neg(\neg Z \Rightarrow \neg C) = \neg(Z \vee \neg C) = \neg Z \wedge C$

Celina: $\neg C \Leftrightarrow V \wedge Z \wedge G$ - „Ich sehe genau dann keine Chance, die Prüfung zu bestehen, wenn ich die Mathe-Vorlesung und das Tutorium regelmäßig besuche und beide gründlich durcharbeite."

Lösung 31.4

a) f ist kein Polynom oder f hat keine Nullstelle bei $x = 1$.

b) Wenn eine reelle Funktion g in x nicht stetig ist, ist sie in x auch nicht differenzierbar.

Lösung 31.5

☒ An der Stelle x hat die Funktion mit $f(x) = \sin(x)$ eine Nullstelle. *Für x können Werte eingesetzt werden, dann entsteht eine wahre oder falsche Aussage. Wahr für $x = k\,\pi$ mit $k \in \mathbb{Z}$, sonst falsch.*

☐ Mister X ist untergetaucht. *Es handelt sich um eine Aussage. Für X kann nichts eingesetzt werden, X meint eine bestimmte gesuchte Person.*

☐ An allen Stellen x, an denen f differenzierbar ist und einen Extremwert hat, gilt $f'(x) = 0$. *Es handelt sich um eine wahre Aussage. Sie gilt für viele x. Deshalb kann nichts eingesetzt werden.*

- ☐ Mach mir kein X für ein U vor! *Hier liegt weder Aussage noch Aussageform vor. Eine Aufforderung ist keine Aussage.*
- ☒ x gehört zur Lösungsmenge der Gleichung $g(x) = x$. *Mit Einsetzen von x liegt eine Aussage über einen Fixpunkt von g vor.*
- ☒ Für x gilt x^2 ist größer als x. *Für $0 \leq x \leq 1$ ist die Aussage falsch, sonst wahr.*

Lösung 31.6

a) f
b) f
c) w
d) f
e) w
f) f
g) w
h) w
i) f

Lösung 31.7

a) Wenn E falsch ist, folgt aus $(\neg E) \Rightarrow (\neg D)$, dass auch D falsch ist. Wegen $C \Rightarrow D$ kann nur C falsch gelten, sonst müsste D wahr sein. Aus $(\neg C) \Rightarrow B$ folgt damit die Wahrheit von B. Wegen $A \Rightarrow (\neg B)$ kann schließlich A nicht wahr sein. Es sind somit alle Aussagen außer B falsch.

b) Wenn $A \Rightarrow B$ wahr, aber $A \Leftrightarrow B$ falsch ist, kann A nur falsch und B wahr sein. Dann ist die Implikation nämlich wahr, die Äquivalenz aber falsch. $A \vee B$ ist damit wahr, folglich auch C. Die rechte Seite der letzten Aussage $\neg(C \Leftrightarrow D)$ muss falsch sein, denn sonst könnte die Äquivalenz zur wahren Aussage $A \vee B$ nicht falsch sein. Damit ist $C \Leftrightarrow D$ wahr und mit C auch D wahr. Es sind somit alle Aussagen wahr außer A.

Lösung 31.8 Die Wahrheitstabelle für $\neg(A \wedge B) \Leftrightarrow (\neg A) \vee (\neg B)$ ist:

A	B	$A \wedge B$	$\neg(A \wedge B)$	$\neg A$	$\neg B$	$(\neg A) \vee (\neg B)$
0	0	0	1	1	1	1
0	1	0	1	1	0	1
1	0	0	1	0	1	1
1	1	1	0	0	0	0

Da die vierte und siebte Spalte gleich sind, gilt die Äquivalenz.

A	B	$A \vee B$	$\neg(A \vee B)$	$\neg A$	$\neg B$	$(\neg A) \wedge (\neg B)$
0	0	0	1	1	1	1
0	1	1	0	1	0	0
1	0	1	0	0	1	0
1	1	1	0	0	0	0

Entsprechend gilt auch $\neg(A \vee B) \Leftrightarrow (\neg A) \wedge (\neg B)$.

Lösung 31.9 Person 1 programmiert $\neg((\neg A \wedge B) \vee (C \wedge D))$. Das ist nach der Regel von de Morgan gleich $(A \vee \neg B) \wedge (\neg C \vee \neg D)$. Vergleiche

Aufgabe 31.8. Person 2 programmiert dagegen $(A \vee \neg B) \vee (\neg C \vee \neg D)$. In der Verknüpfung der Teilausdrücke wird also Konjunktion und Disjunktion vertauscht.

Logische Fälle, in denen sich die Fragmente unterscheiden, sind
- ▷ A, C und D wahr,
- ▷ C und D wahr aber B falsch,
- ▷ B wahr, aber A und C falsch,
- ▷ B wahr, aber A und D falsch.

Dabei ist jeweils ein Teilausdruck wahr und der andere falsch.

Lösung 31.10

a) Wenn viele Sterne am Himmel zu sehen sind, ist es Nacht.

b) $B \Rightarrow A$ ist genau dann falsch, wenn B wahr, aber A falsch ist, etwa wenn es nachts bewölkt ist.

c) Der Satz *Entweder es ist Nacht oder es sind nicht viele Sterne am Himmel zu sehen* ist logisch formuliert: $B \vee \neg A$. Er ist nur dann falsch, wenn A wahr ist, aber B falsch und somit logisch identisch zu $A \Rightarrow B$.

d) *Wenn es nicht Nacht ist, sind nicht viele Sterne am Himmel zu sehen.*

e) Die Wahrheitstabelle leitet die Kontraposition ab und stellt die Aussage aus c) dar.

A	B	$A \Rightarrow B$	$\neg B$	$\neg A$	$(\neg B) \Rightarrow (\neg A)$	$B \vee \neg A$
0	0	1	1	1	1	1
0	1	1	0	1	1	1
1	0	0	1	0	0	0
1	1	1	0	0	1	1

Identische Spalten sind äquivalent.

Lösung 31.11

A	B	$\neg A$	$A \Rightarrow B$	$A \Leftrightarrow \neg B$	$(A \Rightarrow B) \wedge (A \Leftrightarrow \neg B)$
0	0	1	1	0	0
0	1	1	1	1	1
1	0	0	0	1	0
1	1	0	1	0	0

Es folgt $((A \Rightarrow B) \wedge (A \Leftrightarrow \neg B)) = \neg A \wedge B$.

Ohne Wahrheitstabelle geht es so: $A \Leftrightarrow \neg B$ besagt, dass A und B verschiedene Wahrheitswerte haben. Wenn A wahr ist und B falsch ist, gilt nicht $A \Rightarrow B$. Somit verbleibt nur der Fall, dass A falsch und B wahr ist.

Lösung 31.12

A	B	C	$\neg B$	$A \Rightarrow \neg B$	$\neg A$	$C \vee \neg A$	$(A \Rightarrow \neg B) \wedge (C \vee \neg A)$
0	0	0	1	1	1	1	1
0	0	1	1	1	1	1	1
0	1	0	0	1	1	1	1
0	1	1	0	1	1	1	1
1	0	0	1	1	0	0	0
1	0	1	1	1	0	1	1
1	1	0	0	0	0	0	0
1	1	1	0	0	0	1	0

Es folgt $(A \Rightarrow \neg B) \wedge (C \vee \neg A) = (\neg A \vee (\neg B \wedge C)) = A \Rightarrow (\neg B \wedge C)$.

Lösung 31.13

A	B	A NAND B
0	0	1
0	1	1
1	0	1
1	1	0

A	B	A NOR B
0	0	1
0	1	0
1	0	0
1	1	0

Lösung 31.14

	NAND: $\overline{\wedge}$	NOR: $\overline{\vee}$
Negation $\neg x =$	$\neg(x \wedge x) =$ $x \overline{\wedge} x$	$\neg(x \vee x) =$ $x \overline{\vee} x$
Konjunktion $x \wedge y =$	$\neg(\neg(x \wedge y)) =$ $\neg(\neg(x \wedge y) \wedge \neg(x \wedge y))$ $= (x \overline{\wedge} y) \overline{\wedge} (x \overline{\wedge} y)$	$\neg(\neg x \vee \neg y) =$ $\neg(\neg(x \vee x) \vee \neg(y \vee y))$ $= (x \overline{\vee} x) \overline{\vee} (y \overline{\vee} y)$
Disjunktion $x \vee y =$	$\neg(\neg x \wedge \neg y) =$ $\neg(\neg(x \wedge x) \wedge \neg(y \wedge y))$ $= (x \overline{\wedge} x) \overline{\wedge} (y \overline{\wedge} y)$	$\neg(\neg(x \vee y)) =$ $\neg(\neg(x \vee y) \vee \neg(x \vee y))$ $= (x \overline{\vee} y) \overline{\vee} (x \overline{\vee} y)$

Lösung 31.15

A	B	Entweder A oder B
F	F	F
F	W	W
W	F	W
W	W	F

Es gibt mehrere Möglichkeiten für *entweder A oder B*:

$\neg(A \Leftrightarrow B)$, $(A \wedge \neg B) \vee (B \wedge \neg A)$,
$A \Leftrightarrow \neg B$, oder$(A \vee B) \wedge ((\neg A) \vee \neg B)$.

Lösung 31.16 Die erste und letzte Karte müssen überprüft werden. Bei der zweiten und dritten Karte kann die Regel nicht verletzt sein, egal was sich auf der anderen Seite befindet. Die nachstehende Wahrheitstabelle gibt die bekannten Wahrheitswerte für die Karten und die sich daraus ergebenden Werte zur Prüfung der Aussage an.

Wahrheitstabelle Karte	Buchstabe Vokal	Zahl gerade	Regel Vokal⇒gerade
E	w	?	?
G	f	?	w
6	?	w	w
9	?	f	?

Lösung 31.17

A	B	$A \vee B$	$A \wedge B$	$A \vee B \Rightarrow A \wedge B$	$A \Leftrightarrow B$
0	0	0	0	1	1
0	1	1	0	0	0
1	0	1	0	0	0
1	1	1	1	1	1

Die Gleichheit besagt: $A \vee B \Rightarrow A \wedge B = A \Leftrightarrow B$.

Q: Wie kann ich das sehen?
A: Nutze die Inklusionsregeln:
1) Wenn $A \wedge B$ gilt, muss A gelten. $(A \wedge B) \Rightarrow A$
2) Wenn A gilt, gilt auch $A \vee B$. $A \Rightarrow (A \vee B)$

Wegen Inklusion 2 ist $A \Rightarrow (A \vee B)$ und wegen Inklusion 1 gilt $(A \wedge B) \Rightarrow B$. Zusammen mit dem linken Teil der Behauptung gilt $A \Rightarrow A \vee B \Rightarrow A \wedge B \Rightarrow B$. Analog kann $B \Rightarrow A$ gefolgert werden.

Umgekehrt folgt aus $A \Leftrightarrow B$ sowohl $A \Rightarrow B$ als auch $B \Rightarrow A$. Aus $A \Rightarrow B$ folgt aber auch $A \vee B \Rightarrow B \vee B = B$. Ebenso kann aus $A \vee B$ auch A gefolgert werden, mithin $A \vee B \Rightarrow A \wedge B$.

Lösung 31.18

A	B	$\neg A$	$\neg B$	$A \Rightarrow B$	$\neg B \Rightarrow \neg A$
0	0	1	1	1	1
0	1	1	0	1	1
1	0	0	1	0	0
1	1	0	0	1	1

Die vorletzte Spalte mit der Implikation hat die gleichen Wahrheitswerte wie die letzte Spalte mit der Kontraposition.

Lösung 31.19 Die Wahrheitstabelle besteht aus acht Zeilen, die alle logischen Kombinationen der drei Variablen A, B, C enthalten. Diese werden in den ersten drei Spalten aufgeführt. Dahinter werden aus den logischen Teilstücken der Aussage beide Teile $(A \Rightarrow B) \vee C$ und $A \vee C \Rightarrow B \vee C$ der Gesamtaussage erstellt. Da diese identische Wahrheitswerte enthalten, liegt mit ihrer Äquivalenz eine Tautologie vor.

A	B	C	$A \Rightarrow B$	$A \vee C$	$B \vee C$	$(A \Rightarrow B) \vee C$	$A \vee C \Rightarrow B \vee C$
0	0	0	1	0	0	1	1
0	0	1	1	1	1	1	1
0	1	0	1	0	1	1	1
0	1	1	1	1	1	1	1
1	0	0	0	1	0	0	0
1	0	1	0	1	1	1	1
1	1	0	1	1	1	1	1
1	1	1	1	1	1	1	1

Lösung 31.20

- ▷ Ich erstelle das vermutete Distributivgesetz $\big(A \Rightarrow (B \vee C)\big) \Leftrightarrow \big((A \Rightarrow B) \vee (A \Rightarrow C)\big)$.
- ▷ Ich erstelle eine Wahrheitstabelle mit allen acht möglichen Kombinationen der Wahrheitswerte von A, B und C.
- ▷ Ich füge eine Spalte $B \vee C$ für die Klammer auf der linken Seite an und verknüpfe die Werte aus den Spalten für B und C mit logischem Oder.
- ▷ Ich füge die Spalte $L : A \Rightarrow (B \vee C)$ für die linke Seite an und verknüpfe die Werte aus den Spalten A und $B \vee C$ mit der Implikation. Eine Null ergibt sich nur, wenn $A = 1$ und $B \vee C = 0$ ist.
- ▷ Ich füge eine Spalte $A \Rightarrow B$ für die erste Klammer der rechten Seite an und verknüpfe wie eben.
- ▷ Ich füge eine Spalte $A \Rightarrow C$ für die zweite Klammer der rechten Seite an und verknüpfe wie eben.

- ▷ Ich füge eine Spalte $R : (A \Rightarrow B) \vee (A \Rightarrow C)$ für die rechte Seite an und verknüpfe die beiden letzten Spalten mit logischem Oder.
- ▷ Ich vergleiche, ob die Spalten für die rechte und die linke Seite in allen Einträge übereinstimmen.
- ▷ Wenn alle Einträge übereinstimmen, gilt das Distributivgesetz, sonst nicht.

A	B	C	$B \vee C$	L	$A \Rightarrow B$	$A \Rightarrow C$	R
0	0	0	0	1	1	1	1
0	0	1	1	1	1	1	1
0	1	0	1	1	1	1	1
0	1	1	1	1	1	1	1
1	0	0	0	0	0	0	0
1	0	1	1	1	0	1	1
1	1	0	1	1	1	0	1
1	1	1	1	1	1	1	1

Lösung 31.21

a) Es liegt eine Tautologie vor: Wenn A wahr ist, ist $B \Rightarrow A$ auf jeden Fall wahr, falls A falsch ist, kann aus A alles gefolgert werden, auch $B \Rightarrow A$. Ein Nachweis ist durch die Wahrheitstabelle möglich, wie auch durch die Ersetzung: $(A \Rightarrow (B \Rightarrow A)) = (A \Rightarrow (\neg B \vee A)) = (\neg A \vee \neg B \vee A)$. Der letzte Ausdruck ist immer wahr, denn er enthält die Disjunktion $A \vee \neg A$.

b) $(B \Rightarrow A) \Rightarrow A$ ist keine Tautologie, sondern äquivalent zu $A \vee B$.

Lösung 31.22 $\forall f \in P_3 \, \exists x \in \mathbb{R} : f(x) = 0$.

Lösung 31.23 Der Ausdruck $\forall x \in \mathbb{R}^+ : P(x)$ bedeutet

- ☐ x ist eine positive, reelle Zahl, es gilt also $x > 0$,
- ☒ für alle x aus der Menge der positiven, reellen Zahlen gilt $P(x)$,
- ☐ für alle x aus der Menge der positiven, reellen Zahlen, gehört x auch zur Menge P,
- ☐ es gibt ein x aus der Menge der positiven, reellen Zahlen sodass $P(x)$,
- ☐ wenn x zur Menge P gehört, ist x eine positive, reelle Zahl,
- ☐ wenn für x die Eigenschaft $P(x)$ gilt, ist x eine positive, reelle Zahl.

Lösung 31.24 Der Ausdruck $\exists x \in I : f(x) = 0$ besagt

- ☐ x gehört zum Intervall I, wenn $f(x) = 0$ ist, *wenn $f(x)$ überhaupt definiert ist, gehört x zum Definitionsbereich I, aber über die Existenz ist nichts ausgesagt,*
- ☐ für alle x aus dem Intervall I gilt $f(x) = 0$, *es muss nur für ein x gelten,*
- ☒ es existiert ein x aus dem Intervall I mit $f(x) = 0$,
- ☒ f hat im Intervall I eine Nullstelle,

□ alle Nullstellen von f liegen in I, *alle Nullstellen liegen im Definitiosbereich von f, aber wieder ist über die Existenz einer Nullstelle damit nichts ausgesagt.*

Lösung 31.25

a) Für alle positiven Zahlen ϵ gibt es eine positive Zahl δ, so dass für alle x, die im symmetrischen Intervall um x_0 der Breite 2δ liegen, gilt, dass $f(x)$ um nicht mehr als ϵ von $f(x_0)$ abweicht.

b) Für $\epsilon = 0.4$ ist $|f(x) - f(x_0)| < \epsilon$ durch die Ungleichungen $0.6 < f(x) = x^2 < 1.4$ gegeben. Dies ist für $\sqrt{0.6} \approx 0.7746 < x < \sqrt{1.4} \approx 1.1832$ gegeben, sowie für einige negative Werte. Das größte symmetrische Intervall um x_0, das in diesen Bereich fällt, ist durch $1 \pm \delta$ mit $\delta = \sqrt{1.4} - 1 \approx 0.1832$ gegeben. Vergleichen Sie Bild 31.3.

c) $\exists \epsilon > 0 \, \forall \delta > 0 \, \exists x \in [x_0 - \delta, x_0 + \delta] : |f(x) - f(x_0)| \geq \epsilon$

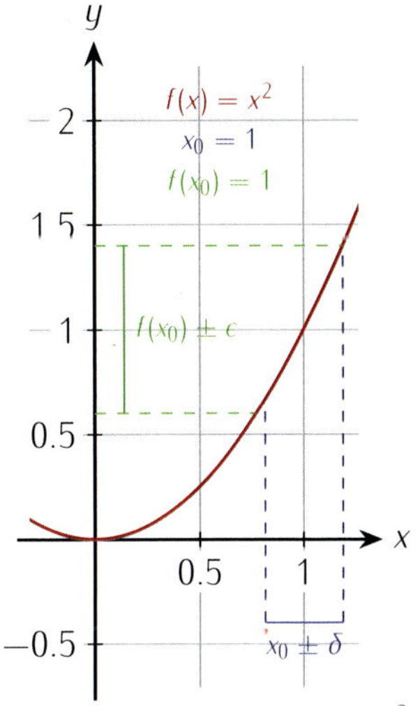

Bild 31.3: Stetigkeit von $f(x) = x^2$ bei $x_0 = 1$

Lösung 31.26 Sei $a = \sqrt{x}, b = \sqrt{y}$. Das Quadrat einer reellen Zahl ist nichtnegativ, also $0 \leq (a-b)^2 = a^2 - 2ab + b^2$. Es folgt $2ab \leq a^2 + b^2 \Leftrightarrow ab \leq \frac{a^2+b^2}{2}$. Einsetzen von $\sqrt{x}$ und $\sqrt{y}$ liefert die Lösung.

Lösung 31.27 Der Ausdruck $\forall f \in P_4 \, \exists x \in \mathbb{R}^+ : f(x) = 0$ wird negiert durch:

$$\exists f \in P_4 \, \forall x \in \mathbb{R}^+ : f(x) \neq 0.$$

Tatsächlich ist die Negation des Ausdrucks wahr, wie z.B. durch $f(x) = x^4 + 1$ bewiesen ist.

Lösung 31.28 Es handelt sich um einen direkten Beweis.

Lösung 31.29

a) n^2 wird in seine Primfaktoren zerlegt. Es gebe k verschiedene Primzahlteiler mit positiver Potenz. $n^2 = \prod_{j=1}^{k} p_j^{i_j}$. Unter den Primzahlteilern von n^2 ist auch 2, da es gerade ist. Ohne Beschränkung der Allgemeinheit sei $p_1 = 2$. Da es sich bei n^2 um eine Quadratzahl handelt, sind alle Exponenten gerade, also $i_j \geq 2$. Dann ist $n = \prod_{j=1}^{k} p_j^{i_j/2}$. Die Potenz bei $p_1 = 2$ ist $i_1/2 \geq 1$, daher muss n gerade sein.

b) Angenommen n ist ungerade. Dann lässt es sich als $n = 2k + 1$ zu einer ganzen Zahl k schreiben. Dann ist $n^2 = (2k+1)^2 = 4k^2 + 4k + 1 = 2 \cdot (2k^2 + 2k) + 1$, somit ein ungerade Zahl. Dies steht im Widerspruch zur Voraussetzung über n^2, damit kann die Annahme „n ungerade"nur falsch sein.

Zur Primfaktorzerlegung lesen Sie in Band 1 den Abschnitt 1.1.2.

Lösung 31.30 Es wird ein Beweis durch Widerspruch genutzt, der mit der gegenteiligen Annahme beginnt: $\sqrt{p} \in \mathbb{Q}$.

Dann ist $\sqrt{p} = \frac{m}{n}$ mit teilerfremden ganzen Zahlen m, n darstellbar. Es folgt $\frac{m^2}{n^2} = p$ oder $m^2 = p\,n^2$. In der Primfaktorzerlegung von m muss p auftauchen, da die rechte Seite durch p teilbar ist. Da m^2 eine Quadratzahl ist, muss jeder Primzahlteiler zweimal oder öfter vorkommen. Es lässt sich also $m^2 = p^2\,k$ für ein $k \in \mathbb{Z}$ schreiben. Es folgt $p^2\,k = p\,n^2 \Rightarrow n^2 = p\,k$. Mit dem gleichen Argument wie für m muss somit auch n durch p teilbar sein. Dies steht im Widerspruch zur Annahme, dass m und n teilerfremd sind. Die gemachte Annahme, $\sqrt{p} \in \mathbb{Q}$, muss also falsch sein.

Lösung 31.31 Angenommen der Grenzwert der alternierenden Folge ist $g \neq 0$. Die Konvergenz bedeutet, jedes beliebig kleine Intervall um den Grenzwert enthält irgendwann alle nachfolgenden Glieder der Folge.

Wähle jetzt als Streifen um g das Intervall $[\frac{g}{2}, \frac{3g}{2}]$, falls $g > 0$, bzw. $[\frac{3g}{2}, \frac{g}{2}]$ falls $g < 0$.

Wähle jetzt n_0 so, dass für alle $n > n_0$ alle Folgenglieder im Intervall liegen. Alle Zahlen im Streifen haben gleiches Vorzeichen, die Folge ist also nicht alternierend oberhalb von n_0. Dies steht im Widerspruch dazu, dass (a_n) alternierend ist.

Die Annahme $g \neq 0$ ist daher falsch, der Grenzwert muss Null sein.

32
Mengen und Schaltalgebra

32.1 Einleitung

Dieses Kapitel ergänzt das Mengen-Kapitel 14 aus Band 1, sowie das vorige Kapitel zur Logik. Eine gute Einführung bietet das Buch der Autoren Teschl[1].

[1] G. Teschl und S. Teschl. *Mathematik für Informatiker - Band 1: Diskrete Mathematik und Lineare Algebra.* Springer Spektrum, 2013

32.1.1 Geordnete Paare

Ein *geordnetes* Paar ist eine Zusammenfassung zweier Objekte zu einer Einheit. Es wird durch runde Klammern notiert. Die Elemente a und b werden als (a, b) zu einem geordneten Paar zusammengefasst. Anders als bei der Zusammenfassung von zwei Objekten a und b zu der Menge $\{a, b\}$ muss die Reihenfolge beachtet werden. (b, a) ist also ein anderes geordnetes Paar als (a, b), sofern $a \neq b$. Zwei geordnete Paare (a, b) und (c, d) sind genau dann gleich, wenn $a = c$ und $b = d$ ist.

Beispiel. Bezeichnung der Schachbrettfelder
Im Schach werden die Spalten des Bretts mit den Buchstaben von a bis h und die Zeilen mit Ziffern von 1 bis 8 bezeichnet. Jedes Feld des Schachbretts wird durch genau ein solches Paar bezeichnet. Im Schach wird auf die Klammern verzichtet, ein einzelnes Feld heißt dann z.B. f3, vergleiche Bild 32.1.

Beispiel. Koordinaten als geordnetes Paar
Ein Punkt A des $\mathbb{R}^2$ kann durch das Koordinatenpaar (a_x, a_y) angegeben werden. Die Reihenfolge der Elemente des Paares ist entscheidend. $(-1, 2)$ ist ein Punkt im zweiten Quadranten des Koordinatensystems und vom Punkt $(2, -1)$ im vierten Quadraten verschieden.

32.1.2 *Das kartesische Produkt*

Für zwei Mengen M und N bezeichnet $M \times N$ das *kartesische Produkt*. Es ist die Menge aller geordneten Paare (m, n) mit $m \in M$ und $n \in N$.

$$M \times N = \{(m, n) : m \in M, n \in N\}$$

Beispiel. Das kartesische Produkt aus den Mengen $A = \{1, 2, 3\}$ und $B = \{0, 9\}$ ist $A \times B = \{(1, 0), (1, 9), (2, 0), (2, 9), (3, 0), (3, 9)\}$.

Für eine endliche Menge A bezeichne $\text{card}(A)$ die *Kardinalität* von A, das heißt die Anzahl ihrer Elemente. Für die leere Menge gilt $\text{card}(\emptyset) = 0$.

Beispiel. Für die Mengen des vorigen Beispiels ist $\text{card}(A) = 3$, $\text{card}(B) = 2$ und $\text{card}(A \times B) = 6$.

Wie im Beispiel gesehen, gilt für endliche Mengen M und N

$$\text{card}(M \times N) = \text{card}(M) \times \text{card}(N).$$

Beispiel. Das kartesische Produkt der acht Spalten $\{a, b, \ldots, h\}$ mit den acht Zeilen $\{1, 2, \ldots, 8\}$ des Schachbretts sind seine 64 Felder.

Beispiel. Die reelle Ebene in *kartesischen Koordinaten* ist ein kartesisches Produkt: $\mathbb{R}^2 = \mathbb{R} \times \mathbb{R} = \{(x, y) : x, y \in \mathbb{R}\}$.

Ein wichtige Anwendung findet das kartesische Produkt mit dem Begriff der *Relation*. Diese wird als Teilmenge des kartesischen Produkts definiert.

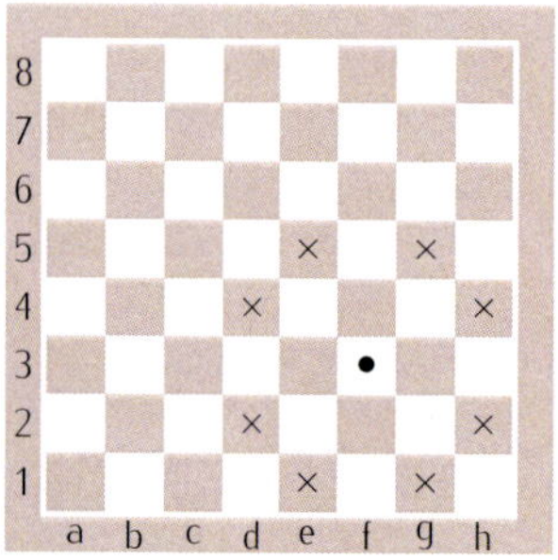

Bild 32.1: Ein Springer auf f3 kann auf die acht angekreuzten Felder des Schachbretts gezogen werden.

Beispiel. Felder für einen Springer auf f3
Die möglichen Felder, auf die eine Schachfigur ziehen kann, sind eine Teilmenge des kartesischen Produkts aus Spalten- und Zeilenbezeichnungen. Für einen Springer auf f3 sind dies d2, d4, e1, e5, g1, g5, h2, h4, vergleiche Bild 32.1.

Beispiel. Belegung von Modulen durch Studierende
Die Menge S seien die Studierenden, die im laufenden Semester an einer Hochschule H eingeschrieben sind. Die Menge M seien die Module, die in diesem Semester angeboten werden. Dann repräsentiert das kartesische Produkt $S \times M$ die Menge aller möglichen Belegungen von Modulen. Die realen Belegungen der Module durch Studierende wird durch die Relation $R \subset S \times M$ erfasst.

Das kartesische Produkt kann auf mehr als zwei Mengen erweitert werden. Statt aus geordneten Paaren besteht es dann aus *n-Tupeln* der Art $(m_1, m_2, ..., m_n)$. Das n-stellige kartesische Produkt $M_1 \times M_2 \times ... \times M_n$ aus n Mengen $M_1, M_2, ...M_n$ ist die Menge aller *n-Tupel*

$$M_1 \times M_2 \times ... \times M_n = \{(m_1, m_2, ...m_n) : m_i \in M_i\}$$

32.1.3 Potenzmenge und Indikator-Funktion

Die Potenzmenge $\mathfrak{P}(M)$ einer Menge M ist Menge aller Teilmengen.

$$\mathfrak{P}(M) = \{A : A \subset M\}$$

Beispiel. Potenzmenge
$B = \{0, 1\}, \mathfrak{P}(B) = \{\{\}, \{0\}, \{1\}, \{0, 1\}\}$.

Die Potenzmenge von M ist eine Menge von Mengen und besteht hier aus vier Elementen. Es ist $\text{card}(B) = 2, \text{card}(\mathfrak{P}(B)) = 2^2 = 4$.

Für die Potenzmenge gilt $\text{card}(M) = m \Rightarrow \text{card}(\mathfrak{P}(M)) = 2^m$.

Beispiel. Kardinalität der Potenzmenge
Gegeben die Menge $M = \{1, 2, 3\}$.

$\mathfrak{P}(M) = \{\{\}, \{1\}, \{2\}, \{3\}, \{1, 2\}, \{1, 3\}, \{2, 3\}, M\}$.

Es ist $\text{card}(M) = 3$ und $\text{card}(\mathfrak{P}(M)) = 2^3 = 8$.

Statt der Potenzmenge von M kann die Menge aller Funktionen auf M in die Menge $\{0, 1\}$ betrachtet werden. Eine solche Funktion heißt *Indikator-Funktion* oder *charakteristische Funktion*. Sie indiziert die Teilmenge $T \subset M$, für die $f(x) = 1 \Leftrightarrow x \in T$ gilt. Die Funktion f wird als $\mathcal{X}_T$ notiert.

Beispiel. Indikator-Funktion
In der Menge $M = \{1, 2, 3, 4, 5, 6\}$ ist eine Indikator-Funktion der Menge $U = \{1, 3, 5\} \subset M$ der ungeraden Zahlen von M durch die Funktion f gegeben mit

$$f(n) = n \bmod 2$$

Auf der Menge U nimmt $f = \mathcal{X}_U$ den Wert 1 an, während f auf den geraden Zahlen den Wert 0 hat.

32.1.4 Schaltalgebra

Die Verknüpfungen zwischen Mengen entsprechen logischen Verknüpfungen. Sie gegenüberzustellen ist Gegenstand von Aufgabe 32.9.

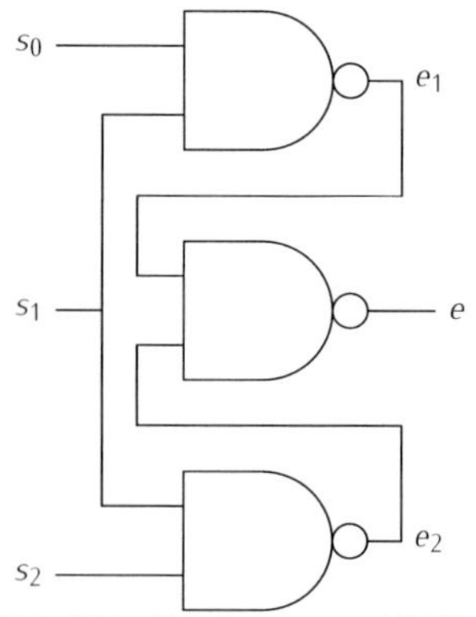

Bild 32.2: Schaltung mit NAND-Gattern für $e = s_1 \wedge (s_0 \vee s_2)$

Beispiel. Eine Schaltung mit drei Eingängen s_0, s_1, s_2 soll mit NAND-Gattern realisiert werden. Der Ausgang soll signalisieren, dass außer s_1 mindestens ein anderer Eingang ein Signal hat.

Im ersten Schritt wird der logische Ausdruck notiert. Ein anderer Eingang außer s_1 ist durch $s_0 \vee s_2$ gegeben. Dies wird mit s_1 verknüpft: $s_1 \wedge (s_0 \vee s_2)$.

Im zweiten Schritt wird der Ausdruck durch die Operation NAND ausgedrückt. NAND wird hier $\barwedge$ notiert. Es ist $a \barwedge b = \neg(a \wedge b)$. Der Ausdruck wird zunächst ausgeklammert und dann doppelt negiert. $s_1 \wedge (s_0 \vee s_2) = (s_1 \wedge s_0) \vee (s_1 \wedge s_2) = \neg(\neg(s_1 \wedge s_0) \wedge \neg(s_1 \wedge s_2)) = \neg((s_1 \barwedge s_0) \wedge (s_1 \barwedge s_2)) = (s_0 \barwedge s1) \barwedge (s_1 \barwedge s_2)$.

Zur Überprüfung werden alle Fälle in einer Wahrheitstabelle erfasst.

s_0	s_1	s_2	$e_1 = s_0 \barwedge s_1$	$e_2 = s_1 \barwedge s_2$	$e = e_1 \barwedge e_2$
0	0	0	1	1	0
0	0	1	1	1	0
0	1	0	1	1	0
0	1	1	1	0	1
1	0	0	1	1	0
1	0	1	1	1	0
1	1	0	0	1	1
1	1	1	0	0	1

Die Schaltung ist in Bild 32.2 dargestellt.

32.1.5 Abzählbarkeit

Eine *bijektive* oder eineindeutige Abbildung zwischen M und N ordnet jedem Element genau ein Element von N zu und in der Umkehrung jedem Element von N genau eines von M. Vergleiche Kapitel 5 von Band 1.

Die *Kardinalität* oder *Mächtigkeit* von Mengen wurde für endliche Mengen bereits als die Anzahl ihrer Elemente eingeführt. Die Kardinalität für unendliche Mengen wird vergleichbar, indem Abbildungen zwischen ihnen betrachtet werden. Zwei Mengen sind gleich *mächtig*, wenn es eine bijektive Abbildung zwischen ihnen gibt. Für endliche Mengen ist dies einfach: Eine bijektive Abbildung zwischen M und N gibt es nur, wenn $\text{card}(M) = \text{card}(N)$. Unendliche Mengen, auf die eine bijektive Abbildung von $\mathbb{N}$ existiert, werden *abzählbar* genannt. Die Menge $\mathbb{Z}$ enthält mit den negativen Zahlen unendlich viele Zahlen, die nicht in $\mathbb{N}$ sind. Andererseits lassen sich die Zahlen von $\mathbb{Z}$ aufzählen genau wie die natürlichen Zahlen, z.B. $\mathbb{Z} = \{0, -1, 1, -2, 2, -3, 3, -4, \ldots\}$. Das bedeutet, $\mathbb{Z}$ hat dieselbe Kardinalität wie $\mathbb{N}$. Es ist einfach, die ganzen Zahlen aufzuzählen: Die ganzen Zahlen werden nach ihrem Betrag geordnet. Bei gleichem Betrag kommt erst die negative Zahl.

Beispiel. Abzählbarkeit der rationalen Zahlen im Intervall $(0, 1)$ Anders als bei $\mathbb{N}$ oder $\mathbb{Z}$ gibt es bei $\mathbb{Q}$ zu einer Zahl nicht eine nächst größere oder eine nächst kleinere. Zwischen zwei verschiedenen rationalen Zahlen gibt es immer unendlich viele weitere. Trotzdem lassen sich rationale Zahlen zwischen 0 und 1 in eine abzählbare Ordnung bringen. Rationale Zahlen der Form $\frac{p}{q}$ mit teilerfremdem Zähler und Nenner werden aufsteigend nach q und danach aufsteigend nach p sortiert. $\frac{1}{2}, \frac{1}{3}, \frac{2}{3}, \frac{1}{4}, \frac{3}{4}, \frac{1}{5}, \frac{2}{5}, \dots$

Auch die gesamte Menge $\mathbb{Q}$ lasst sich aufzählen.

Die Beweise der Abzählbarkeit rationaler Zahlen, wie der Überabzählbarkeit reeller Zahlen gehen auf Georg Cantor (1845-1918) zurück. Sie werden *Cantors erstes* wie *zweites Diagonalargument* genannt.

Beispiel. Überabzählbarkeit der reellen Zahl im Intervall $(0, 1)$ Angenommen, die reellen Zahlen in $(0, 1)$ wären abzählbar und f die bijektive Abbildung $f : \mathbb{N} \to (0, 1)$. Es wird eine unendliche Dezimalzahl x definiert, deren n-te Dezimalstelle nach dem Komma jeweils die 1 ist, außer wenn bei $f(n)$ an n-ter Dezimalstelle eine 1 steht, dann hat x an n-ter Stelle nach dem Komma eine 2. Nach Definition unterscheidet sich x von allen Zahlen $f(n)$ im Widerspruch zur Bijektivität von f.

Für endliche Mengen gilt $\mathrm{card}(\mathfrak{P}(M)) = 2^{\mathrm{card}(M)}$. Für unendliche Mengen gilt der *Satz von Cantor*: $\mathfrak{P}(M)$ hat nicht dieselbe Kardinalität wie M. Ohne auf Details eingehen zu wollen, begnügen wir uns hier mit der Feststellung, dass es wesentlich mehr irrationale und damit mehr reelle als rationale Zahlen gibt.

32.2 Lernziele

Nr	Ich kann	Aufgabe	√
	Mengenkonstruktion		
294	mit geordneten Paaren umgehen,	32.1, 32.2	
295	das kartesische Produkt zweier Mengen sowie dessen Kardinalität bestimmen,	32.2, 32.3, 32.4-a, 32.5-b	
296 *	die Potenzmenge einer Menge bestimmen und ihre Kardinalität angeben,	32.4-b	
297	eine Indikator-Funktion bestimmen und mit der Potenzmenge umgehen,	32.4-b, 32.5-c, 32.6, 32.7, 32.8	
	Schaltalgebra		
298	Schaltalgebra mit Mengenalgebra vergleichen,	32.9	
299	einfache logische Schaltkreise mit AND, OR, NAND, NOR oder exklusivem Oder XOR analysieren,	32.10, 32.11	
	Abzählbarkeit		
300	unterscheiden, ob eine Menge abzählbar oder überabzählbar ist.	32.4-c, 32.12, 32.13	

32.3 Aufgaben

Aufgabe 32.1 (10 min) Benennen Sie, wofür der jeweilige Ausdruck steht, so genau wie möglich. Handelt es sich um ...

- ▷ eine *Zahl*? Ganz, rational, reell?
- ▷ einen *Vektor*? Welche Dimension?
- ▷ eine *Menge*? Leer, endlich, abzählbar, überabzählbar?
- ▷ ein geordnetes *n-Tupel*?
- ▷ ein *Intervall*? Leer, offen, halboffen, abgeschlossen?

a) $\{\}$	d) $[2, 2.5]$	g) $[5, 5.5, 6]$
b) (1)	e) $(3, 3.5)$	h) $(6.5, 7, 7.5)$
c) $\{1.5\}$	f) $\{4, 4.5\}$	i) $\{8, 8.5, 9\}$

Aufgabe 32.2 (10 min) Gegeben sind die Mengen $A = \{2, 4, 6\}$ und $B = \{-1, 1\}$.

a) Geben Sie das kartesische Produkt $A \times B$ als Aufzählung an.

b) Die Menge C ist durch diese Definition gegeben:

$$C = \{(|2z|, sgn(2z)) \,:\, z \in \mathbb{Z}, |z| < 4\}$$

Sind die Mengen $A \times B$ und C identisch? Begründen Sie Ihre Antwort.

Anmerkung: Die *Signum*- oder Vorzeichen-Funktion ist definiert durch

$$sgn(x) = \begin{cases} 1 & \text{falls } x > 0, \\ 0 & \text{falls } x = 0, \\ -1 & \text{falls } x < 0. \end{cases}$$

Aufgabe 32.3 (5 min) Es seien $A = \{1, 2, 4\}$, $B = \{a, b, c\}$.

a) Geben Sie das kartesische Produkt $A \times B$ als Aufzählung an.

b) Ist die Menge $B \times A$ identisch zu $A \times B$?

Aufgabe 32.4 (5 min) Gegeben sind die Mengen $A = \{1, 2, 3, 4, 5, 6, 7\}$, $B = \{a, b, c\}$ und $C = [1, 7]$. Geben Sie zu den genannten Mengen deren Kardinalität an:

a) $A \times B$	b) $\mathfrak{P}(B)$	c) $C \setminus A$

Aufgabe 32.5 (5 min) Gegeben die Mengen $A = \{1, 2, 3\}$, $B = \{s, t\}$. Geben Sie die folgenden Ausdrücke als Aufzählung an.

a) $A \cup B$	b) $A \times B$	c) $\mathfrak{P}(B)$

Aufgabe 32.6 (5 min) Sei W die Teilmenge der Buchstaben von A bis Z mit $W = \{D, I, S, K, R, E, T\}$. Beschreiben Sie die Indikator-Funktion $\mathcal{X}_W$ für diese Teilmenge.

Aufgabe 32.7 (5 min) Die Funktion g ist auf der Menge der Ziffern $D = \{0, 1, 2, 3, 4, 5, 6, 7, 8, 9\}$ definiert. Es ist $g(1) = g(4) = g(7) = 0$. Für alle anderen Argumente n ist $g(n) = 1$. Zu welcher Menge ist g eine Indikator-Funktion?

Aufgabe 32.8 (15 min) Indikator-Funktionen haben den Funktionswert 1 auf allen Elementen einer Teilmenge, während sie auf allen anderen Elementen der Gesamtmenge 0 sind. Hier wird die Gesamtmenge $M = \{1, 2, 3\}$ betrachtet.

a) Zeigen Sie, dass die Funktionen $f(x) = -x^2 + 4x - 3$, $g(x) = \frac{1}{2}x^2 - \frac{3}{2}x + 1$, und $h(x) = \frac{1}{2}x^2 - \frac{5}{2}x + 3$ Indikator-Funktionen für Teilmengen der Menge M sind. Welche Teilmengen werden jeweils *indiziert*?
b) Kombinieren Sie aus f, g und h Indikator-Funktionen für alle übrigen Elemente der Potenzmenge $\mathfrak{P}(M)$.

Aufgabe 32.9 (10 min) Es seien zwei Mengen $M_1, M_2 \subset \Omega$ gegeben. $A_1(x)$ und $A_2(x)$ seien die Aussageformen, die für Elemente $x \in \Omega$ definiert sind: $A_1(x) : x \in M_1$ und $A_2(x) : x \in M_2$. Dann gilt die Äquivalenz von $A_1(x) \vee A_2(x) \Leftrightarrow x \in M_1 \cup M_2$.

a) Stellen Sie entsprechend die Aussagen $A_1(x) \wedge A_2(x)$, $\neg A_1(x)$, $A_1(x) \Rightarrow A_2(x)$ und $A_1(x) \Leftrightarrow A_2(x)$ mithilfe von Mengenkombinationen dar.
b) Drücken Sie $x \in M_1 \backslash M_2$ mithilfe der Aussagen $A_1(x)$ und $A_2(x)$ aus.

Aufgabe 32.10 (10 min) In einem Multiplexer wird abhängig vom Steuersignal s entweder Eingang 1 oder Eingang 2 auf den Ausgang o durchgeschaltet. Stellen Sie die Schaltung als Wahrheitstabelle dar und finden Sie den geeigneten logischen Ausdruck für o.

Tabelle 32.1: Eingänge und Ausgang einer gesuchten Schaltung

i_0	i_1	i_2	o
0	0	0	0
0	0	1	0
0	1	0	0
0	1	1	0
1	0	0	1
1	0	1	1
1	1	0	0
1	1	1	1

Aufgabe 32.11 (16 min) Tabelle 32.1 zeigt eine Wahrheitstabelle. Der Ausgang o soll aus den Eingängen i_0, i_1 und i_2 berechnet werden.

a) Finden Sie dafür einen geeigneten Boole'schen Ausdruck.
b) Realisieren Sie die Schaltung mit vier NAND-Gattern.

Aufgabe 32.12 (5 min) Welcher der folgenden Ausdrücke bezeichnet eine unendlich abzählbare Menge:

□ $\{1, 3, 5, \ldots\}$	□ $(2, 4, 6, \ldots)$
□ $(2, 4)$	□ $\{2017, 2018, 2019\}$
□ $(2, 4, 6)$	□ $[1999, 2019]$
□ $\{x \in \mathbb{Q} \vert 0 \leq x \leq \pi\}$	□ $[1999, 2000, 2001, \ldots]$

Aufgabe 32.13 (15 min) Definieren Sie eine Aufzählung der Menge $\mathbb{N}_0 \times \mathbb{N}_0$. Tipp: Suchen Sie den Begriff *Cantorsches Diagonalverfahren*.

32.4 Lösungen

Lösung 32.1

a) $\{\}$ ist die leere Menge. Da es nur eine leere Menge gibt, kann es ebenso als leeres Intervall betrachtet werden.
b) (1) ist die natürliche Zahl 1. Runde Klammern um einen Ausdruck werten diesen vorrangig aus. Bei einer einzelnen Zahl sind sie allerdings überflüssig.
c) $\{1.5\}$ ist die endliche Menge mit einem Element, nämlich der Zahl 1.5.
d) $[2, 2.5]$ ist das abgeschlossene Intervall reeller Zahlen zwischen 2 und 2.5, jeweils einschließlich. Als nichtleeres Intervall reeller Zahlen ist es zugleich eine überabzählbare Menge.
e) $(3, 3.5)$ ist ein zweidimensionaler Vektor, ein geordnetes Paar oder 2-Tupel. Es kann sich ebenso um das offene Intervall der Zahlen zwischen 3 und 3.5 handeln.
f) $\{4, 4.5\}$ ist die endliche Menge mit den beiden aufgezählten Elementen.
g) $[5, 5.5, 6]$ ist als Ausdruck nicht definiert.
h) $(6.5, 7, 7.5)$ ist ein dreidimensionaler Vektor, Tripel oder ein 3-Tupel.
i) $\{8, 8.5, 9\}$ ist die endliche Menge mit den drei aufgezählten Elementen.

Beachten Sie: Ein n-dimensionaler Vektor wird als n-Tupel seiner Koordinaten dargestellt. Ein Intervall reeller Zahlen ist zugleich eine Menge.

Lösung 32.2

a) $A \times B = \{(2, -1), (2, 1), (4, -1), (4, 1), (6, -1), (6, 1)\}$
b) C und $A \times B$ sind nicht identisch. Es ist $A \times B \subset C$, aber C enthält zudem das Element $(0, 0)$.

Erläuterung von $C = \{(|2z|, sgn(2z)) : z \in \mathbb{Z}, |z| < 4\}$:

- ▷ Die äußeren geschweiften Klammern $\{...\}$ sagen: Es handelt sich um eine Menge.
- ▷ Der Doppelpunkt : in der Mitte liest sich als „für die“: Die davor angegebenen Elemente haben die Eigenschaft hinter dem Doppelpunkt.
- ▷ Die runden Klammern im vorderen Ausdruck sagen: Es handelt sich um ein geordnetes Paar (oder einen Vektor).
- ▷ Das Paar besteht aus zwei Komponenten: $|2z|$: Betrag von $2z$ und $sgn(2z)$: Vorzeichen von $2z$.
- ▷ Die Eigenschaft hinter der Klammer besteht aus zwei Bedingungen: z ist ganze Zahl, und der Betrag von z ist kleiner als 4.
- ▷ Die Zahlen $-3, -2, -1, 0, 1, 2, 3$ erfüllen die beiden zuletzt genannten Eigenschaften.
- ▷ Für jede dieser Zahlen wird der vordere Ausdruck ausgewertet: $(|2 \cdot (-3)|, sgn(2 \cdot (-3))), ..., (|2 \cdot 3|, sgn(2 \cdot 3))$

▷ Auswertung ergibt die Paare: $(6,-1), (4,-1), (2,-1), (0,0), (2,1), (4,1), (6,1)$. Bei einer Zusammenfassung als Menge verschwinden mehrfach genannte Elemente, z.B. $\{a,a,a,a\}=\{a\}$.

▷ Beobachten Sie, wie die Auswertung des Ausdrucks vor sich geht: Top-down, d.h. von außen nach innen, und dann wieder Bottom-up.

Lösung 32.3

a) $A \times B = \{(1,a),(1,b),(1,c),(2,a),(2,b),(2,c),(4,a),(4,b),(4,c)\}$
Verwenden Sie die richtigen Klammern! Die Elemente des kartesischen Produkts sind geordnete Paare, die mit runden Klammern bezeichnet werden. Geschweifte Klammern stehen für Mengen.

b) Nein: $B \times A = \{(a,1),(a,2),\ldots\}$ enthält andere Elemente.

Lösung 32.4

a) $\mathrm{card}(A \times B) = \mathrm{card}(A) \times \mathrm{card}(B) = 7 \times 3 = 21$

b) $\mathrm{card}(\mathfrak{P}(B)) = 2^{\mathrm{card}(B)} = 2^3 = 8$

c) $C \backslash A$ besteht aus sechs offenen reellen Intervallen. Die Kardinalität ist daher überabzählbar.

Lösung 32.5

a) $A \cup B = \{1,2,3,s,t\}$

b) $A \times B = \{(1,s),(1,t),(2,s),(2,t),(3,s),(3,t)\}$

c) $\mathfrak{P}(B) = \{\{\},\{s\},\{t\},\{s,t\}\}$

Lösung 32.6 Die Indikator-Funktion $\mathcal{X}_W$ ist auf der Menge der Buchstaben $\{A,B,C,\ldots,Z\}$ definiert. Ihre Funktionswerte sind 0 oder 1. Genau für die Buchstaben der Teilmenge $W=\{D,I,S,K,R,E,T\}$ nimmt die $\mathcal{X}_W$ den Wert 1 an. Es ist also $\mathcal{X}_W(A)=0, \mathcal{X}_W(B)=0, \mathcal{X}_W(C)=0, \mathcal{X}_W(D)=1, \mathcal{X}_W(E)=1, \mathcal{X}_W(F)=0,\ldots$

Lösung 32.7 $g: D \mapsto \{0,1\}$ ist die Indikator-Funktion zur Menge $B = D \setminus \{1,4,7\} = \{0,2,3,5,6,8,9\}$.

Lösung 32.8

a) Einsetzen der Werte von M zeigt es.

x	1	2	3	Indikator-Funktion auf M
$f(x)$	0	1	0	$f=\mathcal{X}_{\{2\}}$
$g(x)$	0	0	1	$g=\mathcal{X}_{\{3\}}$
$h(x)$	1	0	0	$h=\mathcal{X}_{\{1\}}$

b) Durch Addition von jeweils zwei der Funktionen werden die Indikator-Funktionen der zweielementigen Teilmengen gebildet:

$$\mathcal{X}_{\{1\}} + \mathcal{X}_{\{2\}} = \mathcal{X}_{\{1,2\}} \text{ mit } \mathcal{X}_{\{1,2\}}(x) = h(x) + f(x) = -\tfrac{1}{2}x^2 + \tfrac{3}{2}x$$

$$\mathcal{X}_{\{1\}} + \mathcal{X}_{\{3\}} = \mathcal{X}_{\{1,3\}} \text{ mit } \mathcal{X}_{\{1,3\}}(x) = h(x) + g(x) = x^2 + 4x + 4$$

$$\mathcal{X}_{\{2\}} + \mathcal{X}_{\{3\}} = \mathcal{X}_{\{2,3\}} \text{ mit } \mathcal{X}_{\{2,3\}}(x) = f(x) + g(x) = -\tfrac{1}{2}x^2 + \tfrac{5}{2}x - 2$$

Indikator-Funktionen der leeren Menge oder der gesamten Menge sind die konstanten Funktionen $\mathcal{X}_{\{\}} = 0$, sowie $\mathcal{X}_{\{1,2,3\}} = 1$.

Lösung 32.9

a)
$$\begin{aligned} A_1(x) \vee A_2(x) &\Leftrightarrow x \in M_1 \cup M_2 \\ A_1(x) \wedge A_2(x) &\Leftrightarrow x \in M_1 \cap M_2 \\ \neg A_1(x) &\Leftrightarrow x \in M_1^C = \Omega \setminus M_1 \\ A_1(x) \Rightarrow A_2(x) &\Leftrightarrow M_1 \subset M_2 \\ A_1(x) \Leftrightarrow A_2(x) &\Leftrightarrow M_1 = M_2 \end{aligned}$$

b)
$$A_1(x) \wedge \neg A_2(x) \Leftrightarrow x \in M_1 \cap M_2^C = M_1 \setminus M_2$$

Lösung 32.10

s	i_1	i_2	o
0	0	0	0
0	0	1	1
0	1	0	0
0	1	1	1
1	0	0	0
1	0	1	0
1	1	0	1
1	1	1	1

Mit dem Schalter s wird je nach Wahrheitswert entweder Signal i_1 oder Signal i_2 geschaltet. Es ist $o = (s \wedge i_1) \vee (\neg s \wedge i_2)$.

Lösung 32.11

a) In der Wahrheitstabelle fällt auf, dass der Output o bis auf einen Wert identisch zu i_0 ist. Also muss i_0 mit einer logischen Kombination aus i_1 und i_2 UND-verknüpft werden, die nur in diesem Fall 0 ergibt. Diese Kombination ist $\neg i_1 \vee i_2$. Insgesamt ist $o \Leftrightarrow i_0 \wedge (\neg i_1 \vee i_2)$.

b) Da $a \vee b \Leftrightarrow \neg(\neg a \wedge \neg b) \Leftrightarrow \neg a \barwedge \neg b$ ist, wobei $\barwedge$ für NAND steht, formt sich $i_0 \wedge (\neg i_1 \vee i_2)$ zu $i_o \wedge (i_1 \barwedge \neg i_2) \Leftrightarrow \neg(i_0 \barwedge (i_1 \barwedge \neg i_2))$ um. Mit $\neg a = a \barwedge a$ lassen sich die beiden Negationen ersetzen. Vergleiche Aufgabe 31.14. Der ganze Ausdruck ist dann $(i_0 \barwedge (i_1 \barwedge (i_2 \barwedge i_2))) \barwedge (i_0 \barwedge (i_1 \barwedge (i_2 \barwedge i_2)))$. Siehe Bild 32.3.

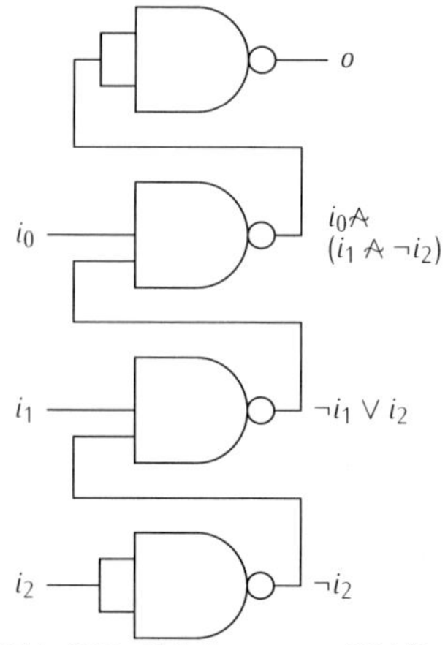

Bild 32.3: Schaltung mit NAND-Gattern

Lösung 32.12

- ☒ $\{1, 3, 5, \ldots\}$ bezeichnet die abzählbare Menge der ungeraden, natürlichen Zahlen,
- ☐ $(2, 4)$ bezeichnet eine überabzählbare Menge als offenes Intervall reeller Zahlen,
- ☐ $(2, 4, 6)$ bezeichnet keine Menge, sondern ein 3-Tupel also z.B. einen Vektor des $\mathbb{R}^3$,
- ☒ $\{x \in \mathbb{Q} | 0 \leq x \leq \pi\}$ bezeichnet alle nichtnegativen rationalen Zahlen kleiner π. Diese sind abzählbar.
- ☐ $(2, 4, 6, \ldots)$ bezeichnet die Folge $(2i)_{i=1,2,\ldots}$ aus abzählbar vielen Elemente, aber eben keine Menge, siehe Kapitel 27 von Band 2.
- ☐ $\{2015, 2016, 2017\}$ bezeichnet eine endliche Menge,
- ☐ $[1999, 2015]$ bezeichnet eine überabzählbare Menge als abgeschlossenes Intervall reeller Zahlen,
- ☐ $[1999, 2000, 2001, \ldots]$ bezeichnet keinen definierten mathematischen Ausdruck, da es keine Aufzählung in eckigen Klammern gibt.

Lösung 32.13 Eine Möglichkeit, die Menge abzuzählen, ist: $a_0 = (0, 0)$, $a_1 = (0, 1)$, $a_2 = (1, 0)$, $a_3 = (0, 2)$, $a_4 = (1, 1)$, $a_5 = (2, 0)$, $a_6 = (0, 3)$, $a_7 = (1, 2)$, … Dabei werden die Paare aufsteigend nach der Summe des Koordinatenpaares und dann nach der ersten Koordinate sortiert, wie in Bild 32.4 dargestellt.

·	·	·	·	·	·
a_{10}	·	·	·	·	·
a_6	a_{11}	·	·	·	·
a_3	a_7	a_{12}	·	·	·
a_1	a_4	a_8	a_{13}	·	·
a_0	a_2	a_5	a_9	a_{14}	·

Bild 32.4: Abzählung der Koordinatenpaare für $\mathbb{N}_0 \times \mathbb{N}_0$

Diese Abzählung lässt sich direkt aus dem Zählindex definieren. Der kleinste Index zur Koordinatensumme s hat nach der Summe der arithmetischen Reihe den Wert $\frac{s(s+1)}{2}$. Die Koordinatensumme ist in Bild 32.5 zu sehen. Wird die Gleichung $n = \frac{s(s+1)}{2}$ nach s aufgelöst, ergibt sich $s^2 + s - 2n = 0$ oder $s = -\frac{1}{2} + \sqrt{\frac{1}{4} + 2n}$. Die Koordinatensumme ist daher $s(n) = \lfloor \sqrt{2n + \frac{1}{4}} - \frac{1}{2} \rfloor$, wobei die Klammern die untere *Gauß-Klammer*, also das Abrunden, bezeichnet. Die x-Koordinate von a_n hat daher den Wert $n - \frac{s(n)\,(s(n)+1)}{2}$, die y-Koordinate ergibt sich dann aus der Summe $s(n)$. Insgesamt hat die Abzählung die Koordinaten:

$$a_n = \left(n - \frac{s(n)^2 + s(n)}{2}, \frac{s(n)^2 + 3s(n)}{2} - n \right)$$

·	·	·	·	·	·
4	·	·	·	·	·
3	4	·	·	·	·
2	3	4	·	·	·
1	2	3	4	·	·
0	1	2	3	4	·

Bild 32.5: Summen der Koordinatenpaare für $\mathbb{N}_0 \times \mathbb{N}_0$

33 Induktion und Rekursion

33.1 Einleitung

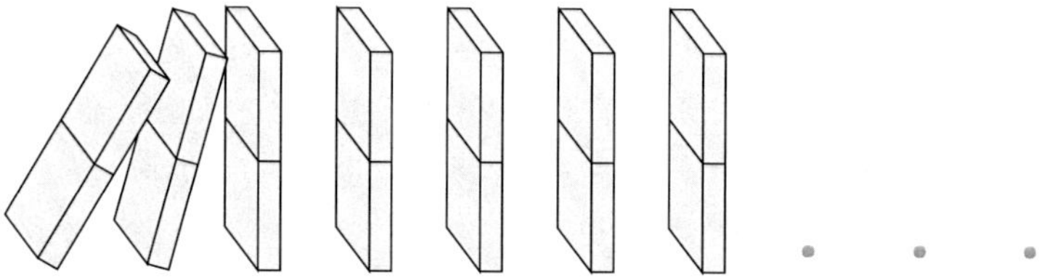

Bild 33.1: Dominosteine aufgereiht

Die *vollständige Induktion* ist ein Beweisverfahren für Aussagen, deren Gültigkeit für alle natürlichen Zahlen gezeigt werden soll. Die Reihe von Dominosteinen in Bild 33.1 ist eine anschauliche Analogie der vollständigen Induktion. Damit die ganze Reihe fällt, müssen zwei Dinge erfüllt werden: Der erste Stein wird umgestoßen und alle Steine müssen so aufgestellt sein, dass mit dem Fallen eines Steines auch der Nachbarstein umgestoßen wird. Vollständige Induktion hat vielfältige Anwendung, wichtige Varianten sind die starke Induktion und die strukturelle Induktion, die mit Mengen oder Strukturen arbeitet. Strukturelle Induktion ist in Grundlagenwerken der Informatik wie z.B. Hoffmann[1] zu finden. Eng verbunden mit der Induktion ist die *Rekursion*, wie sie z.B. zur Definition von Folgen benutzt wird. Rekursionen oder *Differenzengleichungen* sind das diskrete Pendant zu den kontinuierlichen Differentialgleichungen der Analysis. Linearen Rekursionen mit konstanten Koeffizienten gilt ein besonderes Ausgenmerk. Sie haben viele Anwendungen und sind zugleich gut lösbar. Vollständige Induktion ist im Buch von Teschl und Teschl[2] in Abschnitt 2.3 beschrieben, Rekursionen im selben Buch in Kapitel 8.

[1] D. Hoffmann. *Grundlagen der technischen Informatik*. Hanser, 6. Auflage, 2020

[2] G. Teschl und S. Teschl. *Mathematik für Informatiker - Band 1: Diskrete Mathematik und Lineare Algebra*. Springer Spektrum, 2013

33.1.1 Vollständige Induktion

Die *vollständige Induktion* ist ein Verfahren, um zu zeigen, dass die Aussageform $A(n)$ für jede natürliche Zahl $n \in \mathbb{N}$ eine wahre Aussage ergibt.

Beispiel. Summenformel der arithmetischen Reihe
Es ist $A(n)$ die Aussage $\sum_{i=1}^{n} i = \frac{n\cdot(n+1)}{2}$. Dann besagt die Summenformel der arithmetischen Reihe $\forall n \in \mathbb{N} : A(n)$.

Die Aussage $A(3)$ ist $\sum_{i=1}^{3} i = \frac{3\cdot(3+1)}{2}$. Da die linke Seite $1+2+3 = 6$ ergibt und die rechte Seite $\frac{3\cdot 4}{2} = 6$, ist $A(3)$ wahr.

Tabelle 33.1: Struktur des Induktionsbeweises

Induktion	$\forall n \in \mathbb{N} : A(n)$
Anfang	Zu zeigen: $A(1)$
Schluss mit	
Annahme	Für ein k gelte $A(k)$
Behauptung	dann gilt auch $A(k+1)$
Zu zeigen:	$A(k) \Rightarrow A(k+1)$

Mit vollständiger Induktion kann die Richtigkeit der Formel für alle n bewiesen werden, ohne einen bestimmten Wert einzusetzen.

Ein Induktionsbeweis besteht aus zwei Schritten: dem *Induktionsanfang* und dem *Induktionsschluss*. Der Induktionsanfang wird auch *Induktionsverankerung*, der Induktionsschluss auch *Induktionsschritt* genannt. In der Analogie zur Reihe der Dominosteine wird im Induktionsanfang der erste Stein umgestoßen, also für den Anfangswert $n = 1$ gezeigt, dass $A(1)$ gültig ist. Im Induktionsschluss wird gesichert, dass der Fall eines Steines den Nachbarstein umstößt, also die Aussage $A(n)$ die Aussage $A(n+1)$ impliziert. Der Induktionsanfang kann statt mit $n = 1$ auch mit einem anderen Startwert $n_0 \in \mathbb{N}$ beginnen. Dann wird die Aussage $A(n)$ mit dem Induktionsbeweis für alle $n \geq n_0$ gezeigt. Der Induktionsschluss besteht aus drei Teilschritten *Induktionsannahme*, *Induktionsbehauptung* und dem *Induktionsbeweis*. In der Annahme wird die Aussage $A(k)$ für ein $k \in \mathbb{N}$ erstellt. In der Behauptung wird die Aussage $A(k+1)$ erstellt. Im Beweis schließlich wird $A(k) \Rightarrow A(k+1)$ gezeigt. Induktionsannahme und -behauptung haben den Zweck, diese beiden Teile des Beweises explizit zu machen. Im Beweis von $A(k+1)$ ist die Annahme $A(k)$ zu nutzen. Die Struktur des Induktionsbeweises wird in Tabelle 33.1 zusammengefasst.

Beispiel. Induktionsbeweis zur arithmetischen Reihe

- ▷ Anfang: Die Aussage $A(1)$ ist $\sum_{i=1}^{1} i = \frac{1\cdot(1+1)}{2}$. Sie ist wahr, da beide Seiten der Gleichung 1 ergeben.
- ▷ Annahme: Für ein $k \in \mathbb{N}$ gelte $A(k)$ also $\sum_{i=1}^{k} i = \frac{k\cdot(k+1)}{2}$.
- ▷ Behauptung: Dann gilt auch $A(k+1)$ also $\sum_{i=1}^{k+1} i = \frac{(k+1)\cdot(k+1+1)}{2}$.
- ▷ Beweis: Die linke Seite der Gleichung in $A(k+1)$ lässt sich aufteilen in die Summe bis k und den letzten Summanden: $\sum_{i=1}^{k+1} i = \left(\sum_{i=1}^{k} i\right) + (k+1) = \frac{k\cdot(k+1)}{2} + (k+1)$. Die letzte Gleichung benutzt die Induktionsannahme. Nun wird noch Gleichheit zur rechten Seite der Induktionsbehauptung gezeigt: $\frac{k\cdot(k+1)}{2} + k + 1 = \frac{k\cdot(k+1)+2\cdot(k+1)}{2} = \frac{(k+2)\cdot(k+1)}{2} = \frac{(k+1)\cdot(k+2)}{2}$. Die Induktionsbehauptung ist unter Benutzung der Annahme gezeigt, zusammen mit dem Induktionsanfang gilt die Aussage nun für alle $n \in \mathbb{N}$.

Beispiel. Wachstum der Fakultät
Zu zeigen ist die Ungleichung $2^n < n!$ für alle $n \geq 4$.
- ▷ Anfang: $n_0 = 4$, es ist $2^4 = 16 < 4! = 24$.
- ▷ Annahme: Für ein $k \geq 4$ gelte $2^k < k!$,
- ▷ Behauptung: Dann gilt für $k+1$ die Ungleichung $2^{k+1} < (k+1)!$.
- ▷ Beweis: Es ist $2^{k+1} = 2^k \cdot 2$. Nach Annahme ist das kleiner als $(k!) \cdot 2 < (k!) \cdot (k+1) = (k+1)!$, da $k \geq 4$.

Tabelle 33.2: Starke Induktion

Induktion	$\forall n \in \mathbb{N} : A(n)$
Anfang	Zu zeigen: $A(1)$
Schluss mit	
Annahme	Für ein k gelte $\forall j \leq k$: $A(j)$
Behauptung	dann gilt auch $A(k+1)$
Zu zeigen:	$[\forall j \leq k : A(j)] \Rightarrow A(k+1)$

Bei manchen Fragestellungen reicht die Aussage $A(k)$ nicht aus, um $A(k+1)$ zu beweisen. Dann bietet sich das Verfahren der *starken Induktion* an. Dabei wird im Induktionsschritt die Gültigkeit der Aussage $A(j)$ für alle $j \leq k$ vorausgesetzt und damit die Aussage $A(k+1)$ abgeleitet. Tabelle 33.2 fasst den Beweisablauf zusammen.

Beispiel. Spiel für zwei Personen
- ▷ Zwei Körbe mit Spielsteinen stehen auf dem Tisch.
- ▷ In jedem Zug wird eine beliebige positive Anzahl von Steinen aus einem der beiden Körbe genommen. Person 1 beginnt.
- ▷ Wer den letzten Stein nimmt, hat gewonnen.

Zu zeigen ist: Wenn zu Beginn beide Körbe die gleiche Anzahl von Spielsteinen enthalten, kann Person 2 in jedem Fall gewinnen.

Definiere $G(n)$ als die Aussage: „Person 2 kann in jedem Fall gewinnen, wenn in beiden Körben n Steine sind".

Anfang: $G(1)$. Person 1 nimmt einen Stein aus einem der beiden Körbe. Nur im andern liegt noch ein Stein. Person 2 nimmt ihn und gewinnt.

Annahme: Für ein $k \in \mathbb{N}$ gelte $G(j)$ schon für alle $j \leq k$.

Behauptung: Dann gilt auch $G(k+1)$.

Beweis: Es seien $k+1$ Spielsteine in jedem Korb. Nimmt Person 1 alle $k+1$ Steine aus einem Korb, nimmt Person 2 alle Steine des anderen Korbes und gewinnt. Person 1 nimmt andernfalls r Steine aus einem der Körbe mit $1 \leq r \leq k$. Es bleiben in dem Korb $k+1-r$ Steine übrig. Nun entnimmt Person 2 dem anderen Korb ebenfalls r Steine, damit enthalten beide Körbe wieder die gleiche Anzahl an Steine. Es ist $1 \leq k+1-r \leq k$ also gilt nach Induktionsannahme $G(k+1-r)$, dass Person 2 das Spiel in jedem Fall gewinnen kann. Damit ist $G(k+1)$ richtig. Aufgrund der starken Induktion gilt $G(n)$ für alle $n \in \mathbb{N}$.

33.1.2 Induktive Mengendefinition und strukturelle Induktion

Mengen können induktiv definiert werden. Wie bei rekursiv definierten Folgen besteht die induktive Definition einer Menge M aus zwei Teilen. Im Induktionsanfang werden ein oder mehrere Elemente von M als *Basiselemente* ausgewiesen. Diese bilden die *Basismenge*.

Im Induktionsschritt werden eine oder mehrere *Induktionsregeln* angewendet, wie weitere Elemente aus schon bekannten Elementen von M gebildet werden.

Beispiel. Induktive Definition einer Menge $M \subset \mathbb{Z}$
▷ Das Basiselement ist $5 \in M$.
▷ Als Induktionsregel gilt: Wenn $x \in M$ und $y \in M$, dann ist $x + y \in M$.
So gilt $5 \in M, 5 + 5 = 10 \in M, 10 + 5 = 15 \in M, \ldots$

Tabelle 33.3: Induktive Definition einer Menge aus Basismenge B und Induktionsregeln R_i

Definition	Menge M
Basis B	$B \subset M$
Regeln zur	$R_i,\ i = 1, \ldots, r$
Erzeugung	$m = R_i(m_1, \ldots, m_k)$
Wenn	$\forall j \leq k : m_j \in M$
	$\Rightarrow$
dann	$m = R_i(m_1, \ldots, m_k)$
	$m \in M$

In der Tabelle 33.3 ist die induktive Definition formal zusammengefasst. Dabei sind die erzeugenden Regeln als Funktionen mehrerer Variablen dargestellt. Im vorigen Beispiel besteht dabei die Basismenge B aus einem einzigen Element $B = \{5\}$ und es gibt nur eine Regel R_1, die von zwei Variablen abhängt.

Beispiel. Menge Σ^* aller Wörter über einem Alphabet Σ
▷ Die Basismenge besteht aus dem leeren Wort $\epsilon \in \Sigma^*$.
▷ Induktionsregel: Wenn $w \in \Sigma^*$ und $a \in \Sigma$ dann ist $wa \in \Sigma^*$.

Beispiel. Eigenschaften einer induktiv definierten Menge beweisen. Sei M die oben definierte Menge mit Basiselement $5 \in M$ und Induktionsregel gilt: $x \in M \wedge y \in M \Rightarrow x + y \in M$.

Es soll gezeigt werden, dass M gerade die Menge N_5 aller natürlichen Zahlen multipliziert mit 5 ist.

Teil 1: $N_5 \subset M$

Definiere die Aussage $A(n)$. $A(n)$ besagt: $5n \in M$. Induktionsanfang: 5 ist Basiselement von M, also ist $A(1)$ wahr. Induktionsschluss: Mit der Annahme $A(k)$, also $5k \in M$, gilt auch $A(k + 1)$, also $5\,(k + 1) \in M$. Es ist aber $5\,(k + 1) = 5k + 5$ und $5k \in M$ nach Induktionsannahme und $5 \in M$ als Basiselement von M. Daher ist nach der Induktionsregel auch $5(k + 1) \in M$. Somit gilt $A(n)$ für alle n und $N_5 \subset M$.

Teil 2: $M \subset N_5$

Das Basiselement 5 von M ist als Produkt $1 \cdot 5$ Element von N_5. Wenn jetzt x und y Elemente aus M sind, die schon in N_5 liegen, dann sind sie beide Produkte einer natürlichen Zahl mit 5, also $x = 5n_x, y = 5n_y$. Das mit der Induktionsregel erzeugte Element $x + y = 5(n_x + n_y)$ ist also ebenfalls Produkt einer natürlichen Zahl mit 5 und damit $x + y \in N_5$. Mit der Induktionsregel können somit keine Zahlen gebildet werden, die nicht in N_5 liegen. Daher ist $M \subset N_5$.

Tabelle 33.4: Strukturelle Induktion, Beweis der Gültigkeit einer Aussage $A(m)$ für Elemente m einer induktiv definierten Menge M

Beweis für	$\forall m \in M : A(m)$
Definition M	Basis B und
	Regeln R_i
Anfang	
Basis B	$\forall m \in B : A(m)$
Schluss	
Annahme	$\forall R_i$ und $m_j \in M$
Erzeugung	$m = R_i(m_1, \ldots, m_k)$
Zu zeigen:	$[\forall j \leq k : A(m_j)]$
	$\Rightarrow A(m)$

Diese Art des Induktionsbeweises heißt *strukturelle Induktion*. Sie ist in Tabelle 33.4 zusammengefasst.

Beispiel. Definiere auf der Menge $\Sigma^\star$ der Wörter über dem Alphabet Σ die Umkehrung eines Wortes durch $\text{rev}(\epsilon) = \epsilon$ und $\text{rev}(wa) = a\,\text{rev}(w)$ für $w \in \Sigma^\star$ und $a \in \Sigma$.

Zu zeigen ist: $\forall u, v \in \Sigma^\star : \text{rev}(uv) = \text{rev}(v)\,\text{rev}(u)$

Gezeigt wird dies für beliebiges $u \in \Sigma^\star$ und Induktion über die Erzeugung von v. Dafür sei $A(v)$ die Aussage $\forall u \in \Sigma^\star : \text{rev}(uv) = \text{rev}(v)\,\text{rev}(u)$.

- ▷ Anfang: Sei $v = \epsilon$. Dann ist $\text{rev}(uv) = \text{rev}(u\epsilon) = \text{rev}(u) = \epsilon\,\text{rev}(u) = \text{rev}(\epsilon)\,\text{rev}(u) = \text{rev}(v)\,\text{rev}(u)$. Es gilt also $A(\epsilon)$.
- ▷ Induktionsannahme: Es gelte für $w \in \Sigma^*$ die Aussage $A(w)$.
- ▷ Erzeugung: Sei $v \in \Sigma^\star$ mit $v \neq \epsilon$ und $v = wa$. Dann ist $\text{rev}(uv) = \text{rev}(u(wa)) = \text{rev}((uw)a) = a\,\text{rev}(uw)$ nach Definition von rev. Nach Induktionsannahme ist $a\,\text{rev}(uw) = a\,\text{rev}(w)\,\text{rev}(u) = (a\,\text{rev}(w))\,\text{rev}(u) = \text{rev}(wa)\,\text{rev}(u)$ wieder nach Definition von rev. Der letzte Ausdruck ist aber gleich $\text{rev}(v)\,\text{rev}(u)$, womit $\text{rev}(uv) = \text{rev}(v)\,\text{rev}(u)$ gezeigt ist.

Beispiel. Die Menge $M = \{4, 7, 16, 49, 64, 256, 343, 1024, 2401, \ldots\}$ wird untersucht.

a) Gesucht ist eine induktive Definition der Menge M.
b) Beweisen Sie, dass $m \bmod 3 = 1$ für alle $m \in M$ gilt.

Lösung

a) In der Zahlenfolge fallen die Zweier-Potenzen auf: $4, 16, 64, 256, \ldots$ Nach Auflistung ist zu sehen, es sind ganzzahlige Potenzen von 4 mit positiver Potenz. Die übrigen Zahlen 7, 49, 343, 2401 sind als Potenzen von 7 erkennbar. Die eine Reihe enthält gerade und die andere ungerade Zahlen. Die strukturelle Definition von M ist daher: $\{4, 7\} \subset M$, ist $m \in M$ und m gerade, so ist auch $4m \in M$, ist $m \in M$ und m ungerade, so ist auch $7m \in M$.
b) Beweis mit struktureller Induktion.
Induktionsanfang: für 4 und 7 gilt $4 \bmod 3 = 7 \bmod 3 = 1$.
Induktionsschritt: Es sei $m \in M$, dann ist die Induktionsannahme $m \bmod 3 = 1$.
Falls m gerade ist, muss $4m \bmod 3 = 1$ gezeigt werden:
$4m \bmod 3 = 3m \bmod 3 + m \bmod 3 = 0 + m \bmod 3 = 1$ nach Induktionsannahme.
Falls m ungerade ist, muss $7m \bmod 3 = 1$ gezeigt werden:
$7m \bmod 3 = 6m \bmod 3 + m \bmod 3 = 0 + m \bmod 3 = 1$ nach Induktionsannahme.

33.1.3 Rekursion

Bei manchen Objekten ist eine explizite Definition schwierig. Jedoch das Objekt selbst für seine Definition zu nutzen, kann die Aufgabe einfach machen. Das Vorgehen wird als *Rekursion* bezeichnet.

Beispiel. Gegeben ist eine Zahlenfolge $4, 7, 13, 25, 49, \ldots$ Die nächste Zahl ist eins kleiner als das Doppelte der vorigen. Damit kann die Folge *rekursiv* definiert werden: $x_{n+1} = 2x_n - 1$ mit $x_1 = 4$. Die Gleichung für x_{n+1} ist die *Rekursionsgleichung* oder einfach Rekursion, die Gleichung für x_1 die *Anfangsbedingung*.

In diesem Beispiel wurde mit der Rekursion eine Folge definiert. Wir schränken den Begriff in diesem Sinne ein und definieren eine *Rekursion k-ter Ordnung* als Gleichung der Art:

$$x_n = f(n, x_{n-1}, \ldots x_{n-k})$$

Das nächste Folgenglied kann also mithilfe der vorigen k Glieder und n berechnet werden. Hängt die Definition der Funktion f nicht von n ab, wird von einer *autonomen* Rekursion gesprochen. Im obigen Beispiel wird somit eine autonome Rekursion erster Ordnung definiert.

Beispiel. Prominente Beispiele von Rekursionen erster Ordnung

- ▷ $a_n = n\, a_{n-1}$ definiert für $a_0 = 1$ die *Fakultät*, eine nicht autonome Rekursion,
- ▷ $a_{n+1} = q\, a_n$ definiert eine *geometrische Folge*, eine autonome Rekursion,
- ▷ $s_n = n + s_{n-1}$ definiert für $s_0 = 0$ die *arithmetische Reihe*, also die Teilsummenfolge der arithmetischen Folge, eine nicht autonome Rekursion,
- ▷ $r_{n+1} = \frac{1}{2}\left(r_n + \frac{w}{r_n}\right)$, *Herons Folge*, eine autonome Rekursion, die sich schnell dem Wert $\sqrt{w}$ annähert.

Die Fibonacci-Folge hat die rekursive Definition $f_{n+1} = f_n + f_{n-1}$ mit den Startwerten $f_0 = 0, f_1 = 1$. Sie beginnt $0, 1, 1, 2, 3, 5, 8, 13, 21, \ldots$ Der Quotient f_{n+1}/f_n konvergiert gegen den *goldenen Schnitt*, $\Phi = \frac{1+\sqrt{5}}{2}$.

Das berühmteste Beispiel einer Rekursion zweiter Ordnung ist die *Fibonacci-Folge*, bei der die Summe der letzten beiden Folgenglieder das nächste definiert. Fibonacci-Folgen treten häufig auf, wie das nachstehende Beispiel zeigt, das die Erstellung einer Rekursionsgleichung demonstriert.

Beispiel. Anzahl der Bitfolgen ohne aufeinander folgende Einsen. Es bezeichne a_n die Anzahl der Bitfolgen der Länge n ohne aufeinander folgende Einsen. Es ist $a_1 = 2$, da es zwei Bitfolgen der Länge $n = 1$ gibt. Beide sind ohne aufeinander folgende Einsen. Es ist $a_2 = 3$. Es gibt vier Bitfolgen der Länge $n = 2$, davon haben nur drei keine aufeinander folgenden Einsen: 00, 01, 10. Die $a_3 = 5$ Bitfolgen der Länge $n = 3$ ohne aufeinander folgende Einsen sind 000, 001, 010, 100, 101.

Unter den mit a_n gezählten Bitfolgen der Länge n ohne aufeinander folgende Einsen bezeichne

- ▷ b_n die Anzahl derer, die auf 0 enden und
- ▷ c_n die Anzahl der übrigen, die auf 1 enden.

Es gilt also $a_n = b_n + c_n$. Weiter ist $c_{n+1} = b_n$, weil Bitfolgen, die auf Eins enden, nicht mit einer Eins fortgesetzt werden dürfen. Dagegen ist $b_{n+1} = a_n$, weil jede Bitfolge mit einer Null fortgesetzt werden kann ohne aufeinander folgende Einsen zu bekommen. Somit ist $a_{n+1} = b_{n+1} + c_{n+1} = a_n + b_n = a_n + a_{n-1}$. Dies ist die Rekursionsformel der Fibonaccifolge mit der Anfangsbedingung $a_1 = 2, a_2 = 3$.

Bei der Speicherung von Daten auf CDs wird die EFM-Codierung verwendet. EFM steht für „eight to fourteen modulation". Es wird ein 8-Bit Wort in 14 Bits gespeichert. Es ist $a_{12} = 377 > 256$, zwölf Bits würden somit bereits ausreichen, um 8-Bit-Wörter zu codieren. Da es noch weitere technische Anforderungen an die Bitfolgen auf CDs gibt, werden tatsächlich 14 Bits verwendet.

Der Rekursionsschritt sagt, wie man von einem oder mehreren bekannten Werten auf den nächsten neuen Folgenwert kommt. Deshalb kann vollständige Induktion benutzt werden, um eine Aussage über eine rekursiv definierte Folge a_n zu treffen. Sei $A(n)$ eine Aussage über a_n. Anfangs wird $A(1)$ und im Induktionsschritt $\forall n \geq 1 : (A(n) \Rightarrow A(n+1))$ bewiesen.

Beispiel. Bei der rekursiv definierten Folge $x_{n+1} = 2x_n - 1$ mit $x_1 = 4$ haben die Folgenglieder einen Rest von 1 bei Division durch 3. Es gilt die Aussage $A(n) : x_n \bmod 3 = 1$.
Induktionsanfang: $x_1 \bmod 3 = 4 \bmod 3 = 1$, also ist $A(1)$ wahr.
Im Induktionsschritt wird $A(k)$ vorausgesetzt, also $x_k \bmod 3 = 1$. Dann ist $x_{k+1} \bmod 3 = (2x_k - 1) \bmod 3 = ((2 \bmod 3)(x_k \bmod 3) + (-1) \bmod 3) \bmod 3 = (2 \cdot 1 + 2) \bmod 3 = 1$. Es folgt also $A(k+1)$.

Eine Folge $(x_n)_{n\in\mathbb{N}}$ ist eine *Lösung* der Rekursion, wenn sie die Rekursionsgleichung für alle $n \in \mathbb{N}$ erfüllt.

Beispiel. Die Rekursion $x_n = x_{n-1} + 2\,x_{n-2}$ wird durch $x_n = 2^n$ gelöst, wie sich durch Induktion beweisen lässt:
Anfang für $n = 2$: $x_2 = x_1 + 2x_0$ richtig für $2^2 = 2^1 + 2 \cdot 2^0$.
Annahme: Es gelte für alle $k \leq n : x_k = 2^k$.
Behauptung: Dann gilt für $k + 1$ auch: $x_{k+1} = 2^{k+1}$
Beweis: Nach Definition ist $x_{k+1} = x_k + 2\,x_{k-1}$. Mit der Annahme ergibt die rechte Seite: $x_{k+1} = 2^k + 2 \cdot 2^{k-1} = 2^k + 2^k = 2^{k+1}$, was zu zeigen war.
Natürlich löst ein beliebiges Vielfaches $x_n = c\,2^n$ für $c \in \mathbb{R}$ die Rekursion genauso.

Eine einzelne Folge (x_n), die eine Rekursion löst, heißt eine *spezielle Lösung*, die gesamte Lösungsmenge aller Lösungsfolgen heißt die *allgemeine Lösung*. Eine spezielle Lösung ist in der Regel durch eine *Anfangsbedingung* definiert. Eine Rekursion der Ordnung k der Form $x_n = f(n, x_{n-1}, \ldots, x_{n-k})$ ist eindeutig bestimmt, wenn die ersten k Folgenglieder $x_0, \ldots, x_{k-1}$ als Anfangsbedingung festgelegt sind.

Eine Rekursion wird auch als *Differenzengleichung* bezeichnet und ist in vieler Hinsicht einer *Differentialgleichung* ähnlich.

Beispiel. Die Rekursion $x_n = x_{n-1} + 2\,x_{n-2}$ hat eine weitere spezielle Lösung $x_n = (-1)^n$. Ihre allgemeine Lösung ergibt sich als Linearkombination $x_n = \lambda_1 2^n + \lambda_2 (-1)^n$ für beliebige $\lambda_1, \lambda_2 \in \mathbb{R}$. Die geometrische Folge $x_n = 2^n$ gehört als spezielle Lösung der Rekursion zur Anfangsbedingung $x_0 = 1, x_1 = 2$, während die andere geometrische Folge $x_n = (-1)^n$ sich als weitere spezielle Lösung sich aus der Anfangsbedingung $x_0 = 1, x_1 = -1$ ergibt. Zu jeder anderen Anfangsbedingung gehört dann die ihr entsprechende Linearkombination beider geometrischer Folgen.

Wegen $\begin{pmatrix}1\\1\end{pmatrix} = \frac{2}{3}\begin{pmatrix}1\\2\end{pmatrix} + \frac{1}{3}\begin{pmatrix}1\\-1\end{pmatrix}$ führt die Anfangsbedingung $x_0 = 1, x_1 = 1$ zur speziellen Lösung $x_n = \frac{2}{3} \cdot 2^n + \frac{1}{3} \cdot (-1)^n$.

Zu Linearkombinationen und der Lösung linearer Gleichungssysteme vergleiche Kapitel 40.

33.1.4 Lösung linearer Differenzengleichungen mit konstanten Koeffizienten

Im letzten Beispiel ergibt sich die allgemeine Lösung der Rekursion als simple Linearkombination zweier spezieller Lösung. Der Grund ist, dass die Gleichung eine *lineare* Rekursion mit *konstanten Koeffizienten* ist. In diesem wichtigen Fall ist die Lösungstheorie besonders einfach.

Eine Rekursion der Ordnung k heißt *linear*, wenn x_n linear von den vorigen Folgengliedern x_{n-i} abhängt: $x_n = g_n + \sum_{i=1}^{k} \lambda_i(n)\, x_{n-i}$.

Lässt sich die Rekursionsfunktion $x_n = f(n, x_{n-1}, \ldots x_{n-k})$ als $x_n = g_n + \sum_{i=1}^{k} \lambda_i(n)\, x_{n-i}$ schreiben, ist die Rekursion *linear*.

Eine lineare Rekursion heißt *homogen*, wenn $g_n = 0, \forall n \in \mathbb{N}$ gilt. Ansonsten wird die Rekursion *inhomogen* genannt. In diesem Fall heißt die Folge (g_n) der *inhomogene Anteil* der Rekursion.

Hängen die Koeffizienten einer linearen Rekursion nicht von n ab, ist also $\lambda_i(n) = \lambda_i, \forall i = 1, \ldots, k$, wird von einer *linearen Rekursion mit konstanten Koeffizienten* gesprochen.

Eine lineare Rekursion ist somit genau dann autonom, wenn sie konstante Koeffizienten hat und entweder homogen ist oder der inhomogene Anteil g_n eine Konstante ist. Tabelle 33.5 fasst die Begriffe zur Rekursion zusammen.

Tabelle 33.5: Begriffe zur Rekursion

$x_n = f(n, x_{n-1}, \ldots, x_{n-k})$	Rekursion k-ter Ordnung
$x_n = f(\ \ x_{n-1}, \ldots, x_{n-k})$	autonome Rekursion
$x_n = g_n + \sum_{i=1}^{k} \lambda_i(n)\, x_{n-i}$	lineare Rekursion, inhomogen falls $g_n \neq 0$
$x_n = \sum_{i=1}^{k} \lambda_i(n)\, x_{n-i}$	linear, homogen
$x_n = g_n + \sum_{i=1}^{k} \lambda_i\, x_{n-i}$	linear mit konstanten Koeffizienten

Die Gleichung $x_n = q\, x_{n-1}$ ist eine lineare, homogene Rekursion erster Ordnung. Ihre allgemeine Lösung besteht aus den geometrischen Folgen $x_n = c\, q^n$ zu beliebigen Anfangswerten $x_0 = c$. Wie sieht es mit einer linearen, inhomogenen Rekursion aus? Hier helfen drei einfache Regeln:

Zur geometrischen Folge siehe Band 1, Kapitel 6.

- Sind die Folgen (a_n) und (b_n) Lösungen einer inhomogenen, linearen Rekursion $x_n = g_n + \sum_{i=1}^{k} \lambda_i(n) x_{n-i}$ so ist ihre Differenz (h_n) mit $h_n = a_n - b_n$ eine Lösung der zugehörigen homogenen, linearen Rekursion $x_n = \sum_{i=1}^{k} \lambda_i(n) x_{n-i}$.
- Die Lösungen einer homogenen, linearen Rekursion bilden einen *Vektorraum*, d.h. mit (g_n) und (h_n) als Lösungen ist auch $(\lambda\, g_n + \mu\, h_n)$ für beliebige $\lambda, \mu \in \mathbb{R}$ eine Lösung der Rekursion.
- Ist (a_n) eine spezielle Lösung der genannten inhomogenen, linearen Rekursion, so ist die allgemeine Lösung dieser Rekursion durch die Summe $(a_n + h_n)$ gegeben, wobei (h_n) die allgemeine Lösung der zugehörigen homogenen, linearen Rekursion ist.

Zum Begriff des *Vektorraums* siehe Kapitel 42.

Die inhomogene, lineare Rekursion $x_n = q\, x_{n-1} + b$ wird gelöst, indem eine spezielle Lösung als Lösung der Gleichung $x = q\, x + b \Leftrightarrow x = \frac{b}{1-q}$ gefunden wird. Die allgemeine Lösung ergibt sich dann als Summe $x_n = \frac{b}{1-q} + c\, q^n$ für $c \in \mathbb{R}$. Ist eine Anfangsbedingung $x_0 = d$ gegeben, kann aus $x_0 = \frac{b}{1-q} + c\, q^0$ einfach die Konstante $c = d - \frac{b}{1-q}$ bestimmt werden.

Es folgen zwei einfache finanzielle Anwendungsbeispiele.

Beispiel. Geldanlage
Sie legen 10000 Euro mit einer jährlichen Verzinsung von 5% an. Welchen Wert hat die Anlage nach 15 Jahren?
Antwort: Wegen $a_n = 1.05 \cdot a_{n-1}$ gilt: $a_n = a_0 \cdot 1.05^n$, also $a_{15} = 10000 \cdot 1.05^{15} \approx 20789.28$ Euro.

Beispiel. Sparvertrag
Sie legen jeweils zu Jahresbeginn 1000 Euro mit jährlicher Verzinsung von 5% an. Welchen Wert hat das Guthaben nach 15 Jahren?
Antwort: Wegen $a_n = q\,(a_{n-1} + 1000)$ mit $a_0 = 0, q = 1.05$ ist $a_n = \frac{1000\,q}{1-q} + \left(a_0 - \frac{1000\,q}{1-q}\right) q^n = -\frac{1000\,q}{q-1} + \left(a_0 + \frac{1000\,q}{q-1}\right) q^n = q^n \left(a_0 + \frac{1000\,q}{q-1}\right) - \frac{1000\,q}{q-1} = 1.05^n\, \frac{1050}{0.05} - \frac{1050}{0.05} \approx 22657.49$ Euro.

Lineare Rekursionen höherer Ordnung mit konstanten Koeffizienten werden ganz ähnlich gelöst. Wenn sie homogen sind, ergeben sie sich im Wesentlichen als Linearkombinationen aus geometrischen Folgen. Wenn sie inhomogen sind, wird zunächst eine spezielle Lösung der inhomogenen Rekursion gesucht. Ist der inhomogene Anteil z.B. ein Polynom der Ordnung l, ist der Ansatz für die spezielle Lösung ein Polynom $p(x)$ der Ordnung l. Dessen Koeffizienten ergeben sich aus dem linearen Gleichungssystem, das die in die Terme mit x^i zerlegte Rekursionsgleichung definiert. Zwei Beispiele verdeutlichen abschließend das allgemeine Lösungsverfahren.

Beispiel. Gegeben ist die Rekursion $a_n = 4\,a_{n-1} - 3\,a_{n-2}$ mit den Startwerten $a_0 = 1, a_1 = 2$.
Wenn die Lösung dieser homogenen Rekursion eine geometrische Folge $a_n = a_0\,q^n$ ist, gilt $a_0\,q^n = 4\,a_0\,q^{n-1} - 3\,a_0\,q^{n-2}$. Durch Division von $a_0\,q^{n-2}$ ergibt sich die Gleichung $q^2 - 4\,q + 3 = 0$, deren linke Seite als *charakteristisches Polynom* der linearen Rekursion bezeichnet wird.
Mit der obigen Vektorraum-Regel ergibt sich die allgemeine Lösung der Rekursion als Linearkombination aus geometrischen Folgen q^n, bei denen q Nullstellen des charakteristischen Polynoms sind. Hier ist wegen $q_1 = 3$ und $q_2 = 1$ die allgemeine Lösung $a_n = \lambda_1 q_1^n + \lambda_2 q_2^n = \lambda_1 \cdot 3^n + \lambda_2$.

Die Lösung der Rekursion für die genannten Anfangsbedingungen ergibt sich wegen $a_0 = \lambda_1\,3^0 + \lambda_2 = 0$ und $a_1 = \lambda_1 3^1 + \lambda_2 = 2$ als Lösung diese 2×2- Gleichungssystems als $\lambda_1 = \lambda_2 = \frac{1}{2}$ oder $a_n = \frac{1}{2} \cdot 3^n + \frac{1}{2}$. Die rekursive Berechnung ergibt für $a_2 = 4a_1 - 3a_0 = 5$ und für $a_3 = 4a_2 - 3a_1 = 14$ in Übereinstimmung mit den Werten aus der expliziten Formel.

Beispiel. Gegeben ist die Rekursion $a_n = 4\,a_{n-1} - 4\,a_{n-2} + n^2$ mit der Anfangsbedingung $a_0 = 5, a_1 = 9$.

Das charakteristische Polynom der homogenen Rekursion ist $x^2 - 4x + 4$ mit der doppelten Nullstelle $x = 2$. Bei mehrfachen Nullstellen ist der geometrische Teil q^n mit einem Polynom in n von der Ordnung der Vielfachheit der Nullstelle zu multiplizieren. Die allgemeine Lösung der homogenen Rekursion ist damit $x_n = \lambda_1\,2^n + \lambda_2\,n\,2^n$. Der inhomogene Teil der Rekursion ist ein Polynom zweiten Grades, ein Ansatz für eine spezielle Lösung ist $s_n = c_0 + c_1 n + c_2 n^2$. Dieser Ansatz in die inhomogene Rekursionsgleichung eingesetzt ergibt: $c_0 + c_1 n + c_2 n^2 = 4\left(c_0 + c_1(n-1) + c_2(n-1)^2\right) - 4\left(c_0 + c_1(n-2) + c_2(n-2)^2\right) + n^2 = 8c_2 n - 12c_2 + 4c_1 + n^2$. Die Polynome auf beiden Seiten stimmen nur dann überein, wenn alle Koeffizienten gleich sind. Somit ergeben sich die drei Gleichungen: $c_0 = -12c_2 + 4c_1$, $c_1 = 8c_2$ und $c_2 = 1$. Die spezielle Lösung ist dann $s_n = 20 + 8n + n^2$.

Die allgemeine Lösung der inhomogenen Rekursion lautet somit $a_n = 20 + 8n + n^2 + \lambda_1\,2^n + \lambda_2\,n\,2^n$. Für die Anfangsbedingungen ergeben sich die Gleichungen $a_0 = 20 + \lambda_1 = 5$ und $a_1 = 29 + 2\lambda_1 + 2\lambda_2 = 9$. Es ergeben sich $\lambda_1 = -15, \lambda_2 = 5$. Damit ist die Lösung der Rekursion für die gegebenen Anfangsbedingungen $a_n = 20 + 8n + n^2 + (5n - 15)\,2^n$.

33.2 Lernziele

Nr	Ich kann	Aufgabe	√
	Induktion		
301 *	die Schritte eines Induktionsbeweises benennen,	33.2, 33.3, 33.6,	
302	die Art der Anwendung vollständiger Induktion beurteilen,	33.1, 33.4, 33.5, 33.6, 33.7, 33.8	
303	einen Beweis mit Induktion führen,	33.5, 33.7, 33.8, 33.9, 33.10, 33.11, 33.12, 33.13, 33.26, 33.30-d	
304	eine Menge induktiv definieren,	33.14, 33.15, 33.16	
305	strukturelle Induktion benutzen, um Eigenschaften von induktiv definierten Mengen zu zeigen,	33.16, 33.17, 33.18	
	Rekursion		
306 *	Rekursionen mit den Begriffen Ordnung, autonom, linear, homogen, sowie spezieller und allgemeiner Lösung beschreiben,	33.19, 33.21, 33.22	
307	das Konzept der Rekursion anwenden,	33.23, 33.25, 33.26, 33.27	
308	eine Formel rekursiv definieren,	33.22, 33.24, 33.28, 33.29, 33.30-bc	
309 *	lineare Differenzengleichungen mit konstanten Koeffizienten erster und zweiter Ordnung lösen.	33.31, 33.32, 33.33	

33.3 Aufgaben

Aufgabe 33.1 (5 min) Die Aussage $A(n)$ sei durch die Gleichung $(n+1)^2 - (n-1)^2 = 4\,n$ gegeben. Gesucht ist die richtige Formulierung der Aussage $A(n+1)$. Kreuzen Sie an.

□ $(n+2)^2 - n^2 = 4\,(n+1)$
□ $(n+1)^2 - (n-1)^2 + 1 = 4\,n + 1$
□ $(n+1)^2 - n^2 + 1 = 4\,n + 1$
□ $(n+2)^2 - (n-1)^2 + 1 = 4\,(n+1)$

Aufgabe 33.2 (5 min) Ergänzen Sie die Aussagen zur Induktion passend durch ankreuzen.

a) Der Induktionsanfang ...
   □ erstellt die Aussage A_n für den Startwert n,
   □ zeigt Aussage A_n für alle n,
   □ zeigt Aussage A_{n_0} für einen Startwert n_0,
   □ erstellt die Aussage A_1 durch Einsetzen von $n = 1$.

b) Der Induktionsschluss besteht aus Induktions-...
   □ behauptung, □ aussage,
   □ gesetz, □ annahme,
   □ anfang, □ beweis.

c) Mit vollständiger Induktion werden Aussagen bewiesen, die für ... gelten. Ergänzen Sie den Satz passend.
   □ alle natürlichen Zahlen □ Brüche
   □ alle reellen Zahlen □ Summen

Aufgabe 33.3 (5 min) Ergänzen Sie den untenstehenden Text mithilfe der nachfolgend angegebenen Begriffe:

▷ Induktionsanfang	▷ alle $n \in \mathbb{N}$
▷ Induktionsannahme	▷ alle $n_0 \in \mathbb{N}$
▷ Induktionsbehauptung	▷ alle $n \geq n_0$
▷ Induktionsbeweis	▷ alle $n \leq n_0$
▷ Induktionsschluss	▷ ein $n \in \mathbb{N}$
▷ Wahrheit der Aussage $A(n)$	▷ ein $n_0 \in \mathbb{N}$

Mit der vollständigen Induktion wird die ______für ______bewiesen. Eine vollständige Induktion besteht aus zwei Teilen, ______und ______. Im ______wird die ______für ______bewiesen, typischerweise für $n = 1$. Im ______wird gezeigt, dass aus der ______die ______folgt. Wenn im ______ein $n_0 > 1$ verwendet wird, ist die ______für ______bewiesen.

Aufgabe 33.4 (5 min) Überprüfen Sie den folgenden Induktionsbeweis.

▷ Satz des Polya: Alle Pferde haben dieselbe Farbe.
▷ Induktionsanfang: Ein Pferd hat offensichtlich dieselbe Farbe.
▷ Induktionsannahme: Je n Pferde haben dieselbe Farbe.
▷ Induktionsbehauptung: Je $n + 1$ Pferde haben dieselbe Farbe.
▷ Induktionsbeweis: Sei eine Herde von $n + 1$ Pferden gegeben. Die ersten n Pferde haben nach Induktionsannahme dieselbe Farbe, aber ebenso die n letzten Pferde. Daher müssen alle $n+1$ Pferde dieselbe Farbe haben und die Behauptung ist bewiesen.

Der Mathematiker George Pólya (1887–1985) hat herausragende Arbeiten über das Lösen mathematischer Probleme verfasst.

Aufgabe 33.5 (10 min) Die Folge a_n sei direkt definiert als $a_n = 2n^3 + 3n^2 + n$. Beweisen Sie: a_n ist für alle $n \in \mathbb{N}$ durch 6 teilbar.

Aufgabe 33.6 (5 min) Finden Sie den Fehler in diesem Induktionsbeweis.

▷ Aussage: Es sei definiert die rekursive Folge $a_{n+1} = \sqrt{2 + a_n}$ mit $a_1 = \sqrt{2}$. Dann gilt $a_n \geq 2$ für alle $n \in \mathbb{N}$.
▷ Beweis durch Induktion
▷ Induktionsanfang: $a_0 = 2 \geq 2 \quad \checkmark$
▷ Induktionsannahme: Es gelte $a_k \geq 2$ für ein $k \in \mathbb{N}$,
▷ Induktionsbehauptung: Dann gilt auch $a_{k+1} \geq 2$
▷ Induktionsbeweis: Aus $a_k \geq 2$ folgt $2 + a_k \geq 4$. Somit ist $a_{k+1} = \sqrt{2 + a_k} \geq \sqrt{4} = 2$.

Aufgabe 33.7 (10 min) Zeigen Sie: Für alle natürlichen Zahlen $n \in \mathbb{N}$ ist $n^4 - n^2$ durch 12 teilbar.

Aufgabe 33.8 (15 min) Beweisen Sie mit und ohne Induktion: Für eine Zahl $0 < a < 1$ und beliebiges $n \in \mathbb{N}$ gilt $\sum_{i=0}^{n} a^i < \frac{1}{1-a}$.

Aufgabe 33.9 (15 min) Es geht um die Summe der Innenwinkel eines geschlossenen Polygons mit n Ecken.

a) Geben Sie die Winkelsumme für $n = 3$ und $n = 4$ an.
b) Stellen Sie eine Formel für beliebiges n auf.
c) Beweisen Sie Ihre Formel mithilfe von Induktion.
d) Begründen Sie, dass die Formel auch gilt, wenn das Polygon nicht konvex ist. Tipp: Erstellen Sie dazu eine Skizze.

Aufgabe 33.10 (15 min) Zeigen Sie mit vollständiger Induktion: für alle $n \in \mathbb{N}$ gilt die Identität $\left(\sum_{i=1}^{n} i\right)^2 = \sum_{i=1}^{n} i^3$

Jakob I Bernoulli (1655–1705)

Aufgabe 33.11 (10 min) Zeigen Sie die *Bernoulli-Ungleichung* mit vollständiger Induktion:

für $x \geq -1$ und $n \in \mathbb{N}$ gilt $(1 + x)^n \geq 1 + n\,x$.

Aufgabe 33.12 (15 min) Es ist die Funktion $f(x) = x\,e^{a\,x}$ gegeben, für die eine Formel ihrer n-ten Ableitung gesucht ist.

a) Berechnen Sie die erste, zweite und dritte Ableitung von f unter Verwendung der Produktregel.
b) Erstellen Sie eine Formel für die n-te Ableitung von f.
c) Beweisen Sie Ihre Formel mithilfe der vollständigen Induktion.

Aufgabe 33.13 (10 min) Zeigen Sie mit vollständiger Induktion: für alle $n \in \mathbb{N}$ mit $n \geq 2$ gilt $\sum_{i=2}^{n} \frac{1}{i \cdot (i-1)} = 1 - \frac{1}{n}$.

Aufgabe 33.14 (15 min) Diese Definition wird für die Menge $T \subset \mathbb{N}$ gegeben. Es gilt $1 \in T$. Für $n > 1$ gilt $n \in T$ genau dann, wenn zwei natürliche Zahlen n_1, n_2 existieren, die beide kleiner als n sind, so dass $n = n_1\,n_2$.

a) Geben Sie an, welche Menge T definiert.
b) Ist die Definition eindeutig?
c) Handelt es sich um eine rekursive Definition?

Aufgabe 33.15 (10 min) Gegeben ist die Menge $M = \{1, 2, 3, 4, 6, 8, 9, 12, 16, 18, \ldots\}$.

a) Bestimmen Sie, welche Zahlen zu M gehören und geben Sie die drei nächsten Zahlen in der Aufzählung der Elemente von M an.
b) Geben Sie eine induktive Definition der Menge M.

Aufgabe 33.16 (15 min) Gegeben ist die Menge $S = \{3, 12, 15, 24, 36, 48, 60, 63, 72, \ldots\}$.

a) Unter den Elementen von S findet sich eine arithmetische Folge. Das Bildungsgesetz der übrigen Elemente ist von dieser Form: Potenz einer festen Basis minus Offset.

b) Geben Sie eine induktive Definition der Menge S.
c) Beweisen Sie, dass alle $s \in S$ durch 3 teilbar sind.

Aufgabe 33.17 (10 min) Die Menge M ist durch folgende Vorschrift definiert. $8 \in M$; falls $m \in M$ gerade ist, ist auch $2m - 1 \in M$ und falls $m \in M$ ungerade ist, ist auch $2m + 6 \in M$.
a) Bestimmen Sie die ersten acht Elemente von M.
b) Beweisen Sie, dass alle Elemente von M einen Rest von 1 modulo 7 haben.

Aufgabe 33.18 (15 min) Die Menge $M \subset \mathbb{R}^2$ sei induktiv wie folgt gegeben: Es gehört der Ursprung $\mathbf{0}$ zu M. Mit $\boldsymbol{m}$ gehören auch die drei Vektoren $\begin{pmatrix} 3 \\ 3 \end{pmatrix} + \boldsymbol{m}$, $\begin{pmatrix} 1 \\ -4 \end{pmatrix} + \boldsymbol{m}$, $\begin{pmatrix} -4 \\ 1 \end{pmatrix} + \boldsymbol{m}$ zu M.

Zeigen Sie, dass die Fläche des Parallelogramms, die ein beliebiges $\boldsymbol{m} \in M$ mit dem Vektor $\begin{pmatrix} 3 \\ -2 \end{pmatrix}$ aufspannt, ein Vielfaches von 5 ist.

Die Fläche eines Parallelogramms kann mithilfe des Kreuzprodukts zweier Vektoren bestimmt werden, vergleiche Abschnitt 38.1.4.

Aufgabe 33.19 (10 min)
a) Kreuzen Sie die nachstehenden Rekursionen an, die *autonom* sind.
- ☐ $a_{n+1} = a_n - 2a_{n-1}$
- ☐ $a_{n+1} = 0.5a_n + n^2$
- ☐ $a_{n+1} = 0.5\,(a_n + a_{n-1})$
- ☐ $a_{n+1} = \sqrt{a_n}\,\sqrt[3]{2a_{n-2}}$
- ☐ $a_{n+1} = n\,\sqrt{a_n}$
- ☐ $a_{n+1} = \begin{cases} 2\,a_n & \text{falls } n \text{ gerade} \\ \sqrt{a_n} & \text{falls } n \text{ ungerade} \end{cases}$

b) Kreuzen Sie die nachstehenden Rekursionen an, die *linear* sind.
- ☐ $a_n = 0.5a_{n-1} + n^2$
- ☐ $a_n = a_{n-1} - 2.1a_{n-2}$
- ☐ $a_n = \sqrt{0.5}\,(a_{n-1} + a_{n-2})$
- ☐ $a_n = a_{n-1} + \sqrt{a_{n-2}\,\sqrt[3]{2a_{n-3}}}$
- ☐ $a_n = (n+1)\,a_{n-1}^2$

c) Kreuzen Sie die nachstehenden Rekursionen an, die als *homogen* bzw. *inhomogen* bezeichnet werden können.
- ☐ $a_n = 0.25a_{n-1} + n^3$
- ☐ $a_n = \sqrt{0.5}\,(a_{n-1} + a_{n-2})$
- ☐ $a_n = \sqrt{a_{n-1} + 2\,a_{n-2}}$
- ☐ $a_n = a_{n-1} + 3a_{n-2} - e^2$

Aufgabe 33.20 (5 min) In Aufgabe 33.30 werden drei verschiedene Formeln für die Catalan-Zahlen angegeben. Klassifizieren Sie die angegebenen Rekursionen.

Aufgabe 33.21 (5 min) Klassifizieren Sie diese Rekursionen nach Ordnung, Autonomie, Linearität, Homogenität und Konstanz der Koeffizienten.

a) $a_n = \sqrt{2}\, a_{n-2}$

b) $b_n = b_{n-1} + b_{n-3}^3$

c) $c_n = 2c_{n-1} - c_{n-2} + 2n^2$

d) $d_n = 3d_{n-1} + n^2 d_{n-2}$

e) $e_n = e_{n-1}(1 - e_{n-2})$

f) $f_n = \frac{f_{n-1}}{3} + \frac{1}{3} + \frac{1}{3f_{n-1}}$

g) $g_n = (1 + \frac{1}{n})^{g_{n-1}}$

h) $h_n = 2h_{n-1} + 3h_{n-2} + 4$

Zum Horner-Schema vgl. Abschnitt 30.1.1 auf S. 261 in Band 2

Aufgabe 33.22 (10 min) Beim *Horner-Schema* werden die Werte durch Multplikation mit x und Addition eines Polynomkoeffizienten berechnet. Handelt es sich um eine Rekursion? Begründen Sie.

Aufgabe 33.23 (20 min) Es geht um den rekursiven Algorithmus zur Berechnung einer Potenz $b^n = \begin{cases} 1 & \text{falls } n = 0 \\ \left(b^{n/2}\right)^2 & \text{falls } n \text{ gerade} \\ b\left(b^{(n-1)/2}\right)^2 & \text{falls } n \text{ ungerade} \end{cases}$.

a) Untersuchen Sie die Laufzeit, das heißt hier die Anzahl rekursiver Aufrufe, für diesen Algorithmus in den Spezialfällen $n = 2^m$ und $n = 2^{m+1} - 1$.

b) Was aus Teil a) können Sie sich für die Laufzeit in allen anderen Fällen zunutze machen?

c) Eine Alternative zur rekursiven Berechnung ist iteratives Quadrieren der Zahl b. Die Potenz $p = b^n$ wird als Produkt aus den Werten dieser Folge berechnet, bei denen eine 1 in der Binärdarstellung von n vorkommt. So kann die Potenz $b^5 = b^1 \cdot b^4$ durch Multiplikation der Folgenglieder b^1, b^2, b^4 berechnet werden, bei denen in der Binärdarstellung 101 von $n = 5$ eine Eins steht. Schreiben Sie einen solchen Algorithmus als Pseudocode.

Aufgabe 33.24 (15 min) Gesucht ist die Anzahl möglicher Bitfolgen der Länge n, deren *Runs* maximal die Länge 3 haben. Ein Run ist die Anzahl sich wiederholender gleicher Bits.
Tipp: Schauen Sie sich das Beispiel in Abschnitt 33.1.2 an.

Aufgabe 33.25 (20 min) Für eine Spielserie aus $n = 9$ Spielen wird der Ausdruck $SNSSSNSSN$ notiert. Dabei steht S für Sieg, N für Niederlage. Diese Spielserie hat also zuerst einen Sieg, dann eine Niederlage, dann drei Siege, usf.

Gesucht ist die Anzahl s_n der Spielserien der Länge n, bei denen in allen drei aufeinanderfolgenden Spielen mindestens zwei Gewinne dabei sind. Dies ist im obigen Beispiel der Fall.

a) Unterscheiden Sie die Fortsetzungen einer Spielserie anhand ihrer unterschiedlichen Enden und entwickeln daraus Rekursionsformeln für die Anzahl der jeweiligen Spielserien.

b) Setzen Sie nun eine Rekursionsformel für die Folge s_n zusammen.

Aufgabe 33.26 (15 min) Gegeben ist die Rekursionsformel $a_{n+1} = 2\,a_{n-1} + a_n$ mit den Anfangswerten $a_0 = 0$ und $a_1 = 1$.

Zeigen Sie mit vollständiger Induktion, dass für alle n gilt:

$$a_n = \begin{cases} \frac{1}{3}(2^n - 1) & \text{falls } n \text{ gerade,} \\ \frac{1}{3}(2^n + 1) & \text{falls } n \text{ ungerade.} \end{cases}$$

Aufgabe 33.27 (10 min) Gärtnerin Imke gießt der Reihe nach die n Bäume auf der rechten Seite der Allee. Sie beginnt bei Baum Nr. 1 und darf immer höchstens einen Baum überspringen. Wie viele Möglichkeiten gibt es für sie, bis zu Baum Nr. n zu gelangen?

Aufgabe 33.28 (10 min) Identifizieren Sie die Folge, die hier durch $a_{n+1} = n\,a_n$, mit $a_0 = 1$ definiert wird. Was passiert, wenn der Anfang durch $a_1 = 1$ gegeben ist?

Aufgabe 33.29 (10 min) Aus den Buchstaben A, B und C werden Wörter gebildet. Dabei gilt: Kein einzelner Buchstabe darf mehr als zweimal hineinander auftreten. Es sei a_n die Anzahl möglicher Wörter der Länge n. Erstellen Sie eine Rekursionsformel für a_n. Hinweis: Unterscheiden Sie die Wortfolgen, die auf zwei verschiedene Buchstaben enden und jene, die auf zwei gleiche Buchstaben enden.

Aufgabe 33.30 (30 min) Die Catalan-Zahlen spielen in vielen kombinatorischen Problemen eine Rolle, z.B. bei der Triangulierung wie in Bild 33.2. Bei einer Triangulierung wird eine durch ein Polygon begrenzte Fläche in Dreiecke aufgeteilt. Die dafür eingefügten Sehnen verlaufen stets zwischen zwei Ecken des Polygons. Die Catalan-Zahl C_n ist für $n \geq 1$ die Anzahl möglicher Triangulationen eines geschlossenen, konvexen Polygons mit $n + 2$ Ecken. Definiert wird $C_0 = 1$. Ein Dreieck hat nur eine Triangulation, ein konvexes Viereck hat zwei Triangulationen, also ist $C_1 = 1$, $C_2 = 2$.

Eugène Charles Catalan, 1814-1894

a) Zeichnen Sie die Triangulationen eines konvexen Fünfecks und bestimmen Sie so die Zahl C_3. Markieren Sie dazu eine Seite als Basis. Versionen, die bis auf Spiegelung oder Drehung identisch sind, werden so unterschieden.
b) Zeigen Sie die Rekursionsformel

$$C_{n+1} = \sum_{i=0}^{n} C_i\, C_{n-i}.$$

Tipp: Betrachten Sie in einem Polygon mit $n + 3$ Ecken alle Dreiecke, bei denen eine Seite zwischen den Polygonecken Nr. 1 und Nr. $n + 3$ liegen kann. Wie viele Triangulationen des $n + 3$-eckigen Polygons gibt es mit einem solchen Dreieck jeweils?

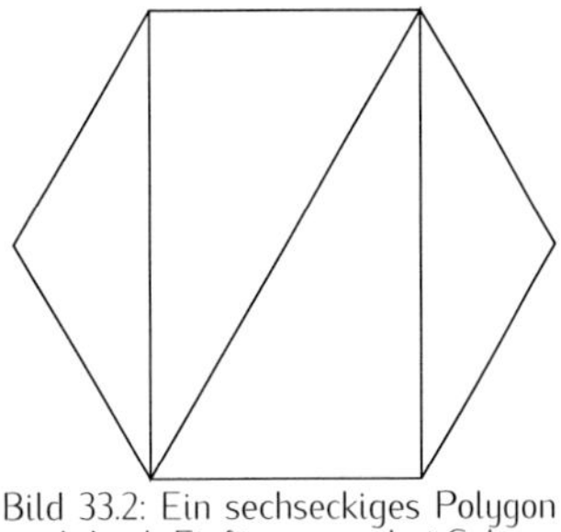

Bild 33.2: Ein sechseckiges Polygon wird durch Einfügen von drei Sehnen in vier Dreiecke trianguliert.

c) Eine weitere Rekursionsformel besagt

$$C_{n+1} = \frac{4n-2}{n+1}\, C_n.$$

Dazu werden spezielle Triangulationen von Polygonen mit $n+2$ Ecken und Polygonen mit $n+3$ Ecken in Beziehung gebracht. Bezeichne mit P die Menge aller Triangulationen eines Polygons mit $n+2$ Ecken, das eine feste Basis-Seite hat. Zusätzlich wird eine Kante, also eine Seite des Polygons oder eine Sehne der Triangulierung, als orientierter Pfeil markiert. Verschieden markierte Triangulationen des Polygons sind verschiedene Elemente von P. Mit Q werden Triangulationen eines Polygons mit $n+3$ Ecken bezeichnet, die ebenfalls eine feste Basis-Seite und eine markierte Seite des Polygons außer der Basisseite haben. Zwischen P und Q wird eine Bijektion vermittelt. Zeichnen Sie die markierten Triangulationen, um die Bijektion nachzuvollziehen. Bestimmen Sie, wie viele solcher Markierungen jeweils möglich sind. Damit leiten Sie die Rekursionsformel her.

d) Zeigen Sie mithilfe der Rekursionsformel, dass für die Catalan-Zahlen gilt:

$$C_n = \frac{1}{n+1}\binom{2n}{n}.$$

Aufgabe 33.31 (15 min) Gegeben sei $a_n = 3\,a_{n-1} - n$.

a) Geben Sie an, um welche Art der Rekursion es sich handelt.
b) Berechnen Sie die Werte a_i für $i = 1, 2, 3$, wenn $a_0 = 4$ ist.
c) Bestimmen Sie die allgemeine Lösung des homogenen Teils.
d) Bestimmen Sie eine spezielle Lösung des inhomogenen Teils.
e) Geben Sie die Lösung der Rekursion für die Anfangsbedingung $a_0 = 4$ an.

Aufgabe 33.32 (10 min) Finden Sie die geschlossene Lösung der Fibonacci-Folge $f_n = f_{n-1} + f_{n-2}$ mit der Anfangsbedingung $f_0 = 0, f_1 = 1$.

Aufgabe 33.33 (20 min) Lösen Sie die Rekursionsgleichung $a_n = a_{n-1} + 6a_{n-2} - n$ zur Anfangsbedingung $a_1 = 1, a_2 = 1$.

33.4 Lösungen

Lösung 33.1 Mit $A(n) : (n+1)^2 - (n-1)^2 = 4\,n$ ist $A(n+1) : (n+2)^2 - n^2 = 4\,(n+1)$.

Lösung 33.2

a) Der Induktionsanfang zeigt Aussage A_{n_0} für einen Startwert n_0.

b) Der Induktionsschluss besteht aus Induktionsannahme, -behauptung und -beweis.
c) Mit vollständiger Induktion werden Aussagen $A(n)$ bewiesen, die für alle natürlichen Zahlen (oder für alle natürlichen Zahlen $n \geq n_0$) gelten.

Lösung 33.3 Mit der vollständigen Induktion wird die Wahrheit der Aussage $A(n)$ für alle $n \in \mathbb{N}$ bewiesen. Eine vollständige Induktion besteht aus zwei Teilen, Induktionsanfang und Induktionsschluss.

Im Induktionsanfang wird die Wahrheit der Aussage $A(n)$ für ein $n \in \mathbb{N}$ bewiesen, typischerweise für $n = 1$. Im Induktionsschluss wird gezeigt, dass aus der Induktionsannahme die Induktionsbehauptung folgt. Wenn im Induktionsanfang ein $n_0 > 1$ verwendet wird, ist die Wahrheit der Aussage $A(n)$ für alle $n \geq n_0$ bewiesen.

Lösung 33.4 Die Logik des Induktionsschlusses stimmt nur für $n > 1$. Dann überlappen sich in der Menge der $n + 1$ Pferde die ersten n und die letzten n. Bei $n = 1$ hat die Herde jedoch nur zwei Tiere und das erste und das letzte können verschiedenfarbig sein.

Lösung 33.5 Der Ausdruck $a|b$ bedeutet a ist Teiler von b.
Induktionsanfang für $n = 1$: $a_1 = 2 + 3 + 1 = 6 \Rightarrow 6|a_1$.
Induktionsannahme: Für ein $k \in \mathbb{N}$ gelte $6|a_k$.
Induktionsbehauptung: Es gilt auch $6|a_{k+1}$.
Induktionsbeweis: Es ist $a_{k+1} = 2\,(k+1)^3 + 3\,(k+1)^2 + (k+1) = 2\,(k^3 + 3\,k^2 + 3\,k + 1) + 3\,(k^2 + 2\,k + 1) + k + 1 = 2\,k^3 + 3\,k^2 + k + 6\,k^2 + 6\,k + 2 + 6\,k + 3 + 1 = a_k + 6\,k^2 + 12\,k + 6 = a_k + 6\,(k+1)^2$.

Nach Induktionsannahme gilt $6|a_k$, der Term $6\,(k+1)^2$ ist ebenfalls durch 6 teilbar, damit gilt für die Summe $6|a_{k+1}$.

Eine andere Beweismöglichkeit nutzt die Zerlegung des Ausdrucks in Linearfaktoren: $a_n = 2n^3 + 3n^2 + n = n\,(n+1)\,(2n+1)$. Entweder n oder $n + 1$ ist eine gerade Zahl, deswegen gilt $2|a_n$. Wenn weder $3|n$ noch $3|n + 1$ wahr ist, gilt $3|n - 1$ und $3|n + 2$. Dann gilt auch $3|(n - 1 + n + 2)$, also $3|2n + 1$. Aus $2|a_n$ und $3|a_n$ folgt $6|a_n$.

Lösung 33.6 Es fehlt der Induktionsanfang. Für a_1 gilt: $a_1 = \sqrt{2} < 2$. Der Anfang bei a_0 wäre in Ordnung, wenn die Folge ab da rekursiv definiert ist. Mit $a_0 = 2$ ergibt sich aber $a_1 = \sqrt{2 + a_0} = \sqrt{4} = 2$ und nicht $a_1 = \sqrt{2}$. Tatsächlich gilt $a_n < 2$ für alle $n \geq 1$.

Lösung 33.7 Wegen $n^4 - n^2 = n^2(n^2 - 1) = (n-1)n^2(n+1)$ ist der Beweis einfach direkt möglich. Von drei aufeinanderfolgenden Zahlen ist genau eine durch 3 teilbar. Ist n gerade, enthält n^2 den Faktor 4, ist n ungerade, sind sowohl $n+1$ als auch $n-1$ gerade, das Produkt der beiden also durch 4 teilbar und das gesamte Produkt damit durch 12 teilbar sind. Mit Induktion geht es so:

Induktionsanfang: Für $n = 1$ ist $n^4 - n^2 = 0$ also durch 12 teilbar.
Induktionsannahme: Für k gelte, dass $k^4 - k^2$ durch 12 teilbar ist.
Induktionsbehauptung: Für $k+1$ gilt dann, dass $(k+1)^4 - (k+1)^2$ durch 12 teilbar ist.
Induktionsbeweis: $(k+1)^4 - (k+1)^2 = k^4 + 4k^3 + 6k^2 + 4k + 1 - k^2 - 2k - 1 = k^4 + 4k^3 + 5k^2 + 2k = (k^4 - k^2) + 4k^3 + 6k^2 + 2k = (k^4 - k^2) + 2k(2k^2 + 3k + 1) = (k^4 - k^2) + \frac{1}{2}2k(2k+1)(2k+2)$

Der erste Term ist nach Induktionsannahme durch 12 teilbar. Der zweite Term enthält das Produkt von drei aufeinanderfolgenden Zahlen. Wenigstens eine davon ist durch 3 teilbar. Die Zahlen $2k$ und $2k+2$ sind gerade und wenigstens eine der beiden ist durch 4 teilbar. Damit ist das Produkt $\frac{1}{2}2k(2k+1)(2k+2)$ durch 12 teilbar und das Gesuchte gezeigt.

Lösung 33.8 Mit Induktion:
Induktionsanfang: $A(1): \sum_{i=0}^{1} a^i = 1 + a^1 = 1 + a$. Zu zeigen ist somit $1 + a \leq \frac{1}{1-a}$. Multiplikation mit der positiven Zahl $(1-a)$ ergibt $(1+a)(1-a) = 1 - a^2 < 1$, was wahr ist.
Induktionsannahme: Für ein $n \in \mathbb{N}$ gelte $A(n)$ also $\sum_{i=0}^{n} a^i < \frac{1}{1-a}$.
Induktionsbehauptung: Zu zeigen ist dann $\sum_{i=0}^{n+1} a^i < \frac{1}{1-a}$.
Beweis: Es ist $\sum_{i=0}^{n+1} a^i = 1 + \sum_{i=1}^{n+1} a^i = 1 + a\left(\sum_{i=0}^{n} a^i\right)$ nach Induktionsannahme gilt $1 + a\left(\sum_{i=0}^{n} a^i\right) < 1 + a\frac{1}{1-a} = \frac{1-a}{1-a} + \frac{a}{1-a} = \frac{1}{1-a}$ und damit das Verlangte.

Zur geometrischen Reihe vgl. Abschnitt 6.1.5 auf S. 115 von Band 1 und Abschnitt 27.1.2 auf S. 205 von Band 2.

Ohne Induktion kann die Summenformel der unendlichen geometrischen Reihe genutzt werden: $\sum_{i=0}^{n} a^i < \sum_{i=0}^{\infty} a^i = \frac{1}{1-a}$. Ausführlicher so:

$$\left(\sum_{i=0}^{n} a^i\right)(1-a) = \left(\sum_{i=0}^{n} a^i\right) - \left(\sum_{i=1}^{n+1} a^i\right) = 1 - a^{n+1} < 1$$

Die Aussage folgt nach Division durch $(1-a)$ auf beiden Seiten.

Lösung 33.9

a) Beim Dreieck ($n = 3$) beträgt die Winkelsumme $180° = \pi$, beim Viereck ($n = 4$) beträgt die Winkelsumme $360° = 2\pi$.
b) Die Summe der Innenwinkel beim Polygon mit n Ecken beträgt $(n-2)\,180° = (n-2)\,\pi$.
c) Induktionsanfang für $n = 3$: Beim Dreieck ist die Winkelsumme $(n-2)\,180° = 180°$.

Induktionsannahme: Für ein $k \in \mathbb{N}$ gelte, dass alle Polygone mit k Ecken eine Summe der Innenwinkel von $(k-2)\,180°$ haben.
Induktionsbehauptung: Alle Polygone mit $k+1$ Ecken haben eine Summe der Innenwinkel von $(k-1)\,180°$.
Induktionsbeweis: Seien $P_1, \ldots P_{k+1}$ die Ecken des Polygons. Dann bildet $P_1, \ldots P_k$ ein Polygon mit k Ecken, das nach Induktionsvoraussetzung einen Innenwinkel $(k-2)\,180°$ einschließt. Der Winkel $\angle(P_2, P_1, P_k)$ bei P_1 ändert sich zu $\angle(P_2, P_1, P_{k+1})$, der Winkel $\angle(P_{k-1}, P_k, P_1)$ bei P_k ändert sich zu $\angle(P_{k-1}, P_k, P_{k+1})$. Zur Innensumme kommt der Winkel bei P_{k+1}: $\angle(P_k, P_{k+1}, P_1)$ hinzu. Die beiden Änderungen und der neue Winkel sind genau die drei Winkel des Dreiecks (P_1, P_k, P_{k+1}), dessen Winkel sich zu $180°$ summieren. Damit hat das Polygon mit $k+1$ Ecken eine Winkelsumme von $(k-2)\,180° + 180° = (k-1)\,180°$, was zu zeigen war, vgl. Bild 33.3.

d) Ist der Innenwinkel bei P_{k+1} größer als $180°$, das Polygon an dieser Stelle also nicht konvex, verkleinern sich die Winkel bei P_1 und P_k beim Hinzufügen im Schritt von k auf $k+1$. Der hinzutretende Winkel $\angle(P_k, P_{k+1}, P_1)$ ist aber gerade $360° - \angle(P_1, P_{k+1}, P_k)$. Damit vergrößert sich die Winkelsumme um $360°$ abzüglich der Winkelsumme des Dreiecks (P_1, P_k, P_{k+1}), also um $180°$, vgl. Bild 33.4.

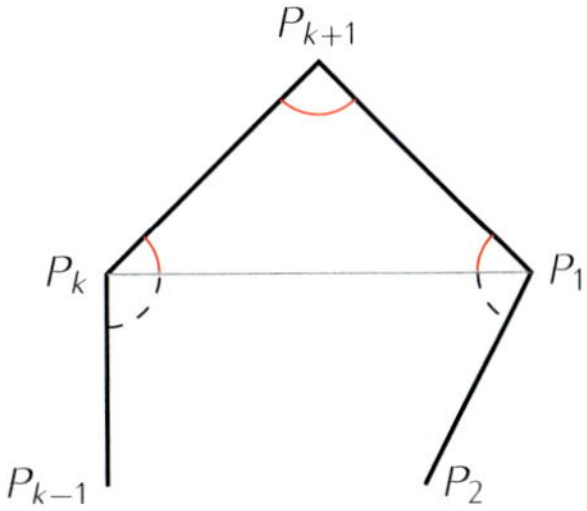

Bild 33.3: Winkelsumme im Polygon: Die rot gezeichneten Winkelteile kommen beim Schluss von k auf $k+1$ hinzu.

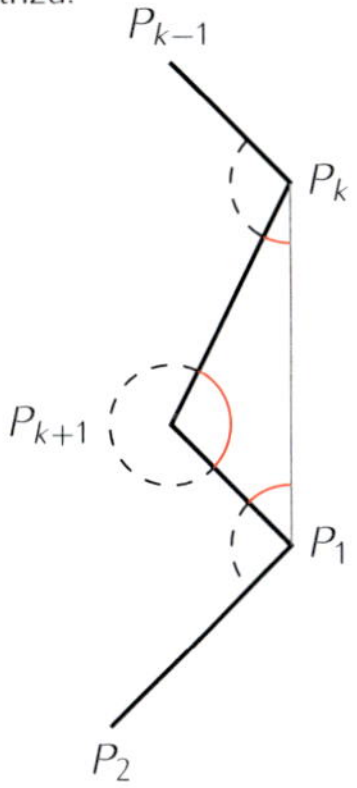

Bild 33.4: Winkelsumme im Polygon: Die rot gezeichneten Winkelteile fallen beim Schluss von k auf $k+1$ weg, dafür kommt ein Vollwinkel bei P_{k+1} hinzu.

Lösung 33.10

Induktionsanfang für $n = 1$: $(\sum_{i=1}^{1} i)^2 = 1 = \sum_{i=1}^{1} i^3$ ✓
Induktionsannahme: Für ein $k \in \mathbb{N}$ gilt $(\sum_{i=1}^{k} i)^2 = \sum_{i=1}^{k} i^3$.
Induktionsbehauptung: $(\sum_{i=1}^{k+1} i)^2 = \sum_{i=1}^{k+1} i^3$.
Induktionsbeweis: Unter Verwendung der Summenformel der arithmetischen Reihe $\sum_{i=1}^{n} i = \frac{n\,(n+1)}{2}$ wird $(\sum_{i=1}^{k+1} i)^2 = \left((\sum_{i=1}^{k} i) + k + 1\right)^2$ $= (\sum_{i=1}^{k} i)^2 + 2\,(\sum_{i=1}^{k} i)\,(k+1) + (k+1)^2 \underbrace{=}_{\text{nach Annahme}} \sum_{i=1}^{k} i^3 +$ $2\,\frac{k\,(k+1)}{2}\,(k+1) + (k+1)^2 = \sum_{i=1}^{k} i^3 + k\,(k+1)^2 + 1 \cdot (k+1)^2 =$ $(\sum_{i=1}^{k} i^3) + (k+1)^3 = \sum_{i=1}^{k+1} i^3$

Lösung 33.11

Induktionsanfang: Für $n = 1$ ist $(1+x)^1 = 1 + x = 1 + 1 \cdot x$
Induktionsannahme: Für ein $n \in \mathbb{N}$ gilt $(1+x)^n \geq 1 + n\,x$
Induktionsbehauptung: Es gilt $(1+x)^{n+1} \geq 1 + (n+1)\,x$
Induktionsbeweis: $(1+x)^{n+1} = (1+x)^n\,(1+x)$, da $x \geq -1$ ist der Faktor $(1+x)$ nichtnegativ und nach Induktionsannahme $(1+x)^{n+1} = (1+x)^n\,(1+x) \geq (1+n\,x)\,(1+x)$. Der rechte Term wird umgeformt: $(1+n\,x)\,(1+x) = 1+n\,x+x+n\,x^2 = 1+(n+1)\,x+n\,x^2 \geq 1+(n+1)\,x$, was zu zeigen war.

Lösung 33.12

a) Es ist $f'(x) = 1 \cdot e^{ax} + x\, a\, e^{ax} = (1 + ax)\, e^{ax}$. $f''(x) = (2a + a^2 x)\, e^{ax}$ und $f'''(x) = (3a^2 + a^3 x)\, e^{ax}$.

b) Die Potenzen von a wie der Faktor des jeweils ersten Ausdrucks erhöhen sich mit der Ableitung um eins. Deshalb ist $f^{(n)}(x) = (n\, a^{n-1} + a^n\, x)\, e^{ax}$.

c) Induktionsanfang: Nach der Formel ist $f^{(0)} = (0 \cdot a^{-1} + a^0 x)\, e^{ax} = x\, e^{ax}$, stimmt also mit der Ausgangsfunktion überein.
Induktionsannahme: Es gelte für ein $n \in \mathbb{N}$ die Ableitungsformel $f^{(n)}(x) = (na^{n-1} + a^n x)\, e^{ax}$.
Induktionsbehauptung: Dann gilt $f^{(n+1)}(x) = ((n+1)a^n + a^{n+1}x)\, e^{ax}$ für $(n+1)$-te Ableitung.
Induktionsbeweis: $f^{(n+1)}(x) = \left(f^{(n)}(x)\right)' = \left((na^{n-1} + a^n x)\, e^{ax}\right)' = a^n\, e^{ax} + (na^{n-1} + a^n x)\, a\, e^{ax} = \left((n+1)a^n + a^{n+1}x\right)\, e^{ax}$, was zu zeigen war.

Lösung 33.13

Induktionsanfang: Für $n = 2$ gilt: $\sum_{i=2}^{2} \frac{1}{i\,(i-1)} = \frac{1}{2\,(2-1)} = \frac{1}{2} \checkmark$

Induktionsannahme: Gelte $\sum_{i=2}^{k} \frac{1}{i\,(i-1)} = 1 - \frac{1}{k}$.

Induktionsbehauptung: $\sum_{i=2}^{k+1} \frac{1}{i\,(i-1)} = 1 - \frac{1}{k+1}$.

Induktionsbeweis: $\sum_{i=2}^{k+1} \frac{1}{i\,(i-1)} = \left(\sum_{i=2}^{k} \frac{1}{i\,(i-1)}\right) + \frac{1}{(k+1)\,k} \underbrace{=}_{Annahme} 1 - \frac{1}{k} + \frac{1}{(k+1)\,k} = 1 - \frac{k+1}{(k+1)\,k} + \frac{1}{(k+1)\,k} = 1 - \frac{k}{(k+1)\,k} = 1 - \frac{1}{k+1}$, was zu zeigen war.

Lösung 33.14

a) T ist die zu den Primzahlen komplementäre Menge in den natürlichen Zahlen.

b) Die Definition ist eindeutig.

c) Es handelt sich nicht um eine rekursive Definition, da sie für jede Zahl einzeln angewendet werden kann. Soll geprüft werden, ob z.B. $1001 \in T$, reicht es die Zahlen $n_1 = 13$, $n_2 = 77$ mit $13 \cdot 77 = 1001$ zu finden und die Aussage ist bestätigt. Ebenso geht es mit $11 \cdot 91$ und $7 \cdot 143$. Diese Zerlegungen lassen sich aber nicht aus Zerlegungen von Zahlen kleiner 1001 in T ableiten und diese werden auch nicht verwendet.

Lösung 33.15

a) Die einzigen Teiler der Zahlen aus M sind 1, 2 und 3. Die nächsten drei Elemente von M sind 24, 27, und 32.

b) Anfangsschritt $\{1\} \subset M$.
Induktionsschritt: ist $m \in M$, so ist auch $2\,m \in M$ und $3\,m \in M$.

Lösung 33.16

a) Die arithmetische Folge ist $12, 24, 36, 48, 60, 72, \ldots$ Die übrigen Elemente $3, 15, 63$ sind eins kleiner als Potenzen von 4.

b) Anfangsschritt $\{3, 12\} \subset S$. Induktionsschritt: Ist $s \in S$ und s gerade, so ist auch $s + 12 \in S$, und ist $s \in S$ und s ungerade, so ist auch $4\,(s + 1) - 1 = 4s + 3 \in S$.

c) Nach der Definition sind alle Elemente von S natürliche Zahlen. Anfangsschritt: 3 und 12 sind durch 3 teilbar. Induktionsanfang: Sei $s \in S$ durch 3 teilbar. Dann ist entweder s gerade und mit s auch $s + 12$ durch 3 teilbar, da 12 durch 3 teilbar ist. Oder s ist ungerade, dann ist auch $4s + 3$ durch 3 teilbar.

Lösung 33.17

a) $M = \{8, 15, 36, 71, 148, 295, 596, 1191, \ldots\}$.

b) Induktionsanfang: Es ist $8 \bmod 7 = 1$.
Induktionsschluss: Für $m \in M$ gelte die Induktionsannahme, also $m \bmod 7 = 1$, dann ist $(2m - 1) \bmod 7 = 2 \cdot 1 - 1 = 1$ und auch $(2m + 6) \bmod 7 = (2 \bmod 7 + 6) \bmod 7 = 8 \bmod 7 = 1$.

Lösung 33.18 Es ist $\begin{pmatrix} 3 \\ -2 \end{pmatrix} \times \begin{pmatrix} 0 \\ 0 \end{pmatrix} = 0$. Das ist der Induktionanfang der strukturellen Induktion. Außerdem berechnen sich $\begin{pmatrix} 3 \\ -2 \end{pmatrix} \times \begin{pmatrix} 3 \\ 3 \end{pmatrix} = 15$, $\begin{pmatrix} 3 \\ -2 \end{pmatrix} \times \begin{pmatrix} 1 \\ -4 \end{pmatrix} = -10$, $\begin{pmatrix} 3 \\ -2 \end{pmatrix} \times \begin{pmatrix} -4 \\ 1 \end{pmatrix} = -5$ jeweils zu Vielfachen von 5. Sei jetzt ein $\boldsymbol{m} \in M$, dann ist nach Induktionsannahme $\begin{pmatrix} 3 \\ -2 \end{pmatrix} \times \boldsymbol{m}$ ein Vielfaches von 5. Sei jetzt $\boldsymbol{v}$ einer der drei Vektoren aus der induktiven Definition der Menge M. Dann gilt $\begin{pmatrix} 3 \\ -2 \end{pmatrix} \times (\boldsymbol{m} + \boldsymbol{v}) = \begin{pmatrix} 3 \\ -2 \end{pmatrix} \times \boldsymbol{m} + \begin{pmatrix} 3 \\ -2 \end{pmatrix} \times \boldsymbol{v}$. Der erste Summand ist nach Induktionsannahme ein Vielfaches von 5. Der zweite Summand ist, wie in der Rechnung für alle drei Vektoren gezeigt, ebenfalls ein Vielfaches von 5 und die Summe zweier Vielfacher von 5 ist wieder ein Vielfaches von 5. Die Flächen der Parallelogramme für die Basisvektoren von M sind in Bild 33.5 gezeigt.

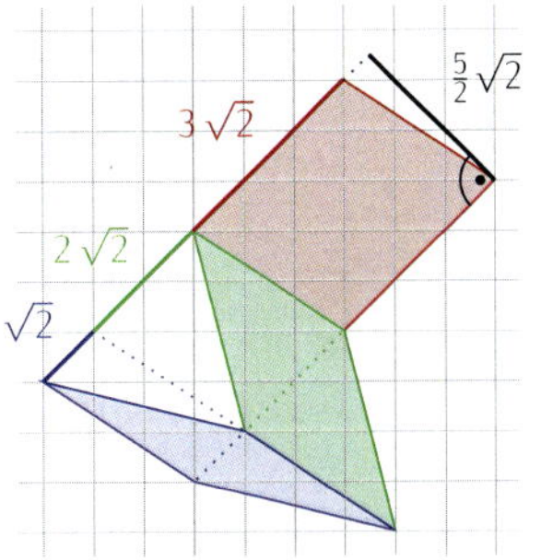

Bild 33.5: Die Flächeninhalte der durch $(3, -2)^\top$ sowie die Vektoren $(3, 3)^\top$, $(1, -4)^\top$ und $(-4, 1)^\top$ aufspannten Parallelogramme betragen $3\sqrt{2} \cdot \frac{5}{2}\sqrt{2} = 15$, $2\sqrt{2} \cdot \frac{5}{2}\sqrt{2} = 10$ und $\sqrt{2} \cdot \frac{5}{2}\sqrt{2} = 5$. Werden Summen der Vektoren aus M gebildet, ist ihre Länge in Richtung der Winkelhalbierenden stets ein ganzzahliges Vielfaches von $\sqrt{2}$.

Lösung 33.19

a) Autonom sind:

- ☒ $a_{n+1} = a_n - 2a_{n-1}$
- ☐ $a_{n+1} = 0.5a_n + n^2$, *explizit von n abhängig*
- ☒ $a_{n+1} = 0.5\,(a_n + a_{n-1})$
- ☒ $a_{n+1} = \sqrt{a_n}\,\sqrt[3]{2a_{n-2}}$
- ☐ $a_{n+1} = n\,\sqrt{a_n}$, *explizit von n abhängig*

- ☐ $a_{n+1} = \begin{cases} 2\,a_n & \text{falls } n \text{ gerade} \\ \sqrt{a_n} & \text{falls } n \text{ ungerade} \end{cases}$, *von n abhängig, deswegen nicht autonom.*

b) Linear sind:

- ☒ $a_n = 0.5a_{n-1} + n^2$
- ☒ $a_n = a_{n-1} - 2.1a_{n-2}$
- ☒ $a_n = \sqrt{0.5}\,(a_{n-1} + a_{n-2})$
- ☐ $a_n = a_{n-1} + \sqrt{a_{n-2}}\,\sqrt[3]{2a_{n-3}}$, *nicht linear, da a_n von Wurzeln voriger Folgenglieder abhängt.*
- ☐ $a_n = (n+1)\,a_{n-1}^2$, *nicht linear, da a_n vom Quadrat eines vorigen Folgengliedes abhängt.*

c) Homogen bzw. inhomogen sind:

- ☒ $a_n = 0.25a_{n-1} + n^3$, *inhomogen wegen der Addition von n^3.*
- ☒ $a_n = \sqrt{0.5}\,(a_{n-1} + a_{n-2})$, *homogen, weil nur Vielfache voriger Folgenglieder summiert werden.*
- ☐ $a_n = \sqrt{a_{n-1} + 2\,a_{n-2}}$. *Die Begriffe homogen und inhomogen werden nur bei linearen Rekursionen verwendet.*
- ☒ $a_n = a_{n-1} + 3a_{n-2} - e^2$, *inhomogen wegen der Subtraktion von e^2.*

Lösung 33.20

- ▷ Die Formel $C_{n+1} = \sum_{i=0}^{n} C_i\, C_{n-i}$ ist rekursiv, ihre Ordnung ist nicht endlich, da jeweils alle vorherigen Folgenglieder zur Berechnung benötigt werden. Aus diesem Grund ist sie auch nicht autonom, da die Anzahl der Summanden von n abhängt. Nicht linear ist sie, weil Produkte voriger Folgenglieder vorkommen.
- ▷ Die Formel $C_{n+1} = \frac{4n-2}{n+1}\, C_n$ ist eine nicht autonome, aber lineare Rekursion 1. Ordnung, die keine konstanten Koeffizienten hat.
- ▷ Die Formel $C_n = \frac{1}{n+1}\binom{2n}{n}$ ist keine Rekursion, die Folge wird hier elementweise also direkt definiert.

Lösung 33.21 Die Eigenschaften der Rekursionen werden in fünf bzw. drei Zeichen angegeben, die sich auf *Ordnung*, *Autonomie*, *Linearität*, *Homogenität* und *konstante Koeffizienten* beziehen. Für nicht lineare Rekursionen machen die Angaben *Homogenität* und *konstante Koeffizienten* keinen Sinn und entfallen.

a) $a_n = \sqrt{2}\,a_{n-2}$	2jjjj	e) $e_n = e_{n-1}\,(1 - e_{n-2})$	2jn
b) $b_n = b_{n-1} + b_{n-3}^3$	3jn	f) $f_n = \frac{f_{n-1}}{3} + \frac{1}{3} + \frac{1}{3f_{n-1}}$	1jn
c) $c_n = 2c_{n-1} - c_{n-2} + 2n^2$	2njnj	g) $g_n = (1 + \frac{1}{n})^{g_{n-1}}$	1nn
d) $d_n = 3d_{n-1} + n^2 d_{n-2}$	2njjn	h) $h_n = 2h_{n-1} + 3h_{n-2} + 4$	2jjnj

Lösung 33.22 Die Rechenvorschrift besagt für die Werte der untersten Zeile: $y_{n+1} = y_n\,x + a_n$. Damit handelt es sich um eine lineare Rekursion erster Ordnung. Sie ist allerdings nicht autonom, da die Koeffizienten a_n von n abhängen.

Lösung 33.23

a) Es bezeichne a_n die Anzahl der rekursiven Aufrufe bei der Berechnung von b^n.

Für n gerade ist $a_n = 1 + a_{\frac{n}{2}}$, für n ungerade ist $a_n = 1 + a_{(n-1)/2}$ und für $n = 0$ ist $a_0 = 1$.

Für $n = 2^m$ gilt $a_n = 1 + a_{\frac{n}{2}}$, also $a_{2^m} = 1 + a_{2^{m-1}}$. Da $a_{2^0} = a_1 = 2$, ist $a_{2^m} = m + 2$. Auch für $n = 2^{m+1} - 1$ gilt $a_{2^{m+1}-1} = m+2$. Da $a_{2^1-1} = a_1 = 2$ gilt $a_{2^m-1} = 2+2(m-1) = 2m$.

b) Zur Halbierung des Exponenten braucht es einen Rekursionsschritt. Ungerade Werte n brauchen die gleiche Anzahl an rekursiven Aufrufen wie $n-1$. Für $2^m \leq n \leq 2^{m+1} - 1$ gilt deshalb $a_n = m + 2$.

c) Der Exponent n wird in Binärdarstellung im Array $d[1, ..., k]$ repräsentiert und von k bis 1 abgearbeitet. Pseudocode in Tabelle 33.6.

Tabelle 33.6: Pseudocode zur Berechnung von b^n, das kleinste signifikante Bit ist $d[k]$.

```
d[1, .., k] := Bits von n
a := b
p := 1
for i := k to 1 do
    if d[i] = 1 do
        p := a · p
    end if
    a := a · a
end for
return p
```

Lösung 33.24 Sei M_n die Menge der Bitfolgen der Länge n, deren Runs maximal die Länge drei haben, und m_n deren Anzahl. Unter diesen wird nach der Länge des letzten Runs unterschieden: Es bezeichne

▷ a_n die Anzahl der Folgen mit letzter Runlänge 1,
▷ b_n die Anzahl der Folgen mit letzter Runlänge 2 und
▷ c_n die Anzahl der Folgen mit letzter Runlänge 3.

Dann gelten die Rekursiongleichungen $a_{n+1} = a_n + b_n + c_n$, $b_{n+1} = a_n$ und $c_{n+1} = b_n$, denn jede Bitfolge lässt sich mit dem anderen Bit als dem letzten fortsetzen. Eine Runlänge 2 hat die Fortsetzung nur, wenn zuvor die Runlänge 1 war und Runlänge 3 nur, wenn zuvor die Runlänge 2 war.

Damit ist $m_{n+1} = a_{n+1} + b_{n+1} + c_{n+1} = (a_n + b_n + c_n) + a_n + b_n =$
$m_n + (a_{n-1} + b_{n-1} + c_{n-1}) + a_{n-1} =$
$m_n + m_{n-1} + (a_{n-2} + b_{n-2} + c_{n-2}) = m_n + m_{n-1} + m_{n-2}$.

Mit $m_1 = 2, m_2 = 4, m_3 = 8$ wird $m_4 = 14, m_5 = 26, m_6 = 48, \ldots$

Lösung 33.25

a) Es bezeichne a_n diejenigen Spielserien der Länge n, die die Bedingungen erfüllen und die auf NS enden, und entsprechend bezeichne b_n und c_n die Spielserien der Länge n, die auf SN und SS enden. Spielserien, die durch a_n oder b_n gezählt werden, können nur mit S fortgesetzt werden. Es ergeben sich die Rekursionsgleichungen $a_{n+1} = b_n$, $b_{n+1} = c_n$ und $c_{n+1} = a_n + c_n$.

b) $s_{n+1} = a_{n+1} + b_{n+1} + c_{n+1} = b_n + c_n + (a_n + c_n) =$
$(a_n + b_n + c_n) + c_n = s_n + (a_{n-1} + c_{n-1}) =$
$s_n + b_{n-2} + (a_{n-2} + c_{n-2}) = s_n + s_{n-2}$.

Die Rekursionsformel für ist also $s_{n+1} = s_n + s_{n-2}$.

Lösung 33.26
Induktionsanfang: Für $n = 0$ und $n = 1$ gilt
$0 = a_0 = \frac{1}{3}(2^0 - 1) = 0$ und $1 = a_1 = \frac{1}{3}(2^1 + 1) = 1\surd$
Induktionsannahme: Es gelte für ein gerades k und ungerades $k+1$:
$a_k = \frac{1}{3}(2^k - 1)$ sowie $a_{k+1} = \frac{1}{3}(2^{k+1} + 1)$.
Induktionsbehauptung: Es für gilt gerades $k + 2$ und ungerades $k + 3$:
$a_{k+2} = \frac{1}{3}(2^{k+2} - 1)$ sowie $a_{k+3} = \frac{1}{3}(2^{k+3} + 1)$.
Induktionsbeweis: Nach Annahme ist $a_{k+2} = 2\,a_k + a_{k+1} = 2\,\frac{1}{3}(2^k - 1) + \frac{1}{3}(2^{k+1} + 1) = \frac{1}{3}(2^{k+1} - 2 + 2^{k+1} + 1) = \frac{1}{3}(2^{k+2} - 1)$.
Damit ist auch $a_{k+3} = 2\,a_{k+1} + a_{k+2} = 2\,\frac{1}{3}(2^{k+1} + 1) + \frac{1}{3}(2^{k+2} - 1) = \frac{1}{3}(2^{k+2} + 2 + 2^{k+2} - 1) = \frac{1}{3}(2^{k+3} + 1)$ $\surd$

Tabelle 33.7: Mögliche Wortfolgen mit drei Buchstaben, die nicht mehr als zweimal hintereinander auftreten.

Länge 1	2	3
A	AA	AAB
		AAC
	AB	ABA
		ABB
		ABC
	AC	ACA
		ACB
		ACC
B	BA	BAA
		BAB
		BAC
	BB	BBA
		BBC
	BC	BCA
		BCB
		BCC
C	CA	CAA
		CAB
		CAC
	CB	CBA
		CBB
		CBC
	CC	CCA
		CCB

Lösung 33.27 Es bezeichne f_n die Anzahl der Möglichkeiten bis zu Baum n zu gelangen. Dann hat sie f_{n-1} Möglichkeiten, wenn sie den vorletzten Baum $n-1$ gießt und f_{n-2} Möglichkeiten, wenn sie den vorletzten Baum überspringt. Anders kann sie nicht zu Baum n gelangen. Deswegen gilt die Rekursionsformel $f_n = f_{n-1} + f_{n-2}$ der Fibonacci-Zahlen. Wegen $f_1 = f_2 = 1$ ergeben sich genau die Zahlen der Fibonacci-Folge: $1, 1, 2, 3, 5, 8, 13, \ldots$

Lösung 33.28 Auf den ersten Blick scheint es sich um die Fakultäten zu handeln. Es ist jedoch $a_1 = a_{0+1} = 0 \cdot a_0 = 0$ und dann folglich alle $a_n = 0$ für $n > 0$. Wird mit $a_1 = 1$ gestartet, ergeben sich die Fakultäten mit $a_{n+1} = n!$.

Lösung 33.29 Es bezeichne v_n die Anzahl der Wortfolgen der Länge n, die auf zwei verschiedene Buchstaben enden, und entsprechend g_n die Anzahl der Wortfolgen, die auf zwei gleiche Buchstaben enden. Dann ist $a_n = v_n + g_n$. Eine Wortfolge, die auf zwei verschiedene Buchstaben endet, kann mit ihrem letzten Buchstaben fortgesetzt werden und endet dann auf zwei gleiche Buchstaben. Es ist also $g_{n+1} = v_n$. Da es drei Buchstaben gibt, kann eine Wortfolge beliebiger Art immer auf zwei Weisen fortgesetzt werden, sodass die letzten beiden Buchstaben verschieden sind. Deswegen ist $v_{n+1} = 2\,a_n$. Damit ist $a_{n+1} = v_{n+1} + g_{n+1} = 2a_n + v_n = 2a_n + 2a_{n-1}$. Wie in Tabelle 33.7 zu sehen, ist $a_1 = 3$, $a_2 = 9$ und $a_3 = 24$. Genau das ergibt die erstellte Rekursionsformel: $a_3 = 2a_2 + 2a_1 = 24$.

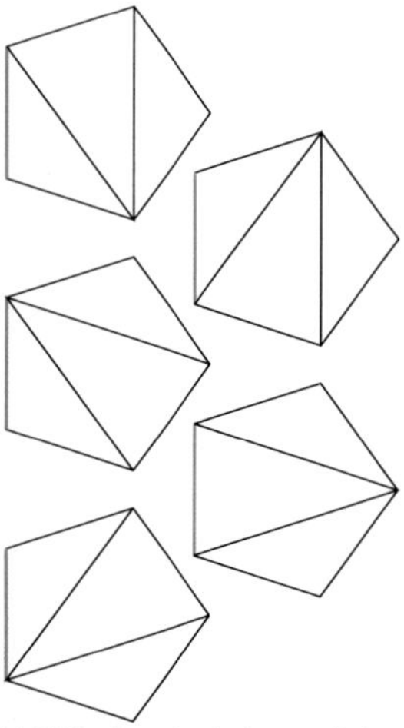

Bild 33.6: Das fünfeckiges Polygon hat fünf Triangulationen.

Lösung 33.30

a) Das konvexe Fünfeck hat fünf Triangulationen, s. Bild 33.6.
b) Die dritte Ecke des Dreiecks, zu dem die Ecken 1 und $n+3$ gehören, wird mit j bezeichnet. j kann jeden Wert zwischen 2 und $n+2$ annehmen. Auf der einen Seite des Dreiecks $\Delta(1, j, n+3)$ befindet sich dann ein Polygon mit j Ecken, auf der anderen

Seite eines mit $n+2-j$ Ecken. Für das erste gibt es C_j mögliche Triangulationen, für das letztere C_{n-j} Triangulationen. Daher ist $C_{n+1} = \sum_{i=0}^{n} C_i\, C_{n-i}$.

c) Ein Polygon mit $n+2$ Ecken hat $n+2$ Seiten. Seine Triangulation besteht aus n Dreiecken, für die $n-1$ Sehnen gebraucht werden. Das Polygon P hat damit $n+2+n-1 = 2n+1$ zu markierende Kanten, die in beide Richtungen markiert werden können. Es gibt damit $(4n+2)\,C_n$ triangulierte und markierte Versionen von P. Ein Polygon mit $n+3$ Ecken hat ohne die Basis-Seite $n+2$, die für Q markiert werden können. Damit gibt es $(n+2)C_{n+1}$ triangulierte und markierte Versionen in Q. Diese entsprechen sich eins zu eins, wie in Bild 33.7 darstellt. Es gilt somit gilt $(4n+2)C_n = (n+2)C_{n+1} \Leftrightarrow C_{n+1} = \frac{4n+2}{n+2} C_n$.

d) Der Induktionsanfang ist mit $C_0 = \frac{1}{0+1}\binom{2\cdot 0}{0} = 1$ geklärt. Es gelte $C_k = \frac{1}{k+1}\binom{2k}{k}$ für ein $k \in \mathbb{N}$. Dann ist $C_{k+1} = \frac{4k+2}{k+2} C_k = \frac{4k+2}{k+2}\,\frac{1}{k+1}\binom{2k}{k}$ nach Induktionsannahme. Wird $\binom{2k}{k} = \frac{(2k)!}{k!\cdot k!}$ benutzt ergibt die rechte Seite $\frac{4k+2}{k+2}\,\frac{1}{k+1}\,\frac{(2k)!}{k!\cdot k!} = \frac{2\,(2k+1)}{k+2}\,\frac{2k!\cdot(k+1)}{(k+1)!\cdot(k+1)!} = \frac{1}{k+2}\,\frac{(2k)!\cdot(2k+1)\,(2k+2)}{(k+1)!\cdot(k+1)!} = \frac{1}{k+2}\binom{2(k+1)}{k+1}$, was zu zeigen war.

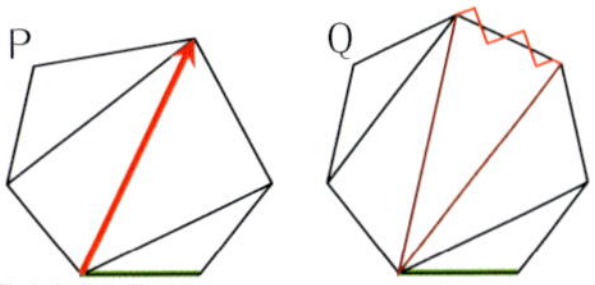

Bild 33.7: Die markierte Triangulation in P mit orientierter Kante entspricht einer markierten Triangulation in Q mit verschwindender Seite. Dazu werden in P aus der orientierten Kante zwei Kanten. Aus dem Eckpunkt, auf den die orientierte Kante zeigt, wird eine neue Polygon-Seite, die dann die Markierung trägt. Umgekehrt wird in Q, das Dreieck, zu der die markierte Seite gehört, auf eine Kante reduziert, die in Richtung der jetzt vereinten Eckpunkte der markierten Kante zeigt.

Lösung 33.31

a) Die Gleichung beschreibt eine lineare, inhomogene Rekursion erster Ordnung mit konstanten Koeffizienten. Der inhomogene Teil ist ein Polynom ersten Grades.

b) $a_1 = 11, a_2 = 31, a_3 = 90.$

c) Der homogene Teil der Rekursion ist $a_n = 3\,a_{n-1}$. Er wird durch $a_n = k\,3^n$ gelöst.

d) Als Ansatz für den inhomogenen Teil reicht ein Polynom ersten Grades $a_n = c_0 + c_1\,n$. In die Rekursionsgleichung eingesetzt ergibt sich: $a_n = c_0 + c_1\,n = 3\,a_{n-1} - n = 3\,(c_0 + c_1\,(n-1)) - n = (3\,c_1 - 1)\,n + 3\,c_0 - 3\,c_1$. Die Terme mit n liefern: $c_1 = 3\,c_1 - 1 \Rightarrow c_1 = \frac{1}{2}$. Die Konstanten liefern: $c_0 = 3\,c_0 - 3\,c_1 \Rightarrow c_0 = \frac{3}{4}$. Eine Lösung des inhomogenen Teils ist damit $a_n = \frac{n}{2} + \frac{3}{4}$.

e) Die gesamte Lösung setzt sich aus beiden Teilen zusammen. $a_n = k \cdot 3^n + \frac{n}{2} + \frac{3}{4}$. Mit der Anfangsbedingung $a_0 = 4$ ergibt sich $a_n = \frac{13}{4} \cdot 3^n + \frac{n}{2} + \frac{3}{4}$.

Lösung 33.32 Es handelt sich um eine lineare, homogene Rekursion zweiter Ordnung mit konstanten Koeffizienten. Sie wird daher durch eine Linearkombination geometrischer Folgen gelöst, deren Faktoren die Nullstellen des charakteristischen Polynoms sind. Dieses lautet $x^2 - x - 1$ und hat die Nullstellen $x_{1/2} = \frac{1 \pm \sqrt{5}}{2}$. Die Zahl $\phi = \frac{1+\sqrt{5}}{2} \approx 1.618$ ist der berühmte *goldene Schnitt*. Er gibt das Verhältnis von zwei Zahlen an, deren Summe sich zur größeren der beiden Zahlen genauso verhält, wie die größere zur kleineren Zahl.

Die allgemeine Lösung der Fibonacci-Rekursion ist daher
$a_n = \alpha \left(\frac{1+\sqrt{5}}{2}\right)^n + \beta \left(\frac{1-\sqrt{5}}{2}\right)^n$.

Mit den Anfangswerten ergeben sich die Gleichungen für die Koeffizienten α und β
$n = 0 : \alpha + \beta = 0$
$n = 1 : \alpha \cdot \frac{1+\sqrt{5}}{2} + \beta \frac{1-\sqrt{5}}{2} = 1$

Lösung des Gleichungssystems mit dem Gauß-Algorithmus:

α	β	$r.S.$	$Plan$
1	1	0	
$\frac{1+\sqrt{5}}{2}$	$\frac{1-\sqrt{5}}{2}$	1	$II - \frac{1+\sqrt{5}}{2} \cdot I$
1	1	0	$I + \frac{\sqrt{5}}{5} \cdot II$
0	$-\sqrt{5}$	1	$II \cdot (-\frac{\sqrt{5}}{5})$
1	0	$\frac{\sqrt{5}}{5}$	
0	1	$-\frac{\sqrt{5}}{5}$	

Damit ist $f_n = \frac{\sqrt{5}}{5} \left(\frac{1+\sqrt{5}}{2}\right)^n - \frac{\sqrt{5}}{5} \left(\frac{1-\sqrt{5}}{2}\right)^n$.

Lösung 33.33

- ▷ Zunächst wird der *homogene Teil* $a_n = a_{n-1} + 6a_{n-2}$ der Rekursion betrachtet: .
- ▷ Hierzu gehört das *charakteristische Polynom* $x^2 - x - 6$ mit Nullstellen $x_1 = 3, x_2 = -2$.
- ▷ *Ansatz der homogenen Lösung* ist $a_n = \alpha\, 3^n + \beta\,(-2)^n$.
- ▷ Als *Ansatz für die inhomogene Lösung* wird das Polynom $a_n = c_0 + c_1\, n$ verwendet.
- ▷ *Einsetzen* in die Rekursionsgleichung: $c_0 + c_1\, n = a_n = a_{n-1} + 6a_{n-2} - n = c_0 + c_1\,(n-1) + 6\,(c_0 + c_1\,(n-2)) - n$.
- ▷ Die *Terme mit n* sind: $c_1\, n = c_1\, n + 6c_1\, n - n \Rightarrow c_1 = \frac{1}{6}$.
- ▷ Die *konstanten Terme* sind: $c_0 = c_0 - c_1 - 12c_1 + 6c_0 \Rightarrow c_0 = \frac{13}{6} c_1 = \frac{13}{36}$.
- ▷ Damit ist die *allgemeine Lösung*: $a_n = \alpha\, 3^n + \beta\,(-2)^n + \frac{13}{36} + \frac{n}{6}$.
- ▷ Für $a_1 = 1$ ergibt sich die Gleichung $3\alpha - 2\beta = 1 - \frac{19}{36}$ und für $a_2 = 2$ ergibt sich die Gleichung $9\alpha + 4\beta = 1 - \frac{25}{36}$.
- ▷ Lösung des 2x2-Systems durch $\alpha = \frac{1}{12}, \beta = -\frac{1}{9}$.
- ▷ Damit ist die spezielle Lösung $a_n = \frac{1}{12} 3^n - \frac{1}{9}(-2)^n + \frac{1}{6} n + \frac{13}{36}$.
- ▷ *Einsetzen* ergibt die Folge: $1, 1, 4, 6, 25, 55, 198, \ldots$

34
Grundbegriffe der Graphentheorie

34.1 Einleitung

Graphen beschreiben die Beziehungen zwischen Objekten. Die *Graphentheorie* hat außerordentlich vielfältige Anwendungen hat. Viele Problemstellung sind sehr anschaulich, aber die Problemlösungen haben eine hohe Bandbreite an Komplexität. Dieses Kapitel enthält neben der Definition von Graphen, Wegen in Graphen und Bäumen einige wichtige und einfache Algorithmen. Eine gute Einführung finden Sie im Buch von Teschl[1]. Suchverfahren, Graphenfärbungen, Netzwerkanwendungen und viele angwandte Algorithmen finden sich im Buch von Turau[2].

[1] G. Teschl und S. Teschl. *Mathematik für Informatiker - Band 1: Diskrete Mathematik und Lineare Algebra.* Springer Spektrum, 2013

[2] V. Turau und C. Weyer. *Algorithmische Graphentheorie.* De Gruyter, 4. Auflage, 2015

34.1.1 Knoten und Kanten

Beispiel. Das Radtourennetz in den Niederlanden hat nummerierte Knotenpunkte *fietsknooppunten*, an denen die Route zu benachbarten Knoten ausgeschildert ist. Um eine Route zu fahren, braucht es nur die Folge von Knotenpunkten. Am jeweiligen Knoten steht dann, entlang welcher Route es zu benachbarten Knoten geht. Das Radtourennetz ist ein *Graph* aus *Knoten* und *Kanten*, den Verbindungen der Knoten.

Ein *Graph* G ist ein Paar von Mengen (V, E). Die Menge V stellt die *Knoten* (engl. vertex) dar. Die Menge E enthält die *Kanten* (engl. edge). Ein Element von E besteht aus zwei Knoten.

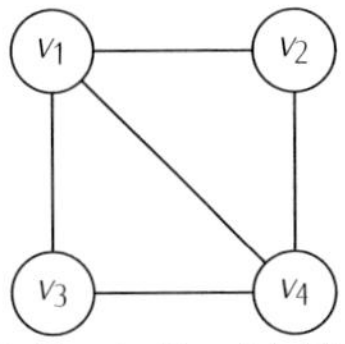

Bild 34.1: Graph $G = (V, E)$ mit der Knotenmenge $V = \{v_1, v_2, v_3, v_4\}$ und der Kantenmenge $E = \{e_1, e_2, e_3, e_4, e_5\} = \{\{v_1, v_2\}, \{v_1, v_3\}, \{v_1, v_4\}, \{v_2, v_4\}, \{v_3, v_4\}\}$.

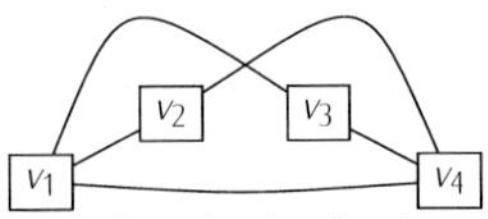

Bild 34.2: Der gleiche Graph wie in Bild 34.1. Die Anordnung der Knoten oder der Linienverlauf der Kanten ist mit der Definition des Graphen nicht vorgegeben.

Graphen werden anschaulich, indem die Knoten als Punkte, Kreise oder Rechtecke und die Kanten als Linien zwischen den Knoten dargestellt werden, wie in Bild 34.1. Wie ein Graph gezeichnet wird, ist mit seiner Definition nicht festgelegt. Oft gibt der jeweilige Sachzusammenhang eine Darstellung vor. Unterschiedliche Abbildungen des selben Graphen sind damit nicht ohne weiteres als identisch erkennbar, siehe Bild 34.2.

Kanten im Graphen sind leicht als Verbindungen zwischen räumlichen Objekten vorstellbar. Bei Graphen können sie jedoch auch ganz andere Bedeutungen annehmen. In Programmiersprachen kann der Aufruf einer

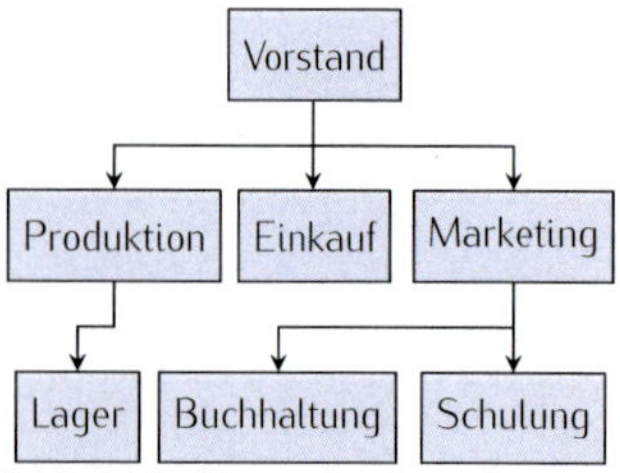

Bild 34.3: Hierarchisches Organigramm eines Unternehmens.

Prozedur durch eine andere als Graph repräsentiert werden. Compiler von Sprachen, die rekursionsfrei arbeiten, prüfen dann, ob über die Aufrufe und deren Unteraufrufe eine Prozedur sich selbst erreicht. Kanten können auch Verantwortlichkeiten abbilden wie im klassischen Hierarchie-Diagramm eines Unternehmens aus Bild 34.3.

Zu einem Graphen $G = (V, E)$ heißt die Anzahl der Knoten $n = \text{card}(V)$ *Knotenzahl* und die Anzahl der Kanten $m = \text{card}(E)$ *Kantenzahl*. Für den Graphen aus Bild 34.1 gilt $n = \text{card}(V) = 4$ und $m = \text{card}(E) = 5$.

Ein Graph heißt *vollständig*, wenn je zwei Knoten durch genau eine Kante verbunden sind. Beim vollständigen Graphen gilt $m = \frac{n \cdot (n-1)}{2}$.

In einem *gerichteten* Graphen haben die Kanten eine Richtung, wie die Einbahnstraßen in einem Straßennetz. In Bild 34.3 stellen die Pfeile z.B. die Weisungsbefugnis dar. Bild 34.4 zeigt eine gerichtete Version des *ungerichteten* Graphen.

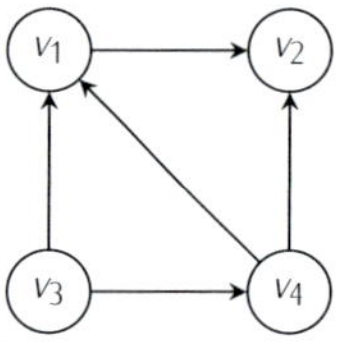

Bild 34.4: Knotengrade in gerichteten Graphen unterscheiden aus- und eingehende Kanten.
Ausgehende Knotengrade sind
$d^+(v_3) = d^+(v_4) = 2$,
$d^+(v_1) = 1, d^+(v_2) = 0$,
eingehende Knotengrade sind
$d^-(v_1) = d^-(v_2) = 2$,
$d^-(v_4) = 1, d^-(v_3) = 0$.

Der *Knotengrad* $d(v_i)$ gibt zu einem Knoten $v_i \in V$ die Anzahl der mit dem Knoten verbundenen Kanten an. Beim vollständigen Graphen ist $d(v) = n - 1$ für alle $v \in V$. Beim gerichteten Graphen wird zwischen dem *ausgehenden Knotengrad* $d^+(v_i)$ und dem *eingehenden Knotengrad* $d^-(v_i)$ eines Knoten unterschieden. Der Ausdruck $d^+(v_i)$ bezeichnet die Anzahl der vom Knoten v_i ausgehenden Kanten, $d^-(v_i)$ die Anzahl der beim Knoten eingehenden Kanten, siehe das Beispiel in Bild 34.4.

Ein Graph, bei dem alle Knoten den selben Knotengrad haben, heißt *regulär*. Aufgabe 34.4 untersucht die Frage, zu welchen Knotengraden es reguläre Graphen gibt.

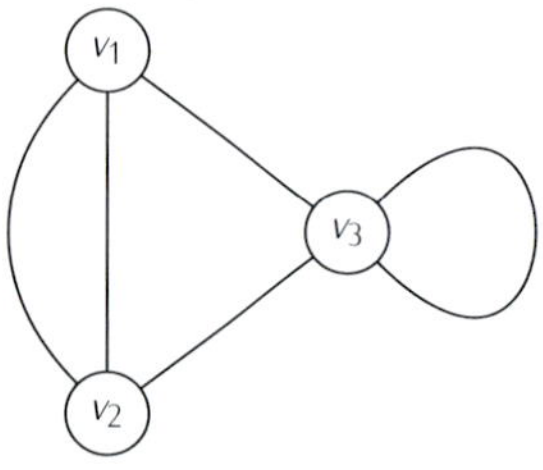

Bild 34.5: Mehrfachkanten oder parallele Kanten wie von v_1 nach v_2 oder Schleifen wie bei v_3 werden in der Definition von Graphen üblicherweise ausgeschlossen.

Mit der Definition von Graphen wie oben sind zwei Sonderfälle ausgeschlossen. *Parallele Kanten* sind Kanten, die zwischen dem gleichen Knotenpaar laufen. In der Praxis kann zwischen zwei Orten mehr als ein Verbindungsweg existieren. Eine *Schleife* oder *Schlinge* ist eine Kante, die von einem Knoten aus auf diesen zurückführt. Bild 34.5 zeigt beide Fälle. Durch die Definition von E als Menge ist ein doppeltes Paar nicht repräsentierbar, und durch die Vorgabe, dass die Elemente von E zweielementige Teilmengen von V sind, werden Schleifen unmöglich. In der Definition von *Multigraphen* wird diese Vorgabe aufgehoben. Beide Fälle können durch Definition zusätzlicher Knoten, die eine parallele Kante oder die Schleife durchteilen, auf den Fall der hier definierten Graphen zurückgeführt werden. Graphen, bei denen die Sonderfälle explizit ausgeschlossen sind, werden *schlicht* genannt.

Zwei Knoten v_i und v_j aus V heißen *adjazent*, wenn von v_i nach v_j eine Kante verläuft. Ein Knoten und eine Kante heißen *inzident*, wenn der Knoten zur Kante gehört. Zwei Kanten e_i und e_j aus E werden als *benachbart* bezeichnet, wenn sie einen gemeinsamen Knoten haben.

34.1.2 Verschiedene Arten von Graphen

In einem *gewichteten* Graphen ist jeder Kante eine Bewertung zugeordnet. Diese kann beispielsweise die Länge eines Weges, eine Übertragungsrate oder eine Transportkapazität sein.

Von einem *bipartiten* Graphen wird gesprochen, wenn die Knotenmenge V aus zwei disjunkten Teilmengen V_1, V_2 besteht, also $V = V_1 \cup V_2$ mit $V_1 \cap V_2 = \emptyset$ und alle Kanten je einen Knoten aus V_1 mit einem aus V_2 verbinden. Die Kanten eines bipartiten Graphen definieren dann eine Relation als Teilmenge von $V_1 \times V_2$, vgl. Kapitel 32.

> **Beispiel.** Liefer-Relation
> Aus einer Menge von Lägern wird Ware an eine Reihe von Filialen geliefert. Welches Lager welche Filialen beliefert, wird durch die Liefer-Relation festgelegt, die als bipartiter Graph darstellbar ist. Routen von einem Lager zu einem anderen oder aus einer Filiale zu einer anderen sind dann nicht erlaubt.

Ein Graph heißt *planar*, wenn Knoten und Kanten in einer zweidimensionalen Ebene so gezeichnet werden können, dass sich keine Kanten kreuzen.

Eine *Triangulation* ist die Aufteilung einer Fläche in Dreiecke. Sie kann als planarer Graph betrachtet werden, bei dem die Knoten die Eckpunkte der Dreiecke und die Kanten deren Seiten sind.

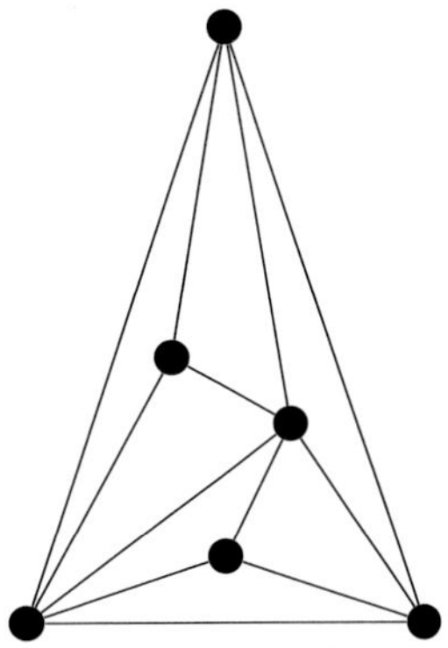

Bild 34.6: Eine Triangulation mit $n = 6$ Knoten, $m = 12$ Kanten und $f = 8$ Flächen - die Außenfläche mitgezählt.

Bei planaren Graphen gilt die *Euler-Formel* $n + f = m + 2$. Dabei ist n die Knotenzahl, m die Kantenzahl und f die Anzahl der Flächen, in die der Graph die Ebene unterteilt. Die Außenfläche wird dabei mitgezählt. Ist wie in Bild 34.6 in einer Triangulation auch die Außenfläche durch drei Kanten begrenzt, gilt $3f = 2m$, da jede Fläche durch drei Kanten begrenzt ist und jede Kante zwei Flächen begrenzt.

Ein *Teilgraph* H eines Graphen $G = (V, E)$ ist ein Graph, dessen Knotenmenge eine Teilmenge von V und dessen Kantenmenge eine Teilmenge von E ist. Eine Teilmenge von Knoten $U \subset V$ *induziert* einen Teilgraphen, wenn aus E nur die Kanten entfernt werden, die zu Knoten aus $V \setminus U$ inzident sind. Der Teilgraph heißt dann der durch U *induzierte Teilgraph*.

34.1.3 Repräsentation von Graphen

Da Graphen aus Knoten und Kanten bestehen, ist eine *Listenrepräsentation* naheliegend. Die *Knotenliste* V ist eine durchnummerierte oder alphabetisch sortierte Liste der Knoten. Die *Kantenliste* ist die Liste der Knotenpaare. Sie wird *lexikographisch* sortiert, d.h. nach aufsteigendem Buchstaben- oder Zahlenwert. Auch wenn Knoten- und Kantenlisten hier als Mengen notiert werden, kommt es auf die Sortierung an. Beim ungerichteten Graphen sind die Elemente der Kantenliste zweielementige Teilmengen von V beim gerichteten Graphen geordnete Paare.

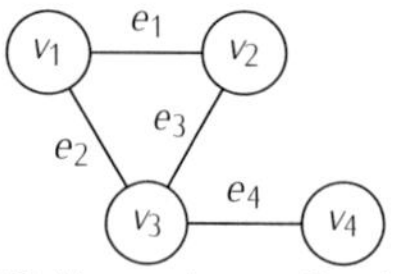

Bild 34.7: Ungerichteter Graph G_u

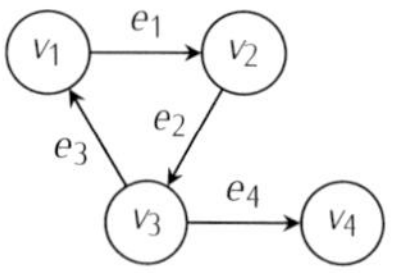

Bild 34.8: Gerichteter Graph G_g

Beispiel. Der ungerichtete Graph G_u aus Bild 34.7 hat die Knotenmenge $V_u = \{v_1, \ldots, v_4\}$ und die Kantenmenge $E_u = \{e_1, \ldots, e_4\}$. Dabei ist $e_1 = \{v_1, v_2\}, e_2 = \{v_1, v_3\}, e_3 = \{v_2, v_3\}$ und $e_4 = \{v_3, v_4\}$. Der gerichtete Graph G_g aus Bild 34.8 hat die gleiche Knotenmenge $V_g = V_u$. Seine Kanten sind $e_1 = (v_1, v_2), e_2 = (v_2, v_3), e_3 = (v_3, v_1)$ und $e_4 = (v_3, v_4)$. Beachten Sie die verschiedene Nummerierung der Kanten bei ungerichtetem und gerichtetem Graphen, die sich aus der lexikographischen Sortierung ergibt.

Falls Graphen Mehrfachkanten enthalten können, benötigen sie zusätzliche Merkmale bei den Kanten, um diese zu unterscheiden.

Zwei verschiedene Matrixrepräsentationen sind die *Adjazenz-Matrix* und die *Inzidenz-Matrix*.

Die Adjazenz-Matrix $\boldsymbol{A}$ ist eine quadratische $n \times n$-Matrix. Zeilen und Spalten stehen für die Knoten. Die Matrix-Elemente sind 1, wenn beide Knoten adjazent sind, 0 wenn nicht. Beim ungerichteten Graphen ist die Adjazenz-Matrix symmetrisch. In der Adjazenz-Matrix eines gerichteten Graphen ist $a_{ij} = 1$, wenn eine Kante vom Knoten v_i zum Knoten v_j verläuft, also $(v_i, v_j) \in E$.

Die Adjazenz-Matrix $\boldsymbol{A}_u$ zum ungerichteten Graphen G_u aus Bild 34.7 ist

$$\boldsymbol{A}_u = \begin{pmatrix} 0 & 1 & 1 & 0 \\ 1 & 0 & 1 & 0 \\ 1 & 1 & 0 & 1 \\ 0 & 0 & 1 & 0 \end{pmatrix}$$

Die Adjazenz-Matrix $\boldsymbol{A}_g$ zum gerichteten Graphen G_g aus Bild 34.8 ist

$$\boldsymbol{A}_g = \begin{pmatrix} 0 & 1 & 0 & 0 \\ 0 & 0 & 1 & 0 \\ 1 & 0 & 0 & 1 \\ 0 & 0 & 0 & 0 \end{pmatrix}$$

Beispiel. Der Graph G_u aus Bild 34.7 hat eine Kante $\{v_1, v_3\}$, daher ist $a_{13} = 1$. Eine Kante $\{v_2, v_4\}$ gibt es nicht, also ist $a_{24} = 0$. Die Adjazenz-Matrizen für den ungerichteten und den gerichteten Graphen G_u und $G_g$sind am Rand gezeigt.

Die Knotengrade ergeben sich als Summen der Zeilen oder Spalten bei einer Adjazenz-Matrix zu einem ungerichteten Graphen. Beim gerichteten Graphen ergibt die Summe zu Zeile i den ausgehenden Knotengrad $d^+(v_i)$ und die Summe der Spalte i den eingehenden Knotengrad $d^-(v_i)$. Die Diagonale der Adjazenz-Matrix ist in der Regel Null, mit Ausnahme spezieller Situationen, in denen Schleifen zugelassen werden.

Die Inzidenz-Matrix ist eine $n \times m$-Matrix $\boldsymbol{B}$, deren Zeilen für die Knoten und deren Spalten für die Kanten stehen. Beim ungerichteten Graphen ist $b_{ij} = 1$ genau dann, wenn der Knoten v_i zur Kante e_j gehört:

$$b_{ij} = \begin{cases} 1 & v_i \in e_j \\ 0 & \text{sonst} \end{cases}.$$

Die Zeilensumme von Zeile i ergibt den Knotengrad $d(v_i)$ von Knoten v_i, während die Spaltensumme stets 2 beträgt. Beim gerichteten Graphen ist

$$b_{ij} = \begin{cases} 1 & \text{falls } (v_i, x) = e_j \text{ für ein } x \in V \\ -1 & \text{falls } (x, v_i) = e_j \text{ für ein } x \in V \\ 0 & \text{sonst} \end{cases}.$$

Hier ergibt die Summe der Einsen der Zeile i gerade den ausgehenden Knotengrad $d^+(v_i)$ und die Summe der minus-Einsen den eingehenden Knotengrad $d^-(v_i)$. In jeder Spalte steht hier genau eine Eins und eine minus-Eins. Die Inzidenz-Matrizen zu beiden Beispiel-Graphen sind am Rand gezeigt.

Die Inzidenz-Matrix $\boldsymbol{B}_u$ zum ungerichteten Graphen G_u aus Bild 34.7 ist

$$\boldsymbol{B}_u = \begin{pmatrix} 1 & 1 & 0 & 0 \\ 1 & 0 & 1 & 0 \\ 0 & 1 & 1 & 1 \\ 0 & 0 & 0 & 1 \end{pmatrix}$$

Die Inzidenz-Matrix $\boldsymbol{B}_g$ zum gerichteten Graphen G_g aus Bild 34.8 ist

$$\boldsymbol{B}_g = \begin{pmatrix} 1 & 0 & -1 & 0 \\ -1 & 1 & 0 & 0 \\ 0 & -1 & 1 & 1 \\ 0 & 0 & 0 & -1 \end{pmatrix}$$

34.1.4 Wege in Graphen

Eine *Kantenfolge* in einem Graphen G ist eine Folge von Kanten $(e_1, e_2, \ldots, e_n)$, so dass es eine Folge von Knoten $(v_0, v_1, v_2, \ldots, v_n)$ gibt, mit der $e_i = \{v_{i-1}, v_i\}$ für alle i gilt.

Wir beschränken uns im Weiteren auf ungerichtete Graphen.

Beispiel. Kantenfolgen im Bild 34.9

- ▷ Eine Kantenfolge ist $(e_1, e_3, e_4, e_2, e_3, e_5)$. Zu ihr gehört die Knotenfolge $(v_1, v_2, v_4, v_3, v_2, v_4, v_5)$.
- ▷ Ebenfalls eine Kantenfolge ist (e_1, e_2, e_4) mit der Knotenfolge (v_1, v_2, v_3, v_4).
- ▷ *Keine* Kantenfolge ist (e_1, e_5), da e_1 und e_5 nicht benachbart sind, d.h. keinen gemeinsamen Knoten haben.
- ▷ Auch $(e_1, e_2, e_3, e_4, e_5)$ ist *keine* Kantenfolge, da hier keine passende Knotenfolge existiert. Sie demonstriert, dass für eine Kantenfolge nicht ausreicht, wenn aufeinanderfolgende Kanten benachbart sind.
- ▷ Dagegen ist (e_1, e_2, e_2, e_3) eine gültige Kantenfolge mit der Knotenfolge $(v_1, v_2, v_3, v_2, v_4)$.

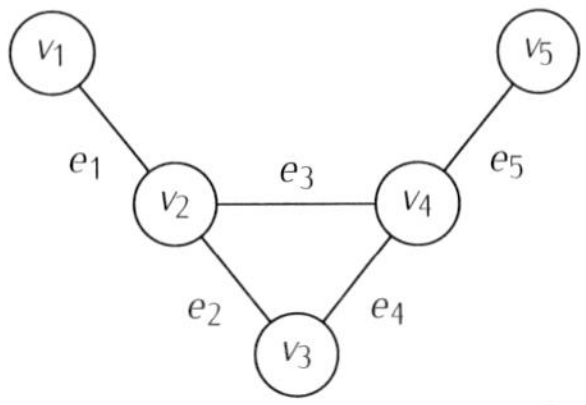

Bild 34.9: Kantenfolgen in einem Graphen.

Eine Kantenfolge heißt *geschlossen*, wenn $v_0 = v_n$ ist und *offen*, wenn $v_0 \neq v_n$. Eine offene Kantenfolge heißt *Weg*, wenn sie keine doppelten Kanten enthält. Eine geschlossene Kantenfolge, die keine doppelten Kanten enthält, heißt *Kreis*. Graphen, in denen es keine Kreise gibt, heißen *azyklisch*.

Beispiel. Zu Bild 34.9

- ▷ $(e_1, e_3, e_4, e_2, e_3, e_5)$ ist eine offene Kantenfolge, aber kein Weg, da doppelte Kanten vorkommen.
- ▷ (e_1, e_2, e_4, e_5) ist eine offene Kantenfolge ohne doppelte Kanten, also ein Weg.
- ▷ $(e_1, e_2, e_4, e_3, e_1)$ ist eine geschlossene Kantenfolge aber kein Kreis, da sie eine doppelte Kante enthält.
- ▷ (e_2, e_3, e_4) ist eine geschlossene Kantenfolge ohne doppelte Kante, also ein Kreis.
- ▷ Der Graph ist nicht azyklisch, da er einen Kreis enthält.
- ▷ Die Kantenfolge (e_1, e_2, e_2, e_3) ist kein Weg, da Kante e_2 doppelt vorkommt.

Eine Kantenfolge heißt

- ▷ *Euler-Linie*, wenn sie ein Weg ist und alle Kanten des Graphen durchläuft,
- ▷ *Euler-Kreis*, wenn sie ein Kreis ist und alle Kanten des Graphen durchläuft,
- ▷ *Hamilton-Linie*, wenn sie ein Weg ist und alle Knoten des Graphen besucht,
- ▷ *Hamilton-Kreis*, wenn sie ein Kreis ist und alle Knoten des Graphen besucht.

Leonhard Euler, 1707-1783

William Rowan Hamilton, 1805-1865

Anwendungen dieser Definitionen sind naheliegend. Eine Euler-Linie ist nützlich, wenn jede Straße einer Stadt genau einmal abgefahren werden soll. Eine Hamilton-Linie ist wichtig, wenn verschiedene Destinationen jeweils genau einen Besuch bekommen sollen. Nicht überraschend ist, dass Graphen nicht unbedingt die genannten Kantenfolgen besitzen, siehe Bild 34.10. Dagegen ist es erstaunlich, wie einfach die Existenz einer Euler-Linie oder eines Euler-Kreises für einen Graphen zu prüfen ist und wie schwierig diese Prüfung dagegen bei Hamilton-Linien und -Kreisen ist.

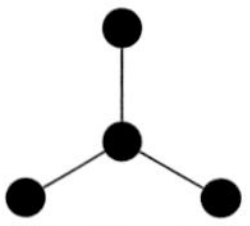

Bild 34.10: Ein Graph ohne Euler-Linie, Euler-Kreis, Hamiliton-Linie oder Hamilton-Kreis.

Einen Euler-Kreis gibt es genau dann, wenn alle Knoten des Graphen einen geraden Knotengrad haben. Eine Euler-Linie gibt es genau dann, wenn nur genau zwei Knoten des Graphen einen ungeraden Knotengrad haben und alle anderen Knoten einen geraden Knotengrad. Die beiden Knoten mit ungeradem Knotengrad sind dann Start- und Endpunkt der Euler-Linie. Der Grund ist einfach: Jeder Knoten, den die Kantenfolge besucht, wird wieder über eine zweite Kante verlassen. Ausgenommen sind nur der Start- und der Endknoten. Die berühmten sieben Brücken des *Königsberger Brückenproblems*, mit denen diese Entdeckung von Leonhard Euler verbunden ist, finden Sie in Aufgabe 34.10.

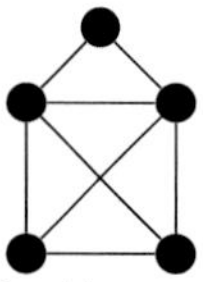

Bild 34.11: Das Haus vom Nikolaus

Beispiel. Das ist das Haus vom Ni-ko-laus.
In dieser Aufgabe aus dem Kindergarten muss beim Sprechen jeder Silbe des Reimes jeweils eine Kante des Hauses gemalt werden, und zwar ohne den Stift abzusetzen. Es funktioniert nur, wenn mit einem Knoten mit Knotengrad 3 gestartet wird. Siehe Bild 34.11.

Das scheinbar ähnliche Problem einer Hamilton-Linie oder eines Hamilton-Kreis ist dagegen extrem viel schwieriger. Eine Anwendung ist das berühmte *Traveling Salesman Problem*, bei dem in einem gewichteten Graphen der kürzeste Weg (oder Kreis) gefunden werden soll, der alle Knoten besucht. Anders als bei Euler-Linie und Euler-Kreis kann ein Graph sowohl eine Hamilton-Linie als auch einen Hamilton-Kreis haben. Jeder Hamilton-Kreis wird einfach durch Weglassen der ersten oder letzten Kante zu einer Hamilton-Linie. Umgekehrt geht es natürlich nicht, wie in Bild 34.12 gezeigt.

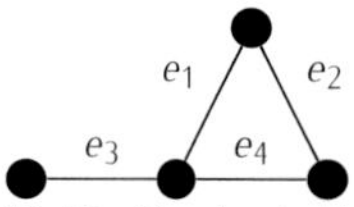

Bild 34.12: Ein Graph mit Hamilton-Linie e_1, e_2, e_4, aber ohne Hamilton-Kreis.

Ein ungerichteter Graph $G = (V, E)$ heißt *zusammenhängend*, wenn es zu jedem Knotenpaar $v_i, v_j \in V$ mit $i \neq j$ eine Kantenfolge von v_i nach v_j gibt. Beim gerichteten Graphen wird unter dieser Bedingung vom *starken* Zusammenhang gesprochen. Ein *schwacher* Zusammenhang setzt dann Kantenfolgen ohne Berücksichtigung der Richtung voraus. Eine *Zusammenhangskomponente* eines Graphen G besteht aus einer nichtleeren Teilmenge U der Knotenmenge von G, deren induzierter Teilgraph zusammenhängend ist, der aber bei einer Hinzunahme eines weiteren Knotens aus G diese Eigenschaft verliert. Offensichtlich muss die Kantenzahl $m(G)$ eines Graphen G mindestens $n(G) - 1$ betragen, damit der Graph zusammenhängend ist.

34.1.5 Bäume

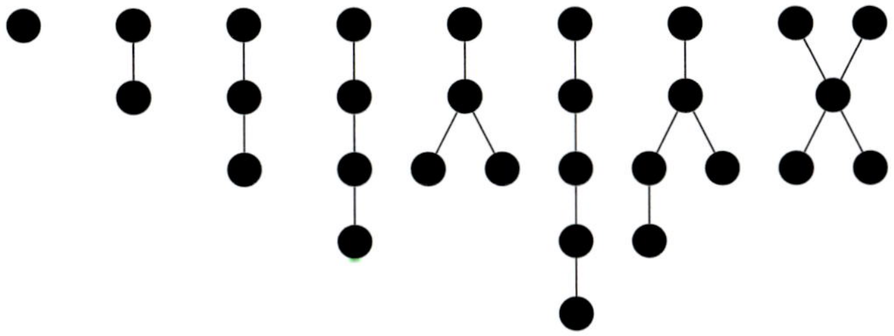

Bild 34.13: Ein Wald mit allen Bäumen, die eine Knotenzahl $n \leq 5$ haben.

Wie finde ich *alle* Bäume mit maximal fünf Knoten?
Es gibt nur einen Baum mit Knotenzahl 1. Wird ein Baum um einen Knoten erweitert, muss der neue Knoten über eine Kante mit einem bisherigen Knoten verbunden werden. Deswegen gibt es nur einen Baum mit Knotenzahl 2. Da die Knoten hier nicht nummeriert werden, sind beide möglichen Erweiterungen zur Knotenzahl 3 nicht unterscheidbar. Beim Baum mit Knotenzahl 3 entsteht beim Verbinden an einen Knoten mit Knotengrad 1 ein anderer Baum als beim Verbinden mit dem Knoten vom Knotengrad 2. Aus den zwei verschiedenen Bäumen mit Knotenzahl 4 entstehen drei verschiedene Bäume mit Knotenzahl 5, je nach Knotengrad an den verbunden wird.

Bäume sind ein wichtiger Spezialfall von Graphen, die für alle Art von Sortierungen und Suchen genutzt werden. Ein Graph heißt ein *Wald*, wenn im Graphen kein Kreis existiert. Seine Zusammenhangskomponenten sind *Bäume*, siehe Bild 34.13. Ein *Baum* ist also ein zusammenhängender Graph, der keinen Kreis enthält. Bäume haben eine Reihe wünschenswerter Eigenschaften: In einem Baum gibt es von jedem Knoten zu jedem anderen genau einen Weg. Gäbe es keinen Weg, wären der Graph nicht zusammenhängend, gäbe es zwei verschiedene Wege, ließen sich diese zu einem Kreis verbinden. Ein Baum mit Knotenzahl n hat genau $m = n - 1$ Kanten. In Aufgabe 34.11 wird das gezeigt.

Ein *Wurzelbaum* ist ein Baum mit einer hierarchischen Sortierung. Er hat einen als *Wurzel* ausgezeichneten Knoten, der üblicherweise graphisch oben angeordnet ist. Adjazente Knoten, die dann auch *Kindknoten* genannt werden, sind jeweils eine Ebene tiefer angeordnet. Knoten mit Knotengrad 1, die somit keine Kinder haben, sind *Blätter*, alle anderen Knoten heißen *innere Knoten*, siehe Bild 34.14.

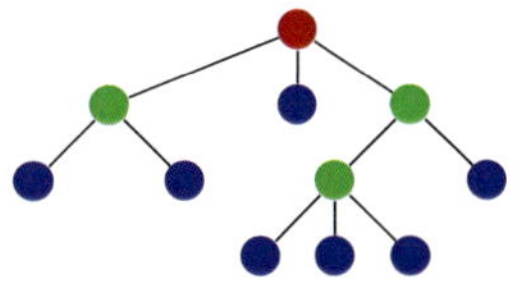

Bild 34.14: Baum mit Wurzel, inneren Knoten und Blättern.

> **Beispiel.** Das Dateisystem eines Computers ist ein Wurzelbaum. Unter dem Wurzelverzeichnis - in UNIX-Systemen *root* genannt - liegen innere Knoten, nämlich weitere Verzeichnisse, und Blätter, das sind hier die Dateien.

In der Informatik sind *Binärbäume* von besonderer Wichtigkeit. Innere Knoten haben im Binärbaum maximal zwei Kinder, die in das linke und falls vorhanden das rechte Kind unterschieden werden. Wenn der Binärbaum zum Suchen benutzt wird, teilt der innere Knoten die Suchmenge auf. Kleinere Werte als im inneren Knoten sind in dessen linken Teilbaum, größere Werte im rechten Teilbaum. In Bild 34.15 sind hier im Buch genannte Autoren-Namen alphabetisch sortiert. Die *Tiefe* eines Knoten im Binärbaum ist die Länge der Kantenfolge zum Wurzelknoten. Ein Binärbaum, dessen Blätter maximale Tiefe k haben, kann bis zu 2^k Blätter haben. Eine gesuchte Information unter 2^k Werten kann so mit k Vergleichen gefunden werden. Wichtig ist daher, dass der Binärbaum *balanciert* ist, sich die Tiefen der Blätter als nicht zu stark unterscheiden. Beim Eintragen und Löschen von Elementen ist dann dafür zu sorgen, dass die Tiefe des Baums gleichmäßig begrenzt bleibt.

Ein Binärbaum wird *voll* genannt, wenn alle inneren Knoten zwei Kinder haben.

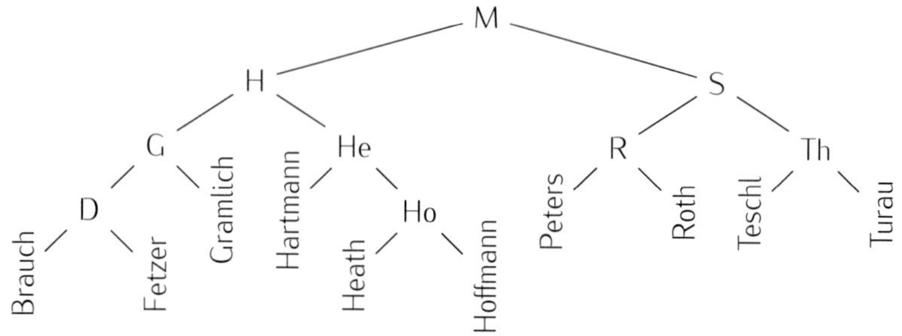

Bild 34.15: Ein voller Binärbaum zur alphabetischen Sortierung von Autorennamen, seine Blätter haben Tiefe 3 oder 4.

34.1.6 Suche in Graphen

Zur Suche ist ein Baum, besser noch ein Binärbaum, geeignet und effizient, wenn er passend strukturiert ist. Wird z.B. in einem Telefonverzeichnis die zu einem Namen X gehörende Nummer gesucht, muss das Verzeichnis nach Namen sortiert sein, damit eine effiziente Suche möglich ist. Ist z.B. eine Liste mit Telefonverbindungen gegeben, kann ein Verbindung von Person X zu Person Y gesucht werden oder eine Verbindung, die über eine Person Z hergestellt wurde. Gibt es überhaupt einen Zusammenhang zwischen X und Y oder sind beide in verschiedenen Komponenten des Verbindungsgraphen? Um zu vermeiden, die Unmenge aller Verbindungen zu überprüfen, braucht es Suchstrategien, die sichergehen, dass die Suche nicht um Kreis verläuft. Dies ist gesichert, wenn nur eine Teilmenge an Kanten des Graphen berücksichtigt wird, die einen Baum definiert. Ein solcher Teilgraph, der alle Knoten enthält und gleichzeitig ein Baum ist, heißt ein den Graphen *aufspannender Baum*. Neben der Suche hat ein aufspannender Baum andere nützliche Bedeutungen. In Netzwerken aller Art können Verbindungen ausfallen und müssen repariert werden. Priorität haben dabei Verbindungen, die den Zusammenhang des Netzes garantieren. Ein *First Level Support* sichert dann alle Verbindungen, die zu einem aufspannenden Baum gehören.

Die *Breitensuche* und die *Tiefensuche* sind Suchverfahren, die von einem Startknoten ausgehend eine Kantenmenge ermitteln, mit der jeder andere Knoten in der Zusammenhangskomponente auf eindeutigem Weg erreicht wird. Die Breitensuche sorgt dabei für kurze Wege, die Tiefensuche für wenige Verzweigungen. Beide Suchen benutzen gleiche Datenelemente und gleiche Ablaufschritte. Die Datenelemente sind der Startknoten v_S, zwei Knotenlisten L_1 und L_2 und eine Ergebnisliste E der Kanten. L_1 ist die Liste der Knoten, bei denen noch nach Kanten gesucht wird, L_2 die Liste der Knoten, die schon besucht wurden. Zu Anfang $L_1 = L_2 = \{v_S\}$ und während des Algorithmus ist immer $L_1 \subset L_2$. Die Ergebnisliste ist zu Anfang leer. Solange die Liste L_1 nicht leer ist, wird das folgende wiederholt: Für den ersten Knoten v aus L_1 wird geprüft, ob es von v

eine Kante zu einem noch unbesuchten Knoten w gibt. Falls ja, wird die Kante (v, w) in die Ergebnisliste aufgenommen und w zu beiden Listen L_1 und L_2 hinzugefügt, falls nein, wird v aus der Liste L_1 entfernt.

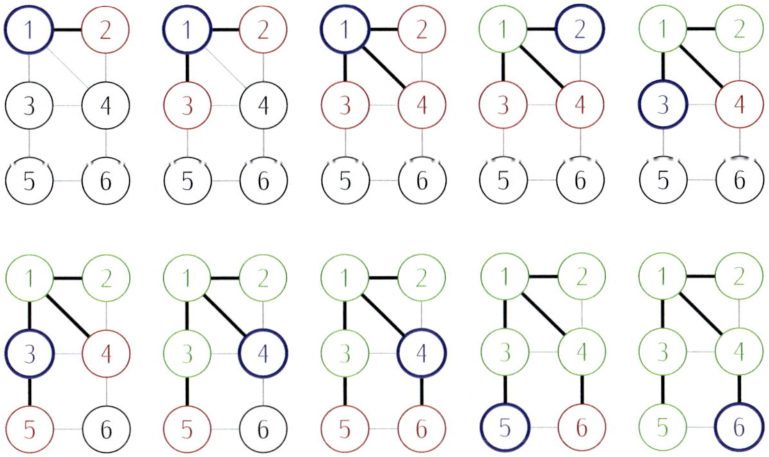

Bild 34.16: Ablauf der Breitensuche bei Start ab Knoten v_1. Der Knoten v, bei dem gesucht wird, ist dick markiert, ebenso wie die gefundenen Kanten. Knoten aus L_1, bei denen noch Kanten gesucht werden, sind rot markiert. Knoten, bei denen nicht mehr gesucht wird, die also aus L_1 entfernt wurden, sind grün markiert. Die schon besuchten Knoten von L_2 haben eine der beiden Farben.

Der Unterschied zwischen Breiten- und Tiefensuche besteht lediglich darin, dass neu gefundene Knoten w bei der Breitensuche ans Ende der Listen L_1 und L_2 gestellt werden, während sie bei der Tiefensuche an den Anfang der Liste kommen. Die Tiefensuche ist wie die Suche nach dem Ausgang aus einem Labyrinth: Es wird dort weiter gesucht, wo die suchende Person sich gerade befindet. Bei der Breitensuche würde die suchende Person bei jeder neuen Verzweigung jeweils den ganzen Weg zum Ausgangspunkt zurückgehen, um sicher zu sein, dass sie den kürzesten Weg zum Ausgang findet. Mit der Tiefensuche werden lange Wege mit wenig Verzweigungen erzeugt, mit der Breitensuche kurze Wege mit vielen Verzweigungen. Der Ablauf von Breiten- und Tiefensuche ist in den Bildern 34.16 und 34.17 gezeigt.

Wenn es bei einem Netzwerk um die Festlegung der Verbindungen mit First Level Support geht, spielt deren Länge natürlich eine Rolle. Auf einem gewichteten Graphen wird daher der *minimal aufspannende Baum* gesucht, d.h. der aufspannende Baum des Graphen, dessen Summe der Kantenlängen minimal wird. Der minimal spannende Baum kann mit dem Algorithmus von Kruskal gefunden werden. Dabei werden alle Kanten des Graphen der Länge nach aufsteigend sortiert und - mit der kürzesten beginnend - Kanten zum Baum hinzugefügt, solange dabei kein Kreis entsteht.

Joseph B. Kruskal, 1928-2010

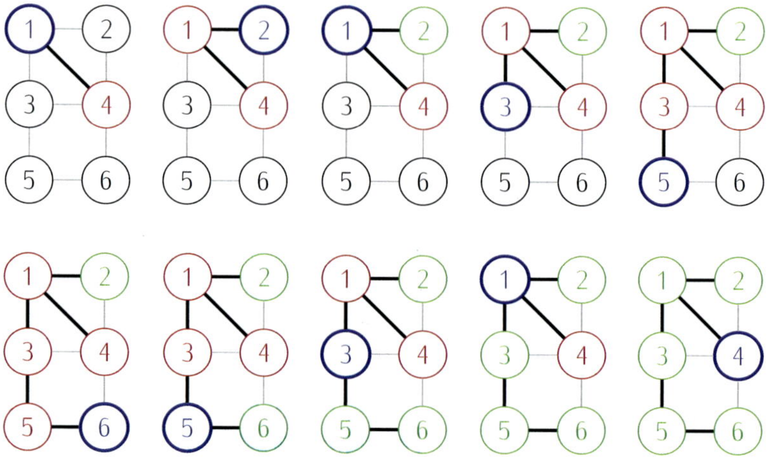

Bild 34.17: Ablauf der Tiefensuche bei Start ab Knoten v_4. Der Knoten v, bei dem gesucht wird, ist dick markiert, ebenso wie die gefundenen Kanten. Knoten aus L_1, bei denen noch Kanten gesucht werden, sind rot markiert. Knoten, bei denen nicht mehr gesucht wird, die also aus L_1 entfernt wurden, sind grün markiert. Die schon besuchten Knoten von L_2 haben eine der beiden Farben.

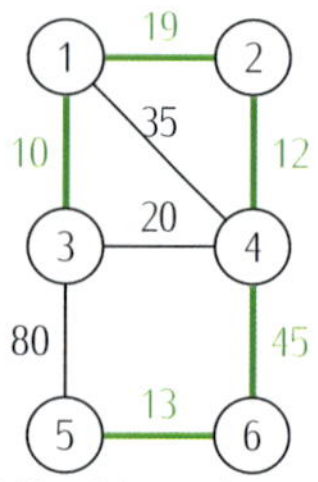

Bild 34.18: Minimal spannender Baum des Graphen farbig markiert.

Beispiel. Bild 34.18 zeigt einen Graphen mit sechs Knoten und acht Kanten. Letztere werden der Länge nach sortiert: $\{v_1, v_3\}$, $\{v_2, v_4\}$, $\{v_5, v_6\}$, $\{v_1, v_2\}$, $\{v_3, v_4\}$, $\{v_1, v_4\}$, $\{v_4, v_6\}$, $\{v_3, v_5\}$. Die ersten vier Kanten können in den Baum aufgenommen werden, ohne dass sich ein Kreis ergibt. Bei den Kanten $\{v_3, v_4\}$ und $\{v_1, v_4\}$ jedoch würde sich ein Kreis ergeben, daher wird nur noch $\{v_4, v_6\}$ aufgenommen und mit fünf Kanten, die keinen Kreis bilden, ist in einem Graphen mit sechs Knoten ein Baum bestimmt.

Die Strategie beim Algorithmus von Kruskal wird als *gierig* (engl. greedy) bezeichnet, da er mit dem startet, was am vorteilhaftesten ist: kurzen Kanten. Während im sozialen Miteinander Gier als handlungsleitendes Motiv eher Nachteile bringt, kann es bei Algorithmen Erfolg versprechen. Jedoch gibt es eine Menge algorithmische Situationen, bei denen Gier keinen Erfolg bringt. Ein Beispiel ist der Dijkstra-Algorithmus.

34.1.7 Kürzeste Wege mit dem Dijkstra-Algorithmus

Die Suche nach dem kürzesten Weg von Knoten A nach Knoten B in einem gewichteten Graphen ist eine der anschaulichsten Aufgaben bei Graphen. Damit können Weglängen, Kosten oder z.B. der Energieverbrauch minimiert werden. Zugleich scheint es nicht die schwierigste Aufgabe zu sein. Die Anzahl möglicher Wege in einem Graphen kann mit seiner Größe jedoch explosionsartig wachsen, wie das Beispiel des Schichtengraphen zeigt, siehe Bild 34.19.

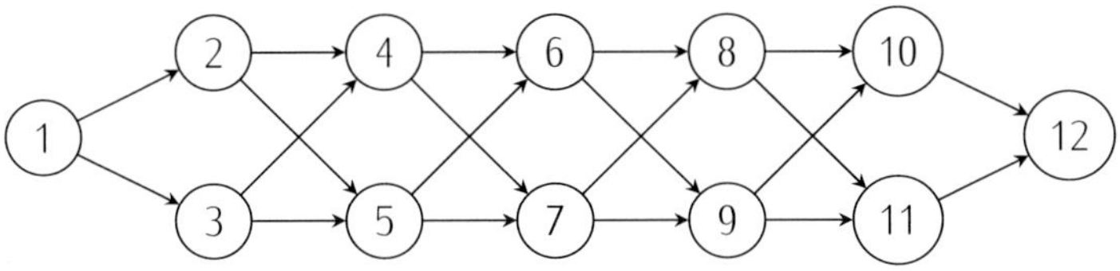

Bild 34.19: Der abgebildete Schichtengraph hat fünf Schichten, die ein Weg vom Startknoten v_1 zum Zielknoten v_{12} durchlaufen muss. Jede Schicht erlaubt zwei mögliche Fortsetzungen des Weges. Damit gibt es 2^5 mögliche Wege.

Der minimal spannende Baum ist auch keine Lösung für kürzeste Wege, wie im Beispiel von Bild 34.18 deutlich wird. Der Weg im minimal spannenden Baum von Knoten v_3 zu Knoten v_4 hat eine Länge von $10+19+12 = 41$ während der direkte Weg nur 20 beträgt. Es kommt also jeweils auf den Start- und Ziel-Knoten an. Genau das leistet der *Dijkstra-Algorithmus*.

Edsger W. Dijkstra, 1930-2002

Er berechnet die kürzesten Wege ab einem Startknoten v zu allen anderen Knoten des Graphen, vorausgesetzt die Kantenbewertungen sind nicht negativ. Negative Bewertungen können z.B. bei der Kostenberechnung vorkommen, wenn bestimmte Rabatte berücksichtigt werden. Sind negative Kantenbewertungen möglich, kann z.B. der Tripel-Algorithmus nach Floyd-Warshall genutzt werden. Mit dem Dijkstra-Algorithmus wird in jedem Schritt ein Knoten abgeschlossen, d.h. für ihn ist der kürzeste Weg ab dem Startknoten gesichert. Für jeden Knoten wird ein Vorgänger-Knoten v und die bisher kürzeste Distanz d zum Startknoten, die über diesen Vorgänger erreicht wird. Jeder Schritt besteht aus drei Aktionen:

1) Wähle den noch nicht abgeschlossenen Knoten, bei dem die aktuelle Distanz zum Startknoten minimal ist und schließe ihn ab. Über einen der anderen noch nicht abgeschlossenen Knoten kann kein kürzer Weg führen.
2) Berechne die Weglänge ab Startknoten über den gerade abgeschlossenen Knoten zu allen noch nicht abgeschlossen Nachbar-Knoten.
3) Ist die berechnete Länge kürzer als die dort eingetragene, trage ihn dort als Vorgänger mit der neuen Länge ein.

Anfangs wird nur der Startknoten v in die abgeschlossene Liste aufgenommen. Bei allen Knoten wird v als Vorgänger eingetragen mit Länge 0 bei v, mit Länge einer direkten Kante zu v, wenn diese existiert und mit Länge ∞, wenn keine direkte Kante zu v existiert. Ein Ablauf der Berechnung ist in Bild 34.20 zeilenweise dargestellt.

Nicht bei allen angewandten Situationen ist sofort ersichtlich, dass es sich um ein Problem des kürzesten Weges handelt. Deshalb zum Schluss noch ein Beispiel, in dem der Dijkstra-Algorithmus zum Einsatz kommmt.

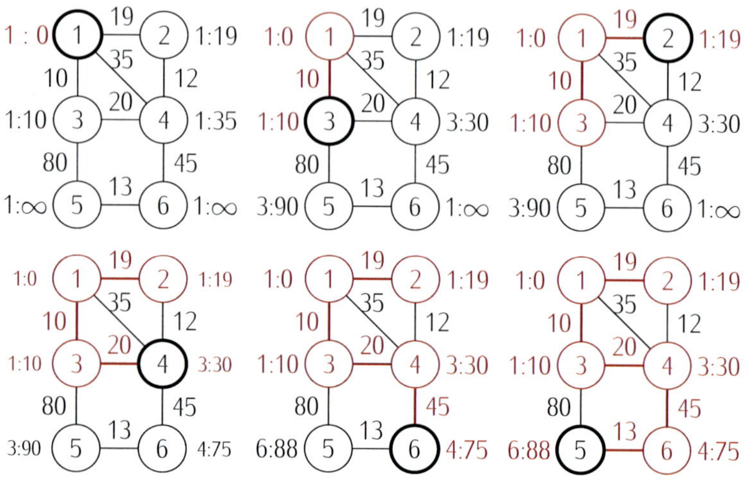

Bild 34.20: Suche nach kürzesten Wegen ab Knoten v_1 mit dem Dijkstra-Algorithmus. Abgeschlossene Knoten sind rot, der gerade abgeschlossene dick markiert. Neben den Knoten steht die jeweilige Kombination aus Vorgängerknoten und Distanz zum Startknoten. Sie ändert sich bei noch nicht abgeschlossenen adjazenten Knoten, wenn die Distanz zum Startknoten über den gerade abgeschlossenen Knoten kürzer wird. Wege zum Startknoten sind fett gezeichnet.

Tabelle 34.1: Kosten eines Wagentyps in 1000 Euro. Die Gesamtkosten von Anfang Jahr i bis Ende Jahr j werden mit c_{ij} bezeichnet.

c_{ij}	j=1	2	3	4
i=1	14	28	45	68
2	-	15	33	51
3	-	-	17	46
4	-	-	-	18

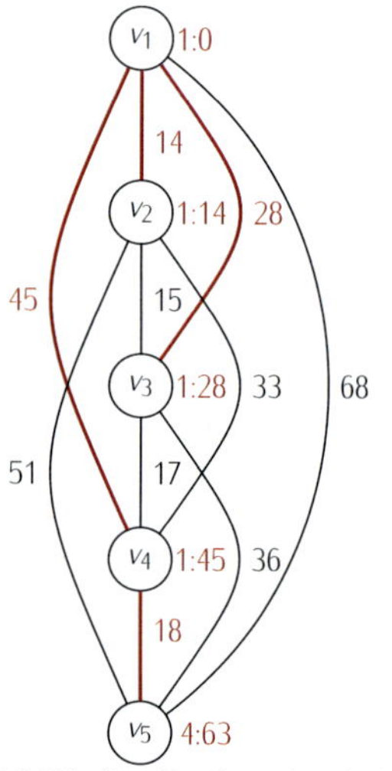

Bild 34.21: Der Ergebnis-Graph des Dijkstra-Algorithmus zeigt die auf Vorgängerknoten verweisende Kanten in Farbe.

Beispiel. Kostenoptimierung bei Nutzung eines Jahreswagens
Ein Jahreswagen kann für ein oder mehrere Jahre geleast werden. Wegen steigender Wartungskosten, kann es jedoch günstiger sein, ihn gelegentlich durch einen neuen Jahreswagen zu ersetzen. Für einen bestimmten Wagentyp liegen die Daten vor, die Inflation, Betriebskostensteigerungen u.a. berücksichtigen, siehe Tabelle 34.1. Wie lange soll der jeweilige Wagen in den nächsten vier Jahren gefahren werden?

Lösung: Die Jahresanfänge 1 bis 4 und das Ende von Jahr 4 werden die Knoten $v_1, \ldots, v_5$ eines Graphen, siehe Bild 34.21. Die in der Tabelle angegebenen Kosten für die Fahrt des Jahreswagens im Zeitraum zwischen zwei Zeitpunkten sind die Kantengewichte. Gesucht ist der kürzeste Weg von v_1 nach v_5. Alle Knoten haben als Vorgänger Knoten v_1 bis auf Knoten v_5, bei dem die Entfernung zum Startknoten im Ablauf des Dijkstra-Algorithmus mit Vorgängerknoten von v_1 bis v_4 sukzessive von 68 auf 63 sinkt. Als günstigste Variante ergibt sich somit die Nutzung eines Jahreswagens von Anfang Jahr 1 bis Ende Jahr 3 und im letzten Jahr von Anfang bis Ende des Jahres 4 für Gesamtkosten von 63 Tsd. Euro.

34.2 Lernziele

Nr	Ich kann	Aufgabe	√
	Graphen und Bäume		
310	in realen Situationen gerichtete bzw. ungerichtete Graphen erkennen,	34.1, 34.2, 34.4, 34.5, 34.6	
311 *	mit verschiedenen Repräsentationen eines Graphen wie Adjazenz- oder Inzidenz-Matrizen umgehen,	34.3, 34.5, 34.9, 34.13, 34.18-aef, 34.21	
312 *	prüfen, ob ein Graph planar ist,	34.6, 34.7, 34.8	
313	mit den Bezeichnungen Kantenfolge, Weg und Kreis umgehen,	34.6	
314 *	Euler- und Hamilton-Linien in Graphen erkennen,	34.10, 34.12, 34.18-cd	
315	Graphen als Bäume erkennen,	34.11, 34.13, 34.14, 34.15	
316	mit Bäumen und Binärbäumen umgehen,	34.15, 34.16, 34.17	
	Algorithmen für Bäume und Wege in Graphen		
317 *	einen minimal spannenden Baum mit dem Kruskal-Algorithmus berechnen,	34.19-d, 34.20, 34.24	
318 *	Tiefen- und Breitensuche anwenden,	34.12, 34.19-abc, 34.20, 34.22	
319 *	kürzeste Wege in Graphen mit dem Dijkstra-Algorithmus berechnen.	34.23, 34.24, 34.25, 34.26	

34.3 Aufgaben

Aufgabe 34.1 (10 min) Beschreiben Sie die folgenden Objektzusammenhänge als Graphen. Klassifizieren Sie: Handelt es sich um gerichtete oder ungerichtete, gewichtete oder ungewichtete Graphen? Ist der Graph zusammenhängend? Enthält er einen Kreis?

a) Das U-Bahn-Netz einer Großstadt,
b) die Hierarchie eines Konzerns,
c) ein Laufrad eines Fahrrades mit n Speichen,
d) ein Familienstammbaum.

Aufgabe 34.2 (10 min) Die folgenden fünfzehn Tätigkeiten während eines Umzuges sind in einen *Ablaufplan* zu bringen. Stellen Sie den Plan als gerichteten Graphen dar, aus dem sich mögliche Abläufe ergeben.

1) Transportsicherung Waschmaschine einbauen,
2) Spielzeugkiste für Kinder zusammenstellen,
3) Spiegel und Bilder auspacken und aufhängen,
4) Transportsicherung Waschmaschine entfernen,
5) Schränke und Regale aufstellen,
6) Hausrat in Kisten verpacken,
7) Spiegel und Bilder einpacken,
8) Schränke und Regale zerlegen,
9) Packkisten beschriften,
10) Kühlschrank abtauen und leeren,
11) Hausrat auspacken,

12) leere Wohnung fegen,
13) Gas- und Wasser ablesen,
14) Wände streichen,
15) Möbelwagen fahren.

Aufgabe 34.3 (5 min) Notieren Sie den in Bild 34.3 gezeigten Graphen eines *Organigramms* in Listenrepräsentation. Beachten Sie dabei die lexikographische Sortierung.

Aufgabe 34.4 (5 min) Gibt es zu gegebenen $n, d \in \mathbb{N}$ einen regulären Graphen $G = (V, E)$ mit Knotenzahl $n(G) = n$ und festem Knotengrad $\forall v \in V : d(v) = d$? Probieren Sie es für kleine Knotenzahlen aus. Beschreiben Sie, wie ein solcher regulärer Graph gefunden werden kann.

Die Adjazenz-Matrix $\boldsymbol{A}$ zu den Wahlvorschlägen

$$A = \begin{pmatrix} 0 & 1 & 1 & 0 & 0 & 0 \\ 0 & 0 & 0 & 1 & 0 & 0 \\ 0 & 0 & 0 & 0 & 0 & 0 \\ 1 & 0 & 1 & 0 & 0 & 0 \\ 0 & 0 & 0 & 0 & 1 & 0 \\ 0 & 0 & 0 & 0 & 1 & 0 \end{pmatrix}$$

Aufgabe 34.5 (10 min) Alle sechs Mitglieder A, B, C, D, E und F des Vereinsvorstands machen Vorschläge, wer für die nächsten drei Jahre für den Vorsitz gewählt werden soll. Vereinsmitglied G, das sich für Graphen interessiert, hat die Vorschläge in der am Rand gezeigten Adjazenz-Matrix $\boldsymbol{A}$ zusammengefasst. Zeichnen Sie die Vorschläge als Graphen und geben die dazugehörige Inzidenz-Matrix an.

Aufgabe 34.6 (10 min) Für schriftliche Ausarbeitungen der Vorstandsbeschlüsse beschließt der sechsköpfige Vorstand folgendes Umlaufverfahren. Da ein Umlauf mit allen Sechsen zu lange dauern würde, werden drei Umläufe mit je vier Mitgliedern definiert. Die schriftliche Version des Beschlusses ist erst akzeptiert, wenn der erste das Dokument mit dem OK aller übrigen drei Beteiligten erhält.

Die drei Umläufe werden der Reihe nach verwendet und sind wie folgt definiert. Erster Umlauf: 1-5-4-6-1, zweiter Umlauf: 2-4-5-6-2, dritter Umlauf: 3-4-6-5-3.

a) Die Vorstandsassistenz erhält die Aufgabe, das Umlaufverfahren graphisch festzuhalten. Im ersten Versuch laufen im Graphen die Kanten kreuz und quer. Erstellen Sie einen Graphen, bei dem sich keine Kanten überschneiden.
b) Ein schlichter Graph, der ohne Überschneidungen von Kanten in der Ebene gezeichnet werden kann, heißt *planar*. Wie viele Kanten können in den Graphen mit den drei Umläufen gegebenenfalls zusätzlich eingefügt werden, so dass der Graph planar bleibt? Tipp: Verwende als Kanten *Verbinder* in einem Zeichenprogramm wie Open Office Draw und verschiebe dann die Knoten.
c) Vorstand X bemängelt, dass beim Umlaufverfahren einzelne Vorstandsmitglieder verschieden oft beteiligt sind. Die Vorstandsassistenz schlägt daraufhin folgende Umläufe vor:

Erster Umlauf: 1-5-4-6-1, zweiter Umlauf: 2-3-6-1-2, dritter Umlauf: 3-5-4-2-3. Zeichnen Sie den Graphen soweit möglich ohne Überschneidungen.

d) Erklären Sie Ihr Ergebnis. Definieren Sie das Umlaufverfahren so, dass die Vorstandsassistenz zufrieden ist.

Aufgabe 34.7 (10 min) Zeigen Sie, dass ein vollständiger Graph mit fünf Knoten nicht planar ist.
Tipp: Benutzen Sie die Euler Formel.

Aufgabe 34.8 (10 min) Zeigen Sie, dass ein planarer Graph mit $n \geq 3$ Knoten maximal $m = 3n - 6$ Kanten haben kann und dann aus $2n - 4$ Flächen einschließlich der Außenfläche besteht.

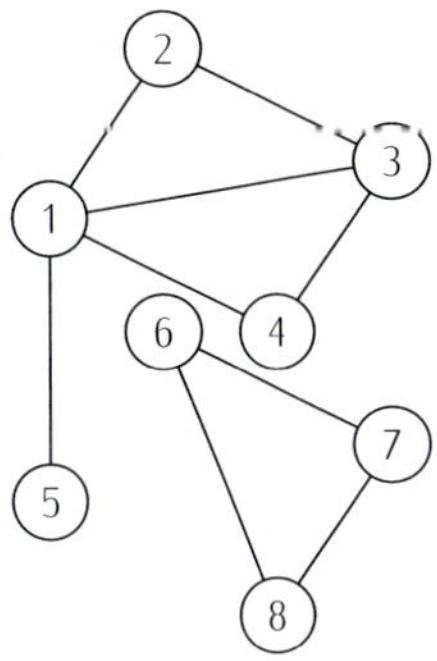

Bild 34.22: Ein Graph aus zwei Zusammenhangskomponenten

Aufgabe 34.9 (10 min) Bild 34.22 zeigt den Graphen G.

a) Geben Sie die Adjazenz-Matrix für G an.
b) Geben Sie die Inzidenz-Matrix für G an.
c) Wie viele Kanten müssten mindestens ergänzt werden, damit der Graph regulär wird?
d) Ergänzen Sie den Graph so, dass er regulär wird.

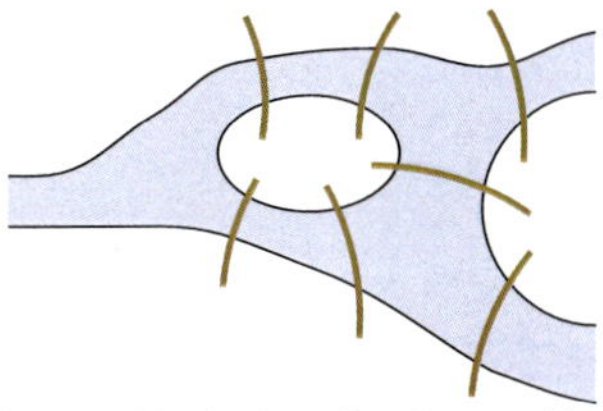
Bild 34.23: Sieben Brücken in Königsberg.

Aufgabe 34.10 (5 min) Die älteste und wahrscheinlich bekannteste Aufgabe der Graphentheorie: Erklären Sie, warum es unmöglich ist, nacheinander über alle sieben Brücken im Königsberg des achtzehnten Jahrhunderts zu gehen, wie sie in Bild 34.23 schematisch dargestellt sind, ohne eine Brücke doppelt zu überqueren.

Aufgabe 34.11 (5 min) Zeigen Sie, dass ein Baum mit n Knoten gerade $m = n - 1$ Kanten hat.
Tipp: Verwenden Sie Induktion und einen Knoten mit Knotengrad 1.

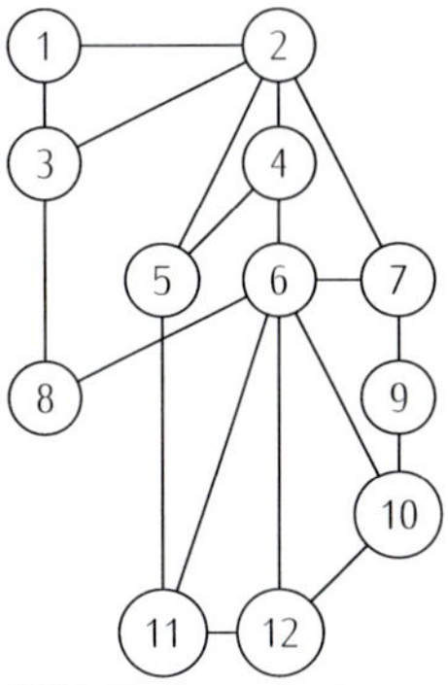

Bild 34.24: Suche nach einem spannendem Baum

Aufgabe 34.12 (20 min) Bild 34.24 zeigt einen ungerichteten Graphen mit Knotenzahl $n = 12$.

a) Erstellen Sie eine Liste der Kanten für diesen Graphen. Sortieren Sie die Liste lexikographisch aufsteigend, d.h. sortieren Sie nach Startknoten, innerhalb gleicher Werte aufsteigend nach Zielknoten.
b) Benutzen Sie die Kantenliste, um mit einer Breitensuche den spannenden Baum ab Knoten 1 zu ermitteln. Notieren Sie dabei in jedem Schritt den nächsten Knoten w, und die Listen L_1 und L_2, in dem Sie die aus L_1 entfernten Knoten unterstreichen.
c) Wiederholen Sie das mit einer Tiefensuche.
d) Ändern Sie das eben erzielte Ergebnis so ab, dass Sie eine Hamiltonsche Linie durch den Graphen finden.
e) Ist es möglich, auch eine Eulersche Linie zu finden?

$$A = \begin{pmatrix} 0 & 1 & 1 & 0 & 0 & 0 & 1 \\ 1 & 0 & 0 & 0 & 0 & 1 & 0 \\ 1 & 0 & 0 & 1 & 0 & 0 & 0 \\ 0 & 0 & 1 & 0 & 1 & 1 & 0 \\ 0 & 0 & 0 & 1 & 0 & 1 & 0 \\ 0 & 1 & 0 & 1 & 1 & 0 & 0 \\ 1 & 0 & 0 & 0 & 0 & 0 & 0 \end{pmatrix}$$

Aufgabe 34.13 (10 min) Gegeben ist die nebenstehende Adjazenz-Matrix $\boldsymbol{A}$ zu einem Graphen G mit der Knotenmenge $V = \{1, \ldots, 7\}$.

a) Zeichen Sie den Graphen, ordnen Sie die Knoten dabei im Kreis an.
b) Nummerieren Sie die Kanten lexikographisch.
c) Ist der Graph G gerichtet oder ungerichtet? Entscheiden und begründen Sie das anhand der Adjazenz-Matrix.
d) Ist der Graph G schlicht oder nicht schlicht? Entscheiden und begründen Sie.
e) Ist der Graph G ein Baum oder nicht? Entscheiden und begründen Sie.
f) Notieren Sie die Inzidenz-Matrix $\boldsymbol{B}$ des Graphen.

Matrix $\boldsymbol{X} =$

$$\begin{pmatrix} 0 & 1 & 0 & 0 & 0 & 0 & 0 & 0 \\ 1 & 0 & 1 & 1 & 0 & 0 & 0 & 0 \\ 0 & 1 & 0 & 0 & 0 & 0 & 0 & 0 \\ 0 & 1 & 0 & 0 & 0 & 0 & 0 & 0 \\ 0 & 0 & 0 & 0 & 0 & 1 & 1 & 0 \\ 0 & 0 & 0 & 0 & 1 & 0 & 1 & 1 \\ 0 & 0 & 0 & 0 & 1 & 1 & 0 & 0 \\ 0 & 0 & 0 & 0 & 0 & 1 & 0 & 0 \end{pmatrix}$$

Aufgabe 34.14 (5 min) Begründen Sie anhand der nebenstehenden Matrix $\boldsymbol{X}$, dass ein Graph mit dieser Adjazenz-Matrix kein Baum ist.

$$B = \begin{pmatrix} 1 & 1 & 0 & 0 & 0 & 0 \\ 1 & 0 & 1 & 1 & 0 & 0 \\ 0 & 1 & 0 & 0 & 1 & 1 \\ 0 & 0 & 1 & 0 & 0 & 0 \\ 0 & 0 & 0 & 1 & 0 & 0 \\ 0 & 0 & 0 & 0 & 1 & 0 \\ 0 & 0 & 0 & 0 & 0 & 1 \end{pmatrix}$$

Aufgabe 34.15 (10 min) Gegeben ist die nebenstehende Inzidenz-Matrix $\boldsymbol{B}$ eines Graphen. Der Graph hat sieben Knoten und acht Kanten.

a) Charakterisieren Sie den Graphen zur Inzidenz-Matrix $\boldsymbol{B}$.
b) Welcher Suchalgorithmus wird für die Nummerierung der Knoten und Kanten benutzt?
c) Notieren Sie die Inzidenz-Matrix, die sich ergibt, wenn eine andere Suche benutzt wird.

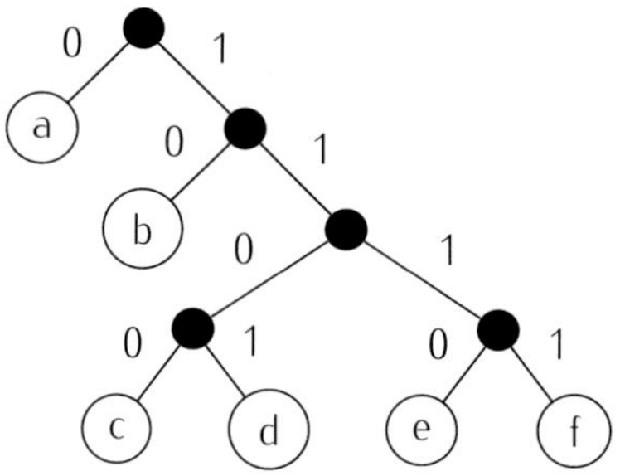

Codes
a: 0
b: 10
c: 1100
d: 1101
e: 1110
f: 1111

Bild 34.25: Präfix-Codes in einem Binärbaum: das Wort „bad"wird durch den Bit-String 1001101 (10 0 1101) repräsentiert, das Wort „cafe"durch 1100011111110 (1100 0 1111 1110).

Aufgabe 34.16 (30 min) In der *Datenkompression* werden häufig vorkommende Zeichen mit weniger Bits codiert als seltene Zeichen. Bei einer binären Codierung werden sogenannte *Präfix-Codes* verwendet. Sie stellen sicher, dass kein Zeichen verwechselt werden kann. Präfix-Codes lassen sich durch volle Binärbäume darstellen, wie im Beispiel aus Bild 34.25 gezeigt.

Die *Huffman-Codierung* verwendet Häufigkeiten der Zeichen und erstellt den Binärbaum für die Präfixe durch Zusammensetzung von

Bäumen in einem Wald. Zu Beginn stellt jedes einzelne Zeichen einen unverbundenen Wurzelknoten dar. Die beiden Wurzelknoten mit den *kleinsten* Häufigkeiten werden mit einem neuen Wurzelknoten zusammengefügt, der als Häufigkeit die Summe der Häufigkeiten der beiden verbundenen Wurzeln hat. Dies wird fortgesetzt, bis der Binärbaum fertig ist. Der Binärbaum in Bild 34.25 passt zu den Häufigkeiten $p_a = 0.44, p_b = 0.34, p_c = 0.07, p_d = 0.06, p_e = 0.05, p_f = 0.04$. Im ersten Schritt werden e und f zu einem Wurzelknoten mit Häufigkeit 0.09 zusammengefasst, dann c und d zu einem Wurzelknoten mit Häufigkeit 0.13. Diese beiden Wurzelknoten werden dann zu einem Knoten mit Häufigkeit 0.22 zusammengefasst und dieser dann mit b usf. Die mittlere Codewortlänge $\overline{L}$ ergibt sich dann als $\sum_{i=1}^{n} L_i p_i$, dabei läuft der Index über alle n zu codierenden Zeichen, L_i ist die Länge des Codes für Zeichen i und p_i seine Häufigkeit.

a) Prüfen Sie, ob der Präfix-Graph aus Bild 34.25 auch durch diese Häufigkeiten entstanden wäre: $p_a = 0.32, p_b = 0.28, p_c = 0.13, p_d = 0.11, p_e = 0.09, p_f = 0.07$.
b) Erstellen einen Präfix-Graphen nach der Huffman-Codierung für die Buchstaben a, b, c, d, e, f, g mit $p_a = 0.2, p_b = 0.15, p_c = 0.05, p_d = 0.11, p_e = 0.24, p_f = 0.07, p_g = 0.18$.
c) Berechnen Sie die mittleren Codewortlängen $\overline{L}$ für die gegebenen Beispiele und vergleichen Sie mit dem theoretischem Informationsgehalt, der als Entropie durch $H = -\sum_{i=1}^{n} p_i \log_2(p_i)$ definiert ist.

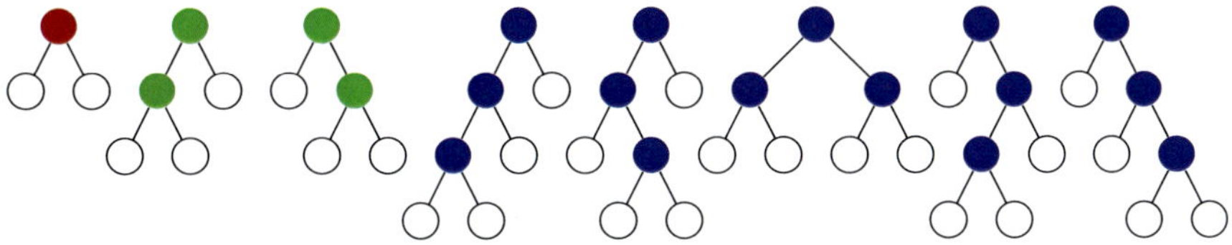

Bild 34.26: Volle Binärbäume mit einem, zwei und drei inneren Knoten.

Aufgabe 34.17 (10 min) Bild 34.26 zeigt, dass es einen vollen Binärbaum mit einem inneren Knoten, zwei Binärbäume mit zwei inneren Knoten und fünf Binärbäume mit drei inneren Knoten gibt. Begründen Sie, dass die Anzahl möglicher voller Binärbäume mit n inneren Knoten gerade die Catalan Zahl C_n ist, für die die Rekursion $C_{n+1} = \sum_{i=0}^{n} C_i \, C_{n-i}$ gilt. Vergleiche Aufgabe 33.30.

Aufgabe 34.18 (15 min) Es geht um den Graphen G aus Bild 34.27.

a) Nummerieren Sie den Kanten in lexikographischer Reihenfolge.
b) Welche Eigenschaften hat G? Ist der Graph zusammenhängend, regulär, gerichtet oder gewichtet? Begründen Sie jeweils.
c) Kann für den Graphen G eine Eulersche Linie bestimmt werden? Falls nein, geben Sie eine möglichst einfache Veränderung des Graphen an, so dass dies möglich ist.

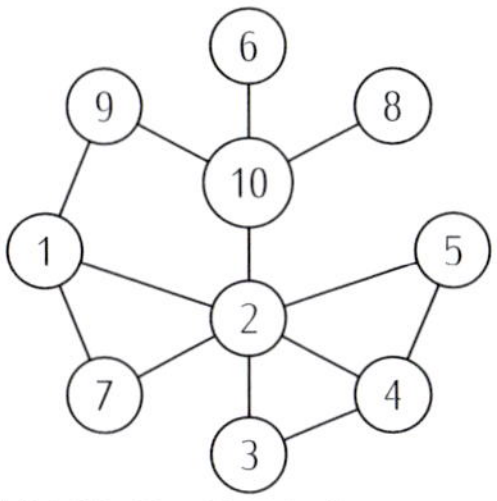

Bild 34.27: Ein Graph G.

d) Kann für den Graphen G eine Hamiltonsche Linie bestimmt werden? Falls nein, geben Sie eine möglichst einfache Veränderung des Graphen an, so dass dies möglich ist.
e) Erstellen Sie die Inzidenz-Matrix $\boldsymbol{B}$ für den Graphen G.
f) Beurteilen Sie die Eigenschaften der Adjazenz-Matrix A von G. Ist A quadratisch, symmetrisch, binär? Hat A konstante Zeilensummen oder konstante Spaltensummen? Begründen Sie jeweils.

Aufgabe 34.19 (10 min) Es geht um den Graphen G aus Bild 34.27.
a) Welche Kanten im Graphen werden für eine Breitensuche mit Start bei Knoten v_2 benutzt? Zählen Sie die Kanten in der verwendeten Reihenfolge auf.
b) Welche Kanten im Graphen werden für eine Tiefensuche mit Start bei Knoten v_2 benutzt? Zählen Sie die Kanten in verwendeten Reihenfolge auf.
c) Ist die gewählte Menge der Kanten bei einer Tiefensuche mit Start bei Knoten v_6 anders?
d) Berechnen Sie einen minimal spannenden Baum, wenn die Länge der Kanten sich als Summe der Knotennummern ergibt.

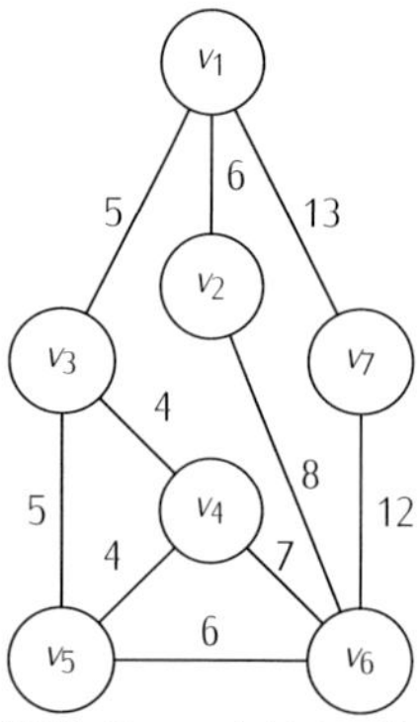

Bild 34.28: Ein gewichteter Graph

Aufgabe 34.20 (10 min) In Bild 34.28 ist ein gewichteter Graph G gegeben.
a) Geben Sie Knotenzahl und Kantenzahl von G an.
b) Wie viele Kanten besitzt ein Baum, der G aufspannt?
c) Listen Sie die Kanten auf, die zum minimal spannenden Baum von G gehören.
d) Welcher prozentuale Anteil an der Gesamtkantenlänge wird für den minimal spannenden Baum benötigt?

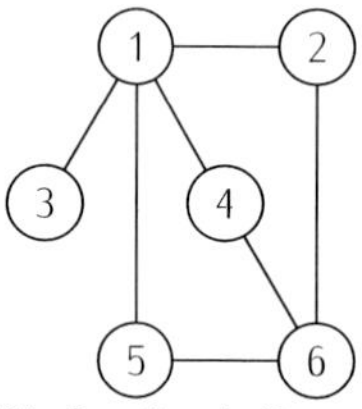

Bild 34.29: Der Graph G

Aufgabe 34.21 (10 min)
a) Geben Sie die Adjazenz-Matrix A für den in Bild 34.29 gezeigten Graphen G an.
b) Berechnen Sie das Matrixprodukt $M = A^2 = AA$. Es ist die 6×6-Matrix $M = AA$. In Zeile i und Spalte k von M steht dabei das Element $m_{ik} = \sum_{j=1}^{6} a_{ij}\, a_{jk}$, also das Skalarprodukt der i.ten Zeile von A mit der j.ten Spalte.
c) Welche Bedeutung haben Diagonal-Elemente m_{ii} der Matrix M im Graphen G?
d) Berechnen Sie die Matrix $N = A^3 = AAA$. Finden Sie heraus, welche Bedeutung der Wert n_{ij} im Graphen hat. Tipp: Wie viele Kantenfolgen der Länge 3 führen von Knoten v_3 zum Knoten v_6? Wie viele Kantenfolgen der Länge 3 führen von v_1 zu v_3?
e) Zeigen Sie, dass der Graph *bipartit* ist und beschreiben Sie, wie das an den Matrizen $A, A^2, A^3, \ldots$ zu erkennen ist.

Aufgabe 34.22 (5 min) Welche der folgenden Aussagen zu Tiefen-

und Breitensuche auf ungerichteten Graphen sind richtig? Kreuzen Sie an.

- □ Das Ergebnis einer Breitensuche ist ein Baum.
- □ Das Ergebnis einer Tiefensuche ist kein Baum.
- □ Die Berechnung einer Tiefensuche verbraucht mehr Speicherplatz als die der Breitensuche.
- □ Die Berechnung einer Tiefensuche verbraucht weniger Speicherplatz als die der Breitensuche.
- □ Das Ergebnis einer Tiefensuche enthält mehr Kanten als das der Breitensuche.
- □ Das Ergebnis einer Tiefensuche enthält weniger Kanten als das der Breitensuche.
- □ Die Anzahl der Kanten im Ergebnis einer Tiefensuche ist vom Startknoten abhängig.
- □ Die Anzahl der Kanten im Ergebnis einer Breitensuche ist vom Startknoten unabhängig.

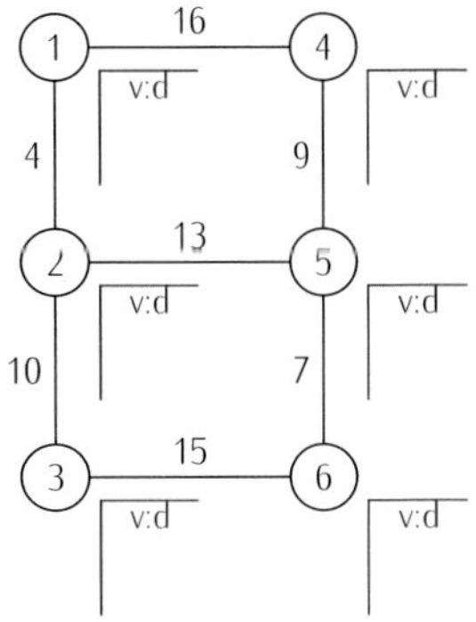

Bild 34.30: Gewichteter Graph zur Suche nach einem kürzesten Weg mit dem Dijkstra-Algorithmus. Zu jedem Knoten gibt es eine Liste mit aktuellem Vorgänger (v) und Entfernung zum Startknoten (d).

Aufgabe 34.23 (5 min) Bestimmen Sie mithilfe des Dijkstra-Algorithmus den kürzesten Weg von Knoten v_1 zum Knoten v_6 in Bild 34.30. Notieren Sie in jedem Schritt den jeweiligen Vorgänger-Knoten (v) und die Entfernung zum Startknoten (d), wenn diese sich verkürzt.

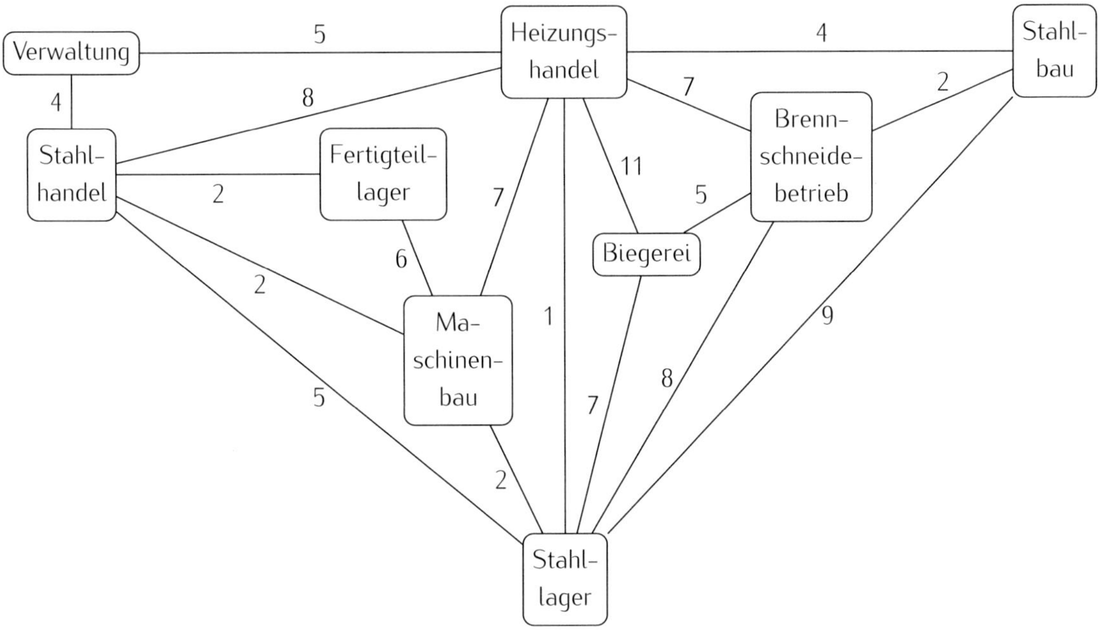

Bild 34.31: Die Verbindungskosten im Netzwerk [in Tausend Euro]. Sie sind nicht proportional zu den Entfernungen, da teilweise auf vorhandene Leitungen zurückgegriffen wird.

Aufgabe 34.24 (15 min) Ein Heizungshersteller plant die Einrichtung eines Hochgeschwindigkeitsnetzwerkes zwischen den verschiedenen Einheiten des Werksgeländes. In Bild 34.31 sind die Kosten dargestellt, die beim Verlegen des Netzes jeweils entstehen.

Welches sind die minimalen Kosten eines Netzwerkes, mit dem zwischen je zwei Einheiten mindestens eine Verbindung über das Hochgeschwindigkeitsnetz möglich ist?

a) Nennen Sie das Verfahren, um diese Aufgabe zu lösen.
b) Beschreiben Sie in Kürze ihr Vorgehen.
c) Führen Sie das Verfahren durch. Markieren Sie Ihr Ergebnis im Graphen.
d) Nennen Sie die minimalen Kosten zur Einrichtung des Hochgeschwindigkeitsnetzwerkes.

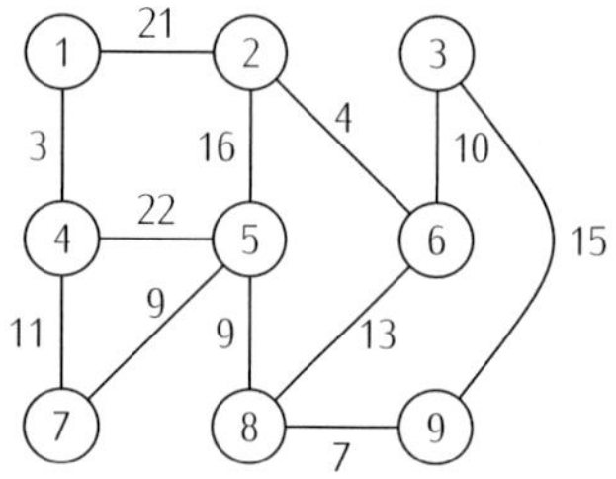

Bild 34.32: Graph zur Wegsuche

Aufgabe 34.25 (10 min)

a) Bestimmen Sie mithilfe des Dijkstra-Algorithmus den kürzesten Weg von Knoten v_3 zum Knoten v_4 im Graphen, den Bild 34.32 zeigt.
b) Für welche andere Berechnung kann das Ergebnis aus a) genutzt werden? Kann damit z.B. der kürzeste Weg von Knoten v_9 zum Knoten v_1 (teils) berechnet werden? Wenn ja, geben Sie an wie. Wenn nein, geben Sie eine andere Aufgabenstellung an, für die a) nutzbar ist.

Aufgabe 34.26 (20 min) Die *Bestellplanung* des Jahres in einem Baustofflager soll optimiert werden. Bestellungen von Zement erfolgen nur zu Quartalsbeginn und können die Menge für ein oder mehrere Folgequartale umfassen. Die Bedarfe an Zement pro Quartal sind bereits bekannt und in Tabelle 34.2 notiert. Unabhängig von der Bestellmenge sind mit jeder einzelnen Bestellung fixe *Bestellkosten* von 160 Euro verbunden. Für Bestellungen, die über ein Quartal hinausreichen, fallen zusätzlich *Lagerkosten* an. Für im aktuellen Quartal nicht genutzte Mengen betragen sie pro Tonne und Quartal 1 Euro. Mengen, die 2 Quartale lagern, kosten 2 Euro pro Tonne usf.

Tabelle 34.2: Bedarf an Zement im Bausstofflager.

Quartal	Bedarf
Q_1	150
Q_2	130
Q_3	90
Q_4	130

Die eigentlichen Einkaufskosten sind unabhängig vom Bestellplan und brauchen deswegen nicht berücksichtigt zu werden.

a) Stellen Sie tabellarisch für Bestell-Zeiträume und -Mengen die Gesamtkosten zusammen, die aus den Bestell- und den Lagerkosten bestehen.
b) Übertragen Sie die berechneten *Kosten* in einen Graphen und benennen Sie die zu lösende Problemstellung.
c) Lösen Sie das Problem mit einem geeigneten Algorithmus und erstellen Sie den optimalen Bestellplan.

34.4 Lösungen

Lösung 34.1

a) Knoten sind die Stationen, Kanten die Teilstrecken zwischen benachbarten Stationen. Der Graph ist ungerichtet, da U-Bahnen (fast immer) in beide Richtungen fahren. Er ist z.B. mit der Fahrzeit gewichtet, in aller Regel zusammenhängend und nicht kreisfrei. Dies ist die Nutzerinformation. Aus technischer Sicht kann man die Kanten als einzelne Schienenstränge betrachten, dann ist der Graph gerichtet.

b) Knoten sind die Personen oder Abteilungen. Kanten die Zuordnungen der Verantwortlichkeit. Gerichtet (Weisungsbefugnis), unbewertet, zusammenhängend, kreisfrei - also ein Baum.

c) Knoten sind die Speichennippel bzw. die Nabe. Kanten sind die Speichen und die Teilstücke der Felge. Der Graph ist ungerichtet, unbewertet, zusammenhängend und enthält Kreise.

d) Knoten sind die Personen sowie die ehelichen Verbindungen. Letztere sind meist nicht explizit dargestellt, aber die aus der Verbindung hervorgehenden Kinder werden nur zur Verbindung nicht zu jedem Elternteil verbunden. Kanten sind die Abstammungspfeile sowie die Zugehörigkeit zu einer Ehe. Der Graph ist gerichtet, die Abstammung definiert die Richtung. Sie wird meist ohne Pfeil dargestellt, aber durch die vertikale Anordnung sichtbar. Der Graph ist ungewichtet und kreisfrei (wenn es kein Inzest gibt).

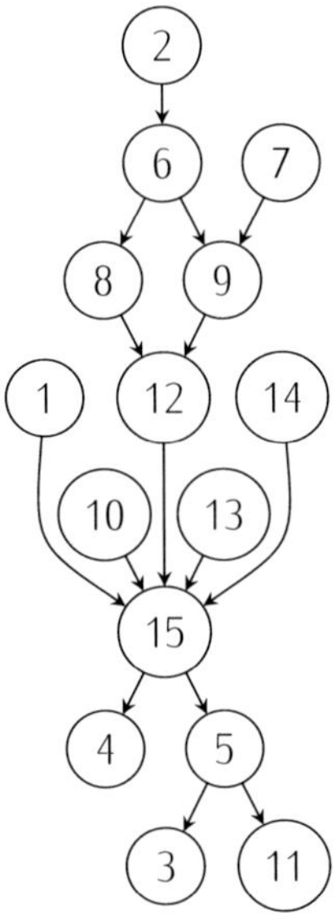

2) Spielzeugkiste für Kinder zusammenstellen,
6) Hausrat in Kisten verpacken,
7) Spiegel und Bilder einpacken,
8) Schränke und Regale zerlegen,
9) Packkisten beschriften,
1) Transportsicherung Waschmaschine einbauen,
12) leere Wohnung fegen,
14) Wände streichen,
10) Kühlschrank abtauen und leeren,
13) Gas- und Wasser ablesen,
15) Möbelwagen fahren,
4) Transportsicherung Waschmaschine entfernen,
5) Schränke und Regale aufstellen,
3) Spiegel und Bilder auspacken und aufhängen,
11) Hausrat auspacken.

Bild 34.33: Reihenfolgegraph beim Umzug: die Abfolge ergibt sich aus dem Graphen, nicht aus der rechts aufgeführten Legende.

Lösung 34.2 Die Tätigkeiten sind in Bild 34.33 durch einen gerichteten Pfeil verbunden, wenn sie hintereinander erfolgen müssen.

Lösung 34.3 Die alphabetisch sortierte Knotenliste des Graphen ist $V = \{v_1 = \text{Buchhaltung}, v_2 = \text{Einkauf}, v_3 = \text{Lager}, v_4 = \text{Marketing}, v_5 = \text{Produktion}, v_6 = \text{Schulung}, v_7 = \text{Vorstand}\}$. Die lexikographisch sortierte Kantenliste ist
$E = \{(v_4, v_1), (v_4, v_6), (v_5, v_3), (v_7, v_2), (v_7, v_4), (v_7, v_5)\}$.

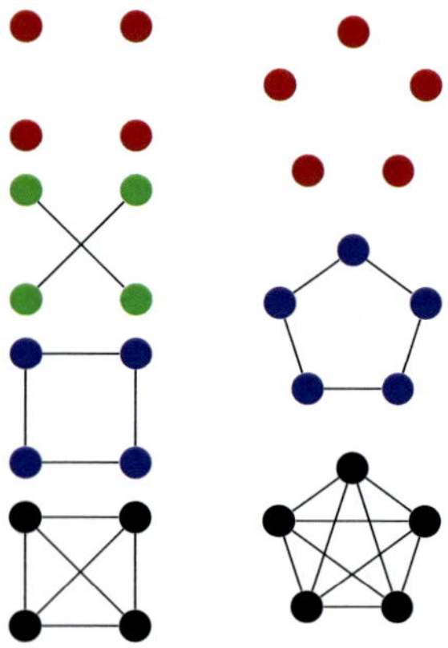

Bild 34.34: Reguläre Graphen mit Knotenzahl 4 und 5 und Knotengraden d=0, d=1, d=2 sowie den vollständigen Graphen mit Knotengrad d=3 bzw. d=4

Lösung 34.4 Da es keine doppelten Kanten geben darf, ist der Knotengrad $d \leq n-1$. Da jede Kante zwei Knoten verbindet, gilt für die Kantenzahl m bei festem Knotengrad d die Gleichung $2m = n\,d$. Es folgt, dass für ungerades n und ungerades d kein regulärer Graph existieren kann, da dann $m = \frac{n\,d}{2}$ keine ganze Zahl ergibt. Bezeichnen $v_0, \ldots, v_{n-1}$ die Knoten von G, dann ist für eine gerade Knotenzahl d ein regulärer Graph definiert, wenn alle Knotenpaare (v_i, v_j) zu einer Kante verbunden werden, für die $0 < (i-j) \bmod n \leq \frac{d}{2}$ gilt. Im Kreis angeordnet ist also jeder Knoten mit den d nächsten Nachbarn verbunden. Ist d ungerade, aber n gerade, wird jeder Knoten mit den $d-1$ nächsten Nachbarn verbunden und zusätzlich mit dem gegenüber liegenden Knoten, also (v_i, v_j) mit $i - j \bmod n = \frac{n}{2}$. Bild 34.34 zeigt die regulären Graphen für $n = 4$ und $n = 5$.

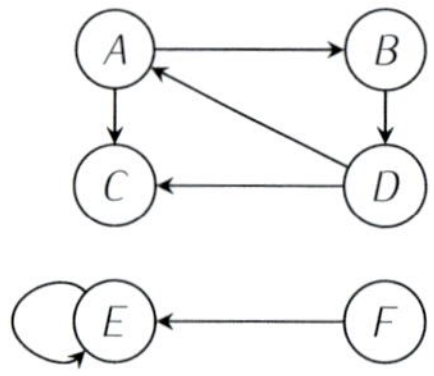

Bild 34.35: Vorschläge für den Vereinsvorsitz

Lösung 34.5 Der Graph kann wie in Bild 34.35 aussehen, A und D haben je zwei Personen vorgeschlagen, C hat keinen Vorschlag gemacht und E hat sich selbst vorgeschlagen.

$$B = \begin{pmatrix} 1 & 1 & 0 & -1 & 0 & 0 & 0 \\ -1 & 0 & 1 & 0 & 0 & 0 & 0 \\ 0 & -1 & 0 & 0 & -1 & 0 & 0 \\ 0 & 0 & -1 & 1 & 1 & 0 & 0 \\ 0 & 0 & 0 & 0 & 0 & 1 & -1 \\ 0 & 0 & 0 & 0 & 0 & 0 & 1 \end{pmatrix}$$

Die Inzidenz-Matrix $\boldsymbol{B}$ kann so aussehen. Ihre Darstellung ist nicht eindeutig, da der Graph eine Schleife bei Knoten E enthält. Hier ist sie mit einer ausgehenden 1 bei b_{56} kenntlich gemacht, die eingehende -1 kann dort nicht gleichzeitig stehen.

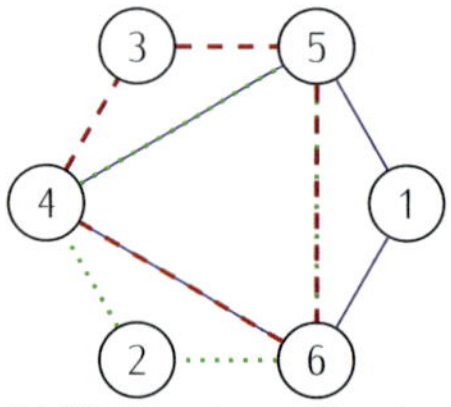

Bild 34.36: Entwirrter Graph: Drei Umläufe aus je vier Knoten als Triangulation des Sechsecks.

Lösung 34.6

a) Wenn die Knoten umlaufend angeordnet werden, kreuzen sich die Linien, durch Tauschen der Positionen von Knoten v_2 und Knoten v_5 wird der Graph planar, wenn die drei Linien zwischen v_4, v_5 und v_6 als jeweils eine Kante gelten. In Bild 34.36 sind sie als parallele Kanten aufeinander gelegt. Beachten Sie die Markierungen der Linien.

b) Ohne weiteres können in der Ebene überschneidungsfrei drei weitere Kanten hinzugefügt werden: $\{v_1, v_2\}$, $\{v_1, v_3\}$ und $\{v_2, v_3\}$.
c) Es ist nicht möglich, den Graphen überschneidungsfrei zu zeichnen; eine Überschneidung bleibt mindestens. Siehe Bild 34.37.

Der Graph hat immer mindestens eine Kantenkreuzung. Der obige Graph besteht aus vier Kreisen mit drei Knoten: $(\{v_1, v_5\}, \{v_5, v_6\}, \{v_6, v_1\}), (\{v_2, v_4\}, \{v_4, v_6\}, \{v_6, v_2\}), (\{v_3, v_4\}, \{v_4, v_5\}, \{v_5, v_3\})$ und $(\{v_4, v_5\}, \{v_5, v_6\}, \{v_6, v_4\})$. Er ist *trianguliert*. Dieser Graph besteht aus Kreisen mit vier Knoten, die nicht in Dreiecke unterteilbar sind. Z.B. haben im ersten Kreis weder v_1 und v_4 noch v_5 und v_6 eine Verbindung. Die gemeinsame Kante von erstem und zweitem Kreis ist $\{v_1, v_6\}$. Darum ordnen sich $\{v_2, v_3\}$ auf der einen Seite der Kante und $\{v_4, v_5\}$ auf der anderen. Der dritte Kreis verbindet die äußeren vier Knoten, so dass sich $\{v_3, v_5\}$ und $\{v_2, v_4\}$ notwendig kreuzen.
d) Wird im dritten Umlauf die Reihenfolge vertauscht zu $(\{v_3, v_4\}, \{v_4, v_5\}, \{v_5, v_2\}, \{v_2, v_3\})$, ist der Graph überschneidungsfrei darstellbar.

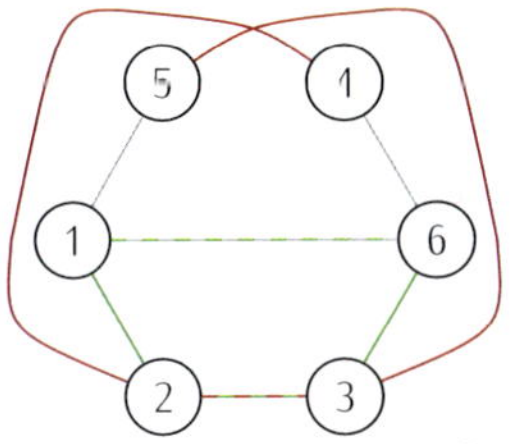

Bild 34.37: Maximal entwirrter Graph - nicht planar

Lösung 34.7 Der Graph, der ein Fünfeck darstellt, hat $n = 5$ Knoten, $m = 5$ Kanten und $f = 2$ Flächen, nämlich Innen- und Außenfläche des Fünfecks. Ein Graph ist vollständig, wenn je zwei Knoten mit genau einer Kante verbunden sind, bei $n = 5$ Knoten sind das $m = \binom{5}{2} = 10$ Kanten. Werden zwei Knoten mit einer Kante verbunden, kommt jeweils eine Kante und eine Fläche dazu. Können die fünf fehlenden Verbindungen zwischen zwei Knoten planar hinzugefügt werden, gibt es $n = 5$ Knoten, $m = 10$ Kanten und $f = 7$ Flächen in Übereinstimmung mit der Euler-Formel $n + f = m + 2$. Andererseits kreuzen sich keine Kanten bei einem planaren Graphen. Also sind je drei Knoten jeweils paarweise über Kanten verbunden und bilden ein Dreieck. Der Graph hat also $f = \binom{5}{3} = 10$ Flächen, im Widerspruch zu $f = 7$. Der Graph kann also nicht planar sein. Bild 34.38 zeigt die Triangulierung des Fünfecks mit insgesamt 9 Kanten und 6 Flächen. Die fehlende Verbindung zwischen Knoten 2 und 4 kann in der Ebene nicht mehr ergänzt werden, ohne eine andere Kante zu kreuzen.

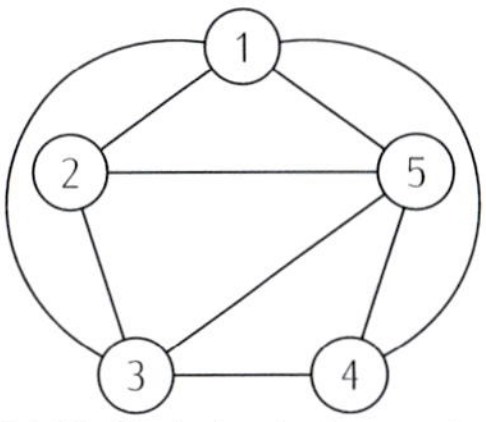

Bild 34.38: Fünfeck mit vier zusätzlichen Kanten trianguliert. Die 'Dreiecke' der Triangulierung sind keine geometrischen Dreiecke, sondern verbinden drei Knoten mit drei Kanten.

Lösung 34.8 Nach der Euler-Formel gilt für die Anzahlen n an Knoten, m an Kanten und f an Flächen die Gleichung $n+f = m+2$. Bei den Flächen ist dabei die Außenfläche mitgerechnet. Jede Fläche wird von mindestens drei Kanten begrenzt und jede Kante grenzt an zwei Flächen. Deshalb ist $3f \leq 2m$ oder $f \leq \frac{2}{3}m$. In die Euler-Formel eingesetzt ergibt sich $n+\frac{2}{3}m \geq m+2 \Leftrightarrow n \geq \frac{1}{3}m+2 \Leftrightarrow m \leq 3n-6$. Gleichheit gilt offenbar genau dann, wenn alle Flächen von drei Kanten begrenzt sind, wenn der Graph also vollständig trianguliert ist. Aus $m = 3n - 6$ und der Euler-Formel folgt für die Anzahl an Flächen $f = m + 2 - n = 2n - 4$.

Lösung 34.9

a) Die Adjazenz-Matrix ist $A = \begin{pmatrix} 0 & 1 & 1 & 1 & 1 & 0 & 0 & 0 \\ 1 & 0 & 1 & 0 & 0 & 0 & 0 & 0 \\ 1 & 1 & 0 & 1 & 0 & 0 & 0 & 0 \\ 1 & 0 & 1 & 0 & 0 & 0 & 0 & 0 \\ 1 & 0 & 0 & 0 & 0 & 0 & 0 & 0 \\ 0 & 0 & 0 & 0 & 0 & 0 & 1 & 1 \\ 0 & 0 & 0 & 0 & 0 & 1 & 0 & 1 \\ 0 & 0 & 0 & 0 & 0 & 1 & 1 & 0 \end{pmatrix}$.

b) Die Inzidenz-Matrix ist $B = \begin{pmatrix} 1 & 1 & 1 & 1 & 0 & 0 & 0 & 0 & 0 \\ 1 & 0 & 0 & 0 & 1 & 0 & 0 & 0 & 0 \\ 0 & 1 & 0 & 0 & 1 & 1 & 0 & 0 & 0 \\ 0 & 0 & 1 & 0 & 0 & 1 & 0 & 0 & 0 \\ 0 & 0 & 0 & 1 & 0 & 0 & 0 & 0 & 0 \\ 0 & 0 & 0 & 0 & 0 & 0 & 1 & 1 & 0 \\ 0 & 0 & 0 & 0 & 0 & 0 & 1 & 0 & 1 \\ 0 & 0 & 0 & 0 & 0 & 0 & 0 & 1 & 1 \end{pmatrix}$.

c) Der Graph hat Knotenzahl $n(G) = 8$ und Kantenzahl $m(G) = 9$. Knoten 1 hat Knotengrad $d(1) = 4$. Das ist der Maximalgrad. Wenn der Graph regulär ergänzt wird, hat jeder Knoten genau vier Kanten. Da eine Kante jeweils zwei Knoten verbindet, hat der minimale reguläre Graph $n(G) \cdot 4 \cdot \frac{1}{2} = 16$ Kanten. Da jetzt neun Kanten vorhanden sind, müssen genau sieben Kanten ergänzt werden.

d) Es gibt verschiedene Möglichkeiten: Kanten müssen so hinzugefügt werden, dass alle Knoten Knotengrad 4 bekommen. Eine Möglichkeit ist in Bild 34.39 gezeigt.

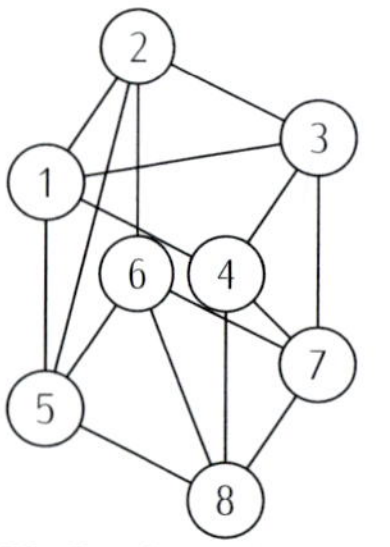

Bild 34.39: Graph regulär ergänzt

Lösung 34.10 Werden das nördliche Ufer, das südliche Ufer, die westliche Insel und die östliche Insel als Knoten des Graphen in Bild 34.40 betrachtet, dessen Kanten die Brücken sind, ist das Problem gerade die Suche nach einer Euler-Linie oder einem Euler-Kreis, um alle Kanten genau einmal zu durchlaufen. Die Knotengrade sind aber dreimal gleich 3 und einmal gleich 5. Damit sind die Bedingungen für eine Euler-Linie oder einen Euler-Kreis nicht gegeben, dass der Graph nur genau zwei oder keinen Knoten mit ungeraden Knotengrad hat.

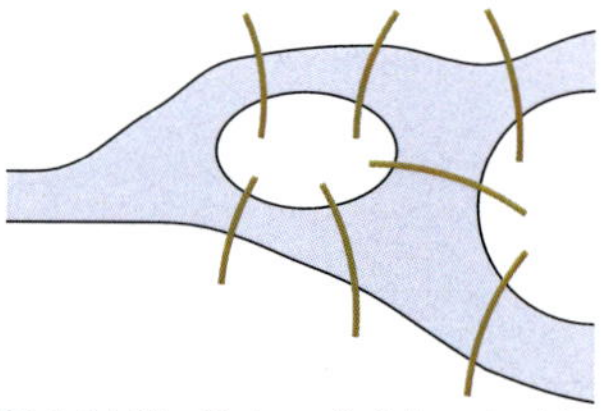

Bild 34.40: Sieben Brücken in Königsberg.

Lösung 34.11 Ein Baum mit einem Knoten hat keine Kanten, damit ist der Induktionsanfang gegeben. Wenn in einem Graphen mit $n > 1$ Knoten ein Knoten mit Knotengrad 1 entfernt wird, hat der induzierte Untergraph $n-1$ Knoten und nach Induktionsannahme $m-2$ Kanten. Es muss also nur ein Knoten mit Knotengrad 1 gefunden werden. Dazu kann ein beliebiger Knoten gewählt werden, wenn er noch nicht Knotengrad 1 hat, wähle einen adjazenten Knoten und das so lange bis ein Knoten mit Knotengrad 1 gefunden wird. Da der Baum kreisfrei ist, wird niemals der zunächst gewählte Knoten gefunden. Der Weg muss also enden und dieser Endknoten hat Knotengrad 1.

Tabelle 34.3: Ablauf der Breitensuche und Tiefensuche. Der aktuell bearbeitete Knoten v ist der erste aus der Liste der Knoten L_1, für die noch eine Kante gesucht wird. L_1 ist in der Liste L_2 aller schon besuchten Knoten enthalten und besteht aus den schwarz aufgeführten Knoten, während L_2 auch die eingefärbten Knoten enthält. Der Knoten w ist der erste mit v verbundene Knoten aus den noch unbesuchten Knoten, sofern dort ein solcher Knoten gefunden wird. Dann wird die Kante (v, w) in den Suchbaum aufgenommen.

Breitensuche			Tiefensuche		
v	w	$L_1(s), L_2(r+s)$	v	w	$L_1(s), L_2(r+s)$
1	2	1, 2	1	2	2, 1
1	3	1, 2, 3	2	3	3, 2, 1
1	–	1, 2, 3	3	8	8, 3, 2, 1
2	4	1, 2, 3, 4	8	6	6, 8, 3, 2, 1
2	5	1, 2, 3, 4, 5	6	4	4, 6, 8, 3, 2, 1
2	7	1, 2, 3, 4, 5, 7	4	5	5, 4, 6, 8, 3, 2, 1
2	–	1, 2, 3, 4, 5, 7	5	11	11, 5, 4, 6, 8, 3, 2, 1
3	8	1, 2, 3, 4, 5, 7, 8	11	12	12, 11, 5, 4, 6, 8, 3, 2, 1
3	–	1, 2, 3, 4, 5, 7, 8	12	10	10, 12, 11, 5, 4, 6, 8, 3, 2, 1
4	6	1, 2, 3, 4, 5, 7, 8, 6	10	9	9, 10, 12, 11, 5, 4, 6, 8, 3, 2, 1
4	–	1, 2, 3, 4, 5, 7, 8, 6	9	7	7, 9, 10, 12, 11, 5, 4, 6, 8, 3, 2, 1
5	11	1, 2, 3, 4, 5, 7, 8, 6, 11	7	–	7, 9, 10, 12, 11, 5, 4, 6, 8, 3, 2, 1
5	–	1, 2, 3, 4, 5, 7, 8, 6, 1	9	–	7, 9, 10, 12, 11, 5, 4, 6, 8, 3, 2, 1
7	9	1, 2, 3, 4, 5, 7, 8, 6, 11, 9	10	–	7, 9, 10, 12, 11, 5, 4, 6, 8, 3, 2, 1
7	–	1, 2, 3, 4, 5, 7, 8, 6, 11, 9	12	–	7, 9, 10, 12, 11, 5, 4, 6, 8, 3, 2, 1
8	–	1, 2, 3, 4, 5, 7, 8, 6, 11, 9	11	–	7, 9, 10, 12, 11, 5, 4, 6, 8, 3, 2, 1
6	10	1, 2, 3, 4, 5, 7, 8, 6, 11, 9, 10	5	–	7, 9, 10, 12, 11, 5, 4, 6, 8, 3, 2, 1
6	12	1, 2, 3, 4, 5, 7, 8, 6, 11, 9, 10, 12	4	–	7, 9, 10, 12, 11, 5, 4, 6, 8, 3, 2, 1
6	–	1, 2, 3, 4, 5, 7, 8, 6, 11, 9, 10, 12	6	–	7, 9, 10, 12, 11, 5, 4, 6, 8, 3, 2, 1
11	–	1, 2, 3, 4, 5, 7, 8, 6, 11, 9, 10, 12	8	–	7, 9, 10, 12, 11, 5, 4, 6, 8, 3, 2, 1
9	–	1, 2, 3, 4, 5, 7, 8, 6, 11, 9, 10, 12	3	–	7, 9, 10, 12, 11, 5, 4, 6, 8, 3, 2, 1
10	–	1, 2, 3, 4, 5, 7, 8, 6, 11, 9, 10, 12	2	–	7, 9, 10, 12, 11, 5, 4, 6, 8, 3, 2, 1
12	–	1, 2, 3, 4, 5, 7, 8, 6, 11, 9, 10, 12	1	–	7, 9, 10, 12, 11, 5, 4, 6, 8, 3, 2, 1

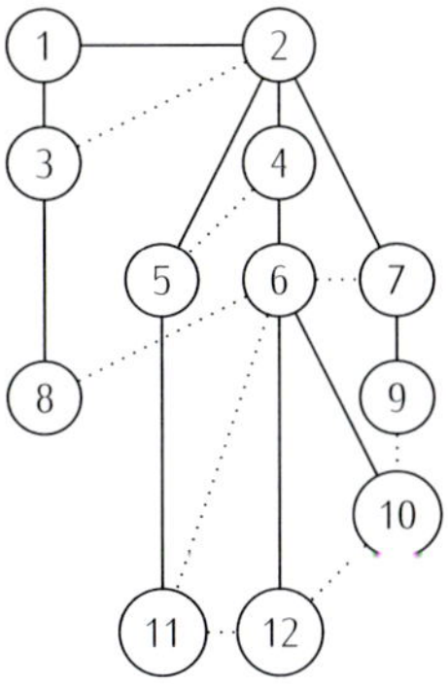

Bild 34.41: Spannender Baum aus Breitensuche

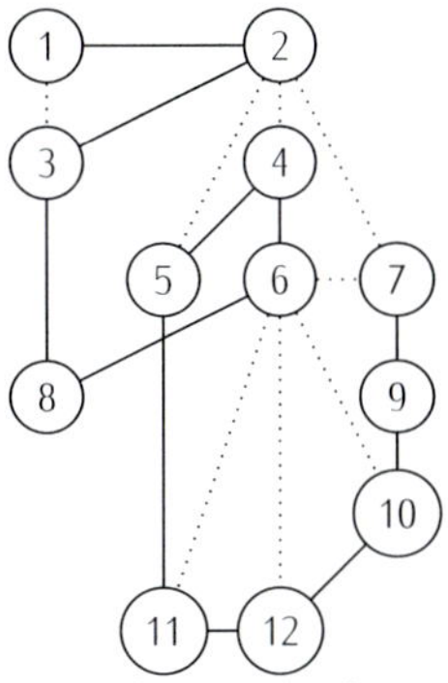

Bild 34.42: Spannender Baum aus Tiefensuche

Lösung 34.12

a) Die lexikographisch sortierte Liste der Kanten ist $\{1,2\}$, $\{1,3\}$, $\{2,3\}$, $\{2,4\}$, $\{2,5\}$, $\{2,7\}$, $\{3,8\}$, $\{4,5\}$, $\{4,6\}$, $\{5,11\}$, $\{6,7\}$, $\{6,8\}$, $\{6,10\}$, $\{6,12\}$, $\{7,9\}$, $\{9,10\}$, $\{10,12\}$, $\{11,12\}$.

b) Der Verlauf der Breitensuche ist links in Tabelle 34.3 detailliert dargestellt. Den sich ergebenden Baum zeigt Bild 34.41.

c) Die Tiefensuche wird rechts in Tabelle 34.3 dargestellt. Bild 34.42 zeigt ihr Ergebnis.

d) Der durch die Tiefensuche entstandene Baum ist ein offener Weg. Da es zwischen 1 und 7 keine Kante gibt, muss er abgeändert werden. Z.B. wird statt $1-2-3$ am Anfang $1-3$ gewählt, dann kann $7-2-1$ den Graphen schliessen. Die Hamilton-Linie ist in Bild 34.43 gezeigt.

e) Eine Eulersche Linie gibt es nicht, dazu gibt es zu viele Knoten mit ungeradem Knotengrad: 2, 3, 4, 5, 7, 10, 11, 12. Es dürften nur zwei Knoten mit ungeradem Knotengrad vorkommen.

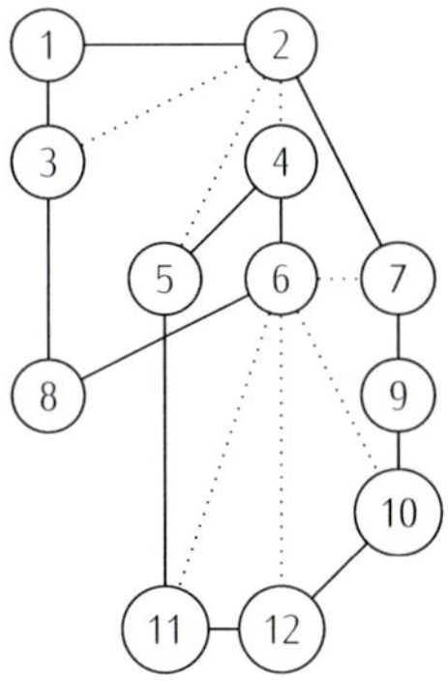

Bild 34.43: Hamilton-Linie für den Graphen

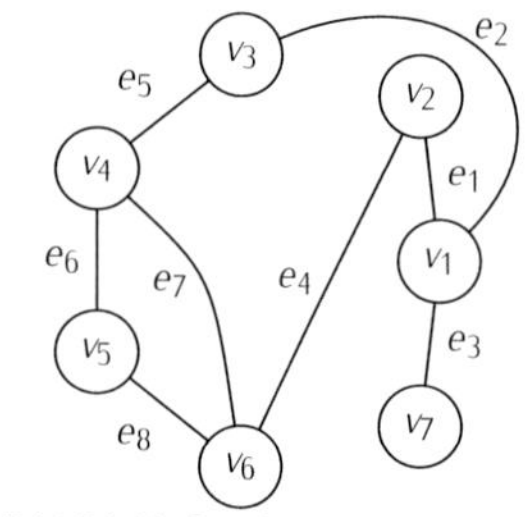

Bild 34.44: Graph mit lexikographisch nummerierten Kanten

$$B = \begin{pmatrix} 1 & 1 & 1 & 0 & 0 & 0 & 0 & 0 \\ 1 & 0 & 0 & 1 & 0 & 0 & 0 & 0 \\ 0 & 1 & 0 & 0 & 1 & 0 & 0 & 0 \\ 0 & 0 & 0 & 0 & 1 & 1 & 1 & 0 \\ 0 & 0 & 0 & 0 & 0 & 1 & 0 & 1 \\ 0 & 0 & 0 & 1 & 0 & 0 & 1 & 1 \\ 0 & 0 & 1 & 0 & 0 & 0 & 0 & 0 \end{pmatrix}$$

Lösung 34.13

a) Jede 1 in A verbindet den Knoten der Zeile mit dem der Kante.
b) Die Kantenliste in lexikographischer Reihenfolge ist $E = \{e_1, \ldots, e_8\} = \{\{v_1, v_2\}, \{v_1, v_3\}, \{v_1, v_7\}, \{v_2, v_6\}, \{v_3, v_4\}, \{v_4, v_5\}, \{v_4, v_6\}, \{v_5, v_6\}\}$, siehe Bild 34.44.
c) Der Graph ist ungerichtet, denn seine Adjazenz-Matrix ist symmetrisch.
d) Der Graph ist schlicht, denn seine Adjazenz-Matrix hat in der Diagonale nur Nullen. Damit hat der Graph keine Schleifen. Der maximale Wert in der Adjazenz-Matrix ist 1. Damit gibt es keine parallelen Kanten.
e) Schon anhand der Adjazenz-Matrix lässt sich erkennen, dass der Graph G kein Baum ist. G hat $n = 7$ Knoten, aber im oberen Dreieck der Adjazenz-Matrix stehen aber 8 Einsen. Wäre G ein Baum gäbe es $m = n - 1 = 6$ Kanten. G enthält Kreise, z.B. (e_6, e_8, e_7) oder $(e_1, e_2, e_5, e_7, e_4)$.
f) Inzidenz-Matrix $\boldsymbol{B}$ siehe nebenstehend.

Lösung 34.14 Der Graph hat $n = 8$ Knoten und $m = 7$ Kanten, wie sich durch Zählen der Zeilen (bzw. Spalten) und der Einsen oberhalb (bzw. unterhalb) der Diagonalen ergibt. Damit ergibt sich aus Knoten- und Kantenzahl *kein* Widerspruch zur Baumeigenschaft.

Die Matrix hat aber eine Blockstruktur, alle Einsen stehen in den beiden 4-er Blöcken um die Diagonale. Keine Eins gibt es in den ersten vier Zeilen und den letzten vier Spalten. Das bedeutet: der Graph ist nicht zusammenhängend, also kein Baum. Anmerkung: da der Graph so viele Kanten wie ein Baum zu den acht Knoten hat, muss es einen Kreis geben. Er besteht zwischen den Knoten E-F-H.

Lösung 34.15

a) Es handelt sich um einen Binärbaum mit v_1 als Wurzelknoten (zwei Kanten), v_2 und v_3 sind Verzweigungen (je drei Kanten), die restlichen Knoten sind Blätter (eine inzidente Kante).
b) Die Kanten sind gemäß einer Breitensuche ab v_1 nummeriert. Mit jeder neuen Kante wird ein neuer Knoten erstmals erreicht. Wird die erste Zeile weggelassen, ist die verbleibende Matrix unterhalb der Einsen in der Diagonale durchgehend 0. Werden die Kanten der Reihe nach eingezeichnet, wird mit jeder Kante genau ein Knoten zum Graphen verbunden - genau so entstehen Bäume.
c) Wird der Baum ab v_1 mit einer Tiefensuche durchlaufen, ergibt sich die nebenstehend dargestellte Inzidenz-Matrix $\boldsymbol{B}$.

$$B = \begin{pmatrix} 1 & 0 & 0 & 1 & 0 & 0 \\ 1 & 1 & 1 & 0 & 0 & 0 \\ 0 & 1 & 0 & 0 & 0 & 0 \\ 0 & 0 & 1 & 0 & 0 & 0 \\ 0 & 0 & 0 & 1 & 1 & 1 \\ 0 & 0 & 0 & 0 & 1 & 0 \\ 0 & 0 & 0 & 0 & 0 & 1 \end{pmatrix}$$

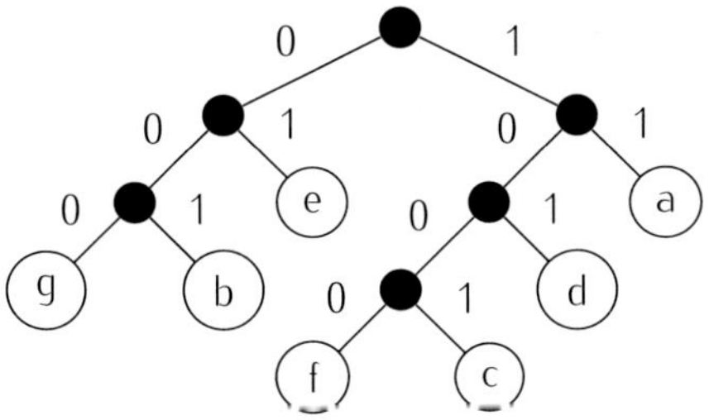

Bild 34.45: Präfix-Codes im Binärbaum

Lösung 34.16

a) Mit den hier gegebenen Häufigkeiten werden e und f, dann c und d und dann die Wurzeln dieser beiden Paare verbunden wie in der vorgegebenen Darstellung. Danach sind aber a und b die Wurzeln mit niedrigster Häufigkeit und es ergäbe sich ein anderer Präfix-Code.

b) Siehe Bild 34.45.

c) Zu den Häufigkeiten $p_a = 0.44, p_b = 0.34, p_c = 0.07, p_d = 0.06, p_e = 0.05, p_f = 0.04$ ergibt sich $\overline{L} = 2.0$, die Entropie ergibt $H \approx 1.964$. Zu den Häufigkeiten $p_a = 0.2, p_b = 0.15, p_c = 0.05, p_d = 0.11, p_e = 0.24, p_f = 0.07, p_g = 0.18$ ergibt sich $\overline{L} = 2.68$ und die Entropie $H \approx 2.649$. Der theoretische Informationsgehalte ist nur zwischen 1% und 2% besser als die Huffman-Codierung.

Lösung 34.17 Die Begründung ist einfach: Im linken Teilbaum des Wurzelknoten eines Graphen mit $n+1$ inneren Knoten seien k Knoten, dann sind im rechten Teilbaum gerade $n-k$ innere Knoten. Die Anzahl der Möglichkeiten dafür sind $C_k \cdot C_{n-k}$. k kann alle Werte von 0 bis n annehmen und alle Binärbäume sind natürlich verschieden.

Lösung 34.18

a) Die Kanten werden in lexikographischer Reihenfolge gebracht: $\{v_1, v_2\}$, $\{v_1, v_7\}$, $\{v_1, v_9\}$, $\{v_2, v_3\}$, $\{v_2, v_4\}$, usf. und nummeriert, siehe Bild 34.46.

b) Der Graph ist zusammenhängend, aber weder regulär, da es unterschiedliche Knotengrade gibt, nicht gerichtet noch gewichtet, da die Kanten keine Richtung und keine Gewichtungen aufweisen.

c) Nein, da Knoten v_1, v_4, v_6 und v_8 ungeraden Knotengrad haben. Werden zwei von diesen über eine Kante verbunden, gibt es eine Eulersche Linie. Mit einer zusätzlichen Kante $e_{14} = \{6, 8\}$ wird durch $(e_1, e_4, e_9, e_{10}, e_6, e_7, e_2, e_3, e_{13}, e_{11}, e_{14}, e_{12}, e_8, e_5)$ eine Eulersche Linie möglich.

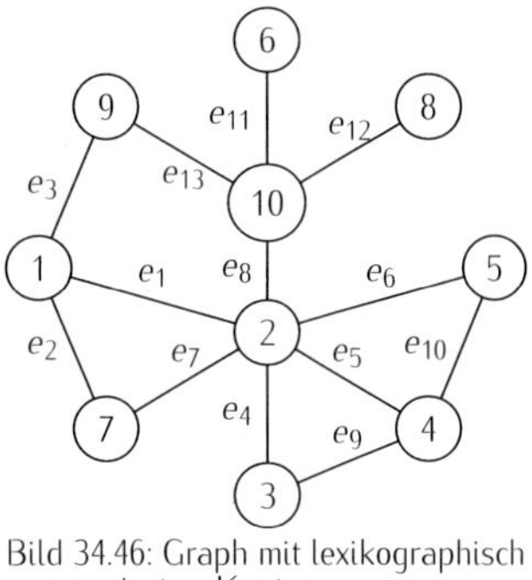

Bild 34.46: Graph mit lexikographisch nummerierten Kanten

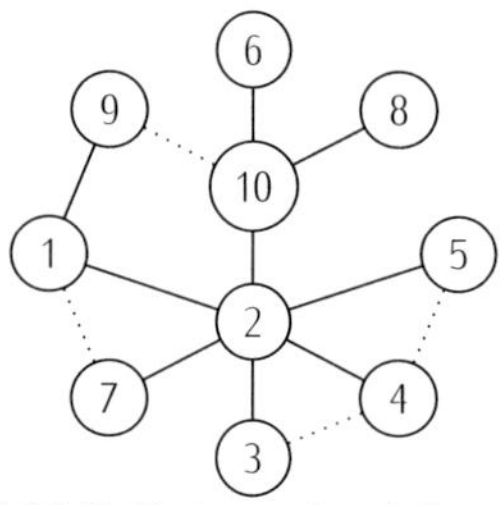

Bild 34.47: Breitensuche ab 2

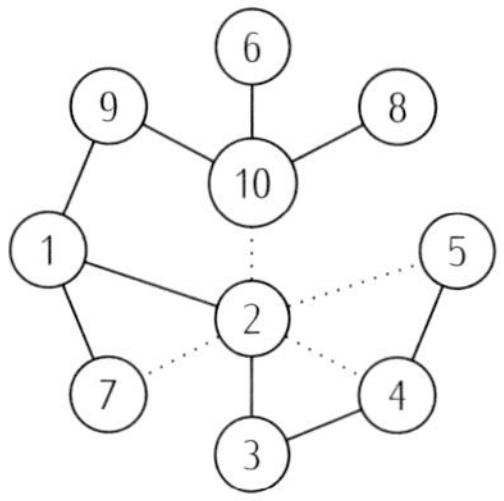

Bild 34.48: Tiefensuche ab 2

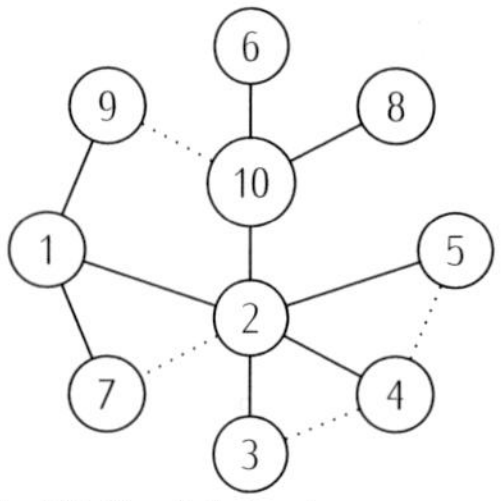

Bild 34.49: Minimal spannender Baum

Tabelle 34.4: Berechnung des minimal spannenden Baumes nach Kruskal: Die Kanten werden nach ihrer Länge l geordnet. Wenn durch ihre Hereinnahme ein Kreis entstehen würde, werden sie nicht in den Baum aufgenommen.

Kante	l	Baum	l
$\{v_3, v_4\}$	4	$\{v_3, v_4\}$	4
$\{v_4, v_5\}$	4	$\{v_4, v_5\}$	4
$\{v_1, v_3\}$	5	$\{v_1, v_3\}$	5
$\{v_3, v_5\}$	5		
$\{v_1, v_2\}$	6	$\{v_1, v_2\}$	6
$\{v_5, v_6\}$	6	$\{v_5, v_6\}$	6
$\{v_4, v_6\}$	7		
$\{v_2, v_6\}$	8		
$\{v_6, v_7\}$	12	$\{v_6, v_7\}$	12
$\{v_1, v_7\}$	13		
$\sum$	70		37

d) Nein, Knoten v_6 und v_8 sind nur über einen Knoten erreichbar. Sie müssten damit am Anfang oder Ende der Hamiltonschen Linie stehen. Da dies beides mal der Knoten v_{10} ist, würde dieser mehrfach auftreten, da es außer den drei Knoten noch weitere gibt. Eine zusätzliche Kante $e_{14} = \{6, 8\}$ löst das Problem: Dann ginge z.B. $(e_9, e_{10}, e_6, e_7, e_2, e_3, e_{13}, e_{12}, e_{14})$.

e) $$B = \begin{pmatrix} 1&1&1&0&0&0&0&0&0&0&0&0 \\ 1&0&0&1&1&1&1&1&0&0&0&0 \\ 0&0&0&1&0&0&0&0&1&0&0&0 \\ 0&0&0&0&1&0&0&0&1&1&0&0 \\ 0&0&0&0&0&1&0&0&0&1&0&0 \\ 0&0&0&0&0&0&0&0&0&1&0&0 \\ 0&1&0&0&0&0&1&0&0&0&0&0 \\ 0&0&0&0&0&0&0&0&0&0&1&0 \\ 0&0&1&0&0&0&0&0&0&0&0&1 \\ 0&0&0&0&0&0&0&1&0&0&1&1 \end{pmatrix}.$$

f) Die Adjazenz-Matrix ist quadratisch, symmetrisch und binär, hat aber weder konstante Zeilen- noch Spaltensummen.

Lösung 34.19

a) Die Kanten für eine Breitensuche ab Knoten v_2 sind $\{v_2, v_1\}$, $\{v_2, v_3\}$, $\{v_2, v_4\}$, $\{v_2, v_5\}$, $\{v_2, v_7\}$, $\{v_2, v_{10}\}$, $\{v_1, v_9\}$, $\{v_6, v_{10}\}$, $\{v_8, v_{10}\}$. Der entstehende Baum ist in Bild 34.47 gezeigt.

b) Die Kanten für eine Tiefensuche ab Knoten v_2 sind $\{v_1, v_2\}$, $\{v_1, v_7\}$, $\{v_1, v_9\}$, $\{v_9, v_{10}\}$, $\{v_6, v_{10}\}$, $\{v_8, v_{10}\}$, $\{v_2, v_3\}$, $\{v_3, v_4\}$, $\{v_4, v_5\}$. Der entstehende Baum ist in Bild 34.48 gezeigt.

c) Die Kanten für eine Tiefensuche ab Knoten v_6 sind $\{v_6, v_{10}\}$, $\{v_2, v_{10}\}$, $\{v_1, v_2\}$, $\{v_1, v_7\}$, $\{v_1, v_9\}$, $\{v_2, v_3\}$, $\{v_3, v_4\}$, $\{v_4, v_5\}$, $\{v_8, v_{10}\}$. Der einzige Unterschied ist Kante $\{v_2, v_{10}\}$ statt $\{v_9, v_{10}\}$.

d) Die zum minimal spannenden Baum gehörenden Kanten (und ihre Länge) sind $\{v_1, v_2\}$ (3), $\{v_2, v_3\}$ (5), $\{v_2, v_4\}$ (6), $\{v_2, v_5\}$ (7), $\{v_1, v_7\}$ (8), $\{v_1, v_9\}$ (10), $\{v_2, v_{10}\}$ (12), $\{v_6, v_{10}\}$ (16), $\{v_8, v_{10}\}$ (18). Nicht benötigt werden die Kanten $\{v_3, v_4\}$ (7), $\{v_2, v_7\}$ (9), $\{v_4, v_5\}$ (9), $\{v_9, v_{10}\}$ (19).

Lösung 34.20

a) Die Knotenzahl ist $n(G) = 7$, die Kantenzahl ist $m(G) = 10$.

b) Die Kantenzahl eines Baums, der G aufspannt, ist $n(G) - 1 = 6$.

c) Der minimal spannende Baum kann mit dem Kruskal-Algorithmus bestimmt werden, bei dem im ersten Schritt die Kanten nach Länge sortiert werden. Im zweiten Schritt wird jede Kante der Reihe nach in den Baum aufgenommen, solange durch sie kein Kreis entsteht. Tabelle 34.4 zeigt Sortierung und Auswahl der Kanten.

d) Der prozentuale Anteil an der Gesamtkantenlänge ist $\frac{37}{70} \approx$ 52.86%.

Lösung 34.21 Die Aufgabe bezieht sich auf den Graphen aus Bild 34.50.

a) $A = \begin{pmatrix} 0 & 1 & 1 & 1 & 1 & 0 \\ 1 & 0 & 0 & 0 & 0 & 1 \\ 1 & 0 & 0 & 0 & 0 & 0 \\ 1 & 0 & 0 & 0 & 0 & 1 \\ 1 & 0 & 0 & 0 & 0 & 1 \\ 0 & 1 & 0 & 1 & 1 & 0 \end{pmatrix}.$

b) $A^2 = \begin{pmatrix} 4 & 0 & 0 & 0 & 0 & 3 \\ 0 & 2 & 1 & 2 & 2 & 0 \\ 0 & 1 & 1 & 1 & 1 & 0 \\ 0 & 2 & 1 & 2 & 2 & 0 \\ 0 & 2 & 1 & 2 & 2 & 0 \\ 3 & 0 & 0 & 0 & 0 & 3 \end{pmatrix}.$

c) Die Diagonal-Elemente von A^2 sind die Knotengrade, also die Anzahl von Kanten, die zu jeden Knoten gehören.

d) $A^3 = \begin{pmatrix} 0 & 7 & 4 & 7 & 7 & 0 \\ 7 & 0 & 0 & 0 & 0 & 6 \\ 4 & 0 & 0 & 0 & 0 & 3 \\ 7 & 0 & 0 & 0 & 0 & 6 \\ 7 & 0 & 0 & 0 & 0 & 6 \\ 0 & 6 & 3 & 6 & 6 & 0 \end{pmatrix}.$

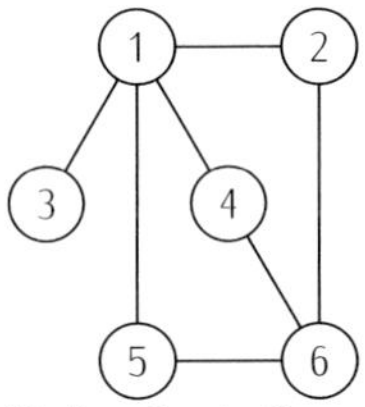

Bild 34.50: Der Graph G

Von Knoten v_3 nach v_6 führen die Kantenfolgen $(\{v_3, v_1\}, \{v_1, v_2\}, \{v_2, v_6\}), (\{v_3, v_1\}, \{v_1, v_4\}, \{v_4, v_6\})$ und $(\{v_3, v_1\}, \{v_1, v_5\}, \{v_5, v_6\})$ also drei Folgen der Länge 3. Von v_1 nach v_3 führen die Kantenfolgen $(\{v_1, v_2\}, \{v_2, v_1\}, \{v_1, v_3\}), (\{v_1, v_3\}, \{v_3, v_1\}, \{v_1, v_3\}), (\{v_1, v_4\}, \{v_4, v_1\}, \{v_1, v_3\})$ und $(\{v_1, v_5\}, \{v_5, v_1\}, \{v_1, v_3\})$ also vier Folgen der Länge 3. Die Bedeutung der Matrixelemente p_{ij} von $P = A^n$ ist genau die Anzahl der Kantenfolgen der Länge n von Knoten i nach j.

e) Der Graph ist bipartit, da alle Kanten des Graphen Knoten aus $\{v_1, v_6\}$ mit Knoten aus $\{v_2, v_3, v_4, v_5\}$ verbinden. Wenn v_i und v_j der selben Knotenteilmenge entstammen, gilt, dass Elemente p_{ij} der Matrix $P = A^n$ für ungerades n Null sind. Wenn Knoten v_i und Knoten v_j verschiedenen Knotenteilmengen entstammen, gilt, dass Elemente p_{ij} der Matrix $P = A^n$ für gerades n Null sind. Mit einer Sortierung der Knoten gemäß dieser Teilmengen, sind die Matrizen A^n Blockmatrizen aus vier Blöcken, bei denen immer zwei Blöcke Null sind. Dazu wird der Ausdruck $m_{ik} = \sum_j a_{ij} a_{jk}$ betrachtet, falls Knoten v_i und Knoten v_k verschiedenen Knotenteilmengen entstammen. Jeder Knoten v_j aus der Summe gehört zu einer der beiden Teilmengen. Gehört er zu der Teilmenge, der Knoten v_i entstammt, ist $a_{ij} = 0$, gehört er zur Teilmenge von Knoten v_k, ist $a_{jk} = 0$, die Summe m_{ik} wird also Null. Entsprechend ist bei höheren Potenzen von A zu argumentieren.

Lösung 34.22

- ☒ Das Ergebnis einer Breitensuche ist ein Baum. *Das Ergebnis der Tiefensuche ebenso.*
- ☐ Das Ergebnis einer Tiefensuche ist kein Baum.
- ☐ Die Berechnung einer Tiefensuche verbraucht mehr Speicherplatz als die der Breitensuche.
- ☒ Die Berechnung einer Tiefensuche verbraucht weniger Speicherplatz als die der Breitensuche.
- ☐ Das Ergebnis einer Tiefensuche enthält mehr Kanten als das der Breitensuche.
- ☐ Das Ergebnis einer Tiefensuche enthält weniger Kanten als das der Breitensuche.
- ☐ Die Anzahl der Kanten im Ergebnis einer Tiefensuche ist vom Startknoten abhängig.
- ☒ Die Anzahl der Kanten im Ergebnis einer Breitensuche ist vom Startknoten unabhängig. *Nämlich $n-1$ mit Knotenzahl n.*

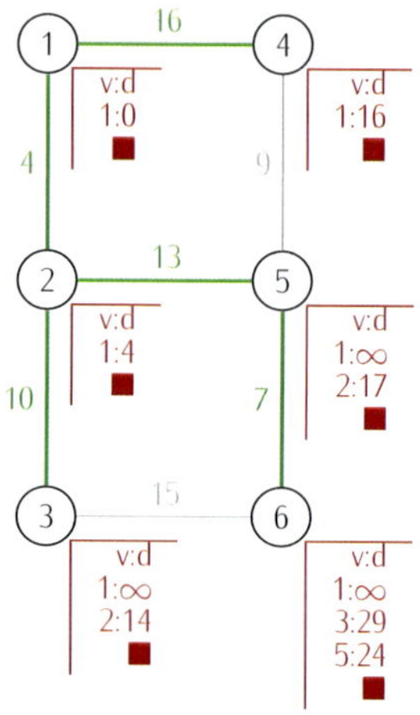

Bild 34.51: Ergebnis Dijkstra ab Knoten v_1. Fett markierte Kanten zeigen die Wege zum Startknoten. Alle Eintragungen zu Vorgänger und aktueller Entfernung sind aufgelistet, die quadratische Markierung zeigt das Abschließen der Knoten.

Lösung 34.23 Der kürzeste Weg von v_1 nach v_6 nutzt die Kanten $\{1,2\}, \{2,5\}, \{5,6\}$ und hat die Länge 24. Siehe Bild 34.51.

Lösung 34.24

a) Gesucht ist ein minimal spannender Baum, der mit dem Algorithmus von Kruskal bestimmt werden kann.

b) Die Kanten werden sortiert. Beginnend mit den kürzesten werden Kanten zur Aufnahme ins Netz ausgewählt, wenn bei ihrer Aufnahme kein Kreis entsteht.

c) Der minimal spannende Baum ist in Bild 34.52 dargestellt.

d) Die Gesamtkosten betragen 22 [Tausend Euro].

Lösung 34.25

a) Der kürzeste Weg von Startknoten v_3 nach Knoten v_4 ist: $(\{3,6\}, \{6,2\}, \{2,1\}, \{1,4\})$ mit einer Länge von 38. Alle Zwischenergebnisse (v:d) mit Vorgängern und Entfernungen zum Startknoten sind in Bild 34.53 notiert.

b) Das Ergebnis lässt sich nicht für kürzesten Weg von Knoten v_9 zu Knoten v_1 nutzen. Der Dijkstra-Algorithmus bestimmt nur Wege ab einem festen Startknoten. Nutzbar ist das Ergebnis für alle Wege ab Knoten v_3, z.B. von Startknoten v_3 nach Knoten v_7.

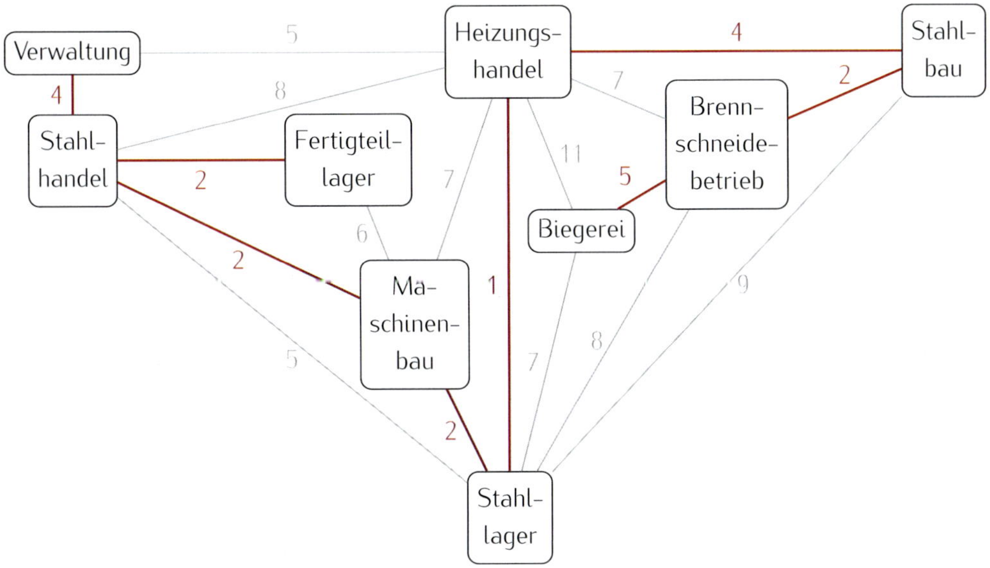

Bild 34.52: Minimales Hochgeschwindigkeitsnetzwerk: Die farbig markierten Kanten bilden den minmal spannenden Baum.

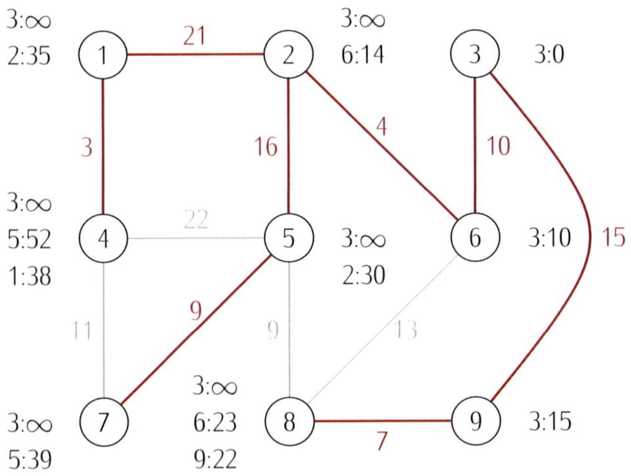

Bild 34.53: Graph nach Wegsuche ab Knoten v_3. Neben den Knoten stehen alle Eintragungen für Vorgänger und aktueller Entfernung zum Startknoten v_3 während des gesamten Durchlaufs.

Lösung 34.26

a) Die Gesamtkosten-Übersicht ist in Tabelle 34.5.

b) Die Kosten sind die Kantengewichte wie in Bild 34.54 dargestellt. Zu finden ist der kürzeste Weg im Graphen von Q_1 bis *End*.

c) Die Lösung wird mit dem Dijkstra-Algorithmus berechnet. Seine richtige Durchführung ist daran erkennbar, dass bei jedem Knoten die richtige Liste mit aktueller Entfernung (d) und Vor-

Tabelle 34.5: Gesamtkosten für die Bestellungen

Zeit-raum	Bestell-menge	Bestell-kosten	Lager-kosten	Gesamt-kosten
$Q_1 - Q_1$	150	160+	0	= 160
$Q_1 - Q_2$	280	160+	$1 \cdot 130$	= 290
$Q_1 - Q_3$	370	160+	$1 \cdot 130 + 2 \cdot 90$	= 470
$Q_1 - Q_4$	500	160+	$1 \cdot 130 + 2 \cdot 90 + 3 \cdot 130$	= 860
$Q_2 - Q_2$	130	160+	0	= 160
$Q_2 - Q_3$	220	160+	$1 \cdot 90$	= 250
$Q_2 - Q_4$	350	160+	$1 \cdot 90 + 2 \cdot 130$	= 510
$Q_3 - Q_3$	90	160+	0	= 160
$Q_3 - Q_4$	220	160+	$1 \cdot 130$	= 290
$Q_4 - Q_4$	130	160+	0	= 160

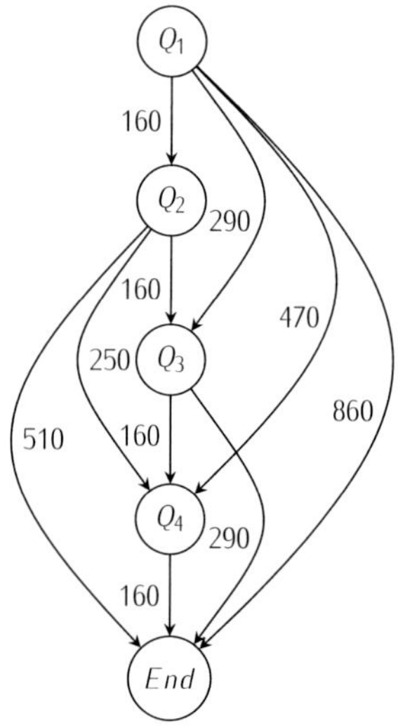

Bild 34.54: Dijkstra für Baum mit Bestellplanung

gängerknoten (v) steht. In diese Liste kommen nur die Einträge, die die Entfernung verkürzen! Vom jeweils abgehakten Knoten werden alle ausgehenden Kanten untersucht. Die sich ergebende Bestellplanung ist in der nachstehenden Tabelle aufgeführt.

Zeit - raum	Bestell-menge	Gesamt-kosten
$Q_1 - Q_1$	150	160
$Q_2 - Q_3$	220	250
$Q_4 - Q_4$	130	160
$\sum$	500	570

35 Kegelschnitte

35.1 Einleitung

W. Brauch, H.J. Dreyer, und Haake W. *Mathematik für Ingenieure*. Teubner Verlag, 11. Auflage, 2006

Dieses Kapitel ergänzt die Kegelschnitte Kreise, Ellipsen und Parabeln aus Kapitel 17 in Band 2 um Hyperbeln und präsentiert alle Kegelschnitte in einem allgemeinen Rahmen, s.a. Abschnitt 3.3.2 in Brauch et al. (2006).

35.1.1 Hyperbel

Betrachtet seien wieder die Schnittkurven, die entstehen, wenn der (Einheits-) Doppelkegel mit Spitze im Ursprung, mit Ebenen geschnitten wird. Verläuft die Symmetrie-Achse des Doppelkegels parallel zur Ebene, bildet die Schnittkurve eine sogenannte *Hyperbel*. Hyperbeln bestehen also aus zwei Teilen, dem im oberen und dem im unteren Kegel des Doppelkegels, sie haben zwei *Äste*.

Bild 35.1: Beachten Sie die Hell-Dunkelgrenze auf der Wand!

Beispiel. Eine Stehlampe mit punktförmiger Lichtquelle und zylindrischem Lampenschirm erzeugt einen Lichtkegel. Wenn der Lampenschirm nach oben und unten offen ist, ist der Lichtkegel ein Doppelkegel. Die Stehlampe erzeugt auf Wänden helle und dunkle Flächen. Die Hell-Dunkel-Grenzen sind also Hyperbeln, s. Bild 35.1.

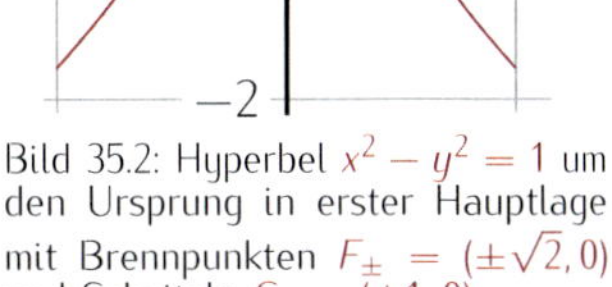

Bild 35.2: Hyperbel $x^2 - y^2 = 1$ um den Ursprung in erster Hauptlage mit Brennpunkten $F_\pm = (\pm\sqrt{2}, 0)$ und Scheiteln $S_\pm = (\pm 1, 0)$

Hyperbeln können – wie die anderen Kegelschnitte – auch als Ortskurve definiert werden: Die Hyperbel ist die Menge aller Punkte mit konstanter Differenz der Abstände von den beiden Brennpunkten $F_\pm$. Man erkennt die Parallele zu Ellipsen, bei denen die Summe der Abstände eines jeden Punktes von den beiden Brennpunkten konstant ist.
Hyperbeln um (x_m, y_m) mit Achsen-parallelen 'Halbachsen' a und b sind in erster (s. Bild 35.2) bzw. zweiter Hauptlage (s. Bild 35.3) implizit durch

$$\frac{(x - x_m)^2}{a^2} - \frac{(y - y_m)^2}{b^2} = 1 \quad \text{bzw.} \quad -\frac{(x - x_m)^2}{a^2} + \frac{(y - y_m)^2}{b^2} = 1$$

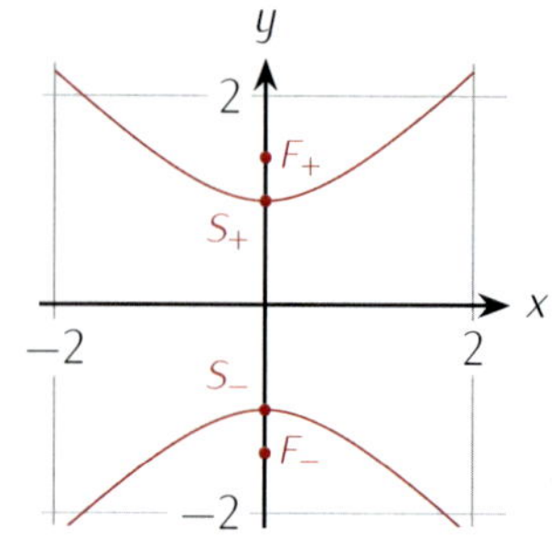

Bild 35.3: Hyperbel $-x^2+y^2=1$ um den Ursprung in zweiter Hauptlage mit Brennpunkten $F_\pm = (0, \pm\sqrt{2})$

Die lineare Exzentrizität ist nur für Ellipse und Hyperbel definiert.

und explizit durch

$$y = y_m \pm \frac{b}{a}\sqrt{(x-x_m)^2 - a^2} \quad \text{bzw.} \quad y = y_m \pm \frac{b}{a}\sqrt{(x-x_m)^2 + a^2}$$

gegeben, vgl. Ellipsen in Kapitel 17 von Band 2.

Scheitelpunkte $S_\pm$ sind die Schnittpunkte der Verbindungsstrecke der Brennpunkte mit der Hyperbel. Scheitelpunkte sind gleichermaßen die Punkte auf den beiden Ästen mit minimalem Abstand. Die Differenz der Abstände von den beiden Brennpunkten beträgt für jeden Punkt der Hyperbel $2a$, wenn der Abstand der beiden Scheitelpunkte $2a$ beträgt. Der Abstand der beiden Brennpunkte beträgt $2e$, wo e die *lineare Exzentrizität* mit $e^2 = a^2 + b^2$ bezeichnet.
Bild 35.4 illustriert die Bedeutung der Halbachsen für Ellipsen und Hyperbeln sowie den Umstand, dass Hyperbeln – abgesehen von ihrem Mittelpunkt – neben Halbachsen a und b auch durch *lineare Exzentrizität* e und *Halbparameter* p, der halben Länge der Hyperbelsehne durch einen Brennpunkt, parametrisiert werden können, s.a. Aufgabe 35.5.

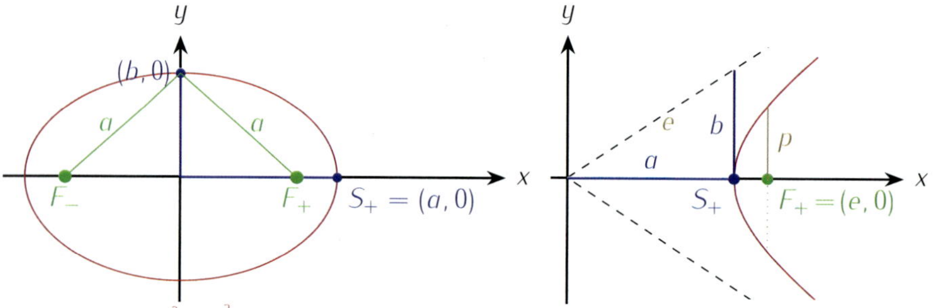

Bild 35.4: Ellipse $\frac{x^2}{a^2} + \frac{y^2}{b^2} = 1$ um $(0,0)$ mit Halbachsen a und b und Brennpunkten $F_\pm = (\pm e, 0)$ mit $e^2 + b^2 = a^2$ sowie rechter Ast der Hyperbel $\frac{x^2}{a^2} - \frac{y^2}{b^2} = 1$ um $(0,0)$ parametrisiert durch die 'Halbachsen' a und b wie auch durch *lineare Exzentrizität* e und *Halbparameter* p mit gestrichelt dargestellten Asymptoten $y = \pm\frac{b}{a}x$ und Brennpunkten $F_\pm = (\pm e, 0)$ mit $e^2 = a^2 + b^2$

Die beiden Asymptoten von Hyperbeln $\frac{x^2}{a^2} - \frac{y^2}{b^2} = 1$ sind durch $y = \pm\frac{b}{a}x$ gegeben.
Völlig analog zum Fall der Tangenten an Ellipsen und genauso gut zu merken bestimmt sich die Tangente in (x_o, y_o) an die Hyperbel um (x_m, y_m) mit Achsen-parallelen 'Halbachsen' a und b zu

$$\pm\frac{(x-x_m)(x_o-x_m)}{a^2} \mp \frac{(y-y_m)(y_o-y_m)}{b^2} = 1$$

Beispiel. Die Punkte der *Einheitshyperbel*, erfüllen genau die Hyperbelgleichung $x^2 - y^2 = 1$. In den ersten beiden Quadranten fällt die Hyperbel zusammen mit den Graphen der Funktionen $f_{\text{oben}}(x) = \sqrt{x^2-1}$ für $x \geq 1$ bzw. für $x \leq -1$, in den letzten

beiden Quadranten zusammen mit den Graphen der Funktionen $f_{\text{unten}} = -f_{\text{oben}}$ für $x \leq -1$ bzw. für $x \geq 1$.
Die beiden Winkelhalbierenden $y = \pm x$ sind die Asymptoten der Einheitshyperbel.
Der Punkt $P_o = (x_o, y_o) = \left(\frac{5}{3}, \frac{4}{3}\right)$ ist ein Punkt der Einheitshyperbel. Die Tangente im Punkt P_o hat also die Gleichung $x\,x_o - y\,y_o = 1$ und damit $y = \frac{5}{4}x - \frac{3}{4}$, s. Bild 35.5.

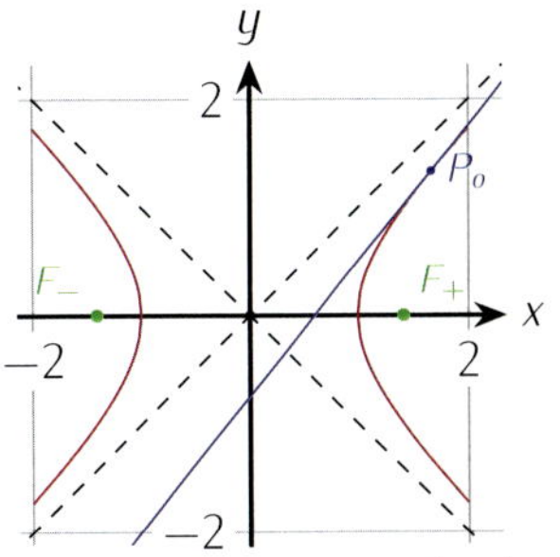

Bild 35.5: Einheitshyperbel $x^2 - y^2 = 1$ mit Brennpunkten $F_\pm = (\pm\sqrt{2}, 0)$ und Tangente $y = \frac{5}{4}x - \frac{3}{4}$ im Berührpunkt $P_o = (\frac{5}{3}, \frac{4}{3})$

$\boldsymbol{r}(t) = \big(\pm a\cosh(t), b\sinh(t)\big)$ für $t \in \mathbb{R}$ ist eine Parameter-Darstellung der Hyperbel $\frac{x^2}{a^2} - \frac{y^2}{b^2} = 1$ (in erster Hauptlage), s.a. Aufgabe 35.7.

35.1.2 Allgemeine Gleichung

Alle Kegelschnitte sind Kurven zweiter Ordnung und lassen sich als solche implizit durch

$$ax^2 + bxy + cy^2 + dx + ey + f = 0$$

mit Koeffizienten $a, b, c, d, e, f \in \mathbb{R}$ darstellen. Um zu erkennen, um welchen Kegelschnitt es sich handelt, dreht zunächst eine Rotation die Kurve so, dass in den neuen Koordinaten der gemischte Term bxy verschwindet. Quadratische Ergänzung liefert dann den Mittelpunkt und die Charakterisierung, ob ein Kreis, eine Ellipse, eine Parabel oder eine Hyperbel vorliegt, vgl. Aufgabe 35.13.

Beispiel. Der Graph der Funktion $y = f(x) = \frac{1}{x}$ oder $xy = 1$ ist eine Hyperbel. Die Rotation $\begin{pmatrix} x' \\ y' \end{pmatrix} = R\begin{pmatrix} x \\ y \end{pmatrix}$ (s.a. Kapitel 42) mit $R = \begin{pmatrix} \cos(-\frac{\pi}{4}) & -\sin(-\frac{\pi}{4}) \\ \sin(-\frac{\pi}{4}) & \cos(-\frac{\pi}{4}) \end{pmatrix} = \frac{\sqrt{2}}{2}\begin{pmatrix} 1 & 1 \\ -1 & 1 \end{pmatrix}$ um den Ursprung mit Rotationswinkel $-\frac{\pi}{4}$ überführt beispielsweise die beiden Scheitelpunkte $S_\pm = \pm\begin{pmatrix} 1 \\ 1 \end{pmatrix}$ in $RS_\pm = \pm\frac{\sqrt{2}}{2}\begin{pmatrix} 2 \\ 0 \end{pmatrix} = \pm\begin{pmatrix} \sqrt{2} \\ 0 \end{pmatrix}$ und die Punkte $\begin{pmatrix} x \\ \frac{1}{x} \end{pmatrix}$ für $x \in \mathbb{R}$ in $\begin{pmatrix} x' \\ y' \end{pmatrix} = R\begin{pmatrix} x \\ \frac{1}{x} \end{pmatrix} = \frac{\sqrt{2}}{2}\begin{pmatrix} x + \frac{1}{x} \\ \frac{1}{x} - x \end{pmatrix}$, was $\frac{x'^2}{\sqrt{2}^2} - \frac{y'^2}{\sqrt{2}^2} = \frac{1}{4}(x + \frac{1}{x})^2 - \frac{1}{4}(x - \frac{1}{x})^2 = x\frac{1}{x} = 1$ impliziert. Der Graph von $f(x) = \frac{1}{x}$ ist also eine um 45° gedrehte Version der Hyperbel um den Ursprung mit Achsen-parallelen Halbachsen $a = \sqrt{2}$ und $b = \sqrt{2}$, s. Bild 35.6.

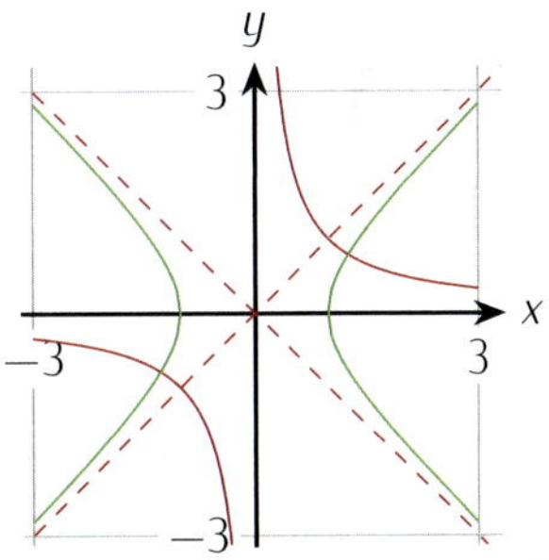

Bild 35.6: Der Graph von $y = \frac{1}{x}$ ist die um 45° gedrehte Version der Hyperbel $\frac{x'^2}{\sqrt{2}^2} - \frac{y'^2}{\sqrt{2}^2} = 1$.

35.1.3 Scheitelgleichungen

Mit der linearen Exzentrizität e, dem halben Abstand der beiden Brennpunkte, und der längeren Halbachse a sei die *numerische Exzentrizität*

$\varepsilon = \frac{e}{a}$ definiert. Dann liefert die Gleichung

$$y^2 = 2px + (\varepsilon^2 - 1)x^2$$

abhängig von Halbparameter p und numerischer Exzentrizität ε Kegelschnitte mit einem Scheitelpunkt im Ursprung, s. Bild 35.7, nämlich für

$\varepsilon = 0$ den Kreis um $(p, 0)$ mit Radius p),

$0 < \varepsilon < 1$ die Ellipse $\frac{(x-a)^2}{a^2} + \frac{y^2}{b^2} = 1$ um $M = (a, 0)$ mit Achsen-parallelen Halb-Achsen $a = \frac{p}{1-\varepsilon^2}$ und $b = \frac{p}{\sqrt{1-\varepsilon^2}}$,

$\varepsilon = 1$ die Parabel $y = \pm\sqrt{2px}$ mit Brennpunkt $F = (\frac{p}{2}, 0)$ und für

$\varepsilon > 1$ die Hyperbel $\frac{(x+a)^2}{a^2} - \frac{y^2}{b^2} = 1$ um $M = (-a, 0)$ mit Achsen-parallelen Halbachsen $a = \frac{p}{\varepsilon^2-1}$ und $b = \frac{p}{\sqrt{e^2-1}}$.

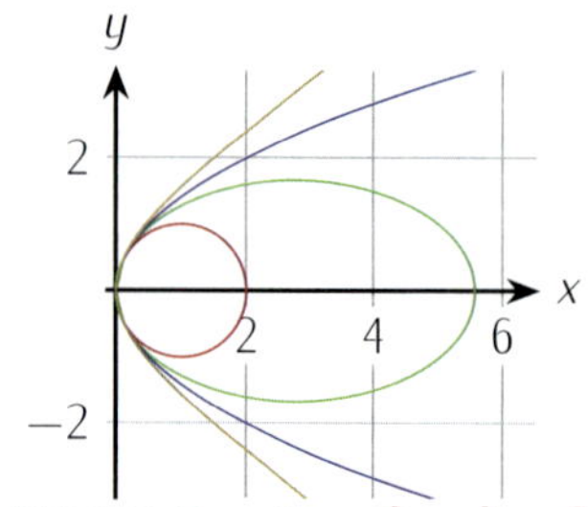

Bild 35.7: Kreis $(x-p)^2 + y^2 = p^2$ für $\varepsilon = 0$, Ellipse $\frac{(x-a)^2}{a^2} + \frac{y^2}{pa} = 1$ für $0 < \varepsilon = 0.8 < 1$, Parabel $y = \pm\sqrt{2px}$ für $\varepsilon = 1$ und Hyperbel $\frac{(x+a)^2}{a^2} - \frac{y^2}{b^2} = 1$ für $\varepsilon = 1.2 > 1$.

35.1.4 *Polardarstellungen*

Kegelschnitte haben eine gemeinsame Polardarstellung

$$r = r(\varphi) = \frac{p}{1 \pm \varepsilon\cos(\varphi)}$$

Dabei liegen Pol und Ursprung in einem gemeinsamen Brennpunkt, bei negativem Vorzeichen im linken Brennpunkt F_- und bei positivem Vorzeichen im rechten Brennpunkt F_+. Der *Halbachsen-Parameter* p ist die Ordinate im Brennpunkt und kontrolliert im weitesten Sinne die Größe des Kegelschnittes. Die *numerische Exzentrizität* ε kontrolliert die Art des Kegelschnittes. Wie Bild 35.8 illustriert, ergibt sich mit $r = r(\varphi) = \frac{p}{1-\varepsilon\cos(\varphi)}$ für

$\varepsilon = 0$ der Kreis $r = p$ um den Pol und Ursprung mit Radius p,

$0 < \varepsilon < 1$ die Ellipse um $M = (e, 0)$ mit $e = \frac{p\varepsilon}{1-\varepsilon^2}$ und Achsen-parallelen Halb-Achsen $a = \frac{e}{\epsilon}$ und $b = \sqrt{a^2 - e^2} = \frac{e}{\varepsilon}\sqrt{1-\varepsilon^2}$,

$\varepsilon = 1$ die Parabel $y = \pm\sqrt{p^2 + 2px}$ mit Scheitel $S = (-\frac{p}{2}, 0)$ und Ordinaten-Abschnitten $r(\pm\frac{\pi}{2}) = \pm p$ sowie Brennpunkt $F = (\frac{p}{2}, 0)$ und Leitlinie $x = -\frac{3}{2}p$,

$\varepsilon > 1$ die Hyperbel um $M = (-e, 0)$ mit linearer Exzentrizität $e = \frac{p\varepsilon}{\varepsilon^2-1}$ und Achsen-parallelen Halbachsen $a = \frac{e}{\varepsilon}$ und $b = \sqrt{e^2 - a^2}$.

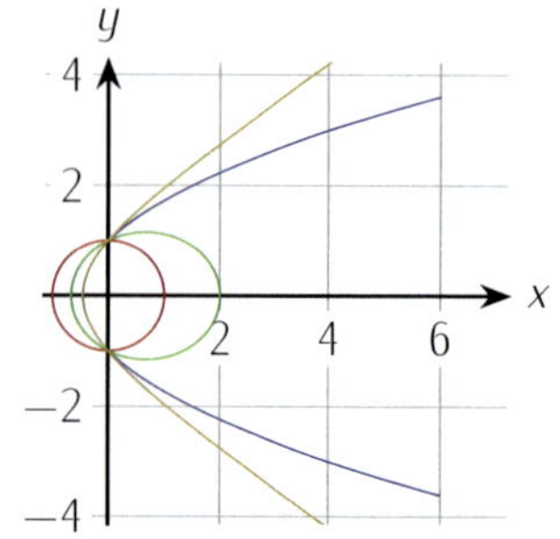

Bild 35.8: Die Kegelschnitte $r(\varphi) = \frac{p}{1-\varepsilon\cos(\varphi)}$ haben Ordinaten-Abschnitte $(0, \pm p)$ und Brennpunkt im Ursprung gemein: nämlich für $\varepsilon = 0$ der Kreis um den Ursprung mit Radius p, für etwa $0 < \varepsilon = 0.8 < 1$ die Ellipse um $M = (e, 0)$ mit $e = \frac{p\varepsilon}{1-\varepsilon^2}$ und $a = \frac{e}{\varepsilon}$ und $b = \sqrt{a^2 - e^2}$, für $\varepsilon = 1$ die Parabel $y = \pm\sqrt{p^2 + 2px}$ und für etwa $1 < \varepsilon = 1.2$ die Hyperbel um $M = (-e, 0)$ mit $e = \frac{p\varepsilon}{\varepsilon^2-1}$ und $a = \frac{e}{\varepsilon}$ und $b = \sqrt{e^2 - a^2}$. (Nur der rechte Hyperbel-Ast ist abgebildet!)

Johannes Kepler (1571[jul.] – 1630[greg.])

Die *Kepler-Bahnen* sind Beispiele für die obigen Kurven. Die Kepler-Bahnen sind Lösungen des klassischen Zweikörper-Problems und beschreiben, wie sich Himmelskörper unter dem Einfluß der Gravitation um etwa die Sonne (im Brennpunkt) bewegen.

35.1.5 *Kegelschnitte durch vorgegebene Punkte*

Die Punkte (x, y) des Kegelschnittes durch die fünf Punkte (x_i, y_i) für $i = 1, 2, \ldots, 5$ erfüllen die gut zu merkende Gleichung $\det(\boldsymbol{A}) = 0$ in den beiden Unbekannten x und y für

$$\boldsymbol{A} = \begin{pmatrix} x^2 & xy & y^2 & x & y & 1 \\ x_1^2 & x_1y_1 & y_1^2 & x_1 & y_1 & 1 \\ x_2^2 & x_2y_2 & y_2^2 & x_2 & y_2 & 1 \\ x_3^2 & x_3y_3 & y_3^2 & x_3 & y_3 & 1 \\ x_4^2 & x_4y_4 & y_4^2 & x_4 & y_4 & 1 \\ x_5^2 & x_5y_5 & y_5^2 & x_5 & y_5 & 1 \end{pmatrix}.$$

35.2 *Lernziele*

Lernziele, die sich nur auf Kreis, Ellipse oder Parabel beziehen, finden sich in Kapitel 17 von Band 2.

Nr	Ich kann	Aufgabe	√
	Hyperbel		
320	die Gleichung einer Hyperbel in Standardform erkennen und daraus ihren Brennpunkt, ihre Halbachsen und Asymptoten ableiten,	35.1, 35.2, 35.3	
321	die parametrische Gleichung einer Hyperbel erkennen,	35.7	
322	die wichtigsten Eigenschaften einer Hyperbel bestimmen, z.B. auch die Gleichung der Tangenten in einem Punkt der Hyperbel,	35.1, 35.4, 35.5, 35.6, 35.8, 35.11	
323 *	Eigenschaften konfokaler Ellipsen und Hyperbeln nutzen,	35.12	
	Kegelschnitte		
324	die Gleichung eines Kegelschnittes in allgemeiner Form erkennen und daraus seinen Typ ableiten,	35.13	
325 *	mit unterschiedlichen Darstellungen von Kegelschnitten umgehen,	35.9, 35.10, 35.14	

35.3 *Aufgaben*

Aufgabe 35.1 (5 min) Kreuzen Sie die zutreffenden Aussagen an.

- □ Hyperbel-Tangenten mit Berührpunkt in einem Ast schneiden immer den anderen Ast.
- □ Die Brennpunkte einer Hyperbel haben vom Mittelpunkt M immer einen größeren Abstand als die Scheitel.
- □ Jede Hyperbel ist Punkt-symmetrisch zu ihrem Mittelpunkt.
- □ Jede Hyperbel hat Tangenten parallel zu einer ihrer Asymptoten.
- □ Der Punkt einer Hyperbel, der zum Brennpunkt F_+ den kleinsten Abstand hat, ist ein Scheitel.
- □ Die Tangente in jedem Scheitel einer Hyperbel ist parallel zu einer ihrer Symmetrie-Achsen.
- □ Für alle Punkte P einer Hyperbel hat die Differenz $|\overline{F_+P}| - |\overline{F_-P}|$ denselben Wert.
- □ Eine Asymptote einer Hyperbel ist eine Gerade, der die Punkte der Hyperbel beliebig nahe kommen.
- □ Seien $a > 0$ und $b > 0$. Die Asymptoten einer Hyperbel mit der Gleichung $\frac{x^2}{a^2} - \frac{y^2}{b^2} = 1$ haben die Steigungen $m = \pm\frac{a}{b}$.

Aufgabe 35.2 (10 min) Verifizieren Sie: Die Hyperbel $\frac{x^2}{a^2} - \frac{y^2}{b^2} = 1$ ist die Ortskurve aller Punkte $P = (x, y)$, deren Differenz der Abstände von den beiden Brennpunkten $F_\pm = (\pm e, 0)$ gerade $2a$ beträgt.

Aufgabe 35.3 (10 min) In welchen Punkten schneiden sich der Kreis $x^2 + y^2 = 25$ und die Hyperbel $\frac{x^2}{4} - \frac{y^2}{9} = 1$?

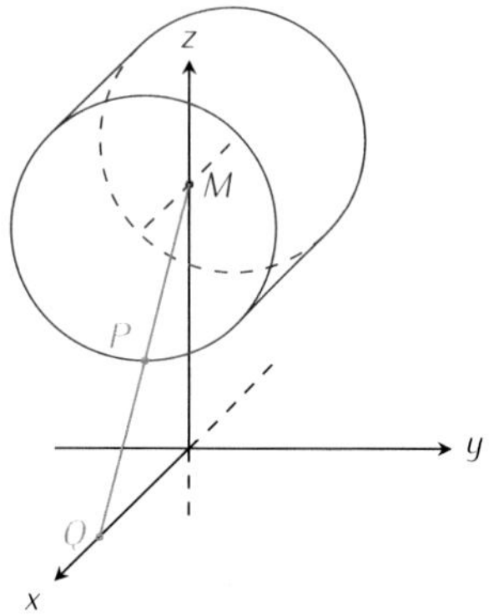

Bild 35.9: Strahlen der Lichtquelle in $(0, 0, d)$ durch den Rand des Lampenschirms treffen auf die Wand $z = 0$.

Aufgabe 35.4 (15 min) Eine Stehlampe habe einen zylindrischen Schirm mit Radius r und Höhe h. Die Symmetrie-Achse des Schirmes verlaufe parallel zur x-Achse durch den Schwerpunkt des Schirms in $M = (0, 0, d)$ mit Abstand $d > r$ von der x-y-Ebene, die die Wand darstellt. Bestimmen Sie die Hell-Dunkel-Grenze, die eine Punkt-förmige Lichtquelle in M auf der Wand entstehen läßt, s. Bild 35.9.
Hinweis: Verwenden Sie neben der expliziten Darstellung von Kreisen auch alternativ eine Parameter-Darstellung, um eine weitere Parameter-Darstellung der Hyperbel zu gewinnen, s.a. Aufgabe 35.7.

Aufgabe 35.5 (10 min) Verifizieren Sie: Die Hyperbel um den Ursprung $\frac{x^2}{a^2} - \frac{y^2}{b^2} = 1$ kann gleichermaßen durch die Achsen-parallelen Halbachsen a und b wie auch durch lineare Exzentrizität e oder numerische Exzentrizität ϵ und Halbparameter p charakterisiert werden, d.h. bestimmen Sie e oder ϵ und p bei gegebenen a und b und umgekehrt a und b bei gegebenen e und p.

Aufgabe 35.6 (10 min) Verifizieren Sie: $\frac{x_o x}{a^2} - \frac{y_o y}{b^2} = 1$ ist die Gleichung der Tangenten an die Hyperbel $\frac{x^2}{a^2} - \frac{y^2}{b^2} = 1$ im Berührpunkt $B = (x_o, y_o)$. Hinweis: Es gibt verschiedenartige Lösungen.

Aufgabe 35.7 (5 min)

a) Verifizieren Sie: $\boldsymbol{r}(t) = \big(\pm a\cosh(t), b\sinh(t)\big)$ für $t \in \mathbb{R}$ ist eine Parameter-Darstellung der Hyperbel $\frac{x^2}{a^2} - \frac{y^2}{b^2} = 1$. (Aufgabe 35.4 hat auf eine alternative Parameter-Darstellung geführt.)
b) Geben Sie eine Parameter-Darstellung der Hyperbel um $M = (x_o, y_o)$ mit Achsen-parallelen Halbachsen a und b an.

Aufgabe 35.8 (15 min) Skalierte und verschobene Versionen der Hyperbel $y = \frac{1}{x}$ (die Symmetrie-Achsen durch den Ursprung sind Winkelhalbierende der Koordinaten-Achsen!) haben die Form $y = y_o + \frac{c}{x - x_o}$ mit Skalierungsfaktor $c \neq 0$ und Symmetrie-Zentrum (x_o, y_o).

a) Eine Hyperbel der Form $y = y_o + \frac{c}{x - x_o}$ und eine Gerade schneiden sich in höchstens zwei Punkten. Es gibt also keine Hyperbel der Form $(y-y_o)(x-x_o) = c \neq 0$ durch drei kollineare Punkte.

b) Verifizieren Sie: In *Drei-Punkte-Form* $\frac{y-y_1}{x-x_1}\frac{x-x_2}{y-y_2} = \frac{y_3-y_1}{x_3-x_1}\frac{x_3-x_2}{y_3-y_2}$ gegebene Hyperbeln sind von der Form $(y-y_o)(x-x_o) = c \neq 0$, solange die drei Punkte (x_i, y_i) für $i = 1, 2, 3$ nicht kollinear sind und paarweise verschiedene Abszissen und Ordinaten aufweisen.

c) Verifizieren Sie: Die in Drei-Punkte-Form $\frac{y-y_1}{x-x_1}\frac{x-x_2}{y-y_2} = \frac{y_3-y_1}{x_3-x_1}\frac{x_3-x_2}{y_3-y_2}$ gegebene Hyperbel verläuft durch die drei nicht kollinearen Punkte (x_i, y_i) für $i = 1, 2, 3$ mit $x_i \neq x_j$ und $y_i \neq y_j$ für $i \neq j$.

Aufgabe 35.9 (15 min) Verifizieren Sie die Aussagen zur Scheiteldarstellung $y^2 = 2px + (\varepsilon^2 - 1)x^2$ in Abschnitt 35.1.3, unterschieden nach

a) $\varepsilon = 0$ b) $\varepsilon \in (0, 1)$ c) $\varepsilon = 1$ d) $\varepsilon > 1$

Aufgabe 35.10 (15 min) Verifizieren Sie die Aussagen zur Polardarstellung $r(\varphi) = \frac{p}{1-\varepsilon\cos(\varphi)}$ in Abschnitt 35.1.4, unterschieden nach

a) $\varepsilon = 0$ b) $\varepsilon \in (0, 1)$ c) $\varepsilon = 1$ d) $\varepsilon > 1$

Aufgabe 35.11 (25 min) $r_\pm(\varphi) = \frac{p}{1\pm\epsilon\cos(\varphi)}$ liefern für Halbparameter $p > 0$ und numerische Exzentrizität $\epsilon > 1$ Polardarstellungen zweier Hyperbeln H_+ und H_-. Verifizieren Sie, dass die beiden Hyperbeln zueinander Punkt-symmetrisch sind. Identifizieren und skizzieren Sie dabei für jede der beiden Hyperbeln die Parameter-Intervalle, die jeweils den beiden Ästen entsprechen.

Aufgabe 35.12 (10 min) Gegeben die Ellipse $E : \frac{x^2}{(5\sqrt{2})^2} + \frac{y^2}{5^2} = 1$ um den Ursprung mit Achsen-parallelen Halbachsen $a_E = 5\sqrt{2}$ und $b_E = 5$ sowie die Hyperbel $H : \frac{x^2}{3^2} - \frac{y^2}{4^2} = 1$ um den Ursprung mit Achsen-parallelen Halbachsen $a_H = 3$ und $b_H = 4$.

a) Eine Ellipse und eine Hyperbel heißen *konfokal* genau dann, wenn ihre Brennpunkte übereinstimmen.
Verifizieren Sie, dass Ellipse E und Hyperbel H konfokal sind.

b) Verifizieren Sie, dass sich Ellipse E und Hyperbel H rechtwinklig schneiden, und visualisieren Sie Ihr Ergebnis mit einem CAS Ihrer Wahl.

Beliebige Paare konfokaler Ellipsen und Hyperbeln schneiden sich senkrecht.

Aufgabe 35.13 (20 min) Die Punkte (x, y) eines jeden Kegelschnitts lösen $ax^2 + bxy + cy^2 + dx + ey + f = 0$, die allgemeine Gleichung von Kurven zweiter Ordnung.

a) Zur Identifikation des vorliegenden Kegelschnittes wird das Koordinatensystem um den Ursprung und den Winkel ϱ mit $\tan(2\varrho) = \frac{b}{a-c}$ gedreht. Wieso verschwindet dann der gemischte Term in den neuen Koordinaten (x', y')?

b) Wieso liefert eine geeignete Translation den Mittelpunkt $M = (x_o, y_o)$ und erlaubt gegebenenfalls die Charakterisierung des Kegelschnittes?
c) Als Beispiel erzeugen Sie die Gleichung der Hyperbel mit Achsen-parallelen Halbachsen $a = 2$ und $b = 1$, rotieren diese um $\frac{\pi}{4}$ und verschieben sie so, dass ihr Mittelpunkt in $M = (1, 1)$ zu liegen kommt.
d) Wenden Sie umgekehrt die obigen Schritte auf die Gleichung der gedrehten, verschobenen Hyperbel an, um das Vorgehen im Beispiel zu verifizieren.

Aufgabe 35.14 (15 min) Die Punkte (x, y) eines jeden Kegelschnitts lösen $ax^2 + bxy + cy^2 + dx + ey + f = 0$, die allgemeine Gleichung von Kurven zweiter Ordnung.

a) Durch wie viele Punkte ist ein Kegelschnitt eindeutig bestimmt?
b) Wieso ist der durch die Punkte (x_i, y_i) für $i = 1, 2, 3, 4, 5$ verlaufende Kegelschnitt durch $\begin{vmatrix} x^2 & xy & y^2 & x & y & 1 \\ x_1^2 & x_1y_1 & y_1^2 & x_1 & y_1 & 1 \\ x_2^2 & x_2y_2 & y_2^2 & x_2 & y_2 & 1 \\ x_3^2 & x_3y_3 & y_3^2 & x_3 & y_3 & 1 \\ x_4^2 & x_4y_4 & y_4^2 & x_4 & y_4 & 1 \\ x_5^2 & x_5y_5 & y_5^2 & x_5 & y_5 & 1 \end{vmatrix} = 0$, so er denn existiert, eindeutig bestimmt?
c) Gibt es Punkt-Mengen, deren Elemente nicht Punkte eines Kegelschnittes sind?
d) Auf welchem Kegelschnitt liegen die fünf Punkte $P_1 = (1, 0)$, $P_2 = (-1, 0)$, $P_3 = (0, 1)$, $P_4 = (-1, -1)$ und $P_5 = (1, 1)$?

35.4 Lösungen

Lösung 35.1

☐ Hyperbel-Tangenten mit Berührpunkt in einem Ast schneiden immer den anderen Ast.
In erster Hauptlage ist der Betrag der Steigung einer Tangenten immer größer als der Betrag der Steigung der Asymptoten. Da der andere Ast der Hyperbel gerade zwischen den beiden Asymptoten liegt, kann es keinen Schnittpunkt geben.

☒ Die Brennpunkte einer Hyperbel haben vom Mittelpunkt M immer einen größeren Abstand als die Scheitel.
Der Abstand der Brennpunkte vom Mittelpunkt ist gerade die lineare Exzentrizität e mit $e = \sqrt{a^2 + b^2} > a$ *mit* $S_\pm = (\pm a, 0)$.

☒ Jede Hyperbel ist punktsymmetrisch zu ihrem Mittelpunkt.
Mit $\frac{(x-m_x)^2}{a^2} - \frac{(y-m_y)^2}{b^2} = 1$ *ist* (x, y) *Punkt der Hyperbel, wie ebenso der zum Mittelpunkt* (m_x, m_y) *symmetrische Punkt* $(x', y') = (m_x - dx, m_y - dy)$ *mit* $d_x = x - m_x$ *und* $d_y = y - m_y$, *da*

$\frac{(x'-m_x)^2}{a^2} - \frac{(y'-m_y)^2}{b^2} = \frac{(-d_x)^2}{a^2} - \frac{(-d_y)^2}{b^2} = \frac{(x-m_x)^2}{a^2} - \frac{(y-m_y)^2}{b^2} = 1$ *gilt.*

☐ Jede Hyperbel hat Tangenten parallel zu einer ihrer Asymptoten.
Begründung, dass derartige Tangenten nicht existieren, s.o.

☒ Der Punkt einer Hyperbel, der zum Brennpunkt F_+ den kleinsten Abstand hat, ist der Scheitel S_+. *s. Bild 35.4*

☒ Die Tangente in jedem Scheitel einer Hyperbel ist parallel zu einer ihrer Symmetrie-Achsen.
Die Hyperbel $-\frac{x^2}{a^2} + \frac{y^2}{b^2} = 1$ *in zweiter Hauptlage, also die beiden Funktionen* $y = \pm\frac{b}{a}\sqrt{x^2+a^2}$ *haben wegen* $y' = \pm\frac{b}{a}\frac{x}{\sqrt{x^2+a^2}}$ *in den Berührpunkten* $(0, \pm b)$ *horizontale Tangenten, also Tangenten parallel zur x-Achse, der einen Symmetrie-Achse. Für Hyperbeln in erster Hauptlage gilt analog: Die Tangenten in den Scheiteln sind die Geraden* $x = \pm a$ *mit Graphen parallel zur y-Achse, der einen Symmetrie-Achse.*

☒ Für alle Punkte P einer Hyperbel hat die Differenz $|\overline{F_+P}| - |\overline{F_-P}|$ denselben Wert. *Zu zeigen ist nämlich* $\big||\overline{F_+P}| - |\overline{F_-P}|\big| = 2a$

$$\Leftrightarrow \sqrt{(x-e)^2+y^2} - \sqrt{(x+e)^2+y^2} = \pm 2a$$
$$\Leftrightarrow (x-e)^2+y^2-2\sqrt{(x-e)^2+y^2}\sqrt{(x+e)^2+y^2}+(x+e)^2+y^2 = 4a^2$$
$$\Leftrightarrow e^2+x^2+y^2-2a^2 = \sqrt{(x-e)^2+y^2}\sqrt{(x+e)^2+y^2}$$
$$\Leftrightarrow (b^2-a^2+x^2+y^2)^2 = \big((x-e)^2+y^2\big)\big((x+e)^2+y^2\big)$$
$$\Leftrightarrow (b^2-a^2+x^2+y^2)^2 = (x-e)^2(x+e)^2+(x-e)^2y^2+(x+e)^2y^2+y^4$$
$$\Leftrightarrow a^4+b^4+x^4+y^4-2a^2b^2+2b^2x^2+2b^2y^2-2a^2x^2-2a^2y^2+2x^2y^2$$
$$= x^4-2ex^3+e^2x^2+2ex^3-4e^2x^2+2e^3x+e^2x^2-2e^3x$$
$$+e^4+x^2y^2-2exy^2+e^2y^2+x^2y^2+2exy^2+e^2y^2+y^4$$
$$\Leftrightarrow a^4+b^4+2b^2y^2-2a^2x^2 = -2e^2x^2+e^4+2e^2y^2$$
$$\Leftrightarrow a^4+b^4 = -2b^2x^2+e^4+2a^2y^2 = e^4-2a^2b^2$$
$$\Leftrightarrow a^4+2a^2b^2+b^4 = e^4 \qquad \checkmark$$

☒ Eine Asymptote einer Hyperbel ist eine Gerade, der die Punkte der Hyperbel beliebig nahe kommen.
Wegen $\lim_{x\to\infty}\frac{b}{a}\sqrt{x^2-a^2} = \lim_{x\to\infty} b\sqrt{\frac{x^2}{a^2}-1} = \lim_{x\to\infty} b\sqrt{\frac{x^2}{a^2}} = \pm\frac{b}{a}x$ *sind* $y = \pm\frac{b}{a}x$ *die beiden Asymptoten, denen sich* $y = \pm\frac{b}{a}\sqrt{x^2-a^2}$ *für* $x\to\infty$ *beliebig gut annähert.*

☐ Seien $a > 0$ und $b > 0$. Die Asymptoten einer Hyperbel mit der Gleichung $\frac{x^2}{a^2} - \frac{y^2}{b^2} = 1$ haben die Steigungen $m = \pm\frac{a}{b}$.
Die korrekten Steigungen der beiden Asymptoten sind $m = \pm\frac{b}{a}$.

Lösung 35.2 Für die Differenz der Abstände $|P - F_\pm|$ des Punktes $P = (x, y)$ zu den beiden Brennpunkten $F_\pm = (\pm e, 0)$ gilt

$$|P-F_-| - |P-F_+| = 2a = \sqrt{(x+e)^2+y^2} - \sqrt{(x-e)^2+y^2}$$
$$\Leftrightarrow \sqrt{(x+e)^2+y^2} = 2a + \sqrt{(x-e)^2+y^2}$$
$$\Leftrightarrow 0 \le (x+e)^2+y^2 = 4a^2+4a\sqrt{(x-e)^2+y^2}+(x-e)^2+y^2$$
$$\Leftrightarrow x^2+2ex+e^2 = 4a^2+4a\sqrt{(x-e)^2+y^2}+x^2-2ex+e^2$$
$$\Leftrightarrow ex-a^2 = a\sqrt{(x-e)^2+y^2}$$

$\Leftrightarrow e^2x^2 - 2a^2ex + a^4 = a^2x^2 - 2a^2ex + a^2e^2 + a^2y^2$
$\Leftrightarrow e^2x^2 - a^2x^2 - a^2y^2 = a^2e^2 - a^4$ und mit $e^2 - a^2 = b^2$ eben
$\Leftrightarrow b^2x^2 - a^2y^2 = a^2b^2 \Leftrightarrow \frac{x^2}{a^2} - \frac{y^2}{b^2} = 1.$

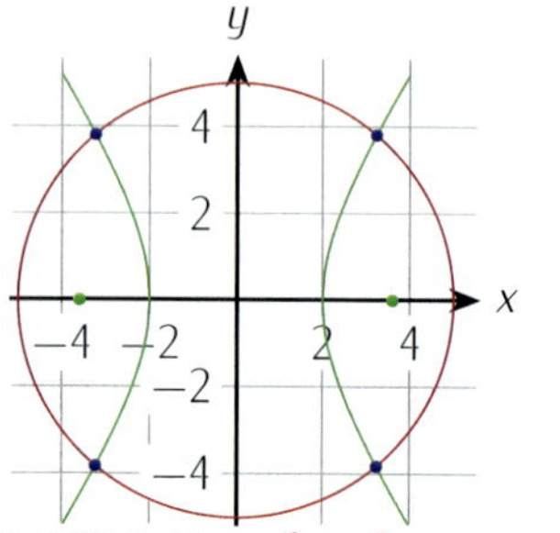

Bild 35.10: Kreis $x^2 + y^2 = 25$ und Hyperbel $\frac{x^2}{4} - \frac{y^2}{9} = 1$ mit Schnittpunkten $S_\pm \approx (\pm 3.234, \pm 13.7477)$

Lösung 35.3 Es ist der Kreis um den Ursprung mit Radius 5 mit der Hyperbel um den Ursprung mit Achsen-parallelen Halbachsen 2 und 3 zu schneiden: Einsetzen von $y^2 = 25 - x^2$ in die Hyperbel-Gleichung liefert $9x^2 - 4(25 - x^2) = 36 = 13x^2 - 100$, also $x^2 = \frac{136}{13} = \frac{4 \cdot 34}{13}$ und damit $x_{1,2} = \pm 2\sqrt{\frac{34}{13}} \approx \pm 3.2344$ mit je $y_{1,2} = \pm\sqrt{25 - \frac{136}{13}} = \pm\sqrt{\frac{325-136}{13}} = \pm\sqrt{\frac{189}{13}} \approx \pm 3.8129$. Insgesamt gibt es also genau vier Schnittpunkte, s. Bild 35.10.

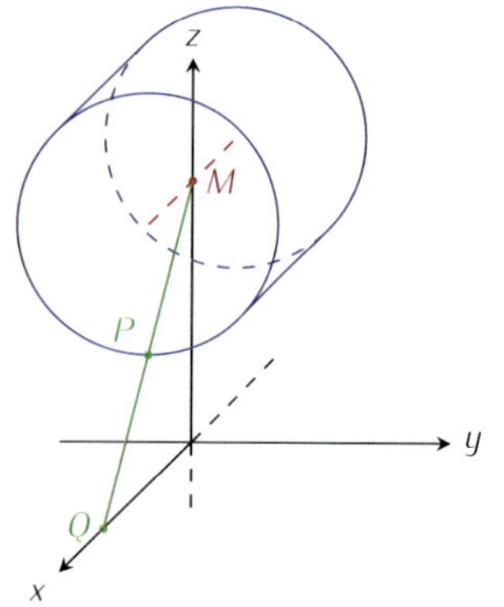

Bild 35.11: Strahlen der Lichtquelle in $(0, 0, d)$ durch den Rand des Lampenschirms treffen auf die Wand $z = 0$.

Lösung 35.4 Die Lichtquelle bildet die beiden der Wand am nächsten gelegenen 'unteren' Halbkreise des Schirm-Randes auf zur y-Achse symmetrische Kurven ab. Die eine liegt in der Halbebene $x > 0$, die andere in der Halbebene $x < 0$. Die Gerade durch $M = (0, 0, d)$ und einen Punkt P des Randes $\left\{ \begin{pmatrix} \frac{h}{2} \\ y \\ z \end{pmatrix} : y^2 + (z - d)^2 = r^2, z \geq 0 \right\} = \left\{ \begin{pmatrix} \frac{h}{2} \\ y \\ d - \sqrt{r^2 - y^2} \end{pmatrix} : |y| < r \right\}$ hat eine Parameter-Darstellung $\boldsymbol{v}(t) = \begin{pmatrix} 0 \\ 0 \\ d \end{pmatrix} + t \begin{pmatrix} \frac{h}{2}, \\ y \\ -\sqrt{r^2 - y^2} \end{pmatrix} = \begin{pmatrix} \frac{h}{2}t \\ ty \\ d - t\sqrt{r^2 - y^2} \end{pmatrix}$ und trifft in $Q = \begin{pmatrix} x_o \\ y_o \end{pmatrix} = \begin{pmatrix} \frac{dh}{2\sqrt{r^2 - y^2}} \\ \frac{dy}{\sqrt{r^2 - y^2}} \end{pmatrix} = \begin{pmatrix} x_o \\ \pm\frac{1}{h}\sqrt{4r^2x_o^2 - d^2h^2} \end{pmatrix}$ auf die Wand $z = 0$. Die Hell-Dunkel-Grenze ist der Hyperbel-Ast $\frac{x^2}{a^2} - \frac{y^2}{b^2} = 1$ mit Achsen-parallelen Halbachsen $a = \frac{dh}{2r}$ und $b = d$ für $x > a$, wie die folgende Probe $\frac{x^2}{a^2} - \frac{y^2}{b^2} = \frac{4r^2}{d^2h^2}x^2 - \frac{4r^2x^2 - d^2h^2}{d^2h^2} = 1 \Leftrightarrow 4r^2x^2 - (4r^2x^2 - d^2h^2) = d^2h^2$ zeigt.
Alternativ sei für den 'unteren' Rand die Parameter-Darstellung $\boldsymbol{r}(t) = \begin{pmatrix} \frac{h}{2} \\ r\cos(t) \\ d + r\sin(t) \end{pmatrix}$ für $t \in (\pi, 2\pi)$ verwendet. Die Gerade durch M und $\boldsymbol{r}(t)$ hat ihrerseits die Parameter-Darstellung $\boldsymbol{v}(s) = M + s\big(M - \boldsymbol{r}(t)\big) = \begin{pmatrix} 0 \\ 0 \\ d \end{pmatrix} + s \begin{pmatrix} 0 - \frac{h}{2} \\ 0 - r\cos(t) \\ d - d - r\sin(t) \end{pmatrix} = \begin{pmatrix} -s\frac{h}{2} \\ -sr\cos(t) \\ d - sr\sin(t) \end{pmatrix}$

und trifft in $Q = \begin{pmatrix} -\frac{dh}{2r\sin(t)} \\ -\frac{dr\cos(t)}{r\sin(t)} \\ 0 \end{pmatrix} = \begin{pmatrix} -\frac{dh}{2r\sin(t)} \\ -\frac{d\cos(t)}{\sin(t)} \\ 0 \end{pmatrix}$ auf die Wand, in einem Hyperbel-Ast, wie die Probe $\frac{x^2}{a^2} - \frac{y^2}{b^2} = \frac{4r^2}{d^2h^2}\frac{d^2h^2}{4r^2\sin^2(t)} - \frac{d^2\cos^2(t)}{d^2\sin^2(t)} = \frac{1}{\sin^2(t)} - \frac{\cos^2(t)}{\sin^2(t)} = \frac{1-\cos^2(t)}{\sin^2(t)} = 1$ zeigt. Die alternative Beweisführung liefert also eine weitere Parameter-Darstellung für die Hyperbel.

Lösung 35.5 Seien a und b gegeben. Mit $e^2 = a^2 + b^2$ gilt $e = \sqrt{a^2+b^2}$, also $\epsilon = \frac{e}{a} = \frac{\sqrt{a^2+b^2}}{a}$ und mit $y = y(x) = \frac{b}{a}\sqrt{x^2 - a^2}$ gilt $p = y(e) = \frac{b}{a}\sqrt{e^2 - a^2} = \frac{b}{a}\sqrt{a^2 + b^2 - a^2} = \frac{b^2}{a}$.

Seien umgekehrt e und p gegeben. Aus $a^2 + b^2 = e^2$ und $b^2 = ap$ folgt $a^2 + pa - e^2 = 0$ mit Lösungen $a_{1,2} = -\frac{p}{2} \pm \frac{1}{2}\sqrt{p^2 + 4e^2}$. Die positive Lösung ist $a = \frac{1}{2}\left(-p + \sqrt{p^2 + 4e^2}\right)$ und damit $b = \sqrt{ap} = \sqrt{\frac{p}{2}\left(-p + \sqrt{p^2 + 4e^2}\right)}$.

Seien umgekehrt ϵ und p gegeben. Mit $\epsilon = \frac{e}{a} = \frac{\sqrt{a^2+b^2}}{a}$ und damit $a^2\epsilon^2 = a^2 + b^2$ gilt $a^2(\epsilon^2 - 1) = b^2 = ap$, also $a = \frac{p}{\epsilon^2-1}$. Mit $b^2 = ap$ gilt $b^2 = \frac{p^2}{\epsilon^2-1}$, also $b = \frac{p}{\sqrt{\epsilon^2-1}}$.

Lösung 35.6 Offensichtlich verläuft die Gerade mit der Gleichung $\frac{x\,x_o}{a^2} - \frac{y\,y_o}{b^2} = 1$ durch den Berührpunkt $B = (x_o, y_o)$. Entweder ist zu zeigen, dass die Geraden-Steigung mit der Ableitung von $f(x) = \frac{b}{a}\sqrt{x^2 - a^2}$ in x_o übereinstimmt oder alternativ, dass es keine weiteren Schnittpunkte gibt.
Die Geraden-Steigung beträgt $m = \frac{b^2}{a^2}\frac{x_o}{y_o}$. Wegen $y_o = f(x_o) = \frac{b}{a}\sqrt{x_o^2 - a^2}$ liefert Auswertung von $f'(x) = \frac{b}{a}\frac{x}{\sqrt{x^2-a^2}}$ in x_o dieselbe Steigung $f'(x_o) = \frac{b}{a}\frac{x_o}{\sqrt{x_o^2-a^2}} = \frac{b^2}{a^2}\frac{x_o}{\frac{b}{a}\sqrt{x_o^2-a^2}} = \frac{b^2}{a^2}\frac{x_o}{y_o}$.

Alternativ ist zu zeigen, dass Tangente mit $\frac{x_o^2}{a^2} - \frac{y_o^2}{b^2} = 1$ und Hyperbel genau einen Schnittpunkt, nämlich den Berührpunkt B haben: Einsetzen von $y = \frac{b^2}{a^2 y_o}(x_o x - a^2)$ in die Hyperbel-Gleichung liefert

$a^2b^2 = b^2x^2 - a^2y^2 = b^2x^2 - \frac{a^2b^4}{a^4y_o^2}(x_o x - a^2)^2$
$\Leftrightarrow a^2 = x^2 - \frac{b^2}{a^2y_o^2}(x_o x - a^2)^2$
$\Leftrightarrow a^4y_o^2 = a^2y_o^2x^2 - b^2(x_o^2x^2 - 2a^2x_o x + a^4)$
$\Leftrightarrow 0 = (a^2y_o^2 - b^2x_o^2)x^2 + 2a^2b^2x_o x - a^4b^2 - a^4y_o^2$
$\Leftrightarrow 0 = -a^2b^2x^2 + 2a^2b^2x_o x - a^4b^2 - a^4y_o^2$
$\Leftrightarrow 0 = x^2 - 2x_o x + a^2 + \frac{a^2}{b^2}y_o^2 = x^2 - 2x_o x + x_o^2 = (x - x_o)^2$
$x = x_o$ ist also der einzige Schnittpunkt von Gerade und Hyperbel.

s.a. Kapitel 22 von Band 2

Lösung 35.7

a) Einsetzen von $x(t) = \pm a\cosh(t)$ und $y(t) = b\sinh(t)$ in die Hyperbelgleichung liefert $\frac{a^2\cosh^2(t)}{a^2} + \frac{b^2\sinh^2(t)}{b^2} = \cosh^2(t) - \sinh^2(t) = 1$. Die Punkte der Parametrisierung erfüllen also die Hyperbelgleichung.

b) Eine Parameter-Darstellung der Hyperbel um $M = (x_o, y_o)$ mit Achsen-parallelen Halbachsen a und b ist $x(t) = x_o \pm a\cosh(t)$ und $y(t) = y_o + b\sinh(t)$ für $t \in \mathbb{R}$.

Lösung 35.8

a) Im Schnittpunkt der Hyperbel mit der Geraden $y = mx + b$ gilt
$mx + b = y_o + \frac{c}{x-x_o} \Leftrightarrow (mx+b)(x-x_o) = y_o(x-x_o)$
$\Leftrightarrow mx(x-x_o) + (b-y_o)(x-x_o) = 0$
$\Leftrightarrow mx^2 + (b-y_o-mx_o)x - (b-y_o)x_o = 0$.
Die quadratische Gleichung in der Schnittpunktsabszisse x hat maximal zwei reelle Lösungen, so dass es maximal zwei Punkte gibt, in denen sich Hyperbel und Gerade schneiden. Eine Hyperbel der Form $y - y_o = \frac{c}{x-x_o}$ kann also nicht durch drei kollineare Punkte verlaufen.

b) Für $m := \frac{y_3-y_1}{x_3-x_1}\frac{x_3-x_2}{y_3-y_2}$ gilt $m \neq 0$, weil die Faktoren nach Vorbedingung von 0 verschieden sind. Weiter gilt $m \neq 1$, da die drei Punkte nicht kollinear sind. Dann ist $\frac{y-y_1}{x-x_1}\frac{x-x_2}{y-y_2} = m$
$\Leftrightarrow (x-x_2)(y-y_1) = m(x-x_1)(y-y_2)$
$\Leftrightarrow xy - xy_1 - x_2y + x_2y_1 = m(xy - xy_2 - x_1y + x_1y_2)$
$\Leftrightarrow xy(1-m) - x(y_1 - my_2) - y(x_2 - mx_1) = mx_1y_2 - x_2y_1$
$\Leftrightarrow xy - xy_o - x_oy = \frac{mx_1y_2 - x_2y_1}{1-m}$ mit $y_o = \frac{y_1 - my_2}{1-m}$ und $x_o = \frac{x_2 - mx_1}{1-m}$
$\Leftrightarrow xy - xy_o - x_oy + x_oy_o = \frac{(mx_1y_2 - x_2y_1)(1-m) + (x_2 - mx_1)(y_1 - my_2)}{(1-m)^2} =: c$
mit $c = \frac{mx_1y_2 - x_2y_1 - m^2x_1y_2 + mx_2y_1 + x_2y_1 - mx_2y_2 - mx_1y_1 + m^2x_1y_2}{(1-m)^2}$, was sich zu $c = m\frac{x_1y_2 + x_2y_1 - x_2y_2 - x_1y_1}{(1-m)^2} = m\frac{x_2-x_1}{1-m}\frac{y_1-y_2}{1-m}$ vereinfachen läßt.

c) Die Drei-Punkte-Form ist offensichtlich für (x_3, y_3) erfüllt. Für z.B. den Punkt (x_1, y_1) zeigt sich $x_1y_1 - x_1y_o - x_oy_1 + x_oy_o = c$
$\Leftrightarrow x_1y_1(1-m)^2 - x_1(y_1 - my_2)(1-m) - (x_2 - mx_1)y_1(1-m)$
$+(x_2 - mx_1)(y_1 - my_2) = m(x_2 - x_1)(y_1 - y_2)$.
Eine Fallunterscheidung nach Potenzen von m bietet Übersicht:
▷ Terme ohne m: $x_1y_1 - x_1y_1 - x_2y_1 + x_2y_1 = 0$ ✓
▷ Terme mit m: $-2x_1y_1 + (x_1y_2 + x_1y_1) + (x_2y_1 + x_1y_1)$
$-x_1y_1 - x_2y_2 = (x_2 - x_1)(y_1 - y_2)$
$\Leftrightarrow (x_1 - x_2)y_2 + (x_2 - x_1)y_1 = (x_2 - x_1)(y_1 - y_2)$ ✓
▷ Terme mit m^2: $x_1y_1 - x_1y_2 - x_1y_1 + x_1y_2 = 0$ ✓

Lösung 35.9

a) Für $\varepsilon = 0$ handelt es sich wegen
$y^2 = 2px - x^2 \Leftrightarrow x^2 - 2px + y^2 = 0$
$\Leftrightarrow x^2 - 2px + p^2 + y^2 = (x-p)^2 + y^2 = p^2$
um den Kreis um $M = (p, 0)$ mit Radius p.

b) Für $0 < \varepsilon < 1$ handelt es sich wegen $y^2 = 2px - (1-\varepsilon^2)x^2$ $\Leftrightarrow x^2 - 2\frac{p}{1-\varepsilon^2}x + \frac{p^2}{(1-\varepsilon^2)^2} + \frac{y^2}{1-\varepsilon^2} = (x - \frac{p}{1-\varepsilon^2})^2 + \frac{y^2}{1-\varepsilon^2} = \frac{p^2}{(1-\varepsilon^2)^2}$ $\Leftrightarrow \frac{(x-a)^2}{a^2} + \frac{y^2}{b^2} = 1$ um die Ellipse um $M = (a, 0)$ mit Achsen-parallelen Halbachsen $a = \frac{p}{1-\varepsilon^2}$ und $b = \frac{p}{\sqrt{1-\varepsilon^2}}$.

c) Für $\varepsilon = 1$ handelt es sich wegen $y^2 = 2px$ um die Parabel $y = \pm\sqrt{2px}$ mit Brennpunkt $F = (\frac{p}{2}, 0)$.

d) Wegen $y^2 = 2px + (\epsilon^2 - 1)x^2 \Leftrightarrow (\varepsilon^2 - 1)x^2 + 2px - y^2 = 0 \Leftrightarrow$ $x^2 + 2\frac{p}{\varepsilon^2-1}x + \frac{p^2}{(\varepsilon^2-1)^2} - \frac{y^2}{\varepsilon^2-1} = (x - \frac{p}{\varepsilon^2-1})^2 - \frac{y^2}{\varepsilon^2-1} = \frac{p^2}{(\varepsilon^2-1)^2} \Leftrightarrow$ $\frac{(x+a)^2}{a^2} - \frac{y^2}{b^2} = 1$ handelt es sich für $\varepsilon > 1$ um die Hyperbel um $M = (-a, 0)$ mit Achsen-parallelen Halbachsen $a = \frac{p}{\varepsilon^2-1}$ und $b = \frac{p}{\sqrt{\varepsilon^2-1}}$.

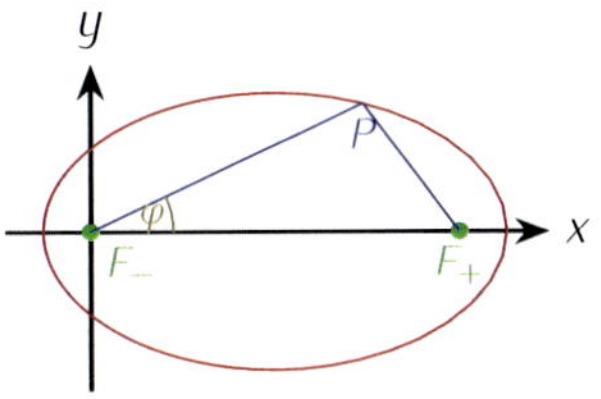

Bild 35.12: Ellipse mit $r(\varphi) = \frac{1}{1-\varepsilon\cos(\varphi)}$ um $M = (e, 0)$ mit $e = \frac{\varepsilon}{1-\varepsilon^2}$ sowie Achsen-parallelen Halbachsen $a = \frac{e}{\varepsilon}$ und $b = \sqrt{a^2 - e^2}$

Lösung 35.10 Die hier vorgestellten Lösungen sollen auch unterschiedliche Lösungswege illustrieren.

a) Für $\varepsilon = 0$ handelt es sich wegen $r(\varphi) = p$ um den Kreis um den Ursprung mit Radius p und Ordinaten-Abschnitten $\pm p$.

b) Möglicherweise ist es leichter zu zeigen, dass die Ellipse um $M = (e, 0)$ mit $e = \frac{p\varepsilon}{1-\varepsilon^2}$ und Achsen-parallelen Halbachsen $a = \frac{e}{\varepsilon}$ und $b = \sqrt{a^2 - e^2}$ die behauptete Polardarstellung hat. Mit der Funktionalgleichung für Ellipsen gilt

$2a = |P| + |P - F_+| = r + |r(\cos(\varphi), \sin(\varphi)) - (2e, 0)|$

$\Leftrightarrow 2a - r = \sqrt{(r\cos(\varphi) - 2e)^2 + r^2\sin^2(\varphi)}$

$\Leftrightarrow 4a^2 - 4a\,r + r^2 = r^2\cos^2(\varphi) - 4e\,r\cos(\varphi) + 4e^2 + r^2\sin^2(\varphi)$

$\Leftrightarrow 4a^2 - 4a\,r = -4e\,r\cos(\varphi) + 4e^2$

$\Leftrightarrow b^2 = a^2 - e^2 = a\,r - e\,r\cos(\varphi) = \big(a - e\cos(\varphi)\big)r$

$\Leftrightarrow r = \frac{b^2}{a - e\cos(\varphi)} = \frac{a^2-e^2}{\frac{e}{\varepsilon} - e\cos(\varphi))} = \frac{e(\frac{1}{\varepsilon^2}-1)}{\frac{1}{\varepsilon}-\cos(\varphi)} = \frac{e(\frac{1}{\varepsilon}-\varepsilon)}{1-\varepsilon\cos(\varphi)} = \frac{\frac{p}{1-\varepsilon^2}(1-\varepsilon^2)}{1-\varepsilon\cos(\varphi)}$

$= \frac{p}{1-\varepsilon\cos(\varphi)}$, s. Bild 35.12.

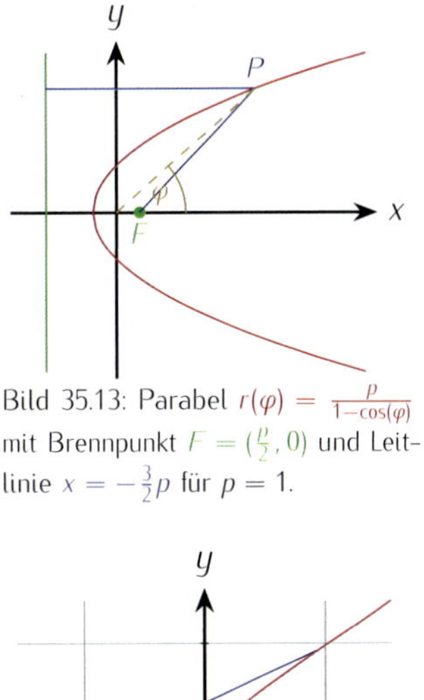

Bild 35.13: Parabel $r(\varphi) = \frac{p}{1-\cos(\varphi)}$ mit Brennpunkt $F = (\frac{p}{2}, 0)$ und Leitlinie $x = -\frac{3}{2}p$ für $p = 1$.

c) Einsetzen der Polar-Koordinaten $r(\varphi) = \frac{p}{1-\cos(\varphi)}$ in $y^2 = p^2 + 2px$ liefert $r^2\sin^2(\varphi) = p^2 + 2pr\cos(\varphi) \Leftrightarrow \frac{p^2\sin^2(\varphi)}{(1-\cos(\varphi))^2} = p^2 + \frac{2p^2\cos(\varphi)}{1-\cos(\varphi)} \Leftrightarrow p^2\sin^2(\varphi) = p^2\big(1-\cos(\varphi)\big)^2 + 2p^2\big(1-\cos(\varphi)\big)\cos(\varphi)$ $= p^2\big(1 - 2\cos(\varphi) + \cos^2(\varphi)\big) + 2p^2\cos(\varphi) - 2p^2\cos^2(\varphi) = p^2 - p^2\cos^2(\varphi) \Leftrightarrow p^2 = p^2$. Die Polarkoordinaten erfüllen also die Funktionsgleichung $y = \pm\sqrt{p^2 + 2px}$ der Parabel, s. Bild 35.13.

d) Die Abstände der Punkte $(x, y) = \big(r\cos(\varphi), r\sin(\varphi)\big)$ der Hyperbel von den beiden Brennpunkten $F_- = (-2e, 0)$ und $F_+ = (0, 0)$ unterscheiden sich um $2a$. Mit $e = \frac{p\varepsilon}{\epsilon^2-1}$, $a = \frac{e}{\varepsilon}$, $e^2 = a^2 + b^2$ und so $p = \frac{b^2}{a}$ gilt also

$|(x + 2e, y)| - |(x, y)| = 2a$

$\Leftrightarrow \sqrt{(x + 2e)^2 + y^2} = 2a + \sqrt{x^2 + y^2}$ Radikanden ≥ 0

$\Leftrightarrow (x + 2e)^2 + y^2 = 4a^2 + 4a\sqrt{x^2 + y^2} + x^2 + y^2$

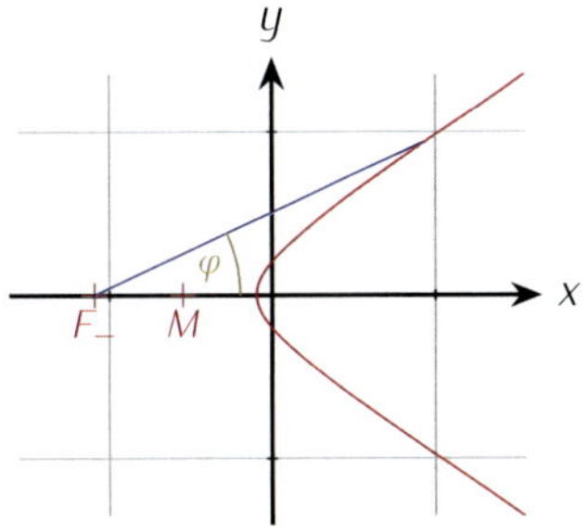

Bild 35.14: Hyperbel $r(\varphi) = \frac{p}{1-\epsilon\cos(\varphi)}$ für $\epsilon = 1.2$ und $p = 1$ um $M = (-e, 0)$ mit Brennpunkten $F_+ = (0, 0)$ und $F_- = (-2e, 0)$ wobei $e = \frac{p\epsilon}{\epsilon^2-1}$

$\Leftrightarrow 4ex + 4e^2 - 4a^2 = 4ex + 4b^2 = 4a\sqrt{x^2+y^2}$ Radikand ≥ 0

$\Leftrightarrow (e\,x + b^2)^2 = a^2(x^2+y^2)$ x und y eliminieren

$\Leftrightarrow (e\,r\cos(\varphi) + b^2)^2 = e^2r^2\cos^2(\varphi) + 2b^2er\cos(\varphi) + b^4 = a^2r^2$

$\Leftrightarrow (e^2\cos^2(\varphi) - a^2)r^2 + 2b^2e\,r\cos(\varphi) + b^4 = 0$

$\Leftrightarrow r^2 - 2\frac{b^2e\cos(\varphi)}{a^2-e^2\cos^2(\varphi)}r - \frac{b^4}{a^2-e^2\cos^2(\varphi)} = 0$ nach r auflösen

$\Leftrightarrow r_\pm = \frac{b^2e\cos(\varphi)\pm\sqrt{b^4e^2\cos^2(\varphi)+b^4(a^2-e^2\cos(\varphi))}}{a^2-e^2\cos^2(\varphi)} = b^2\frac{e\cos(\varphi)\pm a}{a^2-e^2\cos^2(\varphi)}$

$\Leftrightarrow r_\pm = \frac{b^2}{a}\frac{\frac{e}{a}\cos(\varphi)\pm 1}{1-\frac{e^2}{a^2}\cos^2(\varphi)} = p\frac{\varepsilon\cos(\varphi)\pm 1}{1-\varepsilon^2\cos^2(\varphi)} = p\frac{\varepsilon\cos(\varphi)\pm 1}{(1-\varepsilon\cos(\varphi))(1+\varepsilon\cos(\varphi))}$

$\Leftrightarrow r_+(\varphi) = \frac{p}{1-\varepsilon\cos(\varphi)}$ oder $r_-(\varphi) = \frac{p}{1+\varepsilon\cos(\varphi)}$.

Die Herleitung führt also zugleich auch zur Lösung für den Fall, dass der Pol sich im anderen Brennpunkt befindet, s. Bild 35.14.

Trigonometrische Identitäten s. Kapitel 19 von Band 2

Lösung 35.11 Für den Punkt $\boldsymbol{r}_-(\varphi+\pi)$ auf H_- gilt $\boldsymbol{r}_-(\varphi+\pi)$

$= r_-(\varphi+\pi)\big(\cos(\varphi+\pi), \sin(\varphi+\pi)\big)$ $\cos(\varphi+\pi) = -\cos(\varphi)$

$= r_+(\varphi)\big(-\cos(\varphi), -\sin(\varphi)\big)$ $\sin(\varphi+\pi) = -\sin(\varphi)$

$= -r_+(\varphi)\big(\cos(\varphi), \sin(\varphi)\big) = -\boldsymbol{r}_+(\varphi)$.

Die Punkte $\boldsymbol{r}_-(\varphi+\pi)$ auf H_- und $-\boldsymbol{r}_+(\varphi)$auf H_+ sind also Punktsymmetrisch zum Ursprung.

$r_\pm = \frac{p}{1\pm\epsilon\cos(\varphi)}$ hat Pole für $\cos(\phi) = \mp\frac{1}{\epsilon}$, d.h. in $\phi_{\pm_{1,2}} = \arccos\big(\mp\frac{1}{\epsilon}\big)$.

Die Asymptoten-Steigungen sind $\pm\frac{b}{a}$ mit $e = \frac{\epsilon p}{\epsilon^2-1}$, $a = \frac{e}{\epsilon} = \frac{p}{\epsilon^2-1}$ und $b^2 = pa = \frac{p^2}{\epsilon^2-1}$, also $b = \frac{p}{\sqrt{\epsilon^2-1}}$, was die Steigungen $\pm\frac{b}{a} = \pm\frac{p}{\sqrt{\epsilon^2-1}}\frac{\epsilon^2-1}{p} = \pm\sqrt{\epsilon^2-1}$ impliziert. s. Bild 35.15.

Lösung 35.12

a) Die Brennpunkte $F_\pm = (\pm e_E, 0)$ von E sind durch die lineare Exzentrizität $e_E = \sqrt{a_E^2 - b_E^2} = \sqrt{50-25} = 5$ bestimmt.
Die Brennpunkte $F_\pm = (\pm e_H, 0)$ von H sind durch die lineare Exzentrizität $e_H = \sqrt{a_H^2 + b_H^2} = \sqrt{9+16} = 5$ bestimmt.
Mit den beiden linearen Exzentrizitäten e_E und e_H stimmen auch die Brennpunkte überein: E und H sind konfokal.

b) Addition der beiden Gleichungen $\frac{1}{2}x^2 + y^2 = 25$ und $\frac{16}{9}x^2 - y^2 = 16$ liefert $\frac{41}{18}x^2 = 41$ und damit $x_o = \pm\sqrt{18} = \pm 3\sqrt{2}$ für die Schnittpunktsabszisse x_o. Für die zugehörige Ordinate y_o gilt $y_o^2 = \frac{16}{9}(x_o^2 - 9)$ und damit $y_o = \pm 4$.
Die Tangentensteigung der Ellipse $y(x) = \sqrt{25 - \frac{1}{2}x^2}$ beträgt $y'(x) = \frac{1}{2}\frac{-x}{\sqrt{25-\frac{1}{2}x^2}}$ und im Schnittpunkt (x_o, y_o) eben $m_E = y'(x_o) = \frac{1}{2}\frac{-3\sqrt{2}}{\sqrt{25-9}} = -\frac{3}{8}\sqrt{2}$.
Die Tangentensteigung der Hyperbel $y(x) = \frac{4}{3}\sqrt{x^2-9}$ beträgt $y'(x) = \frac{4}{3}\frac{x}{\sqrt{x^2-9}}$ und im Schnittpunkt (x_o, y_o) eben $m_H =$

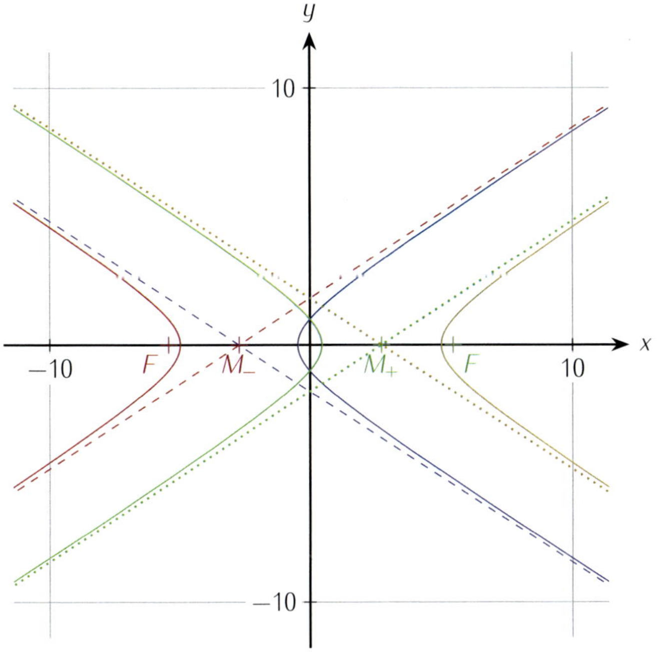

Bild 35.15: Polardarstellungen der beiden Hyperbeln mit gemeinsamem Brennpunkt im Ursprung für $\epsilon = 1.2$ und Ordinatenabschnitt $p = 1$ von linkem r_+ Ast und rechtem r_- Ast
▷ $r_-(\varphi) = \frac{p}{1-\epsilon\cos(\varphi)}$: linker Ast für $\varphi \in \left(-\arccos(\frac{1}{\epsilon}), \arccos(\frac{1}{\epsilon})\right) \supset [-33^\circ, 33^\circ]$ und rechter Ast für $\varphi \in \left(\arccos(\frac{1}{\epsilon}), 2\pi - \arccos(\frac{1}{\epsilon})\right) \supset [34^\circ, 326^\circ]$, gestrichelte Asymptoten durch M_-
▷ $r_+(\varphi) = \frac{p}{1+\epsilon\cos(\varphi)}$: linker Ast für $\varphi \in \left(-\arccos(-\frac{1}{\epsilon}), \arccos(-\frac{1}{\epsilon})\right) \supset [-146^\circ, 146^\circ]$ und rechter Ast für $\varphi \in \left(\arccos(-\frac{1}{\epsilon}), 2\pi - \arccos(-\frac{1}{\epsilon})\right) \supset [147^\circ, 213^\circ]$, gepunktete Asymptoten durch M_+

$\arccos(\frac{1}{\epsilon}) \approx 33.5573^\circ$

$\arccos(-\frac{1}{\epsilon}) \approx 146.4427^\circ$

$y'(x_o) = \frac{4}{3}\frac{\sqrt{18}}{\sqrt{18-9}} = \frac{8}{3\sqrt{2}}$.
Wegen $m_E = -\frac{1}{m_H}$ schneiden sich die Tangenten an E bzw. an H in (x_o, y_o) senkrecht, s. Bild 35.16.

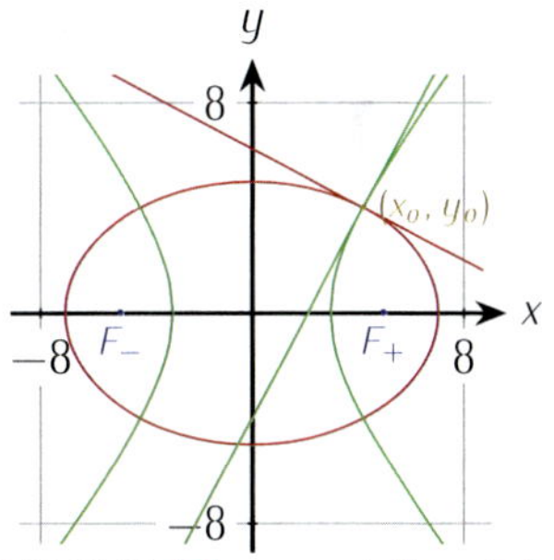

Bild 35.16: Ellipsen und Hyperbeln mit gemeinsamen Brennpunkten $F_\pm$ schneiden sich senkrecht. Nur die Tangenten im Schnittpunkt im ersten Quadranten sind gezeigt.

Lösung 35.13

a) Die Rotation um den Ursprung mit Drehwinkel ϱ erledigt die Matrix-Transformation $\begin{pmatrix} x' \\ y' \end{pmatrix} = \begin{pmatrix} \cos(\varrho) & \sin(\varrho) \\ -\sin(\varrho) & \cos(\varrho) \end{pmatrix} \begin{pmatrix} x \\ y \end{pmatrix}$ mit Umkehrung $\begin{pmatrix} x \\ y \end{pmatrix} = \begin{pmatrix} \cos(\varrho) & -\sin(\varrho) \\ \sin(\varrho) & \cos(\varrho) \end{pmatrix} \begin{pmatrix} x' \\ y' \end{pmatrix}$.
Beim Ersetzen von x und y durch x' und y' entstehen aus ax^2, bxy und cy^2 folgende gemischte Terme $-2ax'y'\cos(\varrho)\sin(\varrho) = -ax'y'\sin(2\varrho)$, $bx'y'\left(\cos^2(\varrho) - \sin^2(\varrho)\right) = bx'y'\cos(2\varrho)$ und $2cx'y'\cos(\varrho)\sin(\varrho) = cx'y'\sin(2\varrho)$, zusammen $x'y'\big(-a\sin(2\varrho) +$

s. trigonometrische Identitäten in Kapitel 19 von Band 2

$b\cos(2\varrho)+c\sin(2\varrho)\big) = x'y'\cos(2\varrho)\big(-a\tan(2\varrho)+b+c\tan(2\varrho)\big)$. Dieser Term verschwindet genau dann, wenn $(c-a)\tan(2\varrho) + b = 0$ oder eben wenn $\tan(2\varrho) = \frac{b}{a-c}$ gilt. Falls $a = c$, gilt $\varrho = \operatorname{sgn}(b)\frac{\pi}{4}$.

b) Quadratische Ergänzung bzgl. x' und y' eliminiert die linearen Terme in x' und y'.

c) Die Gleichung der Hyperbel um den Ursprung mit Achsen-parallelen Halbachsen $a = 2$ und $b = 1$ lautet $\frac{x^2}{4} - \frac{y^2}{1} = 1$. Rotation um $\frac{\pi}{4}$ mit $\begin{pmatrix} x \\ y \end{pmatrix} = \frac{\sqrt{2}}{2}\begin{pmatrix} 1 & -1 \\ 1 & 1 \end{pmatrix}\begin{pmatrix} x' \\ y' \end{pmatrix}$ liefert $\frac{1}{2}(x'-y')^2 - 4\frac{1}{2}(x'+y')^2 = 4$ oder $3x'^2 + 10x'y' + 3y'^2 + 8 = 0$ und nach Translation mit $x' = x'' - 1$ und $y' = y'' - 1$ eben $3(x''-1)^2 + 10(x''-1)(y''-1) + 3(y''-1)^2 + 8 = 0$ und so die allgemeine Gleichung $3(x''^2 - 2x'' + 1) + 10(x''y'' - x'' - y'' + 1) + 3(y''^2 - 2y'' + 1) + 8 = 0$, also in ungestrichenen Koordinaten $3x^2 + 10xy + 3y^2 - 16x - 16y + 24 = 0$.

d) Wegen $a = 3 = c$ gilt $\varrho = \frac{\pi}{4}$. Nach Rotation $\begin{pmatrix} x \\ y \end{pmatrix} = \frac{\sqrt{2}}{2}\begin{pmatrix} 1 & 1 \\ -1 & 1 \end{pmatrix}\begin{pmatrix} x' \\ y' \end{pmatrix}$ lautet die allgemeine Gleichung $\frac{3}{2}(x'+y')^2 + \frac{10}{2}(x'+y')(y'-x') + \frac{3}{2}(y'-x')^2 - 8\sqrt{2}(x'+y') - 8\sqrt{2}(y'-x') + 24 = 0$, also $3(x'^2 + y'^2) + 10(y'^2 - x'^2) + 3(x'^2 + y'^2) - 32\sqrt{2}y' + 48 = 0$ und damit $-4x'^2 + 16y'^2 - 32\sqrt{2}y' + 48 = 0$, also $x'^2 - 4y'^2 + 8\sqrt{2}y' - 12 = 0$. Quadratische Ergänzung liefert $x'^2 - 4(y'^2 - 2\sqrt{2}y' + 2) + 8 - 12 = 0$, also $x'^2 - 4(y' - \sqrt{2})^2 = 4$ und $\frac{x'^2}{4} - \frac{(y'-\sqrt{2})^2}{1} = 1$. In gestrichenen Koordinaten liegt also eine Hyperbel um $M' = (0, \sqrt{2})$ mit Achsen-parallelen Halbachsen $a = 2$ und $b = 1$ vor. In den originalen Koordinaten ist der Mittelpunkt also $M = \frac{\sqrt{2}}{2}\begin{pmatrix} 1 & 1 \\ -1 & 1 \end{pmatrix}\begin{pmatrix} 0 \\ \sqrt{2} \end{pmatrix} = \begin{pmatrix} 1 \\ 1 \end{pmatrix}$. ✓

Lösung 35.14

a) Die allgemeine Gleichung hat sechs bis auf einen gemeinsamen Faktor bestimmte Koeffizienten. Also legen fünf Punkte einen Kegelschnitt eindeutig fest, solange dieser existiert.

b) Die Punkte (x, y) und (x_i, y_i) für $i = 1, 2, 3, 4, 5$ erfüllen die allgemeine Gleichung, d.h. $ax^2 + bxy + cy^2 + dx + ey + f = 0$ und $ax_i^2 + bx_iy_i + cy_i^2 + dx_i + ey_i + f = 0$ für $i = 1, 2, 3, 4, 5$ oder als lineares Gleichungssystem geschrieben

$$A\begin{pmatrix}a\\b\\c\\d\\e\\f\end{pmatrix}=\mathbf{0} \text{ mit } A=\begin{pmatrix}x^2 & xy & y^2 & x & y & 1\\ x_1^2 & x_1y_1 & y_1^2 & x_1 & y_1 & 1\\ x_2^2 & x_2y_2 & y_2^2 & x_2 & y_2 & 1\\ x_3^2 & x_3y_3 & y_3^2 & x_3 & y_3 & 1\\ x_4^2 & x_4y_4 & y_4^2 & x_4 & y_4 & 1\\ x_5^2 & x_5y_5 & y_5^2 & x_5 & y_5 & 1\end{pmatrix}.$$

Dieses Gleichungssystem hat genau dann unendlich viele Lösungen, nämlich alle Punkte (x, y) des Kegelschnitts, wenn die Determinante $\det(A)$ der Koeffizienten-Matrix A verschwindet.

c) Es gibt beispielsweise keinen (nicht *ausgearteten*, d.h. kein Punkt und keine Gerade) Kegelschnitt, auf dem drei kollineare Punkte liegen. Sei nämlich etwa $(x_i, y_i) = (i, 0)$ für $i = 1, 2, 3$. Dann hat das 3×3-Gleichungssystem $a\,i^2 + d\,i + f = 0$ für $i = 1, 2, 3$ nur die triviale Lösung $a = d = f = 0$. Die Kegelschnitt-Gleichung reduziert sich zu $bxy + cy^2 + ey = 0$ oder $cy^2 + (bx + e)y = 0$. Falls $c = 0$, ergeben sich die Geraden $y = 0$ oder $x = -\frac{e}{b}$. Falls $c \neq 0$, ergeben sich die Geraden $y = 0$ oder $y = -\frac{b}{c}x - \frac{e}{c}$.

d) Mit $(x_1, y_1) = (1, 0)$, $(x_2, y_2) = (-1, 0)$, $(x_3, y_3) = (0, 1)$, $(x_4, y_4) = (-1, -1)$ und $(x_5, y_5) = (1, 1)$ gilt für die Determinante

$$0=\begin{vmatrix}x^2 & xy & y^2 & x & y & 1\\ x_1^2 & x_1y_1 & y_1^2 & x_1 & y_1 & 1\\ x_2^2 & x_2y_2 & y_2^2 & x_2 & y_2 & 1\\ x_3^2 & x_3y_3 & y_3^2 & x_3 & y_3 & 1\\ x_4^2 & x_4y_4 & y_4^2 & x_4 & y_4 & 1\\ x_5^2 & x_5y_5 & y_5^2 & x_5 & y_5 & 1\end{vmatrix}=\begin{vmatrix}x^2 & xy & y^2 & x & y & 1\\ 1 & 0 & 0 & 1 & 0 & 1\\ 1 & 0 & 0 & -1 & 0 & 1\\ 0 & 0 & 1 & 0 & 1 & 1\\ 1 & 1 & 1 & -1 & -1 & 1\\ 1 & 1 & 1 & 1 & 1 & 1\end{vmatrix}$$

$$=\begin{vmatrix}x^2-xy & 0 & y^2-xy & x-xy & y-xy & 1-xy\\ 1 & 0 & 0 & 1 & 0 & 1\\ 1 & 0 & 0 & -1 & 0 & 1\\ 0 & 0 & 1 & 0 & 1 & 1\\ 0 & 0 & 0 & -2 & -2 & 0\\ 1 & 1 & 1 & 1 & 1 & 1\end{vmatrix}$$

$$=\begin{vmatrix}x^2-xy & y^2-xy & x-xy & y-xy & 1-xy\\ 1 & 0 & 1 & 0 & 1\\ 1 & 0 & -1 & 0 & 1\\ 0 & 1 & 0 & 1 & 1\\ 0 & 0 & -2 & -2 & 0\end{vmatrix}$$

$$=\begin{vmatrix}x^2-xy & 0 & x-xy & y-y^2 & 1-y^2\\ 1 & 0 & 1 & 0 & 1\\ 1 & 0 & -1 & 0 & 1\\ 0 & 1 & 0 & 1 & 1\\ 0 & 0 & -2 & -2 & 0\end{vmatrix}$$

$$=\begin{vmatrix}x^2-xy & x-xy & y-y^2 & 1-y^2\\ 1 & 1 & 0 & 1\\ 1 & -1 & 0 & 1\\ 0 & -2 & -2 & 0\end{vmatrix}$$

$$= -2\begin{vmatrix} x^2 - xy & x - xy & y - y^2 & 1 - x^2 + xy - y^2 \\ 1 & 1 & 0 & 0 \\ 1 & -1 & 0 & 0 \\ 0 & 1 & 1 & 0 \end{vmatrix}$$

$$= 2(x^2 - xy + y^2 - 1)\begin{vmatrix} 1 & 1 & 0 \\ 1 & -1 & 0 \\ 0 & 1 & 1 \end{vmatrix} = 2(x^2 - xy + y^2 - 1)\begin{vmatrix} 1 & 1 \\ 1 & -1 \end{vmatrix}$$

$= -4(x^2 - xy + y^2 - 1) = 0$. Eine Probe zeigt, dass die fünf gegebenen Punkte tatsächlich auf $x^2 - xy + y^2 - 1 = 0$, einer Kurve zweiter Ordnung liegen.

Die Rotation $\begin{pmatrix} x \\ y \end{pmatrix} = \boldsymbol{R}\begin{pmatrix} x' \\ y' \end{pmatrix}$ um den Ursprung und um den Winkel $\frac{\pi}{4}$ mit $\boldsymbol{R} = \begin{pmatrix} \cos(\frac{\pi}{4}) & -\sin(\frac{\pi}{4}) \\ \sin(\frac{\pi}{4}) & \cos(\frac{\pi}{4}) \end{pmatrix} = \frac{\sqrt{2}}{2}\begin{pmatrix} 1 & -1 \\ 1 & 1 \end{pmatrix}$ liefert $x^2 = \frac{1}{2}(x' - y')^2$, $xy = \frac{1}{2}(x' - y')(x' + y') = \frac{1}{2}(x'^2 - y'^2)$ und $y^2 = \frac{1}{2}(x' + y')^2$ und damit eingesetzt $1 = x^2 - xy + y^2 = \frac{1}{2}(x' - y')^2 - \frac{1}{2}(x'^2 - y'^2) + \frac{1}{2}(x' + y')^2 = \frac{1}{2}x'^2 + \frac{3}{2}y'^2 = 1$, also die Ellipse um den Ursprung mit Achsen-parallelen Halbachsen $a = \sqrt{2}$ und $b = \sqrt{\frac{2}{3}}$.

36

Geometrie im dreidimensionalen Raum

36.1 Einleitung

Dieses Kapitel setzt die erste zaghafte Einführung von Geraden und Ebenen im (dreidimensionalen) Raum in Kapitel 17 von Band 2 fort und ergänzt die Reihe geometrischer Objekte im Raum um solche, die durch Rotationen von Ellipsen, Parabeln und Hyperbeln um Symmetrie-Achsen entstehen, s.a. Abschnitte 4.2 und 4.5 in Brauch et al. (2006).

W. Brauch, H.J. Dreyer, und Haake W. *Mathematik für Ingenieure*. Teubner Verlag, 11. Auflage, 2006

36.1.1 Punkte im Raum

Ein Punkt P_o im Raum ist eindeutig durch seine drei kartesischen Koordinaten bestimmt $P_o = (x_o, y_o, z_o)$, wobei x_o die *Abszisse*, y_o die *Ordinate* und z_o die *Applikate* ist, s. Bild 36.1.

René Decartes, latinisiert Renatus Cartesius (1596–1650)

Wo angezeigt, verwende alternativ die Bezeichnung $\boldsymbol{p} = (p_x, p_y, p_z)^\top$.

Neben den kartesischen gibt es Zylinder- und Kegel-Koordinaten sowie die Verallgemeinerung der Polar-Koordinaten in der Ebene aus Kapitel 17 in Band 2 zu den Kugel-Koordinaten im Raum. Der Punkt P_o im Raum wird dann durch drei Größen r, ϑ und φ eindeutig charakterisiert, nämlich

- ▷ durch seinen Abstand r vom Ursprung,
- ▷ durch seinen Polwinkel $\vartheta \in [0, \pi]$, den Winkel zwischen positiver z-Achse und Radius r, kurz für die Strecke $\overline{OP}$, und
- ▷ durch den Azimutwinkel $\varphi \in [0, 2\pi)$.

Die Umrechnung von Polar- in kartesische Koordinaten erfolgt durch

$$x_o = r\,\sin(\vartheta)\,\cos(\varphi), \quad y_o = r\,\sin(\vartheta)\,\sin(\varphi) \quad \text{und} \quad z_o = r\,\cos(\vartheta)$$

und umgekehrt von kartesischen in Polar-Koordinaten durch

$$r = \sqrt{x_o^2 + y_o^2 + z_o^2}, \quad \vartheta = \arccos(\tfrac{z_o}{r}) \quad \text{und} \quad \varphi = \arctan(\tfrac{y_o}{x_o})$$

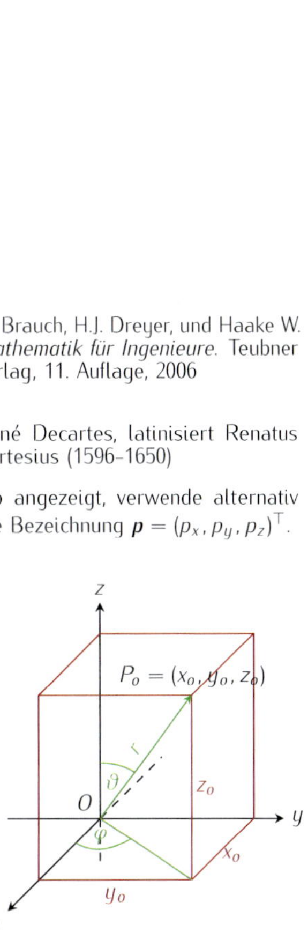

Bild 36.1: Punkt P_o mit kartesischen Koordinaten (x_o, y_o, z_o) und Polar-Koordinaten (r, ϑ, φ)

Wie im zweidimensionalen Fall ist bei der Bestimmung von φ der Quadrant, d.h. sind die Vorzeichen von x_o und y_o zu berücksichtigen, wie das die Funktionen **atan2** in allen Computer-Algebra-Systemen tun.

s. Kapitel 16 in Band 2

Wenn statt ϑ der Komplement-Winkel $\frac{\pi}{2} - \vartheta$ verwendet wird, ergeben sich für φ und ϑ die vom Globus bekannten Längen- und Breitengrade. Länge φ variiert von $-180°$ bis $180°$ oder von $180°$West bis $180°$Ost. Breite ϑ variiert von $-90°$ bis $90°$ oder von $90°$Süd bis $90°$Nord.

36.1.2 Geraden und Ebenen im Raum

vgl. Kapitel 17 in Band 2

Vorweg sei daran erinnert, dass Geraden in der Ebene den Ebenen im Raum entsprechen, wie sich auch an der gemeinsamen Bezeichung *Hyperebene* zeigt.
Eine Gerade in der Ebene ist durch zwei verschiedene Punkte eindeutig bestimmt. Entsprechend ist eine Ebene im Raum durch drei nicht kollineare Punkte eindeutig bestimmt. Aus der Anzahl der Parameter ist die

Tabelle 36.1: Die Geraden der Ebene entsprechen den Ebenen im Raum.

	Gerade in der Ebene	Ebene im Raum
allgemeine Gleichung	$ax + by + c = 0$	$ax + by + cz + d = 0$
	Die Koeffizienten a, b, c bzw. a, b, c, d sind nur bis auf einen gemeinsamen Faktor eindeutig.	
Achsen-Abschnittsform	$\frac{x}{a} + \frac{y}{b} = 1$	$\frac{x}{a} + \frac{y}{b} + \frac{z}{c} = 1$
	dabei ist a Abszissen-, b Ordinaten- und c Applikaten-Abschnitt	
Hesse'sche Normalform	$\boldsymbol{r} \cdot \boldsymbol{n} = d$	$\boldsymbol{r} \cdot \boldsymbol{n} = d$
	dabei ist $\boldsymbol{r}$ Ortsvektor, der normierte Normalen-Vektor $\boldsymbol{n}$ zeigt zur Geraden/Ebene und d ist der Abstand der Geraden/Ebene vom Ursprung.	
Parameter-Darstellungen (mit Richtungsvektoren (*direction*) $\boldsymbol{d}$, $\boldsymbol{d}_1$, $\boldsymbol{d}_2$)		
Punkt-Richtung(en)	$\boldsymbol{r}(t) = \boldsymbol{r}_o + t\boldsymbol{d}$ mit $\boldsymbol{r}_o = \boldsymbol{r}(0)$	$\boldsymbol{r}(s,t) = \boldsymbol{r}_o + s\boldsymbol{d}_1 + t\boldsymbol{d}_2$ mit $\boldsymbol{r}_o = \boldsymbol{r}(0,0)$
zwei (drei) Punkte	$\boldsymbol{r}(t) = \boldsymbol{r}_o + t(\boldsymbol{r}_1 - \boldsymbol{r}_o)$	$\boldsymbol{r}(s,t) = \boldsymbol{r}_o + s(\boldsymbol{r}_1 - \boldsymbol{r}_o) + t(\boldsymbol{r}_2 - \boldsymbol{r}_o)$

Dimensionalität ersichtlich: Geraden sind eindimensionale, Ebenen sind zweidimensionale geometrische Objekte.

Geraden im Raum können als Schnitte von zwei Ebenen aufgefasst werden. Sie sind dann durch zwei Gleichungen charakterisiert. Es ergeben sich Parameter-Darstellungen analog zum zweidimensionalen Fall:

$$\boldsymbol{r}(t) = \boldsymbol{r}_o + t\boldsymbol{d} = \boldsymbol{r}_o + t(\boldsymbol{r}_1 - \boldsymbol{r}_o) \quad \text{für} \quad t \in \mathbb{R}$$

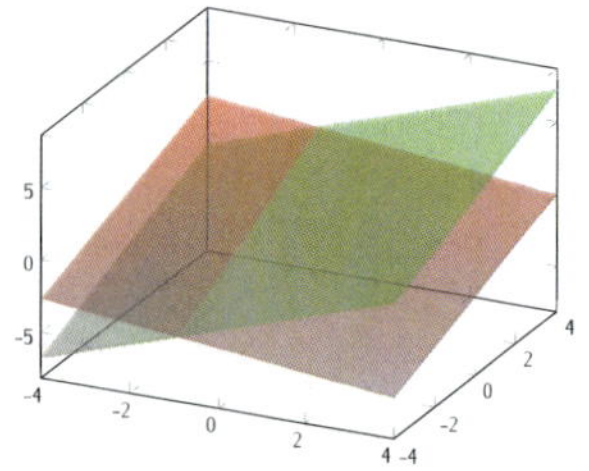

Bild 36.2: Ebene $E_1 : x - 2y + 3z + 4 = 0$ und Ebene $E_2 : 4x + 3y - 4z + 1 = 0$ schneiden sich in der Schnittgeraden $\boldsymbol{r}(t) = \boldsymbol{r}_o + t\boldsymbol{d} = (-\frac{14}{11}, \frac{15}{11}, 0)^\top + t(-1, 16, 11)^\top$.

Beispiel. Um den Schnitt der beiden Ebenen $E_1 : x - 2y + 3z + 4 = 0$ und $E_2 : 4x + 3y - 4z + 1 = 0$ zu ermitteln, ist das 2×3-System $\begin{aligned} x - 2y + 3z &= -4 \\ 4x + 3y - 4z &= -1 \end{aligned}$ linearer Gleichungen zu lösen. Wenn etwa z als freier Parameter t aufgefasst wird, hat $\begin{aligned} x - 2y &= -4 - 3t \\ 4x + 3y &= -1 + 4t \end{aligned}$ die Lösung $x = x(t) = -\frac{1}{11}(t + 14)$, $y = y(t) = \frac{1}{11}(16t + 15)$ und $z = z(t) = t$. Damit ist $\boldsymbol{r}(t) = \boldsymbol{r}_o + t\boldsymbol{d} = \frac{1}{11}(-14, 15, 0)^\top + \frac{t}{11}(-1, 16, 11)^\top$ und mit neuem Parameter $s = \frac{t}{11}$ etwas einfacher $\boldsymbol{r}(s) = \boldsymbol{r}_o + s\boldsymbol{d} = \frac{1}{11}(-14, 15, 0)^\top + s(-1, 16, 11)^\top$ eine Parameter-

Darstellung der Schnittgeraden, s. Bild 36.2.
Probeweise sei geprüft, ob der Richtungsvektor $\boldsymbol{d} = (-1, 16, 11)^\top$ senkrecht auf den beiden Normalen-Vektoren $\boldsymbol{n}_1 = (1, -2, 3)^\top$ und $\boldsymbol{n}_2 = (4, 3, -4)^\top$ steht: $\boldsymbol{d} \cdot \boldsymbol{n}_1 = (-1 \cdot 1 + 16 \cdot (-2) + 11 \cdot 3) = 0$ und $\boldsymbol{d} \cdot \boldsymbol{n}_2 = (-1 \cdot 4 + 16 \cdot 3 + 11 \cdot (-4)) = 0$. ✓

Parameter-Darstellungen sind nicht eindeutig, wie $\boldsymbol{r}(t) = \boldsymbol{r}_o + t\boldsymbol{d}$ zeigt: Offensichtlich führt jeder Punkt $\boldsymbol{r}_o$ auf der Geraden und jedes Vielfache des Richtungsvektors $\boldsymbol{d}$ zu einer weiteren Parameter-Darstellung *derselben* Geraden.

36.1.3 Schnitt zweier Geraden im Raum

Vier Fälle sind zu unterscheiden:

▷ Die beiden Geraden sind identisch – sie haben unendlich viele Schnittpunkte.

▷ Die beiden Geraden sind nicht identisch, aber parallel (der eine Richtungsvektor ist jeweils Vielfaches des anderen Richtungsvektors) – sie haben keinen Schnittpunkt.

▷ Die beiden Geraden sind nicht identisch und nicht parallel und haben *genau einen* Schnittpunkt.

▷ Die beiden Geraden sind nicht identisch und nicht parallel und haben *keinen* Schnittpunkt: Sie sind *windschief.*

Beispiel.

▷ Die Gerade mit Parameter-Darstellung $\boldsymbol{r}(t) = \boldsymbol{r}_o + t\boldsymbol{d}$ mit $\boldsymbol{r}_o = (1, 0, 0)^\top$ und $\boldsymbol{d} = (-1, 1, 2)^\top$ und die Schnitt-Gerade der beiden Ebenen $E_1 : x + y = 1$ und $E_2 : x - y + z = 1$ sind identisch: Mit $\boldsymbol{r}(t) = \big(x(t), y(t), z(t)\big)^\top = (1 - t, t, 2t)^\top$ liegt die Gerade wegen $x(t) + y(t) = 1$ in E_1 und wegen $x(t) - y(t) + z(t) = 1$ auch in E_2.

▷ Die Gerade mit Parameter-Darstellung $\boldsymbol{r}(t) = \boldsymbol{r}_o + t\boldsymbol{d}$ mit $\boldsymbol{r}_o = (2, 0, 0)^\top$ und $\boldsymbol{d} = (-1, 1, 2)^\top$ und die Schnitt-Gerade der beiden Ebenen $E_1 : x+y = 1$ und $E_2 : x-y+z = 1$ sind nicht identisch, aber parallel.

▷ Die beiden Geraden $\boldsymbol{r}(t) = \boldsymbol{r}_o + t\boldsymbol{d}_1$ mit $\boldsymbol{r}_o = (1, 0, 0)^\top$ und $\boldsymbol{d}_1 = (-1, 1, 2)^\top$ und $\boldsymbol{q}(s) = \boldsymbol{q}_o + s\boldsymbol{d}_2$ mit $\boldsymbol{q}_o = (0, 0, 1)^\top$ und $\boldsymbol{d}_2 = (0, 2, 2)^\top$ schneiden sich in $\boldsymbol{r}(2) = (0, 1, 2)^\top = \boldsymbol{q}(\frac{1}{2})$.

Die Gerade $\boldsymbol{r}(t) = \boldsymbol{r}_o + t\boldsymbol{d}$ mit $\boldsymbol{r}_o = (0, 0, 1)^\top$ und $\boldsymbol{d} = (1, 1, 1)^\top$ schneidet die z-Achse in $\boldsymbol{r}_o$ und liegt windschief zur x- und zur y-Achse. Sie hat nämlich keinen Schnittpunkt mit der x-Achse und der y-Achse, weil die beiden 3×2-Systeme linearer Gleichungen $(t, t, 1 + t)^\top = (s, 0, 0)^\top$ und $(t, t, 1 + t)^\top = (0, s, 0)^\top$ in den Unbekannten s und t jeweils keine Lösung haben.

Auch in Aufgabe 38.3 in Kapitel 38 wird der Schnittpunkt von geradlinigen Flugbahnen, also von Geraden im Raum untersucht.

36.1.4 Schnitt einer Geraden mit einer Ebene im Raum

Solche Schnitte bestimmen beispielsweise, wo ein Lichtstrahl eine Projektionsebene trifft.

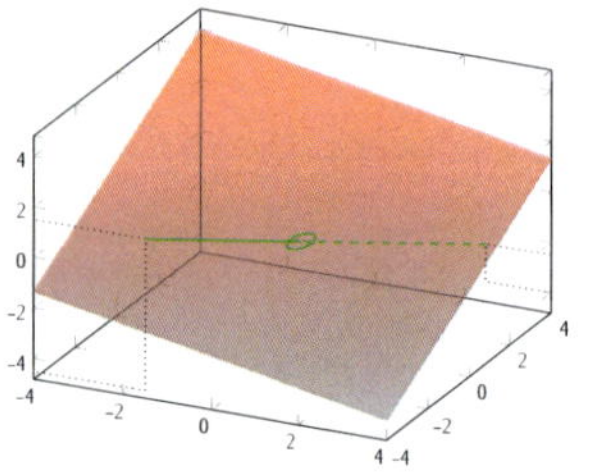

Bild 36.3: Die Gerade $g : \boldsymbol{r}(t) = (1, 1, -1)^\top + t(1, 2, -1)^\top$ schneidet die Ebene $E : x - 2y + 3z = 0$ im Punkt $\boldsymbol{s} = \frac{1}{3}(1, -1, -1)^\top$.

> **Beispiel.** Gegeben die Ursprungsebene $E : x - 2y + 3z = 0 = \boldsymbol{r} \cdot \boldsymbol{n}$ mit $\boldsymbol{r} = (x, y, z)^\top$ und $\boldsymbol{n} = (1, -2, 3)^\top$ und die Gerade $g : \boldsymbol{r}(t) = \boldsymbol{r}_o + t\boldsymbol{d}$ mit $\boldsymbol{r}_o = (1, 1, -1)^\top$ und $\boldsymbol{d} = (1, 2, -1)^\top$ oder $\boldsymbol{r}(t) = \big(x(t), y(t), z(t)\big)^\top$ mit $x = x(t) = 1 + t$, $y = y(t) = 1 + 2t$ und $z = z(t) = -1 - t$. Dann gilt $\boldsymbol{r}(t_o) \in E \Leftrightarrow \boldsymbol{r}(t_o) \cdot \boldsymbol{n} = 0 \Leftrightarrow t_o = -\frac{2}{3}$, d.h. der Schnittpunkt ist $\boldsymbol{s} = \boldsymbol{r}(t_o) = \frac{1}{3}(1, -1, -1)^\top$. Probehalber sei $\boldsymbol{s} \cdot \boldsymbol{n} = \frac{1}{3}\big(1 \cdot 1 - 1 \cdot (-2) - 1 \cdot 3\big) = 0$ verifiziert. $\checkmark$

Angenommen, die Gerade und die Ebene sind in Parameter-Darstellung gegeben. Dann gilt für die Gerade $\boldsymbol{g}(t) = \boldsymbol{g}_o + t\boldsymbol{d}$ mit dem Richtungsvektor $\boldsymbol{d}$ der Geraden und $\boldsymbol{r}(u, v) = \boldsymbol{r}_o + u\boldsymbol{d}_1 + v\boldsymbol{d}_2$ mit den beiden Richtungsvektoren $\boldsymbol{d}_1$ und $\boldsymbol{d}_2$ der Ebene. Zur Bestimmung eines möglichen Schnittpunktes ist dann das 3×3 System linearer Gleichungen $\boldsymbol{g}(t) = \boldsymbol{g}_o + t\boldsymbol{d} = \boldsymbol{r}_o + u\boldsymbol{d}_1 + v\boldsymbol{d}_2 = \boldsymbol{r}(u, v)$ zu lösen.

> **Beispiel.** Die Gerade sei durch $\boldsymbol{g}(t) = \boldsymbol{g}_o + t\boldsymbol{d}$ mit $\boldsymbol{g}_o = (0, 1, 2)^\top$ und $\boldsymbol{d} = (3, 2, 1)^\top$ und die Ebene durch $\boldsymbol{r}(u, v) = \boldsymbol{r}_o + u\boldsymbol{d}_1 + v\boldsymbol{d}_2$ mit $\boldsymbol{r}_o = (-1, -2, 0)^\top$ und $\boldsymbol{d}_1 = (1, 1, 0)^\top$ sowie $\boldsymbol{d}_2 = (0, 1, 1)^\top$ gegeben. Die Vektor-Gleichung $\boldsymbol{g}(t) = \boldsymbol{r}(u, v)$ und damit das 3×3 System linearer Gleichungen $\begin{pmatrix} 3 & -1 & 0 \\ 2 & -1 & -1 \\ 1 & 0 & -2 \end{pmatrix} \begin{pmatrix} t \\ u \\ v \end{pmatrix} = \begin{pmatrix} -1 \\ -3 \\ -2 \end{pmatrix}$ hat die Lösung $(t, u, v)^\top = (0, 1, 2)^\top$: Der Schnittpunkt von Gerade und Ebene ist $\boldsymbol{g}(0) = \boldsymbol{g}_o = (0, 1, 2)^\top = \boldsymbol{r}(1, 2)$.

36.1.5 Schnitt zweier Ebenen im Raum

So wie sich zwei nicht parallele Geraden in der Ebene immer in einem Punkt schneiden, so schneiden sich zwei nicht parallele Ebenen im Raum immer in einer Geraden.

> **Beispiel.** Der Schnitt von $E_1 : -y + z = 0$ und $E_2 : y + z = 0$ ist die x-Achse: $y = z$ und $y = -z$ impliziert $y = 0 = z$, erfüllt genau von den Punkten der x-Achse, oder in Parameter-Darstellung: $E_1 : \boldsymbol{r}(s, t) = (s, t, t)^\top$ und $E_2 : \boldsymbol{q}(u, v) = (u, -v, v)^\top$ mit der x-Achse $\boldsymbol{r}(s) = (s, 0, 0)^\top$ als Schnitt.

Wie bei Geraden in der Ebene gibt es für Ebenen im Raum auch drei Fälle:

- ▷ Die beiden Ebenen sind nicht identisch, aber parallel: Sie haben keine Schnittgerade.
- ▷ Die beiden Ebenen sind nicht identisch und nicht parallel: sie schneiden

sich und haben genau eine Schnittgerade.

▷ Die beiden Ebenen sind identisch: Sie haben beliebig viele Schnittgeraden.

Um zu entscheiden, welcher Fall vorliegt, und um gegebenenfalls die Schnittgerade zu bestimmen, ist i.a.R. ein (unterbestimmtes) System linearer Gleichungen zu lösen.

Beispiel. Für die beiden Ebenen $E_1 : x + 2y + 3z + 4 = 0$ und $E_2 : 4x + 3y + 2z + 1 = 0$ ist das System linearer Gleichungen

$$\begin{pmatrix} 1 & 2 & 3 \\ 4 & 3 & 2 \end{pmatrix} \begin{pmatrix} x \\ y \\ z \end{pmatrix} = \begin{pmatrix} -4 \\ -1 \end{pmatrix} \Leftrightarrow \begin{pmatrix} 1 & 2 & 3 \\ 0 & -5 & -10 \end{pmatrix} \begin{pmatrix} x \\ y \\ z \end{pmatrix} = \begin{pmatrix} -4 \\ 15 \end{pmatrix}$$

$\Leftrightarrow \begin{pmatrix} 1 & 2 & 3 \\ 0 & 1 & 2 \end{pmatrix} \begin{pmatrix} x \\ y \\ z \end{pmatrix} = \begin{pmatrix} -4 \\ -3 \end{pmatrix}$ zu lösen. Sei etwa z als freier Parameter t aufgefasst. Dann ergibt sich von unten nach oben $y = -2t - 3$ und $x = -2y - 3t - 4$, d.h. die Schnittgerade $\boldsymbol{r}(t) = (-4, -3, 0)^\top + t(-3, -2, 1)^\top$ in Parameter-Darstellung.

36.1.6 Schnitte von Geraden und Ebenen im Raum und ihre Winkel

Für den Schnittwinkel $\gamma = \angle(g_1, g_2)$ zweier sich schneidender Geraden g_1 und g_2 mit Richtungsvektoren $\boldsymbol{d}_1$ und $\boldsymbol{d}_2$ gilt – in der Ebene wie im Raum – $\cos(\gamma) = \frac{|\boldsymbol{d}_1 \cdot \boldsymbol{d}_2|}{|\boldsymbol{d}_1|\,|\boldsymbol{d}_2|}$, also $\gamma = \angle(g_1, g_2) = \arccos\left(\frac{|\boldsymbol{d}_1 \cdot \boldsymbol{d}_2|}{|\boldsymbol{d}_1|\,|\boldsymbol{d}_2|}\right)$.

Beispiel.

▷ Die drei Koordinaten-Achsen mit den Einheitsvektoren schneiden sich im Ursprung rechtwinklig, was beispielsweise der Schnittwinkel von x- und y-Achse $\frac{|\boldsymbol{e}_x \cdot \boldsymbol{e}_y|}{|\boldsymbol{e}_x|\,|\boldsymbol{e}_y|} = |(1, 0, 0)^\top \cdot (0, 1, 0)^\top| = 0 = \cos(\frac{\pi}{2})$ bestätigt.

▷ Die beiden Geraden durch den Ursprung $g_1 : \boldsymbol{p}(t) = t\boldsymbol{d}_1$ mit $\boldsymbol{d}_1 = (\sqrt{6}, \sqrt{3}, 0)^\top$ und $g_2 : \boldsymbol{q}(s) = s\boldsymbol{d}_2$ mit $\boldsymbol{d}_2 = (1, \sqrt{\frac{2}{3}}, \frac{1}{3})^\top$ schneiden sich wegen $\frac{|\boldsymbol{d}_1 \cdot \boldsymbol{d}_2|}{|\boldsymbol{d}_1|\,|\boldsymbol{d}_2|} = \frac{\sqrt{6}+\sqrt{2}}{\sqrt{9}\cdot\sqrt{1+\frac{2}{3}+\frac{1}{9}}} = \frac{\sqrt{6}+\sqrt{2}}{3\sqrt{\frac{16}{9}}} = \frac{\sqrt{6}+\sqrt{2}}{4} = \cos\left(\frac{\pi}{12}\right)$ im Winkel $\gamma = 15° = \frac{30°}{2}$.

Die Fragestellung läßt sich leicht verallgemeinern: Der Schnittwinkel zweier Kurven im Raum ist der Schnittwinkel ihrer jeweiligen Tangenten im Schnittpunkt.

Beispiel. $\boldsymbol{h}(t) = \left(r\cos(t), r\sin(t), \frac{h}{2\pi}t\right)^\top$ für $t \in \mathbb{R}$ ist eine Parameter-Darstellung der Schraubenlinie (*Helix*) um die z-Achse mit Radius r und Ganghöhe h durch den Punkt $(r, 0, 0)^\top$ auf der x-Achse. Ihre Tangente $\boldsymbol{t}(s) = \boldsymbol{h}(t_o) + s\dot{\boldsymbol{h}}(t_o)$ im Punkt $\boldsymbol{h}(t_o)$ hat einen

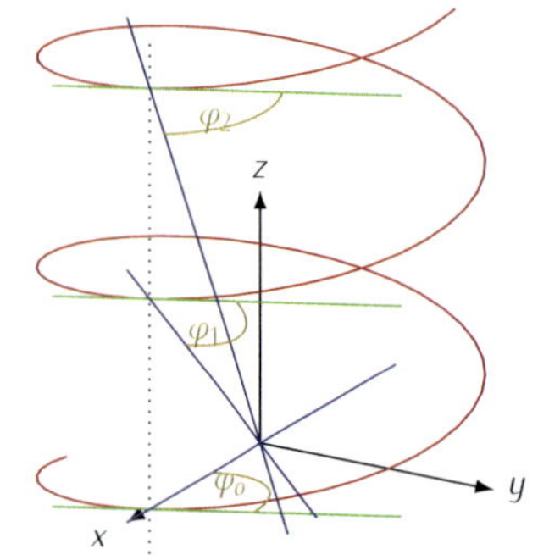

Bild 36.4: Helix für $r = 1$ und $h = 1$ mit Parameter-Darstellung $\boldsymbol{h}(t) = (r\cos(t), r\sin(t), \frac{h}{2\pi}t)^\top$ und Tangenten $t_n(s) = \boldsymbol{h}(2\pi n) + s\dot{\boldsymbol{h}}(2\pi n)$ in $\boldsymbol{h}(2\pi n) = (r, 0, nh)^\top$ mit Richtungsvektoren $\dot{\boldsymbol{h}}(2\pi n) = (0, r, \frac{h}{2\pi})^\top$. $\boldsymbol{t}_n$ und die Ursprungsgeraden g_n : $\boldsymbol{g}_n(t) = t(r, 0, nh)^\top$ schneiden sich in $\boldsymbol{h}(2\pi n) = (r, 0, nh)^\top = \boldsymbol{g}_n(1)$ und schließen dabei den Winkel φ_n ein.

Richtungsvektor $\dot{\boldsymbol{h}}(t_o) = \frac{d\boldsymbol{h}}{dt}(t_o) = \left(-r\sin(t_o), r\cos(t_o), \frac{h}{2\pi}\right)^\top$. Die Geraden $\boldsymbol{g}_n(t) = t\boldsymbol{d}_n$ mit $\boldsymbol{d}_n = (r, 0, nh)^\top$ für $n \in \mathbb{Z}$ schneiden die Helix in den Punkten $\boldsymbol{h}(2\pi n) = \left(r, 0, nh\right)^\top = \boldsymbol{g}_n(1)$. Die Geraden schließen mit den Tangenten an die Helix jeweils den Winkel $\varphi_n = \arccos\left(\frac{\dot{\boldsymbol{h}}(2\pi n)\cdot\boldsymbol{d}_n}{|\dot{\boldsymbol{h}}(2\pi n)|\cdot|\boldsymbol{d}_n|}\right) = \arccos\left(\frac{\dot{\boldsymbol{h}}(0)\cdot\boldsymbol{d}_n}{|\dot{\boldsymbol{h}}(0)|\cdot|\boldsymbol{d}_n|}\right) = \arccos\left(\frac{(0,1,\frac{1}{2\pi})^\top\cdot(1,0,n)^\top}{\sqrt{1+\frac{1}{4\pi^2}}\cdot\sqrt{1+n^2}}\right)$ für $r = 1$ und $h = 1$ ein, s. Bild 36.4

n	Schnitt -punkt	$(\dot{\boldsymbol{h}}(2\pi n))^\top$	$\boldsymbol{d}_n^\top$	$\cos(\varphi_n)$	φ_n
0	$(r, 0, 0)$	$(0, r, \frac{h}{2\pi})$	$(r, 0, 0)$	0	$\frac{\pi}{2} = 90°$
1	$(r, 0, h)$	$(0, r, \frac{h}{2\pi})$	$(r, 0, h)$	≈ 0.11114	$\approx 83.6189°$
2	$(r, 0, 2h)$	$(0, r, \frac{h}{2\pi})$	$(r, 0, 2h)$	≈ 0.14058	$\approx 81.9184°$
3	$(r, 0, 3h)$	$(0, r, \frac{h}{2\pi})$	$(r, 0, 3h)$	≈ 0.14911	$\approx 81.4245°$

Der Schnittwinkel $\gamma = \angle(g, E)$ einer Geraden g mit Richtungsvektor $\boldsymbol{d}$ und einer Ebene E mit Normalen-Vektor $\boldsymbol{n}$ ist durch $\sin(\gamma) = \frac{|\boldsymbol{d}\cdot\boldsymbol{n}|}{|\boldsymbol{d}|\,|\boldsymbol{n}|}$ gegeben. Für den sogenannten Einfallswinkel $\alpha = \angle(\boldsymbol{d}, \boldsymbol{n})$ gilt dann $\cos(\alpha) = \frac{|\boldsymbol{d}\cdot\boldsymbol{n}|}{|\boldsymbol{d}|\,|\boldsymbol{n}|}$. Solche Winkel spielen eine Rolle, wenn beispielsweise ein auf eine Ebene auftreffender Lichtstrahl an der Ebene reflektiert wird: Einfallswinkel $\angle(\boldsymbol{d}_{in}, \boldsymbol{n})$ = Ausfallswinkel $\angle(\boldsymbol{d}_{out}, \boldsymbol{n})$, wobei einfallender Lichtstrahl, ausfallender Lichtstrahl und Normalen-Vektor in einer Ebene liegen, vgl. Aufgabe 36.21.

Wieder läßt sich die Fragestellung leicht verallgemeinern: Der Schnittwinkel einer Geraden mit einer Fläche im Raum ist der Schnittwinkel der Geraden mit der Tangential-Ebene der Fläche im Schnittpunkt.

Tangential-Ebene s. Abschnitt 25.1.3 auf S.161 in Band 2

Beispiel. In welchem Abstand von der Rotationsachse, nämlich der z-Achse trifft ein Lichtstrahl $\boldsymbol{r}(t) = \boldsymbol{r}_o + t\boldsymbol{e}_z$ in einem Winkel von 45° auf einen Parabolspiegel, hier auf das Rotationsparaboloid $z = f(x, y) = x^2 + y^2$?
Der Lichtstrahl verläuft parallel zur z-Achse, so dass $z_o = 0$ und $\boldsymbol{r}_o = (x_o, y_o, 0)^\top$ angenommen werden darf. Er trifft in $\boldsymbol{r}_s = \boldsymbol{r}(t_s) = \boldsymbol{r}_o + t_s\boldsymbol{e}_z$ mit $t_s = x_o^2 + y_o^2$ auf den Parabolspiegel, dessen Tangential-Ebene in $\boldsymbol{r}_s$ durch $(\boldsymbol{r} - \boldsymbol{r}_s)\cdot\boldsymbol{n} = 0$ mit Normalen-Vektor $\boldsymbol{n} = \left(f_x(x_o, y_o), f_y(x_o, y_o), -1\right)^\top = (2x_o, 2y_o, -1)^\top$ gegeben ist. Für den Winkel $\gamma = \angle(\boldsymbol{e}_z, \boldsymbol{n})$ gilt $\sin(\gamma) = \frac{|\boldsymbol{e}_z\cdot\boldsymbol{n}|}{|\boldsymbol{n}|} = \frac{1}{\sqrt{4(x_o^2+y_o^2)+1}} = \frac{1}{\sqrt{4a^2+1}} = \frac{1}{\sqrt{2}} \Leftrightarrow a = \frac{1}{2}$. Wenn der Abstand $a = \sqrt{x_o^2 + y_o^2}$ des Auftreffpunktes von der z-Achse also $\frac{1}{2}$ beträgt, so trifft der Lichtstrahl im Winkel von $\frac{\pi}{4} = 45°$ auf den Parabolspiegel, vgl. Aufgabe 36.21.

Umgekehrt ist bei einem Lot auf eine Gerade oder auf eine Ebene der rechte Winkel vorgegeben und etwa der Lotfußpunkt zu bestimmen.

Gegeben die Gerade g mit $\boldsymbol{r}(t) = \boldsymbol{r}_o + t\boldsymbol{d}$ und ein Punkt $\boldsymbol{p}$ nicht auf g. Da das Lot senkrecht auf g steht, ist die Lotgerade $\boldsymbol{\ell}(s) = \boldsymbol{p} + s\boldsymbol{n}$ mit

$\boldsymbol{n} \perp \boldsymbol{d}$ und Fußpunkt $\boldsymbol{f}$ mit $\boldsymbol{r}(t_o) = \boldsymbol{f} = \boldsymbol{\ell}(s_o)$. Jeder Vektor $\boldsymbol{\ell}(s) - \boldsymbol{p}$ in der Lotgeraden steht senkrecht auf $\boldsymbol{d}$, d.h. $\big(\boldsymbol{\ell}(s) - \boldsymbol{p}\big) \cdot \boldsymbol{d} = 0$.
Dies gilt insbesondere für den Schnittpunkt von g und der Lotgeraden: $\big(\boldsymbol{r}(t_o)-\boldsymbol{p}\big)\cdot\boldsymbol{d} = (\boldsymbol{r}_o+t_o\boldsymbol{d}-\boldsymbol{p})\cdot\boldsymbol{d} = 0 \Leftrightarrow t_o\boldsymbol{d}\cdot\boldsymbol{d}+(\boldsymbol{r}_o-\boldsymbol{p})\cdot\boldsymbol{d} \Leftrightarrow t_o = \frac{(\boldsymbol{p}-\boldsymbol{r}_o)\cdot\boldsymbol{d}}{\boldsymbol{d}\cdot\boldsymbol{d}}$ mit Lotfußpunkt $\boldsymbol{f} = \boldsymbol{r}_o + t_o\,\boldsymbol{d} = \boldsymbol{r}_o + \frac{(\boldsymbol{p}-\boldsymbol{r}_o)\cdot\boldsymbol{d}}{|\boldsymbol{d}|^2}\,\boldsymbol{d} = \boldsymbol{r}_o + \big((\boldsymbol{p} - \boldsymbol{r}_o)\cdot\boldsymbol{d}_n\big)\boldsymbol{d}_n$ mit normiertem Richtungsvektor $\boldsymbol{d}_n$.

Gegeben die Ebene E durch den Punkt $\boldsymbol{r}_o$ mit Normalen-Vektor $\boldsymbol{n}$, d.h. $(\boldsymbol{r} - \boldsymbol{r}_o)\cdot\boldsymbol{n} = 0$ (ein Normalen-Vektor $\boldsymbol{n}$ steht senkrecht auf jedem Vektor $\boldsymbol{r}-\boldsymbol{r}_o$ *in* E) für jeden Punkt $\boldsymbol{r}$ von E. Weiter sei $\boldsymbol{p}$ ein Punkt nicht in E. Dann ist $\ell(t) = \boldsymbol{p} + t\boldsymbol{n}$ die Lotgerade. Der Lotfußpunkt $\ell(t_o)$ liegt in E genau dann, wenn $(\boldsymbol{p}+t_o\boldsymbol{n}-\boldsymbol{r}_o)\cdot\boldsymbol{n} = 0 \Leftrightarrow t_o\boldsymbol{n}\cdot\boldsymbol{n}+(\boldsymbol{p}-\boldsymbol{r}_o)\cdot\boldsymbol{n} = 0 \Leftrightarrow t_o = \frac{(\boldsymbol{r}_o-\boldsymbol{p})\cdot\boldsymbol{n}}{\boldsymbol{n}\cdot\boldsymbol{n}}$ mit Fußpunkt $\boldsymbol{f} = \boldsymbol{p} + t_o\boldsymbol{n} = \boldsymbol{p} + \frac{(\boldsymbol{r}_o-\boldsymbol{p})\cdot\boldsymbol{n}}{|\boldsymbol{n}|^2}\boldsymbol{n} = \boldsymbol{p} + \big((\boldsymbol{r}_o - \boldsymbol{p})\cdot\boldsymbol{n}_n\big)\boldsymbol{n}_n$ mit normiertem Normalen-Vektor $\boldsymbol{n}_n$.

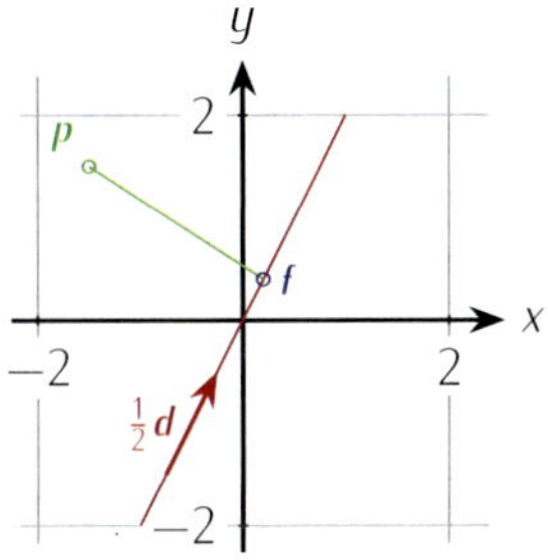

Bild 36.5: Lot von $\boldsymbol{p} = (-1.5, 1.5)$ auf die Ursprungsgerade $\boldsymbol{r}(t) = t\boldsymbol{d} = t(1,2)^\top$ mit Fußpunkt $\boldsymbol{f} = (\frac{1}{5}, \frac{2}{5})$

Beispiel.
- ▷ In der Ebene hat das Lot von $\boldsymbol{p} = (-1, 1)^\top$ auf die Ursprungsgerade $\boldsymbol{r}(t) = t\boldsymbol{d}$ mit $\boldsymbol{d} = (1, 2)^\top$ den Fußpunkt $\boldsymbol{f} = \frac{(\boldsymbol{p}-\boldsymbol{r}_o)\cdot\boldsymbol{d}}{|\boldsymbol{d}|^2}\,\boldsymbol{d} = \frac{\boldsymbol{p}\cdot\boldsymbol{d}}{|\boldsymbol{d}|^2}\,\boldsymbol{d} = \frac{1}{5}\boldsymbol{d} = \frac{1}{5}(1, 2)^\top$, s. Bild 36.5.
- ▷ *Orthogonale Projektionen* fällen das Lot eines jeden Punktes im Raum auf eine feste Projektionsebene und bilden so jeden Punkt auf den zugehörigen Lotfußpunkt ab, s. Bild 36.6.
  Sei $E : x + 2y + 2z = 0$ die Projektionsebene mit $\boldsymbol{r}_o = \boldsymbol{0}$ und einem Normalen-Vektor $\boldsymbol{n} = (1, 2, 2)^\top$ und normiert $\boldsymbol{n}_n = \frac{1}{3}\boldsymbol{n}$.
  Etwa der Punkt $\boldsymbol{p} = (3, 2, 1)^\top$ wird orthogonal auf $\boldsymbol{q} = \boldsymbol{p} + \big(-\boldsymbol{p}\cdot\boldsymbol{n}_n\big)\boldsymbol{n}_n = \boldsymbol{p} - \frac{9}{3}\frac{1}{3}\boldsymbol{n} = \boldsymbol{p} - \boldsymbol{n} = (2, 0, -1)^\top$ projiziert.
  Der Punkt $\boldsymbol{q}$ erfüllt mit $\boldsymbol{q}\cdot\boldsymbol{n} = 0$ die Ebenen-Gleichung. $\surd$

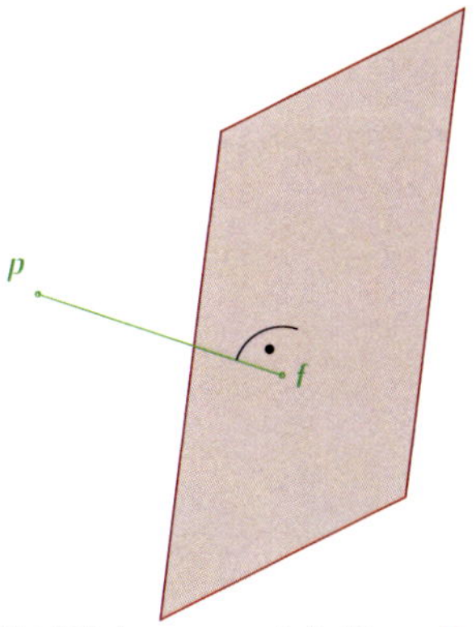

Bild 36.6: Lot von p auf die Ebene E : $ax + by + cz + d = 0$ mit Fußpunkt f, der orthogonalen Projektion von p auf E.

Der Schnittwinkel von zwei Ebenen ist der Winkel, den ihre Normalen einschließen.

Beispiel. Die beiden Ursprungsebenen $E_1 : \boldsymbol{r}\cdot\boldsymbol{n}_1 = 0$ mit $\boldsymbol{n}_1 = (1, 2, 2)^\top$ und $E_2 : \boldsymbol{r}\cdot\boldsymbol{n}_2 = 0$ mit $\boldsymbol{n}_2 = (2, 1, -2)^\top$ schließen den Winkel $\gamma = \angle(E_1, E_2) = \arccos\big(\frac{|\boldsymbol{n}_1\cdot\boldsymbol{n}_2|}{|\boldsymbol{n}_1|\cdot|\boldsymbol{n}_2|}\big) = \arccos\big(\frac{|2+2-4|}{3\cdot 3}\big) = \arccos(0) = \frac{\pi}{2}$ ein: E_1 und E_2 stehen senkrecht aufeinander.

36.1.7 Abstände

Der Abstand $a = d(\boldsymbol{p}, \boldsymbol{q})$ zweier Punkte $\boldsymbol{p} = (p_x, p_y, p_z)^\top$ und $\boldsymbol{q} = (q_x, q_y, q_z)^\top$ ist die Länge $|\overline{\boldsymbol{pq}}| = |\boldsymbol{p} - \boldsymbol{q}|$ der Verbindungsstrecke $\overline{\boldsymbol{pq}}$

$$d(\boldsymbol{p}, \boldsymbol{q}) = |\boldsymbol{p} - \boldsymbol{q}| = \sqrt{(p_x - q_x)^2 + (p_y - q_y)^2 + (p_z - q_z)^2}.$$

Der Abstand $d(\boldsymbol{p}, g)$ des Punktes $\boldsymbol{p}$ von der Geraden $g : \boldsymbol{r}(t) = \boldsymbol{r}_o + t\boldsymbol{d}$ ist die Länge $|\boldsymbol{f} - \boldsymbol{p}|$ des Lotes von $\boldsymbol{p}$ auf g, wobei $\boldsymbol{f} = \boldsymbol{r}_o + t_o\boldsymbol{d}$ den

Lotfußpunkt bezeichnet. Aus $(\boldsymbol{f}-\boldsymbol{p}) \perp \boldsymbol{d}$, d.h. $(\boldsymbol{f}-\boldsymbol{p}) \cdot \boldsymbol{d} = 0$ folgt $t_o = \frac{(\boldsymbol{p}-\boldsymbol{r}_o)\cdot \boldsymbol{d}}{|\boldsymbol{d}|^2}$ und mit normiertem Richtungsvektor $\boldsymbol{d}_n$ eben

$$d(\boldsymbol{p}, g) = |\boldsymbol{f}-\boldsymbol{p}| = \left|\boldsymbol{r}_o - \boldsymbol{p} - \big((\boldsymbol{r}_o-\boldsymbol{p})\cdot \boldsymbol{d}_n\big)\boldsymbol{d}_n\right|.$$

Aufgabe 36.9 verknüpft Vektorprodukt mit der Bestimmung des Abstandes.

Der Abstand $d(\boldsymbol{p}, E)$ des Punktes $\boldsymbol{p}$ von der Ebene $E : (\boldsymbol{r}-\boldsymbol{r}_o)\cdot \boldsymbol{n} = 0$ ist die Länge $|\boldsymbol{f}-\boldsymbol{p}|$ des Lotes von $\boldsymbol{p}$ auf E, wobei $\boldsymbol{f}$ den Lotfußpunkt bezeichnet. Aus $(\boldsymbol{f}-\boldsymbol{p})\ \ \boldsymbol{n}$, d.h. $\boldsymbol{f}-\boldsymbol{p} = \lambda \boldsymbol{n}$ für ein $\lambda \in \mathbb{R}$ und $(\boldsymbol{f}-\boldsymbol{r}_o)\cdot \boldsymbol{n} = 0$ folgt $d(\boldsymbol{p}, E) = |\boldsymbol{f}-\boldsymbol{p}| = |\frac{(\boldsymbol{r}_o-\boldsymbol{p})\cdot \boldsymbol{n}}{|\boldsymbol{n}|^2}\boldsymbol{n}|$. Mit normierter Normalen $\boldsymbol{n}_n$ gilt

$$d(\boldsymbol{p}, E) = |\boldsymbol{f}-\boldsymbol{p}| = |(\boldsymbol{r}_o-\boldsymbol{p})\cdot \boldsymbol{n}_n|.$$

Aufgabe 36.10 gibt $d(\boldsymbol{p}, E)$ für $E : ax + by + cz + d = 0$ an.

Der Abstand $d(g_1, g_2)$ zweier windschiefer Geraden $g_1 : \boldsymbol{r}(t) = \boldsymbol{r}_o + t\boldsymbol{d}_1$ und $g_2 : \boldsymbol{q}(s) = \boldsymbol{q}_o + s\boldsymbol{d}_2$ beträgt

$$d(g_1, g_2) = |(\boldsymbol{r}_o - \boldsymbol{q}_o)\cdot \boldsymbol{n}_n| \quad \text{mit} \quad \boldsymbol{n}_n = \frac{\boldsymbol{d}_1\times \boldsymbol{d}_2}{|\boldsymbol{d}_1\times \boldsymbol{d}_2|}.$$

Aufgabe 36.19 führt die Bestimmung von $d(g_1, g_2)$ auf die Bestimmung des Abstandes eines Punktes von einer Ebene zurück.

Der Abstand $d(g, E)$ der Geraden $g : \boldsymbol{g}(t) = \boldsymbol{g}_o + t\boldsymbol{d}$ von der Ebene $E : (\boldsymbol{r}-\boldsymbol{r}_o)\cdot \boldsymbol{n} = 0$ ist positiv nur dann, wenn sich Gerade und Ebene nicht schneiden, d.h. $\boldsymbol{g}_o \notin E$ und $\boldsymbol{d} \perp \boldsymbol{n}$, m.a.W. $\boldsymbol{d}\cdot \boldsymbol{n} = 0$. Der Abstand beträgt dann $d(g, E) = d(\boldsymbol{g}_o, E)$.

Nur parallele Ebenen $E_1 : (\boldsymbol{r}-\boldsymbol{r}_o)\cdot \boldsymbol{n}_1 = 0$ und $E_2 : (\boldsymbol{r}-\boldsymbol{q}_o)\cdot \boldsymbol{n}_2 = 0$ haben einen positiven Abstand, d.h. $\boldsymbol{n}_1\ \ \boldsymbol{n}_2$, m.a.W. $\boldsymbol{n}_1 = \lambda \boldsymbol{n}_2$ für $\lambda \in \mathbb{R}$. Wenn beide Normalen-Vektoren normiert sind, gilt sogar $\lambda \in \{\pm 1\}$ und

$$d(E_1, E_2) = |(\boldsymbol{r}_o - \boldsymbol{q}_o)\cdot \boldsymbol{n}_1| = |(\boldsymbol{r}_o - \boldsymbol{q}_o)\cdot \boldsymbol{n}_2|.$$

36.1.8 Das Vektorprodukt

Auch wenn das Vektorprodukt ausführlich erst in Abschnitt 38.1.4 von Kapitel 38 eingeführt wird, ist es wegen seiner spezifischen Bedeutung für die Geometrie im Raum auch hier zu behandeln. Das Vektorprodukt hat beispielsweise in der Physik viele Anwendungen: Drehimpuls, Auslenkung eines stromdurchflossenen Leiters in einem Magnetfeld, Lorenzkraft, usw. Das Vektorprodukt $\boldsymbol{w} = \boldsymbol{u} \times \boldsymbol{v}$ von zwei Vektoren $\boldsymbol{u}, \boldsymbol{v} \in \mathbb{R}^3$ ist definiert als der Vektor $\boldsymbol{w}$ mit $\boldsymbol{u} \perp \boldsymbol{w} \perp \boldsymbol{v}$, der also auf den beiden 'Faktoren' $\boldsymbol{u}$ und $\boldsymbol{v}$ senkrecht steht, so dass $\boldsymbol{u}$, $\boldsymbol{v}$ und $\boldsymbol{w}$ in dieser Reihenfolge ein Rechts-System bilden, und dessen Länge gerade dem Flächeninhalt des von $\boldsymbol{u}$ und $\boldsymbol{v}$ aufgespannten Parallelogramms entspricht[1].

$$\boldsymbol{u}\times \boldsymbol{v} = \begin{vmatrix} \boldsymbol{e}_x & u_x & v_x \\ \boldsymbol{e}_y & u_y & v_y \\ \boldsymbol{e}_z & u_z & v_z \end{vmatrix} = \begin{vmatrix} \boldsymbol{e}_x & \boldsymbol{e}_y & \boldsymbol{e}_z \\ u_x & u_y & u_z \\ v_x & v_y & v_z \end{vmatrix} = \begin{pmatrix} u_y v_z - u_z v_y \\ u_z v_x - u_x v_z \\ u_x v_y - u_y v_x \end{pmatrix}$$

[1] Die Inkompatibilität „*Länge* = *Länge*^{2}“ der physikalischen Dimensionen ist hier außer Acht zu lassen!

Die symbolischen 3×3 Determinanten liefern bei Entwicklung nach der ersten Spalte bzw. Zeile die Koordinaten des Vektorproduktes, s.a. Aufgabe 36.11. Die Definition des Vektorproduktes anhand der symbolischen Determinanten hat zwei Vorteile: Sie ist leicht zu merken und erleichtert zugleich den Nachweis der Eigenschaften des Vektorproduktes, s. Aufgabe 36.11 und Aufgabe 36.12.

Beispiel.
- ▷ Für die Einheitsvektoren $\boldsymbol{e}_x$, $\boldsymbol{e}_y$ und $\boldsymbol{e}_z$ gilt $\boldsymbol{e}_z = \boldsymbol{e}_x \times \boldsymbol{e}_y$, $\boldsymbol{e}_x = \boldsymbol{e}_y \times \boldsymbol{e}_z$ und $\boldsymbol{e}_y = \boldsymbol{e}_z \times \boldsymbol{e}_x$. NB: zyklische Reihenfolge!
- ▷ Ein Normalen-Vektor einer Ebene, die durch die beiden Richtungsvektoren $\boldsymbol{d}_1$ und $\boldsymbol{d}_2$ aufgespannt wird, ist $\boldsymbol{n} = \boldsymbol{d}_1 \times \boldsymbol{d}_2$.
- ▷ Der Abstand a zweier windschiefer Geraden $g_1 : \boldsymbol{r}(t) = \boldsymbol{r}_1 + t\boldsymbol{d}_1$ und $g_2 : \boldsymbol{r}(t) = \boldsymbol{r}_2 + t\boldsymbol{d}_2$ entspricht gerade der Länge der (kürzesten) Verbindungsstrecke, die senkrecht sowohl auf g_1 wie auch auf g_2 steht. Damit ist $a = |(\boldsymbol{r}_1 - \boldsymbol{r}_2) \cdot \frac{\boldsymbol{d}_1 \times \boldsymbol{d}_2}{|\boldsymbol{d}_1 \times \boldsymbol{d}_2|}|$, s.a. Aufgabe 36.19.

36.1.9 Singuläre und reguläre Quadriken im Raum

Flächen *zweiter Ordnung* oder sogenannte *Quadriken* im Raum sind durch quadratische Gleichungen in den drei Koordinaten x, y und z definiert:

Leonhard Euler (1707-1783)

$$\begin{matrix} a_{11}x^2 + a_{22}y^2 + a_{33}z^2 + 2a_{12}xy + 2a_{23}yz + 2a_{13}xz \\ +2a_{14}x + 2a_{24}y + 2a_{34}z + a_{44} \end{matrix} = 0$$

Für die Koeffizienten gilt $(a_{11}, a_{22}, a_{33}, a_{12}, a_{23}, a_{13}) \neq (0,0,0,0,0,0)$, sonst entsteht eine Ebene. In Matrix-Schreibweise ergibt sich kompakt

$$\boldsymbol{r}^\top \boldsymbol{A}\boldsymbol{r} + 2\boldsymbol{s}^\top \boldsymbol{r} + a_{44} = 0 \text{ für } \boldsymbol{r} = \begin{pmatrix} x \\ y \\ z \end{pmatrix}, \boldsymbol{A} = \begin{pmatrix} a_{11} & a_{12} & a_{13} \\ a_{12} & a_{22} & a_{23} \\ a_{13} & a_{23} & a_{33} \end{pmatrix}, \boldsymbol{s} = \begin{pmatrix} a_{14} \\ a_{24} \\ a_{34} \end{pmatrix}$$

Analog zum Vorgehen in Kapitel 35 lassen sich durch Rotationen die gemischt quadratischen Terme und durch Verschiebungen die linearen Terme eliminieren. So entstehen zwei Typen von Quadriken im Raum: singuläre und reguläre – mit neuen Koeffizienten $a, b, c, d \in \mathbb{R}$

singulär: $ax^2 + by^2 + cz = 0$ regulär: $ax^2 + by^2 + cz^2 + d = 0$

Die singulären Flächen sind nicht Punkt-symmetrisch und haben so auch kein Symmetrie-Zentrum. Die regulären Flächen sind Punkt-symmetrisch und haben ein Symmetrie-Zentrum, nach Verschiebung etwa den Ursprung, so dass dann mit $\boldsymbol{r} = (x, y, z)^\top$ auch $-\boldsymbol{r} = (-x, -y, -z)^\top$ ein Punkt der Fläche ist. Diese Symmetrie-Eigenschaften lassen sich auch an der Koeffzienten-Matrix $\boldsymbol{A}$ ablesen:

- ▷ Die Matrix $\boldsymbol{A} = \begin{pmatrix} a & 0 & 0 \\ 0 & b & 0 \\ 0 & 0 & c \end{pmatrix}$ einer regulären Fläche ist regulär, d.h.

$\det(\boldsymbol{A}) \neq 0$ und alle Eigenwerte von $\boldsymbol{A}$ sind von 0 verschieden. Weiter ist $\boldsymbol{s} = \boldsymbol{0}$ und der konstante Term ist $d = a_{44}$.

▷ Die Matrix $\boldsymbol{A} = \begin{pmatrix} a & 0 & 0 \\ 0 & b & 0 \\ 0 & 0 & 0 \end{pmatrix}$ einer singulären Fläche ist singulär, d.h. $\det(\boldsymbol{A}) = 0$ und (mindestens) ein Eigenwert von $\boldsymbol{A}$ verschwindet. Weiter gilt $\boldsymbol{s} = (0, 0, c)^\top$ und $d = 0$.

zu Eigenwerten s. Kapitel 42

Quadriken zusammen mit ihren vier Koeffizienten a, b, c und d lassen sich in 17 Klassen verschieden gearteter Flächen gruppieren.

Beispiel. Eine kleine Auswahl, s. Bild 36.9, Aufgaben 36.20 – 36.27

▷ singuläre Flächen $ax^2 + by^2 + cz = 0$

  ▷ Für $a > 0$, $b > 0$ und $c \neq 0$ ergibt sich ein *elliptisches Paraboloid*. Für $a = b$ ergibt sich ein *Rotationsparaboloid*. Parabolspiegel und Parabolantennen sind Abschnitte von Rotationsparaboloiden, die sich deren geometrische Eigenschaften zu Nutze machen, s. Aufgabe 36.21.

  ▷ Für $a > 0$, $b < 0$ und $c \neq 0$ ergibt sich ein *hyperbolisches Paraboloid*, eine Sattel-Fläche. Beispielsweise das Dach des 'Teepotts' in Warnemünde ist Abschnitt eines hyperbolischen Paraboloids, s. Bild 36.7.

Bild 36.7: Teepott auf Warnemünde (Urheber: An-d commons.wikimedia.org/wiki/File: Teepott.jpg; creativecommons.org/licenses/by-sa/3.0/legalcode)

▷ reguläre Flächen $ax^2 + by^2 + cz^2 + d = 0$

  ▷ Für $a > 0$, $b > 0$, $c > 0$ und $d < 0$ ergibt sich ein *Ellipsoid*. Der Planet Erde wird üblicherweise durch ein Rotationsellipsoid angenähert, mit den beiden identischen Halbachsen in der Äquator-Ebene $a = b \approx 6378$ km und der dazu senkrechten Halbachse $c \approx 6357$ km.

  ▷ Für $a > 0$, $b > 0$, $c < 0$ und $d > 0$ ergibt sich ein *zweischaliges Hyperboloid*.

  ▷ Für $a > 0$, $b > 0$, $c < 0$ und $d < 0$ ergibt sich ein *einschaliges Hyperboloid*. Die Außenhülle von Kühltürmen sind häufig als Abschnitte von Hyperboloiden ausgelegt. Ein Grund dafür ist, dass in der Fläche eines Hyperboloids Geraden liegen, vgl. Bild 36.8, das auch den Deckel von Band 2 ziert.

  ▷ Für $a > 0$, $b > 0$, $c = 0$ und $d < 0$ ergibt sich ein (unendlicher) *elliptischer Zylinder*. Der Korpus vieler Gießkannen stellt einen Abschnitt eines elliptischen Zylinders dar, wenn man von Tülle, Henkel und Tragegriff absieht, s. Bild 36.19.

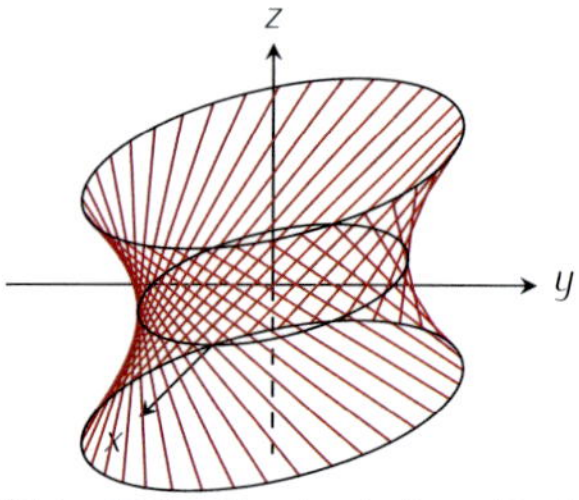

Bild 36.8: Durch jeden Punkt $\boldsymbol{r}(u) = (\cos(u), \sin(u), 0)^\top$ des Einheitskreises in der x-y-Ebene verläuft die Gerade $\boldsymbol{s}(v) = \boldsymbol{r}(u) + (v \sin(u), -v \cos(u), v)^\top$ in der Ebene durch $\boldsymbol{r}(u)$, normal zu $\boldsymbol{r}(u)$ und parallel zur z-Achse.

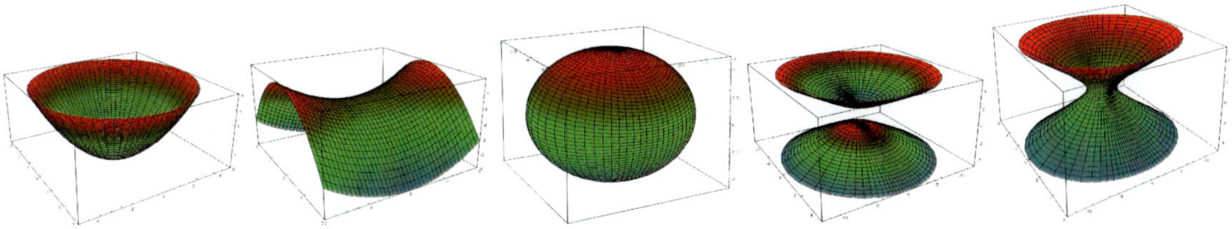

Bild 36.9: Einige Beispiele für Quadriken

36.2 Lernziele

Nr	Ich kann	Aufgabe	√
	3D Geometrie		
326 *	mit kartesischen Koordinaten und Polar-Koordinaten umgehen,	36.1	
327	die Standardform einer Geradengleichung im Raum erkennen und benutzen,	36.2, 36.5, 36.6, 36.7, 36.17	
328	die Standardform einer Ebenengleichung im Raum erkennen und benutzen,	36.2, 36.3, 36.17	
	Schnitte		
329	den Schnittpunkt zweier Geraden bestimmen,	36.5	
330	den Schnittpunkt einer Geraden mit einer Ebene bestimmen,	36.7, 36.17	
331	die Schnittgerade zweier Ebenen bestimmen,	36.14	
	Winkel		
332	den Winkel zwischen zwei Geraden bestimmen,	36.8, 36.15	
333	den Winkel zwischen einer Geraden und einer Ebene bestimmen,	36.8	
334	den Winkel zwischen zwei Ebenen bestimmen,	36.8	
	Abstände		
335	den Abstand zwischen zwei Punkten, einem Punkt und einer Geraden oder einer Ebene bestimmen,	36.9, 36.10, 36.14, 36.15	
336	den Abstand zwischen zwei Geraden, einer Geraden und einer Ebene oder zwei Ebenen bestimmen,	36.4, 36.14	
	Vektorprodukt		
337 *	Eigenschaften des Vektorproduktes nachweisen	36.11, 36.12, 36.18	
338 *	das Vektorprodukt nutzen,	36.13, 36.19	
	Quadriken		
339	die Standardgleichung einer singulären Quadrik kennen und benutzen (Paraboloid, Kegel, Zylinder),	36.20, 36.21, 36.22	
340	die Standardgleichung einer regulären Quadrik kennen und benutzen (Ellipsoid, Hyperboloid).	36.23, 36.25, 36.26, 36.27	

36.3 Aufgaben

Aufgabe 36.1 (20 min)

a) Bestimmen Sie die Kanten des Einheitsquadrates im ersten Quadranten in Polar-Koordinaten. Bestätigen Sie Ihre Ergebnisse, indem Sie die Kanten mit einem CAS Ihrer Wahl zeichnen.

b) Bestimmen Sie die Kanten des Einheitswürfels im ersten Oktanten in Polar-Koordinaten. Bestätigen Sie Ihre Ergebnisse, indem Sie die Kanten mit einem CAS Ihrer Wahl zeichnen.

Aufgabe 36.2 (15 min) Wenn Geraden im Raum als Schnitt zweier Ebenen oder in Parameter-Darstellung angegeben werden können, bestimmen Sie für die folgenden Geraden die jeweils andere Darstellung. Hinweis: Die Darstellungen sind nicht eindeutig.

a) Gerade g_1 ist Schnitt der Ebenen $E_1 : x + 2y + 3z + 4 = 0$ und $E_2 : 4x + 3y + 2z + 6 = 0$.
b) Gerade g_2 ist Schnitt der Ebenen $E_1 : \boldsymbol{r}(s,t) = (1,1,1)^\top + s(1,0,1)^\top + t(2,1,0)^\top$ und $E_2 : \boldsymbol{r}(s,t) = (2,1,0)^\top + s(1,-2,1)^\top + t(-2,1,0)^\top$.
c) g_3 verläuft durch $\boldsymbol{r}_o = (1,2,3)^\top$ und $\boldsymbol{r}_1 = (3,2,1)^\top$.

Aufgabe 36.3 (15 min) Wenn Ebenen im Raum durch ihre allgemeine Gleichung, Achsenabschnittsform, Hesse-Normalform oder in Parameter-Darstellung angegeben werden können, bestimmen Sie für die folgenden Ebenen die jeweils anderen Darstellungen. Hinweis: Die Darstellungen sind nicht eindeutig.

a) Die Ebene E_1 enthalte die drei Punkte $\boldsymbol{r}_o = (1,-2,-3)^\top$, $\boldsymbol{r}_1 = (-3,2,1)^\top$ und $\boldsymbol{r}_2 = (-2,2,-2)^\top$.
b) Die Ebene E_2 hat einen Normalen-Vektor $\boldsymbol{n} = (2,2,1)^\top$ und verläuft durch $\boldsymbol{r}_o = (1,3,1)^\top$.
c) Die Ebene E_3 ist durch $3x - 2y + \sqrt{3}z + 1 = 0$ gegeben.

Aufgabe 36.4 (10 min) Zwei Geraden im Raum sind in Parameter-Darstellung gegeben: $\boldsymbol{r}(t) = \boldsymbol{r}_o + t\boldsymbol{d}_1$ und $\boldsymbol{q}(s) = \boldsymbol{q}_o + s\boldsymbol{d}_2$.

a) Bestimmen Sie den Abstand als Länge einer Projektion.
b) Überprüfen Sie Ihr Ergebnis anhand geeigneter Zahlenbeispiele.

Aufgabe 36.5 (10 min) Schneiden sich die beiden Geraden

$$g_1 : \boldsymbol{r}(t) = \begin{pmatrix} 0 \\ -2 \\ 3 \end{pmatrix} + t \begin{pmatrix} 1 \\ 2 \\ -3 \end{pmatrix} \text{ und } g_2 : \boldsymbol{r}(t) = \begin{pmatrix} 2 \\ 2 \\ 3 \end{pmatrix} + t \begin{pmatrix} -1 \\ 2 \\ 1 \end{pmatrix}?$$

gegebenenfalls in welchem Schnittpunkt?

Aufgabe 36.6 (5 min) Liegen die Punkte $A = (5,2,5)$, $B = (-1,-2,2)$ und $C = (9,2,9)$ auf der Geraden, die durch die Punkte $P = (1,2,3)$ und $Q = (-3,2,1)$ verläuft?

Aufgabe 36.7 (10 min) Zwei Geraden g_1 und g_2 im $\mathbb{R}^3$ schneiden sich senkrecht im Punkt $P = (1,2,3)$. Die erste Gerade g_1 enthält den Punkt $Q = (6,5,4)$.

a) Wieso ist die zweite Gerade damit noch nicht eindeutig bestimmt? Geben Sie Gleichungen für zwei verschiedene mögliche Geraden, senkrecht zu g_1 durch P an.

b) Geben Sie alle Geraden senkrecht zu g_1 durch P an.

Aufgabe 36.8 (10 min)

a) In welchem Winkel schneiden sich die beiden Ursprungsgeraden $r_1(t) = t\boldsymbol{d}_1$ mit $\boldsymbol{d}_1 = (3, 4, 5)^\top$ und $r_2(s) = s\boldsymbol{d}_2$ mit $\boldsymbol{d}_2 = (0, 1, 7)^\top$?

b) In welchem Winkel schneiden sich die Ursprungsgerade $g : \boldsymbol{r}(t) = t\boldsymbol{d}$ mit $\boldsymbol{d} = (0, 3, 1)^\top$ und die Ursprungsebene $E : \sqrt{2}x + y + 3z = 0$?

c) In welchem Winkel schneiden sich die beiden Ebenen $E_1 : 4x + 2y + 4z = 0$ und $E_2 : 4x + 4y + 0z = 0$?

Aufgabe 36.9 (10 min)

a) Welchen Abstand $d(\boldsymbol{p}, g)$ hat $\boldsymbol{p} = (3, 2, 1)^\top$ von der Geraden $g : \boldsymbol{g}(t) = \boldsymbol{g}_o + t\boldsymbol{d}$ mit $\boldsymbol{g}_o = (1, 2, 3)^\top$ und normiertem Richtungsvektor $\boldsymbol{d} = \frac{1}{3}(2, 2, 1)^\top$?

b) Beliebige Punkte $\boldsymbol{g}_o$, $\boldsymbol{g}_o + \boldsymbol{d}$ und $\boldsymbol{p}$ bilden ein Dreieck, dessen Höhe gerade mit dem gesuchten Abstand $d(\boldsymbol{p}, g)$ zusammenfällt. Verwenden Sie den Flächeninhalt des Dreiecks, um $d(\boldsymbol{p}, g)$ zu bestimmen.

c) Überprüfen Sie Ihr Ergebnis aus Teil b) am Beispiel aus Teil a).

Aufgabe 36.10 (10 min)

a) Verifizieren Sie: der Abstand $d(\boldsymbol{p}, E)$ des Punktes $\boldsymbol{p}$ zur Ebene $E : ax + by + cz + d = 0 = \boldsymbol{r} \cdot \boldsymbol{n} + d$ für einen normierten Normalen-Vektor $\boldsymbol{n} = (a, b, c)^\top$ und $\boldsymbol{r} = (x, y, z)^\top$ lässt sich auch durch $d(\boldsymbol{p}, E) = |\boldsymbol{n} \cdot \boldsymbol{p} + d|$ ausdrücken.

b) Welchen Abstand $d(\boldsymbol{p}, E)$ hat der Punkt $\boldsymbol{p} = (3, 2, 1)^\top$ von der Ebene $E : 2x - 2y + z - 3 = 0 = \boldsymbol{n} \cdot \boldsymbol{r} - 1$ mit normiertem Normalen-Vektor $\boldsymbol{n} = \frac{1}{3}(2, -2, 1)^\top$?

Aufgabe 36.11 (20 min) Verifizieren Sie folgende Eigenschaften des Vektorproduktes.

a) Das Vektorprodukt $\boldsymbol{u} \times \boldsymbol{v}$ ist bilinear, d.h. linear in jedem Faktor: $(c\boldsymbol{u} + d\boldsymbol{w}) \times \boldsymbol{v} = c\boldsymbol{u} \times \boldsymbol{v} + d\boldsymbol{w} \times \boldsymbol{v}$ und analog im zweiten Faktor.

b) Das Vektorprodukt $\boldsymbol{w} = \boldsymbol{u} \times \boldsymbol{v}$ ist antikommutativ, d.h. $\boldsymbol{u} \times \boldsymbol{v} = -\boldsymbol{v} \times \boldsymbol{u}$.

c) Für $\boldsymbol{w} = \boldsymbol{u} \times \boldsymbol{v}$ gilt $\boldsymbol{u} \perp \boldsymbol{w} \perp \boldsymbol{v}$.

d) Für $\boldsymbol{w} = \boldsymbol{u} \times \boldsymbol{v}$ gilt $|\boldsymbol{w}| = |\boldsymbol{u}|\,|\boldsymbol{v}| \sin(\angle(\boldsymbol{u}, \boldsymbol{v}))$. Die Länge $|\boldsymbol{w}|$ von $\boldsymbol{w}$ entspricht also dem Flächeninhalt des durch die Faktoren $\boldsymbol{u}$ und $\boldsymbol{v}$ aufgespannten Parallelogramms.

Hinweis: Die Formulierung des Vektorproduktes anhand der symbolischen Determinante ist hier nützlich.

vgl. Abschnitt 38.1.4 mit der Rechte-Hand-Regel

Aufgabe 36.12 (5 min) Drei Spalten-Vektoren $\boldsymbol{u}$, $\boldsymbol{v}$ und $\boldsymbol{w}$ bilden ein *Rechtssystem* genau dann, wenn $\det\big((\boldsymbol{u}, \boldsymbol{v}, \boldsymbol{w})\big) \geq 0$. Dies ist der Fall, wenn vom Endpunkt des Vektors $\boldsymbol{w}$ aus gesehen der Vektor $\boldsymbol{v}$ durch Drehung in mathematisch positivem Sinn, also gegen den Uhrzeiger, auf dem kürzesten Weg in den Vektor $\boldsymbol{u}$ überführt werden kann. Zeigen Sie: $\boldsymbol{u}$, $\boldsymbol{v}$ und $\boldsymbol{w} = \boldsymbol{u} \times \boldsymbol{v}$ bilden ein Rechtssystem.

Aufgabe 36.13 (10 min)

a) Eine Ebene E durch $\boldsymbol{r}_o = (x_o, y_o, z_o)^\top$ habe die beiden Richtungsvektoren $\boldsymbol{d}_1$ und $\boldsymbol{d}_2$. Geben Sie die allgemeine Ebenen-Gleichung $ax + by + cz + d = 0$ von E an.

b) Eine Ebene $E : ax + by + cz + d = 0$ im Raum durch $\boldsymbol{r}_o = (x_o, y_o, z_o)^\top$ mit $ax_o + by_o + cz_o + d = 0$ hat eine Normale $\boldsymbol{n} = (a, b, c)^\top$. Konstruieren Sie zwei Richtungsvektoren $\boldsymbol{d}_1$ und $\boldsymbol{d}_2$ für E.

Aufgabe 36.14 (10 min) Gegeben die beiden Ebenen $E_1 : a_1x + b_1y + c_1z + d_1 = 0$ und $E_2 : a_2x + b_2y + c_2z + d_2 = 0$.

a) Bestimmen Sie die Schnittgerade der beiden Ebenen E_1 und E_2. Wann gibt es eine solche Schnittgerade überhaupt?

b) Bestimmen Sie den Abstand der beiden Ebenen E_1 und E_2.

Aufgabe 36.15 (10 min) Gegeben die drei Punkte $\boldsymbol{a} = (1, -4, 1)^\top$, $\boldsymbol{b} = (4, -3, 1)^\top$ und $\boldsymbol{c} = (3, 0, 1)^\top$.

a) Prüfen Sie, ob die drei Punkte $\boldsymbol{a}$, $\boldsymbol{b}$ und $\boldsymbol{c}$ Ecken eines Quadrates sein können.

b) Bestimmen Sie den Punkt $\boldsymbol{d}$, der $\boldsymbol{a}$, $\boldsymbol{b}$ und $\boldsymbol{c}$ zu einem Quadrat $\square(\boldsymbol{a}, \boldsymbol{b}, \boldsymbol{c}, \boldsymbol{d})$ ergänzt.

c) Bestimmen Sie die Spitzen $\boldsymbol{t}$ der gleichseitigen, geraden Pyramiden mit quadratischer Grundfläche $\square(\boldsymbol{a}, \boldsymbol{b}, \boldsymbol{c}, \boldsymbol{d})$.

Aufgabe 36.16 (10 min) Gegeben sei eine Gerade $g : \boldsymbol{g}(t) = \boldsymbol{g}_o + t\boldsymbol{d}$ mit $\boldsymbol{g}_o = (x_o, y_o)^\top$ und $\boldsymbol{d} = (d_x, d_y)^\top$ in der Ebene. Durch Spiegeln an g wird jeder Punkt $\boldsymbol{r} = (x, y)^\top$ in $\boldsymbol{r}' = (x', y')^\top$ überführt.

a) Berechnen Sie $\boldsymbol{r}'$ für einen gegebenen Punkt $\boldsymbol{r}$ aus den beiden Forderungen $(\boldsymbol{r}' - \boldsymbol{r}) \cdot \boldsymbol{d} = 0$ und $\frac{1}{2}(\boldsymbol{r} + \boldsymbol{r}') \in g$, d.h. $\frac{1}{2}(\boldsymbol{r} + \boldsymbol{r}') = \boldsymbol{g}_o + c\boldsymbol{d}$ für geeignetes $c \in \mathbb{R}$.

b) Zeigen Sie, dass Spiegeln idempotent ist, d.h. $(x'', y'') = (x, y)$.

c) Gelten Ihre Ergebnisse auch im $\mathbb{R}^3$?

Aufgabe 36.17 (30 min) Eine Punkt-förmige Lichtquelle in $\boldsymbol{s} = (0, 0, s_z)^\top$ mit $s_z > 1$ beleuchte die Einheitskugel im Ursprung. Weiter sei $\boldsymbol{p} = (0, 0, p_z)^\top$ mit $p_z < -1$ Punkt einer Projektionsebene mit normiertem Normalen-Vektor $\boldsymbol{n}_n = \big(0, \sin(\vartheta), \cos(\vartheta)\big)^\top$ für kleine Winkel ϑ. Welchen Schatten wirft dann die Einheitskugel auf diese Projektionsebene?

Aufgabe 36.18 (10 min) Verifizieren Sie die Lagrange-Gleichung $|\boldsymbol{a}|^2|\boldsymbol{b}|^2 - (\boldsymbol{a} \cdot \boldsymbol{b})^2 = |\boldsymbol{a} \times \boldsymbol{b}|^2$ für Vektoren $\boldsymbol{a}$ und $\boldsymbol{b}$ im Raum.

Joseph-Louis Lagrange (1736-1813)

Aufgabe 36.19 (10 min) Zwei Geraden im Raum sind durch ihre Parameter-Darstellungen $g_1 : \boldsymbol{r}(t) = \boldsymbol{r}_o + t\boldsymbol{d}_1$ und $g_2 : \boldsymbol{q}(s) = \boldsymbol{q}_o + s\boldsymbol{d}_2$ gegeben. Die beiden Geraden seien windschief. Dann beträgt ihr Abstand $d(g_1, g_2) = |(\boldsymbol{r}_o - \boldsymbol{q}_o) \cdot \boldsymbol{n}_n|$, wobei $\boldsymbol{n}_n = \frac{\boldsymbol{d}_1 \times \boldsymbol{d}_2}{|\boldsymbol{d}_1 \times \boldsymbol{d}_2|}$ ein normierter Normalen-Vektor orthogonal zu $\boldsymbol{d}_1$ und zu $\boldsymbol{d}_2$ ist.

a) Die beiden Richtungsvektoren $\boldsymbol{d}_1$ und $\boldsymbol{d}_2$ spannen eine Ebene E durch $\boldsymbol{r}_o$ auf. Verifizieren Sie: $d(g_1, g_2) = d(\boldsymbol{q}_o, E)$.
b) Gegeben die beiden Geraden $g_1 : \boldsymbol{r}(t) = (0, c, 0)^\top + t(1, 1, 0)^\top$ und $g_2 : \boldsymbol{q}(s) = (0, -c, 0)^\top + s(0, 1, 1)^\top$. Für welchen Wert des Parameters c schneiden sich die Geraden, für welchen Wert von c haben sie den Abstand 1?

Aufgabe 36.20 (20 min) *Singuläre Quadriken* sind implizit beschrieben durch quadratische Polynome in x, y und z der Form

$$ax^2 + by^2 + cz = 0.$$

Die entstehenden Flächen im Raum werden auch anhand der (Vorzeichen der) Koeffizienten a, b und c klassifiziert.
Um eine Vorstellung der jeweiligen Fläche zu entwickeln, untersuchen Sie Schnitte der Fläche mit den Koordinaten-Ebenen, Schnitte mit Ebenen $z = h$, also Isolinien/Isohypsen sowie Schnitte mit die z-Achse enthaltenden Ebenen $y = mx$. Endergebnisse sind eine Parameter-Darstellung der jeweiligen Quadrik und deren Visualisierung mithilfe eines CAS Ihrer Wahl.

a) *Elliptische Paraboloide* sind durch $ax^2 + by^2 + cz = 0$ mit $0 < a, b$ und $c \neq 0$ gegeben.
b) *Hyperbolische Paraboloide* sind durch $ax^2 + by^2 + cz = 0$ mit $b < 0 < a$ und $c \neq 0$ gegeben.

Aufgabe 36.21 (15 min) Parabolspiegel oder Parabolantennen haben die auszeichnende Eigenschaft, dass ein Rotationsparaboloid $ax^2 + by^2 + cz = 0$ mit $a = b > 0$ und $c \neq 0$ parallel zur Symmetrie- oder Rotationsachse einfallende Strahlen in den Brennpunkt reflektiert und dass umgekehrt etwa eine Lichtquelle im Brennpunkt eines Scheinwerfers Strahlen parallel zur Rotationsachse aussendet.
Begründen Sie zunächst, warum sich die Fragestellung anhand eines Schnittes auf ein zweidimensionales Problem reduzieren lässt und legen Sie den Schnitt in ein geeignetes Koordinaten-System.

Aufgabe 36.22 (20 min) *Reguläre Quadriken* sind implizit beschrieben durch quadratische Polynome in x, y und z der Form

$$ax^2 + by^2 + cz^2 + d = 0.$$

Untersuchen Sie – wie in Aufgabe 36.20 – Schnitte der entstehenden Flächen, entwickeln Parameter-Darstellungen und visualisieren die Flächen mithilfe eines CAS Ihrer Wahl.

a) *Elliptische Doppelkegel* sind durch $ax^2 + by^2 + cz^2 = 0$ mit $0 < a, b$ und $c < 0 = d$ gegeben.
b) *Elliptische Zylinder* sind durch $ax^2 + by^2 + d = 0$ mit $0 < a, b$ und $d < 0 = c$ gegeben.

Aufgabe 36.23 (10 min) *Reguläre Quadriken* sind implizit beschrieben durch quadratische Polynome in x, y und z der Form

$$ax^2 + by^2 + cz^2 + d = 0.$$

Ein Beispiel sind *Ellipsoide*, die durch $ax^2 + by^2 + cz^2 + d = 0$ mit $0 < a, b, c$ und $d < 0$ gegeben sind. Untersuchen Sie – wie in Aufgabe 36.20 – Schnitte der entstehenden Flächen, entwickeln Parameter-Darstellungen und rendern die Flächen mithilfe eines CAS Ihrer Wahl.

Aufgabe 36.24 (10 min) Gegeben die beiden Geraden $g_1 : a_1x+b_1y+c_1 = 0$ und $g_2 : a_2x + b_2y + c_2 = 0$ in der Ebene. Verifizieren Sie, dass die beiden Winkelhalbierenden im Schnittpunkt $\boldsymbol{s} = (x_o, y_o)$ durch die Gleichungen $\frac{a_1x+b_1y+c_1}{\sqrt{a_1^2+b_1^2}} = \pm\frac{a_2x+b_2y+c_2}{\sqrt{a_2^2+b_2^2}}$ charakterisiert sind.

Aufgabe 36.25 (20 min) Spiegelteleskope, z.B. das *Cassegrain-Teleskop* arbeiten mit parabolischen Hauptspiegeln und konvex- oder konkav-hyperbolischen Hilfs- oder Fangspiegeln (zweischalige Hyperboloide). Alle Oberflächen sind rotationssymmetrisch. Wegen der Rotationssymmetrie reicht es, Schnitte durch die Rotationsachse zu betrachten. Aus dem zweischaligen Rotationshyperboloid wird so eine Hyperbel, etwa die Einheitshyperbel.

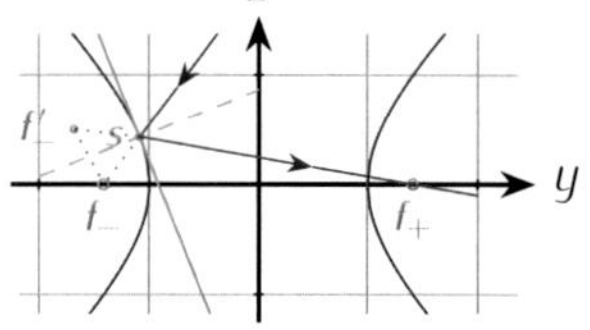

Bild 36.10: Strahl $\boldsymbol{r}(t) = \boldsymbol{f}_- + t\boldsymbol{d}$ trifft in $\boldsymbol{s}$ auf das Rotationshyperboloid, d.h. im Schnitt auf die Einheitshyperbel und wird an der Tangentialebene, d.h. an der Tangenten reflektiert. Der reflektierte Strahl durchläuft den anderen Brennpunkt.

Verifizieren Sie am Beispiel der Einheitshyperbel: Ein Lichtstrahl, der auf den einen Brennpunkt zuläuft, wird am hyperbolischen Spiegel so reflektiert, dass der reflektierte Strahl durch den anderen Brennpunkt verläuft. (Dieses Phänomen wird zur Brennweitenverlängerung genutzt.)

Ein Lichtstrahl aufgefasst als Graph der Funktion $y = m(x + \sqrt{2})$ durch $\boldsymbol{f}_-$ trifft in $\boldsymbol{s} = (s_x, s_y)^\top$ im zweiten Quadranten auf den linken Ast der Einheitshyperbel $x^2 - y^2 = 1$ mit Brennpunkten $F_\pm = (\pm\sqrt{2}, 0)^\top$ und wird dort an der Tangenten reflektiert, s. Bild 36.10. Bestimmen Sie den reflektierten Strahl und zeigen Sie, dass dieser durch den anderen Brennpunkt $\boldsymbol{f}_+$ verläuft.

Aufgabe 36.26 (60 min) Reguläre Quadriken sind implizit beschrieben durch quadratische Polynome in x, y und z der Form

$$ax^2 + by^2 + cz^2 + d = 0.$$

Untersuchen Sie – wie in Aufgabe 36.20 – Schnitte der entstehenden Flächen, entwickeln Parameter-Darstellungen und rendern die Flächen mithilfe eines CAS Ihrer Wahl.

a) *Zweischalige Hyperboloide* sind durch $ax^2 + by^2 + cz^2 + d = 0$ mit $0 < a, b$ und $c < 0 < d$ gegeben.

b) *Einschalige Hyperboloide* sind durch $ax^2 + by^2 + cz^2 + d = 0$ mit $0 < a, b$ und $c, d < 0$ gegeben.

Aufgabe 36.27 (10 min) *Einschalige Hyperboloide* sind durch $ax^2 + by^2 + cz^2 + d = 0$ mit $0 < a, b$ und $c, d < 0$ gegeben. Sie zeichnen sich dadurch aus, dass sie Geraden enthalten.
Zeigen Sie diesen Sachverhalt am Beispiel des einschaligen Einheitshyperboloids $x^2 + y^2 = z^2 + 1$.
Hinweis: für die Gerade, die durch $\boldsymbol{r}_\vartheta = \big(\cos(\vartheta), \sin(\vartheta), 0\big)^\top$ verlaufen, ist $\boldsymbol{r}_\varphi$ ein Normalen-Vektor.

36.4 Lösungen

Lösung 36.1

a) s. Bild 36.11

- ▷ Kante unten: $r \in [0, 1]$ für $\varphi = 0$.
- ▷ Kante rechts: $\cos(\varphi) = \frac{1}{r}$ impliziert $r(\varphi) = \frac{1}{\cos(\varphi)}$ für $\varphi \in (0, \frac{\pi}{4}]$.
- ▷ Kante oben: $\sin(\varphi) = \frac{1}{r}$ impliziert $r(\varphi) = \frac{1}{\sin(\varphi)}$ für $\varphi \in [\frac{\pi}{4}, \frac{\pi}{2})$.
- ▷ Kante links: $r \in [0, 1]$ für $\varphi = \frac{\pi}{2}$.

b) s. Bild 36.12.

- ▷ Kante $\overline{BD}$ mit $x = 1 = z$: Das rechtwinklige Dreieck in der x-y-Ebene hat die Katheten 1 und $y = \tan(\varphi)$ und die Hypotenuse $s = \frac{1}{\cos(\varphi)}$. Das rechtwinklige Dreieck in der um die z-Achse um φ rotierten Ebene hat die Katheten 1 und $s = \tan(\vartheta)$, d.h. $\tan(\vartheta) = \frac{1}{\cos(\varphi)}$ oder $\vartheta = \arctan\big(\frac{1}{\cos(\varphi)}\big)$ und die Hypotenuse r mit $z = 1 = r\cos(\vartheta)$ oder $r = r(\varphi) = \frac{1}{\cos(\vartheta)}$ für $\varphi \in [0, \frac{\pi}{4}]$.
  Probe: Im Endpunkt B gilt $\varphi = 0$, $\vartheta = \arctan\big(\frac{1}{\cos(\varphi)}\big) = \frac{\pi}{4}$ und $r = r(\varphi) = \frac{1}{\cos(\vartheta)} = \sqrt{2}$. √
  Im Endpunkt D gilt $\varphi = \frac{\pi}{4}$, $\vartheta = \arctan\big(\frac{1}{\cos(\varphi)}\big) = \arctan(\sqrt{2})$ und $r = r(\varphi) = \frac{1}{\cos(\vartheta)} = \sqrt{1+\tan^2(\vartheta)} = \sqrt{1+\sqrt{2}^2} = \sqrt{3}$. √
- ▷ Kante $\overline{AD}$ mit $x = 1 = y$: Hier ist $\varphi = \frac{\pi}{4}$ konstant. Im rechtwinkligen Dreieck $\Delta(OAD)$ mit Katheten 1 und $\sqrt{2}$ und

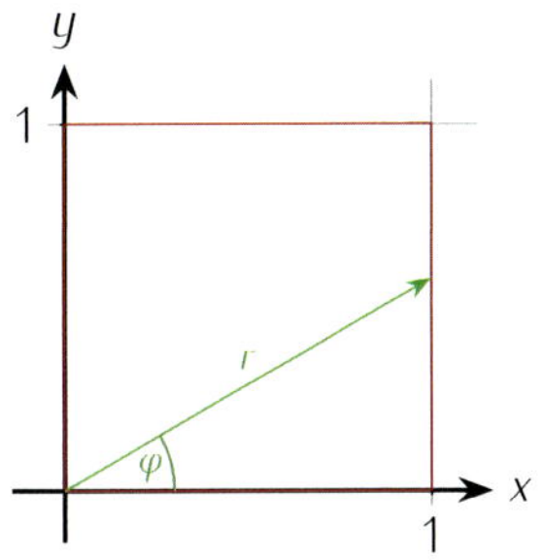

Bild 36.11: Einheitsquadrat im ersten Quadranten in Polarkoordinaten

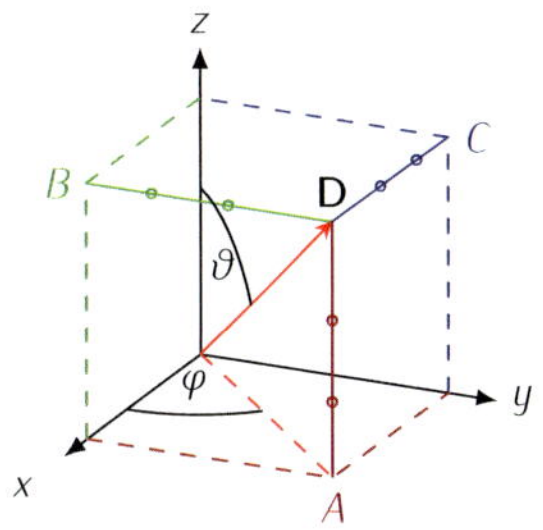

Bild 36.12: Vier Ecken und drei Kanten des Einheitswürfels in Polar-Koordinaten zusammen mit ausgewählten, in Polar-Koordinaten bestimmten Punkten

Hypotenuse $\sqrt{3}$ gilt $\sin(\vartheta) = \frac{\sqrt{2}}{r}$, also gilt grundsätzlich $r = r(\vartheta, \frac{\pi}{4}) = \frac{\sqrt{2}}{\sin(\vartheta)}$ für $\vartheta \in [\arccos(\frac{\sqrt{3}}{3}), \frac{\pi}{2}]$.

Probe: Im Endpunkt D gilt $r(\arccos(\frac{\sqrt{3}}{3}), \frac{\pi}{4}) = \frac{\sqrt{2}}{\sin(\arccos(\frac{\sqrt{3}}{3}))} = \frac{\sqrt{2}}{\sqrt{1-\cos^2(\arccos(\frac{1}{\sqrt{3}}))}} = \frac{\sqrt{2}}{\sqrt{1-\frac{1}{3}}} = \frac{\sqrt{2}}{\sqrt{2}}\sqrt{3} = \sqrt{3}$. ✓

Im Endpunkt A gilt $r(\frac{\pi}{2}, \frac{\pi}{4}) = \frac{\sqrt{2}}{\sin(\frac{\pi}{2})} = \sqrt{2}$. ✓

▷ Kante $\overline{CD}$ mit $y = 1 = z$: Das rechtwinklige Dreieck in der x-y-Ebene hat die Katheten 1 und $x = \frac{1}{\tan(\varphi)}$ und die Hypotenuse $s = \frac{1}{\sin(\varphi)}$. Das rechtwinklige Dreieck in der um die z-Achse um φ rotierten Ebene hat die Katheten 1 und $s = \tan(\vartheta)$ und die Hypotenuse $r = \frac{1}{\cos(\vartheta)}$. Aus $\frac{1}{\sin(\varphi)} = s = \tan(\vartheta)$ folgt $\vartheta = \arctan\left(\frac{1}{\sin(\varphi)}\right)$ und $r = r(\varphi) = \frac{1}{\cos(\vartheta)}$ für $\varphi \in [\frac{\pi}{4}, \frac{\pi}{2}]$.

Probe: Im Endpunkt C gilt $\varphi = \frac{\pi}{2}$, $\vartheta = \arctan\left(\frac{1}{\sin(\varphi)}\right) = \frac{\pi}{4}$ und $r = r(\frac{\pi}{2}) = \frac{1}{\cos(\vartheta)} = \sqrt{2}$. ✓

Im Endpunkt D gilt $\varphi = \frac{\pi}{4}$, $\vartheta = \arctan\left(\frac{1}{\sin(\varphi)}\right) = \arctan(\sqrt{2})$ und $r = r(\frac{\pi}{4}) = \frac{1}{\cos(\vartheta)} = \sqrt{1+\tan^2(\vartheta)} = \sqrt{1+\sqrt{2}^2} = \sqrt{3}$. ✓

Lösung 36.2

a) Für g_1 ist eine Parameter-Darstellung gesucht. Sei $z = t$ mit unabhängigem Parameter t gesetzt. Dann ist das lineare Gleichungssystem $\begin{aligned} x + 2y &= -3t - 4 \\ 4x + 3y &= -1 - 2t \end{aligned}$ in den Unbekannten x und y zu lösen: Subtraktion in $\begin{aligned} 4x + 8y &= -16 - 12t \\ 4x + 3y &= -1 - 2t \end{aligned}$ eliminiert x und liefert $5y = -15 - 10t$, also $y = -3 - 2t$ sowie $x = t$ und damit die Parameter-Darstellung $\boldsymbol{r}(t) = (0, -3, 0)^\top + t(1, -2, 1)^\top$.

b) Die Parameter von E_1 und E_2 sind unabhängig, also als verschiedene Variable anzusehen. Sei etwa $t_2 = t$ gesetzt. Dann liefert $\boldsymbol{r}_1(s_1, t_1) = \boldsymbol{r}_2(s_2, t_2)$ das lineare 3×3 Gleichungssystem

$$\begin{aligned} 1 + s_1 + 2t_1 &= 2 + s_2 - 2t \\ 1 + t_1 &= 1 - 2s_2 + t \\ 1 + s_1 &= s_2 \end{aligned}$$

in den drei Unbekannten s_1, s_2 und t_1. Umformung ergibt

$$\begin{aligned} s_1 + 2t_1 - s_2 &= 1 - 2t \\ t_1 + 2s_2 &= t \\ s_1 - s_2 &= -1 \end{aligned}$$

mit der Lösung $s_1 = \frac{1}{2}(2t-3)$, $t_1 = 1-t$ und $s_2 = \frac{1}{2}(2t-1)$. Die Schnittgerade $\boldsymbol{r}(t) = \boldsymbol{r}_1(s_1, t_1) = (1, 1, 1)^\top + \frac{1}{2}(2t-3)(1, 0, 1)^\top + (1-t)(2, 1, 0)^\top$ oder gleichermaßen $\boldsymbol{r}(t) = \boldsymbol{r}_2(s_2, t) = (2, 1, 0)^\top + \frac{1}{2}(2t-1)(1, -2, 1)^\top + t(-2, 1, 0)^\top$ liegt nach Konstruktion sowohl in E_1 als auch in E_2.

c) g_3 hat etwa die Parameter-Darstellung $\boldsymbol{r}(t) = \boldsymbol{r}_o + t\boldsymbol{d}$ mit $\boldsymbol{d} = \boldsymbol{r}_1 - \boldsymbol{r}_o = (2, 0, -2)^\top$. Mit $\boldsymbol{r}(t) = \big(x(t), y(t), z(t)\big)^\top$ gilt dann $y(t) = 2$ für alle $t \in \mathbb{R}$. g_3 liegt also sicher in der Ebene $E_1 : 0x + y + 0z - 2 = y - 2 = 0$. Addition von $x(t) = 1 + 2t$ und $z(t) = 3 - 2t$ eliminiert t und liefert eine zweite, von E_1 verschiedene, g_3 enthaltende Ebene E_2 mit $x + z = 4$ oder eben $E_2 : x + z - 4 = 0$.

Lösung 36.3

a) $\boldsymbol{r}(s, t) = \boldsymbol{r}_o + s(\boldsymbol{r}_1 - \boldsymbol{r}_o) + t(\boldsymbol{r}_2 - \boldsymbol{r}_o) = (1, -2, -3)^\top + s(-4, 4, 4)^\top + t(-3, 4, 1)^\top$ ist eine Parameter-Darstellung für E_1. Mit $x = 1 - 4s - 3t$, $y = -2 + 4s + 4t$ und $z = -3 + 4s + t$ werden die Parameter s und t in $ax + by + cz + d = 0$ eliminiert, wenn $\begin{matrix} -4a + 4b + 4c = 0 \\ -3a + 4b + c = 0 \end{matrix}$ oder mit $c = 1$ eben wenn $\begin{matrix} -4a + 4b = -4 \\ -3a + 4b = -1 \end{matrix}$ mit Lösung $a = 3$ und $b = 2$, d.h. $0 = 3x + 2y + z + d = 3(1 - 4s - 3t) + 2(-2 + 4s + 4t) + (-3 + 4s + t) + d = -4 + 0\,s + 0\,t + d = 0$, was $d = 4$ impliziert. Die allgemeine Ebenen-Gleichung lautet also $E_1 : 3x + 2y + z + 4 = 0$. Für die Hesse-Normalform muss der Normalen-Vektor $\boldsymbol{n} = \pm(a, b, c)^\top = \pm(3, 2, 1)^\top$ normiert werden: $\boldsymbol{n}_n = \pm\frac{1}{|\boldsymbol{n}|\boldsymbol{n} = \frac{\pm}{\sqrt{14}}}\boldsymbol{n} = \frac{\pm}{\sqrt{14}}(3, 2, 1)^\top$. Das Vorzeichen ist so zu wählen, dass der Abstand positiv wird. Die Hesse-Normalform lautet dann $\boldsymbol{r} \cdot \boldsymbol{n}_n = 4\sqrt{14}$ mit $\boldsymbol{n}_n = \frac{-1}{\sqrt{14}}(3, 2, 1)^\top$.

b) Die normierten Normalen-Vektoren sind $\boldsymbol{n}_n = \pm\frac{1}{3}(2, 2, 1)^\top$. Aus $\boldsymbol{r}_o \cdot \boldsymbol{n}_n = \frac{1}{3}(1, 3, 1)^\top \cdot (2, 2, 1)^\top = \frac{1}{3}(2 + 6 + 1) = 3 = d$ ergibt sich die Hesse-Normalform $\boldsymbol{r} \cdot \boldsymbol{n}_n = d$ mit $\boldsymbol{n}_n = \frac{1}{3}(2, 2, 1)^\top$ sowie die allgemeine Gleichung $E_2 : 2x + 2y + z - 9 = 0$.

c) Aus $\boldsymbol{n} = (3, -2, \sqrt{3})^\top$ ergeben sich die beiden normierten Normalen-Vektoren $\boldsymbol{n}_n = \pm\frac{1}{4}(3, -2, \sqrt{3})^\top$. Die allgemeine Gleichung $3x - 2y + \sqrt{3}z + 1 = 0$ oder $\boldsymbol{r} \cdot \frac{-1}{4}(3, -2, \sqrt{3})^\top = \frac{1}{4}$ liefert so die Hesse-Normalform $\boldsymbol{r} \cdot \boldsymbol{n}_n = d = \frac{1}{4}$ mit $\boldsymbol{n}_n = -\frac{1}{4}(3, -2, \sqrt{3})^\top$.

In E_3 liegt etwa der Punkt $\boldsymbol{r}_o = -\frac{1}{16}(3, -2, \sqrt{3})^\top$. Zwei linear unabhängige Richtungsvektoren senkrecht zu $\boldsymbol{n}$ sind etwa $\boldsymbol{d}_1 = (-1, 0, \sqrt{3})^\top$ und $\boldsymbol{d}_2 = (\frac{2}{3}, 1, 0)^\top$ mit $\boldsymbol{d}_{1,2} \cdot \boldsymbol{n} = 0$. Eine Parameter-Darstellung von E_3 ist $\boldsymbol{r}(s, t) = \boldsymbol{r}_o + s\boldsymbol{d}_1 + t\boldsymbol{d}_2$.

Lösung 36.4

a) Die kürzeste Verbindungsstrecke eines Punktes $\boldsymbol{r}(t)$ der einen Geraden mit einem Punkt $\boldsymbol{q}(s)$ der anderen Geraden steht senkrecht auf beiden Richtungsvektoren. Einer ihrer Richtungsvektoren ist damit $\boldsymbol{n} = \boldsymbol{d}_1 \times \boldsymbol{d}_2$, der normierte Richtungsvektor also

$\boldsymbol{n}_n = \frac{\boldsymbol{d}_1 \times \boldsymbol{d}_2}{|\boldsymbol{d}_1 \times \boldsymbol{d}_2|}$. Der gesuchte Abstand a ist damit die Länge der Projektion einer Verbindungsstrecke, etwa $\boldsymbol{r}_o - \boldsymbol{q}_o$ auf $\boldsymbol{n}_n$, d.h. $a = |(\boldsymbol{r}_o - \boldsymbol{q}_o) \cdot \boldsymbol{n}_n|$.

b) Seien beispielsweise $\boldsymbol{r}(t) = \boldsymbol{r}_o + t\boldsymbol{d}_1$ mit $\boldsymbol{r}_o = (-1, 0, 0)^\top$ und $\boldsymbol{d}_1 = \big(0, \cos(\varphi), \sin(\varphi)\big)^\top$ sowie $\boldsymbol{q}(s) = \boldsymbol{q}_o + s\boldsymbol{d}_2$ mit $\boldsymbol{q}_o = (1, 0, 0)^\top$ und $\boldsymbol{d}_2 = \big(0, \cos(\vartheta), \sin(\vartheta)\big)^\top$ gegeben. Die Gerade $\boldsymbol{r}(t)$ liegt in der Ebene $x = -1$ und die Gerade $\boldsymbol{q}(s)$ in der Ebene $x = 1$. Die beiden Geraden sind windschief. Laut Konstruktion beträgt ihr Abstand 2 (Längeneinheiten). Auf beiden Richtungsvektoren steht $\boldsymbol{n} = \boldsymbol{d}_1 \times \boldsymbol{d}_2 = \begin{vmatrix} \boldsymbol{e}_x & \boldsymbol{e}_y & \boldsymbol{e}_z \\ 0 & \cos(\varphi) & \sin(\varphi) \\ 0 & \cos(\vartheta) & \sin(\vartheta) \end{vmatrix} = \big(\cos(\varphi)\sin(\vartheta) - \sin(\varphi)\cos(\vartheta), 0, 0\big)^\top = \big(\sin(\vartheta - \varphi), 0, 0\big)^\top$ und $\boldsymbol{n}_n = \frac{1}{|\sin(\vartheta-\varphi)|}\big(\sin(\vartheta - \varphi), 0, 0\big)^\top = (\pm 1, 0, 0)^\top = \pm\boldsymbol{e}_x$ senkrecht, was $a = |(\boldsymbol{r}_o - \boldsymbol{q}_o) \cdot \boldsymbol{n}_n| = |\pm(-1-1) + 0 + 0| = 2$ bestätigt.

Das Beispiel läßt sich leicht verallgemeinern: $\boldsymbol{r}(t) = (-1, 0, 0)^\top + (t - t_o)\big(0, \cos(\varphi), \sin(\varphi)\big)^\top = \boldsymbol{r}_o + t\big(0, \cos(\varphi), \sin(\varphi)\big)^\top$ mit modifiziertem $\boldsymbol{r}_o = -\big(1, t_o\cos(\varphi), t_o\sin(\varphi)\big)^\top$ sowie $\boldsymbol{q}(s) = (1, 0, 0)^\top + (s - s_o)\big(0, \cos(\vartheta), \sin(\vartheta)\big)^\top = \boldsymbol{q}_o + s\big(0, \cos(\vartheta), \sin(\vartheta)\big)^\top$ mit modifiziertem $\boldsymbol{q}_o = \big(1, -s_o\cos(\vartheta), -s_o\sin(\vartheta)\big)^\top$. Die beiden normierten Normalen-Vektoren $\boldsymbol{n}_n = \pm\boldsymbol{e}_x$ bleiben unberührt wie auch der Abstand $a = |(\boldsymbol{r}_o - \boldsymbol{q}_o) \cdot \boldsymbol{n}_n| = 2$.

Lösung 36.5 Die Geraden haben keinen Schnittpunkt, sie sind also windschief. Das Vektorprodukt $\boldsymbol{v}$ ihrer Richtungsvektoren ist nicht der Nullvektor, daher sind sie nicht parallel: $\boldsymbol{v} = \boldsymbol{r}_1 \times \boldsymbol{r}_2 = (8, 2, 4)$. $\boldsymbol{v}$ steht senkrecht auf beiden Geraden. Sein Skalarprodukt mit der Differenz $\boldsymbol{d} = \boldsymbol{x}_2 - \boldsymbol{x}_1 = (2, 4, 0)$ der Aufsetzvektoren ergibt nicht Null, sondern $\boldsymbol{v} \cdot \boldsymbol{d} = 24$. Der Abstand d beider Geraden berechnet sich aus dem Skalarprodukt des Einheitsvektors zu $\boldsymbol{v}$ mit $\boldsymbol{d}$: $d = \frac{\boldsymbol{v} \cdot \boldsymbol{d}}{|\boldsymbol{v}|} = \frac{24}{\sqrt{84}} = \frac{12}{\sqrt{21}} \approx 2.619$.

Lösung 36.6 Die Gerade wird parametrisiert durch $\boldsymbol{x} = \boldsymbol{p} + \lambda \cdot (\boldsymbol{q} - \boldsymbol{p})$ beschrieben: $\boldsymbol{x} = (1, 2, 3) + \lambda \cdot (-4, 0 - 2)$. Für $\lambda = -1$ wird der Punkt A erreicht. B und C liegen nicht auf der Geraden. Für B müsste $\lambda = 0.5$ sein, damit die x_1-Koordinate passt, die x_2-Koordinate passt dort nicht. Für C müsste $\lambda = -2$ sein, damit die x_1-Koordinate passt, die x_3-Koordinate passt dort nicht.

Lösung 36.7 Die erste Gerade ist durch $\boldsymbol{r}_1(t) = \boldsymbol{P} + t\boldsymbol{d}_1$ mit $\boldsymbol{d}_1 = \boldsymbol{Q} - \boldsymbol{P}$ und $\boldsymbol{P} = (1, 2, 3)^\top$ sowie $\boldsymbol{Q} = (6, 5, 4)^\top$, also $\boldsymbol{r}_1(t) = (1, 2, 3)^\top + t(5, 3, 1)^\top$ gegeben.

a) Die zweite Gerade ist damit noch nicht eindeutig bestimmt, denn im $\mathbb{R}^3$ spannen die zu einer Geraden senkrechten Vektoren durch $\boldsymbol{P}$ eine ganze Ebene auf. Die beiden Geraden $r_{2_1}(t) = \boldsymbol{P}+t\boldsymbol{d}_{2_1}$ mit $\boldsymbol{d}_{2_1} = (0,1,-3)^\top$ und $r_{2_2}(t) = \boldsymbol{P} + t\boldsymbol{d}_{2_2}$ mit $\boldsymbol{d}_{2_2} = (-2,3,1)^\top$ durch $\boldsymbol{P}$ stehen senkrecht aufeinander und auf g_1, weil die Richtungsvektoren senkrecht aufeinander stehen:

$$\boldsymbol{d}_{2_1} \cdot \boldsymbol{d} = \begin{pmatrix} 0 \\ 1 \\ -3 \end{pmatrix} \cdot \begin{pmatrix} 5 \\ 3 \\ 1 \end{pmatrix} = 0 \text{ und } \boldsymbol{d}_{2_2} \cdot \boldsymbol{d} = \begin{pmatrix} -2 \\ 3 \\ 1 \end{pmatrix} \cdot \begin{pmatrix} 5 \\ 3 \\ 1 \end{pmatrix} = 0.$$

b) Alle Geraden g_2 durch $\boldsymbol{P}$ senkrecht zu g_1 lassen sich durch $r_2 = \boldsymbol{P}+t\boldsymbol{d}_2$ mit $\boldsymbol{d}_1 \cdot \boldsymbol{d}_2 = 0$ darstellen. Mit $\boldsymbol{d}_2 = (x_2, y_2, z_2) \neq \boldsymbol{0}$ ist auch jedes Vielfache von $\boldsymbol{d}_2$ ein Richtungsvektor für g_2. Es darf also etwa $x_2 = 1$ angenommen werden Damit für $\boldsymbol{d}_2 = (1, y_2, z_2)^\top$ also $\boldsymbol{d}_1 \cdot \boldsymbol{d}_2 = 5+3y_2+z_2 = 0$ gilt, wird etwa y_2 als Parameter s aufgefasst. Die zu g_1 senkrechten Geraden durch $\boldsymbol{P}$ sind also durch $r_2(t) = \boldsymbol{P} + t\boldsymbol{d}_2$ mit $\boldsymbol{d}_2 = \begin{pmatrix} 1 \\ s \\ -5-3s \end{pmatrix}$ für $s \in \mathbb{R}$ gegeben.

Lösung 36.8

a) Der Winkel $\gamma = \angle(g_1, g_2)$ zwischen den beiden Geraden stimmt überein mit dem Winkel $\gamma = \angle(\boldsymbol{d}_1, \boldsymbol{d}_2)$ zwischen den beiden Richtungsvektoren: $\cos(\gamma) = \frac{|\boldsymbol{d}_1 \cdot \boldsymbol{d}_2|}{|\boldsymbol{d}_1|\,|\boldsymbol{d}_2|} = \frac{|5\cdot 0-3\cdot 1+4\cdot 7}{\sqrt{5^2+3^2+4^2}\,\sqrt{0+1^2+7^2}} = \frac{25}{50} = \frac{1}{2}$ und damit $\gamma = \frac{\pi}{3} = 60°$.

b) Die Ebene hat $\boldsymbol{n} = (\sqrt{2}, 1, 3)^\top$ als einen Normalen-Vektor. Für den Winkel $\beta = \angle(\boldsymbol{d}, \boldsymbol{n})$ und $\gamma = \angle(g, E)$ gilt $\sin(\gamma) = \cos(\beta) = \frac{|\boldsymbol{d}\cdot\boldsymbol{n}|}{|\boldsymbol{d}|\,|\boldsymbol{n}|} = \frac{|0\cdot\sqrt{2}+3\cdot 1+4\cdot 3|}{\sqrt{25}\,\sqrt{12}} = \frac{\sqrt{3}}{2}$ und damit $\gamma = \frac{\pi}{3} = 60°$.

c) Der Schnittwinkel der Ebenen stimmt überein mit dem Winkel, den die beiden Normalen $\boldsymbol{n}_1 = (4,2,4)^\top$ und $\boldsymbol{n}_2 = (4,4,0)^\top$ einschließen. Für $\gamma = \angle(E_1, E_2) = \angle(\boldsymbol{n}_1, \boldsymbol{n}_2)$ gilt also $\cos(\gamma) = \frac{|\boldsymbol{n}_1\cdot\boldsymbol{n}_2|}{|\boldsymbol{n}_1|\,|\boldsymbol{n}_2|} = \frac{|4\cdot 4+2\cdot 4+4\cdot 0|}{\sqrt{36}\,\sqrt{32}} = \frac{24}{6\cdot 4\sqrt{2}} = \frac{\sqrt{2}}{2}$ und daher $\gamma = \frac{\pi}{4} = 45°$.

Lösung 36.9

a)
$$\begin{aligned} d(\boldsymbol{p}, g) &= \left|\boldsymbol{g}_o - \boldsymbol{p} - \big((\boldsymbol{g}_o - \boldsymbol{p})\cdot\boldsymbol{d}\big)\boldsymbol{d}\right| \\ &= \left|(-2,0,2)^\top - \tfrac{(-2,0,2)^\top\cdot(2,2,1)^\top}{9}(2,2,1)^\top\right| \\ &= \left|(-2,0,2)^\top - \tfrac{-2}{9}(2,2,1)\right| = \tfrac{1}{9}\left|(-18+4, 4, 18+2)\right| \\ &= \tfrac{1}{9}\sqrt{14^2+16+20^2} = \tfrac{1}{9}\sqrt{612} = \tfrac{6}{9}\sqrt{17} = \tfrac{2}{3}\sqrt{17} \end{aligned}$$

b) Das Dreieck $\Delta(\boldsymbol{g}_o, \boldsymbol{g}_o + \boldsymbol{d}, \boldsymbol{p})$ wird von $\boldsymbol{p} - \boldsymbol{g}_o$ und $\boldsymbol{d}$ aufgespannt. Sein Flächeninhalt $|\Delta(\boldsymbol{g}_o, \boldsymbol{g}_o + \boldsymbol{d}, \boldsymbol{p})| = \frac{1}{2}|(\boldsymbol{p} - \boldsymbol{g}_o) \times \boldsymbol{d}|$ stimmt überein mit $\frac{1}{2}|\boldsymbol{d}|h = \frac{1}{2}h$, wobei h dem gesuchten Abstand entspricht. Damit gilt $d(\boldsymbol{p}, g) = |(\boldsymbol{p} - \boldsymbol{g}_o) \times \boldsymbol{d}|$.

c) $d(\boldsymbol{p}, g) = |(\boldsymbol{p} - \boldsymbol{g}_o) \times \boldsymbol{d}| = \frac{1}{3}|(2,0,-2)^\top \times (2,2,1)^\top|$
$$= \frac{1}{3}\left|\begin{vmatrix} \boldsymbol{e}_x & \boldsymbol{e}_y & \boldsymbol{e}_z \\ 2 & 0 & -2 \\ 2 & 2 & 1 \end{vmatrix}\right| = \frac{1}{3}|(4,-6,4)^\top| = \frac{1}{3}\sqrt{68} = \frac{2}{3}\sqrt{17}.$$

Lösung 36.10

a) Sei $c \neq 0$ angenommen. Dann ist $\boldsymbol{r}_o = (0,0,-\frac{d}{c})^\top$ ein Punkt der Ebene $E : (\boldsymbol{r} - \boldsymbol{r}_o) \cdot \boldsymbol{n} = 0$. Nach Abschnitt ?? gilt $d(\boldsymbol{p}, E) = |(\boldsymbol{p} - \boldsymbol{r}_o) \cdot \boldsymbol{n}| = |\boldsymbol{p} \cdot \boldsymbol{n} - (0,0,-\frac{d}{c}) \cdot \boldsymbol{n}| = |\boldsymbol{p} \cdot \boldsymbol{n} + d|$.

b) $d(\boldsymbol{p}, E) = |\boldsymbol{p} \cdot \boldsymbol{n} - 1| = |\frac{1}{3}(6 - 4 + 1) - 1| = 0$ trifft zu, weil wegen $(2,-2,1)^\top \cdot (3,2,1)^\top - 3 = 2 \cdot 3 - 2 \cdot 2 + 1 \cdot 1 - 3 = 0$ der Punkt $\boldsymbol{p}$ in E liegt.

Lösung 36.11

a) $$(c\,\boldsymbol{u} + d\,\boldsymbol{w}) \times \boldsymbol{v} = \begin{vmatrix} \boldsymbol{e}_x & \boldsymbol{e}_y & \boldsymbol{e}_z \\ cu_x + dw_x & cu_y + dw_y & cu_z + dw_z \\ v_x & v_y & v_z \end{vmatrix} =$$
$$\begin{vmatrix} \boldsymbol{e}_x & \boldsymbol{e}_y & \boldsymbol{e}_z \\ cu_x & cu_y & cu_z \\ v_x & v_y & v_z \end{vmatrix} + \begin{vmatrix} \boldsymbol{e}_x & \boldsymbol{e}_y & \boldsymbol{e}_z \\ dw_x & dw_y & dw_z \\ v_x & v_y & v_z \end{vmatrix} = c\begin{vmatrix} \boldsymbol{e}_x & \boldsymbol{e}_y & \boldsymbol{e}_z \\ u_x & u_y & u_z \\ v_x & v_y & v_z \end{vmatrix} +$$
$$d\begin{vmatrix} \boldsymbol{e}_x & \boldsymbol{e}_y & \boldsymbol{e}_z \\ w_x & w_y & w_z \\ v_x & v_y & v_z \end{vmatrix} = c\boldsymbol{u} \times \boldsymbol{v} + d\boldsymbol{w} \times \boldsymbol{v}.$$
Die Linearität im zweiten Faktor wird völlig analog verifiziert.

b) $$\boldsymbol{u} \times \boldsymbol{v} = \begin{vmatrix} \boldsymbol{e}_x & \boldsymbol{e}_y & \boldsymbol{e}_z \\ u_x & u_y & u_z \\ v_x & v_y & v_z \end{vmatrix} = -\begin{vmatrix} \boldsymbol{e}_x & \boldsymbol{e}_y & \boldsymbol{e}_z \\ v_x & v_y & v_z \\ u_x & u_y & u_z \end{vmatrix} = -\boldsymbol{v} \times \boldsymbol{u}.$$

c) $\boldsymbol{u} \cdot (\boldsymbol{u} \times \boldsymbol{v}) = u_x(u_y v_z - u_z v_y) + u_y(u_z v_x - u_x v_z) + u_z(u_x v_y - u_y v_x) = u_x u_y v_z - u_x u_z v_y + u_y u_z v_x - u_x u_y v_z + u_x u_z v_y - u_y u_z v_x = (u_y u_z - u_y u_z) v_x + (u_x u_z - u_x u_z) v_y + (u_x u_y - u_x u_y) v_z = 0$ und $\boldsymbol{v} \cdot (\boldsymbol{u} \times \boldsymbol{v}) = v_x(u_y v_z - u_z v_y) + v_y(u_z v_x - u_x v_z) + v_z(u_x v_y - u_y v_x) = u_y v_x v_z - u_z v_x v_y + u_z v_x v_y - u_x v_y v_z + u_x v_y v_z - u_y v_x v_z = u_x(v_y v_z - v_y v_z) + u_y(v_x v_z - v_x v_z) + u_z(v_x v_y - v_x v_y) = 0$.

d) Es ist $|\boldsymbol{w}|^2 = |\boldsymbol{u}|^2\,|\boldsymbol{v}|^2 \sin^2(\varphi) = |\boldsymbol{u}|^2\,|\boldsymbol{v}|^2\big(1 - \cos^2(\varphi)\big)$ mit $\varphi = \angle(\boldsymbol{u}, \boldsymbol{v})$ zu zeigen, d.h. wegen $\boldsymbol{u} \cdot \boldsymbol{v} = |\boldsymbol{u}|\,|\boldsymbol{v}| \cos(\varphi)$ also
$$\begin{aligned} |\boldsymbol{w}|^2 &= (u_y v_z - u_z v_y)^2 + (u_z v_x - u_x v_z)^2 + (u_x v_y - u_y v_x)^2 \\ &= (u_x^2 + u_y^2 + u_z^2)(v_x^2 + v_y^2 + v_z^2) - (u_x v_x + u_y v_y + u_z v_z)^2 \\ \Leftrightarrow\ & (u_y^2 v_z^2 - 2u_y u_z v_y v_z + u_z^2 v_y^2) + (u_z^2 v_x^2 - 2u_x u_z v_x v_z + u_x^2 v_z^2) \\ & + (u_x^2 v_y^2 - 2u_x u_y v_x v_y + u_y^2 v_x^2) \\ &= (u_x^2 v_x^2 + u_x^2 v_y^2 + u_x^2 v_z^2 + u_y^2 v_x^2 + u_y^2 v_y^2 + u_y^2 v_z^2 + u_z^2 v_x^2 + u_z^2 v_y^2 + \\ & u_z^2 v_z^2) - (u_x^2 v_x^2 + u_y^2 v_y^2 + u_z^2 v_z^2 + 2u_x u_y v_x v_y + 2u_x u_z v_x v_z + 2u_y u_z v_y v_z) \\ \Leftrightarrow\ & u_y^2 v_z^2 + u_z^2 v_y^2 + u_z^2 v_x^2 + u_x^2 v_z^2 + u_x^2 v_y^2 + u_y^2 v_x^2 \\ &= u_x^2 v_y^2 + u_x^2 v_z^2 + u_y^2 v_x^2 + u_y^2 v_z^2 + u_z^2 v_x^2 + u_z^2 v_y^2 \qquad \checkmark \end{aligned}$$

Lösung 36.12 Für $A = (\boldsymbol{u}, \boldsymbol{v}, \boldsymbol{w})$ mit $\boldsymbol{w} = \boldsymbol{u} \times \boldsymbol{v}$ gilt bei Entwicklung etwa nach der ersten Spalte $\det(A) = \begin{vmatrix} u_x & v_x & u_y v_z - u_z v_y \\ u_y & v_y & u_z v_x - u_x v_z \\ u_z & v_z & u_x v_y - u_y v_x \end{vmatrix} =$

$= u_x\big(v_y(u_x v_y - u_y v_x) - v_z(u_z v_x - u_x v_z)\big) - u_y\big(v_x(u_x v_y - u_y v_x) - v_z(u_y v_z - u_z v_y)\big) + u_z\big(v_x(u_z v_x - u_x v_z) - v_y(u_y v_z - u_z v_y)\big)$

$= (u_x^2 v_y^2 - u_x u_y v_x v_y - u_x u_z v_x v_z + u_x^2 v_z^2) - (u_x u_y v_x v_y - u_y^2 v_x^2 - u_y^2 v_z^2 + u_y u_z v_y v_z) + (u_z^2 v_x^2 - u_x u_z v_x v_z - u_y u_z v_y v_z + u_z^2 v_y^2)$

$= (u_x^2 v_y^2 - 2u_x v_y u_y v_x + u_y^2 v_x^2) + (u_x^2 v_z^2 - 2u_x v_z u_z v_x + u_z^2 v_x^2) + (u_y^2 v_z^2 - 2u_y v_z u_z v_y + u_z^2 v_y^2)$

$= (u_x v_y - u_y v_x)^2 + (u_x v_z - u_z v_x)^2 + (u_y v_z - u_z v_y)^2 = |\boldsymbol{w}|^2 > 0.$ ✓

Lösung 36.13

a) E hat eine Parameter-Darstellung $\boldsymbol{r}(s,t) = \boldsymbol{r}_o + s\boldsymbol{d}_1 + t\boldsymbol{d}_2$. $\boldsymbol{n} = (n_x, n_y, n_z)^\top = \boldsymbol{d}_1 \times \boldsymbol{d}_2$ ist ein Normalen-Vektor von E. Die Konstante d in $E : n_x x + n_y y + n_z z + d = 0$ bestimmt sich aus dem Umstand, dass $\boldsymbol{r}_o$ ein Punkt der Ebene ist: $d = -n_x x_o - n_y y_o - n_z z_o$. Also ist $n_x(x - x_o) + n_y(y - y_o) + n_z(z - z_o) = 0$ die allgemeine Ebenen-Gleichung von E.

b) Mit $ax_o + by_o + cz_o + d = 0$ ist $\boldsymbol{r}_o = (x_o, y_o, z_o)^\top$ ein Punkt der Ebene E mit einer Normalen $\boldsymbol{n} = (a, b, c)^\top \neq \boldsymbol{0}$. Sei etwa $a \neq 0$. Dann ist $\boldsymbol{r}_1 = (-\frac{d}{a}, 0, 0)^\top$ der x-Achsen-Abschnitt von E. $\boldsymbol{r}_o$ und $\boldsymbol{r}_1$ sind Punkte von E, also sind $\boldsymbol{d}_1 = \boldsymbol{r}_1 - \boldsymbol{r}_o$ und $\boldsymbol{d}_2 = \boldsymbol{d}_1 \times \boldsymbol{n}$ zwei Richtungsvektoren von E.

Lösung 36.14

a) Die Ebene E_1 hat eine (normierte) Normale $\boldsymbol{n}_1 = (a_1, b_1, c_1)^\top$. Mit $\boldsymbol{r} = (x, y, z)^\top$ gilt also $\boldsymbol{n}_1 \cdot \boldsymbol{r} = -d_1$ für jeden Punkt $\boldsymbol{r}$ von E_1. Die Ebene E_2 hat eine (normierte) Normale $\boldsymbol{n}_2 = (a_2, b_2, c_2)^\top$. Also gilt $\boldsymbol{n}_2 \cdot \boldsymbol{r} = -d_2$ für jeden Punkt $\boldsymbol{r}$ von E_2. Nun ist $\boldsymbol{d} = \boldsymbol{n}_1 \times \boldsymbol{n}_2$ ein Richtungsvektor der Schnittgeraden g. Ein Punkt $\boldsymbol{r}_o$ der Schnittgeraden ist etwa der Schnitt von E_1 und E_2 mit der Ursprungsebene $E : \boldsymbol{r}(t_1, t_2) = t_1\boldsymbol{n}_1 + t_2\boldsymbol{n}_2$, die senkrecht sowohl auf E_1 wie auch auf E_2 steht. Der Punkt $\boldsymbol{r}_o = \boldsymbol{r}(t_{1_o}, t_{2_o})$ liegt zugleich auf E_1 und auf E_2 genau dann, wenn mit normierten Normalen-Vektoren zugleich $\boldsymbol{n}_1 \cdot \boldsymbol{r}_o = -d_1$ $\Leftrightarrow t_{1_o} + t_{2_o}\boldsymbol{n}_1 \cdot \boldsymbol{n}_2 = -d_1$ und $\boldsymbol{n}_2 \cdot \boldsymbol{r}_o = -d_2 \Leftrightarrow t_{1_o}\boldsymbol{n}_1 \cdot \boldsymbol{n}_2 + t_{2_o} = -d_2$ gilt, d.h. $\begin{pmatrix} 1 & \boldsymbol{n}_1 \cdot \boldsymbol{n}_2 \\ \boldsymbol{n}_1 \cdot \boldsymbol{n}_2 & 1 \end{pmatrix} \begin{pmatrix} t_{1_o} \\ t_{2_o} \end{pmatrix} = -\begin{pmatrix} d_1 \\ d_2 \end{pmatrix}$ mit der Lösung $\begin{pmatrix} t_{1_o} \\ t_{2_o} \end{pmatrix} = \frac{-1}{1-(\boldsymbol{n}_1 \cdot \boldsymbol{n}_2)^2} \begin{pmatrix} 1 & -\boldsymbol{n}_1 \cdot \boldsymbol{n}_2 \\ -\boldsymbol{n}_1 \cdot \boldsymbol{n}_2 & 1 \end{pmatrix} \begin{pmatrix} d_1 \\ d_2 \end{pmatrix} =$ $\frac{1}{1-(\boldsymbol{n}_1 \cdot \boldsymbol{n}_2)^2} \begin{pmatrix} (\boldsymbol{n}_1 \cdot \boldsymbol{n}_2)d_2 - d_1 \\ (\boldsymbol{n}_1 \cdot \boldsymbol{n}_2)d_1 - d_2 \end{pmatrix}$. Die Schnittgerade hat also die Parameter-Darstellung $\boldsymbol{r}(t) = \boldsymbol{r}_o + t\boldsymbol{d} = t_{1_o}\boldsymbol{n}_1 + t_{2_o}\boldsymbol{n}_2 + t\boldsymbol{n}_1 \times \boldsymbol{n}_2$. Die Schnittgerade existiert nur dann, wenn die beiden Normalen-

Vektoren linear unabhängig sind. Anderenfalls sind die beiden Ebenen parallel oder identisch.

b) Der Abstand der beiden Ebenen ist nur dann positiv, wenn die Ebenen parallel und nicht identisch sind, speziell gilt also $\boldsymbol{n}_2 = \lambda \boldsymbol{n}_1$ für ein $\lambda \in \mathbb{R}$ und $\lambda \in \{\pm 1\}$, da beide Normalen-Vektoren als normiert angenommen werden. Sei $\lambda = 1$ (der Fall $\lambda = -1$ ist analog zu behandeln). Dann ist der Abstand a der beiden Ebenen gerade gleich der Länge des Lotes von einem Punkt der einen Ebene auf die andere Ebene, etwa von $\boldsymbol{r}_o = (0, 0, -\frac{d_1}{c_1})^\top$ (falls $c_1 \neq 0$) in E_1 auf E_2. Der Lotfußpunkt $\boldsymbol{f}$ ist der Schnittpunkt $\boldsymbol{r}(t_o)$ der Lotgeraden $g : \boldsymbol{r}(t) = \boldsymbol{r}_o + t\boldsymbol{n}_1$ durch $\boldsymbol{r}_o$ senkrecht zu E_1 mit E_2, d.h. $\boldsymbol{r}(t_o) \cdot \boldsymbol{n}_2 = (\boldsymbol{r}_o + t_o \boldsymbol{n}_1) \cdot \boldsymbol{n}_1 = -d_2$, damit $t_o = -d_2 - \boldsymbol{r}_o \cdot \boldsymbol{n}_1$ und $\boldsymbol{f} = \boldsymbol{r}(t_o) = \boldsymbol{r}_o + t_o \boldsymbol{n}_1$ sowie $a = |\boldsymbol{f} - \boldsymbol{r}_o| = |t_o \boldsymbol{n}_1| = |t_o| = |\boldsymbol{r}_o \cdot \boldsymbol{n}_1 + d_2|$, vgl. auch Aufgabe 36.10.

Lösung 36.15

a) Erstens sind die Abstände der Punkte $\boldsymbol{a}$ und $\boldsymbol{c}$ von $\boldsymbol{b}$ identisch. Die beiden Viereck-Seiten sind nämlich gleich lang: $|\boldsymbol{b} - \boldsymbol{a}|^2 = (4-1)^2 + (-3+4)^2 + 0^2 = 9 + 1 = 10$ und $|\boldsymbol{c} - \boldsymbol{b}|^2 = (3-4)^2 + (0+3)^2 + 0^2 1 + 9 = 10$.
Zweitens sind die beiden Seiten $\boldsymbol{b} - \boldsymbol{a}$ und $\boldsymbol{b} - \boldsymbol{c}$ rechtwinklig: $(\boldsymbol{b} - \boldsymbol{a}) \cdot (\boldsymbol{b} - \boldsymbol{c}) = (4-1, -3+4, 0)^\top \cdot (4-3, -3, 0)^\top = (3, 1, 0)^\top \cdot (1, -3, 0)^\top = 0$.

b) Aus $\boldsymbol{d} - \boldsymbol{a}$ parallel zu $\boldsymbol{c} - \boldsymbol{b}$ folgt $\boldsymbol{d} = \boldsymbol{a} + (\boldsymbol{c} - \boldsymbol{b}) = (1, -4, 1)^\top + (-1, 3, 0)^\top = (0, -1, 1)^\top$.
Probe: Die vier Punkte liegen in der Ebene $z = 1$. Alle vier Seiten sind gleich lang: $|\boldsymbol{d} - \boldsymbol{c}|^2 = (0-3)^2 + (-1-0)^2 + 0^2 = 9 + 1 = 10$ und $|\boldsymbol{a} - \boldsymbol{d}|^2 = (1-0)^2 + (-4+1)^2 + 0^2 = 1 + 9 = 10$.
Es entstehen drei rechte Winkel: $(\boldsymbol{c} - \boldsymbol{b}) \cdot (\boldsymbol{d} - \boldsymbol{c}) = (-1, 3, 0)^\top \cdot (-3, -1, 0)^\top = 0$, $(\boldsymbol{d} - \boldsymbol{c}) \cdot (\boldsymbol{a} - \boldsymbol{d}) = (-3, -1, 0)^\top \cdot (1, -3, 0)^\top = 0$ und $(\boldsymbol{a} - \boldsymbol{d}) \cdot (\boldsymbol{b} - \boldsymbol{a}) = (1, -3, 0)^\top \cdot (3, 1, 0)^\top = 0$

c) Die Spitze $\boldsymbol{t} = (t_x, t_y, t_z)^\top$ einer geraden Pyramide mit quadratischer Grundfläche $\square(\boldsymbol{a}, \boldsymbol{b}, \boldsymbol{c}, \boldsymbol{d})$ liegt senkrecht über dem Schwerpunkt $\boldsymbol{s} = \frac{1}{4}(\boldsymbol{a} + \boldsymbol{b} + \boldsymbol{c} + \boldsymbol{d}) = \frac{1}{4}(8, -8, 4)^\top = (2, -2, 1)^\top$ der Grundfläche, so dass die entstehenden Seiten $\sqrt{10}$ LE lang sind. Für $\boldsymbol{t} = (2, -2, t_z)^\top$ gilt $|\boldsymbol{t} - \boldsymbol{a}|^2 = (2-1)^2 + (-2+4)^2 + (t_z - 1)^2 = 1 + 4 + (t_z - 1)^2 = 10 \Leftrightarrow (t_z - 1)^2 = 5 \Leftrightarrow |t_z - 1| = \sqrt{5}$. Für $t_{x_+} = 1 + \sqrt{5}$ liegt die Spitze $\boldsymbol{t}$ über, für $t_{x_-} = 1 - \sqrt{5}$ liegt die Spitze unter dem Quadrat $\square(\boldsymbol{a}, \boldsymbol{b}, \boldsymbol{c}, \boldsymbol{d})$, s. Bild 36.13.

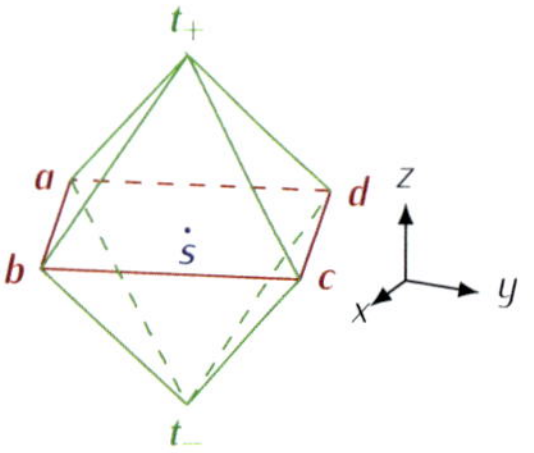

Bild 36.13: Gleichseitige Pyramiden mit quadratischer Grundfläche $\square(\boldsymbol{a}, \boldsymbol{b}, \boldsymbol{c}, \boldsymbol{d})$ und Spitzen $t_\pm$. Die Vereinigung der beiden Pyramiden ist das reguläre Oktaeder (Achtflach), einer der fünf Platonischen Körper.

Lösung 36.16

a) Wegen $(x' - x)d_x + (y' - y)d_y = 0$ und $\frac{1}{2}(\boldsymbol{r} + \boldsymbol{r}') = \left(\frac{x + x'}{2}, \frac{y + y'}{2}\right) = \boldsymbol{g}_o + c\boldsymbol{d}$, d.h. $\frac{1}{2}(x + x') = x_o + cd_x$ und $\frac{1}{2}(y + y') = y_o + cd_y$ oder eben $x' = 2x_o + 2cd_x - x$ und $y' = 2y_o + 2cd_y - y$ gilt $x' - x = 2(x_o + cd_x - x)$ und $y' - y = 2(y_o + cd_y - y)$, so dass sich eingesetzt $2(x_o + cd_x - x)d_x + 2(y_o + cd_y - y)d_y = 0$ oder

$(d_x^2 + d_y^2)c = |\boldsymbol{d}|^2 c = (x - x_o)d_x + (y - y_o)d_y = (\boldsymbol{r} - \boldsymbol{g}_o) \cdot \boldsymbol{d}$
und damit $c = \frac{(\boldsymbol{r}-\boldsymbol{g}_o)\cdot \boldsymbol{d}}{|\boldsymbol{d}|^2}$ ergibt sowie $\boldsymbol{r}' = 2\boldsymbol{g}_o - \boldsymbol{r} + 2\frac{(\boldsymbol{r}-\boldsymbol{g}_o)\cdot \boldsymbol{d}}{|\boldsymbol{d}|^2}\boldsymbol{d}$:
$x' = 2x_o - x + 2\frac{(\boldsymbol{r}-\boldsymbol{g}_o)\cdot \boldsymbol{d}}{|\boldsymbol{d}|^2} d_x$ und $y' = 2y_o - y + 2\frac{(\boldsymbol{r}-\boldsymbol{g}_o)\cdot \boldsymbol{d}}{|\boldsymbol{d}|^2} d_y$.

b) $x'' = 2x_o - x' + 2\frac{(\boldsymbol{r}'-\boldsymbol{g}_o)\cdot \boldsymbol{d}}{|\boldsymbol{d}|^2} d_x = 2x_o - \left(2x_o - x + 2\frac{(\boldsymbol{r}-\boldsymbol{g}_o)\cdot \boldsymbol{d}}{|\boldsymbol{d}|^2} d_x\right) + 2\frac{(\boldsymbol{r}'-\boldsymbol{g}_o)\cdot \boldsymbol{d}}{|\boldsymbol{d}|^2} d_x = x + 2\frac{(\boldsymbol{r}'-\boldsymbol{g}_o)\cdot \boldsymbol{d} - (\boldsymbol{r}-\boldsymbol{g}_o)\cdot \boldsymbol{d}}{|\boldsymbol{d}|^2} d_x = x + 2\frac{(\boldsymbol{r}'-\boldsymbol{r})\cdot \boldsymbol{d}}{|\boldsymbol{d}|^2} d_x = x$ und
$y'' = 2y_o - y' + 2\frac{(\boldsymbol{r}'-\boldsymbol{g}_o)\cdot \boldsymbol{d}}{|\boldsymbol{d}|^2} d_y = 2y_o - \left(2y_o - y + 2\frac{(\boldsymbol{r}-\boldsymbol{g}_o)\cdot \boldsymbol{d}}{|\boldsymbol{d}|^2} d_y\right) + 2\frac{(\boldsymbol{r}'-\boldsymbol{g}_o)\cdot \boldsymbol{d}}{|\boldsymbol{d}|^2} d_y = y + 2\frac{(\boldsymbol{r}'-\boldsymbol{g}_o)\cdot \boldsymbol{d} - (\boldsymbol{r}-\boldsymbol{g}_o)\cdot \boldsymbol{d}}{|\boldsymbol{d}|^2} d_y = y + 2\frac{(\boldsymbol{r}'-\boldsymbol{r})\cdot \boldsymbol{d}}{|\boldsymbol{d}|^2} d_y = y$.

c) Die Ergebnisse lassen sich eins-zu-eins auf den $\mathbb{R}^3$ übertragen: Sei $g : \boldsymbol{g}(t) = \boldsymbol{g}_o + t\boldsymbol{d}$ mit $\boldsymbol{g}_o = (x_o, y_o, z_o)^\top$ und $\boldsymbol{d} = (d_x, d_y, d_z)^\top$ eine Gerade im Raum. Der Punkt $\boldsymbol{r} = (x, y, z)^\top$ wird durch Spiegeln in $\boldsymbol{r}' = (x', y', z')^\top$ überführt, wenn wie in Teil a) $\boldsymbol{r}' = 2\boldsymbol{g}_o - \boldsymbol{r} + 2\frac{(\boldsymbol{r}-\boldsymbol{g}_o)\cdot \boldsymbol{d}}{|\boldsymbol{d}|^2}\boldsymbol{d}$ gesetzt wird.
Probe: Erstens, $\frac{1}{2}(\boldsymbol{r}+\boldsymbol{r}')$ liegt auf der Geraden g, weil $\frac{1}{2}(\boldsymbol{r}+\boldsymbol{r}') = \boldsymbol{g}_o + t_o\boldsymbol{d}$ für $t_o = \frac{(\boldsymbol{r}-\boldsymbol{g}_o)\cdot \boldsymbol{d}}{|\boldsymbol{d}|^2}$ gilt und damit der Mittelpunkt der Strecke $\overline{\boldsymbol{r}\boldsymbol{r}'}$ auf der Geraden g liegt. Zweitens steht $\boldsymbol{r}' - \boldsymbol{r}$ senkrecht auf dem Richtungsvektor $\boldsymbol{d}$, weil $(\boldsymbol{r}' - \boldsymbol{r}) \cdot \boldsymbol{d} = 2\left(\boldsymbol{g}_o - 2\boldsymbol{r} + \frac{(\boldsymbol{r}-\boldsymbol{g}_o)\cdot \boldsymbol{d}}{|\boldsymbol{d}|^2}\boldsymbol{d}\right) \cdot \boldsymbol{d} = 2(\boldsymbol{g}_o - \boldsymbol{r}) \cdot \boldsymbol{d} + 2\frac{(\boldsymbol{r}-\boldsymbol{g}_o)\cdot \boldsymbol{d}}{|\boldsymbol{d}|^2}(\boldsymbol{d} \cdot \boldsymbol{d}) = 0$ gilt.

Lösung 36.17 Die Lichtquelle befindet sich in $\boldsymbol{s} = (0, 0, s_z)^\top$ mit $s_z > 1$ oberhalb der Einheitskugel $x^2+y^2+z^2 = 1$ im Ursprung. Sie definiert einen Lichtkegel $x^2+y^2 = c(z-s_z)^2$ mit Spitze $\boldsymbol{s}$ und einer Konstanten c, so dass er die Einheitskugel in einem Kreis berührt. In der y-z-Ebene $x = 0$ verlaufen die Tangenten $b_y y + b_z z = 1$ durch $(0, s_z)$ genau dann, wenn $b_z = \frac{1}{s_z}$ und $b_y = \pm\sqrt{1 - b_z^2}$ gilt. In die Gleichung des Kegels eingesetzt, ergibt sich $c = \frac{1}{s_z^2-1}$, s. Bild 36.14.
Die Projektionsebene enthalte die Gerade durch $\boldsymbol{p} = (0, 0, p_z)^\top$ mit $p_z < -1$ parallel zur x-Achse. Mit dem normierten Normalen-Vektor $\boldsymbol{n}_n = \big(0, \sin(\vartheta), \cos(\vartheta)\big)^\top$ sind die Punkte $\boldsymbol{r} = (x, y, z)^\top$ der Projektionsebene durch $(\boldsymbol{r}-\boldsymbol{p}) \cdot \boldsymbol{n}_n = 0$ charakterisiert, d.h. durch die Gleichung $x \cdot 0 + y \sin(\vartheta) + (z-p_z)\cos(\vartheta) = 0$ oder $z = p_z - \tan(\vartheta)\, y$.
In der Projektionsebene gilt also $x^2 + y^2 = c\big((p_z - s_z) - \tan(\vartheta) y\big)^2$

$$\Leftrightarrow x^2 + \big(1 - c\tan^2(\vartheta)\big)y^2 + 2c(p_z - s_z)\tan(\vartheta) y = c(p_z - s_z)^2$$

$$\Leftrightarrow x^2 + \big(1 - c\tan^2(\vartheta)\big)\left(y^2 + 2\frac{c(p_z-s_z)\tan(\vartheta)}{1-c\tan^2(\vartheta)}y + \frac{c^2(p_z-s_z)^2\tan^2(\vartheta)}{(1-c\tan^2(\vartheta))^2}\right)$$

$$= c(p_z - s_z)^2 + \frac{c^2(p_z-s_z)^2\tan^2(\vartheta)}{1-c\tan^2(\vartheta)}\frac{c(p_z-s_z)^2}{1-c\tan^2(\vartheta)} =: d$$

$$\Leftrightarrow x^2 + \big(1 - c\tan^2(\vartheta)\big)\left(y + \frac{c(p_z-s_z)\tan(\vartheta)}{1-c\tan^2(\vartheta)}\right)^2 = d \qquad \text{solange } d > 0$$

$$\Leftrightarrow \frac{x^2}{\sqrt{d}^2} + \frac{1-c\tan^2(\vartheta)}{d}\left(y + \frac{c(p_z-s_z)\tan(\vartheta)}{1-c\tan^2(\vartheta)}\right)^2 = 1,$$

was für $\frac{1-c\tan^2(\vartheta)}{d} > 0$ in der Projektion auf die x-y-Ebene eine

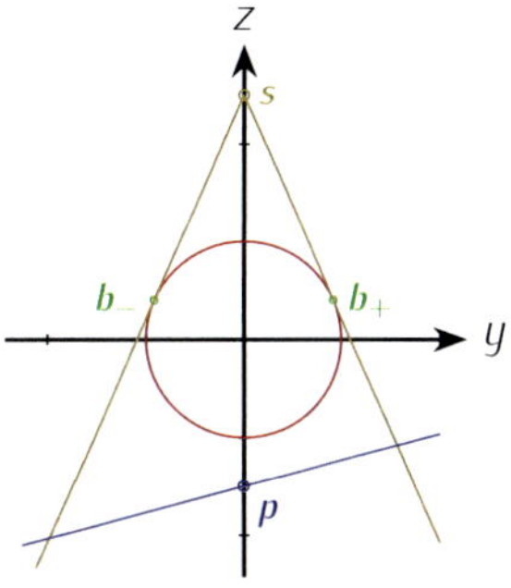

Bild 36.14: Lichtkegel und Einheitskugel sowie Projektionsebene im Schnitt mit der y-z-Ebene

Ellipse um $\boldsymbol{m} = \left(0, m_y, m_z\right)^\top$ mit $m_y = -\frac{c(p_z - s_z)\tan(\vartheta)}{1 - c\tan^2(\vartheta)}$ und $m_z = p_z - \tan(\vartheta)\, m_y$ und mit Achsen-parallelen Halbachsen $a = \sqrt{d}$ und $b = \sqrt{\frac{d}{1 - c\tan^2(\vartheta)}}$ darstellt. Die Ellipse berandet den Schatten, den die Einheitskugel bei Beleuchtung durch die Punkt-förmige Lichtquelle in $\boldsymbol{s}$ auf die Projektionsebene $(\boldsymbol{r} - \boldsymbol{p}) \cdot \boldsymbol{n}_n = 0$ wirft.

Joseph-Louis Lagrange (1736-1813)

Lösung 36.18 Mit $\boldsymbol{a} = (a_x, a_y, a_z)^\top$ und $\boldsymbol{b} = (b_x, b_y, b_z)^\top$ gilt für die linke Seite der Lagrange Gleichung

$$\begin{aligned}
|\boldsymbol{a}|^2|\boldsymbol{b}|^2 - (\boldsymbol{a} \cdot \boldsymbol{b})^2 &= (a_x^2 + a_y^2 + a_z^2)(b_x^2 + b_y^2 + b_z^2) - (a_x b_x + a_y b_y + a_z b_z)^2 \\
&= a_x^2 b_x^2 + a_x^2 b_y^2 + a_x^2 b_z^2 + a_y^2 b_x^2 + a_y^2 b_y^2 + a_y^2 b_z^2 + a_z^2 b_x^2 + a_z^2 b_y^2 + a_z^2 b_z^2 - (a_x^2 b_x^2 + a_y^2 b_y^2 + a_z^2 b_z^2) - 2(a_x b_x a_y b_y + a_x b_x a_z b_z + a_y b_y a_z b_z) \\
&= a_x^2 b_y^2 + a_x^2 b_z^2 + a_y^2 b_x^2 + a_y^2 b_z^2 + a_z^2 b_x^2 + a_z^2 b_y^2 - 2(a_x b_x a_y b_y + a_x b_x a_z b_z + a_y b_y a_z b_z)
\end{aligned}$$

und für die rechte Seite der Lagrange Gleichung

$$\begin{aligned}
|\boldsymbol{a} \times \boldsymbol{b}|^2 &= (a_y b_z - a_z b_y)^2 + (a_z b_x - a_x b_z)^2 + (a_x b_y - a_y b_x)^2 \\
&= a_y^2 b_z^2 - 2a_y b_z a_z b_y + a_z^2 b_y^2 + a_z^2 b_x^2 - 2a_z b_x a_x b_z + a_x^2 b_z^2 + a_x^2 b_y^2 - 2a_x b_y a_y b_x + a_y^2 b_x^2 \\
&= a_y^2 b_z^2 + a_z^2 b_y^2 + a_z^2 b_x^2 + a_x^2 b_z^2 + a_x^2 b_y^2 + a_y^2 b_x^2 - 2(a_y b_z a_z b_y + a_z b_x a_x b_z + a_x b_y a_y b_x).
\end{aligned}$$

Die beiden Seiten stimmen überein: $|\boldsymbol{a} \times \boldsymbol{b}|^2 = |\boldsymbol{a}|^2|\boldsymbol{b}|^2 - (\boldsymbol{a} \cdot \boldsymbol{b})^2$.

Alternativ ergibt sich mit $\boldsymbol{a} \cdot \boldsymbol{b} = |\boldsymbol{a}|\,|\boldsymbol{b}|\cos\left(\angle(\boldsymbol{a}, \boldsymbol{b})\right)$ und $|\boldsymbol{a} \times \boldsymbol{b}| = |\boldsymbol{a}|\,|\boldsymbol{b}|\sin\left(\angle(\boldsymbol{a}, \boldsymbol{b})\right)$ mühelos $|\boldsymbol{a}|^2|\boldsymbol{b}|^2 - (\boldsymbol{a} \cdot \boldsymbol{b})^2 = |\boldsymbol{a}|^2|\boldsymbol{b}|^2\left(1 - \cos^2\left(\angle(\boldsymbol{a}, \boldsymbol{b})\right)\right) = |\boldsymbol{a}|^2|\boldsymbol{b}|^2\sin^2\left(\angle(\boldsymbol{a}, \boldsymbol{b})\right) = |\boldsymbol{a} \times \boldsymbol{b}|^2$.

Lösung 36.19

a) Die Ebene E durch $\boldsymbol{r}_o$ aufgespannt von $\boldsymbol{d}_1$ und $\boldsymbol{d}_2$ ist durch $(\boldsymbol{r} - \boldsymbol{r}_o) \cdot \boldsymbol{n} = 0$ mit Normalen-Vektor $\boldsymbol{n} = \boldsymbol{d}_1 \times \boldsymbol{d}_2$ charakterisiert. Der Abstand der beiden Geraden ist also $d(g_1, g_2) = d(\boldsymbol{q}_o, E) = |(\boldsymbol{r}_o - \boldsymbol{q}_o)\boldsymbol{n}_n|$ mit $\boldsymbol{n}_n = \frac{\boldsymbol{d}_1 \times \boldsymbol{d}_2}{|\boldsymbol{d}_1 \times \boldsymbol{d}_2|}$.

b) $\boldsymbol{r}(t) = \boldsymbol{q}(s)$ impliziert in der x-Koordinate: $t = 0$, in der z-Koordinate: $s = 0$ und in der y-Koordinate: $c = 0$, so dass sich für $c = 0$ der Ursprung als Schnittpunkt ergibt.
Der Abstand d der windschiefen Geraden $\boldsymbol{r}(t)$ und $\boldsymbol{q}(s)$ beträgt $d = \left|\left(\boldsymbol{r}(0) - \boldsymbol{q}(0)\right) \cdot \boldsymbol{n}_n\right|$, wobei $\boldsymbol{n}$ senkrecht auf jedem der beiden Richtungsvektoren $\boldsymbol{d}_1$ und $\boldsymbol{d}_2$ steht und $\boldsymbol{n}_n = \frac{1}{|\boldsymbol{n}|}\boldsymbol{n}$ ein normierte Normalen-Vektor ist, d.h. $\boldsymbol{n} = (1, 1, 0)^\top \times (0, 1, 1)^\top = \begin{vmatrix} \boldsymbol{e}_x & \boldsymbol{e}_y & \boldsymbol{e}_z \\ 1 & 1 & 0 \\ 0 & 1 & 1 \end{vmatrix} = \begin{pmatrix} 1 \\ -1 \\ 1 \end{pmatrix}$ mit $|\boldsymbol{n}| = \sqrt{3}$ und $\boldsymbol{n}_n = \frac{\sqrt{3}}{3}(1, -1, 1)^\top$.
Damit gilt $a = d(g_1, g_2) = |2c\frac{\sqrt{3}}{3}(-1)| = \frac{2}{3}\sqrt{3}|c|$. Für $|c| = \frac{\sqrt{3}}{2}$ ist der Abstand a von $\boldsymbol{r}(t)$ und $\boldsymbol{q}(s)$ gerade 1.

Lösung 36.20

a) *Elliptische Paraboloide* sind durch $ax^2 + by^2 + cz = 0$ mit $0 < a, b$ und $c \neq 0$ gegeben: wegen $ax^2 + by^2 \geq 0$ bestimmt das Vorzeichen von c, ob das Paraboloid nach oben ($c < 0$) oder nach unten geöffnet ($c > 0$) ist. Hier sei $c = -|c| < 0$. (Der andere Fall ist analog zu behandeln.)
- ▷ Schnitt von $ax^2 + by^2 = |c|z$ mit der x-y-Ebene $z = 0$ ist wegen $ax^2 + by^2 = 0$ der Ursprung.
- ▷ Schnitt von $ax^2 + by^2 = |c|z$ mit der x-z-Ebene $y = 0$ ist wegen $ax^2 = |c|z$ die Parabel $z = \frac{a}{|c|}x^2$ in der x-z-Ebene.
- ▷ Schnitt von $ax^2 + by^2 = |c|z$ mit der y-z-Ebene $x = 0$ ist wegen $by^2 = |c|z$ die Parabel $z = \frac{b}{|c|}y^2$ in der y-z-Ebene.
- ▷ Schnitt von $ax^2 + by^2 = |c|z$ mit Parallelen zur x-y-Ebene $z = h > 0$ ist wegen $ax^2 + by^2 = |c|h \Leftrightarrow \frac{x^2}{|c|h/a} + \frac{y^2}{|c|h/b} = 1$ die Ellipse um den Ursprung mit Achsen-parallelen Halbachsen $A = \sqrt{\frac{|c|h}{a}}$ und $B = \sqrt{\frac{|c|h}{b}}$ in der Ebene $z = h$.
- ▷ Schnitt von $ax^2 + by^2 = |c|z$ mit der die z-Achse enthaltenden Ebene $E : y = mx$ ist wegen $|c|z = ax^2 + bm^2x^2 = (a + bm^2)x^2$ die nach oben geöffnete Parabel $z = \frac{a+bm^2}{|c|}x^2$.
- ▷ Wegen $aA^2(h)\cos^2(\varphi) + bB^2(h)\sin^2(\varphi) = a\frac{|c|h}{a}\cos^2(\varphi) + b\frac{|c|h}{b}\sin^2(\varphi) = |c|h\cos^2(\varphi) + |c|h\sin^2(\varphi) = |c|h$ ist

$$\boldsymbol{r}(\varphi, h) = \big(A(h)\cos(\varphi), B(h)\sin(\varphi), h\big)^\top$$

mit $A(h) = \sqrt{\frac{|c|h}{a}}$ und $B(h) = \sqrt{\frac{|c|h}{b}}$ eine Parameter-Darstellung des elliptischen Paraboloids um die z-Achse mit Scheitel im Ursprung.

S. Bild 36.15.

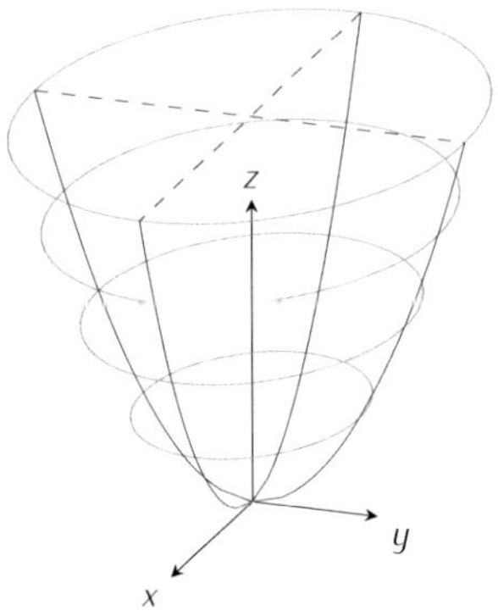

Bild 36.15: Elliptisches Paraboloid $ax^2 + by^2 = |c|\,z^2$, $a, b > 0$ hat als eine Parameter-Darstellung $\boldsymbol{r}(z,\varphi) = \big(A(z)\cos(\varphi), B(z)\sin(\varphi), z\big)^\top$ mit Isolinien und Schnitten mit $y = mx$.

b) *Hyperbolische Paraboloide* sind durch $ax^2 + by^2 + cz = 0$ mit $b < 0 < a$ und $c \neq 0$ gegeben. Sie sind Sattel-Flächen. Das Vorzeichen von c bestimmt, ob der Reiter aufrecht oder Kopfüber im Sattel sitzt/hängt. Anders ausgedrückt: das Vorzeichen von c bestimmt, ob die Isolinien zum Niveau $z = h > 0$ Hyperbeln in erster oder zweiter Hauptlage sind. Hier sei $c = -|c| < 0$. (Der andere Fall ist analog zu behandeln.)
- ▷ Schnitt von $ax^2 - |b|y^2 = |c|z$ mit der x-y-Ebene $z = 0$ ist wegen $ax^2 = by^2$ das Paar von Ursprungsgeraden $y = \pm\sqrt{\frac{a}{|b|}}x$.
- ▷ Schnitt von $ax^2 - |b|y^2 = |c|z$ mit der x-z-Ebene $y = 0$ ist wegen $ax^2 = |c|z$ die Parabel $z = \frac{a}{|c|}x^2$ in der x-z-Ebene.
- ▷ Schnitt von $ax^2 - |b|y^2 = |c|z$ mit der y-z-Ebene $x = 0$ ist wegen $-|b|y^2 = |c|z$ die Parabel $z = -\frac{|b|}{|c|}y^2$ in der y-z-Ebene.

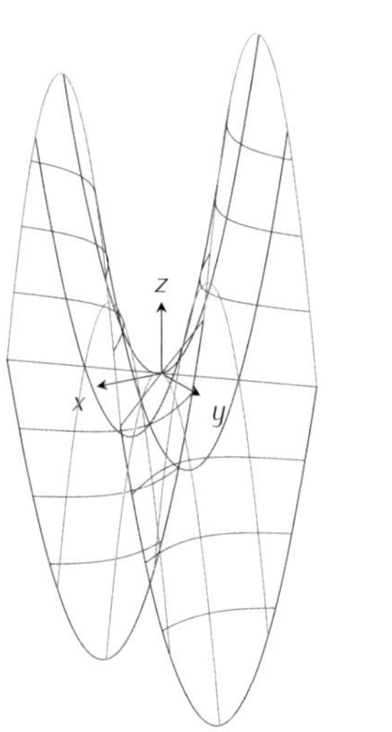

Bild 36.16: Das hyperbolische Paraboloid $ax^2 - |b|y^2 = |c|\,z^2$ mit $b, c < 0 < a$ hat als eine Parameter-Darstellung $\boldsymbol{r}(\varphi, z) = \big(A(z)\cosh(\varphi), B(z)\sinh(\varphi), z\big)^\top$. Schnitte mit Ebenen $x = x_0$ und Schnitte mit $y = y_0$ sind Parabeln. Isolinien, d.h. Schnitte mit $z = z_0 \neq 0$ sind Hyperbeln, Schnitt mit $z = 0$ ist ein Paar von Ursprungsgeraden.

- ▷ Schnitt von $ax^2 - |b|y^2 = |c|z$ mit Parallelen $z = h > 0$ zur x-y-Ebene ist wegen $ax^2 - |b|y^2 = |c|h \Leftrightarrow \frac{x^2}{|c|h/a} - \frac{y^2}{|c|h/|b|} = 1$ die Hyperbel um den Ursprung mit Achsen-parallelen Halbachsen $A = \sqrt{\frac{|c|h}{a}}$ und $B = \sqrt{\frac{|c|h}{|b|}}$ in der Ebene $z = h$.
- ▷ Schnitt von $ax^2 - |b|y^2 = |c|z$ mit der die z-Achse enthaltenden Ebene $E : y = mx$ ist wegen $|c|z = ax^2 - |b|m^2x^2 = (a - |b|m^2)x^2$ die Parabel $z = \frac{a-|b|m^2}{|c|}x^2$, die je nach Vorzeichen von $a - |b|m^2$ nach oben ($a > |b|m^2$) oder nach unten ($a < |b|m^2$) geöffnet ist.
- ▷ Wegen $aA^2(h)\cosh^2(\varphi) - |b|B^2(h)\sinh^2(\varphi) = a\frac{|c|h}{a}\cosh^2(\varphi) - |b|\frac{|c|h}{|b|}\sinh^2(\varphi) = |c|h\big(\cosh^2(\varphi) - \sinh^2(\varphi)\big) = |c|h$ ist

$$\boldsymbol{r}(\varphi, h) = \big(A(h)\cosh(\varphi), B(h)\sinh(\varphi), h\big)^{\top}$$

mit $A(h) = \sqrt{\frac{|c|h}{a}}$ und $B(h) = \sqrt{\frac{|c|h}{|b|}}$ eine Parameter-Darstellung des hyperbolischen Paraboloids um die z-Achse mit Scheitel im Ursprung.

S. Bild 36.16.

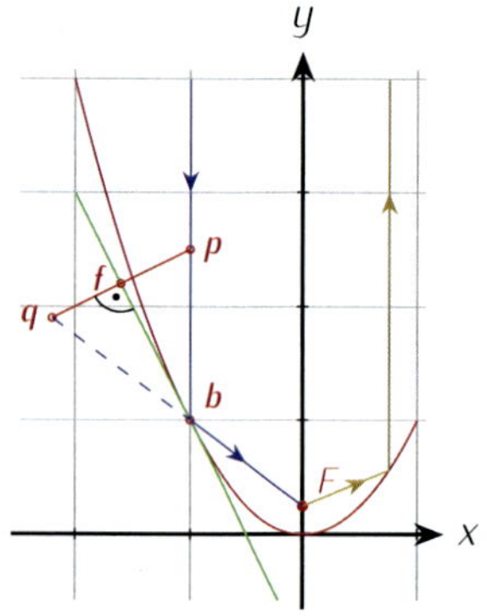

Bild 36.17: Strahlengang im Parabolspiegel: jeder parallel zur Rotationsachse einfallende Strahl wird im Berührpunkt $\boldsymbol{b}$ an der Tangenten reflektiert und verläuft dann durch den Brennpunkt F. Umgekehrt wird jeder vom Brennpunkt ausgehende Strahl vom Parabolspiegel in einen parallel zur Rotationsachse austretenden Strahl reflektiert.

Lösung 36.21 Ein in das Rotationsparaboloid parallel zur Rotationsachse ein- oder ausfallender Strahl legt die Ebene des Geschehens fest: nur der Schnitt des Rotationsparaboloids mit dieser Ebene ist für den Strahlengang relevant.
Der Schnitt ist eine Parabel, etwa $y = cx^2$. Ein einfallender Strahl mit Richtungsvektor $-\boldsymbol{e}_y$ durch $\boldsymbol{p} = (x_o, 2cx_o^2)$ treffe in $\boldsymbol{b} = (x_o, cx_o^2)$ auf das Rotationsparaboloid, dessen Tangentialebene bzw. dessen Tangente einen Richtungsvektor $\boldsymbol{d} = \big(1, y'(x_o)\big) = (1, 2cx_o)$ hat. Der Fußpunkt $\boldsymbol{f}$ des Lotes von $\boldsymbol{p}$ auf die Tangente ist $\boldsymbol{f} = \boldsymbol{b} + \frac{(\boldsymbol{p}-\boldsymbol{b})\cdot\boldsymbol{d}}{|\boldsymbol{d}|^2}\boldsymbol{d}$. Wird $\boldsymbol{p}$ an der Tangenten gespiegelt, ergibt sich $\boldsymbol{q} = 2\boldsymbol{f} - \boldsymbol{p}$. Auf der Geraden durch $\boldsymbol{q}$ und $\boldsymbol{b}$ liegt der Brennpunkt $\big(0, \frac{1}{4c}\big)$. s. Bild 36.17.

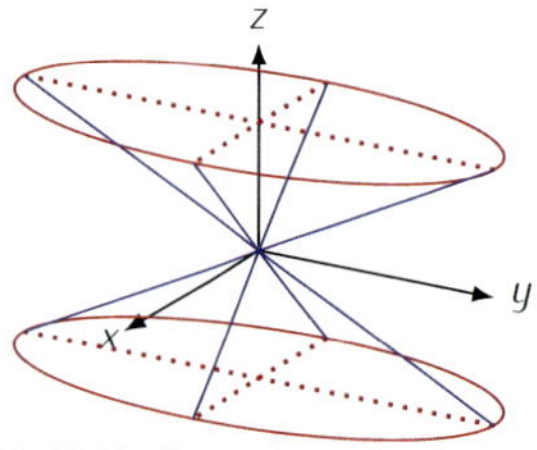

Bild 36.18: Der elliptische Doppelkegel $ax^2 + by^2 = |c|\,z^2$, $a, b > 0$ hat als eine Parameter-Darstellung $\boldsymbol{r}(z,\varphi) = \big(A(z)\cos(\varphi), B(z)\sin(\varphi), z\big)^{\top}$.

Lösung 36.22

a) *elliptischer Doppel-Kegel*
Mit $c < 0$ gilt $ax^2 + by^2 + cz^2 = 0 \Leftrightarrow ax^2 + by^2 = |c|z^2 \Leftrightarrow \frac{x^2}{(z\sqrt{|c|/a})^2} + \frac{y^2}{(z\sqrt{|c|/b})^2} = 1$, die Gleichung einer Ellipse um den Ursprung mit Achsen-parallelen Halbachsen $A(z) = |z|\sqrt{\frac{|c|}{a}}$ und $B(z) = |z|\sqrt{\frac{|c|}{b}}$, was folgende Parameter-Darstellung ergibt.

$$\boldsymbol{r}(\varphi, z) = \big(A(z)\cos(\varphi), B(z)\sin(\varphi), z\big)^{\top}$$

- ▷ Schnitt von $ax^2 + by^2 = |c|z^2$ mit der x-y-Ebene $z = 0$ ist wegen $ax^2 + by^2 = 0$ der Ursprung.
- ▷ Schnitt von $ax^2 + by^2 = |c|z^2$ mit der x-z-Ebene $y = 0$ ist wegen $ax^2 = |c|z^2$ das Paar von Ursprungsgeraden $z = \pm\sqrt{\frac{a}{|c|}}x$ in der x-z-Ebene.
- ▷ Schnitt von $ax^2 + by^2 = |c|z^2$ mit der y-z-Ebene $x = 0$ ist wegen $by^2 = |c|z$ das Paar von Ursprungsgeraden $z = \pm\sqrt{\frac{b}{|c|}}y$ in der y-z-Ebene.
- ▷ Schnitt von $ax^2 + by^2 = |c|z^2$ mit Parallelen $z = h$ zur x-y-Ebene sind – wie oben gezeigt – Ellipsen um den Ursprung mit Achsen-parallelen Halbachsen $A = \sqrt{\frac{|c|h}{a}}$ und $B = \sqrt{\frac{|c|h}{|b|}}$ in der Ebene $z = h$.

S. Bild 36.9 und Bild 36.18.

b) *elliptischer Zylinder*
Mit $d < 0$ gilt $ax^2 + by^2 + d = 0 \Leftrightarrow ax^2 + by^2 = |d|$ $\Leftrightarrow \frac{x^2}{\sqrt{|d|/a}^2} + \frac{y^2}{\sqrt{|d|/b}^2} = 1$, die Gleichung einer Ellipse um den Ursprung mit Achsen-parallelen Halbachsen $A = \sqrt{\frac{|d|}{a}}$ und $B = \sqrt{\frac{|d|}{b}}$ in jeder Ebene parallel zur x-y-Ebene, was

$$\mathbf{r}(\varphi, h) = \big(A\cos(\varphi), B\sin(\varphi), h\big)^\top$$

als eine Parameter-Darstellung impliziert.

- ▷ Schnitt von $ax^2 + by^2 = |d|$ mit Parallelen $z = h$ zur x-y-Ebene sind – wie oben gezeigt – Ellipsen um den Ursprung mit Achsen-parallelen Halbachsen $A = \sqrt{\frac{|d|}{a}}$ und $B = \sqrt{\frac{|d|}{b}}$ in der Ebene $z = h$.
- ▷ Schnitt von $ax^2 + by^2 = |d|$ mit der x-z-Ebene $y = 0$ ist wegen $ax^2 = |d|$ ein Paar von Geraden durch $(\pm\sqrt{a/|d|}, 0, 0)$ parallel zur z-Achse.
- ▷ Schnitt von $ax^2 + by^2 = |d|$ mit der y-z-Ebene $x = 0$ ist wegen $by^2 = |d|$ ein Paar von Geraden durch $(0, \pm\sqrt{b/|d|}, 0)$ parallel zur z-Achse.

S. Bild 36.9 und Bild 36.19.

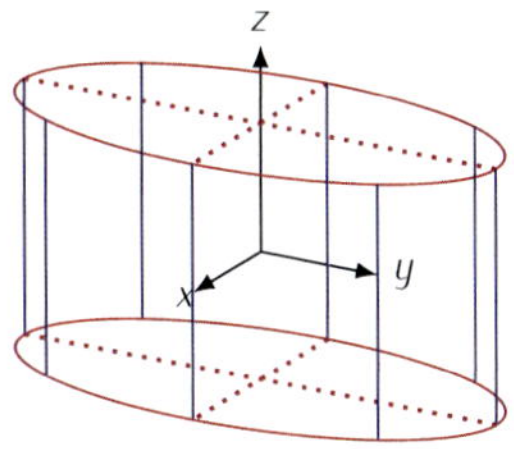

Bild 36.19: Elliptischer Zylinder $\mathbf{r}(\varphi, z) = \big(A\cos(\varphi), B\sin(\varphi), z\big)^\top$ wie ebenso $ax^2 + by^2 = |d|$.

Lösung 36.23 Für das *Ellipsoid* mit $0 < a, b, c$ und $d < 0$ gilt $ax^2 + by^2 + cz^2 + d = 0 \Leftrightarrow ax^2 + by^2 = |d| - cz^2 \Leftrightarrow \frac{x^2}{(|d|-cz^2)/a} + \frac{y^2}{(|d|-cz^2)/b} = 1$. Für $z = h$ und solange $|d| - ch^2 > 0$, d.h. solange $|h| \leq \sqrt{\frac{|d|}{c}}$, ergibt sich also die Ellipse um den Ursprung mit Achsen-parallelen Halbachsen $A = A(z) = \sqrt{\frac{|d|-cz^2}{a}}$ und $B = B(z) = \sqrt{\frac{|d|-cz^2}{b}}$ in der Ebene $z = h$. Mit $A = \sqrt{\frac{|d|}{a}}$, $B = \sqrt{\frac{|d|}{b}}$ und $C = \sqrt{\frac{|d|}{c}}$ ist

$$\boldsymbol{r}(\varphi, \vartheta) = \big(A\cos(\varphi)\sin(\vartheta), B\sin(\varphi)\sin(\vartheta), C\cos(\vartheta)\big)^\top$$

eine Parameter-Darstellung des Ellipsoides, weil $ax^2 + by^2 + cz^2$
$= aA^2\cos^2(\varphi)\sin^2(\vartheta) + bB^2\sin^2(\varphi)\sin^2(\vartheta) + cC^2\cos^2(\vartheta)$
$= a\frac{|d|}{a}\cos^2(\varphi)\sin^2(\vartheta) + b\frac{|d|}{b}\sin^2(\varphi)\sin^2(\vartheta) + c\frac{|d|}{c}\cos^2(\vartheta)$
$= |d|\sin^2(\vartheta)\big(\cos^2(\varphi) + \sin^2(\varphi)\big) + |d|\cos^2(\vartheta)$
$= |d|\big(\sin^2(\vartheta) + \cos^2(\vartheta)\big) = |d|$. ✓

- ▷ Schnitt von $ax^2 + by^2 = |d| - cz^2$ mit der x-y-Ebene $z = 0$ ist die Ellipse $ax^2 + by^2 = |d|$ in der Ebene $z = 0$, s. oben.
- ▷ Schnitt von $ax^2 + by^2 = |d| - cz^2$ mit der x-z-Ebene $y = 0$ ist wegen $ax^2 + cz^2 = |d|$ die Ellipse $\frac{x^2}{|d|/a} + \frac{z^2}{|d|/c} = 1$ mit Achsen-parallelen Halbachsen $A = \sqrt{\frac{|d|}{a}}$ und $C = \sqrt{\frac{|d|}{c}}$.
- ▷ Schnitt von $ax^2 + by^2 = |d| - cz^2$ mit der y-z-Ebene $x = 0$ ist wegen $by^2 + cz^2 = |d|$ die Ellipse $\frac{y^2}{|d|/b} + \frac{z^2}{|d|/c} = 1$ mit Achsen-parallelen Halbachsen $B = \sqrt{\frac{|d|}{b}}$ und $C = \sqrt{\frac{|d|}{c}}$ in der y-z-Ebene, s. Bild 36.9 und Bild 36.20.

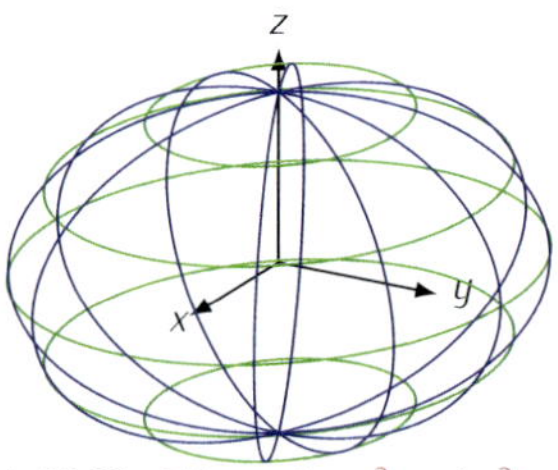

Bild 36.20: Ellipsoid $ax^2 + by^2 + cz^2 = |d|$ mit Isolinien und Schnitten und mit Parameter-Darstellung $\boldsymbol{r}(\varphi, z) = \begin{pmatrix} A\cos(\varphi)\sin(\vartheta) \\ B\sin(\varphi)\sin(\vartheta) \\ C\cos(\vartheta) \end{pmatrix}$.

Lösung 36.24 Im Schnittpunkt $\boldsymbol{s} = (x_o, y_o)$ von g_1 und g_2 gilt $a_1x_o + b_1y_o + c_1 = 0$ und $a_2x_o + b_2y_o + c_2 = 0$, so dass die beiden Geraden $\frac{a_1x+b_1y+c_1}{\sqrt{a_1^2+b_1^2}} = \pm\frac{a_2x+b_2y+c_2}{\sqrt{a_2^2+b_2^2}}$ durch $\boldsymbol{s}$ verlaufen.
Mit $\boldsymbol{r} = (x, y)^\top$ sind die beiden Geraden durch $g_1 : (\boldsymbol{r} - \boldsymbol{s}) \cdot \boldsymbol{n}_1 = 0$ mit Normalen-Vektor $\boldsymbol{n}_1 = \frac{1}{\sqrt{a_1^2+b_1^2}}(a_1, b_1)^\top$ und $g_2 : (\boldsymbol{r} - \boldsymbol{s}) \cdot \boldsymbol{n}_2 = 0$ mit Normalen-Vektor $\boldsymbol{n}_2 = \frac{1}{\sqrt{a_2^2+b_2^2}}(a_2, b_2)^\top$ darzustellen. Bis auf das Vorzeichen entsprechen die Gleichungen der Hesse-Normalform der Geraden. Daher gilt für $\boldsymbol{r} = (x, y)^\top$

$$d(\boldsymbol{r}, g_1) = \left|\frac{a_1x+b_1y+c_1}{\sqrt{a_1^2+b_1^2}}\right| = \left|\frac{a_2x+b_2y+c_2}{\sqrt{a_2^2+b_2^2}}\right| = d(\boldsymbol{r}, g_2)$$

Jeder Punkt auf der durch obige Gleichung charakterisierten Geraden hat also denselben Abstand zu g_1 wie zu g_2: Die Geraden sind die beiden Winkelhalbierenden, s. Bild 36.21.

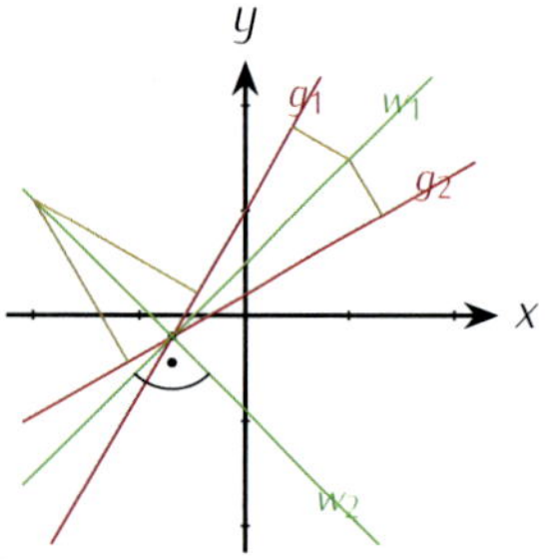

Bild 36.21: Geraden-Paar g_1, g_2 durch $\boldsymbol{s}$ mit zugehörigem Paar orthogonaler Winkelhalbierender w_1, w_2 und zwei Beispielen identischer Abstände

Lösung 36.25 Die folgende Lösung mithilfe der analytischen Geometrie ist hier eher aufwändig.

Der auf den linken Brennpunkt $F_- = (-\sqrt{2}, 0)^\top$ einfallende Lichtstrahl kann als Graph einer Funktion $y = m(x + \sqrt{2})$ für positives m aufgefasst werden. Der Schnittpunkt $\boldsymbol{s} = (s_x, s_y)^\top$ mit dem linken Ast der Einheitshyperbel erfüllt $m(s_x + \sqrt{2}) = +\sqrt{s_x^2 - 1} \Leftrightarrow$ $m^2(s_x^2+2\sqrt{2}\,s_x+2) = s_x^2-1 \leftrightarrow (m^2-1)s_x^2+2\sqrt{2}\,m^2 s_x+2m^2+1 = 0$ $\leftrightarrow s_x^2 + 2\frac{\sqrt{2}\,m^2}{m^2-1}s_x + \frac{2m^2+1}{m^2-1} = 0$ mit der hier interessierenden Lösung $s_x = -\frac{\sqrt{2}\,m^2}{m^2-1} + \frac{\sqrt{2m^4-(2m^2+1)(m^2-1)}}{m^2-1}$, wegen $2m^4-(2m^2+1)(m^2-1) = 2m^2 - m^2 + 1$ also

$s_x = \frac{\sqrt{m^2+1}-m^2\sqrt{2}}{m^2-1}$ und

$s_y = m(s_x+\sqrt{2}) = \frac{m\sqrt{m^2+1}-m^3\sqrt{2}+m\sqrt{2}(m^2-1)}{m^2-1} = \frac{m\sqrt{m^2+1}-m\sqrt{2}}{m^2-1} \geq 0.$

Die Tangente in $\boldsymbol{s}$ an die Einheitshyperbel $g(x) = \pm\sqrt{x^2 - 1}$ ist $y = s_y + g'(s_x)(x - s_x)$ mit $g'(s_x) = \frac{s_x}{\sqrt{s_x^2-1}} = \frac{s_x}{s_y}$ und die Normale ist $y = s_y - \frac{s_y}{s_x}(x - s_x)$. Laut Aufgabe 36.16 wird $\boldsymbol{f}_-$ an der Normalen in $\boldsymbol{f}'_- = 2\boldsymbol{s} - \boldsymbol{f}_- + 2\frac{(\boldsymbol{f}_- - \boldsymbol{s})\cdot \boldsymbol{n}}{|\boldsymbol{n}|^2}\boldsymbol{n}$ gespiegelt. Dabei ist $\boldsymbol{s}$ eine Stützstelle und $\boldsymbol{n} = \left(1, -\frac{s_y}{s_x}\right)^\top$ oder genauso gut $\boldsymbol{n} = (s_x, -s_y)^\top$ einer ihrer Richtungsvektoren. Damit gilt

$$\begin{aligned}\boldsymbol{f}'_- &= 2\boldsymbol{s} - \boldsymbol{f}_- + 2\frac{(\boldsymbol{f}_- - \boldsymbol{s})\cdot \boldsymbol{n}}{|\boldsymbol{n}|^2}\boldsymbol{n}\\ &= 2(s_x, s_y)^\top - (-\sqrt{2}, 0)^\top + 2\frac{(-\sqrt{2}-s_x, -s_y)^\top\cdot(s_x, -s_y)^\top}{s_x^2+s_y^2}(s_x, -s_y)^\top\\ &= (2s_x + \sqrt{2}, 2s_y)^\top + 2\frac{-\sqrt{2}s_x - s_x^2 + s_y^2}{s_x^2+s_y^2}(s_x, -s_y)^\top\\ &= (2s_x + \sqrt{2}, 2s_y)^\top - 2\frac{\sqrt{2}s_x+1}{s_x^2+s_y^2}(s_x, -s_y)^\top\end{aligned}$$

Es bleibt zu zeigen, dass der ausfallende Strahl $\boldsymbol{h}(t) = \boldsymbol{s} + t(\boldsymbol{f}'_- - \boldsymbol{s})$ durch $\boldsymbol{f}_+ = (\sqrt{2}, 0)^\top$ verläuft. Zunächst ist t_o mit $\boldsymbol{h}_x(t_o) = s_x + t_o\left(s_x + \sqrt{2} - 2\frac{\sqrt{2}s_x+1}{s_x^2+s_y^2}s_x\right) = \sqrt{2}$ zu bestimmen:

$t_o = \frac{\sqrt{2}-s_x}{s_x+\sqrt{2}-2\frac{\sqrt{2}s_x+1}{s_x^2+s_y^2}s_x} = \frac{(\sqrt{2}-s_x)(s_x^2+s_y^2)}{(s_x+\sqrt{2})(s_x^2+s_y^2)-2(\sqrt{2}s_x+1)s_x}$. Dann gilt für die Ordinate $\boldsymbol{h}_y(t_o) = 0 \Leftrightarrow s_y + t_o\left(s_y + 2\frac{\sqrt{2}s_x+1}{s_x^2+s_y^2}s_y\right) = 0$

$$\begin{aligned}&\Leftrightarrow (\sqrt{2} - s_x)\left(s_y(s_x^2 + s_y^2) + 2(\sqrt{2}s_x + 1)s_y\right)\\ &\qquad = -s_y\left((s_x + \sqrt{2})(s_x^2 + s_y^2) - 2(\sqrt{2}s_x + 1)s_x\right)\\ &\Leftrightarrow \sqrt{2}s_y(s_x^2 + s_y^2) + 4s_x s_y + 2\sqrt{2}s_y\\ &\qquad -s_x s_y(s_x^2 + s_y^2) - 2\sqrt{2}s_x^2 s_y - 2s_x s_y\\ &\qquad = -s_x s_y(s_x^2 + s_y^2) - \sqrt{2}s_y(s_x^2 + s_y^2) + 2\sqrt{2}s_x^2 s_y + 2s_x s_y\\ &\Leftrightarrow \sqrt{2}(-s_x^2 + s_y^2)s_y + 2\sqrt{2}s_y = \sqrt{2}(s_x^2 - s_y^2)s_y\\ &\Leftrightarrow -\sqrt{2}s_y + 2\sqrt{2}s_y = \sqrt{2}s_y,\end{aligned}$$

s. Bild 36.22.

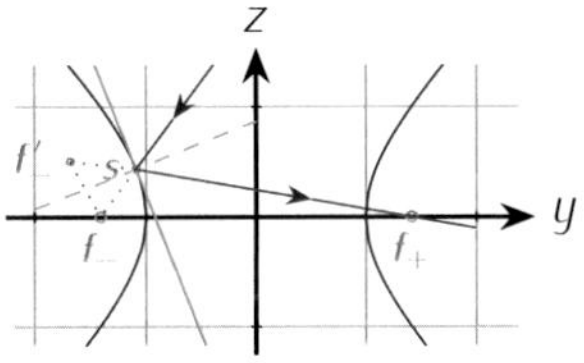

Bild 36.22: Strahl $\boldsymbol{r}(t) = \boldsymbol{f}_- + t\boldsymbol{d}$ trifft in $\boldsymbol{s}$ auf das Rotationshyperboloid, d.h. im Schnitt auf die Einheitshyperbel und wird an der Tangentialebene, d.h. an der Tangenten reflektiert. Der reflektierte Strahl durchläuft den anderen Brennpunkt.

Ausnutzen der geometrischen Gegebenheiten liefert eine elegantere Lösung. Sie beruht auf dem Umstand, dass Tangenten an die Hyperbel

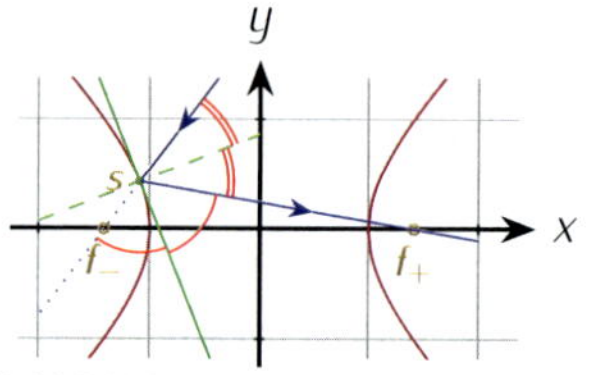

Bild 36.23: Strahl Richtung F_- trifft in $\boldsymbol{s}$ auf die Hyperbel und wird in Richtung F_+ reflektiert.

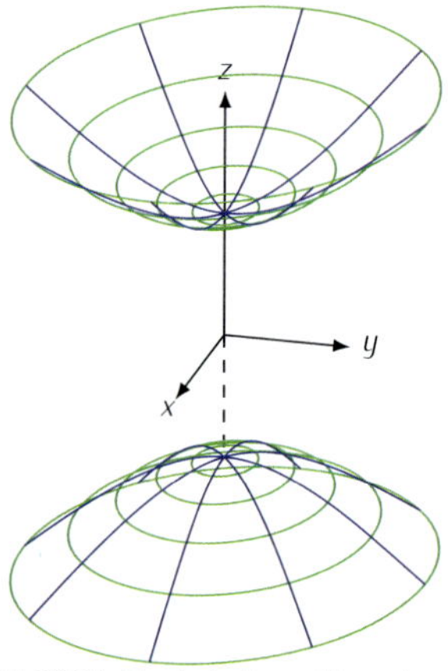

Bild 36.24: Zweischaliges Hyperboloid $ax^2 + by^2 - |c|z^2 + d = 0$ mit Isolinien und Schnitten und mit einer Parameter-Darstellung

$$r(s,\varphi) = \begin{pmatrix} A\cos(\varphi)\sinh(s) \\ B\sin(\varphi)\sinh(s) \\ C\cosh(s) \end{pmatrix}.$$

zusammenfallen mit der Winkelhalbierenden der beiden Geraden durch Berührpunkt und Brennpunkte.
Die Geraden durch einen Berührpunkt (x_o, y_o) mit $x_o^2 - y_o^2 = 1$ und einen der Brennpunkte $F_\pm = (\pm\sqrt{2}, 0)$ der Einheitshyperbel sind
$g_- : \frac{y-0}{x+\sqrt{2}} = \frac{y_o-0}{x_o+\sqrt{2}} \Leftrightarrow y(x_o + \sqrt{2}) = y_o(x + \sqrt{2})$ und
$g_+ : \frac{y-0}{x-\sqrt{2}} = \frac{y_o-0}{x_o-\sqrt{2}} \Leftrightarrow y(x_o - \sqrt{2}) = y_o(x - \sqrt{2})$, also
$g_- : -y_o x + (x_o + \sqrt{2})y - \sqrt{2}\, y_o = 0$ und
$g_+ : -y_o x + (x_o - \sqrt{2})y + \sqrt{2}\, y_o = 0$. Die Winkelhalbierenden der beiden Geraden sind $\frac{-y_o x+(x_o+\sqrt{2})y-\sqrt{2}\,y_o}{\sqrt{y_o^2+x_o^2+2\sqrt{2}x_o+2}} = \pm\frac{-y_o x+(x_o-\sqrt{2})y+\sqrt{2}\,y_o}{\sqrt{y_o^2+x_o^2-2\sqrt{2}x_o+2}}$,
s.a. Aufgabe 36.24. Die Nenner $\sqrt{y_o^2 + x_o^2 \pm 2\sqrt{2}x_o + 2}$ lassen sich zu $\sqrt{(\sqrt{2}x_o)^2 \pm 2\sqrt{2}x_o + 1} = \sqrt{x_o} \pm 1$ vereinfachen. Multiplikation mit beiden Nennern liefert $\big(-y_o x+(x_o+\sqrt{2})y-\sqrt{2}\,y_o\big)(\sqrt{2}x_o-1) = \pm\big(-y_o x + (x_o - \sqrt{2})y + \sqrt{2}\,y_o\big)(\sqrt{2}x_o + 1)$.
Für die Plus-Version gilt
$-\sqrt{2}x_o y_o x + \sqrt{2}x_o^2 y + 2x_o y - 2x_o y_o + y_o x - x_o y - \sqrt{2}y + \sqrt{2}y_o$
$= -\sqrt{2}x_o y_o x + \sqrt{2}x_o^2 y - 2x_o y + 2x_o y_o - y_o x + x_o y - \sqrt{2}y + \sqrt{2}y_o$
$\Leftrightarrow x_o y - 2x_o y_o + y_o x = x_o(y-y_o) + (x-x_o)y_o = 0$, i.e. die Gleichung der Normalen an die Einheitshyperbel im Punkt (x_o, y_o).
Für die Minus-Version gilt
$-\sqrt{2}x_o y_o x + \sqrt{2}x_o^2 y + 2x_o y - 2x_o y_o + y_o x - x_o y - \sqrt{2}y + \sqrt{2}y_o$
$= \sqrt{2}x_o y_o x - \sqrt{2}x_o^2 y + 2x_o y - 2x_o y_o + y_o x - x_o y + \sqrt{2}y - \sqrt{2}y_o$
$\Leftrightarrow -2\sqrt{2}x_o y_o x + 2\sqrt{2}x_o^2 y - 2\sqrt{2}y + 2\sqrt{2}y_o = 0$
$\Leftrightarrow x_o y_o x + y(1 - x_o^2) = y_o \Leftrightarrow x_o x - y_o y = 1$, i.e. die Gleichung der Tangenten an die Einheitshyperbel im Berührpunkt (x_o, y_o), s.a. Abschnitt 35.1.1.

In Bild 36.23 sind die Paare übereinstimmender Winkel markiert: Einfach markiert sind die beiden Winkel β der Winkelhalbierenden. Doppelt markiert sind Einfalls- und Ausfallswinkel γ. Die Winkel β und γ sind komplementär, sie ergänzen sich zu $\frac{\pi}{2} = \beta + \gamma = 90°$.

Lösung 36.26

a) *Zweischalige Hyperboloide* sind durch $ax^2 + by^2 + cz^2 + d = 0$ mit $0 < a, b$ und $c < 0 < d$ gegeben: $ax^2 + by^2 = |c|z^2 - d$. Offensichtlich ist der Schnitt des Hyperboloids mit Ebenen $z = h$ mit $|h| < \sqrt{d/|c|}$ leer: das zweischalige Hyperboloid zerfällt in zwei Teile, Äste, Zusammenhangskomponenten oder auch *Schalen*. Wegen $ax^2 + by^2 = |c|z^2 - d = |c|(-z)^2 - d$ gehen die beiden Schalen durch Spiegelung an der x-y-Ebene $z = 0$ auseinander hervor, siehe Bild 36.24.
Sei der Fall $z > z_o = \sqrt{d/|c|}$ betrachtet.
   ▹ Schnitt von $ax^2 + by^2 = |c|z^2 - d$ mit Ebenen $z = h > z_o$ parallel zur x-y-Ebene ist wegen $ax^2 + by^2 = |c|h^2 - d \geq 0$

$\Leftrightarrow \frac{x^2}{\sqrt{(|c|h^2-d)/a}^2} + \frac{y^2}{\sqrt{(|c|h^2-d)/b}^2} = 1$ die Ellipse um $(0, 0, h)$ in der Ebene $z = h$ mit Achsen-parallelen Halbachsen $A = \sqrt{\frac{|c|h^2-d}{a}}$ und $B = \sqrt{\frac{|c|h^2-d}{b}}$.

▷ Schnitt von $ax^2 + by^2 = |c|z^2 - d$ mit der x-z-Ebene $y = 0$ ist wegen $d = |c|z^2 - ax^2 \Leftrightarrow -\frac{x^2}{\sqrt{d/a}^2} + \frac{z^2}{\sqrt{d/|c|}^2} = 1$ die Hyperbel um den Ursprung mit Achsen-parallelen Halbachsen $A = \sqrt{\frac{d}{a}}$ und $C = z_o$ in zweiter Hauptlage in der x-z-Ebene, vgl. Kaptel 35.

▷ Schnitt von $ax^2 + by^2 = |c|z^2 - d$ mit der y-z-Ebene $x = 0$ ist wegen $-by^2 + |c|z^2 = d \Leftrightarrow -\frac{y^2}{\sqrt{d/b}^2} + \frac{z^2}{\sqrt{d/|c|}^2} = 1$ die Hyperbel um den Ursprung mit Achsen-parallelen Halbachsen $B = \sqrt{\frac{d}{b}}$ und $C = z_o$ in zweiter Hauptlage in der y-z-Ebene, vgl. Kaptel 35.

▷ Wegen $ax^2 + by^2 - |c|z^2 + d$
$= a\frac{d}{a}\sinh^2(s)\cos^2(\varphi) + b\frac{d}{b}\sinh^2(s)\sin^2(\varphi) - |c|\frac{d}{|c|}\cosh^2(s) + d$
$= d\sinh^2(s)\big(\cos^2(\varphi) + \sin^2(\varphi)\big) - d\cosh^2(s) + d = 0$ ist

$$\boldsymbol{r}(s, \varphi) = \Big(\sqrt{\tfrac{d}{a}}\sinh(s)\cos(\varphi), \sqrt{\tfrac{d}{b}}\sinh(s)\cos(\varphi), \pm z_o\cosh(s)\Big)^\top$$

eine Parameter-Darstellung des zweischaligen Hyperboloids.

S. Bild 36.9 und Bild 36.24.

b) Das *einschalige Hyperboloid* ist durch $ax^2 + by^2 + cz^2 + d = 0$ mit $0 < a, b$ und $c, d < 0$ gegeben: $ax^2 + by^2 = |c|z^2 + |d|$.

▷ Schnitt von $ax^2 + by^2 = |c|z^2 + |d|$ mit Ebenen $z = h$ parallel zur x-y-Ebene ist wegen $ax^2 + by^2 = |c|h^2 + |d|$ $\Leftrightarrow \frac{x^2}{\sqrt{(|c|h^2+|d|)/a}^2} + \frac{y^2}{\sqrt{(|c|h^2+|d|)/b}^2} = 1$ die Ellipse um $(0, 0, h)$ in der Ebene $z = h$ mit Achsen-parallelen Halbachsen $A = \sqrt{\frac{|c|h^2+|d|}{a}}$ und $B = \sqrt{\frac{|c|h^2+|d|}{b}}$.

▷ Schnitt von $ax^2 + by^2 = |c|z^2 + |d|$ mit der x-z-Ebene $y = 0$ ist wegen $ax^2 - |c|z^2 = |d| \Leftrightarrow \frac{x^2}{\sqrt{|d|/a}^2} - \frac{z^2}{\sqrt{|d|/|c|}^2} = 1$ die Hyperbel um den Ursprung in erster Hauptlage mit Achsen-parallelen Halbachsen $A = \sqrt{\frac{|d|}{a}}$ und $C = \sqrt{\frac{|d|}{|c|}}$ in der x-z-Ebene, vgl. Kaptel 35.

▷ Schnitt von $ax^2 + by^2 = |c|z^2 + |d|$ mit der y-z-Ebene $x = 0$ ist wegen $by^2 - |c|z^2 = |d| \Leftrightarrow \frac{y^2}{\sqrt{|d|/b}^2} - \frac{z^2}{\sqrt{|d|/|c|}^2} = 1$ die Hyperbel um den Ursprung in erster Hauptlage mit Achsen-parallelen Halbachsen $B = \sqrt{\frac{|d|}{b}}$ und $C = \sqrt{\frac{|d|}{|c|}}$ in der y-z-Ebene, vgl. Kaptel 35.

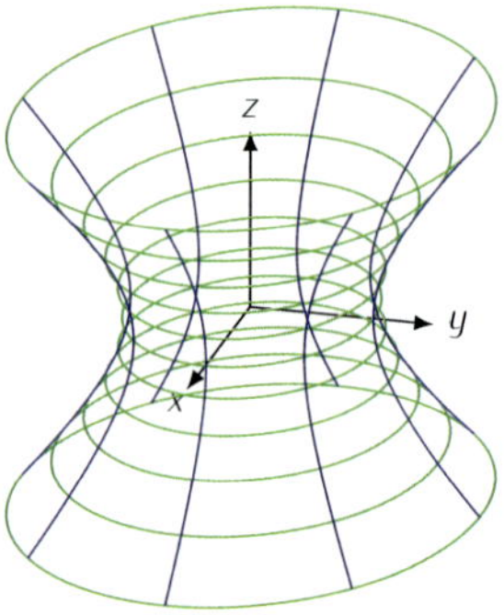

Bild 36.25: Einschaliges Hyperboloid $ax^2 + by^2 - |c|z^2 - |d| = 0$ mit Isolinien und Schnitten und einer Parameter-Darstellung
$$r(s, \varphi) = \begin{pmatrix} A\cos(\varphi)\cosh(s) \\ B\sin(\varphi)\cosh(s) \\ C\sinh(s) \end{pmatrix}.$$

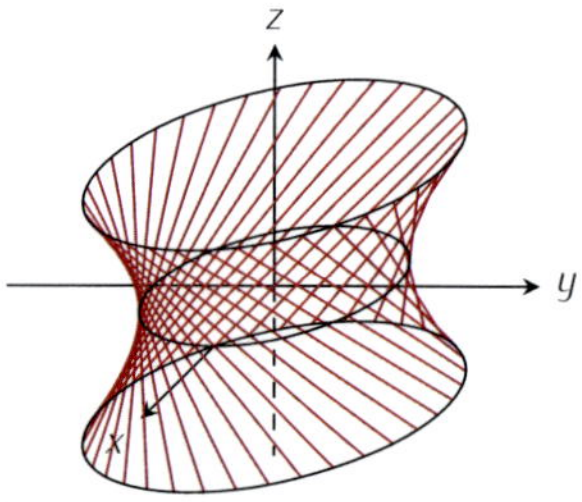

Bild 36.26: Durch jeden Punkt $\boldsymbol{r}(\varphi) = \big(\cos(\varphi), \sin(\varphi), 0\big)$ des Einheitskreises in der x-y-Ebene verläuft die Gerade $\boldsymbol{s}(v) = \boldsymbol{r}(\varphi) + \big(v\sin(\varphi), -v\cos(\varphi), v\big)$ in der Ebene durch $\boldsymbol{r}(\varphi)$, normal zu $\boldsymbol{r}(\varphi)$ und parallel zur z-Achse

▷ Wegen $ax^2 + by^2 - |c|z^2$
$= a\frac{|d|}{a}\cosh^2(s)\cos^2(\varphi) + b\frac{|d|}{b}\cosh^2(s)\sin^2(\varphi) - |c|\frac{|d|}{|c|}\sinh^2(s)$
$= |d|\cosh^2(s)\big(\cos^2(\varphi) + \sin^2(\varphi)\big) - |d|\cosh^2(s) = |d|$ ist

$$r(s, \varphi) = \big(A\cosh(s)\cos(\varphi), B\cosh(s)\cos(\varphi), C\sinh(s)\big)^\top$$

mit $A = \sqrt{\frac{|d|}{a}}$, $B = \sqrt{\frac{|d|}{b}}$ und $C = \sqrt{\frac{|d|}{|c|}}$ eine Parameter-Darstellung des einschaligen Hyperboloids.
S. Bild 36.9 und Bild 36.25.

Lösung 36.27 Der Schnitt des einschaligen Einheitshyperboloids H_1 : $x^2 + y^2 = z^2 + 1$ mit der x-y-Ebene $z = 0$ ist gerade der Einheitskreis mit Parameter-Darstellung $\boldsymbol{r}(\varphi) = \big(\cos(\varphi), \sin(\varphi), 0\big)^\top$ für $\varphi \in [0, 2\pi)$. Die Geraden $\boldsymbol{r}_\varphi(t) = \boldsymbol{r}(\varphi) + t\boldsymbol{d}_\varphi$ mit $\boldsymbol{d}_\varphi = \big(\sin(\varphi), -\cos(\varphi), 1\big)^\top$ verlaufen nach Konstruktion in der Ebene durch $\boldsymbol{r}(\varphi)$ mit Normalen-Vektor $\boldsymbol{r}(\varphi)$.

Die Geraden $\boldsymbol{r}_\varphi(t) = \big(x(t), y(t), z(t)\big)^\top$ haben Koordinaten-Funktionen $x(t) = \cos(\varphi) + t\sin(\varphi)$, $y(t) = \sin(\varphi) - t\cos(\varphi)$ und $z(t) = t$. In die Gleichung für die Einheitshyperbel eingesetzt, ergibt sich $x^2 + y^2 = \big(\cos(\varphi) + t\sin(\varphi)\big)^2 + \big(\sin(\varphi) - t\cos(\varphi)\big)^2 = \cos^2(\varphi) + 2t\cos(\varphi)\sin(\varphi) + t^2\sin^2(\varphi) + \sin^2(\varphi) - 2t\cos(\varphi)\sin(\varphi) + t^2\cos^2(\varphi) = t^2 + 1$, d.h. jeder Punkt einer solchen Geraden ist Punkt des einschaligen Einheitshyperboloids H_1: jede Gerade $\boldsymbol{r}_\varphi(t)$ liegt in H_1, vgl. Bild 36.26.

37
Vektor-Arithmetik

37.1 Einleitung

In der Physik werden gerichtete Größen wie Geschwindigkeit, Beschleunigung oder Drehmoment verwendet. Ihre Wirkung ist mit einer Richtung im Raum oder der Ebene verbunden. Dem geometrischen Verständnis von Vektoren widmet sich der erste Teil dieses Kapitels. Sobald Vektoren durch die Koordinaten eines Koordinatensystems repräsentiert werden, kann mit ihnen gerechnet werden, es gibt eine Vektor-Arithmetik. Einen Einstieg in die Vektorrechnung bietet das Buch Fetzer und Fränkel (2012).

A. Fetzer und H. Fränkel. *Mathematik 1*. Springer Vieweg, 11. Auflage, 2012

37.1.1 Vektoren und Skalare

Vektoren bezeichnen eine Parallelverschiebung in der Ebene oder im Raum. Neben *skalaren Größen*, die durch eine Zahl mit der passenden Einheit angegeben werden, verwendet die Physik *vektorielle Größen*, die neben der zahlenmäßig beschriebenen Größe eine *Richtung* angeben, um die Wirkung der Größe zu kennzeichnen. So ist eine Kraft durch ihre Stärke, die in der Einheit *Newton* angegeben wird, und ihre Wirkrichtung im Raum oder der Ebene beschrieben.

Beispiel. Skalar oder Vektor?
- ▷ Die *elektrische Ladung* ist ein Skalar, da sie ohne Richtung definiert ist.
- ▷ Die *Geschwindigkeit* ist ein Vektor, da die Bewegung eine Richtung hat.
- ▷ Die *Masse* ist ein Skalar, da sie ohne Richtung definiert ist.
- ▷ Das *Volumen* ist ebenfalls ein Skalar.
- ▷ Der *Drehimpuls* ist ein Vektor. Seine Richtung gibt die Richtung der Drehachse an.
- ▷ Die *Übertragungsgeschwindigkeit im WLAN* ist ein Skalar.

37.1.2 Definition freier Vektoren

Vektoren sind gerichtete Strecken, wobei das *Prinzip der gleichen Wirkung* besagt, dass die Wirkung nicht von Anfangs- und Endpunkt abhängt. Um das zu verdeutlichen, wird von *freien Vektoren* gesprochen. Vektoren von gleicher *Länge*, gleicher *Richtung* und gleicher *Orientierung* werden damit als gleich betrachtet.

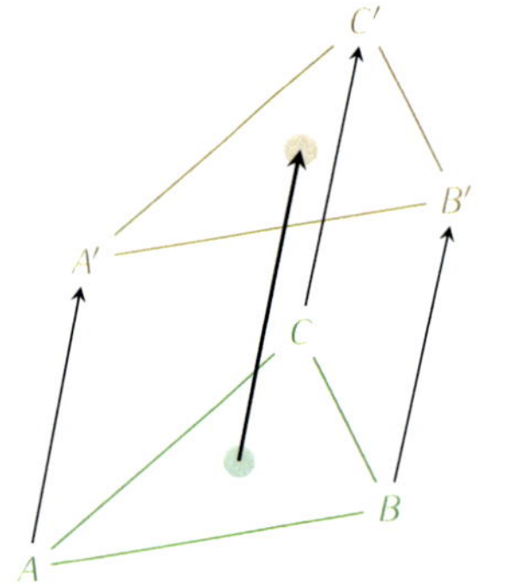

Bild 37.1: Die Parallelverschiebung des Dreiecks $\triangle(ABC)$ wird durch einen Vektor beschrieben.

Beispiel. Das Dreieck $\triangle(ABC)$ wird parallel ins Dreieck $\triangle(A'B'C')$ verschoben, siehe Bild 37.1. Dabei sind die gerichteten Strecken von A nach A', von B nach B' und von C nach C' von gleicher Länge, gleicher Richtung und gleicher Orientierung. Die Verschiebung kann durch *einen* Vektor gekennzeichnet werden.

Zur Definition der Vektoren als Verschiebung gehört ein Sonderfall. Die Verschiebung auf sich selbst wird als Nullvektor $\mathbf{0}$ bezeichnet. Sie hat die Länge Null, aber keine Richtung und keine Orientierung. Somit ist der Nullvektor eindeutig.

37.1.3 Beziehungen zwischen zwei Vektoren

Zwischen zwei Vektoren können verschiedene geometrische Beziehungen angegeben werden. Vektoren von gleicher Richtung heißen *parallel*, sie heißen *gleichsinnig parallel*, wenn außerdem die Orientierung übereinstimmt und *gegensinnig parallel*, wenn die Orientierung sich unterscheidet. Zwei Vektoren heißen *entgegengesetzt*, wenn ihre Länge und Richtung übereinstimmen, sich ihre Orientierung aber unterscheidet. *Orthogonale* Vektoren stehen senkrecht aufeinander. Die Länge eines Vektors $\boldsymbol{a}$ wird durch Betragsstriche als $|\boldsymbol{a}|$ notiert, der entgegengesetzte Vektor zu $\boldsymbol{a}$ wird mit einem Minuszeichen versehen $-\boldsymbol{a}$. Bezeichnungen für diese Beziehungen unter Vektoren sind in Tabelle 37.1 aufgeführt.

Tabelle 37.1: Beziehungen zwischen Vektoren

$\boldsymbol{u}$ und $\boldsymbol{v}$ sind	Länge	Richtung	Orientierung	Schreibweise
gleich	$=$	$=$	$=$	$\boldsymbol{u} = \boldsymbol{v}$
entgegengesetzt	$=$	$=$	$\neq$	$\boldsymbol{u} = -\boldsymbol{v}$
gleich lang	$=$			$\lvert\boldsymbol{u}\rvert = \lvert\boldsymbol{v}\rvert$
parallel oder kollinear		$=$		$\boldsymbol{u} \parallel \boldsymbol{v}$
gleichsinnig parallel		$=$	$=$	$\boldsymbol{u} \uparrow\uparrow \boldsymbol{v}$
gegensinnig parallel		$=$	$\neq$	$\boldsymbol{u} \uparrow\downarrow \boldsymbol{v}$
orthogonal		senkrecht		$\boldsymbol{u} \perp \boldsymbol{v}$

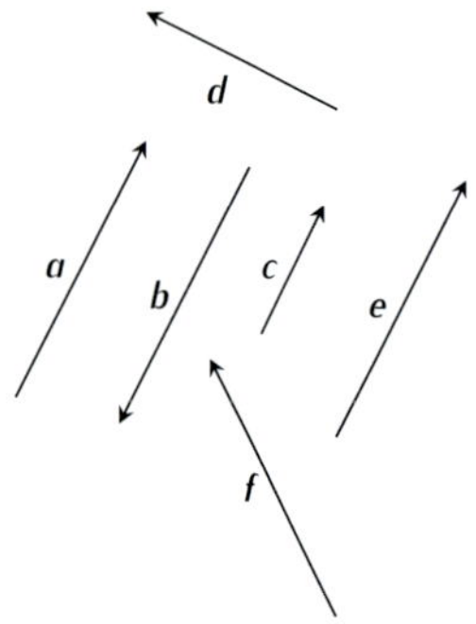

Bild 37.2: Beziehung zum Vektor $\boldsymbol{a}$.

Beispiel. In welcher Beziehungen steht Vektor $\boldsymbol{a}$ zu den anderen Vektoren aus Bild 37.2?

Antwort: Es ist $\boldsymbol{a} = -\boldsymbol{b}$, $\boldsymbol{a} \uparrow\uparrow \boldsymbol{c}$, $\boldsymbol{a} \perp \boldsymbol{d}$, $\boldsymbol{a} = \boldsymbol{e}$, und $|\boldsymbol{a}| = |\boldsymbol{f}|$.

37.1.4 Arithmetik mit Vektoren

Vektoren lassen sich addieren und subtrahieren. Vektoren lassen sich mit Skalaren multiplizieren.

Zur *Addition* von zwei Vektoren $\boldsymbol{a}$ und $\boldsymbol{b}$ werden beide gerichtete Strecken verbunden, so dass der Endpunkt von $\boldsymbol{a}$ mit dem Startpunkt von $\boldsymbol{b}$ zusammenfällt. Die Summe $\boldsymbol{a}+\boldsymbol{b}$ ist dann die gerichtete Strecke, die den Startpunkt von $\boldsymbol{a}$ mit dem Endpunkt von $\boldsymbol{b}$ verbindet. Werden beide Vektoren in umgekehrter Reihenfolge verbunden, ergibt sich die gleiche Strecke. Die Summe beider Vektoren ist daher die *Resultierende* im Parallelogramm, das durch die Vektoren aufgespannt wird, siehe Bild 37.10. Es ergibt sich damit direkt $\boldsymbol{a}+\boldsymbol{b}=\boldsymbol{b}+\boldsymbol{a}$: die Vektor-Addition ist kommutativ. Wird ein Vektor zu seinem entgegengesetzten addiert, ergibt sich der Nullvektor: $\boldsymbol{a}+(-\boldsymbol{a})=\boldsymbol{0}$.

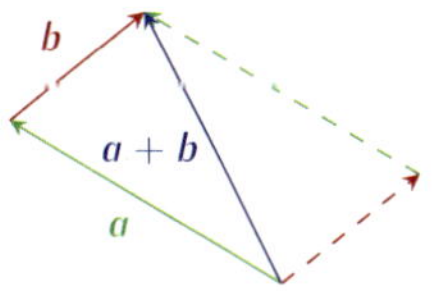

Bild 37.3: Vektor-Addition $\boldsymbol{a}+\boldsymbol{b}$

Zur *Subtraktion* der Vektoren $\boldsymbol{a}$ und $\boldsymbol{b}$ werden beide mit gemeinsamen Startpunkt dargestellt. Die gerichtete Strecke vom Endpunkt von $\boldsymbol{b}$ zum Endpunkt zu $\boldsymbol{a}$ stellt dann die Differenz $\boldsymbol{a}-\boldsymbol{b}$ dar. Dieser Vektor ist identisch zur Summe $\boldsymbol{a}+(-\boldsymbol{b})$, wie in Bild 37.4 zu sehen ist.

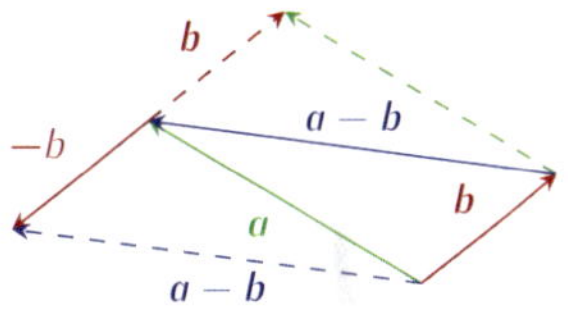

Bild 37.4: Vektorsubtraktion $\boldsymbol{a}-\boldsymbol{b}$

Sind drei Vektoren $\boldsymbol{a}, \boldsymbol{b}, \boldsymbol{c}$ umlaufend durch die Seiten eines Dreiecks definiert, ist $\boldsymbol{a}+\boldsymbol{b}+\boldsymbol{c}=\boldsymbol{0}$. Dies folgt daraus, dass $\boldsymbol{a}+\boldsymbol{b}$ der $\boldsymbol{c}$ entgegengesetzte Vektor ist. Mithilfe der vollständigen Induktion lässt sich das auf n Vektoren erweitern, die ein Polygon mit n Seiten umlaufen.

Zur Induktion vergleiche Kapitel 33.

Die *skalare Multiplikation* einer reellen Zahl λ mit einem Vektor $\boldsymbol{a}$ ändert die Länge des Vektors um den Faktor λ bei gleicher Richtung. Ist λ negativ, wird die Orientierung umgekehrt. Für $\lambda=0$ ergibt sich der Nullvektor. Für $\lambda=-1$ ergibt sich gerade der entgegengesetzte Vektor, siehe Bild 37.5.

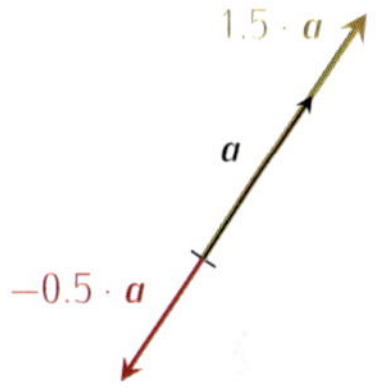

Bild 37.5: Skalare Multiplikation $\lambda\boldsymbol{a}$

Rechenregeln für Addition und skalarer Multiplikation sind in Tabelle 37.2 aufgeführt. Es sind gerade die Regeln, die einen *Vektorraum* definieren.

Tabelle 37.2: Rechenregeln gültig für beliebige Vektoren $\boldsymbol{a}, \boldsymbol{b}$ und beliebige Skalare $\lambda, \mu \in \mathbb{R}$.

Name	Formel
Vektor-Addition	
Assoziativität	$(\boldsymbol{a}+\boldsymbol{b})+\boldsymbol{c}=\boldsymbol{a}+(\boldsymbol{b}+\boldsymbol{c})$
Kommutativität	$\boldsymbol{a}+\boldsymbol{b}=\boldsymbol{b}+\boldsymbol{a}$
Nullvektor $\boldsymbol{0}$	$\boldsymbol{a}+\boldsymbol{0}=\boldsymbol{a}$
Entgegengesetzter Vektor	$\boldsymbol{a}+(-\boldsymbol{a})=\boldsymbol{0}$
Skalare Multiplikation	
Assoziativität	$\lambda(\mu\boldsymbol{a})=(\lambda\mu)\boldsymbol{a}$
Existenz der Eins	$1\cdot\boldsymbol{a}=\boldsymbol{a}$
Addition und skalare Multiplikation gemeinsam	
Distributivität	$\lambda(\boldsymbol{a}+\boldsymbol{b})=\lambda\boldsymbol{a}+\lambda\boldsymbol{b}$
Distributivität	$(\lambda+\mu)\boldsymbol{a}=\lambda\boldsymbol{a}+\mu\boldsymbol{a}$

Zu Vektorräumen vergleiche Kapitel 42. Bei den Regeln heißt es dort statt Nullvektor bzw. Eins dann das *neutrale Element* und statt vom entgegengesetzten Vektor wird vom *inversen Element* gesprochen.

37.1.5 Vektoren in Koordinatensystemen

In einem Koordinatensystem ist ein *Ortsvektor* ein im Ursprung beginnender Vektor. Die Koordinaten seines Endpunktes identifizieren genau einen Vektor. In der Ebene wird ein Vektor durch zwei Koordinaten angegeben, die wir üblicherweise mit x und y bezeichnen, im Raum hat ein Vektor mit einer zusätzlichen z-Koordinate zusammen drei Koordinaten. Damit wird das Rechnen mit Vektoren besonders einfach: Addition und skalare Multiplikation erfolgen jeweils in den einzelnen Koordinaten.

Zu Koordinatensystem vgl. Kap. 3 aus Band 1 und Kap. 17 aus Band 2.

Beispiel. Gegeben sind der Skalar $\lambda = 2.5$ und die Ortsvektoren in der Ebene $\boldsymbol{a} = \begin{pmatrix} a_x \\ a_y \end{pmatrix} = \begin{pmatrix} 3 \\ 4 \end{pmatrix}$, $\boldsymbol{b} = \begin{pmatrix} b_x \\ b_y \end{pmatrix} = \begin{pmatrix} -2 \\ 5 \end{pmatrix}$. Dann ist

- ▷ $\boldsymbol{a} + \boldsymbol{b} = \begin{pmatrix} a_x + b_x \\ a_y + b_y \end{pmatrix} = \begin{pmatrix} 3 + (-2) \\ 4 + 5 \end{pmatrix} = \begin{pmatrix} 1 \\ 9 \end{pmatrix}$
- ▷ $\boldsymbol{a} - \boldsymbol{b} = \begin{pmatrix} a_x - b_x \\ a_y - b_y \end{pmatrix} = \begin{pmatrix} 3 - (-2) \\ 4 - 5 \end{pmatrix} = \begin{pmatrix} 5 \\ -1 \end{pmatrix}$
- ▷ $\lambda \boldsymbol{a} = \begin{pmatrix} \lambda a_x \\ \lambda a_y \end{pmatrix} = \begin{pmatrix} 2.5 \cdot 3 \\ 2.5 \cdot 4 \end{pmatrix} = \begin{pmatrix} 7.5 \\ 10 \end{pmatrix}$

Entsprechend kann mit Ortsvektoren im Raum gerechnet werden:

$\boldsymbol{u} = \begin{pmatrix} 1 \\ 0 \\ -3 \end{pmatrix}$, $\boldsymbol{v} = \begin{pmatrix} 4 \\ -2 \\ 6 \end{pmatrix}$

- ▷ $\boldsymbol{u} + \boldsymbol{v} = \begin{pmatrix} u_x + v_x \\ u_y + v_y \\ u_z + v_z \end{pmatrix} = \begin{pmatrix} 1 + 4 \\ 0 + (-2) \\ -3 + 6 \end{pmatrix} = \begin{pmatrix} 5 \\ -2 \\ 3 \end{pmatrix}$
- ▷ $\lambda \boldsymbol{v} = \begin{pmatrix} \lambda v_x \\ \lambda v_y \\ \lambda v_z \end{pmatrix} = \begin{pmatrix} 2.5 \cdot 4 \\ 2.5 \cdot (-2) \\ 2.5 \cdot 6 \end{pmatrix} = \begin{pmatrix} 10 \\ -5 \\ 15 \end{pmatrix}$

37.1.6 Vektoren als n-Tupel

Das Koordinatenpaar eines Vektors der Ebene ist ein Element des kartesischen Produkts $\mathbb{R}^2 = \mathbb{R} \times \mathbb{R}$. Die Koordinaten eines Vektors im Raum sind als Tripel ein Element des $\mathbb{R}^3 = \mathbb{R} \times \mathbb{R} \times \mathbb{R}$. Das n-fache kartesische Produkt von $\mathbb{R}$ mit sich selbst ist der *n-dimensionale* reelle Raum $\mathbb{R}^n$, der in Kapitel 42 als *Vektorraum* eingeführt wird. Seine Elemente sind *n-Tupel*, das heißt endliche Folgen reeller Zahlen der Länge n, die wir hier als *n-dimensionale* Vektoren bezeichnen wollen. Ein Vektor der Ebene ist somit ein 2-dimensionaler Vektor, ein Vektor des Raumes ein 3-dimensionaler Vektor.

Das kartesische Produkt wird in Kapitel 32 behandelt.

Die *Dimension* ist eine Eigenschaft des Vektorraums.

Die Addition und die skalare Multiplikation mit n-dimensionalen Vektoren wird genau wie bei zwei- oder dreidimensionalen Vektoren elementweise ausgeführt. Beachten Sie, dass nur zum gleichen Raum gehörige Vektoren addiert werden können.

37.1.7 Vektoren in Spalten

Ein n-Tupel wird üblicherweise in runden Klammern in einer Zeile dargestellt. Vektoren werden im Zusammenhang mit Matrizen als Spalten- oder Zeilenvektoren verwendet, das heißt als $1 \times n$-Matrizen oder als $n \times 1$-Matrizen. Um diese Unterscheidung bewusst zu machen, folgen wir der Konvention, Vektoren als Spaltenvektoren zu schreiben. Ein Vektor $\boldsymbol{a}$ ist somit ein Spaltenvektor, als Zeilenvektor wird er transponiert $\boldsymbol{a}^\top$.

$$\boldsymbol{a} = \begin{pmatrix} 1 \\ 2 \\ 3 \end{pmatrix} = (1, 2, 3)^\top$$

37.1.8 Betrag oder Länge von Vektoren

In Übereinstimmung mit der zwei- oder dreidimensionalen Geometrie wird der *Betrag* oder die *Länge* eines Vektors als Wurzel aus der Summe seiner quadrierten Koordinaten berechnet.

$$\text{Betrag eines } n\text{-dimensionalen Vektors } |\boldsymbol{a}| = \left| \begin{pmatrix} a_1 \\ a_2 \\ \vdots \\ a_n \end{pmatrix} \right| = \sqrt{\sum_{i=1}^{n} a_i^2}$$

Der *Einheitsvektor* e_u zu einem Vektor $\boldsymbol{u} \neq \boldsymbol{0}$ ist der Vektor mit gleicher Richtung und Orientierung, dessen Betrag gleich 1 ist. Er ist durch Multiplikation mit dem Kehrwert des Betrages zu berechnen und daher für den Nullvektor nicht definiert. Der Vektor e_u wird dann als *normiert* bezeichnet.

$$\text{Einheitsvektor } e_u = \frac{1}{|\boldsymbol{u}|}\boldsymbol{u}$$

Beispiel. Unter $\boldsymbol{u} = \begin{pmatrix} 6 \\ -3 \\ 6 \end{pmatrix}$, $\boldsymbol{v} = \begin{pmatrix} 4 \\ -1 \\ 8 \end{pmatrix}$, und $\boldsymbol{w} = \begin{pmatrix} 4 \\ 7 \\ 4 \end{pmatrix}$ soll der Vektor mit dem größten Betrag bestimmt werden. Wie lautet der zugehörige Einheitsvektor?

Lösung: Es ist $|\boldsymbol{u}| = \sqrt{6^2 + (-3^2) + 6^2} = \sqrt{81} = 9$. Ebenso ist $|\boldsymbol{v}| = |\boldsymbol{w}| = 9$. Die Einheitsvektoren sind

$$e_u = \frac{1}{9}\begin{pmatrix} 6 \\ -3 \\ 6 \end{pmatrix} = \begin{pmatrix} 2/3 \\ -1/3 \\ 2/3 \end{pmatrix}, \; e_v = \begin{pmatrix} 4/9 \\ -1/9 \\ 8/9 \end{pmatrix}, \; e_w = \begin{pmatrix} 4/9 \\ 7/9 \\ 4/9 \end{pmatrix}.$$

Im Zusammenhang mit *Vektorräumen* wird von den *standardmäßigen Einheitsvektoren* gesprochen. Dann sind für den $\mathbb{R}^3$, also den Raum dreidimensionaler Vektoren, die drei Vektoren $(1, 0, 0)^\top, (0, 1, 0)^\top$ und $(0, 0, 1)$ gemeint. Bei den standardmäßigen Einheitsvektoren handelt es sich also offenbar um normierte Vektoren der Länge 1.

Zum Begriff des Vektorraums s. Kapitel 42.

37.2 Lernziele

Nr	Ich kann	Aufgabe	√
	Freie Vektoren in der Geometrie		
341	unterscheiden, ob Größen Vektoren oder Skalare sind,	37.1	
342	die Vektornotation verwenden,	37.2, 37.3, 37.7	
343	einen Vektor zeichnen,	37.2, 37.4, 37.5, 37.8	
	Arithmetik mit Vektoren		
344	einen Vektor skalar multiplizieren und dies zeichnen,	37.5-cf, 37.6, 37.8, 37.9	
345 *	Summe und Differenzen von Vektoren berechnen und geometrisch interpretieren,	37.5-ab, 37.6, 37.9	
346 *	den Betrag bzw. die Länge eines Vektors berechnen und interpretieren,	37.5-ef, 37.9	
347	den Einheitsvektor zu einem Vektor bestimmen,	37.5-f, 37.8	
348	einen Vektor in Koordinaten-Form repräsentieren.	37.7, 37.8	

37.3 Aufgaben

Aufgabe 37.1 (5 min) Welche der folgenden Größen sind Skalare, welche sind Vektoren? Kreuzen Sie an.

	Skalar	Vektor
Entfernung	□	□
Elektrische Feldstärke	□	□
Zeitdauer	□	□
Beschleunigung	□	□
Energie	□	□
Länge	□	□
Aufgabenweise Punktewertung der Klausur	□	□

Aufgabe 37.2 (5 min) Vergleichen Sie die Vektoren

$$\boldsymbol{r} = \begin{pmatrix} 2 \\ -3 \end{pmatrix}, \boldsymbol{s} = \begin{pmatrix} -1.5 \\ 1 \end{pmatrix}, \boldsymbol{t} = \begin{pmatrix} 3 \\ -2 \end{pmatrix}, \boldsymbol{u} = \begin{pmatrix} 1 \\ -1.5 \end{pmatrix}, \boldsymbol{v} = \begin{pmatrix} 3 \\ 2 \end{pmatrix}.$$

Sie sind	gleich-sinnig parallel	gegen-sinnig parallel	ortho-gonal	von gleicher Länge
$\boldsymbol{r}$ und $\boldsymbol{t}$	□	□	□	□
$\boldsymbol{r}$ und $\boldsymbol{u}$	□	□	□	□
$\boldsymbol{r}$ und $\boldsymbol{v}$	□	□	□	□
$\boldsymbol{s}$ und $\boldsymbol{t}$	□	□	□	□
$\boldsymbol{s}$ und $\boldsymbol{v}$	□	□	□	□
$\boldsymbol{t}$ und $\boldsymbol{v}$	□	□	□	□
$\boldsymbol{u}$ und $\boldsymbol{v}$	□	□	□	□

Aufgabe 37.3 (5 min) Gegeben sind die Koordinaten a_x, a_y, a_z des Vektors $\boldsymbol{a}$ sowie b_x, b_y, b_z für Vektor $\boldsymbol{b}$. Welcher der folgenden Ausdrücke ist im Hinblick auf Vektoren von Bedeutung und was kennzeichnet er?

a) $a_x\, a_y\, a_z + b_x\, b_y\, b_z$
b) $(a_x - b_x, a_y - b_y, a_z - b_z)$
c) $(a_x\, b_x, a_y\, b_y, a_z\, b_z)$
d) $a_x\, b_x + a_y\, b_y + a_z\, b_z$
e) $a_x + a_y + a_z$
f) $b_x^2 + b_y^2 + b_z^2$
g) $a_x^3 + a_y^3 + a_z^3$

Aufgabe 37.4 (5 min) Gegeben ist das Viereck aus den Punkten $A = (1, 2), B = (6, 4), C = (3, 6)$ und $D = (0, 3)$.

a) Berechnen Sie die Seitenvektoren $\boldsymbol{a}$ von A nach B, $\boldsymbol{b}$ von B nach C, $\boldsymbol{c}$ von C nach D und $\boldsymbol{d}$ von D nach A und zeichnen das Viereck.
b) Was könnnen Sie über die Summe der vier Vektoren sagen?

Aufgabe 37.5 (5 min) Zu den Vektoren $\boldsymbol{u} = \begin{pmatrix} 2 \\ 3 \end{pmatrix}$ und $\boldsymbol{v} = \begin{pmatrix} -3 \\ 4 \end{pmatrix}$ sollen, wenn möglich, diese Ausdrücke bestimmt und gezeichnet werden. Beschreiben Sie jeweils die geometrische Bedeutung der Operation und die arithmetische Rechnung.

a) $\boldsymbol{u} + \boldsymbol{v}$,
b) $\boldsymbol{u} - \boldsymbol{v}$,
c) $-0.5\boldsymbol{u}$,
d) $0.5 + \boldsymbol{v}$,
e) $|\boldsymbol{v}|$,
f) den Einheitsvektor $e_{\boldsymbol{u}}$,

Aufgabe 37.6 (10 min) Begründen Sie die Gültigkeit der beiden Distributivgesetze der Vektorarithmetik an einem Beispiel graphisch oder durch ein Argument.

a) $\lambda(\boldsymbol{a} + \boldsymbol{b}) = \lambda\boldsymbol{a} + \lambda\boldsymbol{b}$ für zwei beliebige Vektoren der Ebene $\boldsymbol{a}, \boldsymbol{b}$ und beliebiges $\lambda \in \mathbb{R}$.
b) $(\lambda + \mu)\boldsymbol{a} = \lambda\boldsymbol{a} + \mu\boldsymbol{a}$ für einen beliebigen Vektor $\boldsymbol{a}$ und beliebige Skalare $\lambda, \mu \in \mathbb{R}$.

Aufgabe 37.7 (10 min) In Bild 37.6 sind sechs Punkte ins Koordinatensystem eingetragen. Je zwei definieren als Anfangs- und Endpunkt einen Vektor.

a) Bestimmen Sie alle Vektoren, die gleich sind, und geben Sie deren Koordinaten an.
b) Bestimmen Sie alle Vektoren, die nicht gleich, aber kollinear sind,
c) Bestimmen Sie alle Vektoren, die senkrecht aufeinander stehen.

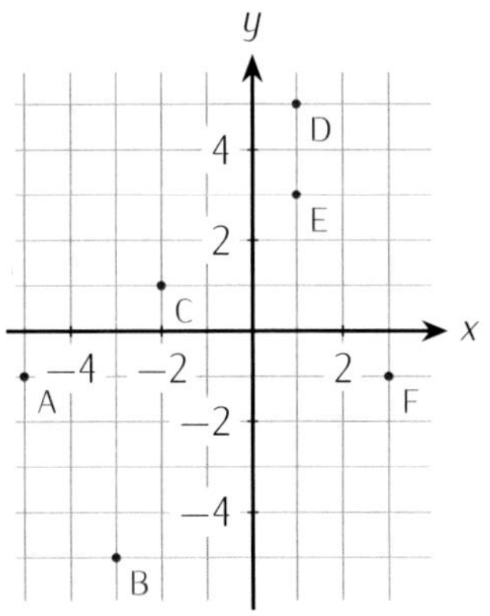

Bild 37.6: Sechs Punkte zur Definition von Vektoren

Aufgabe 37.8 (5 min) Gegeben sind zwei Vektoren $\boldsymbol{u} = (1.5, 2)^\top$, $\boldsymbol{v} = (-1, 1)^\top$.

a) Berechnen und zeichnen Sie die Einheitsvektoren zu e_u und e_v zu $\boldsymbol{u}$ und $\boldsymbol{v}$.
b) Berechnen und zeichnen Sie $0.5(e_u + e_v)$.
c) Beschreiben Sie das Ergebnis aus b) geometrisch.

Aufgabe 37.9 (5 min) Welche der folgenden Aussagen über Vektoren sind wahr? Kreuzen Sie an.

☐ Jede ganze Zahl kann der Betrag eines Vektors sein.
☐ Alle Vektoren außer dem Nullvektor haben eine Richtung.
☐ Gleiche Vektoren können nicht parallel sein.
☐ Bei $-\boldsymbol{a}$ ist der Betrag negativ.
☐ Vektor $-\boldsymbol{a}$ hat die zu Vektor $\boldsymbol{a}$ entgegengesetzte Richtung.
☐ Die Diagonale im von zwei Vektoren aufgespannten Parallelogramm ist die Summe beider Vektoren.

37.4 Lösungen

Lösung 37.1

	Skalar	Vektor
Entfernung	☒	☐
Elektrische Feldstärke	☐	☒
Zeitdauer	☒	☐
Beschleunigung	☐	☒
Energie	☒	☐
Länge	☒	☐
Aufgabenweise Punktewertung der Klausur	☐	☒

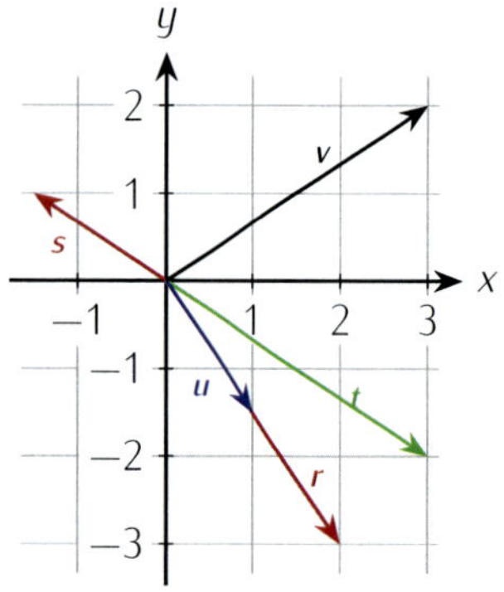

Bild 37.7: Vergleich von Länge, Richtung und Orientierung

Lösung 37.2 Dem Bild 37.7 wird entnommen: Gleichsinnig parallel sind $\boldsymbol{r} \uparrow\uparrow \boldsymbol{u}$, gegensinnig parallel sind $\boldsymbol{s} \uparrow\downarrow \boldsymbol{t}$, orthogonal sind $\boldsymbol{r} \perp \boldsymbol{v}$ sowie $\boldsymbol{u} \perp \boldsymbol{v}$ und die gleiche Länge haben $|\boldsymbol{r}| = |\boldsymbol{t}| = |\boldsymbol{v}|$ sowie $|\boldsymbol{s}| = |\boldsymbol{u}|$.

Lösung 37.3

a) Keine Interpretation mit Vektoren
b) Differenz $\boldsymbol{a} - \boldsymbol{b}$
c) Keine Interpretation mit Vektoren
d) Skalarprodukt $\boldsymbol{a} \cdot \boldsymbol{b}$, siehe Kapitel 38
e) Keine Interpretation mit Vektoren
f) Betragsquadrat von $\boldsymbol{b}$, also $|\boldsymbol{b}|^2$
g) Keine Interpretation mit Vektoren

Lösung 37.4 a) Siehe Bild 37.8.
b) Die vier Vektoren umlaufen ein Viereck. Daher ist ihre Summe der Nullvektor.

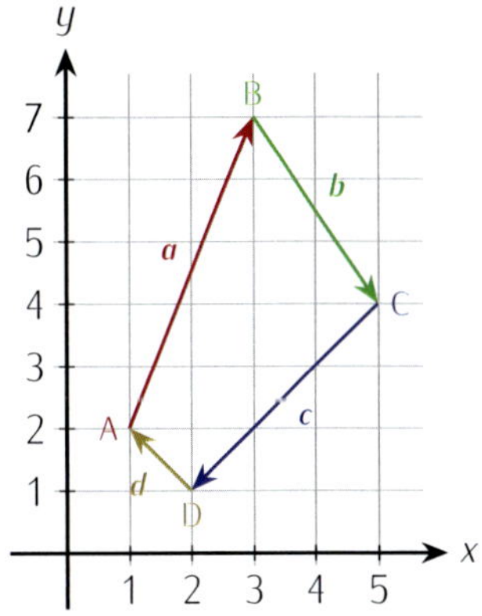

Bild 37.8: Umlaufende Vektoren in einem Viereck

Lösung 37.5 Zeichnungen in Bild 37.9.

a) Bei der Vektor-Addition wird geometrisch der Fußpunkt des zweiten Vektors $\boldsymbol{v}$ an den Endpunkt des ersten Vektors $\boldsymbol{u}$ gesetzt. Die Verbindung vom Startpunkt des ersten Vektors zum Endpunkt des zweiten Vektors ist $\boldsymbol{u}+\boldsymbol{v}$. Bei der arithmetischen Vektor-Addition wird komponentenweise addiert $\boldsymbol{u}+\boldsymbol{v}=\begin{pmatrix}-1\\7\end{pmatrix}$.
b) Bei der Vektorsubtraktion werden geometrisch beide Vektoren mit gemeinsamen Startpunkt gezeichnet. Die Verbindung vom Endpunkt des Vektors $\boldsymbol{v}$ zum Endpunkt des Vektors $\boldsymbol{u}$ ist $\boldsymbol{u}-\boldsymbol{v}$. Bei der arithmetischen Vektorsubtraktion wird komponentenweise subtrahiert. $\boldsymbol{u}-\boldsymbol{v}=\begin{pmatrix}5\\-1\end{pmatrix}$.
c) Bei der skalaren Multiplikation des Vektors $\boldsymbol{u}$ mit -0.5 verkürzt sich der Vektor um den Faktor 0.5, seine Richtung bleibt erhalten aber die Orientierung kehrt sich um, da mit einer negativen Zahl multipliziert wird. Arithmetisch wird jede Komponente mit -0.5 multipliziert. $-0.5\boldsymbol{u}=\begin{pmatrix}-1\\-1.5\end{pmatrix}$.
d) Die Addition einer Zahl zu einem Vektor ist nicht definiert. Addition und Subtraktion sind nur zwischen Vektoren möglich, die einem Raum gleicher Dimension entstammen, also die gleiche Anzahl an Koordinaten haben.
e) Der Betrag bestimmt die Länge des Vektors. Da die Komponenten senkrecht zueinander stehen, ist der Satz des Pythagoras anwendbar und aus der Summe der Betragsquadrate der Koordinaten des Vektors wird die Quadratwurzel gezogen. $|\boldsymbol{v}|=\sqrt{(-3)^2+4^2}=5$.
f) Der Einheitsvektor ergibt sich geometrisch durch Bestimmung eines Schnittpunktes des vom Ursprung ausgehenden Strahls, der in Richtung des Ortsvektors zeigt, mit dem Einheitskreis. Arithmetisch wird der Vektor mit dem Kehrwert seines Betrags multipliziert. $e_{\boldsymbol{u}}=\frac{\boldsymbol{u}}{\sqrt{13}}\approx\begin{pmatrix}0.555\\0.832\end{pmatrix}$.

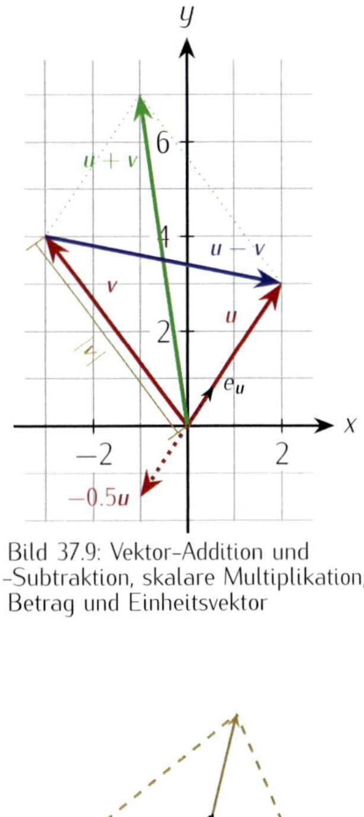

Bild 37.9: Vektor-Addition und -Subtraktion, skalare Multiplikation, Betrag und Einheitsvektor

Lösung 37.6

a) Bild 37.10 ist eine beispielhafte Darstellung. Es sind die Vektoren $\boldsymbol{u}$, $\boldsymbol{v}$ und $\boldsymbol{u}+\boldsymbol{v}$ sowie $\lambda\boldsymbol{u}$, $\lambda\boldsymbol{v}$ und $\lambda\boldsymbol{u}+\lambda\boldsymbol{v}$ zu sehen. Die gestrichelt dargestellten Linien vom Endpunkt von $\boldsymbol{u}$ zum Endpunkt von $\boldsymbol{u}+\boldsymbol{v}$, sowie vom Endpunkt von $\lambda\boldsymbol{u}$ zum Endpunkt von $\lambda\boldsymbol{u}+\lambda\boldsymbol{v}$ sind parallel, da sie durch den Vektor $\boldsymbol{v}$ bzw. $\lambda\boldsymbol{v}$ gebildet werden.

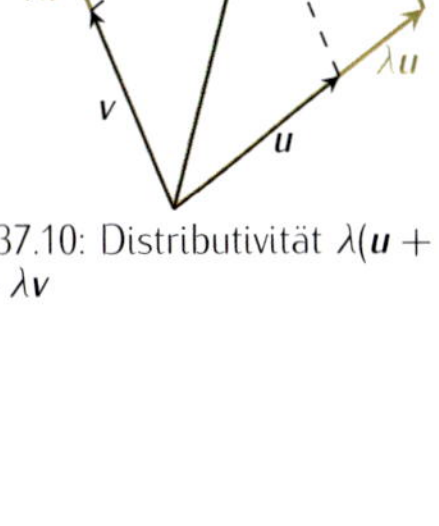

Bild 37.10: Distributivität $\lambda(\boldsymbol{u}+\boldsymbol{v})=\lambda\boldsymbol{u}+\lambda\boldsymbol{v}$

Dem Strahlensatz zufolge hat die Länge $|\lambda \boldsymbol{u} + \lambda \boldsymbol{v}|$ zu $|\boldsymbol{u}+\boldsymbol{v}|$ das gleiche Verhältnis wie $|\boldsymbol{u}+\boldsymbol{v}|$ zu $|\boldsymbol{u}|$. Somit ist $\lambda\boldsymbol{u}+\lambda\boldsymbol{v} = \lambda(\boldsymbol{u}+\boldsymbol{v})$.

b) Wenn λ und μ positiv sind, haben die Vektoren $(\lambda+\mu)\boldsymbol{a}$, $\lambda\boldsymbol{a}$ und $\mu\boldsymbol{a}$ die gleiche Richtung und Orientierung wie $\boldsymbol{a}$. Die Länge von $\lambda\boldsymbol{a}+\mu\boldsymbol{a}$ ist daher $\lambda|\boldsymbol{a}| + \mu|\boldsymbol{a}| = (\lambda+\mu)|\boldsymbol{a}|$ und damit gleich der Länge von $(\lambda+\mu)\boldsymbol{a}$. Die Vektoren sind daher identisch. Ist z.B. $\mu < 0$ kann die äquivalente Gleichung $\lambda\boldsymbol{a} = (\lambda+\mu)\boldsymbol{a} - \mu\boldsymbol{a}$ genutzt werden, sind beide Skalare negativ haben die beteiligten Vektoren die gleiche Orientierung wie $-\boldsymbol{a}$. Ist die Summe $\lambda+\mu = 0$ oder einer der Skalare gleich Null, ist die Gleichheit trivial.

Lösung 37.7

a) Es ist $\overrightarrow{AB} = \overrightarrow{EF} = (2,-4)^\top$, $\overrightarrow{AC} = \overrightarrow{CE} = (3,2)^\top$ und $\overrightarrow{AE} = \overrightarrow{BF} = (6,4)^\top$. Auch die jeweils entgegengesetzten Vektoren sind gleich, bei ihren Koordinaten wechseln alle Vorzeichen.

b) Kollinear sind $\overrightarrow{AC} \,||\, \overrightarrow{AE}$, $\overrightarrow{CE} \,||\, \overrightarrow{AE}$, $\overrightarrow{AC} \,||\, \overrightarrow{BF}$, $\overrightarrow{CE} \,||\, \overrightarrow{BF}$ sowie alle entgegengesetzten Vektoren.

c) Senkrecht zueinander sind $\overrightarrow{AF} = (8,0)^\top \perp \overrightarrow{DE} = (0,-2)^\top$ sowie die entgegengesetzten Vektoren.

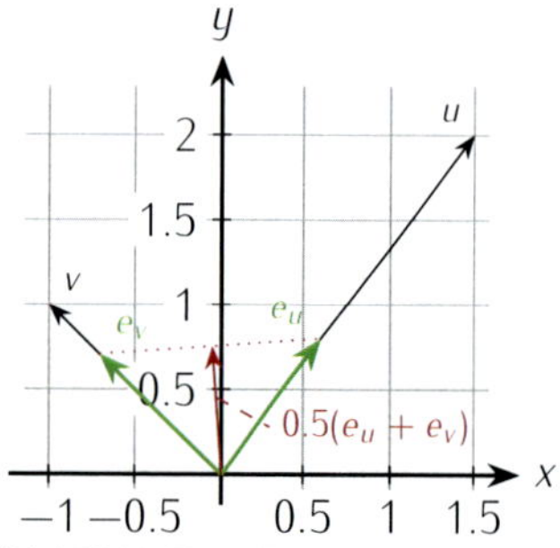

Bild 37.11: Zwei Einheitsvektoren

Lösung 37.8 Zeichnung siehe Bild 37.11.

a) $e_u = (0.6, 0.8)$, $e_v = \frac{\sqrt{2}}{2}(-1,1) \approx (-0.7071, 0.7071)$,

b) $0.5(e_u + e_v) \approx (-0.05355, 0.75355)$.

c) Die Einheitsvektoren spannen ein gleichschenkliges Dreieck auf, in dem $0.5(e_u+e_v)$ eine Höhe ist. Der Vektor halbiert den Winkel zwischen $\boldsymbol{u}$ und $\boldsymbol{v}$.

Lösung 37.9

☐ Jede ganze Zahl kann der Betrag eines Vektors sein. *Negative ganze Zahlen können niemals ein Betrag sein.*

☒ Alle Vektoren außer dem Nullvektor haben eine Richtung.

☐ Gleiche Vektoren können nicht parallel sein. *Gleiche Vektoren sind parallel, denn sie haben gleiche Orientierung und gleichen Betrag.*

☐ Bei $-\boldsymbol{a}$ ist der Betrag negativ. *Vielmehr gilt:* $|-\boldsymbol{a}| = |\boldsymbol{a}| \geq 0$.

☒ Vektor $-\boldsymbol{a}$ hat die entgegengesetzte Richtung wie Vektor $\boldsymbol{a}$

☒ Die Diagonale im Parallelogramm aus zwei Vektoren ist die Summe beider Vektoren.

38 Vektoren anwenden

38.1 Einleitung

Anwendungen von Vektoren in der Geometrie oder der Physik benötigen Winkelbeziehungen, Berechnung von Flächen oder Volumina. Das Skalarprodukt von Vektoren liefert Winkel und Projektionen, das Kreuzprodukt im $\mathbb{R}^2$ bzw. das Vektorprodukt im $\mathbb{R}^3$ Flächen und das Spatprodukt Volumina. Kapitel 7 des Buches von Fetzer und Fränkel behandelt die Anwendung von Vektoren [1].

[1] A. Fetzer und H. Fränkel. *Mathematik 1*. Springer Vieweg, 11. Auflage, 2012

38.1.1 Geometrische Probleme mit Vektoren lösen

Eine elementare, mechanische Aufgabenstellung ist die Bestimmung von mehreren Kräften, die sich im Gleichgewicht halten. Als Vektoren summieren sich Kräfte dann zu Null.

Beispiel. Zwei über Rollen gelagerte Gewichte halten ein drittes Gewicht im Gleichgewicht wie in Bild 38.1. Bestimme die Komponenten der Kräfte und die Winkel α_1, α_2 für $|F_1| = 6, |F_2| = 4, |F_3| = 7$.

Lösung: Die Koordinaten der Kraftvektoren sind zu bestimmen. Im Ansatz wird das Kräftegleichgewicht benutzt: $F_1 + F_2 + F_3 = \mathbf{0}$.

$$F_1 = \begin{pmatrix} -a \\ b \end{pmatrix}, F_2 = \begin{pmatrix} a \\ 7-b \end{pmatrix}, F_3 = \begin{pmatrix} 0 \\ -7 \end{pmatrix}$$

Die gegebenen Beträge von F_1 und F_2 liefern die Gleichungen $a^2+b^2 = 36$ und $a^2+b^2-14b+49 = 16$. Aus deren Differenz wird $b = \frac{69}{14}$ bestimmt. Dann ist $7-b = \frac{29}{14}$ und $a = \sqrt{\frac{2295}{196}} \approx 3.422$. Mit $\tan(\alpha_1) = \frac{a}{b}$ und $\tan(\alpha_2) = \frac{a}{7-b}$ oder $\cos(\alpha_1) = \frac{b}{6}$ und $\cos(\alpha_2) = \frac{7-b}{4}$ ergeben sich dann die Näherungen $\alpha_1 \approx 34.77°$, $\alpha_2 \approx 58.81°$.

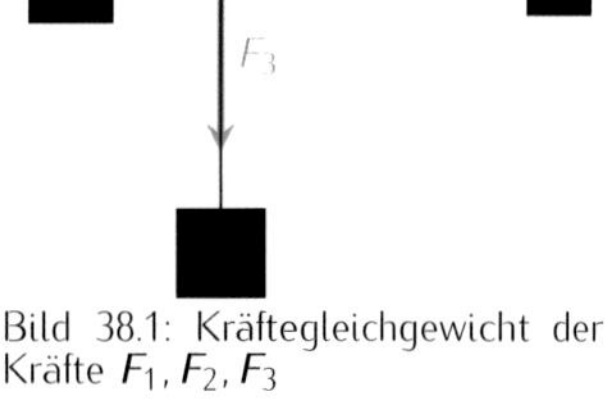

Bild 38.1: Kräftegleichgewicht der Kräfte F_1, F_2, F_3

38.1.2 Das Skalarprodukt

Mit dem *Skalarprodukt* $\boldsymbol{u} \cdot \boldsymbol{v}$ zwischen zwei n-dimensionalen Vektoren $\boldsymbol{u}$ und $\boldsymbol{v}$ wird eine *skalare* Größe berechnet. Es kann über den Cosinus des Winkel $\varphi = \angle(\boldsymbol{u}, \boldsymbol{v})$ definiert werden, der der kleinste Winkel zwischen beiden Vektoren ist. Da Cosinus eine gerade Funktion ist, muss die Richtung des Winkels nicht berücksichtigt werden.

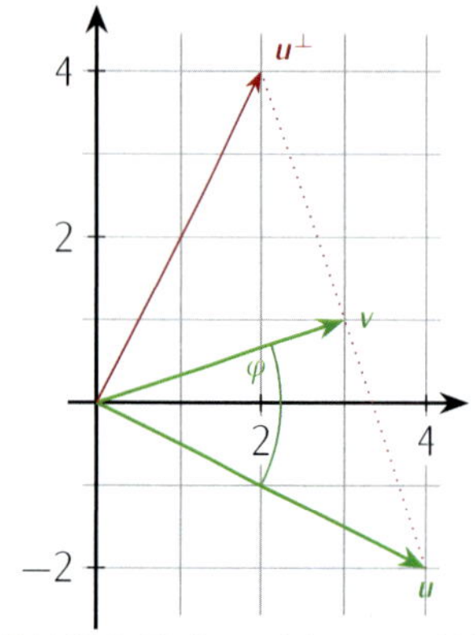

Bild 38.2: Skalarprodukt zweier Vektoren

$$\boldsymbol{u} \cdot \boldsymbol{v} = |\boldsymbol{u}|\ |\boldsymbol{v}|\ \cos(\varphi)$$

Ist einer der Vektoren der Nullvektor, wird das Skalarprodukt zu Null definiert.

Beispiel. Gegeben sind die Vektoren $\boldsymbol{u} = (4, -2)^\top$ und $\boldsymbol{v} = (3, 1)^\top$, siehe Bild 38.2. Vektor $\boldsymbol{v}$ halbiert das aus $\boldsymbol{u}$ und $\boldsymbol{u}^\perp = (2, 4)^\top$ aufgespannte rechtwinklige Dreieck, daher schließen $\boldsymbol{u}$ und $\boldsymbol{v}$ den Winkel $\varphi = 45°$ ein. Dann ist $\boldsymbol{u} \cdot \boldsymbol{v} = |\boldsymbol{u}||\boldsymbol{v}| \cos(\varphi) = \sqrt{20}\,\sqrt{10}\,\frac{\sqrt{2}}{2} = 10$.

Aus der gegebenen Definition des Skalarprodukts folgen direkte Aussagen über den Winkel zwischen den Vektoren, siehe Tabelle 38.1. Die wichtigste davon: Das Skalarprodukt von zwei orthogonalen, also senkrecht zueinander stehenden Vektoren ist Null.

Tabelle 38.1: Geometrische Folgerungen für den Winkel $\varphi = \angle(\boldsymbol{u}, \boldsymbol{v})$ für $\boldsymbol{u}, \boldsymbol{v} \neq \boldsymbol{0}$.

Wenn	dann	Grund
$\boldsymbol{u} \cdot \boldsymbol{v} = 0$	$\varphi = \frac{\pi}{2} = 90°$, d.h. $\boldsymbol{u} \perp \boldsymbol{v}$	$\cos(90°) = 0$
$\boldsymbol{u} \cdot \boldsymbol{v} > 0$	$\varphi < \frac{\pi}{2} = 90°$	$\cos(\varphi) > 0$ für $\lvert\varphi\rvert < 90°$
$\boldsymbol{u} \cdot \boldsymbol{v} < 0$	$\varphi > \frac{\pi}{2} = 90°$	$\cos(\varphi) < 0$ für $\lvert\varphi\rvert > 90°$
$\boldsymbol{u} \cdot \boldsymbol{v} = \lvert\boldsymbol{u}\rvert \cdot \lvert\boldsymbol{v}\rvert$	$\varphi = 0 = 0°$, d.h. $\boldsymbol{u} \uparrow\uparrow \boldsymbol{v}$	$\cos(0°) = 1$
$\boldsymbol{u} \cdot \boldsymbol{v} = -\lvert\boldsymbol{u}\rvert \cdot \lvert\boldsymbol{v}\rvert$	$\varphi = \pi = 180°$, d.h. $\boldsymbol{u} \uparrow\downarrow \boldsymbol{v}$	$\cos(180°) = -1$

Nutzbar sind diese Aussagen über den Winkel, indem das Skalarprodukt als Summe über die Produkte entsprechender Vektor-Koordinaten berechnet wird, wie in Aufgabe 38.4 zu zeigen ist:

$$\boldsymbol{u} \cdot \boldsymbol{v} = \sum_{i=1}^{n} u_i\, v_i \quad \text{für } \boldsymbol{u}, \boldsymbol{v} \in \mathbb{R}^n$$

Beispiel. Das Skalarprodukt der obigen Vektoren ist:
$\boldsymbol{u} \cdot \boldsymbol{v} = (4, -2)^\top \cdot (3, 1)^\top = 4 \cdot 3 + (-2) \cdot 1 = 12 - 2 = 10.$

Die Länge oder der Betrag des Vektors wird durch das Skalarprodukt in Übereinstimmung mit der euklidischen Definition berechnet:
$|\boldsymbol{a}| = \sqrt{\boldsymbol{a} \cdot \boldsymbol{a}} = \sqrt{\sum_{i=1}^{n} a_i^2}.$
Das Skalarprodukt erlaubt zusätzlich die Definition des Winkels zwischen Vektoren.

Beispiel. Es ist der Winkel φ zu bestimmen zwischen den Vektoren $\boldsymbol{u} = (5, -3, 1)^\top$ und $\boldsymbol{v} = (2, 1, 4)^\top$.

Lösung: Mit $|\boldsymbol{u}| = \sqrt{5^2 + (-3)^2 + 1^2} = \sqrt{35}, |\boldsymbol{v}| = \sqrt{21}$ und $\boldsymbol{u} \cdot \boldsymbol{v} = 5 \cdot 2 + (-3) \cdot 1 + 1 \cdot 4 = 11$ wird $\varphi = \arccos\left(\frac{11}{\sqrt{35} \cdot \sqrt{21}}\right) \approx 66.06°$.

Tabelle 38.2: Rechenregeln zum Skalarprodukt

Was	Formel
Betragsquadrat	$\boldsymbol{a} \cdot \boldsymbol{a} = \|\boldsymbol{a}\|^2$
Kommutativität	$\boldsymbol{a} \cdot \boldsymbol{b} = \boldsymbol{b} \cdot \boldsymbol{a}$
Bilinearität	$(\boldsymbol{a}_1 + \boldsymbol{a}_2) \cdot \boldsymbol{b} = (\boldsymbol{a}_1 \cdot \boldsymbol{b}) + (\boldsymbol{a}_2 \cdot \boldsymbol{b})$ und $(\lambda \boldsymbol{a}) \cdot \boldsymbol{b} = \lambda(\boldsymbol{a} \cdot \boldsymbol{b})$ ebenso im rechten Argument des Skalarprodukts
Schwarzsche Ungleichung	$\|\boldsymbol{a} \cdot \boldsymbol{b}\| \leq \|\boldsymbol{a}\| \cdot \|\boldsymbol{b}\|$
Winkel $\varphi = \angle(\boldsymbol{a}, \boldsymbol{b})$	$\cos(\varphi) = \frac{\boldsymbol{a} \cdot \boldsymbol{b}}{\|\boldsymbol{a}\| \cdot \|\boldsymbol{b}\|}$ oder $\varphi = \arccos\left(\frac{\boldsymbol{a} \cdot \boldsymbol{b}}{\|\boldsymbol{a}\| \cdot \|\boldsymbol{b}\|}\right)$

38.1.3 Die Projektion

Bei der zweidimensionalen Darstellung dreidimensionaler Szenen werden die Objekte darin auf eine Ebene projiziert. Eine *Projektion* ist eine Dimensionsreduktion. Das betrachtete Objekt wird in zwei orthogonale Komponenten zerlegt, von denen eine die gewünschte Projektion ist. Dies Konzept wird übrigens genauso für kleinste Quadrate Näherungen benutzt. Da mit dem Skalarprodukt Winkel definiert sind und damit Orthogonalität festgestellt werden kann, ist das Skalarprodukt zentral bei der Projektion.

Kleinste Quadrate-Näherungen werden in Kapitel 41 behandelt.

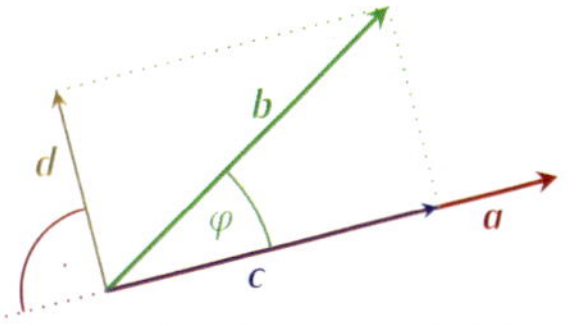

Bild 38.3: Die Projektion $P_{\boldsymbol{a}}(\boldsymbol{b})$ ist die Komponente von $\boldsymbol{b}$ in Richtung von $\boldsymbol{a}$ in der Zerlegung $\boldsymbol{b} = \boldsymbol{c} + \boldsymbol{d}$ mit $\boldsymbol{c}||\boldsymbol{a}$ und $\boldsymbol{d} \perp \boldsymbol{a}$.

Hier wird die Projektion eines Vektors auf einen anderen vorgestellt. Gegeben seien die Vektoren $\boldsymbol{a}$ und $\boldsymbol{b}$. Der Vektor $\boldsymbol{b}$ wird in die Summe $\boldsymbol{c} + \boldsymbol{d}$ zerlegt, sodass $\boldsymbol{c}||\boldsymbol{a}$ und $\boldsymbol{d} \perp \boldsymbol{a}$ ist, vergleiche Bild 38.3. Wegen $\boldsymbol{c}||\boldsymbol{a}$ gibt es einen Skalar λ, sodass $\boldsymbol{c} = \lambda\,\boldsymbol{a}$. Wegen $\boldsymbol{d} \perp \boldsymbol{a}$ ist das Skalarprodukt $\boldsymbol{a} \cdot \boldsymbol{d} = 0$. Damit lässt sich λ berechnen: $0 = \boldsymbol{a} \cdot \boldsymbol{d} = \boldsymbol{a} \cdot (\boldsymbol{b} - \boldsymbol{c}) = \boldsymbol{a} \cdot (\boldsymbol{b} - \lambda\,\boldsymbol{a}) = \boldsymbol{a} \cdot \boldsymbol{b} - \lambda\,|\boldsymbol{a}|^2 \Rightarrow \lambda = \frac{\boldsymbol{a} \cdot \boldsymbol{b}}{|\boldsymbol{a}|^2}$. Damit ist die Projektion berechnet:

$$P_{\boldsymbol{a}}(\boldsymbol{b}) = \frac{\boldsymbol{a} \cdot \boldsymbol{b}}{|\boldsymbol{a}|^2}\,\boldsymbol{a} \quad \text{Projektion von } \boldsymbol{b} \text{ auf } \boldsymbol{a}.$$

Beispiel. Die Projektion $P_{\boldsymbol{a}}(\boldsymbol{b})$ von $\boldsymbol{b} = (3, 1)^\top$ auf $\boldsymbol{a} = (-3, 4)^\top$ ist $P_{\boldsymbol{a}}(\boldsymbol{b}) = \frac{\boldsymbol{a} \cdot \boldsymbol{b}}{|\boldsymbol{a}|^2}\,\boldsymbol{a} = \frac{-3 \cdot 3 + 4 \cdot 1}{(-3)^2 + 4^2}\,(-3, 4)^\top = \frac{-5}{25}\,(-3, 4)^\top = (0.6, -0.8)^\top$.

Die Differenz von $\boldsymbol{b}$ zur Projektion $P_{\boldsymbol{a}}(\boldsymbol{b})$ steht senkrecht auf $\boldsymbol{a}$:

Es ist $\boldsymbol{d} = \boldsymbol{b} - P_{\boldsymbol{a}}(\boldsymbol{b}) = (3, 1)^\top - (0.6, -0.8)^\top = (2.4, 1.8)^\top$ und $\boldsymbol{a} \cdot \boldsymbol{d} = (-3, 4)^\top \cdot (2.4, 1.8)^\top = -7.2 + 7.2 = 0$.

Die Projektion $P_{\boldsymbol{a}}(\boldsymbol{b})$ ist unabhängig von der Länge von $\boldsymbol{a}$. Insbesondere vereinfacht sich für einen Einheitsvektor $\boldsymbol{e}_a$ die Formel zu $P_{\boldsymbol{e}_a}(\boldsymbol{b}) = (\boldsymbol{e}_a \cdot \boldsymbol{b})\,\boldsymbol{e}_a$. Wichtige Eigenschaften fasst Tabelle 38.3 zusammen.

Tabelle 38.3: Eigenschaften der Projektion $P_{\boldsymbol{a}}(\boldsymbol{b})$ für $\boldsymbol{a} \neq \boldsymbol{0} \neq \boldsymbol{b}$

Was	Formel		
Richtung	$P_{\boldsymbol{a}}(\boldsymbol{b}) \| \boldsymbol{a}$	und	$P_{\boldsymbol{a}}(\boldsymbol{b}) = \boldsymbol{b} \Leftrightarrow \boldsymbol{b} \| \boldsymbol{a}$
Orthogonalität	$(\boldsymbol{b} - P_{\boldsymbol{a}}(\boldsymbol{b})) \perp \boldsymbol{a}$	und	$P_{\boldsymbol{a}}(\boldsymbol{b}) = \boldsymbol{0} \Leftrightarrow \boldsymbol{b} \perp \boldsymbol{a}$
Länge	$\lvert P_{\boldsymbol{a}}(\boldsymbol{b})\rvert \leq \lvert\boldsymbol{b}\rvert$		
Linearität	$P_{\boldsymbol{a}}(\lambda\,\boldsymbol{b}) = \lambda\,P_{\boldsymbol{a}}(\boldsymbol{b})$	und	$P_{\boldsymbol{a}}(\boldsymbol{b}_1 + \boldsymbol{b}_2) = P_{\boldsymbol{a}}(\boldsymbol{b}_1) + P_{\boldsymbol{a}}(\boldsymbol{b}_2)$
Idempotenz	$P_{\boldsymbol{a}}(P_{\boldsymbol{a}}(\boldsymbol{b})) = P_{\boldsymbol{a}}(\boldsymbol{b})$		

38.1.4 *Das Kreuz-, Vektor- und Spatprodukt*

Im $\mathbb{R}^2$ kann analog zum Skalarprodukt das *Kreuzprodukt* definiert werden als:

$$\boldsymbol{u} \times \boldsymbol{v} = \lvert\boldsymbol{u}\rvert\ \lvert\boldsymbol{v}\rvert\ \sin(\varphi)$$

Ist einer der Vektoren der Nullvektor, wird das Kreuzprodukt zu Null definiert. Anders als beim Skalarprodukt ist die Winkelrichtung zu berücksichtigen. $\varphi = \angle(\boldsymbol{u}, \boldsymbol{v})$ ist kleinste Winkel zwischen $\boldsymbol{u}$ und $\boldsymbol{v}$. Er ist bei einer Drehrichtung von $\boldsymbol{u}$ auf $\boldsymbol{v}$ entgegen dem Uhrzeiger positiv und mit dem Uhrzeiger negativ, vergleiche 38.4. Da $\lvert\boldsymbol{v}\rvert\,\lvert\sin(\varphi)\rvert$ die Höhe des Vektors über $\boldsymbol{u}$ ist, berechnet $\lvert\boldsymbol{u} \times \boldsymbol{v}\rvert$ die Fläche des Parallelogramms, das $\boldsymbol{u}$ und $\boldsymbol{v}$ aufspannen.

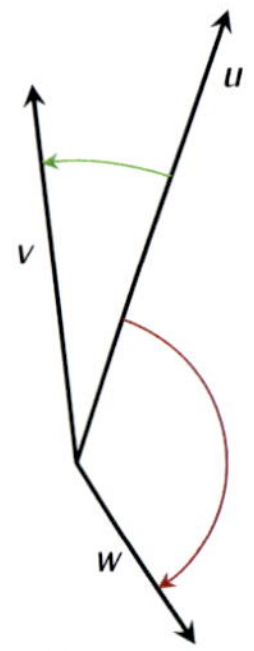

Bild 38.4: Winkelrichtung beim Kreuzprodukt. Es ist $\varphi(\boldsymbol{u}, \boldsymbol{v}) > 0$, $\varphi(\boldsymbol{u}, \boldsymbol{w}) < 0$. Somit ist $\boldsymbol{u} \times \boldsymbol{v} > 0$, aber $\boldsymbol{u} \times \boldsymbol{w} < 0$.

Im $\mathbb{R}^3$ ist statt des obigen Kreuzprodukts das *Vektorprodukt* gebräuchlich. Das Produkt $\boldsymbol{u} \times \boldsymbol{v}$ definiert dann einen Vektor, dessen

- ▷ Länge die Fläche des aufgespannten Parallegramms ist, dessen
- ▷ Richtung senkrecht auf $\boldsymbol{u}$ und $\boldsymbol{v}$ steht und dessen
- ▷ Orientierung sich aus der *Rechte-Hand-Regel* ergibt.

Die Rechte-Hand-Regel besagt, dass $\boldsymbol{u}$, $\boldsymbol{v}$ und $\boldsymbol{u} \times \boldsymbol{v}$ im Raum stehen wie Daumen ($\boldsymbol{u}$), Zeigefinger ($\boldsymbol{v}$) und Mittelfinger ($\boldsymbol{u} \times \boldsymbol{v}$) der rechten Hand, wenn Daumen und gestreckter Zeigefinger einen Winkel bilden und der Mittelfinger in Richtung der Handinnenfläche weist.

Kollineare Vektoren sind *linear abhängig*, vergleiche Kapitel 42.

Kollinear heißen zwei Vektoren, die auf einer Gerade liegen. Sind $\boldsymbol{a}, \boldsymbol{b}$ kollinear und $\boldsymbol{a} \neq \boldsymbol{0}$, gibt es ein $\lambda \in \mathbb{R}$, so dass $\boldsymbol{b} = \lambda\,\boldsymbol{a}$. Da die Fläche A des durch $\boldsymbol{a}$ und $\boldsymbol{b}$ aufgespannten Parallelogramms durch $\lvert\boldsymbol{a} \times \boldsymbol{b}\rvert$ gegeben ist, kann Kollinearität durch $\lvert\boldsymbol{a} \times \boldsymbol{b}\rvert = 0$ festgestellt werden. Wichtige Eigenschaften von Kreuz- und Vektorprodukt fasst Tabelle 38.4 zusammen.

Tabelle 38.4: Gemeinsame Eigenschaften von Kreuz- und Vektorprodukt

Was	Formel		
Antisymmetrie	$\boldsymbol{a} \times \boldsymbol{b} = -\boldsymbol{b} \times \boldsymbol{a}$		
Bilinearität	$(\boldsymbol{a}_1 + \boldsymbol{a}_2) \times \boldsymbol{b} = (\boldsymbol{a}_1 \times \boldsymbol{b}) + (\boldsymbol{a}_2 \times \boldsymbol{b})$	und	$(\lambda\boldsymbol{a}) \times \boldsymbol{b} = \lambda(\boldsymbol{a} \times \boldsymbol{b})$
	ebenso im rechten Argument des Kreuz- bzw. Vektorprodukts		
Parallelogramm	Flächeninhalt ist $A = \lvert\boldsymbol{a} \times \boldsymbol{b}\rvert$	und	$\lvert\boldsymbol{a} \times \boldsymbol{b}\rvert = 0 \Leftrightarrow \boldsymbol{a} \| \boldsymbol{b}$
Orthogonalität	$\lvert\boldsymbol{a} \times \boldsymbol{b}\rvert = \lvert\boldsymbol{a}\rvert \cdot \lvert\boldsymbol{b}\rvert \Leftrightarrow \boldsymbol{a} \perp \boldsymbol{b}$		

Das Kreuzprodukt berechnet sich als

$$\boldsymbol{u} \times \boldsymbol{v} = \begin{pmatrix} u_1 \\ u_2 \end{pmatrix} \times \begin{pmatrix} v_1 \\ v_2 \end{pmatrix} = u_1 v_2 - u_2 v_1,$$

Das Kreuzprodukt $\boldsymbol{u} \times \boldsymbol{v}$ ist gleich der Determinante der 2x2-Matrix mit $\boldsymbol{u}, \boldsymbol{v}$ als Spalten- oder Zeilenvektoren.

siehe Aufgabe 38.5. Das Vektorprodukt berechnet sich in jeder Koordinate als Kreuzprodukt der andern beiden Koordinaten. Es ist

$$\boldsymbol{a} \times \boldsymbol{b} = \begin{pmatrix} a_1 \\ a_2 \\ a_3 \end{pmatrix} \times \begin{pmatrix} b_1 \\ b_2 \\ b_3 \end{pmatrix} = \begin{pmatrix} a_2 b_3 - a_3 b_2 \\ a_3 b_1 - a_1 b_3 \\ a_1 b_2 - a_2 b_1 \end{pmatrix}.$$

Das Vektorprodukt $\boldsymbol{a} \times \boldsymbol{b}$ kann auch als symbolische Determinante $\begin{vmatrix} \boldsymbol{e}_x & a_1 & b_1 \\ \boldsymbol{e}_y & a_2 & b_2 \\ \boldsymbol{e}_z & a_3 & b_3 \end{vmatrix}$ notiert werden.

Beispiel.
- ▷ $\boldsymbol{u} = \begin{pmatrix} 2 \\ -1 \end{pmatrix}, \boldsymbol{v} = \begin{pmatrix} 4 \\ 3 \end{pmatrix}, \boldsymbol{u} \times \boldsymbol{v} = 2 \cdot 3 - (-1) \cdot 4 = 2$
- ▷ $\boldsymbol{a} = \begin{pmatrix} 5 \\ 2 \\ 3 \end{pmatrix}, \boldsymbol{b} = \begin{pmatrix} 4 \\ 0 \\ 1 \end{pmatrix}, \boldsymbol{a} \times \boldsymbol{b} = \begin{pmatrix} 2 \cdot 1 - 3 \cdot 0 \\ 3 \cdot 4 - 5 \cdot 1 \\ 5 \cdot 0 - 2 \cdot 4 \end{pmatrix} = \begin{pmatrix} 2 \\ 7 \\ -8 \end{pmatrix}$
- ▷ $\begin{pmatrix} 1 \\ 0 \\ 0 \end{pmatrix} \times \begin{pmatrix} 0 \\ 1 \\ 0 \end{pmatrix} = \begin{pmatrix} 0 \\ 0 \\ 1 \end{pmatrix}$

Im $\mathbb{R}^3$ wird weiter das *Spatprodukt* aus drei Vektoren $\boldsymbol{a}, \boldsymbol{b}$ und $\boldsymbol{c}$ definiert. Ein *Spat* wird durch sechs Parallelogramme begrenzt, die von jeweils zwei der drei Vektoren aufgespannt werden, siehe Bild 38.5. Der Betrag des Spatprodukts ist der Rauminhalt des Spats, sein Vorzeichen ist positiv, wenn die drei Vektoren der Rechte-Hand-Regel genügen und negativ, wenn sie die entsprechende Linke-Hand-Regel erfüllen.

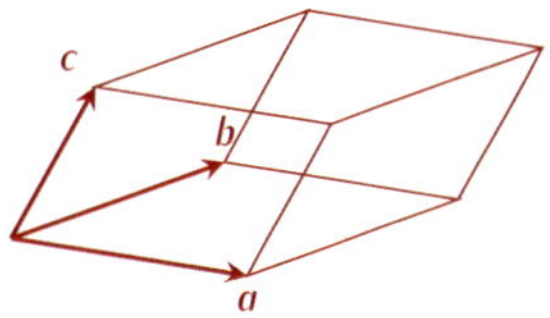

Bild 38.5: Ein von den Vektoren $\boldsymbol{a}, \boldsymbol{b}, \boldsymbol{c}$ aufgespannter Spat.

Berechnet wird das Spatprodukt als $(\boldsymbol{a} \times \boldsymbol{b}) \cdot \boldsymbol{c}$. Es gelten die Identitäten $(\boldsymbol{a} \times \boldsymbol{b}) \cdot \boldsymbol{c} = (\boldsymbol{b} \times \boldsymbol{c}) \cdot \boldsymbol{a} = (\boldsymbol{c} \times \boldsymbol{a}) \cdot \boldsymbol{b} = (\boldsymbol{a} \times \boldsymbol{c}) \cdot \boldsymbol{b} = -(\boldsymbol{c} \times \boldsymbol{b}) \cdot \boldsymbol{a} = -(\boldsymbol{b} \times \boldsymbol{a}) \cdot \boldsymbol{c}$, d.h. werden die drei Vektoren zyklisch vertauscht, bleibt das Vorzeichen unverändert, werden zwei Vektoren vertauscht, ändert sich das Vorzeichen.

Beispiel. $\boldsymbol{a} = (5, 2, 3)^\top, \boldsymbol{b} = (4, 0, 1)^\top, \boldsymbol{c} = (2, 1, 1)^\top$
- ▷ $(\boldsymbol{a} \times \boldsymbol{b}) \cdot \boldsymbol{c} = (2, 7, -8)^\top \cdot (2, 1, 1)^\top = 4 + 7 - 8 = 3$
- ▷ $(\boldsymbol{b} \times \boldsymbol{c}) \cdot \boldsymbol{a} = (-1, -2, 4)^\top \cdot (5, 2, 3)^\top = -5 - 4 + 12 = 3$
- ▷ $(\boldsymbol{a} \times \boldsymbol{c}) \cdot \boldsymbol{b} = (-1, 1, 1)^\top \cdot (4, 0, 1)^\top = -4 + 0 + 1 = -3$

Komplanar heißen drei Vektoren, die in einer Ebene liegen. Sind $\boldsymbol{a}, \boldsymbol{b}, \boldsymbol{c}$ komplanar bedeutet das, entweder sind zwei der Vektoren kollinear oder es gibt $\lambda_1, \lambda_2 \in \mathbb{R}$, so dass $\boldsymbol{c} = \lambda_1 \boldsymbol{a} + \lambda_2 \boldsymbol{b}$ ist. Im $\mathbb{R}^3$ sind drei Vektoren komplanar, wenn ihr Spatprodukt Null ergibt.

Komplanare Vektoren sind *linear abhängig*, vergleiche Kapitel 42.

Kreuzprodukt und Spatprodukt sind identisch zu den Determinanten der Matrizen, deren Spalten die zu multiplizierenden Vektoren sind.

Zu Determinanten vergl. Kapitel 39.

38.2 Lernziele

Nr	Ich kann	Aufgabe	✓
	Einfache Anwendungen von Vektoren		
349	einfache geometrische Probleme mit Vektoren lösen,	38.1, 38.3	
350	einfache geometrische Probleme mit Komponenten eines Vektors lösen,	38.3, 38.2, 38.5	
351 *	einen Kraftvektor in Teilkräfte zerlegen,	38.2	
	Skalarprodukt, Winkel und Projektion		
352	das Skalarprodukt zweier Vektoren bestimmen und benutzen,	38.4	
353	das Skalarprodukt geometrisch interpretieren,	38.8, 38.10	
354 *	die Projektion auf einen Vektor berechnen und geometrisch deuten,	38.8	
	Kreuzprodukt und Flächen		
355	das Kreuzprodukt zweier Vektoren bestimmen und benutzen,	38.5, 38.6	
356	das Vektorprodukt geometrisch interpretieren,	38.6,38.7, 38.8,38.10	
	Spatprodukt und Volumina		
357	das Spatprodukt dreier Vektoren bestimmen und benutzen,	38.9	
358	das Spatprodukt geometrisch interpretieren.	38.9, 38.10	

38.3 Aufgaben

Aufgabe 38.1 (5 min) Beweisen Sie, dass ein Viereck, dessen Eckpunkte durch die vier Seitenmitten eines beliebigen Vierecks gegeben sind, stets ein Parallelogramm ist.

Aufgabe 38.2 (5 min) Eine Last mit $F = 900$ N hängt an einem Auslegerarm, der rechtwinklig von der Wand absteht, s. Bild 38.6. Der Ausleger ist $a = 2.4$m lang, das Seil ist $s = 4.0$m lang. Bestimmen Sie die Druckkraft im Auslegerarm und die Zugkraft im Seil.

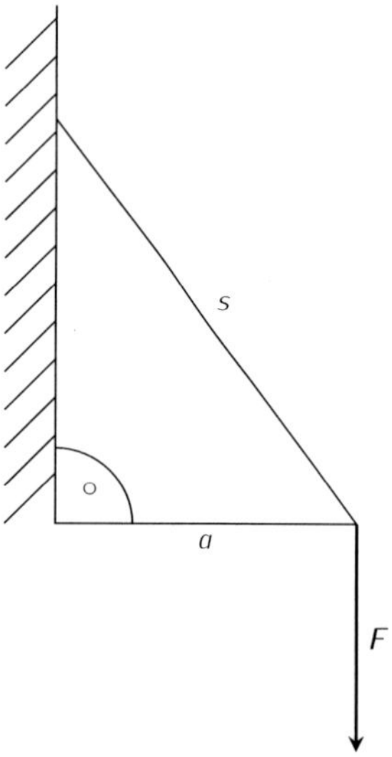

Bild 38.6: Gewichtskraft am Auslegerarm.

Aufgabe 38.3 (25 min) Es geht um die Flugbahnen von zwei Drohnen. Drohne 1 befindet sich zur Startzeit im Punkt $(20, 15, 0)$ und nach einer Minute im Punkt $(15, 17, 5)$. Drohne 2 befindet sich zur Startzeit im Punkt $(17, 1, 1)$, nach einer Minute im Punkt $(14, 7, 4)$. Für die Rechnung ist davon auszugehen, dass beide Drohnen geradlinig gleichförmig fliegen.

a) Geben Sie Geradengleichungen der Flugbahnen der Drohnen an.
b) Wie weit entfernt sind die Flugbahnen voneinander?
c) Zu welchem Zeitpunkt erreicht jede Drohne den Punkt minimaler Entfernung zur anderen Flugbahn? Geben Sie diese Punkte an.
d) Wann haben die Drohnen die gleiche Flughöhe erreicht?
e) Welche Drohne fliegt schneller?
f) Wie groß ist die minimale Entfernung beider Drohnen während ihres Fluges?
g) In welchem Winkel schneiden sich die Flugbahnen aus einem Beobachtungspunkt, der im Lotpunkt unter dem Schnittpunkt liegt?

Aufgabe 38.4 (10 min) Das Skalarprodukt zweier Vektoren $\boldsymbol{a}$ und $\boldsymbol{b}$ ist als $\boldsymbol{a} \cdot \boldsymbol{b} = |\boldsymbol{a}|\,|\boldsymbol{b}| \cos(\varphi)$ definiert. Dabei ist $\varphi = \angle(\boldsymbol{a}, \boldsymbol{b})$ der Winkel zwischen $\boldsymbol{a}$ und $\boldsymbol{b}$. Zeigen Sie mithilfe des Cosinussatzes, dass das Skalarprodukt die Summe der Produkte der Koordinaten beider Vektoren ist.

Aufgabe 38.5 (5 min) Das Kreuzprodukt im $\mathbb{R}^2$ kann mit der Fornel $\boldsymbol{a} \times \boldsymbol{b} = a_1 b_2 - a_2 b_1$ berechnet werden. Leiten Sie die Formel mithilfe des zu $\boldsymbol{a}$ orthogonalen Vektors $\boldsymbol{a}^{\perp}$ und der Formel für das Skalarprodukt ab.

Aufgabe 38.6 (5 min) Zu $\boldsymbol{a} = (1, 3, 8)^{\top}$ und $\boldsymbol{b} = (5, -3, 0)^{\top}$ bestimmen Sie den auf beiden Vektoren senkrecht stehenden Einheitsvektor $\boldsymbol{c}$, so dass $\boldsymbol{a}$, $\boldsymbol{b}$ und $\boldsymbol{c}$ ein Rechtssystem bilden.

Aufgabe 38.7 (5 min) Nennen Sie mindestens drei Eigenschaften des Vektorprodukts $\boldsymbol{a} \times \boldsymbol{b}$ und beschreiben sie.

Aufgabe 38.8 (5 min) Kreuzen Sie an: Zwei Vektoren $\boldsymbol{a}, \boldsymbol{b}$ aus dem $\mathbb{R}^3$ stehen senkrecht aufeinander, wenn ...

□ $\boldsymbol{a} + \boldsymbol{b} = \boldsymbol{0}$,	□ $\boldsymbol{a} \times \boldsymbol{b} = \boldsymbol{0}$,	□ $P_{\boldsymbol{a}}(\boldsymbol{b}) = \boldsymbol{0}$,
□ $\boldsymbol{a} \cdot \boldsymbol{b} = 0$,	□ $\lvert\boldsymbol{a}\rvert \cdot \lvert\boldsymbol{b}\rvert = 0$,	□ $P_{\boldsymbol{b}}(\boldsymbol{a}) = \boldsymbol{0}$.

Aufgabe 38.9 (5 min) Gegeben sind die Vektoren $\boldsymbol{a} = (2, 1, 3)^{\top}$, $\boldsymbol{b} = (1, -2, -1)^{\top}$ und $\boldsymbol{c} = (4, 3, -5)^{\top}$. Berechnen Sie das Volumen des von den Vektoren $\boldsymbol{a}, \boldsymbol{b}$ und $\boldsymbol{c}$ aufgespannten Spats.

Aufgabe 38.10 (10 min) Welche der folgenden Aussagen sind richtig? Kreuzen Sie an.

- □ Zwei Vektoren stehen senkrecht aufeinander, wenn ihr Skalarprodukt 0 ergibt.
- □ Das Spatprodukt von drei Vektoren der Länge 1 ergibt 1, wenn sie in einer Ebene liegen.
- □ Das Vektorprodukt aus dem Richtungsvektor einer Gerade und dem Lotvektor eines nicht auf der Gerade liegenden Punktes auf diese Gerade ist 0.
- □ In einem Parallelogramm sind gegenüberliegende Seitenvektoren genau dann kollinear, wenn alle Winkel 90° betragen.
- □ Durch eine lineare Gleichung wird in der Ebene eine Gerade und im Raum eine Ebene beschrieben.
- □ Durch zwei lineare Gleichungen kann im Raum entweder eine Ebene, eine Gerade oder ein Punkt beschrieben sein.
- □ Das Produkt aus dem Skalarprodukt zweier Vektoren und deren Vektorprodukt ist immer Null.

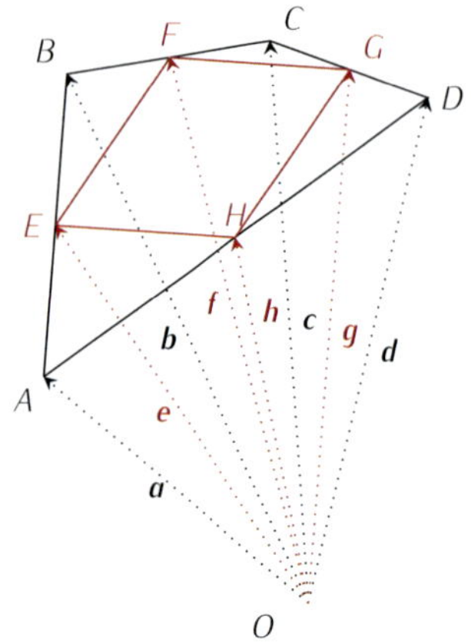

Bild 38.7: Parallelogramm aus vier Seitenmitten

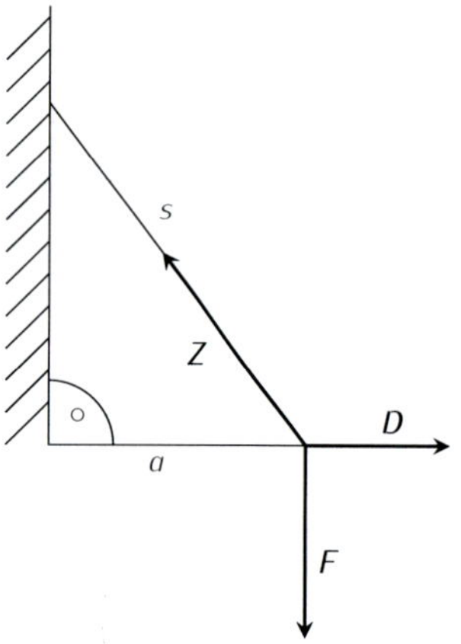

Bild 38.8: Gewichtskraft F, Druckkraft im Auslegerarm $\boldsymbol{D}$ und die Zugkraft im Seil $\boldsymbol{Z}$ sind im Kräftegleichgewicht.

38.4 Lösungen

Lösung 38.1 Die Eckpunkte des beliebigen Vierecks werden A, B, C, D genannt und die Seitenmitten des Vierecks E, F, G, H. Der Ortsvektor zu A heiße $\boldsymbol{a}$, der zu B heiße $\boldsymbol{b}$ usf. Dann gilt für die Seitenmitten $\boldsymbol{e} = \frac{1}{2}(\boldsymbol{a}+\boldsymbol{b})$, $\boldsymbol{f} = \frac{1}{2}(\boldsymbol{b}+\boldsymbol{c})$, $\boldsymbol{g} = \frac{1}{2}(\boldsymbol{c}+\boldsymbol{d})$, $\boldsymbol{h} = \frac{1}{2}(\boldsymbol{d}+\boldsymbol{a})$. Zwei gegenüberliegende Seiten des inneren Vierecks werden durch die Vektoren $\boldsymbol{e}-\boldsymbol{f}$ und $\boldsymbol{h}-\boldsymbol{g}$ gebildet. Es ist $\boldsymbol{e}-\boldsymbol{f} = \frac{1}{2}(\boldsymbol{a}+\boldsymbol{b})-\frac{1}{2}(\boldsymbol{b}+\boldsymbol{c}) = \frac{1}{2}(\boldsymbol{a}-\boldsymbol{c})$ und ebenso $\boldsymbol{h}-\boldsymbol{g} = \frac{1}{2}(\boldsymbol{d}+\boldsymbol{a})-\frac{1}{2}(\boldsymbol{c}+\boldsymbol{d}) = \frac{1}{2}(\boldsymbol{a}-\boldsymbol{c})$. Sie sind somit parallel und gleich lang. Gleiches gilt für $\boldsymbol{f}-\boldsymbol{g}$ und $\boldsymbol{h}-\boldsymbol{e}$, wie Bild 38.7 zeigt. Die Seitenmitten bilden somit ein Parallelogramm.

Lösung 38.2 Auslegerarm, Wand und Seil bilden ein rechtwinkliges Dreieck, dessen Höhe nach Pythagoras gleich $h = \sqrt{s^2 - a^2} = 3.2$m beträgt. Die Kräfte sind im Bild 38.8 dargestellt. Das Kräftegleichgewicht besagt $\boldsymbol{F}+\boldsymbol{D}+\boldsymbol{Z} = \boldsymbol{0}$.

$$\boldsymbol{F}+\boldsymbol{D}+\boldsymbol{Z} = \begin{pmatrix} 0 \\ -900 \end{pmatrix} + \begin{pmatrix} d_x \\ d_y \end{pmatrix} + \begin{pmatrix} z_x \\ z_y \end{pmatrix} = \begin{pmatrix} 0 \\ 0 \end{pmatrix}.$$

Da $d_y = 0$ folgt $z_y = 900$ und $z_x = -d_x$. Damit $\boldsymbol{Z}$ in Richtung des Seils liegt, muss $\frac{z_y}{z_x} = \frac{h}{a} = \frac{3.2}{2.4} \Rightarrow z_x = 675$. Die Beträge von Druckkraft bzw. Zugkraft ergeben sich zu 675N bzw. 1125N.

Lösung 38.3

a) Aus der Differenz von der Position nach einer Minute und der Startposition werden die Richtungsvektoren berechnet. Damit ist

$$g_1\colon \begin{pmatrix} x \\ y \\ z \end{pmatrix} = \begin{pmatrix} 20 \\ 15 \\ 0 \end{pmatrix} + t \begin{pmatrix} -5 \\ 2 \\ 5 \end{pmatrix},\ g_2\colon \begin{pmatrix} x \\ y \\ z \end{pmatrix} = \begin{pmatrix} 17 \\ 1 \\ 1 \end{pmatrix} + t \begin{pmatrix} -3 \\ 6 \\ 3 \end{pmatrix}$$

b) Die kürzeste Verbindungsstrecke zwischen den zwei Geraden steht auf beiden senkrecht. Also werden die Startpunkte der Geraden auf einen Normalenvektor zu diesen Ebenen projiziert. Die Länge dieser Projektion ist $d = |((20,15,0)^\top - (17,1,1)^\top) \cdot \boldsymbol{n}|$, wenn der Normalenvektor $\boldsymbol{n}$ normiert ist. Ein Normalenvektor wird durch das Vektorprodukt der Richtungsvektoren bestimmt: $\begin{pmatrix} -5 \\ 2 \\ 5 \end{pmatrix} \times \begin{pmatrix} -3 \\ 6 \\ 3 \end{pmatrix} = \begin{pmatrix} -24 \\ 0 \\ -24 \end{pmatrix}$. Somit ist $\boldsymbol{n} = \frac{\sqrt{2}}{2} \begin{pmatrix} -1 \\ 0 \\ -1 \end{pmatrix}$. Das Skalarprodukt der Differenz der Startvektoren mit $\boldsymbol{n}$ ist $-\sqrt{2}$. Die Entfernung der Flugbahnen beträgt $\sqrt{2}$ Längeneinheiten (LE).

c) Wird die zweite Flugbahn um den auf den Normalenvektor projizierten Abstand beider Ebenen verschoben, schneiden sich die Bahnen in einem Punkt. Es ist $(-\sqrt{2}) \cdot \frac{\sqrt{2}}{2}(-1,0,-1)^\top = (1,0,1)^\top$. Deswegen werden die Lösungen dieses Gleichungssystems gesucht:

$$\begin{pmatrix}20\\15\\0\end{pmatrix}+t_1\begin{pmatrix}-5\\2\\5\end{pmatrix}=\begin{pmatrix}18\\1\\2\end{pmatrix}+t_2\begin{pmatrix}-3\\6\\3\end{pmatrix}$$

Das überbestimmte Gleichungssystem wird mit Gauß-Jordan gelöst:

t_1	t_2	$r.S.$	Zeilenoperation
-5	3	-2	$I\cdot(-\frac{1}{5})$
2	-6	-14	$II+\frac{2}{5}I$
5	-3	2	$III+I$
1	$-\frac{3}{5}$	$\frac{2}{5}$	$I-\frac{1}{8}II$
0	$-\frac{24}{5}$	$-\frac{74}{4}$	$II\cdot(-\frac{5}{24})$
0	0	0	Nullzeile: lösbar!
1	0	$\frac{9}{4}$	
0	1	$\frac{37}{12}$	

Damit sind die Zeiten bestimmt, in denen der Punkt minimaler Entfernung von der anderen Flugbahn erreicht wird. Es ist $t_1=\frac{9}{4}=2$ Min 15 Sek, $t_2=\frac{37}{12}=3$ Min 5 Sek. Die Punkte sind

$$\begin{pmatrix}20\\15\\0\end{pmatrix}+\frac{9}{4}\begin{pmatrix}-5\\2\\5\end{pmatrix}=\begin{pmatrix}\frac{35}{4}\\\frac{39}{2}\\\frac{45}{4}\end{pmatrix}\text{ und }\begin{pmatrix}17\\1\\1\end{pmatrix}+\frac{37}{12}\begin{pmatrix}-3\\6\\3\end{pmatrix}=\begin{pmatrix}\frac{31}{4}\\\frac{39}{2}\\\frac{41}{4}\end{pmatrix}.$$

Der Differenzvektor ist wie oben bestimmt $(1,0,1)^\top$ mit der Entfernung $d=\sqrt{2}$ LE.

d) Die Flughöhen ergeben sich aus den dritten Komponenten: $0+5t=1+3t\Rightarrow t=\frac{1}{2}$.

e) Es werden die Beträge der Richtungsvektoren bestimmt, die die in einer Minute zurückgelegte Entfernung angeben: $|(-5,2,5)^\top|=\sqrt{54}=|(-3,6,3)^\top|$. Beide Drohnen fliegen mit derselben Geschwindigkeit $\sqrt{54}\approx 7.35$ LE pro Minute.

f) Zur Zeit t befinden sich die Drohnen im Punkt, der durch die Bahngleichung mit Parameter t berechnet wird. Der Betrag der Differenz beider Ortspunkte ist die Entfernung.

Es ist $d^2(t)=\left|\begin{pmatrix}3\\14\\-1\end{pmatrix}+t\begin{pmatrix}-2\\-4\\2\end{pmatrix}\right|^2=(3-2t)^2+(14-4t)^2+(-1+2t)^2=9-12t+4t^2+196-112t+16t^2+1-4t+4t^2=24t^2-128t+206$

Die minimale Entfernung ist durch $(d^2)'(t)=0$ bestimmt: $48t-128=0\Rightarrow t=\frac{8}{3}$. Der Zeitpunkt minimaler Entfernung ist damit 2 Min 40 Sek. Er liegt genau zwischen den Zeitpunkten, an denen beide Drohnen der anderen Flugbahn am nächsten kommen. Der Abstandsvektor zur Zeit $t = \frac{8}{3}$ berechnet sich zu $(-\frac{7}{3}, \frac{10}{3}, \frac{13}{3})^\top$ und hat die Länge $d(\frac{8}{3}) = \sqrt{\frac{106}{3}} \approx 5.9$ LE.

g) Der beobachtete Winkel φ zwischen den Bahnen ergibt sich aus dem Winkel, den die in die x-y Ebene projizierten Richtungsvektoren miteinander bilden. Es ist $\varphi = \arccos\left(\frac{\begin{pmatrix}-5\\2\end{pmatrix}\cdot\begin{pmatrix}-3\\6\end{pmatrix}}{\left|\begin{pmatrix}-5\\2\end{pmatrix}\right|\left|\begin{pmatrix}-3\\6\end{pmatrix}\right|}\right) = \arccos\left(\frac{27}{\sqrt{29\cdot 45}}\right) \approx \arccos(0.747409) \approx 41.63°$.

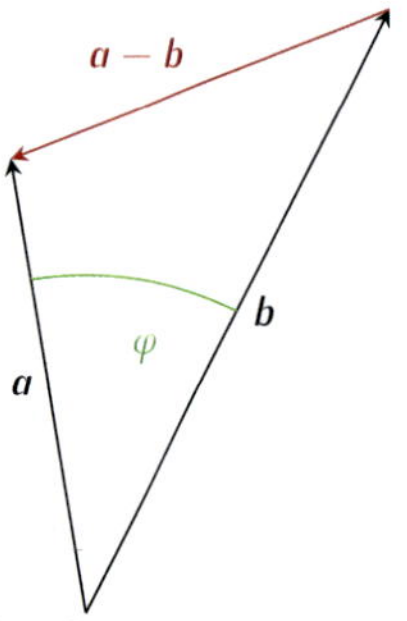

Bild 38.9: Cosinussatz für das Dreieck mit Seitenlängen $a = |\boldsymbol{a}|$, $b = |\boldsymbol{b}|$, $c = |\boldsymbol{a} - \boldsymbol{b}|$

Lösung 38.4 Der Cosinussatz besagt $c^2 = a^2 + b^2 - 2ab\cos(\varphi)$ für die Seitenlängen a, b, c eines Dreiecks und den Winkel $\varphi = \angle(\boldsymbol{a}, \boldsymbol{b})$. Das von den Vektoren $\boldsymbol{a}$ und $\boldsymbol{b}$ aufgespannte Dreieck hat die Seitenlängen $|\boldsymbol{a}|, |\boldsymbol{b}|, |\boldsymbol{a} - \boldsymbol{b}|$, vergleiche Bild 38.9. Dann ist das Skalarprodukt $\boldsymbol{a} \cdot \boldsymbol{b} = |\boldsymbol{a}|\,|\boldsymbol{b}|\,\cos(\varphi) = ab\cos(\varphi) = \frac{1}{2}(a^2 + b^2 - c^2)$. Die Quadrate der Seitenlängen auf der rechten Seite lassen sich als Summe der Quadrate der Vektorkomponenten schreiben. Dann wird $(a^2 + b^2 - c^2) = \sum_{i=1}^n a_i^2 + \sum_{i=1}^n b_i^2 - \sum_{i=1}^n (a_i - b_i)^2 = \sum_{i=1}^n a_i^2 + \sum_{i=1}^n b_i^2 - \sum_{i=1}^n a_i^2 + \sum_{i=1}^n 2a_ib_i - \sum_{i=1}^n b_i^2 = 2\sum_{i=1}^n a_ib_i$. In die obige Gleichung eingesetzt ergibt sich $\boldsymbol{a} \cdot \boldsymbol{b} = \sum_{i=1}^n a_ib_i$.

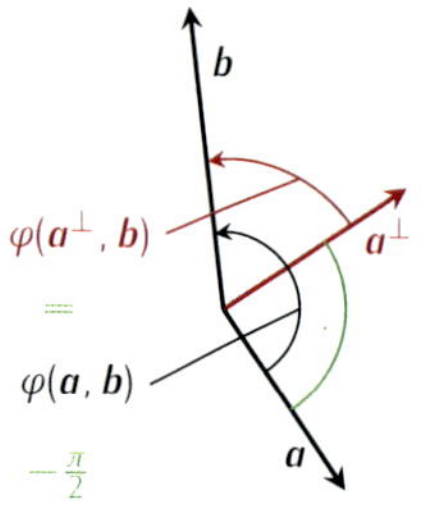

Bild 38.10: Die Winkel zwischen $\boldsymbol{a}$ und $\boldsymbol{b}$ sowie zwischen $\boldsymbol{a}^\perp$ und $\boldsymbol{b}$ unterscheiden sich um $\frac{\pi}{2} = 90°$.

Lösung 38.5 Das Kreuzprodukt $\boldsymbol{a} \times \boldsymbol{b}$ kann durch das Skalarprodukt $\boldsymbol{a}^\perp \cdot \boldsymbol{b}$ ersetzt werden: Aus der trigonometrischen Beziehung $\sin(\varphi) = \cos(\varphi - \frac{\pi}{2})$ ergibt sich $\boldsymbol{a} \times \boldsymbol{b} = |\boldsymbol{a}|\,|\boldsymbol{b}|\,\sin(\angle(\boldsymbol{a}, \boldsymbol{b})) = |\boldsymbol{a}|\,|\boldsymbol{b}|\,\cos(\angle(\boldsymbol{a}, \boldsymbol{b}) - \frac{\pi}{2}) = |\boldsymbol{a}^\perp|\,|\boldsymbol{b}|\,\cos(\angle(\boldsymbol{a}^\perp, \boldsymbol{b})) = \boldsymbol{a}^\perp \cdot \boldsymbol{b} = (-a_2, a_1) \cdot (b_1, b_2) = a_1b_2 - a_2b_1$, vergleiche Bild 38.10.

Lösung 38.6 Das Vektorprodukt von $\boldsymbol{a}$ und $\boldsymbol{b}$ steht senkrecht auf beiden und bildet mit ihnen ein Rechtssystem.

$$\boldsymbol{a} \times \boldsymbol{b} = \begin{pmatrix}1\\3\\8\end{pmatrix} \times \begin{pmatrix}5\\-3\\0\end{pmatrix} = \begin{pmatrix}3\cdot 0 - 8\cdot(-3)\\ 8\cdot 5 - 1\cdot 0\\ 1\cdot(-3) - 5\cdot 5\end{pmatrix} = \begin{pmatrix}24\\40\\-18\end{pmatrix}.$$

$\boldsymbol{c}$ ist normiert, es wird $\boldsymbol{c} = (0.48, 0.8, -0.36)^\top$.

Lösung 38.7

- ▷ Der Betrag von $\boldsymbol{a} \times \boldsymbol{b}$ ist nach der Sinusformel die Fläche des durch $\boldsymbol{a}$ und $\boldsymbol{b}$ aufgespannten Parallelogramms,
- ▷ $\boldsymbol{a}$ und $\boldsymbol{b}$ stehen senkrecht auf $\boldsymbol{a} \times \boldsymbol{b}$,
- ▷ $\boldsymbol{a}$, $\boldsymbol{b}$ und $\boldsymbol{a} \times \boldsymbol{b}$ bilden ein Rechtssystem,
- ▷ Antisymmetrie, d.h. $\boldsymbol{a} \times \boldsymbol{b} = -\boldsymbol{b} \times \boldsymbol{a}$,
- ▷ Bilinearität, d.h. $\boldsymbol{a} \times (\lambda_1\boldsymbol{b}_1 + \lambda_2\boldsymbol{b}_2) = \lambda_1(\boldsymbol{a} \times \boldsymbol{b}_1) + \lambda_2(\boldsymbol{a} \times \boldsymbol{b}_2)$ und analog $(\lambda_1\boldsymbol{a}_1 + \lambda_2\boldsymbol{a}_2) \times \boldsymbol{b} = \lambda_1\boldsymbol{a}_1 \times \boldsymbol{b} + \lambda_2\boldsymbol{a}_2 \times \boldsymbol{b}$,
- ▷ Parallelentest, d.h. $\boldsymbol{a} \times \boldsymbol{b} = \boldsymbol{0} \Leftrightarrow \boldsymbol{a}||\boldsymbol{b}$.

Lösung 38.8 $\boldsymbol{a}, \boldsymbol{b}$ stehen senkrecht aufeinander, wenn ihr Skalarprodukt 0 ist und wenn die Projektion des einen auf den andern jeweils den Nullvektor $\boldsymbol{0}$ ergibt.

☐ $\boldsymbol{a}+\boldsymbol{b}=\boldsymbol{0}$, ☐ $\boldsymbol{a}\times\boldsymbol{b}=\boldsymbol{0}$, ☒ $P_{\boldsymbol{a}}(\boldsymbol{b})=\boldsymbol{0}$,
☒ $\boldsymbol{a}\cdot\boldsymbol{b}=0$, ☐ $|\boldsymbol{a}|\cdot|\boldsymbol{b}|=0$, ☒ $P_{\boldsymbol{b}}(\boldsymbol{a})=\boldsymbol{0}$.

Lösung 38.9 $\boldsymbol{a}\times\boldsymbol{b}\cdot\boldsymbol{c}=\begin{pmatrix}2\\1\\3\end{pmatrix}\times\begin{pmatrix}1\\-2\\1\end{pmatrix}\cdot\begin{pmatrix}4\\3\\-5\end{pmatrix}=\begin{pmatrix}1\cdot1-3\cdot(-2)\\3\cdot1-2\cdot1\\2\cdot(-2)-1\cdot1\end{pmatrix}\cdot$
$\begin{pmatrix}4\\3\\-5\end{pmatrix}=\begin{pmatrix}7\\1\\-5\end{pmatrix}\cdot\begin{pmatrix}4\\3\\-5\end{pmatrix}=7\cdot4+1\cdot3+(-5)\cdot(-5)=56.$

Lösung 38.10

☒ Zwei Vektoren stehen senkrecht aufeinander, wenn ihr Skalarprodukt 0 ergibt.

☐ Das Spatprodukt von drei Vektoren der Länge 1 ergibt 1, wenn sie in einer Ebene liegen. *Das Spatprodukt ist* 0, *weil sie in einer Ebene liegen. Richtig ist: Das Spatprodukt von drei Vektoren der Länge* 1 *ergibt* 1, *wenn sie orthogonal zueinander sind.*

☐ Das Vektorprodukt aus dem Richtungsvektor einer Geraden und dem Lotvektor eines nicht auf der Geraden liegenden Punktes auf diese Gerade ist 0. *Es kann nicht 0 sein, da beide Vektoren senkrecht aufeinander stehen und nicht der Nullvektor sein können. Richtig: Das Skalarprodukt aus dem Richtungsvektor einer Geraden und dem Lotvektor eines nicht auf der Geraden liegenden Punktes auf diese Gerade ist* 0.

☐ In einem Parallelogramm sind gegenüberliegende Seitenvektoren genau dann kollinear, wenn alle Winkel 90° betragen. *Richtig: In einem Parallelogramm sind gegenüberliegende Seitenvektoren immer kollinear.*

☒ Durch eine lineare Gleichung wird in der Ebene eine Gerade und im Raum eine Ebene beschrieben.

☐ Durch zwei lineare Gleichungen kann im Raum entweder eine Ebene, eine Gerade oder ein Punkt beschrieben sein. *Richtig: Ebene, Gerade oder die leere Menge, es kann aber niemals ein Punkt sein.*

☐ Das Produkt aus dem Skalarprodukt zweier Vektoren und deren Vektorprodukt ist immer Null. *Richtig: Das Produkt aus dem Skalarprodukt zweier Vektoren und deren Vektorprodukt ist Null, wenn die beiden Vektoren entweder senkrecht aufeinander stehen (Skalarprodukt 0) oder parallel sind (Vektorprodukt wird Nullvektor).*

39 Matrizen und Determinanten

39.1 Einleitung

Matrizen (im Singular Matrix) sind Hilfsmittel der linearen Algebra zur Darstellung von linearen Gleichungssystemen (s. Kapitel 40) oder Abbildungen von Vektorräumen (s. Kapitel 42). Geometrische Operationen wie Skalierung, Translation oder Rotation lassen sich durch sogenannte *Transformationsmatrizen* darstellen. Die Hintereinanderausführung solcher Operationen wird durch das Produkt der entsprechenden Transformationsmatrizen realisiert, was beispielsweise in der Computer-Graphik ausgenutzt wird.
Determinanten ordnen jeder quadratischen Matrix $\boldsymbol{A}$ einen Wert $\det(\boldsymbol{A})$ zu. So ist beispielsweise das System linearer Gleichungen $\boldsymbol{Ax} = \boldsymbol{b}$ genau dann eindeutig lösbar, falls $\det(\boldsymbol{A}) \neq 0$.
Der *Rang* einer Matrix ist die maximale Anzahl linear unabhängiger Zeilen der Matrix wie ebenso die maximale Anzahl linear unabhängiger Spalten, s. Kapitel 42. Der Rang der Koeffizienten-Matrix bestimmt die Struktur der Lösung eines linearen Gleichungssystems, s. Kapitel 40.
Quadratische Matrizen $\boldsymbol{A}$ mit vollem, d.h. mit maximalem Rang sind invertierbar, ihre *inverse* Matrix $\boldsymbol{A}^{-1}$ existiert, mit der die Lösung des linearen Gleichungssystems $\boldsymbol{Ax} = \boldsymbol{b}$ als $\boldsymbol{x} = \boldsymbol{A}^{-1}\boldsymbol{b}$ berechnet werden kann.
s.a. Abschnitt 4.3 in Brauch et al. (2006).

W. Brauch, H.J. Dreyer, und Haake W. *Mathematik für Ingenieure*. Teubner Verlag, 11. Auflage, 2006

39.1.1 Matrizen – Definitionen und Grundbegriffe

Eine Matrix ist eine rechteckige Anordnung von Matrix-Elementen in Zeilen und Spalten.

$$\boldsymbol{A} = \begin{pmatrix} a_{11} & a_{12} & a_{13} \\ a_{21} & a_{22} & a_{23} \end{pmatrix} = \left(a_{i,j}\right)_{\substack{i=1,2\\ j=1,2,3}} = \left(a_{ij}\right)_{\substack{i=1,2\\ j=1,2,3}}$$

Der erste Index ist der Zeilen-Index, der zweite ist der Spalten-Index. Merkregel: **Z**eile **z**uerst, **S**palte **s**päter! Die Zeilen werden von oben nach unten und die Spalten von links nach rechts durchnummeriert. Solange nicht mißverständlich, wird das Komma, das die beiden Indizes trennt, weggelassen: $a_{i,j} = a_{ij}$. Die Anzahl der Zeilen und Spalten heißt *Typ* der Matrix. Die obige Matrix ist eine 2×3-Matrix, sie ist vom Typ 2×3. Sind beispielsweise alle Matrix-Elemente reelle Zahlen, heißt die Matrix *reell (-wertig)*, entsprechend natürliche, ganze, rationale und komplexe Matrizen. Eine reelle Matrix vom Typ $m \times n$ kann daher auch als Element des $\mathbb{R}^{m \cdot n}$ aufgefasst werden. Zusammenfassend ist $\mathbb{R}^{m \times n}$ die Menge, genauer der Vektorraum der reellen Matrizen vom Typ $m \times n$, analog $\mathbb{Q}^{m \times n}$ oder $\mathbb{C}^{m \times n}$.

Zwei Matrizen $\boldsymbol{A} = \left(a_{ij}\right) \in \mathbb{R}^{m \times n}$ und $\boldsymbol{B} = \left(b_{ij}\right) \in \mathbb{R}^{m' \times n'}$ sind genau dann *identisch*, $\boldsymbol{A} = \boldsymbol{B}$, wenn sie vom selben Typ sind, d.h. $m = m'$ und $n = n'$ und elementweise übereinstimmen, d.h. $a_{ij} = b_{ij}$ für alle $i = 1...m$ und $j = 1...n$.

Eine Matrix $\boldsymbol{A} = \left(a_{ij}\right) \in \mathbb{R}^{m \times n}$ kann als n nebeneinander angeordnete Spaltenvektoren oder m untereinander angeordnete Zeilenvektoren aufgefasst werden, d.h. als Spalten-Vektor $\begin{pmatrix} \boldsymbol{a}_{1,} \\ \boldsymbol{a}_{2,} \\ \vdots \\ \boldsymbol{a}_{m,} \end{pmatrix}$ von Zeilen-Vektoren $\boldsymbol{a}_{i,} = \left(a_{i1}, a_{i2}, \ldots, a_{in}\right)$ für $i = 1, \ldots, m$ oder als Zeilen-Vektor $\left(\boldsymbol{a}_{,1}, \boldsymbol{a}_{,2}, \ldots, \boldsymbol{a}_{,n}\right)$ von Spalten-Vektoren $\boldsymbol{a}_{,j} = \begin{pmatrix} a_{1j} \\ a_{2j} \\ \vdots \\ a_{mj} \end{pmatrix}$ für $j = 1, \ldots, n$.

Umgekehrt ist ein Spalten-Vektor mit m Elementen eine $m \times 1$-Matrix und ein Zeilen-Vektor mit n Elementen eine $1 \times n$-Matrix.

G. McGuire, B. Tugemanny, und G. Civarioz. There is no 16-clue sudoku: Solving the sudoku minimum number of clues problem via hitting set enumeration. *arXiv:1201.0749v2 [cs.DS] 1 Sep 2013*, 2013

Beispiel. Das klassische Sudoko $\boldsymbol{S}$ ist eine 9×9-Matrix, deren Elemente aus den Ziffern 0,1,...,9 bestehen. Die Null codiere ein leeres Element. Initial sind die meisten der 81 Elemente 0, m.a.W. sind die meisten Felder leer: Anfangs ist die Matrix $\boldsymbol{S} \in \{0, 1, 2, ..., 9\}^{9 \times 9}$ dünn besetzt. Ziel ist, die vollständige Belegung zu rekonstruieren. Dabei ist invariant, dass in jeder Zeile, in jeder Spalte und in jeder der neun 3×3 Unter-Matrizen, s. Bild 39.1, keine der Ziffern 1,2,...,9 mehrfach vorkommt. Übrigens haben 2013 Gary McGuire, Bastian Tugemann und Gilles Civario bewiesen, dass weniger als 17 initial von 0 verschiedene Elemente, m.a.W. weniger als 17 vorbelegte Felder *keine* eindeutige Lösung garantieren.

2						6	8	
			3		1			
9								
		5						4
					8			
						1		
	6							3
	1							5
			2	9			4	

Bild 39.1: Sudoku mit 17 initial vorgegebenen Feldern

Die *(Haupt-) Diagonale* einer $m \times n$-Matrix $\boldsymbol{A} \in \mathbb{R}^{m \times n}$ ist der Vektor $\boldsymbol{d} = \left(a_{i,i}\right)_{i=1..\min(m,n)}$.

z.B. $\begin{pmatrix} 1 & 2 \\ 3 & 4 \end{pmatrix}$ mit der Diagonalen $\begin{pmatrix} 1 \\ 4 \end{pmatrix}$ bzw. $(1, 4)$.

Vertauschen von Zeilen und Spalten macht aus einer $m \times n$-Matrix $\boldsymbol{A} = \left(a_{ij}\right) \in \mathbb{R}^{m \times n}$ eine $n \times m$-Matrix $\boldsymbol{A}^\top = \left(b_{ij}\right) \in \mathbb{R}^{n \times m}$ mit $b_{ij} = a_{ji}$, z.B.

$$\boldsymbol{A}^\top = \begin{pmatrix} a_{11} & a_{12} & a_{13} \\ a_{21} & a_{22} & a_{23} \end{pmatrix}^\top = \begin{pmatrix} a_{11} & a_{21} \\ a_{12} & a_{22} \\ a_{13} & a_{23} \end{pmatrix}$$

z.B. $\begin{pmatrix} 1 & 2 \\ 3 & 4 \end{pmatrix}^\top = \begin{pmatrix} 1 & 3 \\ 2 & 4 \end{pmatrix}$.

Diese Operation heißt *Transposition*. $\boldsymbol{A}^\top$ heißt die *Transponierte* von $\boldsymbol{A}$.

z.B. quadratische Diagonalmatrizen sind symmetrisch.

$m \times n$-Matrizen mit $m = n$ heißen *quadratisch* und quadratische Matrizen $\boldsymbol{A}$ mit $\boldsymbol{A}^\top = \boldsymbol{A}$ heißen *symmetrisch*.

z.B. $\begin{pmatrix} 0 & 0 \\ 0 & 0 \end{pmatrix}$ ist die 2×2-Nullmatrix.

Es gibt ein paar ausgezeichnete Matrizen: die *Nullmatrix* $\boldsymbol{O}$ hat nur verschwindende Elemente, d.h. alle Elemente von $\boldsymbol{O}$ sind 0.

z.B. $\begin{pmatrix} 1 & 0 \\ 0 & 2 \end{pmatrix}$ ist eine Diagonalmatrix.

Diagonalmatrizen $\boldsymbol{D} = \left(d_{ij}\right) \in \mathbb{R}^{m \times n}$ haben nur auf der Diagonalen von Null verschiedene Elemente, d.h. $d_{ij} = 0$ falls $i \neq j$. Umgekehrt ist $\operatorname{diag}(\boldsymbol{d})$ die Diagonalmatrix mit der Diagonalen $\boldsymbol{d}$.

z.B. $\boldsymbol{E}_2 = \begin{pmatrix} 1 & 0 \\ 0 & 1 \end{pmatrix}$ ist die 2×2-Einheitsmatrix.

Leopold Kronecker (1823-1891)

Quadratische $m \times m$ Diagonalmatrizen, deren Diagonalen ausschließlich aus Einsen bestehen, heißen *Einheitsmatrizen*, $\boldsymbol{E}_m$ oder $\boldsymbol{I}_m$. Beispielsweise gilt $\boldsymbol{E}_m = \operatorname{diag}(\boldsymbol{e})$ mit $\boldsymbol{e} = (1, \ldots, 1)$ und $\boldsymbol{O}_{m \times m} = \operatorname{diag}(\boldsymbol{o})$ mit $\boldsymbol{o} = (0, \ldots, 0)$. Das Kronecker-Symbol $\delta_{ij} = \begin{cases} 1 \text{ falls } i = j \\ 0 \text{ falls } i \neq j \end{cases}$ erlaubt die kompakte Definition $\boldsymbol{E}_m = \left(\delta_{ij}\right)_{\substack{i=1..m \\ j=1..m}}$ von $m \times m$ Einheitsmatrizen.

z.B. $\begin{pmatrix} 1 & 2 \\ 0 & 3 \end{pmatrix}$ ist eine obere Dreiecksmatrix.

Bei einer *oberen Dreiecksmatrix* $\boldsymbol{A} = \left(a_{ij}\right) \in \mathbb{R}^{m \times n}$ verschwinden alle Elemente *unterhalb* der Diagonalen, d.h. $a_{ij} = 0$ falls $i > j$.

z.B. $\begin{pmatrix} 1 & 0 \\ 2 & 3 \end{pmatrix}$ ist eine untere Dreiecksmatrix.

Bei einer *unteren Dreiecksmatrix* $\boldsymbol{A} = \left(a_{ij}\right) \in \mathbb{R}^{m \times n}$ verschwinden alle Elemente *oberhalb* der Diagonalen, d.h. $a_{ij} = 0$ falls $i < j$.

Dreiecksmatrizen spielen bei der Lösung linearer Gleichungssysteme eine entscheidende Rolle, s. Kapitel 40.

z.B. $\operatorname{Spur}\begin{pmatrix} 1 & 2 \\ 3 & 4 \end{pmatrix} = 5$.

Im Vorgriff auf spätere Anwendungen sei die *Spur* (engl. *trace*) $\operatorname{Spur}(\boldsymbol{A})$ einer quadratischen Matrix $\boldsymbol{A} \in \mathbb{R}^{m \times m}$ als Summe ihrer Diagonalelemente definiert: $\operatorname{Spur}(\boldsymbol{A}) = \operatorname{Spur}(\left(a_{ij}\right)) = \sum_{i=1}^{m} a_{ii}$.

39.1.2 Mit Matrizen rechnen

Wie mit Vektoren kann man auch mit Matrizen rechnen.

Reelle Matrizen vom selben Typ lassen sich elementweise addieren:

z.B. $\begin{pmatrix} 1 & 2 \\ 3 & 4 \end{pmatrix} + \begin{pmatrix} 5 & 6 \\ 7 & 8 \end{pmatrix} = \begin{pmatrix} 6 & 8 \\ 10 & 12 \end{pmatrix}$.

$$\boldsymbol{A} + \boldsymbol{B} = \left(a_{ij}\right) + \left(b_{ij}\right) = \left(a_{ij} + b_{ij}\right) \in \mathbb{R}^{m \times n}.$$

Von den reellen Zahlen erbt die Addition die Kommutativität $\boldsymbol{A}+\boldsymbol{B} = \boldsymbol{B}+\boldsymbol{A}$ für alle $\boldsymbol{A}, \boldsymbol{B} \in \mathbb{R}^{m \times n}$. Die Menge $\mathbb{R}^{m \times n}$ mit der Matrizen-Addition bildet eine kommutative Gruppe mit der Nullmatrix $\boldsymbol{0} \in \mathbb{R}^{m \times n}$ als neutralem Element und der zu $\boldsymbol{A} \in \mathbb{R}^{m \times n}$ additiv inversen Matrix $-\boldsymbol{A} = (-a_{ij})$.

Skalare Vielfache einer Matrix werden ebenfalls elementweise berechnet:

z.B. $3\begin{pmatrix} 1 & 2 \\ 3 & 4 \end{pmatrix} = \begin{pmatrix} 3 & 6 \\ 9 & 12 \end{pmatrix}$.

$$c\boldsymbol{A} = c\left(a_{ij}\right) = \left(c\, a_{ij}\right) \quad \text{für jeden Skalar } c.$$

Die Multiplikation mit Skalaren erbt von den reellen Zahlen die Assoziativität $c(d\boldsymbol{A}) = (cd)\boldsymbol{A} = cd\boldsymbol{A}$ sowie die Distributivität: $(c+d)\boldsymbol{A} = c\boldsymbol{A} + d\boldsymbol{A}$ und $c(\boldsymbol{A} + \boldsymbol{B}) = c\boldsymbol{A} + c\boldsymbol{B}$ mit $1\boldsymbol{A} = \boldsymbol{A}$.

Das elementweise Produkt von Matrizen gleichen Typs ergibt nur in Spezialfällen Sinn. Es hat die unschöne Eigenschaft, dass das Produkt von Null verschiedener Matrizen die Nullmatrix ergeben kann. Äußerst brauchbar ist dagegen folgende Definition des Produktes zweier Matrizen: Sei $\boldsymbol{A} \in \mathbb{R}^{\ell \times m}$ eine $\ell \times m$-Matrix und $\boldsymbol{B} \in \mathbb{R}^{m \times n}$ eine $m \times n$-Matrix. Dann ist das Produkt $\boldsymbol{C} = \boldsymbol{AB} \in \mathbb{R}^{\ell \times n}$ von $\boldsymbol{A}$ und $\boldsymbol{B}$ eine $\ell \times m$-Matrix mit

$$\boldsymbol{AB} = \left(a_{ij}\right)\left(b_{jk}\right) = \left(c_{ik}\right) = \boldsymbol{C} \quad \text{mit} \quad c_{ik} = \sum_{j=1}^{m} a_{ij} b_{jk} \quad \text{für } \begin{smallmatrix} i=1,\ldots,\ell \\ k=1,\ldots,n \end{smallmatrix}$$

z.B. $\begin{pmatrix} 1 & 2 \\ 3 & 4 \end{pmatrix} \begin{pmatrix} 4 & 3 \\ 2 & 1 \end{pmatrix} = \begin{pmatrix} 8 & 5 \\ 20 & 13 \end{pmatrix}$.

Das Produkt ist also nur definiert, wenn die Anzahl der Spalten des ersten Faktors mit der Anzahl der Zeilen des zweiten Faktors übereinstimmt. Die Defintion zeigt, dass jedes Element der Produkt-Matrix gerade als Skalarprodukt der Zeile des ersten Faktors mit der Spalte des zweiten Faktors aufgefasst werden kann, s. Bild 39.2 und Bild 39.3.

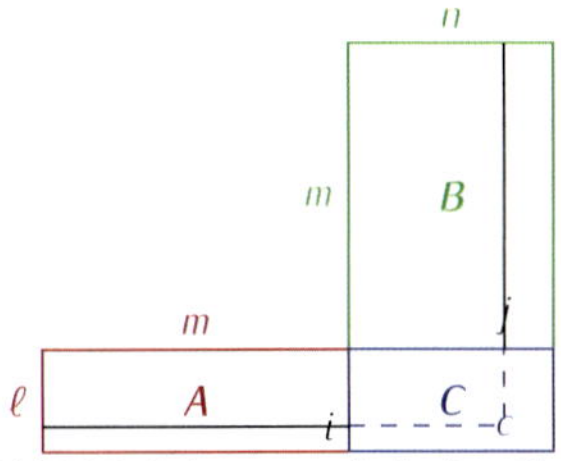

Bild 39.3: Schema von Falk: Das Skalarprodukt der i-ten Zeile der $\ell \times m$-Matrix A und der j-ten Spalte der $m \times n$-Matrix B liefert das Element $c = c_{ij}$ der Produkt-Matrix $C = A\,B$.

$$\begin{pmatrix} a_{11} & a_{12} & a_{13} \\ a_{21} & a_{22} & a_{23} \end{pmatrix} \begin{pmatrix} b_{11} & b_{12} \\ b_{21} & b_{22} \\ b_{31} & b_{32} \end{pmatrix} = \begin{pmatrix} c_{11} & c_{12} \\ c_{21} & c_{22} \end{pmatrix}$$

Bild 39.2: Zeile mal Spalte: beispielsweise ist c_{21} das Skalarprodukt der zweiten Zeile von A und der ersten Spalte von B.

z.B. Für $A = \begin{pmatrix} 1 & 1 \\ 0 & 0 \end{pmatrix}$, $B = \begin{pmatrix} 0 & 1 \\ 0 & 1 \end{pmatrix}$ gilt $A\,B = \begin{pmatrix} 0 & 2 \\ 0 & 0 \end{pmatrix}$, aber $B\,A = \mathbf{0}_{2\times 2}$.

Das Matrix-Produkt ist *nicht* kommutativ. Es gilt also meist $\boldsymbol{AB} \neq \boldsymbol{BA}$. Dafür ist das Matrix-Produkt assoziativ

$$A(B\,C) = (A\,B)C = A\,B\,C$$

und erfüllt die Distributiv-Gesetze.

$$(A + B)C = A\,C + B\,C \qquad \text{und} \qquad C(A + B) = C\,A + C\,B$$

Die Menge der $m \times m$-Matrizen mit Matrizen-Addition und Matrizen-Multiplikation bilden einen (nicht kommutativen) Ring.

Beispiel. Das System von m linearen Gleichungen (die linke Seite jeweils ist eine Linearkombination der Unbekannten $x_1, x_2, \ldots, x_n$, die rechte Seite ist jeweils eine Konstante), s. Kapitel 40,

$$\begin{aligned} a_{11}\,x_1 + a_{12}\,x_2 + \ldots + a_{1n}\,x_n &= b_1 \\ a_{21}\,x_1 + a_{22}\,x_2 + \ldots + a_{2n}\,x_n &= b_2 \\ &\vdots \\ a_{m1}x_1 + a_{m2}x_2 + \ldots + a_{mn}x_n &= b_m \end{aligned}$$

lässt sich kompakt schreiben als $\boldsymbol{Ax} = \boldsymbol{b}$ mit

$$\boldsymbol{A\,x} = \begin{pmatrix} a_{11} & a_{12} & \ldots & a_{1n} \\ a_{21} & a_{22} & \ldots & a_{2n} \\ \vdots & & & \vdots \\ a_{m1} & a_{m2} & \ldots & a_{mn} \end{pmatrix} \begin{pmatrix} x_1 \\ x_2 \\ \vdots \\ x_n \end{pmatrix} = \begin{pmatrix} b_1 \\ b_2 \\ \vdots \\ b_m \end{pmatrix} = \boldsymbol{b}$$

wobei $\boldsymbol{A}$ die Koeffizienten-Matrix, $\boldsymbol{x}$ der Vektor der Unbekannten und $\boldsymbol{b}$ der Vektor der rechten Seite ist.
Bild 39.4 illustriert *unterbestimmte, quadratische* und *überbestimmte* Gleichungssysteme.
Bild 39.5 illustriert den idealtypischen Zustand des Gleichungssystems nach Anwendung des Gauß- (mit Substitution bzw. Backsubstitution) bzw. des Gauß-Jordan-Verfahrens, s. Kapitel 40.

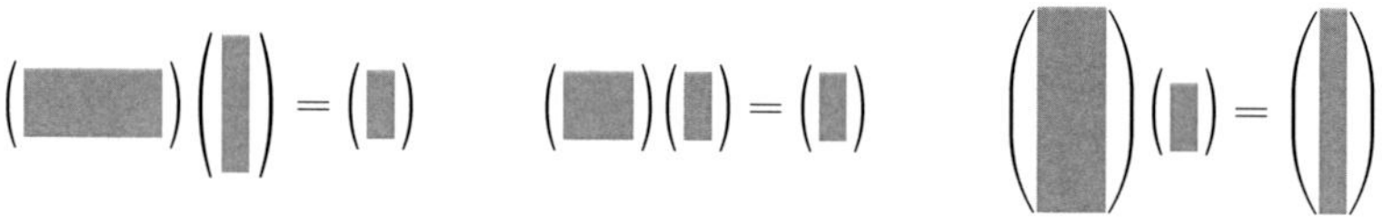

Bild 39.4: Verschiedenartige Gleichungssysteme
unterbestimmt ($m < n$) quadratisch ($m = n$) überbestimmt ($m > n$)

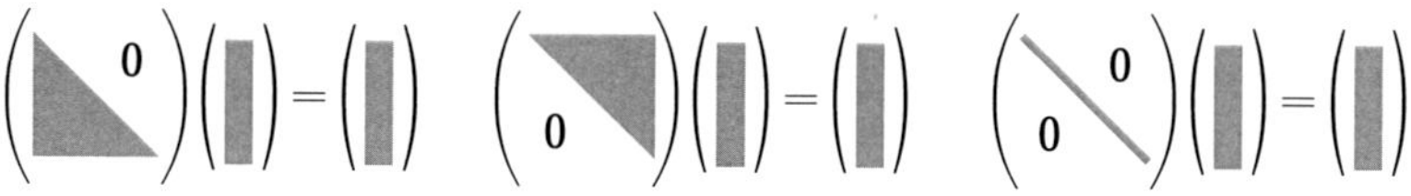

Bild 39.5: Die Koeffizienten-Matrix ist eine
untere Dreiecks- obere Dreiecks- Diagonalmatrix

Beispiel. Matrix-Transformationen etwa der Ebene mit 2×2-Transformationsmatrizen $\boldsymbol{T}$ wie Skalierungen $\boldsymbol{S}$ oder Rotationen $\boldsymbol{R}$ bilden jeden Punkt/Vektor $\boldsymbol{v} = (x, y)^\top \in \mathbb{R}^2$ auf $\boldsymbol{w} = \boldsymbol{T}\boldsymbol{v} \in \mathbb{R}^2$ ab.

▷ Die Skalierung mit Skalierungsfaktoren s_x in der x-Koordinate und s_y in der y-Koordinate bildet $\boldsymbol{v} = (x, y)^\top$ auf $\boldsymbol{w} = \boldsymbol{S}\boldsymbol{v} = \begin{pmatrix} s_x & 0 \\ 0 & s_y \end{pmatrix} \begin{pmatrix} x \\ y \end{pmatrix} = \begin{pmatrix} s_x\, x \\ s_y\, y \end{pmatrix}$ ab.

▷ Die Rotation um den Ursprung mit Rotationswinkel ϱ bildet jeden Punkt/Vektor $\boldsymbol{v} = (x, y)^\top$ auf den gedrehten Punkt/Vektor $\boldsymbol{w} = \boldsymbol{R}\boldsymbol{v}$ mit *Rotationsmatrix* $\boldsymbol{R} = \begin{pmatrix} \cos(\varrho) & -\sin(\varrho) \\ \sin(\varrho) & \cos(\varrho) \end{pmatrix}$ ab.

$\boldsymbol{u} \overset{T_1}{\longmapsto} \boldsymbol{v} \overset{T_2}{\longmapsto} \boldsymbol{w}$

▷ Die Hintereinanderausführung von Matrix-Transformationen bewerkstelligt das Produkt der jeweiligen quadratischen Transformationsmatrizen: Erst $\boldsymbol{u} \mapsto \boldsymbol{v} = \boldsymbol{T}_1\boldsymbol{u}$ und dann $\boldsymbol{v} \mapsto \boldsymbol{w} = \boldsymbol{T}_2\boldsymbol{v}$ für Spalten-Vektoren $\boldsymbol{u}$, $\boldsymbol{v}$ und $\boldsymbol{w}$ auszuführen, bedeutet insgesamt $\boldsymbol{u} \mapsto \boldsymbol{T}_2\boldsymbol{T}_1\boldsymbol{u} = \boldsymbol{T}\boldsymbol{u}$ mit $\boldsymbol{T} = \boldsymbol{T}_2\,\boldsymbol{T}_1$.

Beispiel. Beispielsweise bei Projektionsmatrizen (s. Kapitel 38) wird das *dyadische* Produkt verwendet: Seien $\boldsymbol{a} = (a_1, \ldots, a_m) \in \mathbb{R}^{1\times m}$ und $\boldsymbol{b} = (b_1, \ldots, b_n) \in \mathbb{R}^{1\times n}$ zwei Zeilen-Vektoren. Matrix-Multiplikation des Spalten-Vektors $\boldsymbol{a}^\top$ mit dem Zeilen-Vektor $\boldsymbol{b}$ liefert dann die $m \times n$-Matrix $\boldsymbol{a}^\top \boldsymbol{b} = \begin{pmatrix} a_1 b_1 & a_1 b_2 & \dots & a_1 b_n \\ a_2 b_1 & a_2 b_2 & \dots & a_2 b_n \\ \vdots & & \vdots & \\ a_m b_1 & a_m b_2 & \dots & a_m b_n \end{pmatrix}$.

z.B. $\begin{pmatrix} 1 \\ 2 \end{pmatrix} (3,4) = \begin{pmatrix} 3 & 4 \\ 6 & 8 \end{pmatrix}$.

39.1.3 Determinanten

Determinanten sind Skalar-wertige Funktionen quadratischer Matrizen. Sie berechnen Flächen, Volumina und Verallgemeinerungen und sind vor allem im Zusammenhang mit der Lösbarkeit von linearen Gleichungssystemen von Bedeutung. Beispiele der Anwendung von Determinanten finden sich in diesem Band etwa in Kapitel 35.1.5, speziell in der Aufgabe 35.14. Hier sei ausschließlich die Berechnung von Determinanten dargestellt. Determinanten werden mithilfe des Laplace'schen Entwicklungssatzes rekursiv berechnet. Die Determinante der 1×1-Matrix a ist $\det(a) = a$.

Pierre-Simon Laplace (1749–1827)

Die Determinante $\det(\boldsymbol{A})$ oder auch $|\boldsymbol{A}|$ der 2×2-Matrix $\boldsymbol{A} = \begin{pmatrix} a & b \\ c & d \end{pmatrix}$ gewinnt man durch *Entwicklung* nach einer Zeile oder Spalte. Sei beispielsweise nach der ersten Zeile entwickelt. Dazu wird jedes Element der ersten Zeile mit der Unterdeterminante multipliziert, die sich ergibt, indem man die erste Zeile und die entsprechende Spalte streicht. Die entstehenden Produkte werden mit wechselnden Vorzeichen aufsummiert. Hier heißt das $\det(\boldsymbol{A}) = |\boldsymbol{A}| = a \det(d) - b \det(c) = ad - bc$, vgl. Kreuzprodukt im $\mathbb{R}^2$ aus Abschnitt 38.1.4.

Das Schachbrettmuster $(-1)^{i+j}$, z.B. $\begin{pmatrix} + & - \\ - & + \end{pmatrix}$, $\begin{pmatrix} + & - & + \\ - & + & - \\ + & - & + \end{pmatrix}$ usw. zeigt die Vorzeichen bei Entwicklung nach der i-ten Zeile oder der j-ten Spalte.

Beispiel. Die Determinanten bestimmter Matrizen sind sehr einfach zu berechnen:

- ▷ Per Entwicklung nach der jeweils ersten Zeile (oder Spalte) ergibt sich mühelos $\det(\boldsymbol{O}_{m \times m}) = 0$ und $\det(E_m) = 1$.
- ▷ Auf dieselbe Weise ergibt sich: Die Determinante einer Diagonalmatrix ist das Produkt der Diagonal-Elemente. Verallgemeinert ist die Determinante auch einer Dreiecksmatrix das Produkt der Diagonal-Elemente.
- ▷ Die Rotationsmatrix $\boldsymbol{R} = \begin{pmatrix} \cos(\varrho) & -\sin(\varrho) \\ \sin(\varrho) & \cos(\varrho) \end{pmatrix}$ beschreibt die Rotation $\boldsymbol{z} \mapsto \boldsymbol{Rz}$ der Ebene um den Winkel ϱ um den Ursprung mit $\det(\boldsymbol{R}) = \cos^2(\varrho) + \sin^2(\varrho) = 1$.
- ▷ Mit $\boldsymbol{A} = \begin{pmatrix} 0 & 0 & 1 \\ 0 & 2 & 0 \\ 3 & 0 & 0 \end{pmatrix}$ gilt bei Entwicklung nach der jeweils ersten Spalte $\det(\boldsymbol{A}) = 0 - 0 + 3 \cdot \det \begin{vmatrix} 0 & 1 \\ 2 & 0 \end{vmatrix} = 3(0 \cdot 0 - 2 \cdot 1) = -6$.

Im allgemeinen Fall ist die Determinante schon einer 3×3-Matrix durch einen aufwändigen Ausdruck gegeben: bei Entwicklung nach z.B. der ersten Zeile gilt

$$\det(A) = \det\begin{pmatrix} a_{11} & a_{12} & a_{13} \\ a_{21} & a_{22} & a_{23} \\ a_{31} & a_{32} & a_{33} \end{pmatrix}$$
$$= a_{11}\det\begin{pmatrix} a_{22} & a_{23} \\ a_{32} & a_{33} \end{pmatrix} - a_{12}\det\begin{pmatrix} a_{21} & a_{23} \\ a_{31} & a_{33} \end{pmatrix} + a_{13}\det\begin{pmatrix} a_{21} & a_{22} \\ a_{31} & a_{32} \end{pmatrix}$$
$$= a_{11}(a_{22}a_{33} - a_{23}a_{32}) - a_{12}(a_{21}a_{33} - a_{23}a_{31}) + a_{13}(a_{21}a_{32} - a_{22}a_{31})$$
$$= a_{11}a_{22}a_{33} - a_{11}a_{23}a_{32} - a_{12}a_{21}a_{33} + a_{12}a_{23}a_{31} + a_{13}a_{21}a_{32} - a_{13}a_{22}a_{31}.$$

Die Determinante einer $n \times n$-Matrix ist also eine Linearkombination von n $(n-1) \times (n-1)$ (Unter-) Determinanten. Je größer n, umso größer der Aufwand für die Berechnung ihrer Determinanten. Um den Rechenaufwand zu verringern, ist es sinnvoll, nach Zeilen oder Spalten mit vielen verschwindenden Elementen, d.h. mit vielen Nullen zu entwickeln.

Die Determinante einer Matrix $\boldsymbol{A}$ ändert sich nicht, wenn man zu einer Zeile bzw. Spalte das Vielfache einer anderen Zeile bzw. Spalte addiert. So lässt sich eine Matrix etwa in obere Dreiecksgestalt überführen, deren Determinante sich dann sehr leicht berechnen lässt.

Beispiel. Für $\boldsymbol{A} = \begin{pmatrix} 1 & 2 & 3 \\ 4 & 5 & 6 \\ 7 & 8 & 9 \end{pmatrix}$ gilt bei Subtraktion des Vierfachen der ersten Zeile von der zweiten Zeile $\det(\boldsymbol{A}) = \det\begin{pmatrix} 1 & 2 & 3 \\ 4 & 5 & 6 \\ 7 & 8 & 9 \end{pmatrix} = \det\begin{pmatrix} 1 & 2 & 3 \\ 0 & -3 & -9 \\ 7 & 8 & 9 \end{pmatrix}$, bei Subtraktion des Siebenfachen der ersten Zeile von der dritten Zeile $\det(\boldsymbol{A}) = \det\begin{pmatrix} 1 & 2 & 3 \\ 0 & -3 & -9 \\ 0 & -6 & -12 \end{pmatrix}$ und bei Entwicklung nach der ersten Spalte $\det(\boldsymbol{A}) = \det\begin{pmatrix} 1 & 2 & 3 \\ 0 & -3 & -6 \\ 0 & -6 & -12 \end{pmatrix}$ $= \det\begin{pmatrix} -3 & -6 \\ -6 & -12 \end{pmatrix} = 0.$

Gemeinsame Faktoren in einer Zeile oder Spalte können 'vor die Determinante gezogen', also ausgeklammert werden, wie bei Entwicklung nach dieser Zeile oder Spalte zu sehen ist.

Beispiel. Entwicklung nach der ersten Zeile liefert $\begin{vmatrix} 10 & 20 & 10 \\ 1 & -2 & -2 \\ -1 & 1 & 1 \end{vmatrix} =$

$10\begin{vmatrix}-2 & -2\\ 1 & 1\end{vmatrix} - 20\begin{vmatrix}1 & -2\\ -1 & 1\end{vmatrix} + 10\begin{vmatrix}1 & -2\\ -1 & 1\end{vmatrix} = 10\Big(\begin{vmatrix}-2 & -2\\ 1 & 1\end{vmatrix} - 2\begin{vmatrix}1 & -2\\ -1 & 1\end{vmatrix} + \begin{vmatrix}1 & -2\\ -1 & 1\end{vmatrix}\Big) = 10\begin{vmatrix}1 & 2 & 1\\ 1 & -2 & -2\\ -1 & 1 & 1\end{vmatrix} = 10$: Der gemeinsame Faktor 10 in der ersten Zeile kann ausgeklammert werden.

Das gilt gleichermaßen für Zeilen und Spalten, nicht aber für die Diagonale, wie das Gegenbeispiel $\begin{vmatrix}10 & 2 & 1\\ 1 & -20 & -2\\ -1 & 1 & 10\end{vmatrix} = 10\begin{vmatrix}-20 & -2\\ 1 & 10\end{vmatrix} - 2\begin{vmatrix}1 & -2\\ -1 & 10\end{vmatrix} + \begin{vmatrix}1 & -20\\ -1 & 1\end{vmatrix} = -2015 \neq 10 = 10\begin{vmatrix}1 & 2 & 1\\ 1 & -2 & -2\\ -1 & 1 & 1\end{vmatrix}$ zeigt.

Beispiel. Die Lösungen polynomialer Gleichungen können kompakt mit Determinanten beschrieben werden.

▷ Beispielsweise ist die Geradengleichung der Geraden durch die beiden Punkte (x_1, y_1) und (x_2, y_2) durch $\det(\boldsymbol{A}) = \begin{vmatrix}x & y & 1\\ x_1 & y_1 & 1\\ x_2 & y_2 & 1\end{vmatrix} = 0$ gegeben. Entwickeln nach der ersten Zeile liefert nämlich
$\det(\boldsymbol{A}) = x\begin{vmatrix}y_1 & 1\\ y_2 & 1\end{vmatrix} - y\begin{vmatrix}x_1 & 1\\ x_2 & 1\end{vmatrix} + \begin{vmatrix}x_1 & y_1\\ x_2 & y_2\end{vmatrix} = 0$
$\Leftrightarrow (y_1 - y_2)x - (x_1 - x_2)y + x_1y_2 - x_2y_1$
$\Leftrightarrow y = y_1 + \frac{y_2-y_1}{x_2-x_1}(x - x_1) = y_2 + \frac{y_2-y_1}{x_2-x_1}(x - x_2)$.

▷ Weitere Beispiele stellen Quadriken dar, s. Abschnitt 35.1.5 mit Aufgabe 35.14.

Ohne Begründung und Beweis sei abschließend der *Determinantenproduktsatz* für quadratische Matrizen $\boldsymbol{A}$ und $\boldsymbol{B}$ gleichen Typs angegeben:

$$\det(\boldsymbol{A}\,\boldsymbol{B}) = \det(\boldsymbol{A}) \cdot \det(\boldsymbol{B}).$$

39.1.4 Der Rang einer Matrix

Der *Rang* $\operatorname{rg}(\boldsymbol{A})$ einer Matrix $\boldsymbol{A} \in \mathbb{R}^{m\times n}$ ist definiert als die Minimalanzahl von Zeilen, die benötigt werden, um alle Zeilen von $\boldsymbol{A}$ linear zu kombinieren. M.a.W. ist $\operatorname{rg}(\boldsymbol{A})$ die Dimension der linearen Hülle aller Zeilen von $\boldsymbol{A}$. Vielleicht überraschend ergibt sich derselbe Rang, wenn er als die Minimalanzahl von Spalten definiert wird, die benötigt werden, um alle Spalten von $\boldsymbol{A}$ linear zu kombinieren. M.a.W. ist $\operatorname{rg}(\boldsymbol{A})$ auch die Dimension der linearen Hülle aller Spalten von $\boldsymbol{A}$. Wird nun eine Matrix durch elementare Zeilen-Operationen in Zeilenstufenform überführt, ist der Rang gerade gleich der Anzahl der vom Null-Vektor verschiedenen Zeilen. Wenn die Matrix in obere Dreiecksform überführt wird, ist der Rang gerade

Eigenschaften des Matrizen-Rangs:
Zeilenrang = Spaltenrang, d.h. $\dim(Z(\boldsymbol{A})) = \operatorname{rg}(\boldsymbol{A}) = \dim(S(\boldsymbol{A}))$
$\operatorname{rg}(\boldsymbol{A}) \leq \min(m, n)$ für $\boldsymbol{A} \in \mathbb{R}^{m\times n}$
$\operatorname{rg}(\boldsymbol{A}) = \operatorname{rg}(\boldsymbol{A}\boldsymbol{A}^\top) = \operatorname{rg}(\boldsymbol{A}^\top\boldsymbol{A}) = \operatorname{rg}(\boldsymbol{A}^\top)$
$\operatorname{rg}(\boldsymbol{A} + \boldsymbol{B}) \leq \operatorname{rg}(\boldsymbol{A}) + \operatorname{rg}(\boldsymbol{B})$
$\operatorname{rg}(\boldsymbol{A}\,\boldsymbol{B}) \leq \min\big(\operatorname{rg}(\boldsymbol{A}), \operatorname{rg}(\boldsymbol{B})\big)$
$\operatorname{rg}(\boldsymbol{A}\,\boldsymbol{B}) = \min\big(\operatorname{rg}(\boldsymbol{A}), \operatorname{rg}(\boldsymbol{B})\big)$ falls $\boldsymbol{A}$ und $\boldsymbol{B}$ jeweils vollen Rang haben

gleich der Anzahl der nicht verschwindenden Diagonal-Elemente.

Beispiel.

▷ Die Matrix $A = \begin{pmatrix} a & b \\ 2a & 2b \end{pmatrix}$ mit $a \neq 0$ wird durch elementare Zeilen-Operationen in $\tilde{A} = \begin{pmatrix} a & b \\ 0 & 0 \end{pmatrix}$ überführt: A hat also den Rang 1 und ist daher singulär.

▷ Die Matrix $B = \begin{pmatrix} 1 & 2 & 3 \\ 0 & 4 & 5 \\ 0 & 6 & 7 \end{pmatrix}$ wird durch $III := III - \frac{3}{2}II$ in $\tilde{B} = \begin{pmatrix} 1 & 2 & 3 \\ 0 & 4 & 5 \\ 0 & 0 & -\frac{1}{2} \end{pmatrix}$ überführt. Sie hat mit Rang 3 also vollen Rang. B ist also invertierbar mit $B^{-1} = \frac{1}{2}\begin{pmatrix} 2 & -4 & 2 \\ 0 & -7 & 5 \\ 0 & 6 & -4 \end{pmatrix}$.

▷ Die Matrix $C = \begin{pmatrix} 2 & 3 \\ 0 & 1 \\ 4 & 5 \end{pmatrix}$ wird durch $III := III - 2I + II$ in $\tilde{C} = \begin{pmatrix} 2 & 3 \\ 0 & 1 \\ 0 & 0 \end{pmatrix}$ überführt. Sie hat daher den Rang 2.

39.1.5 Die inverse Matrix

Falls $0 \neq a \in \mathbb{R}$, ist $a^{-1} = \frac{1}{a}$ definiert und es gilt $a\,a^{-1} = a\,\frac{1}{a} = 1 = \frac{1}{a}\,a = a^{-1}\,a$. Dieser Sachverhalt lässt sich auf quadratische Matrizen A bestimmter Art übertragen. Falls es zu einer $n \times n$-Matrix A eine $n \times n$-Matrix B mit $A\,B = E_n = B\,A$ gibt, so heißt A *invertierbar*, *regulär* oder *nichtsingulär*, B heißt *Inverse*, Kehrmatrix oder *reziproke* Matrix zu A und wird zu Recht mit A^{-1} bezeichnet. Matrizen wie eine quadratische Null-Matrix, die keine Inverse haben, heißen *singulär*.
$m \times m$-Matrizen mit maximalem Rang m, m.a.W. mit *vollem* Rang, sind regulär oder gleichbedeutend invertierbar. Die Inverse einer regulären Matrix ist eindeutig, s. Aufgabe 39.19.

Beispiel.

▷ Einheitsmatrizen E_m sind zu sich selbst invers.

▷ Eine quadratische Null-Matrix O_m ist *nicht* invertierbar, weil $O_m A = O_m \neq E_m$ für jeden Kandidaten $A \in \mathbb{R}^{m \times m}$ gilt.

▷ Die Inverse der Rotationsmatrix $R = \begin{pmatrix} \cos(\varrho) & -\sin(\varrho) \\ \sin(\varrho) & \cos(\varrho) \end{pmatrix}$ ist

$$R^{-1} = \begin{pmatrix} \cos(-\varrho) & -\sin(-\varrho) \\ \sin(-\varrho) & \cos(-\varrho) \end{pmatrix} = \begin{pmatrix} \cos(\varrho) & \sin(\varrho) \\ -\sin(\varrho) & \cos(\varrho) \end{pmatrix} = R^{\top}.$$

▷ Wenn T Transformationsmatrix einer bijektiven, linearen Abbildung (z.B. Skalierung, Rotation) ist, so ist T^{-1} Transformationsmatrix der Umkehrabbildung, vgl. Kapitel 42.

Für die Inversen von regulären $m \times m$-Matrizen $\boldsymbol{A}$ und $\boldsymbol{B}$ gilt

▷ $\boldsymbol{A}\boldsymbol{A}^{-1} = \boldsymbol{E}_m = \boldsymbol{A}^{-1}\boldsymbol{A}$

▷ $\left(\boldsymbol{A}^{-1}\right)^{-1} = \boldsymbol{A}$

▷ $(\boldsymbol{A}\boldsymbol{B})^{-1} = \boldsymbol{B}^{-1}\boldsymbol{A}^{-1}$

▷ $(c\boldsymbol{A})^{-1} = \frac{1}{c}\boldsymbol{A}^{-1}$ falls $c \neq 0$

Die Inverse einer regulären Matrix lässt sich auf verschiedene Weise berechnen. Hier sei eine simple, wenn auch sicher nicht optimale Version vorgestellt: Die zu invertierende $m \times m$-Matrix $\boldsymbol{A}$ wird durch Anfügen von $\boldsymbol{E}_m$ zu einer $m \times (2m)$-Matrix $\boldsymbol{B} = (\boldsymbol{A}|\boldsymbol{E}_m)$ ergänzt. Man versucht nun, durch elementare Zeilen-Operationen (Ersetzen von Zeilen durch Linearkombinationen von Zeilen) auf ganz $\boldsymbol{B}$ die linke Seite von $\boldsymbol{B}$, nämlich initial $\boldsymbol{A}$, in $\boldsymbol{E}_m$ zu überführen. Dabei verändert sich die rechte Seite von $\boldsymbol{B}$, nämlich initial $\boldsymbol{E}_m$, mit. Wenn der Prozess erfolgreich durchgeführt werden kann, ist $\boldsymbol{A}$ regulär und die rechte Seite von $\boldsymbol{B}$ ist schließlich $\boldsymbol{A}^{-1}$. Sonst ist $\boldsymbol{A}$ singulär.

zu Zeilen-Operationen s.a. Abschnitt 40.1.4

Beispiel. Sei $\boldsymbol{A} = \begin{pmatrix} a & b \\ c & d \end{pmatrix}$ mit $a \neq 0 \neq ad - bc = \det(\boldsymbol{A})$ und $\boldsymbol{B} = (\boldsymbol{A}|\boldsymbol{E}_2)$. Die Zeilen von $\boldsymbol{B}$ seien mit I und II römisch durchnummeriert und werden nun schrittweise folgenden elementaren Zeilen-Operationen unterworfen:

$\boldsymbol{A}$		$\boldsymbol{E}$		Zeilen-Operationen
a	b	1	0	$\frac{1}{a}I$
c	d	0	1	$II - c\,I$
1	$\frac{b}{a}$	$\frac{1}{a}$	0	
0	$d - c\frac{b}{a}$	$-\frac{c}{a}$	1	$\frac{a}{\det(\boldsymbol{A})}II$
1	$\frac{b}{a}$	$\frac{1}{a}$	0	$I - \frac{b}{a}II$
0	1	$-\frac{c}{\det(\boldsymbol{A})}$	$\frac{a}{\det(\boldsymbol{A})}$	
1	0	$\frac{1}{a} + \frac{bc}{a\det(\boldsymbol{A})}$	$-\frac{b}{\det(\boldsymbol{A})}$	
0	1	$-\frac{c}{\det(\boldsymbol{A})}$	$\frac{a}{\det(\boldsymbol{A})}$	
$\boldsymbol{E}$		$\boldsymbol{A}^{-1}$		

$d - c\frac{b}{a} = \frac{\det(\boldsymbol{A})}{a}$

$\frac{1}{a} + \frac{bc}{a\det(\boldsymbol{A})} = \frac{d}{\det(\boldsymbol{A})}$

Das Ergebnis $\boldsymbol{A}^{-1} = \frac{1}{\det(\boldsymbol{A})}\begin{pmatrix} d & -b \\ -c & a \end{pmatrix}$ wäre natürlich auch durch Verifikation von $\boldsymbol{A}\boldsymbol{A}^{-1} = \boldsymbol{E}_2 = \boldsymbol{A}^{-1}\boldsymbol{A}$ bewiesen, aber eben nicht hergeleitet.

Probe: $AA^{-1} = \begin{pmatrix} a & b \\ c & d \end{pmatrix} \frac{1}{\det(A)} \begin{pmatrix} d & -b \\ -c & a \end{pmatrix}$

$= \frac{1}{\det(A)} \begin{pmatrix} ad - bc & -ab + ab \\ cd - cd & -bc + ad \end{pmatrix} = E_2$ wie ebenso $A^{-1}A = E_2$.

Wegen des Determinantenproduktsatzes gilt

$$\det(A^{-1}) = \frac{1}{\det(A)}.$$

39.2 Lernziele

Nr	Ich kann	Aufgabe	√
	Matrizen: Grundbegriffe		
359	erklären, was mit einer Matrix gemeint ist,	39.1	
360	die grundlegenden mit Matrizen verbundenen Begriffe wiedergeben wie Diagonale, Spur, quadratische und Dreiecks- und Einheitsmatrix,	39.1	
361	die Transponierte einer Matrix bestimmen,	39.4, 39.8	
	Matrizen: Arithmetik		
362	eine skalare Multiplikation mit einer Matrix durchführen,	39.4, 39.12, 39.22	
363	erkennen, ob zwei Matrizen addiert werden können, und ggfls. ihre Summe berechnen,	39.4, 39.5, 39.6	
364	erkennen, ob zwei Matrizen multipliziert werden können, und ggfls. ihr Produkt berechnen,	39.2, 39.4, 39.6, 39.7	
365 *	Transformationsmatrizen erkennen und verwenden,	39.7, 39.9	
	Determinanten		
366	die Determinanten von 2×2 und 3×3-Matrizen berechnen,	39.11	
367	die geometrische Bedeutung von 2×2 und 3×3 Determinanten erklären,	39.10, 39.13	
368	die elementaren Eigenschaften einer Determinanten bei ihrer Auswertung benutzen	39.12, 39.14, 39.15, 39.16	
	Matrizen: Rang		
369	den Rang einer Matrix berechnen,	39.17, 39.18	
	Matrizen: Inverse		
370	die Bedingung an eine quadratische Matrix angeben, damit sie eine Inverse hat,	39.20, 39.21	
371	die Inverse einer 2×2-Matrix angeben, wenn diese existiert,	39.20, 39.21	
372	die Inverse einer Matrix mit Zeilen-Operationen berechnen, falls sie existiert,	39.22	
373 *	allgemeine Eigenschaften der Invertierung verifizieren.	39.19, 39.21	

39.3 Aufgaben

Aufgabe 39.1 (5 min)

a) In der Mathematik ist eine Matrix
   - □ ein Science-Fiction-Film aus dem Jahr 1999,
   - □ ein öffentliches Verzeichnis oder eine Stammrolle,
   - □ eine tabellarische Anordnung gleichartiger Objekte in Zeilen und Spalten.

b) Folgende Matrizen sind quadratisch:

   □ E_3 □ $\boldsymbol{0}_{2\times 3}$ □ $(a, b)\begin{pmatrix} c \\ d \end{pmatrix}$ □ $\begin{pmatrix} c \\ d \end{pmatrix}(a, b)$.

c) Symmetrische Matrizen bleiben unverändert unter Spiegelung

an der
□ Hauptdiagonalen □ Nebendiagonalen □ am Zentrum.

d) In der Mathematik ist die Spur einer Matrix
□ die Summe ihrer Elemente,
□ das Produkt ihrer Diagonal-Elemente,
□ die Summe ihrer Diagonal-Elemente,
□ das Produkt ihrer Elemente.

e) Einheitsmatrizen $\boldsymbol{E}_m$ sind
□ symmetrisch □ quadratisch □ invertierbar □ obere Dreiecksmatrix □ untere Dreiecksmatrix □ mit Spur($\boldsymbol{E}_m$) $= m$.

Aufgabe 39.2 (10 min) Ein Betrieb stellt in einem zweistufigen Produktionsprozess die Endprodukte E_1 und E_2 her. Die Endprodukte werden aus Zwischenprodukten Z_1, Z_2 und Z_3 und diese wiederum aus Rohstoffen R_1 und R_2 hergestellt. Der sogenannte Gozinto-Graph (angeblich eine Verballhornung von *goes into*) in Bild 39.6 gibt an, wie viele Mengeneinheiten, ME, von Rohstoffen und Zwischenprodukten jeweils für die Herstellung einer Mengeneinheit eines Zwischen- bzw. eines Endproduktes benötigt werden. Solche Berechnungen fallen übrigens beim Stoffstrommanagement im Rahmen von Input-Output-Analysen an.

vgl. Beispiel in Abschnitt 5.2 von H. Peters. *Wirtschaftsmathematik*. Kohlhammer, 5. Auflage, 2022

a) Bestimmen Sie die Matrix $\boldsymbol{V} = \left(v_{i,j}\right)_{\substack{i=1,2\\ j=1,2,3}}$, wobei $v_{i,j}$ den Bedarf des j-ten Zwischenproduktes in der Vorverarbeitung am i-ten Rohstoff bezeichnet.

b) Bestimmen Sie die Matrix $N = \left(n_{i,j}\right)_{\substack{i=1,2,3\\ j=1,2}}$, wobei $n_{i,j}$ den Bedarf des j-ten Endproduktes am i-ten Zwischenprodukt in der Nachbearbeitung bezeichnet.

c) Berechnen Sie das Matrizenprodukt $\boldsymbol{P} = \boldsymbol{V}\,\boldsymbol{N}$. Welche Bedeutung hat die Matrix $\boldsymbol{P}$?

d) Berechnen Sie, wie viele Zwischenprodukte und Rohstoffe gebraucht werden, um $E_1 = 8$ME und $E_2 = 12$ME zu produzieren.

e) Wie spiegelt sich eine Produktionsänderung in den beiden Matrizen $\boldsymbol{V}$ und N bzw. in $\boldsymbol{P}$ wider, aufgrund derer eine ME E_2 *zusätzlich* eine ME R_2 braucht? Wieviel Rohstoffe werden jetzt gebraucht, um $E_1 = 8$ME und $E_2 = 12$ME zu produzieren?

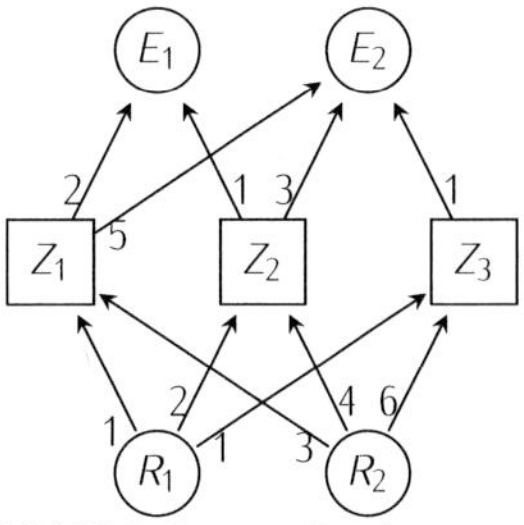

Bild 39.6: Gozinto-Graph eines zweistufigen Produktionsprozesses

Aufgabe 39.3 (20 min) Gegeben das nebenstehende Sudoku, das als eine 9×9-Matrix S mit Elementen in $\{0, 1, 2, \ldots, 9\}$ aufgefasst wird. Die Null steht für ein leeres Feld. Dann gilt beispielsweise für das Element links oben $S_{11} = 2$, rechts daneben $S_{12} = 0$ usw. Lösen Sie das Sudoku, indem Sie die freien Felder in geeigneter Reihenfolge füllen, und zwar dort, wo eine Belegung alternativlos oder eben zwingend ist, s. Bild 39.7.

2						6	8	
			3		1			
9								
		5						4
					8			
						1		
	6							3
	1							5
			2	9			4	

Bild 39.7: Sudoku mit 17 initial vorgegebenen Feldern

Aufgabe 39.4 (10 min) Gegeben $A = \begin{pmatrix} 1 & 2 \\ 3 & 4 \\ 5 & 6 \end{pmatrix}$, $B = \begin{pmatrix} 6 & 5 & 4 \\ 3 & 2 & 1 \end{pmatrix}$,
$C = \begin{pmatrix} 1 \\ -1 \end{pmatrix}$, $D = (-1, 1)$ und $E = \begin{pmatrix} 1 & -2 \\ -3 & 4 \end{pmatrix}$.

a) Bestimmen Sie die jeweiligen Transponierten, die jeweilige Spur und das c-fache der vorgegebenen Matrizen.
b) Berechnen Sie Summe und Produkt für jede Kombination der Argumente, soweit Summe bzw. Produkt definiert sind. Es ergeben sich also zwei 5×5-Matrizen von Ergebnissen oder Aussagen wie '*Operation nicht definiert*', symbolisiert durch etwa 'nd'.

Aufgabe 39.5 (1 min) Gegeben $A, B \in \mathbb{R}^{2\times 3}$. Dann ist
□ $A + B \in \mathbb{R}^{2\times 3}$ □ $A + B \in \mathbb{R}^{4\times 6}$ □ $A + B \in \mathbb{R}^{4\times 9}$

Aufgabe 39.6 (10 min)
Gegeben $A = \begin{pmatrix} a & b \\ c & d \end{pmatrix}$, $B = \begin{pmatrix} e & f \\ g & h \end{pmatrix}$ und $C = \begin{pmatrix} i & j \\ k & l \end{pmatrix}$.

a) Verifizieren Sie die Distributivgesetze $(A + B)C = AC + BC$ und $C(A + B) = CA + CB$ für 2×2-Matrizen. (Von rechts nach links gelesen, wird eine aufwändige Matrizen-Multiplikation eingespart!)
b) Geben Sie Beispiele von Matrizen A und B an mit $AB = BA$ und von solchen mit $AB \neq BA$.

Aufgabe 39.7 (10 min)

a) Geben Sie die Transformationsmatrix S der Skalierung der Ebene an, die $v = \begin{pmatrix} x \\ y \end{pmatrix}$ in $Sv = \begin{pmatrix} cx \\ dy \end{pmatrix}$ mit festen Skalierungsfaktoren $c, d \in \mathbb{R}$ überführt.
b) Begründen Sie, dass die Rotation um den Ursprung mit Rotationswinkel ϱ einen Punkt oder Ortsvektor $v = \begin{pmatrix} x \\ y \end{pmatrix}$ in $w = \begin{pmatrix} x' \\ y' \end{pmatrix} = Rv$ mit $R = \begin{pmatrix} \cos(\varrho) & -\sin(\varrho) \\ \sin(\varrho) & \cos(\varrho) \end{pmatrix}$ dreht. Verwenden Sie dazu die Polar-Darstellung von Punkten oder Ortsvektoren $v = \begin{pmatrix} x \\ y \end{pmatrix}$ der Ebene.
c) Verifizieren Sie $R^{-1} = R^\top = \begin{pmatrix} \cos(\varrho) & \sin(\varrho) \\ -\sin(\varrho) & \cos(\varrho) \end{pmatrix}$. Zeigen Sie dazu $RR^\top = E_2$.
d) Zeigen Sie an einem Beispiel, dass (meist) $SR \neq RS$ gilt.

Aufgabe 39.8 (2 min) Verifizieren Sie die Symmetrie von
a) $AA^\top$ b) $A^\top A$
c) Unter welcher Bedingung ist $\boldsymbol{a}\,\boldsymbol{b}^\top = (a_1, a_2)^\top(b_1, b_2)$ symmetrisch?

Aufgabe 39.9 (10 min)
a) Wieso gibt es keine 2×2-Transformationsmatrix $\boldsymbol{T}$, die die Translation der Ebene realisiert, d.h. die $\boldsymbol{v} = \begin{pmatrix} x \\ y \end{pmatrix}$ in $\boldsymbol{T}\boldsymbol{v} = \begin{pmatrix} x + x_o \\ y + y_o \end{pmatrix} = \boldsymbol{v} + \boldsymbol{t}_o$ mit festem Translationsvektor $\boldsymbol{t}_o = \begin{pmatrix} x_o \\ y_o \end{pmatrix}$ überführt.
b) Identifizieren Sie jeden Vektor $\boldsymbol{v} = \begin{pmatrix} x \\ y \end{pmatrix} \in \mathbb{R}^2$ mit der Geraden $\boldsymbol{v}_h = \begin{pmatrix} wx \\ wy \\ w \end{pmatrix} \in \mathbb{R}^3$ für $w \in \mathbb{R}$, stellvertretend $\boldsymbol{v}_h = \begin{pmatrix} x \\ y \\ 1 \end{pmatrix} \in \mathbb{R}^3$, den sogenannten *homogenen* Koordinaten von $\boldsymbol{v}$. Die homogenen Koordinaten sind also nur bis auf einen gemeinsamen Faktor eindeutig.
Inwiefern spielt die zusätzliche Koordinate die Rolle des Kehrwertes eines Skalierungsfaktors und welche 3×3-Transformationsmatrix $\boldsymbol{T}_h$ realisiert die Translation $\boldsymbol{v}_h \mapsto \boldsymbol{v}_h + \boldsymbol{t}_{o_h} = \boldsymbol{T}_h\boldsymbol{v}_h$? Und wie sieht $\boldsymbol{T}_h^{-1}$ aus?
c) Wie sehen Skalierungsmatrizen und Rotationsmatrizen des $\mathbb{R}^2$ in homogenen Koordinaten aus?
d) Realisieren Sie die Rotation der Ebene um den Dreh- oder Fix-Punkt $P_o = (x_o, y_o)$ und um den Rotationswinkel ϱ, indem Sie zunächst P_o in den Ursprung verschieben, dann die Drehung um den Ursprung ausführen und schließlich das Ergebnis wieder in P_o zurückverschieben. Das Produkt der drei Transformationsmatrizen beschreibt dann in *einer* Matrix den gesamten Vorgang. Überprüfen Sie Ihr Ergebnis an geeigneten Beispielen.

Aufgabe 39.10 (2 min) Die Determinante einer $m \times m$-Matrix ist
□ eine Matrix □ eine reelle Zahl □ eine Abbildung □ ein Vektor?

Aufgabe 39.11 (15 min)
a) Zeigen Sie am Beispiel beliebiger 2×2-Matrizen $\boldsymbol{A}$, dass sich dieselbe Determinante ergibt, egal nach welcher Zeile oder Spalte entwickelt wird.
b) Zeigen Sie $\det(\boldsymbol{A}) = \det(\boldsymbol{A}^\top)$ am Beispiel beliebiger 2×2-Matrizen $\boldsymbol{A}$.
c) Zeigen Sie am Beispiel beliebiger 2×2-Matrizen $\boldsymbol{A}$, dass sich $\det(\boldsymbol{A})$ nicht ändert, wenn man das Vielfache einer Zeilen (oder Spalte) zu einer anderen Zeile (bzw. Spalte) addiert.

d) Zeigen Sie am Beispiel beliebiger 2×2-Matrizen $\boldsymbol{A}$, dass Vertauschung von zwei Zeilen oder Spalten das Vorzeichen der Determinanten $\det(\boldsymbol{A})$ umkehrt.

Aufgabe 39.12 (5 min)

a) Zeigen Sie am Beispiel einer beliebigen 2×2-Matrix $\boldsymbol{A}$, dass $\det(\lambda \boldsymbol{A}) = \lambda^2 \det(\boldsymbol{A})$ für jeden Skalar λ gilt.

b) Begründen Sie $\det(\lambda \boldsymbol{A}) = \lambda^m \det(\boldsymbol{A})$ für beliebige $m \times m$-Matrizen $\boldsymbol{A}$ und Skalare λ.

Aufgabe 39.13 (15 min)

a) Zeigen Sie am Beispiel einer beliebigen 2×2-Matrix $\boldsymbol{A} = \begin{pmatrix} a & b \\ c & d \end{pmatrix}$, dass ihre Determinante $\det(\boldsymbol{A})$ (bis auf das Vorzeichen) der Fläche des durch die beiden Zeilen-Vektoren (a, b) und (c, d) aufgespannten Parallelogramms entspricht.

b) Zeigen Sie am Beispiel einer beliebigen 3×3-Matrix $\boldsymbol{A} = \begin{pmatrix} x_1 & y_1 & z_1 \\ x_2 & y_2 & z_2 \\ x_3 & y_3 & z_3 \end{pmatrix}$, dass ihre Determinante $\det(\boldsymbol{A})$ (bis auf das Vorzeichen) dem Volumen des durch die drei Zeilen-Vektoren $\boldsymbol{a}_i = (x_i, y_i, z_i)$ für $i = 1, 2, 3$ aufgespannten Parallelepipeds oder Spates entspricht.

Aufgabe 39.14 (15 min) Berechnen Sie folgende Determinanten, indem Sie die Matrizen durch Zeilen- und Spalten-Operationen auf Dreiecksgestalt bringen.

a) $\boldsymbol{A} = \begin{pmatrix} a & b \\ c & d \end{pmatrix}$ b) $\boldsymbol{B} = \begin{pmatrix} 4 & 2 & 0 \\ 3 & 0 & 1 \\ 0 & 3 & 6 \end{pmatrix}$ c) $\boldsymbol{C} = \begin{pmatrix} 2 & 1 & 0 \\ 3 & 0 & 1 \\ 0 & 1 & 2 \end{pmatrix}$.

Aufgabe 39.15 (5 min) Geben Sie Beispiele dafür an, dass die Determinante *nicht* additiv ist:
Meist gilt $\det(\boldsymbol{A} + \boldsymbol{B}) \neq \det(\boldsymbol{A}) + \det(\boldsymbol{B})$.

Alexandre-Théophile Vandermonde (1735-1796)

Aufgabe 39.16 (15 min) Für $x_o, x_1, \ldots, x_n \in \mathbb{R}$ ist die Matrix $\boldsymbol{V} = \begin{pmatrix} x_o^0 & x_o^1 & x_o^2 & \cdots & x_o^n \\ x_1^0 & x_1^1 & x_1^2 & \cdots & x_1^n \\ \vdots & \vdots & \vdots & \cdots & \vdots \\ x_n^0 & x_n^1 & x_n^2 & \cdots & x_n^n \end{pmatrix}$ eine sogenannte *Vandermonde-Matrix.*

Zeigen Sie per Induktion $\det(\boldsymbol{V}) = \prod_{0 \le i < j \le n} (x_j - x_i)$.

a) Zeigen Sie den Induktionsanfang für $n = 1$.

b) Im Induktionsschritt subtrahieren Sie für $j = n-1, n-2, \ldots, 0$ das x_o-fache der j-ten Spalte von der $j+1$-ten Spalte der Determinanten und entwickeln nach der ersten Zeile. So reduzieren Sie die $(n+1) \times (n+1)$ auf eine $n \times n$ Determinante.

c) Führen Sie dieses Ergebnis mit der Induktionsvoraussetzung zusammen.

Aufgabe 39.17 (2 min) Der Rang einer $m \times n$-Matrix $\boldsymbol{A}$ ist
□ $\dim(N(\boldsymbol{A}))$ □ $\dim(S(\boldsymbol{A}))$ □ $\dim(R^m)$

Aufgabe 39.18 (15 min) Bestimmen Sie die Ränge folgender Matrizen.

a) $\boldsymbol{A} = \begin{pmatrix} a & b \\ 0 & c \end{pmatrix}$ b) $\boldsymbol{B} = \begin{pmatrix} 2 & 1 & -1 \\ -2 & 1 & 1 \\ -1 & 0 & 1 \end{pmatrix}$ c) $\boldsymbol{C} = \begin{pmatrix} 1 & 2 & 0 \\ 1 & 0 & -2 \\ 0 & 1 & 1 \end{pmatrix}$

d) Geben Sie weitere Beispiele von 3×3-Matrizen mit Rang 1, 2 bzw. vollem Rang 3 an.

Aufgabe 39.19 (5 min) Zeigen Sie, dass die Inverse $\boldsymbol{A}^{-1}$ einer invertierbaren Matrix $\boldsymbol{A}$ eindeutig ist.

Aufgabe 39.20 (5 min) Verifizieren Sie, dass die Inverse von $\boldsymbol{A} = \begin{pmatrix} a & b \\ c & d \end{pmatrix}$ existiert, falls $\det(\boldsymbol{A}) = |\boldsymbol{A}| \neq 0$, und $\boldsymbol{A}^{-1} = \frac{1}{|\boldsymbol{A}|} \begin{pmatrix} d & -b \\ -c & a \end{pmatrix}$ lautet.

Aufgabe 39.21 (10 min)

a) Zeigen Sie am Beispiel einer jeden regulären 2×2-Matrix $\boldsymbol{A}$, dass $(\boldsymbol{A}^\top)^{-1} = (\boldsymbol{A}^{-1})^\top$ gilt, d.h. dass Transposition und Inversion vertauschen.
Hinweis: Verwenden Sie das Ergebnis von Aufgabe 39.20.

b) Zeigen Sie, dass allgemein $(\boldsymbol{A}^\top)^{-1} = (\boldsymbol{A}^{-1})^\top$ für jede reguläre $n \times n$-Matrix $\boldsymbol{A}$ gilt.

Aufgabe 39.22 (5 min) Invertieren Sie $\boldsymbol{A} = \begin{pmatrix} 1 & 2 & 0 \\ 3 & 0 & 4 \\ 0 & 2 & 1 \end{pmatrix}$, falls möglich, mithilfe elementarer Zeilen-Operationen.

Aufgabe 39.23 (20 min) Körper wie $\mathbb{Q}$, $\mathbb{R}$ oder $\mathbb{C}$ haben unendlich viele Elemente. In der diskreten Mathematik sind aber Körper mit endlich vielen Elementen wichtiger. Unter diesen sind Körper mit prim vielen Elementen ausgezeichnet. Wie zu zeigen ist, bildet für primes $p \in \mathbb{N}$ die Menge $\mathbb{Z}_p = \{0, 1, ..., p-1\}$ zusammen mit der Addition $\oplus$ modulo p und der Multiplikation $\odot$ modulo p einen Körper. $\mathbb{GF}_p = (\mathbb{Z}_p, \oplus, \odot)$ ist ein sogenannter *Galois-Körper*.

Évariste Galois (1811-1832)

Die Addition $\oplus$ wird üblicherweise als $+$ geschrieben. Und für die Multiplikation $\odot$ entfällt wie üblich das Operator-Zeichen ganz.

a) Auf $\mathbb{Z}_2 = \{0, 1\}$ definieren $m \oplus n = m \vee n$ oder $m \oplus n = (m + n) \bmod 2$ eine Addition und $m \odot n = m \wedge n$ oder $m \odot n = (m \cdot n) \bmod 2$ eine Multiplikation.
   Zeigen Sie: $\mathbb{GF}_2 = (\mathbb{Z}_2, \oplus, \odot)$ ist ein Körper, d.h. zeigen Sie,
   dass $\mathbb{GF}_2$ abgeschlossen ist unter $\oplus$ und unter $\odot$,
   dass $\oplus$ und $\odot$ kommutativ und assoziativ sind,
   dass 0 bzw. 1 das neutrale Element bzgl. $\oplus$ bzw. $\odot$ ist,
   dass Elemente von $\mathbb{Z}_2$ zu sich selbst additiv invers und die von $\mathbb{Z}_2 \setminus \{0\}$ zu sich selbst multiplikativ invers sind
   und verifizieren Sie schlussendlich die Distributiv-Gesetze auf $\mathbb{GF}_2$.

b) Zeigen Sie: für primes p ist $\mathbb{GF}_p = \left(\mathbb{Z}_p, \oplus, \odot\right)$ ein Körper.

c) Warum ist etwa $\mathbb{Z}_6$ zusammen mit der Addition modulo 6 und der Multiplikation modulo 6 kein Körper?

R. M. Roth. *Introduction to Coding Theory*. Cambridge University Press, 2. Auflage, 2012

Aufgabe 39.24 (20 min) Bei Speicherung und Übermittelung von Informationen treten Fehler auf. Um diesen zu begegnen, speichert oder übermittelt man jeweils Zusatz-Information. So können Fehler (gekippte Bits) erkannt oder gar korrigiert werden.
Beispielsweise der *American Standard Code for Information Interchange*, ASCII, stellt Buchstaben und einige Steuerzeichen durch Ketten von jeweils sieben Bits dar. Diese Elemente $\boldsymbol{u} \in \mathbb{GF}_2^7$ (siehe Aufgabe 39.23) sind die *Informationswörter*. Sie bilden zusammen mit redundanter Information wie parity bits die *Code-Wörter*. Code-Wörter sind beim Auslesen des Speichers oder nach Übertragung mit Fehlern behaftet. Decodierung kann bei nicht zu vielen Fehlern das ursprüngliche Informationswort rekonstruieren.

a) Code-Wörter werden durch Multiplikation mit der sogenannten Generator-Matrix $\boldsymbol{G}$ erzeugt, $\boldsymbol{u} \mapsto \boldsymbol{c} = \boldsymbol{u}\boldsymbol{G}$. Untersuchen Sie Codes mit Generator-Matrizen
$$G_1 = \begin{pmatrix} 1 & 0 & 0 & 0 & 0 & 0 & 0 & -1 \\ 0 & 1 & 0 & 0 & 0 & 0 & 0 & -1 \\ 0 & 0 & 1 & 0 & 0 & 0 & 0 & -1 \\ 0 & 0 & 0 & 1 & 0 & 0 & 0 & -1 \\ 0 & 0 & 0 & 0 & 1 & 0 & 0 & -1 \\ 0 & 0 & 0 & 0 & 0 & 1 & 0 & -1 \\ 0 & 0 & 0 & 0 & 0 & 0 & 1 & -1 \end{pmatrix},$$
$$G_2 = \begin{pmatrix} 1&1&1&0&0&0&0&0&0&0&0&0&0&0&0&0&0&0&0&0&0 \\ 0&0&0&1&1&1&0&0&0&0&0&0&0&0&0&0&0&0&0&0&0 \\ 0&0&0&0&0&0&1&1&1&0&0&0&0&0&0&0&0&0&0&0&0 \\ 0&0&0&0&0&0&0&0&0&1&1&1&0&0&0&0&0&0&0&0&0 \\ 0&0&0&0&0&0&0&0&0&0&0&0&1&1&1&0&0&0&0&0&0 \\ 0&0&0&0&0&0&0&0&0&0&0&0&0&0&0&1&1&1&0&0&0 \\ 0&0&0&0&0&0&0&0&0&0&0&0&0&0&0&0&0&0&1&1&1 \end{pmatrix}$$
   und $G_3 = \left(E_7 \quad E_7 \quad E_7\right)$. Spekulieren Sie über die Anzahl der Fehler (gekippte Bits) in Code-Wörtern, die erkannt oder gar korrigiert werden können.

b) Welche Code-Wörter $\boldsymbol{c} = \boldsymbol{u}G$ mit $G = \begin{pmatrix} 1 & 1 & 1 & 1 & 1 & 1 & 1 \\ 0 & 0 & 0 & 1 & 1 & 1 & 1 \\ 0 & 1 & 1 & 0 & 0 & 1 & 1 \\ 1 & 0 & 1 & 0 & 1 & 0 & 1 \end{pmatrix}$ und $\boldsymbol{u} \in \mathbb{GF}_2^4$ können erzeugt werden? In mindestens wie vielen Koordinaten sind die 15 Codewörter $\boldsymbol{c} \neq \boldsymbol{0}$ von Null verschieden? Was heißt das für das Potential des Codes, Fehler zu erkennen oder gar zu korrigieren?

39.4 Lösungen

Lösung 39.1

a) In der Mathematik ist eine Matrix
☐ ein Science-Fiction-Film aus dem Jahr 1999,
☐ ein öffentliches Verzeichnis oder eine Stammrolle,
☒ eine tabellarische Anordnung gleichartiger Objekte in Zeilen und Spalten.

b) Folgende Matrizen sind quadratisch:
☒ E_3 ☐ $\boldsymbol{O}_{2\times 3}$ ☒ $(a, b)\begin{pmatrix} c \\ d \end{pmatrix}$ ☒ $\begin{pmatrix} c \\ d \end{pmatrix}(a, b)$.

c) Symmetrischen Matrizen bleiben unverändert unter Spiegelung an der
☒ Hauptdiagonalen ☐ Nebendiagonalen ☐ am Zentrum.

d) In der Mathematik ist die Spur einer Matrix
☐ die Summe ihrer Elemente,
☐ das Produkt ihrer Diagonal-Elemente,
☒ die Summe ihrer Diagonal-Elemente,
☐ das Produkt ihrer Elemente.

e) Einheitsmatrizen $\boldsymbol{E}_m$ sind
☒ symmetrisch ☒ quadratisch ☒ invertierbar ☒ obere Dreiecksmatrix ☒ untere Dreiecksmatrix ☒ mit $\text{Spur}(\boldsymbol{E}_m) = m$.

Lösung 39.2

a) $\boldsymbol{V} = (v_{ij})_{\substack{i=1,2 \\ j=1,2,3}} = \begin{pmatrix} 1 & 2 & 1 \\ 3 & 4 & 6 \end{pmatrix}$.

b) $\boldsymbol{N} = (n_{ij})_{\substack{i=1,2,3 \\ j=1,2}} = \begin{pmatrix} 2 & 5 \\ 1 & 3 \\ 0 & 1 \end{pmatrix}$.

c) $\boldsymbol{P} = \begin{pmatrix} 1 & 2 & 1 \\ 3 & 4 & 6 \end{pmatrix}\begin{pmatrix} 2 & 5 \\ 1 & 3 \\ 0 & 1 \end{pmatrix} = \begin{pmatrix} 4 & 12 \\ 10 & 33 \end{pmatrix} = (p_{ij})_{\substack{i=1,2 \\ j=1,2}}$, wobei

p_{ij} beschreibt, wie viele MEen vom i-ten Rohstoff gebraucht werden, um in der Produktion eine ME des j-ten Endproduktes zu erzeugen.

d) Mit $\boldsymbol{e} = (8, 12)^\top$ ergeben sich die nötigen Zwischenprodukte $\boldsymbol{z}$

als $\boldsymbol{z} = \boldsymbol{N}\,\boldsymbol{e} = \begin{pmatrix} 2 & 5 \\ 1 & 3 \\ 0 & 1 \end{pmatrix} \begin{pmatrix} 8 \\ 12 \end{pmatrix} = \begin{pmatrix} 76 \\ 44 \\ 12 \end{pmatrix}$ und analog die nötigen Rohstoffe $\boldsymbol{r}$ als $\boldsymbol{r} = \boldsymbol{V}\,\boldsymbol{z} = \begin{pmatrix} 1 & 2 & 1 \\ 3 & 4 & 6 \end{pmatrix} \begin{pmatrix} 76 \\ 44 \\ 12 \end{pmatrix} = \begin{pmatrix} 176 \\ 476 \end{pmatrix}$.

Selbstverständlich gilt ebenso $\boldsymbol{P}\,\boldsymbol{e} = \begin{pmatrix} 4 & 12 \\ 10 & 33 \end{pmatrix} \begin{pmatrix} 8 \\ 12 \end{pmatrix} = \begin{pmatrix} 176 \\ 476 \end{pmatrix}$.

e) Erweiterung des Gozinto-Graphen um ein weiteres, virtuelles Zwischenprodukt Z_4, s. Bild 39.8, führt auf die erweiterten Matrizen $\tilde{\boldsymbol{V}} = \left(\tilde{v}_{ij}\right)_{\substack{i=1,2 \\ j=1,2,3,4}} = \begin{pmatrix} 1 & 2 & 1 & 0 \\ 3 & 4 & 6 & 1 \end{pmatrix}$, $\tilde{\boldsymbol{N}} = \left(\tilde{n}_{ij}\right)_{\substack{i=1,2,3,4 \\ j=1,2}} = \begin{pmatrix} 2 & 5 \\ 1 & 3 \\ 0 & 1 \\ 0 & 1 \end{pmatrix}$ und $\tilde{\boldsymbol{P}} = \begin{pmatrix} 4 & 12 \\ 10 & 34 \end{pmatrix}$. Man braucht also $\tilde{\boldsymbol{r}} = \tilde{\boldsymbol{P}}\,\boldsymbol{e} = \begin{pmatrix} 4 & 12 \\ 10 & 34 \end{pmatrix} \begin{pmatrix} 8 \\ 12 \end{pmatrix} = \begin{pmatrix} 176 \\ 488 \end{pmatrix}$ ME mit $\tilde{\boldsymbol{r}} = \boldsymbol{r} + \begin{pmatrix} 0 \\ 12 \end{pmatrix}$ ME, um $E_1 = 10$ ME und $E_2 = 12$ ME zu produzieren.

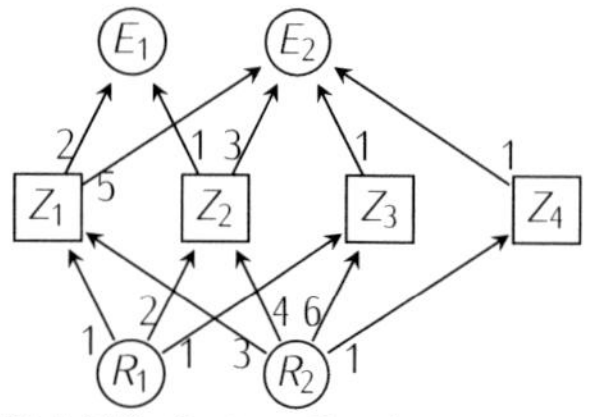

Bild 39.8: Gozinto-Graph eines zweistufigen, erweiterten Produktionsprozesses

Lösung 39.3 In der 3×3 Untermatrix U_{32} der 9×9-Matrix S steht die Eins wegen $S_{82} = 1$ nicht in der zweiten Zeile von U_{32} und wegen $S_{26} = 1$ nicht in der dritten Spalte von U_{32}, also in der ersten Zeile von U_{32}. Die Eins kann daher nur in der dritten Zeile von U_{33} stehen, wegen $S_{67} = 1$ bleibt also nur die neue Belegung $S_{99} = 1$. In der Untermatrix U_{13} bleibt für die Eins nur die Position $S_{38} = 1$. und dann in der Untermatrix U_{11} nur die Position $S_{13} = 1$.
Die Acht steht wegen $S_{18} = 8$ in der ersten Spalte von U_{33} und daher in der dritten Spalte von U_{23}, wegen $S_{56} = 8$ also $S_{69} = 8$. In entsprechender Weise sind Schritt für Schritt weitere leere Felder zu füllen, s. Bild 39.9. Versuchen Sie selber!
Vielleicht ist $S_{23} = 8$ im weiteren Verlauf erklärungsbedürftig: Nachdem ein Dutzend Felder gesetzt sind (die Reihenfolge ist nicht zwingend), folgt aus $\{S_{73}, S_{83}\} = \{2, 9\}$ und $8 \in \{S_{41}, S_{42}\}$ dann $S_{23} = 8$.

2						6	8	
			3		1			
9								
		5						4
					8			
						1		
	6							3
	1							5
			2	9			4	

. . .

2	3	1				6	8	
			3		1	4	5	
9	5	4						
		5						4
					8			6
						1		8
	6							3
	1						6	5
5		3	2	9	6		4	1

. . .

2	3	1	4	5	9	6	8	7
6	7	8	3	2	1	4	5	9
9	5	4	6	8	7	3	1	2
8	9	5	1	6	3	2	7	4
1	2	7	9	4	8	5	3	6
3	4	6	5	7	2	1	9	8
4	6	9	7	1	5	8	2	3
7	1	2	8	3	4	9	6	5
5	8	3	2	9	6	7	4	1

Bild 39.9: Von 17 initial vorgegebenen Feldern in 64 Schritten zur Lösung des Sudokus

Lösung 39.4

a) $A^\top = \begin{pmatrix} 1 & 3 & 5 \\ 2 & 4 & 6 \end{pmatrix}$, $B^\top = \begin{pmatrix} 6 & 3 \\ 5 & 2 \\ 4 & 1 \end{pmatrix}$, $C^\top = (1, -1)$, $D^\top = \begin{pmatrix} -1 \\ 1 \end{pmatrix}$ und $E^\top = \begin{pmatrix} 1 & -3 \\ -2 & 4 \end{pmatrix}$. Da die Spur nur für quadratische Matrizen definiert ist, bleibt nur $\mathrm{Spur}(E) = 5$. Das c-fache der Matrizen ist $cA = \begin{pmatrix} c & 2c \\ 3c & 4c \\ 5c & 6c \end{pmatrix}$, $cB = \begin{pmatrix} 6c & 5c & 4c \\ 3c & 2c & c \end{pmatrix}$, $cC = \begin{pmatrix} c \\ -c \end{pmatrix}$, $cD = (-c, c)$, $cE = \begin{pmatrix} c & -2c \\ -3c & 4c \end{pmatrix}$.

b) Da die Matrizen-Addition kommutativ ist, d.h. $A + B = B + A$, ist die folgende Tabelle symmetrisch zur Hauptdiagonalen.

$+$	A	B	C	D	E
A	$\begin{pmatrix} 2 & 4 \\ 6 & 8 \\ 10 & 12 \end{pmatrix}$	*nd*	*nd*	*nd*	*nd*
B	*nd*	$\begin{pmatrix} 12 & 10 & 8 \\ 6 & 4 & 2 \end{pmatrix}$	*nd*	*nd*	*nd*
C	*nd*	*nd*	$\begin{pmatrix} 2 \\ -2 \end{pmatrix}$	*nd*	*nd*
D	*nd*	*nd*	*nd*	$(-2, 2)$	*nd*
E	*nd*	*nd*	*nd*	*nd*	$\begin{pmatrix} 2 & -4 \\ -6 & 8 \end{pmatrix}$

Auf der Hauptdiagonalen stehen Summen wie z.B. $A + A = 2A$.

Da die Matrizen-Multiplikation *nicht* kommutativ ist, d.h. da i.a.R. $A \cdot B \neq B \cdot A$ gilt, ist die folgende Tabelle auch nicht symmetrisch zur Hauptdiagonalen.

$*$	A	B	C	D	E
A	*nd*	$\begin{pmatrix} 12 & 9 & 6 \\ 30 & 23 & 16 \\ 48 & 37 & 26 \end{pmatrix}$	$\begin{pmatrix} -1 \\ -1 \\ -1 \end{pmatrix}$	*nd*	$\begin{pmatrix} -5 & 6 \\ -9 & 10 \\ -13 & 14 \end{pmatrix}$
B	$\begin{pmatrix} 41 & 56 \\ 14 & 20 \end{pmatrix}$	*nd*	*nd*	*nd*	*nd*
C	*nd*	*nd*	*nd*	$\begin{pmatrix} -1 & 1 \\ 1 & -1 \end{pmatrix}$	*nd*
D	*nd*	$(-3, -3, -3)$	-2	*nd*	$(-4, 6)$
E	*nd*	$\begin{pmatrix} 0 & 1 & 2 \\ -6 & -7 & -8 \end{pmatrix}$	$\begin{pmatrix} 3 \\ -7 \end{pmatrix}$	*nd*	$\begin{pmatrix} 7 & -8 \\ -15 & 22 \end{pmatrix}$

Lösung 39.5

☒ $A + B \in \mathbb{R}^{2\times 3}$ ☐ $A + B \in \mathbb{R}^{4\times 6}$ ☐ $A + B \in \mathbb{R}^{4\times 9}$

Lösung 39.6

a) $(A + B)C = \begin{pmatrix} a+e & b+f \\ c+g & d+h \end{pmatrix} \begin{pmatrix} i & j \\ k & l \end{pmatrix} =$

$$\begin{pmatrix} (a+e)i+(b+f)k & (a+c)j+(b+f)l \\ (c+g)i+(d+h)k & (c+g)j+(d+h)l \end{pmatrix} \text{ und}$$

$$\boldsymbol{A}\boldsymbol{C}+\boldsymbol{B}\boldsymbol{C} = \begin{pmatrix} a & b \\ c & d \end{pmatrix}\begin{pmatrix} i & j \\ k & l \end{pmatrix} + \begin{pmatrix} e & f \\ g & h \end{pmatrix}\begin{pmatrix} i & j \\ k & l \end{pmatrix} =$$

$$\begin{pmatrix} ai+bk & aj+bl \\ ci+dk & cj+dl \end{pmatrix} + \begin{pmatrix} ei+fk & ej+fl \\ gi+hk & gj+hl \end{pmatrix} =$$

$$\begin{pmatrix} ai+bk+ei+fk & aj+bl+ej+fl \\ ci+dk+gi+hk & cj+dl+gj+hl \end{pmatrix} =$$

$$\begin{pmatrix} (a+e)i+(b+f)k & (a+e)j+(b+f)l \\ (c+g)i+(d+h)k & (c+g)j+(d+h)l \end{pmatrix} = (\boldsymbol{A}+\boldsymbol{B})\boldsymbol{C}.$$

b) Für jede $m \times m$-Matrix $\boldsymbol{A}$ gilt $\boldsymbol{A}\boldsymbol{E}_m = \boldsymbol{A} = \boldsymbol{E}_m\boldsymbol{A}$, während meist $\boldsymbol{A}\boldsymbol{D} \neq \boldsymbol{D}\boldsymbol{A}$ für Diagonal-Matrizen $\boldsymbol{D} \neq \boldsymbol{E}$ gilt, wie schon das Beispielchen $\begin{pmatrix} a & b \\ c & d \end{pmatrix}\begin{pmatrix} 1 & 0 \\ 0 & 2 \end{pmatrix} = \begin{pmatrix} a & 2b \\ c & 2d \end{pmatrix} \neq \begin{pmatrix} a & b \\ 2c & 2d \end{pmatrix} = \begin{pmatrix} 1 & 0 \\ 0 & 2 \end{pmatrix}\begin{pmatrix} a & b \\ c & d \end{pmatrix}$ zeigt.

Für die Skalierungsmatrix $\boldsymbol{S} = \begin{pmatrix} 1 & 0 \\ 0 & 2 \end{pmatrix}$ (Verdoppelung der y-Koordinate) und die Rotationsmatrix $\boldsymbol{R} = \begin{pmatrix} 0 & -1 \\ 1 & 0 \end{pmatrix}$ (Rotation um den Ursprung mit Rotationswinkel $\frac{\pi}{2}$) gilt $\boldsymbol{S}\boldsymbol{R} \neq \boldsymbol{R}\boldsymbol{S}$ wie die folgende geometrische Überlegung zeigt: Die Skalierung $\boldsymbol{S}$ überführt das Einheitsquadrat $[0,1]\times[0,1]$ in das Rechteck $[0,1]\times[0,2]$, das die Rotation $\boldsymbol{R}$ in $[-2,1]\times[0,1]$ dreht. Umgekehrt dreht die Rotation $\boldsymbol{R}$ das Einheitsquadrat in das Quadrat $[-1,0]\times[0,1]$, das die Skalierung $\boldsymbol{S}$ in $[-1,0]\times[0,2]$ überführt. Zusammen genommen gilt also $\boldsymbol{S}\boldsymbol{R} \neq \boldsymbol{R}\boldsymbol{S}$.

Lösung 39.7

a) Für $\boldsymbol{S} = \begin{pmatrix} c & 0 \\ 0 & d \end{pmatrix}$ gilt $\boldsymbol{S}\boldsymbol{v} = \begin{pmatrix} c & 0 \\ 0 & d \end{pmatrix}\begin{pmatrix} x \\ y \end{pmatrix} = \begin{pmatrix} cx \\ dy \end{pmatrix}$.

b) Mit $\boldsymbol{v} = \begin{pmatrix} x \\ y \end{pmatrix} = r\begin{pmatrix} \cos(\vartheta) \\ \sin(\vartheta) \end{pmatrix}$ kann unter Verwendung der Additionstheoreme der rotierte Vektor als $\boldsymbol{w} = r\begin{pmatrix} \cos(\vartheta+\varrho) \\ \sin(\vartheta+\varrho) \end{pmatrix} =$
$r\begin{pmatrix} \cos(\vartheta)\cos(\varrho) - \sin(\vartheta)\sin(\varrho) \\ \sin(\vartheta)\cos(\varrho) + \cos(\vartheta)\sin(\varrho) \end{pmatrix} = \begin{pmatrix} x\cos(\varrho) - y\sin(\varrho) \\ y\cos(\varrho) + x\sin(\varrho) \end{pmatrix} =$
$\begin{pmatrix} \cos(\varrho) & -\sin(\varrho) \\ \sin(\varrho) & \cos(\varrho) \end{pmatrix}\begin{pmatrix} x \\ y \end{pmatrix} = \boldsymbol{R}\boldsymbol{v}$ mit $\boldsymbol{R} = \begin{pmatrix} \cos(\varrho) & -\sin(\varrho) \\ \sin(\varrho) & \cos(\varrho) \end{pmatrix}$
dargestellt werden. $\boldsymbol{R}$ heißt *Rotationsmatrix*.

c) $\boldsymbol{R}\boldsymbol{R}^\top = \begin{pmatrix} \cos(\varrho) & -\sin(\varrho) \\ \sin(\varrho) & \cos(\varrho) \end{pmatrix}\begin{pmatrix} \cos(\varrho) & \sin(\varrho) \\ -\sin(\varrho) & \cos(\varrho) \end{pmatrix} =$

$$\begin{pmatrix} \cos^2(\varrho)+\sin^2(\varrho) & \cos(\varrho)\sin(\varrho)-\sin(\varrho)\cos(\varrho) \\ \sin(\varrho)\cos(\varrho)-\cos(\varrho)\sin(\varrho) & \sin^2(\varrho)+\cos(\varrho) \end{pmatrix} = \boldsymbol{E}_2.$$

d) Sei $\boldsymbol{S} = \begin{pmatrix} 1 & 0 \\ 0 & 2 \end{pmatrix}$ eine Skalierung und $\boldsymbol{R} = \begin{pmatrix} 0 & -1 \\ 1 & 0 \end{pmatrix}$ die Rotation um den Ursprung mit Rotationswinkel $\frac{\pi}{2}$. Dann gilt $\boldsymbol{S}\,\boldsymbol{R} = \begin{pmatrix} 0 & -1 \\ 2 & 0 \end{pmatrix} \neq \begin{pmatrix} 0 & -2 \\ 1 & 0 \end{pmatrix} = \boldsymbol{R}\,\boldsymbol{S}$.

Lösung 39.8

a) $\left(AA^\top\right)^\top = \left(A^\top\right)^\top A^\top = AA^\top$. b) $\left(A^\top A\right)^\top = A^\top\left(A^\top\right)^\top = A^\top A$.

c) Die 2×2-Matrix $\boldsymbol{a}\,\boldsymbol{b}^\top = (a_1, a_2)^\top (b_1, b_2) = \begin{pmatrix} a_1 b_1 & a_1 b_2 \\ a_2 b_1 & a_2 b_2 \end{pmatrix}$ ist genau dann symmetrisch, wenn $a_1 b_2 = a_2 b_1$ gilt.

Lösung 39.9

a) Angenommen $\boldsymbol{T}\boldsymbol{v} = \begin{pmatrix} a & b \\ c & d \end{pmatrix} \begin{pmatrix} x \\ y \end{pmatrix} = \begin{pmatrix} ax + by \\ cx + dy \end{pmatrix} = \begin{pmatrix} x + x_o \\ y + y_o \end{pmatrix}$ für alle $\boldsymbol{v} \in \mathbb{R}^2$. Aus $ax + by = x + x_o$ und $cx + dy = y + y_o$ folgt $b = 0 = c$. Die verbleibenden Gleichungen $ax = x + x_o$ und $dy = y + y_o$ werden aber für keine Konstanten $a, d \in \mathbb{R}$ für alle $x, y \in \mathbb{R}$ befriedigt: Die 2×2-Matrix $\boldsymbol{T}$ existiert nicht.

b) $c\boldsymbol{v} = c\begin{pmatrix} x \\ y \end{pmatrix} = \begin{pmatrix} cx \\ cy \end{pmatrix} \equiv \begin{pmatrix} cx \\ cy \\ 1 \end{pmatrix} = \begin{pmatrix} cx \\ cy \\ c\frac{1}{c} \end{pmatrix} = \begin{pmatrix} x \\ y \\ \frac{1}{c} \end{pmatrix}$: Die Skalierung von $\boldsymbol{v} \in \mathbb{R}^2$ drückt sich in homogenen Koordinaten durch den reziproken Skalierungefaktor in der *virtuellen* z-Koordinate aus.

Die Translationsmatrix T_h zum Translationsvektor $\boldsymbol{t}_o = \begin{pmatrix} x_o \\ y_o \end{pmatrix}$ bzw. $\boldsymbol{t}_{o_h} = \begin{pmatrix} x_o \\ y_o \\ 1 \end{pmatrix}$ ist $T_h = \begin{pmatrix} 1 & 0 & x_o \\ 0 & 1 & y_o \\ 0 & 0 & 1 \end{pmatrix} = \left(\begin{array}{c|c} E_2 & \boldsymbol{t}_{o_h} \\ \boldsymbol{0}_{1\times 2} & \end{array}\right)$, weil

$$\boldsymbol{v} = \begin{pmatrix} x \\ y \end{pmatrix} \equiv \boldsymbol{v}_h = \begin{pmatrix} x \\ y \\ 1 \end{pmatrix} \mapsto T_h \boldsymbol{v}_h = \begin{pmatrix} x + x_o \\ y + y_o \\ 1 \end{pmatrix} \equiv \begin{pmatrix} x + x_o \\ y + y_o \end{pmatrix}.$$

Schließlich gilt $T_h^{-1} = \begin{pmatrix} 1 & 0 & -x_o \\ 0 & 1 & -y_o \\ 0 & 0 & 1 \end{pmatrix}$, weil $T_h^{-1} T_h = E_3$.

c) $\boldsymbol{S}_h = \begin{pmatrix} s_x & 0 & 0 \\ 0 & s_y & 0 \\ 0 & 0 & 1 \end{pmatrix}$, weil $\boldsymbol{v} = \begin{pmatrix} x \\ y \end{pmatrix} \equiv \boldsymbol{v}_h = \begin{pmatrix} x \\ y \\ 1 \end{pmatrix} \mapsto \boldsymbol{S}_h \boldsymbol{v}_h = \begin{pmatrix} s_x x \\ s_y y \\ 1 \end{pmatrix} \equiv \begin{pmatrix} s_x x \\ s_y y \end{pmatrix}$ und $\boldsymbol{R}_h = \begin{pmatrix} \cos(\varrho) & -\sin(\varrho) & 0 \\ \sin(\varrho) & \cos(\varrho) & 0 \\ 0 & 0 & 1 \end{pmatrix}$, weil

$$\boldsymbol{v} \equiv \boldsymbol{v}_h \mapsto \boldsymbol{R}_h \boldsymbol{v}_h = \begin{pmatrix} x\cos(\varrho) - y\sin(\varrho) \\ x\sin(\varrho) + y\cos(\varrho) \\ 1 \end{pmatrix} \equiv \boldsymbol{R}\boldsymbol{v}.$$

d) Mit $\boldsymbol{T}_h = \begin{pmatrix} 1 & 0 & x_o \\ 0 & 1 & y_o \\ 0 & 0 & 1 \end{pmatrix}$ gilt $\boldsymbol{v} = \begin{pmatrix} x \\ y \end{pmatrix} \equiv \boldsymbol{v}_h = \begin{pmatrix} x \\ y \\ 1 \end{pmatrix} \mapsto$

$$\boldsymbol{T}_h \boldsymbol{R}_h \boldsymbol{T}_h^{-1} \boldsymbol{v}_h = \boldsymbol{T}_h \begin{pmatrix} \cos(\varrho) & -\sin(\varrho) & 0 \\ \sin(\varrho) & \cos(\varrho) & 0 \\ 0 & 0 & 1 \end{pmatrix} \begin{pmatrix} x - x_o \\ y - y_o \\ 1 \end{pmatrix}$$

$$= \begin{pmatrix} 1 & 0 & x_o \\ 0 & 1 & y_o \\ 0 & 0 & 1 \end{pmatrix} \begin{pmatrix} (x - x_o)\cos(\varrho) - (y - y_o)\sin(\varrho) \\ (x - x_o)\sin(\varrho) + (y - y_o)\cos(\varrho) \\ 1 \end{pmatrix}$$

$$= \begin{pmatrix} (x - x_o)\cos(\varrho) - (y - y_o)\sin(\varrho) + x_o \\ (x - x_o)\sin(\varrho) + (y - y_o)\cos(\varrho) + y_o \\ 1 \end{pmatrix}$$

$\equiv \begin{pmatrix} (x - x_o)\cos(\varrho) - (y - y_o)\sin(\varrho) + x_o \\ (x - x_o)\sin(\varrho) + (y - y_o)\cos(\varrho) + y_o \end{pmatrix}$ bzw. für die *eine* Transformationsmatrix $\boldsymbol{T}_h \boldsymbol{R}_h \boldsymbol{T}_h^{-1}$

$$= \boldsymbol{T}_h \begin{pmatrix} \cos(\varrho) & -\sin(\varrho) & 0 \\ \sin(\varrho) & \cos(\varrho) & 0 \\ 0 & 0 & 1 \end{pmatrix} \begin{pmatrix} 1 & 0 & -x_o \\ 0 & 1 & -y_o \\ 0 & 0 & 1 \end{pmatrix}$$

$$= \begin{pmatrix} 1 & 0 & x_o \\ 0 & 1 & y_o \\ 0 & 0 & 1 \end{pmatrix} \begin{pmatrix} \cos(\varrho) & -\sin(\varrho) & -x_o\cos(\varrho) + y_o\sin(\varrho) \\ \sin(\varrho) & \cos(\varrho) & -x_o\sin(\varrho) - y_o\cos(\varrho) \\ 0 & 0 & 1 \end{pmatrix}$$

$$= \begin{pmatrix} \cos(\varrho) & -\sin(\varrho) & x_o - x_o\cos(\varrho) + y_o\sin(\varrho) \\ \sin(\varrho) & \cos(\varrho) & y_o - x_o\sin(\varrho) - y_o\cos(\varrho) \\ 0 & 0 & 1 \end{pmatrix}.$$

Lösung 39.10 Die Determinante einer $m \times m$-Matrix ist
□ eine Matrix ☒ eine reelle Zahl □ eine Abbildung □ ein Vektor.

Lösung 39.11 Sei $A = \begin{pmatrix} a & b \\ c & d \end{pmatrix}$ mit $|A| = ad - bc$.

a) Entwicklung nach der ersten Zeile liefert $|\boldsymbol{A}| = a \cdot d - b \cdot c$, nach der zweiten Zeile $|\boldsymbol{A}| = -c \cdot b + d \cdot a$, nach der ersten Spalte $|\boldsymbol{A}| = a \cdot d - c \cdot b$ und nach der zweiten Spalte $|\boldsymbol{A}| = -b \cdot c + d \cdot a$.

b) Für $\boldsymbol{A}^\top = \begin{pmatrix} a & c \\ b & d \end{pmatrix}$ gilt ebenso $|\boldsymbol{A}^\top| = ad - bc$.

c) Addieren des f-fachen der zweiten Zeile zur ersten liefert
$\begin{vmatrix} a + fc & b + fd \\ c & d \end{vmatrix} = (a + fc)d - (b + fd)c = ad + fcd - bc - fcd = |\boldsymbol{A}|$, entsprechend bei Addition des f-fachen der ersten zur zweiten Zeile.
Addieren des f-fachen der zweiten Spalte zur ersten liefert

$\begin{vmatrix} a+fb & b \\ c+fd & d \end{vmatrix} = (a+fb)d - b(c+fd) = ad + fbd - bc - fbd = |A|$, entsprechend bei Addition des f-fachen der ersten zur zweiten Spalte.

d) Mit $\begin{vmatrix} a & b \\ c & d \end{vmatrix} = ad - bc$ gilt $\begin{vmatrix} c & d \\ a & b \end{vmatrix} = cb - da = -|A|$ wie ebenso $\begin{vmatrix} b & a \\ d & c \end{vmatrix} = bc - ad = -|A|$.

Lösung 39.12

a) $\det(\lambda A) = \det(\lambda \begin{pmatrix} a & b \\ c & d \end{pmatrix}) = \begin{vmatrix} a\lambda & b\lambda \\ c\lambda & d\lambda \end{vmatrix} = ad\lambda^2 - bc\lambda^2 = \lambda^2(ad - bc) = \lambda^2 \det(A)$.

b) Entwickeln von λA liefert das λ-fache der Entwicklung von A nach derselben Zeile oder Spalte. m-maliges Entwickeln führt so auf $\det(\lambda A) = \lambda^m \det(A)$.

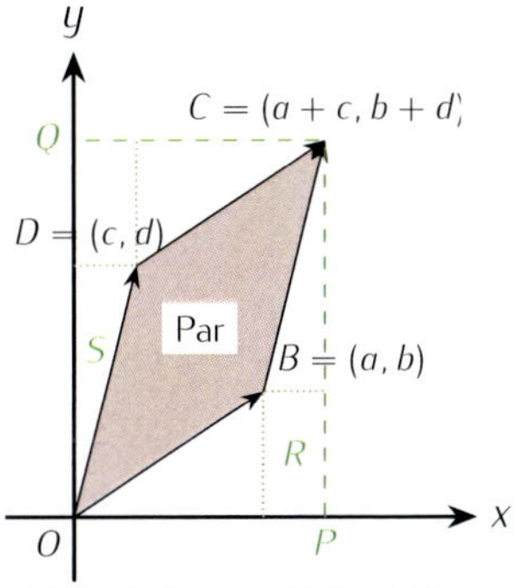

Bild 39.10: Das von Zeilen-Vektoren (a, b) und (c, d) aufgespannte Parallelogramm hat den Flächeninhalt $|ad - bc|$.

Lösung 39.13

a) Der Flächeninhalt $|P|$ des Parallelogramms P bestimmt sich als Differenz $|P| = |\square(OPCQ)| - 2\frac{1}{2}ab - 2|T|$, wobei das Trapez T aus dem Rechteck R mit Seitenlängen b und c und dem rechtwinkligen Dreieck S mit Katheten c und d besteht. Mit $|\square(OPCQ)| = (a+c)(b+d)$ und $|T| = bc + \frac{1}{2}cd$ gilt somit $|P| = ab + ad + bc + cd - ab - 2bc - cd = ad - bc = |A|$, s. Bild 39.10

b) Die Determinante $|A|$ von $A = \begin{pmatrix} x_1 & y_1 & z_1 \\ x_2 & y_2 & z_2 \\ x_3 & y_3 & z_3 \end{pmatrix} = \begin{pmatrix} \boldsymbol{a}_1 \\ \boldsymbol{a}_2 \\ \boldsymbol{a}_3 \end{pmatrix}$ kann als Skalarprodukt $\boldsymbol{a}_1 \cdot \boldsymbol{v}$ mit $\boldsymbol{v} = \boldsymbol{a}_2 \times \boldsymbol{a}_3$ aufgefasst werden, wo $\boldsymbol{a}_1 \cdot \boldsymbol{v} = |\boldsymbol{a}_1|\,|\boldsymbol{v}| \cos\big(\angle(\boldsymbol{a}_1, \boldsymbol{v})\big)$ das Produkt von $\boldsymbol{v}$ mit der Länge der Projektion von $\boldsymbol{v}$ auf $\boldsymbol{a}_1$ ist. Weiter gilt $|\boldsymbol{v}| = |\boldsymbol{a}_2 \times \boldsymbol{a}_3|$ = Flächeninhalt des durch $\boldsymbol{a}_2$ und $\boldsymbol{a}_3$ aufgespannten Parallelogramms. Insgesamt ist also bis auf das Vorzeichen $|A|$ der Rauminhalt des durch die drei Zeilen-Vektoren $\boldsymbol{a}_1$, $\boldsymbol{a}_2$ und $\boldsymbol{a}_3$ aufgespannten Parallelepipeds oder Spates, s. Bild 39.11.

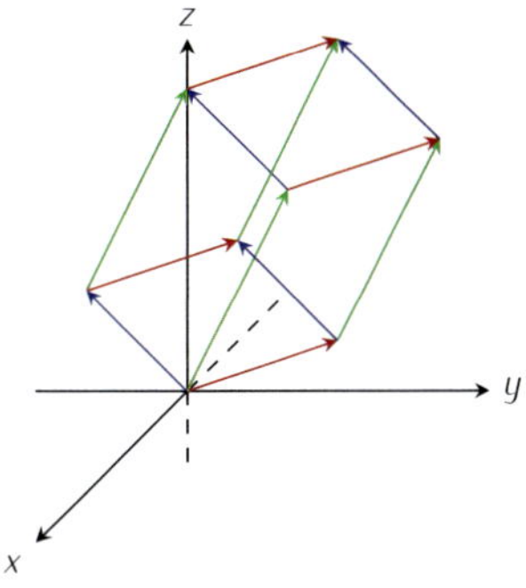

Bild 39.11: Das von $\boldsymbol{a}_1$, $\boldsymbol{a}_2$ und $\boldsymbol{a}_3$ aufgespannte Parallelepiped $\boldsymbol{A}$ hat das Volumen $|\boldsymbol{A}| = |(\boldsymbol{a}_1^\top, \boldsymbol{a}_2^\top, \boldsymbol{a}_3^\top)|$.

Lösung 39.14

a) Angenommen $a \neq 0$. Subtraktion des $\frac{c}{a}$-fachen der ersten Zeile von der zweiten Zeile liefert $\det(A) = |A| = \begin{vmatrix} a & b \\ c & d \end{vmatrix} =$

$\begin{vmatrix} a & b \\ c - \frac{c}{a}a & d - \frac{c}{a}b \end{vmatrix} = \begin{vmatrix} a & b \\ 0 & d - \frac{c}{a}b \end{vmatrix} = a\big(d - \frac{c}{a}b\big) = ad - bc$, weil die Determinante einer Dreiecksmatrix mit dem Produkt der Diagonal-Elemente übereinstimmt.

b) Überführung in obere Dreiecksgestalt liefert $|\boldsymbol{B}| = \begin{vmatrix} 4 & 2 & 0 \\ 3 & 0 & 1 \\ 0 & 3 & 6 \end{vmatrix} =$

$$\begin{vmatrix} 4 & 2 & 0 \\ 3-\frac{3}{4}4 & 0-\frac{3}{4}2 & 1-\frac{3}{4}0 \\ 0 & 3 & 6 \end{vmatrix} = \begin{vmatrix} 4 & 2 & 0 \\ 0 & -\frac{3}{2} & 1 \\ 0 & 3 & 6 \end{vmatrix} =$$

$$\begin{vmatrix} 4 & 2 & 0 \\ 0 & -\frac{3}{2} & 1 \\ 0 & 3-2\frac{3}{2} & 6+2 \end{vmatrix} = \begin{vmatrix} 4 & 2 & 0 \\ 0 & -\frac{3}{2} & 1 \\ 0 & 0 & 8 \end{vmatrix} = 4(-\tfrac{3}{2})8 = -48.$$

c) Überführung in untere Dreiecksgestalt liefert $|\boldsymbol{C}| = \begin{vmatrix} 2 & 1 & 0 \\ 3 & 0 & 1 \\ 0 & 1 & 2 \end{vmatrix} =$

$$\begin{vmatrix} 2 & 1-\frac{1}{2}2 & 0 \\ 3 & 0-\frac{1}{2}3 & 1 \\ 0 & 1-\frac{1}{2}0 & 2 \end{vmatrix} = \begin{vmatrix} 2 & 0 & 0 \\ 3 & -\frac{3}{2} & 1 \\ 0 & 1 & 2 \end{vmatrix} = \begin{vmatrix} 2 & 0 & 0 \\ 3 & -\frac{3}{2} & 1-\frac{2}{3}\frac{3}{2} \\ 0 & 1 & 2+\frac{2}{3}1 \end{vmatrix} =$$

$$\begin{vmatrix} 2 & 0 & 0 \\ 3 & -\frac{3}{2} & 0 \\ 0 & 1 & \frac{8}{3} \end{vmatrix} = 2(-\tfrac{3}{2})\tfrac{8}{3} = -8 \text{ aber auch } |\boldsymbol{C}| = \tfrac{1}{2}\tfrac{1}{3}\begin{vmatrix} 4 & 2 & 0 \\ 3 & 0 & 1 \\ 0 & 3 & 6 \end{vmatrix} =$$

$$\tfrac{1}{6}|\boldsymbol{B}| = -\tfrac{48}{6} = -8.$$

Lösung 39.15 Für $\boldsymbol{A} = \begin{pmatrix} 1 & 0 \\ 0 & 0 \end{pmatrix}$ und $\boldsymbol{B} = \begin{pmatrix} 0 & 0 \\ 0 & 1 \end{pmatrix}$ gilt $\boldsymbol{A}+\boldsymbol{B} = \boldsymbol{E}_2$, aber $\det(\boldsymbol{E}_2) = 1 \neq 0 + 0 = \det(\boldsymbol{A}) + \det(\boldsymbol{B})$.

Für die Skalierung $\boldsymbol{S} = \begin{pmatrix} 1 & 0 \\ 0 & 2 \end{pmatrix}$ gilt $\det(\boldsymbol{S}) = 2$ und für die Rotation $\boldsymbol{R} = \begin{pmatrix} 0 & -1 \\ 1 & 0 \end{pmatrix}$ gilt $\det(\boldsymbol{R}) = 1$ mit $\det(\boldsymbol{S}+\boldsymbol{R}) = \begin{vmatrix} 0 & -1 \\ 1 & 0 \end{vmatrix} = 3 = \det(\boldsymbol{S}) + \det(\boldsymbol{R})$, eine Ausnahme von obiger Regel.

Lösung 39.16

a) Für $n=1$ gilt $|\boldsymbol{V}| = \begin{vmatrix} x_o^0 & x_o^1 \\ x_1^0 & x_1^1 \end{vmatrix} = x_1 - x_o = \prod_{0 \leq i < j \leq 1}(x_j - x_i)$. ✓

b) $$\det(\boldsymbol{V}) = |\boldsymbol{V}| = \begin{vmatrix} x_o^0 & x_o^1 & x_o^2 & \cdots & x_o^n \\ x_1^0 & x_1^1 & x_1^2 & \cdots & x_1^n \\ \vdots & \vdots & \vdots & \cdots & \vdots \\ x_n^0 & x_n^1 & x_n^2 & \cdots & x_n^n \end{vmatrix}$$

(j+1)te Spalte = (j+1)-te Spalte – x_o-fache der j-ten Spalte

$$= \begin{vmatrix} 1 & x_o - x_o & 0 & \cdots & 0 \\ 1 & x_1 - x_o & x_1^2 - x_o x_1 & \cdots & x_1^n - x_o x_1^{n-1} \\ \vdots & \vdots & \vdots & \cdots & \vdots \\ 1 & x_n - x_o & x_n^2 - x_o x_n & \cdots & x_n^n - x_o x_n^{n-1} \end{vmatrix}$$

nach der ersten Zeile entwickeln

$$= \begin{vmatrix} x_1 - x_o & (x_1 - x_o)x_1 & \cdots & (x_1 - x_o)x_1^{n-1} \\ \vdots & \vdots & \cdots & \vdots \\ x_n - x_o & (x_n - x_o)x_n & \cdots & (x_n - x_o)x_n^{n-1} \end{vmatrix}$$ n-mal ausklammern

$\begin{vmatrix} x_1^0 & x_1^1 & \cdots & x_1^{n-1} \\ \vdots & \vdots & \cdots & \vdots \\ x_n^o & x_n^1 & \cdots & x_n^{n-1} \end{vmatrix}$, was zusammmen mit der Induktionsvoraussetzung $\det(V) = \prod_{k=1}^{n}(x_k - x_o) \cdot \prod_{1 \leq i < j \leq n}(x_j - x_i)$ impliziert.

c) $\det(V) = \prod_{k=1}^{n}(x_k - x_o) \cdot \prod_{1 \leq i < j \leq n}(x_j - x_i) = \prod_{0 \leq i < j \leq n}(x_j - x_i)$.

Übrigens, falls alle $(x_i)_{i=0..n}$ paarweise verschieden sind, gilt $\det(V) = \prod_{0 \leq i < j \leq n}(x_j - x_i) \neq 0$: In diesem Fall ist die Vandermonde-Matrix regulär.

Lösung 39.17 ☒ $\dim(N(A))$ ☒ $\dim(S(A))$ ☐ $\dim(R^m)$

Lösung 39.18

a) Falls $a \neq 0$, so hat die Matrix $A = \begin{pmatrix} a & b \\ 0 & c \end{pmatrix}$ schon obere Dreiecksgestalt. Also ist $\text{rg}(A) = \begin{cases} 2 \text{ falls } c \neq 0 \\ 1 \text{ falls } c = 0 \end{cases}$.

Falls $a = 0$, so ist $\text{rg}(A) = \begin{cases} 1 \text{ falls } b \neq 0 \lor c \neq 0 \\ 0 \text{ falls } b = 0 \land c = 0 \end{cases}$.

b) Elementare Zeilen-Operationen transformieren wie folgt B in eine obere Dreiecksmatrix, die $\text{rg}(B)$ zu bestimmen erlaubt. An der Bestimmung von B^{-1} fehlt dann übrigens nicht mehr viel. Die Zeilen von B seien römisch durchnummeriert.

	B			E		Zeilen-Operationen
2	1	−1	1	0	0	$\frac{1}{2} I$
−2	1	1	0	1	0	$II + 2\,I$
−1	0	1	0	0	1	$III + I$
1	$\frac{1}{2}$	$-\frac{1}{2}$	$\frac{1}{2}$	0	0	
0	2	0	1	1	0	
0	$\frac{1}{2}$	$\frac{1}{2}$	$\frac{1}{2}$	0	1	$III - \frac{1}{4}\,II$
1	$\frac{1}{2}$	$-\frac{1}{2}$	$\frac{1}{2}$	0	0	
0	2	0	1	1	0	
0	0	$\frac{1}{2}$	$\frac{1}{4}$	$-\frac{1}{4}$	1	
	$\tilde{B}$			$\tilde{E}$		

$\tilde{B}$ ist obere Dreiecksmatrix und alle Diagonal-Elemente sind von 0 verschieden. Damit hat B vollen Rang 3.

c) Die Zeilen von C seien römisch durchnummeriert.

	C			E		Zeilen-Operationen
1	2	0	1	0	0	
1	0	−2	0	1	0	$II - I$
0	1	1	0	0	1	
1	2	0	1	0	0	
0	−2	−2	−1	1	0	
0	1	1	0	0	1	$III + \frac{1}{2} II$
1	2	0	1	0	0	
0	−2	−2	−1	1	0	
0	0	0	$-\frac{1}{2}$	$\frac{1}{2}$	1	
	$\tilde{C}$			$\tilde{E}$		

Die Matrix $\boldsymbol{C}$ hat also zwei linear unabhängige Zeilen und damit den Rang 2. Dasselbe zeigt etwa auch $\boldsymbol{c}_{,1} = \frac{1}{2}(\boldsymbol{c}_{,2} - \boldsymbol{c}_{,3})$.

d) Die Matrix $\boldsymbol{D} = (\boldsymbol{e}_x, \boldsymbol{o}_{3\times 2}) = \begin{pmatrix} \boldsymbol{e}_x^\top \\ \boldsymbol{o}_{2\times 3} \end{pmatrix} = \begin{pmatrix} 1 & 0 & 0 \\ 0 & 0 & 0 \\ 0 & 0 & 0 \end{pmatrix}$ hat laut Konstruktion den Rang 1.

Die Matrix $\boldsymbol{F} = (\boldsymbol{e}_x, \boldsymbol{e}_y, \boldsymbol{o}_{3\times 1}) = \begin{pmatrix} \boldsymbol{e}_x^\top \\ \boldsymbol{e}_y^\top \\ \boldsymbol{o}_{1\times 3} \end{pmatrix} = \begin{pmatrix} 1 & 0 & 0 \\ 0 & 1 & 0 \\ 0 & 0 & 0 \end{pmatrix}$ hat laut Konstruktion den Rang 2.

Für $\boldsymbol{G} = \begin{pmatrix} 1 & 2 & -1 \\ -2 & 1 & 1 \\ -1 & 0 & 1 \end{pmatrix}$ gilt $\det(\boldsymbol{G}) = 2 \neq 0$. Damit ist $\boldsymbol{G}$ invertierbar und hat vollen Rang 3.

Lösung 39.19 Angenommen, $\boldsymbol{A}$ hat zwei Inverse $\boldsymbol{B}$ und $\boldsymbol{C}$, d.h. $\boldsymbol{AB} = \boldsymbol{E} = \boldsymbol{AC}$. Die Multiplikation mit $\boldsymbol{A}^{-1}$ von links liefert dann $\boldsymbol{A}^{-1}\boldsymbol{AB} = \boldsymbol{B} = \boldsymbol{A}^{-1} = \boldsymbol{C} = \boldsymbol{A}^{-1}\boldsymbol{AC}$, also $\boldsymbol{B} = \boldsymbol{C}$.

Lösung 39.20 Da die Inverse eindeutig ist, s. Aufgabe 39.19, reicht eine Probe: $\boldsymbol{A}^{-1}\boldsymbol{A} = \boldsymbol{A}\boldsymbol{A}^{-1} =$

$$\frac{1}{|\boldsymbol{A}|}\begin{pmatrix} a & b \\ c & d \end{pmatrix}\begin{pmatrix} d & -b \\ -c & a \end{pmatrix} = \frac{1}{ad-bc}\begin{pmatrix} ad-bc & -ab+ab \\ cd-cd & -bc+ad \end{pmatrix} = \boldsymbol{E}_2.$$

Lösung 39.21

a) Mit dem Ergebnis der Aufgabe 39.20 gilt für $\boldsymbol{A} = \begin{pmatrix} a & b \\ c & d \end{pmatrix}$ einerseits $(\boldsymbol{A}^\top)^{-1} = \begin{pmatrix} a & c \\ b & d \end{pmatrix}^{-1} = \frac{1}{ad-bc}\begin{pmatrix} d & -c \\ -b & a \end{pmatrix}$ und an-

dererseits $(A^{-1})^\top = \frac{1}{ad-bc}\begin{pmatrix} d & -b \\ -c & a \end{pmatrix}^\top = \frac{1}{ad-bc}\begin{pmatrix} d & -c \\ -b & a \end{pmatrix}$,
zusammen also $(A^\top)^{-1} = (A^{-1})^\top$.

b) Aus $A^\top(A^{-1})^\top = (A^{-1}A)^\top = E_n^\top = E_n$ folgt, dass $(A^{-1})^\top$ die Inverse von $A^\top$ ist, d.h. $(A^{-1})^\top = (A^\top)^{-1}$.

Lösung 39.22 Die Zeilen von $B = (A|E_3)$ seien römisch durchnummeriert.

A			E			Zeilen-Operationen
1	2	0	1	0	0	
3	0	4	0	1	0	$II - 3I$
0	2	1	0	0	1	
1	2	0	1	0	0	$I - III$
0	−6	4	−3	1	0	$-\frac{1}{6}\,II$
0	2	1	0	0	1	$III - 2\,II$
1	0	−1	1	0	−1	
0	1	$-\frac{2}{3}$	$\frac{1}{2}$	$-\frac{1}{6}$	0	
0	0	$\frac{7}{3}$	−1	$\frac{1}{3}$	1	$\frac{3}{7}\,III$
1	0	−1	1	0	−1	$I + III$
0	1	$-\frac{2}{3}$	$\frac{1}{2}$	$-\frac{1}{6}$	0	$II + \frac{2}{3}\,III$
0	0	1	$-\frac{3}{7}$	$\frac{1}{7}$	$\frac{3}{7}$	$\frac{3}{7}\,III$
1	0	0	$\frac{4}{7}$	$\frac{1}{7}$	$-\frac{4}{7}$	
0	1	0	$\frac{3}{14}$	$-\frac{1}{14}$	$\frac{2}{7}$	
0	0	1	$-\frac{3}{7}$	$\frac{1}{7}$	$\frac{3}{7}$	
E			A^{-1}			

Eine Probe zeigt $A^{-1}A = E = AA^{-1}$ für $A^{-1} = \frac{1}{14}\begin{pmatrix} 8 & 2 & -8 \\ 3 & -1 & 4 \\ -6 & 2 & 6 \end{pmatrix}$.

Lösung 39.23

a) Die beiden Tabellen

$\oplus$	0	1
0	0	1
1	1	0

und

$\odot$	0	1
0	0	0
1	0	1

der Summen bzw. Produkte sind symmetrisch. Also sind $\oplus$ und $\odot$ kommutativ. Werden Summen und Produkte als Funktionen mehrerer Variabler aufgefasst, sind die beiden Zeilen jeder der beiden Werte-Tabellen

m, n	$0,0$	$0,1$	$1,0$	$1,1$
$m \oplus n$	0	1	1	0
$n \oplus m$	0	1	1	0

und

m, n	$0, 0$	$0, 1$	$1, 0$	$1, 1$
$m \odot n$	0	0	0	1
$n \odot m$	0	0	0	1

zu vergleichen. In analoger Weise stimmen die Werte-Tabellen für $(k \oplus m) \oplus n$ und $k \oplus (m \oplus n)$ bzw. $(k \odot m) \odot n$ und $k \odot (m \odot n)$ überein, sodass sich $\oplus$ und $\odot$

k, m, n	$0, 0, 0$	$0, 0, 1$	$0, 1, 0$	$0, 1, 1$	$1, 0, 0$	$1, 0, 1$	...
$(k \oplus m) \oplus n$	0	1	1	0	1	0	...
$k \oplus (m \oplus n)$	0	1	1	0	1	0	...

k, m, n	$0, 0, 0$	$0, 0, 1$	$0, 1, 0$	$0, 1, 1$	$1, 0, 0$	$1, 0, 1$	$1, 1, 0$	...
$(k \odot m) \odot n$	0	0	0	0	0	0	0	...
$k \oplus (m \oplus n)$	0	0	0	0	0	0	0	...

auch als assoziativ erweisen.
Wegen $k \oplus 0 = k = 0 \oplus k$ und $1 \odot k = k = k \odot 1$ ist 0 bzw. 1 das neutrale Element bzgl. Addition bzw. Multiplikation.
Das einzige nicht verschwindende Element $k = 1$ ist wegen $k \oplus k = 0$ und $k \odot k = 1$ zu sich selbst invers.
Vergleich der Werte-Tabellen von $k \odot (m \oplus n)$ und $(k \odot m) \oplus (k \odot n)$ verifiziert die Distributiv-Gesetze.

b) $\mathbb{Z}_p$ ist naturgemäß unter der Addition modulo p und der Multiplikation modulo p abgeschlossen.
Wegen $m \oplus n = (m + n) \bmod p = (n + m) \bmod p = n \oplus m$ und wegen $m \odot n = (m \cdot n) \bmod p = (n \cdot m) \bmod p = n \odot m$ sind $\oplus$ und $\odot$ kommutativ.
$k \oplus (m \oplus n) = k \oplus \big((m+n) \bmod p\big) = \big(k + (m+n) \bmod p\big) \bmod p$
$= (k + m + n) \bmod p = \big((k + m) \bmod p + n\big) \bmod p$
$= \big((k \oplus m) + n \bmod p\big) \bmod p = (k \oplus m) \oplus n$ und
$k \odot (m \odot n) = k \odot (m \cdot n) \bmod p = \big(k \cdot (m \cdot n) \bmod p\big) \bmod p$
$= (k \cdot m \cdot n) \bmod p = \big((k \cdot m) \bmod p \cdot n\big) \bmod p$
$= \big((k \odot m) \cdot n \bmod p\big) \bmod p = (k \odot m) \odot n$
implizieren, dass $\oplus$ und $\odot$ assoziativ sind.
Wegen $k \oplus 0 = (k + 0) \bmod p = k$ ist 0 das additiv neutrale Element und wegen $k \odot 1 = (k \cdot 1) \bmod p = k$ ist 1 das multiplikativ neutrale Element.
Wegen $k \oplus (p - k) = (k + p - k) \bmod p = 0$ ist $-k = p - k$ das additive Inverse zu k und wegen des Satzes von Euler ist $k^{-1} = k^{p-2} \bmod p$ das multiplikativ Inverse zu k.

Leonhard Euler (1707-1783)

$(k \oplus m) \odot n = \big((k+m) \bmod p\big) \odot n = \big((k+m) \bmod p\big) \cdot n\big) \bmod p$
$= \big(k + m) \cdot n\big) \bmod p = \big(k \cdot n + m \cdot m)\big) \bmod p$
$= \big((k \cdot n) \bmod p + (m \cdot n) \bmod p\big) \bmod p$
$= \big((k \odot n) + (m \odot n)\big) \bmod p = (k \odot n) \oplus (m \odot n)$
impliziert die Distributivität von $\oplus$ und $\odot$.

c) In $\mathbb{Z}_6$ gilt beispielsweise

k	1	2	3	4	5
$2 \odot k$	2	4	0	2	4

, so dass $2 \neq 0$ in $\mathbb{Z}_6$ keine mutiplikative Inverse hat. $\mathbb{Z}_6$ ist also *kein* Körper.

Lösung 39.24

a) $$G_1 = \begin{pmatrix} 1 & 0 & 0 & 0 & 0 & 0 & 0 & -1 \\ 0 & 1 & 0 & 0 & 0 & 0 & 0 & -1 \\ 0 & 0 & 1 & 0 & 0 & 0 & 0 & -1 \\ 0 & 0 & 0 & 1 & 0 & 0 & 0 & -1 \\ 0 & 0 & 0 & 0 & 1 & 0 & 0 & -1 \\ 0 & 0 & 0 & 0 & 0 & 1 & 0 & -1 \\ 0 & 0 & 0 & 0 & 0 & 0 & 1 & -1 \end{pmatrix} = \begin{pmatrix} 1 & 0 & 0 & 0 & 0 & 0 & 0 & 1 \\ 0 & 1 & 0 & 0 & 0 & 0 & 0 & 1 \\ 0 & 0 & 1 & 0 & 0 & 0 & 0 & 1 \\ 0 & 0 & 0 & 1 & 0 & 0 & 0 & 1 \\ 0 & 0 & 0 & 0 & 1 & 0 & 0 & 1 \\ 0 & 0 & 0 & 0 & 0 & 1 & 0 & 1 \\ 0 & 0 & 0 & 0 & 0 & 0 & 1 & 1 \end{pmatrix}$$

$= \begin{pmatrix} E_7 & \mathbf{1}_{7\times 1} \end{pmatrix}$ impliziert $\boldsymbol{c} = \boldsymbol{u}G_1 = \begin{pmatrix} \boldsymbol{u} & \sum_{i=1}^{7} u_i \end{pmatrix}$ für jedes $\boldsymbol{u} \in \mathbb{GF}_2^7$. Dieser Code erkennt also zuverlässig einen einzigen 1-Bit-Fehler (so dass das Paritätsbit $\sum_{i=1}^{7} u_i$ nicht zu $\boldsymbol{u}$ paßt), kann aber keine solchen Fehler korrigieren.

$$G_2 = \begin{pmatrix} 1&1&1&0&0&0&0&0&0&0&0&0&0&0&0&0&0&0&0&0&0 \\ 0&0&0&1&1&1&0&0&0&0&0&0&0&0&0&0&0&0&0&0&0 \\ 0&0&0&0&0&0&1&1&1&0&0&0&0&0&0&0&0&0&0&0&0 \\ 0&0&0&0&0&0&0&0&0&1&1&1&0&0&0&0&0&0&0&0&0 \\ 0&0&0&0&0&0&0&0&0&0&0&0&1&1&1&0&0&0&0&0&0 \\ 0&0&0&0&0&0&0&0&0&0&0&0&0&0&0&1&1&1&0&0&0 \\ 0&0&0&0&0&0&0&0&0&0&0&0&0&0&0&0&0&0&1&1&1 \end{pmatrix}$$

und $G_3 = \begin{pmatrix} E_7 & E_7 & E_7 \end{pmatrix}$ sind Generator-Matrizen von Codes, die genau einen 1-Bit-Fehler (gekipptes Bit) korrigieren können. Und dass etwa zwei Fehler in einem Tripel von Bits, die dasselbe Bit des Informationswortes vervielfachen, auftreten, ist noch nicht einmal zu erkennen.

b) Hier haben die Informationswörter vier Bits. Sie sind *Halfbytes* oder *Nibbles*. Durch $\boldsymbol{c} = \boldsymbol{u}G$ mit $G = \begin{pmatrix} 1 & 1 & 1 & 1 & 1 & 1 & 1 \\ 0 & 0 & 0 & 1 & 1 & 1 & 1 \\ 0 & 1 & 1 & 0 & 0 & 1 & 1 \\ 1 & 0 & 1 & 0 & 1 & 0 & 1 \end{pmatrix}$ und $\boldsymbol{u} \in \mathbb{GF}_2^4$ können sechzehn Code-Wörter erzeugt werden:

$c_o = (0,0,0,0)G = (0,0,0,0,0,0,0)$, $\quad c_1 = (0,0,0,1)G = (1,0,1,0,1,0,1)$,
$c_2 = (0,0,1,0)G = (0,1,1,0,0,1,1)$, $\quad c_3 = (0,0,1,1)G = (1,1,0,0,1,1,1)$,
$c_4 = (0,1,0,0)G = (0,0,0,1,1,1,1)$, $\quad c_5 = (0,1,0,1)G = (1,0,1,1,0,1,0)$,
$c_6 = (0,1,1,0)G = (0,1,1,1,1,0,0)$, $\quad c_7 = (0,1,1,1)G = (1,1,0,1,0,0,1)$,
$c_8 = (1,0,0,0)G = (1,1,1,1,1,1,1)$, $\quad c_9 = (1,0,0,1)G = (0,1,0,1,0,1,0)$,
$c_{10} = (1,0,1,0)G = (1,0,0,1,1,0,0)$, $\quad c_{11} = (1,0,1,1)G = (0,0,1,1,0,0,1)$,
$c_{12} = (1,1,0,0)G = (1,1,1,0,0,0,0)$, $\quad c_{13} = (1,1,0,1)G = (0,1,0,0,1,0,1)$,
$c_{14} = (1,1,1,0)G = (1,0,0,0,0,1,1)$, $\quad c_{15} = (1,1,1,1)G = (0,0,1,0,1,1,0)$.

In mindestens drei Koordinaten sind die fünfzehn Code-Wörter $\boldsymbol{c} \neq \boldsymbol{0}$ von Null verschieden. Damit unterscheiden sich zwei Code-Wörter in mindestens drei Koordinaten. Dieser sogenannte *Hamming-Code*, korrigiert also genau einen 1-Bit-Fehler.

Richard W. Hamming (1915–1998)

40 Lösung linearer Gleichungssysteme

40.1 Einleitung

Lineare Gleichungssysteme finden vielfältige Anwendung, ob bei statischen Berechnungen, elektrischen Schaltkreisen, bei Anfangswertproblemen von Systemen gewöhnlicher Differenzialgleichungen oder der Berechnung von Splinefunktionen zur Approximation von Kurven oder Flächen. Die Erstellung von Gleichungssystemen, die Typen ihrer Lösungen in Verbindung mit dem Matrixrang der Koeffizientenmatrix und dem Gauß-Algorithmus sind Themen dieses Kapitels. Ein kurzer Abschnitt am Ende widmet sich der *Kondition* linearer Gleichungssysteme, die quantifiziert, wie gut diese sich lösen lassen. Kapitel 3 des Buches von Gramlich behandelt lineare Gleichungssysteme und ihre Lösung[1].

[1] G. Gramlich. *Lineare Algebra: Eine Einführung*. Hanser, 5. Auflage, 2021

40.1.1 Matrix und lineares Gleichungssystem

Ein *lineares Gleichungssystem* der Größe $m \times n$ sind m Gleichungen in den n Unbekannten $x_1, \ldots, x_n$. Eine *Lösung* $\boldsymbol{x} = (x_1, \ldots, x_n)^\top$ erfüllt alle m Gleichungen.

$$\begin{array}{cccccc} a_{11}\,x_1 + & a_{12}\,x_2 + & \ldots & + a_{1n}\,x_n & = & b_1 \\ a_{21}\,x_1 + & a_{22}\,x_2 + & \ldots & + a_{2n}\,x_n & = & b_2 \\ \vdots & \vdots & \vdots & \vdots & \vdots & \vdots \\ a_{m1}\,x_1 + & a_{m2}\,x_2 + & \ldots & + a_{mn}\,x_n & = & b_m \end{array}$$

Koeffizientenmatrix $\boldsymbol{A}$:

$$\begin{pmatrix} a_{11} & a_{12} & \ldots & a_{1n} \\ a_{21} & a_{22} & \ldots & a_{2n} \\ \vdots & \vdots & \vdots & \vdots \\ a_{m1} & a_{m2} & \ldots & a_{mn} \end{pmatrix}$$

Erweiterte Koeffizientenmatrix $(\boldsymbol{A}|\boldsymbol{b})$:

$$\left(\begin{array}{cccc|c} a_{11} & \ldots & a_{1n} & & b_1 \\ a_{21} & \ldots & a_{2n} & & b_2 \\ \vdots & \vdots & \vdots & & \vdots \\ a_{m1} & \ldots & a_{mn} & & b_m \end{array}\right)$$

Bild 40.1: Die *Koeffizientenmatrix* $\boldsymbol{A}$ eines linearen Gleichungssystems der Größe $m \times n$ und die erweiterte Koeffizientenmatrix $(\boldsymbol{A}|\boldsymbol{b})$ zum Gleichungssystem $\boldsymbol{A}\,\boldsymbol{x} = \boldsymbol{b}$.

In Matrixform wird das Gleichungsssystem so geschrieben:

$$\boldsymbol{A}\,\boldsymbol{x} = \boldsymbol{b}.$$

Dabei ist $\boldsymbol{A}$ die *Koeffizientenmatrix* der Dimension $m \times n$. Der Vektor $\boldsymbol{x} = (x_1, x_2, \ldots, x_n)^\top$ fasst die unbekannten Variablen zusammen und $\boldsymbol{b} = (b_1, b_2, \ldots, b_m)^\top$ die Konstanten der rechten Seite. Zum Rechnen wird das gesamte Gleichungssystem als *erweiterte Koeffizientenmatrix* $(\boldsymbol{A}|\boldsymbol{b})$ notiert, siehe Bild 40.1.

Ein Gleichungssystem heißt *quadratisch*, wenn die Koeffizientenmatrix quadratisch ist, also wenn $m = n$ ist. Dann hat das System ebenso viele Unbekannte wie Gleichungen und ist meist eindeutig lösbar. Ein Gleichungssystem heißt *unterbestimmt*, wenn $m < n$ gilt das System also weniger Gleichungen als Unbekannte hat. Dann gibt es keine eindeutige Lösung. In der Regel hat es unendlich viele Lösungen, mitunter ist es unlösbar. Ein Gleichungssystem heißt *überbestimmt*, wenn $m > n$ gilt, das System also mehr Gleichungen als Unbekannte hat. Dann gibt es in der Regel keine Lösung, allerdings gibt es Näherungslösungen, die mit der Ausgleichsrechnung bestimmt werden können.

Tabelle 40.1: Bezeichnungen des linearen Gleichungssystems (LGS) $\boldsymbol{A}\boldsymbol{x} = \boldsymbol{b}$ zur $m \times n$-Koeffizientenmatrix $\boldsymbol{A}$

Dimension	Bezeichnung
$m = n$	quadratisch
$m < n$	unterbestimmt
$m > n$	überbestimmt

Zur Ausgleichsrechnung siehe Kapitel 41.

Beispiel. Ein Fachwerk aus Stäben trägt eine Last der Größe G, siehe Bild 40.2. Welche Zuglast, welche Drucklast müssen die einzelnen Stäbe aufnehmen, welche Kraft wirkt auf die Lagerpunkte, wenn das Fachwerk im Gleichgewichtszustand ist? Unter Vernachlässigung der Massen der Stäbe und der Biegemomente wirken die Kräfte jeweils entlang der Stäbe. Im Gelenklager A wirkt eine Kraft $(a_x, a_y)^\top$, im vertikal freien Gelenklager D wirkt nur die horizontale Kraft $(d_x, 0)^\top$. Die Zug- und Druckkräfte in den Stäben wirken entgegengesetzt an beiden Enden. Es bezeichne f_i den Betrag der Kraft in Stab i, wenn es sich um eine Zugkraft handelt und $-f_i$ den Betrag der Kraft, wenn es sich um eine Druckkraft handelt. Dann ergibt sich für jeden Gelenkknoten eine Gleichung für das Kräftegleichgewicht in x-Richtung und in y-Richtung. Z.B. zieht bei B der Stab 1 in negativer, der Stab 2 in positiver x-Richtung. Stab 6 zieht unter jeweils 45 Grad in negativer x- und negativer y-Richtung also mit dem Faktor $w = \frac{\sqrt{2}}{2}$. Die Gleichung bei B für die x-Richtung ist somit $-f_1 + f_2 - wf_6 = 0$. In y-Richtung ergibt sich $-f_5 - wf_6 = 0$. Das gesamte 10×10-Gleichungssystem ist als erweiterte Koeffizientenmatrix notiert. Zur besseren Übersichtlichkeit sind alle Nullen nur durch einen Punkt markiert.

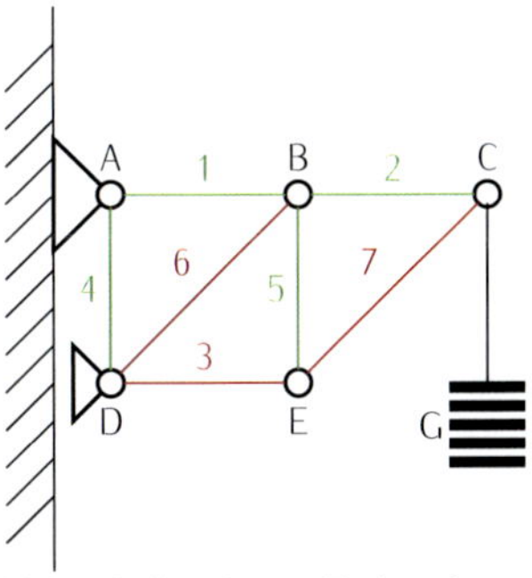

Bild 40.2: Ein ebenes Fachwerk aus sieben Stäben, das als Aufhängung mit Gewicht G belastet ist. Die Stäbe sind über Drehgelenke verbunden, die als Kreise dargestellt sind. Das Gelenklager bei A ist unbeweglich, das Gelenklager bei D ist horizontal fest und in vertikaler Richtung frei beweglich. Zugstäbe sind grün, Druckstäbe rot dargestellt.

	Koeffizienten zu Variable										
	a_x	a_y	d_x	f_1	f_2	f_3	f_4	f_5	f_6	f_7	$r.S.$
A_x	-1	·	·	1	·	·	·	·	·	·	0
A_y	·	1	·	·	·	·	-1	·	·	·	0
B_x	·	·	·	-1	1	·	·	·	$-w$	·	0
B_y	·	·	·	·	·	·	·	-1	$-w$	·	0
C_x	·	·	·	·	-1	·	·	·	·	$-w$	0
C_y	·	·	·	·	·	·	·	·	·	$-w$	G
D_x	·	·	-1	·	·	1	·	·	w	·	0
D_y	·	·	·	·	·	·	1	·	w	·	0
E_x	·	·	·	·	·	-1	·	·	·	w	0
E_y	·	·	·	·	·	·	·	1	·	w	0

Startend in Gleichung C_y kann eine Gleichung nach der anderen einzeln gelöst werden. Die gesamte Lösung ist

$$(a_x, a_y, d_x, f_1, f_2, f_3, f_4, f_5, f_6, f_7) = G\,(2, 1, -2, 2, 1, -1, 1, 1, -\sqrt{2}, -\sqrt{2}).$$

40.1.2 Lösungen des linearen Gleichungsystems

Die verschiedenen Möglichkeiten bei der Lösung eines linearen Gleichungssystems ergeben sich bereits aus einer einfachen *linearen* Gleichung mit einer Variablen x mit der Form $a\,x = b$. Für ihre Lösung können drei Fälle unterschieden werden, von denen nur im ersten Fall eine eindeutige Lösung existiert. Andernfalls gibt es entweder keine Lösung oder unendlich viele, vergleiche Tabelle 40.2.

Tabelle 40.2: Drei Fälle für die lineare Gleichung $a\,x = b$ und die Anzahl # der Lösungen.

Fall	Typ	#
1	Normalfall $a \neq 0$ mit $x = \frac{b}{a}$	1
2	Defekt $a = 0$ mit $b \neq 0$	0
3	Defekt $a = 0$ mit $b = 0$	∞

Ein lineares Gleichungssystemen $\boldsymbol{A}\,\boldsymbol{x} = \boldsymbol{b}$ mit einer quadratischen Koeffizientenmatrix zeigt die gleichen drei Fälle mit der zugehörigen Logik, vergleiche Tabelle 40.3. Es gibt den Normalfall, der zu einer eindeutigen Lösung führt, und zwei *defekte* Situationen. Ob der Normalfall vorliegt oder nicht, entscheidet sich allein anhand der linken Koeffizientenmatrix $\boldsymbol{A}$. Die rechte Seite $\boldsymbol{b}$ spielt dafür keine Rolle. Der Normalfall ist eine Matrix mit vollem Rang, in beiden anderen Fällen hat die Matrix einen *Rangdefekt*. Dann gibt es zwei Situationen: Unlösbarkeit oder unendlich viele Lösungen. Welche dieser beiden defekten Situationen vorliegt, entscheidet sich anhand der rechten Seite.

Tabelle 40.3: Drei Fälle für das lineare Gleichungssystem $\boldsymbol{A}\,\boldsymbol{x} = \boldsymbol{b}$ mit quadratischer $n \times n$-Koeffizientenmatrix $\boldsymbol{A}$ mit Rang $\mathrm{rg}(\boldsymbol{A})$ und der Anzahl # der Lösungen.

Fall	Typ	#
1	$\boldsymbol{A}$ mit vollem Rang $\mathrm{rg}(\boldsymbol{A}) = n$	1
2	$\boldsymbol{A}$ mit Rangdefekt $\mathrm{rg}(\boldsymbol{A}) < \mathrm{rg}(\boldsymbol{A}\vert\boldsymbol{b})$	0
3	$\boldsymbol{A}$ mit Rangdefekt $\mathrm{rg}(\boldsymbol{A}) = \mathrm{rg}(\boldsymbol{A}\vert\boldsymbol{b})$	∞

Beispiel. Die drei Fälle werden beim Schnitt von zwei Geraden in der Ebene anschaulich. Wird jede Geradengleichung in Normalform $n_x\,x + n_y\,y = d$ geschrieben, ist (n_x, n_y, d) die Zeile in der erweiterten Koeffizientenmatrix. Sind beide Geraden nicht parallel, ist die Koeffizientenmatrix vom Rang 2 und es gibt eine eindeutige Lösung, den Schnittpunkt. Sind beide Geraden parallel, aber nicht identisch, ist die Koeffizientenmatrix vom Rang 1, die erweiterte Koeffizientenmatrix aber vom Rang 2, es gibt keine Lösung. Sind die Geraden parallel und identisch, ist auch die erweiterte Koeffizientenmatrix vom Rang 1 und es gibt unendlich viele Lösungen, nämlich alle Punkte der identischen Geraden.

40.1.3 Inhomogene und homogene Gleichungssysteme

Ein Gleichungssystem, dessen rechte Seite der Nullvektor ist, wird *homogen* genannt: $\boldsymbol{A}\,\boldsymbol{x} = \boldsymbol{0}$. Ein homogenes Gleichungssystem hat immer die *triviale Lösung* $\boldsymbol{x} = \boldsymbol{0}$. Hat das homogene Gleichungssystem auch *nicht-triviale* Lösungen $\boldsymbol{x} \neq \boldsymbol{0}$, dann hat es unendlich viele Lösungen, da mit $\boldsymbol{x}_h$ für alle $\lambda \in \mathbb{R}$ auch $\lambda\boldsymbol{x}_h$ das homogene System löst. Ist ferner $\boldsymbol{x}_s$ eine *spezielle Lösung* des inhomogenen Gleichungssystems $\boldsymbol{A}\,\boldsymbol{x} = \boldsymbol{b} \neq \boldsymbol{0}$ zur gleichen Koeffizientenmatrix $\boldsymbol{A}$, dann ist auch $\boldsymbol{x}_s + \boldsymbol{x}_h$ eines Lösung des inhomogenen Systems für alle homogenen Lösungsvektoren $\boldsymbol{x}_h$. Die gesamte Lösungsmenge eines Gleichungssystems wird die *allgemeine Lösung* genannt und es gilt: Jede Lösung des inhomogenen Gleichungssystems hat die Form $\boldsymbol{x}_s + \boldsymbol{x}_h$, wobei $\boldsymbol{x}_s$ eine spezielle Lösung des inhomogenen Systems und x_h eine Lösung des homogenen Systems ist, siehe Tabelle 40.4.

Tabelle 40.4: Inhomogenes und homogenes Gleichungssystem

Gleichungssysteme	
inhomogen	$\boldsymbol{A}\,\boldsymbol{x} = \boldsymbol{b}$
homogen	$\boldsymbol{A}\,\boldsymbol{x} = \boldsymbol{0}$
Lösungsmengen	
inhomogen	L_i
homogen	L_h
Lösungen	
trivial	$\boldsymbol{0} \in L_h$
nichttrivial	$\boldsymbol{0} \neq \boldsymbol{x} \in L_h$
speziell	$\boldsymbol{x}_s \in L_i$
Allgemeine Lösung	
inhomogen	$x \in L_i \Leftrightarrow$
= speziell	$x = x_s + x_h$,
+ homogen	$x_h \in L_h$

Beispiel. Die Gleichung $4x_1 + 5x_2 = 3$ hat die spezielle Lösung $(x_1, x_2) = (2, -1)$. Die homogene Gleichung $4x_1 + 5x_2 = 0$ hat die Lösungen $(x_1, x_2) = t(-5, 4), \forall t \in \mathbb{R}$. Damit ist die allgemeine Lösung der inhomogenen Gleichung $\boldsymbol{x} = (2, -1)^\top + t(-5, 4)^\top$.

Beispiel. Gesucht ist eine Lösung des homogenen Gleichungssystems zur Matrix $\boldsymbol{A} = \begin{pmatrix} -2 & 4 & 1 \\ 1 & -3 & 2 \\ -1 & 1 & 3 \end{pmatrix}$.

Lösung: Die Summe der ersten beiden Zeilen ergibt die dritte, deswegen ist $\text{rg}(\boldsymbol{A}) = 2$. Die homogene Lösung besteht also nicht nur aus dem Nullvektor. Sie kann aus der reduzierten Zeilenstufenform $\boldsymbol{Z}$ für $\boldsymbol{A}$ ermittelt werden. Sie lautet $\boldsymbol{Z} = \begin{pmatrix} 1 & 0 & \frac{11}{2} \\ 0 & 1 & \frac{5}{2} \\ 0 & 0 & 0 \end{pmatrix}$. Mit dem Parameter $t = x_3$ ist dann die Lösung $t\,(\frac{11}{2}, \frac{5}{2}, 1)^\top$ mit $t \in \mathbb{R}$. Der Vektor zur homogenen Lösung ist orthogonal zu den Zeilen von $\boldsymbol{A}$. Er kann auch durch das Vektorprodukt zweier Zeilen ermittelt werden: $\begin{pmatrix} -2 \\ 4 \\ 1 \end{pmatrix} \times \begin{pmatrix} 1 \\ -3 \\ 2 \end{pmatrix} = \begin{pmatrix} 11 \\ 5 \\ 2 \end{pmatrix}$. Jedes skalare Vielfache dieses Vektors ist orthogonal zu allen Zeilen von $\boldsymbol{A}$ und ist damit Lösung des homogenen Gleichungssystems.

Wir komplettieren die Zusammenstellung möglicher Lösungsmengen in Tabelle 40.5. Ohne *vollen Rang* der Koeffizientenmatrix $\boldsymbol{A}$ hat, wenn also $\text{rg}(\boldsymbol{A}) = \min(m, n)$ gilt, gibt es keine eindeutigen Lösungen, genauer nur mit $\text{rg}(\boldsymbol{A}) = n$ kann es eindeutige Lösungen geben.

Tabelle 40.5: Lösungsmengen L von überbestimmten, quadratischen und unterbestimmten Gleichungsystemen $\boldsymbol{A}\boldsymbol{x} = \boldsymbol{b}$ mit $m \times n$-Koeffizientenmatrix $\boldsymbol{A}$ je nach vollem Rang $r = \text{rg}(\boldsymbol{A})$ oder Rangdefekt $r < \min(m, n)$ für die inhomogene und homogene Situation.

Fall	Rang	inhomogen $\boldsymbol{b} \neq \boldsymbol{0}$	homogen $\boldsymbol{b} = \boldsymbol{0}$
$m > n$	$r = n$	meist $L_i = \emptyset$ sonst $\#L_i = 1$	$L_h = \{\boldsymbol{0}\}$
überbest.	$r < n$	meist $L_i = \emptyset$ sonst $\#L_i = \infty$	$\#L_h = \infty$ mit $\boldsymbol{0} \in L_h$
$m = n$	$r = m = n$	$\#L_i = 1$	$L_h = \{\boldsymbol{0}\}$
quadr.	$r < m = n$	meist $L_i = \emptyset$ sonst $\#L_i = \infty$	$\#L_h = \infty$ mit $\boldsymbol{0} \in L_h$
$m < n$	$r = m$	$\#L_i = \infty$	$\#L_i = \infty$ mit $\boldsymbol{0} \in L_h$
unterbest.	$r < m$	meist $L_i = \emptyset$ sonst $\#L_i = \infty$	$\#L_h = \infty$ mit $\boldsymbol{0} \in L_h$

40.1.4 *Zeilenumformungen und die Zeilenstufenform*

Der *Gauß-Algorithmus* benutzt drei *Zeilenumformungen* der erweiterten Koeffizientenmatrix, siehe Tabelle 40.6. Sie sind äquivalente Umformungen, das bedeutet die Lösungsmenge bleibt nach der Umformung unverändert.

Tabelle 40.6: Drei äquivalente Zeilenumformungen im Gauß-Algorithmus

$Z_i \to \lambda Z_i$	Zeile multipli - zieren mit $\lambda \neq 0$
$Z_i \leftrightarrow Z_j$	Zwei Zeilen vertauschen
$Z_j \to Z_j + \lambda Z_i$	Vielfaches einer Zeile zu anderer Zeile addieren

Eine Zeile kann mit einer Konstanten $\lambda \neq 0$ multipliziert werden, das entspricht der Multiplikation einer Gleichung; zwei Zeilen können vertauscht werden, das entspricht einer Änderung der Reihenfolge der Gleichungen; und zu einer Zeile kann das Vielfache einer anderen Zeile addiert werden, das entspricht der Addition des Vielfachen einer anderen Gleichung. Letzteres kann durch die Subtraktion des Vielfachen wieder rückgängig gemacht werden und führt zu keiner Änderung der Lösungsmenge, deren Elemente alle Gleichungen erfüllen müssen.

Beispiel. Die Koeffizientenmatrix des linken 2×2-Gleichungssystems wird durch Addition des −2-fachen der ersten Gleichung zur zweiten auf Dreiecksform gebracht. Das sich ergebende rechte Gleichungssystem, aus dem sich der Wert $x_2 = 5$ für die Lösung ergibt, kann durch Addition des 2-fachen der ersten Gleichung zur zweiten wieder in die Ursprungsform umgewandelt werden. Beide Systeme sind also äquivalent.

$$\begin{array}{|l|}\hline 1x_1 + 3x_2 = 17 \\ 2x_1 + 9x_2 = 49 \quad |II - 2I \\ \hline\end{array} \Leftrightarrow \begin{array}{|l|}\hline 1x_1 + 3x_2 = 17 \\ 0x_1 + 3x_2 = 15 \quad |II + 2I \\ \hline\end{array}$$

Lässt sich mit den genannten Zeilenumformungen die Koeffizientenmatrix zu einer Einheitsmatrix umformen, ist die Lösung des LGS auf der rechten Seite ablesbar. Mit wenigen Rechenschritten ist die Lösung auch bei einer Diagonalmatrix oder Dreiecksmatrix bestimmt. Eine solche Umformung ist nicht in jedem Fall möglich, immer lässt sich jedoch die *Zeilenstufenform* herstellen. Eine Matrix ist in Zeilenstufenform, wenn

- ▷ alle Zeilen, die nur Nullen enthalten, unter den übrigen stehen,
- ▷ jede Zeile, die nicht nur Nullen enthält, als erste von Null verschiedene Zahl eine 1 hat, die *führende Eins*,
- ▷ in je zwei Zeilen mit führender Eins diese in der unteren Zeile weiter rechts steht.

$$\begin{pmatrix} 1 & -2 & -1 & -4 \\ 0 & 0 & 1 & 1 \\ 0 & 0 & 0 & 1 \\ 0 & 0 & 0 & 0 \end{pmatrix}$$

Bild 40.3: Zeilenstufenform: Nullzeile unten, andere Zeilen mit führender 1, führende Einsen in unteren Zeilen weiter rechts

Die dritte Eigenschaft bedeutet, dass die Spalte einer führenden Eins unter dieser nur Nullen enthält. Die führenden Einsen bilden Stufen, wie in Bild 40.3 dargestellt. Wird zusätzlich verlangt, dass in dieser Spalte auch oberhalb der führenden Eins nur Nullen stehen, wird von der *reduzierten Zeilenstufenform* gesprochen.

40.1.5 Der Gauß-Algorithmus

Der Gauß-Algorithmus zur Lösung des Gleichungssystems $\boldsymbol{A}\boldsymbol{x} = \boldsymbol{b}$ stellt die Zeilenstufenform der erweiterten Koeffizientenmatrix $(\boldsymbol{A}|\boldsymbol{b})$ her. Dabei wird mit dem jeweiligen *Pivot*-Element die Pivotspalte unterhalb des Elements *ausgeräumt*: Die Pivotzeile wird mit dem Kehrwert des Pivot-Elements multipliziert. So wird das Pivot-Element zur führenden Eins gemacht. Zudem wird das Vielfache der Pivotzeile zu den darunterliegenden Zeilen addiert, sodass die Spalte unterhalb des Pivots Null enthält. Das wird *Ausräumen* genannt. Nach dem Ausräumen der Spalte wird die Pivotposition in die nächste Zeile und die nächste Spalte weitergerückt. In der Variante *Gauß-Jordan* wird die Pivotspalte auch oberhalb des

Pivot (frz.)= Dreh- und Angelpunkt

Pivotelementes ausgeräumt, also die reduzierte Zeilenstufenform erstellt. Der Algorithmus startet mit der Pivotposition a_{11} und endet, wenn in der letzten von Null verschiedenen Zeile das Pivotelement gefunden wurde.

Beispiel. Das Gleichungssystem wird gleich mit Gauß-Jordan gelöst. Neben der Matrixzeile wird die jeweils geplante Umformung notiert. Die Zeilen werden mit römischen Ziffern bezeichnet. Das jeweilige Pivotelement ist farbig markiert. Am Ende steht in der rechten Spalte die Lösung $x_1 = -3$, $x_2 = 2$, $x_3 = -1$.

Koeffizienten zu

x_1	x_2	x_3	$r.S.$	Plan	Ausräumen
2	5	1	3	$\frac{1}{2}\,I$	mit Pivot a_{11}
1	4	1	4	$II - \frac{1}{2}\,I$	
-2	2	1	9	$III + I$	
1	$\frac{5}{2}$	$\frac{1}{2}$	$\frac{3}{2}$	$I - \frac{5}{3}\,II$	
0	$\frac{3}{2}$	$\frac{1}{2}$	$\frac{5}{2}$	$\frac{2}{3}\,II$	mit Pivot a_{22}
0	7	2	12	$III - \frac{14}{3}\,II$	
1	0	$-\frac{1}{3}$	$-\frac{8}{3}$	$I - III$	
0	1	$\frac{1}{3}$	$\frac{5}{3}$	$II + III$	
0	0	$-\frac{1}{3}$	$\frac{1}{3}$	$-3\,III$	mit Pivot a_{33}
1	0	0	-3		
0	1	0	2		
0	0	1	-1		

Das Pivotelement darf nicht Null sein. Steht an der aktuellen Pivotposition eine Null, wird diese Zeile mit einer darunter liegenden getauscht, die in dieser Spalte keine Null hat. Gibt es keine solche, ist die neue Pivotposition in der nächsten Spalte. Befindet sich dieses schon in der zur rechten Seite des LGS gehörigen letzten Spalte ist das Gleichungssystem unlösbar. Dann ist $\text{rg}(\boldsymbol{A}) < \text{rg}(\boldsymbol{A}|\boldsymbol{b})$ wie in Bild 40.4.

x_1	x_2	x_3	$r.S.$
1	2	0	4
0	0	1	-1
0	0	0	1

Bild 40.4: Beispiel eines unlösbaren LGS: $\text{rg}(\boldsymbol{A}) < \text{rg}(\boldsymbol{A}|\boldsymbol{b})$

Andernfalls erhält jede zu einer führenden Eins gehörige *führende* Variable den Wert der rechten Seite, die übrigen *freien* Variablen den Wert Null. Dies ist eine spezielle Lösung. Sie ist eindeutig, wenn es keine Spalte ohne führende Eins gibt. Freie Variable können als Parameter betrachtet werden, denen jeder beliebige Wert zugewiesen werden kann, um eine weitere Lösung zu finden.

Beispiel.

x	y	z	$r.S.$	Plan	
0	0	7	−7	II	Da $a_{11} = 0 \neq a_{21}$
1	2	3	1	I	Zeilen I und II tauschen
2	4	−1	9	III	
1	2	3	1	I	Pivot a_{11}
0	0	7	−7	II	
2	4	−1	9	$III - 2I$	
1	2	3	1	$I - \frac{3}{7}II$	Da $a_{22} = 0 = a_{32}$
0	0	7	−7	$\frac{1}{7}II$	Pivot a_{23}
0	0	−7	7	$III + II$	
1	2	0	4		
0	0	1	−1		
0	0	0	0		

Ausgeschrieben lauten die beiden Gleichungen der letzten Matrix $x + 2y = 4$ und $z = -1$. Wird jetzt $t = y$ als freier Parameter betrachtet, werden daraus die Gleichungen $x = 4 - 2t, y = t, z = -1$ oder vektoriell geschrieben $(x, y, z)^\top = (4, 0, -1)^\top + t(-2, 1, 0)^\top, t \in \mathbb{R}$. Geometrisch betrachtet ist die Lösung eine Gerade in der Ebene $z = -1$. Das Skalarprodukt aller Zeilen der Koeffizientenmatrix mit $(-2, 1, 0)^\top$ ist Null, da $t(-2, 1, 0)^\top$ gerade die allgemeine Lösung des homogenen Gleichungssystems ist.

40.1.6 *Kondition*

Um die Auswirkung von Störungen zu verstehen, wird dieses Problem betrachtet: Zu einem LGS $\boldsymbol{A}\boldsymbol{x} = \boldsymbol{b}$ wird ein *Störterm* $\boldsymbol{r}$ hinzugefügt. Sei $\boldsymbol{y}$ die Lösung des LGS $\boldsymbol{A}\boldsymbol{y} = \boldsymbol{b} + \boldsymbol{r}$. Wie groß ist der Fehler $|\boldsymbol{y} - \boldsymbol{x}|$? Hierzu wird die *Matrixnorm* definiert und damit die *Kondition* einer quadratischen Matrix.

Eine *Norm* $||.||$ ist die Abbildung von mathematischen Objekten, für die skalare Multiplikation und Addition definiert sind, in die nichtnegativen reellen Zahlen. Eine Norm gibt eine Art *Größe* wieder. Sie muss diese Regeln erfüllen:

Zum Konzept der *Norm* siehe Abschnitt 42.1.5

- ▷ $\|X\| = 0 \Rightarrow X = 0$ - die *Definitheit*
- ▷ $\|\lambda X\| = |\lambda| \cdot \|X\|$ - die *Homogenität*
- ▷ $\|X + Y\| \leq \|X\| + \|Y\|$ - die *Dreiecksungleichung*

Zur Dreiecksungleichung s.a. Band 1, S. 40, Band 2, S. 146

Für eine quadratische $n \times n$-Matrix $\boldsymbol{M}$ werden verschiedene Normen definiert, die folgende sogenannte *Maximumsnorm* oder *Unendlich-Norm* ist einfach zu berechnen:

$$\|\boldsymbol{M}\| = n \max_{i,j \in \{1,..n\}} |m_{ij}| \quad \text{Maximumsnorm für Matrix } \boldsymbol{M} \text{ vom Typ } n \times n.$$

Beispiel.
- $A = \begin{pmatrix} 1 & -2 \\ 3 & 2 \end{pmatrix}$, $\|A\| = 2 \max_{i,j\in\{1,..n\}} |m_{ij}| = 2 \cdot 3 = 6$
- $B = \begin{pmatrix} \frac{1}{4} & \frac{1}{4} \\ -\frac{3}{8} & \frac{1}{8} \end{pmatrix}$, $\|B\| = 2 \cdot \frac{3}{8} = \frac{3}{4}$
- $\|E_n\| = n \cdot 1 = n$

Für diese Norm gelten Multiplikationsregeln:
- $\|M \cdot N\| \leq \|M\| \, \|N\|$
- Für $x \in \mathbb{R}^n$ gilt $|M\,x| \leq \|M\| \, |x|$

Mit den Regeln wird das Problem des Störterms einfach abschätzbar. Die Gleichungen $A\,y = b + r$ und $A\,x = b$ werden subtrahiert und liefern die Gleichung $y - x = A^{-1}\,r$. Für den Betrag des Fehlers ergibt sich dann: $|y - x| = |A^{-1} \cdot r| \leq \|A^{-1}\| \, |r|$. Wenn $\|A^{-1}\|$ groß ist, besagt die Ungleichung also, dass eine kleine Störung auf der rechten Seite zu einer großen Änderung der Lösung führen kann.

Beispiel. Aus der linearen Gleichung mit kleiner linearer Konstante $0.001\,x = 5.0 \Rightarrow x = 5000$ wird durch die *Störung* 0.1 auf der rechten Seite $0.001\,x = 5.1 \Rightarrow x = 5100$ die große Änderung um 100 in der Lösung, da die Umkehrung des kleinen Koeffizienten $a = 0.001$ mit $a^{-1} = 1000$ sehr groß ist.

Relativ betrachtet handelt es sich um eine Störung von 2%. Ihre Wirkung ist ebenfalls 2% wie für jeden linearen Zusammenhang.

Beispiel. Die Gleichungssysteme $A\,x = b$ und $A\,y = b + r$ mit $A = \begin{pmatrix} 1 & -1.001 \\ 2.001 & -2 \end{pmatrix}$, $b = \begin{pmatrix} 2.001 \\ 4.001 \end{pmatrix}$ und $r = \begin{pmatrix} -0.001 \\ 0.001 \end{pmatrix}$ haben die Lösungen $x = (1, -1)^T$ und $y = (2, 0)^T$. Die kleine Störung von $|r| \approx 0.0014$ führt zu einer Änderung größer als Eins. Relativ betrachtet beträgt die Störung 0.03%, während ihre Wirkung hier 100% beträgt.

Der drastische Unterschied zum Fall einer einzigen linearen Gleichung ist geometrisch gut verständlich: Das LGS gibt den Schnittpunkt von zwei fast parallelen Geraden wieder. Die Steigung der ersten Geraden beträgt etwa 0.999, die der zweiten 1.0005. Eine kleine Verschiebung der Geraden führt zu großer Veränderung beim Schnittpunkt. Bild 40.5 stellt die Situation dar.

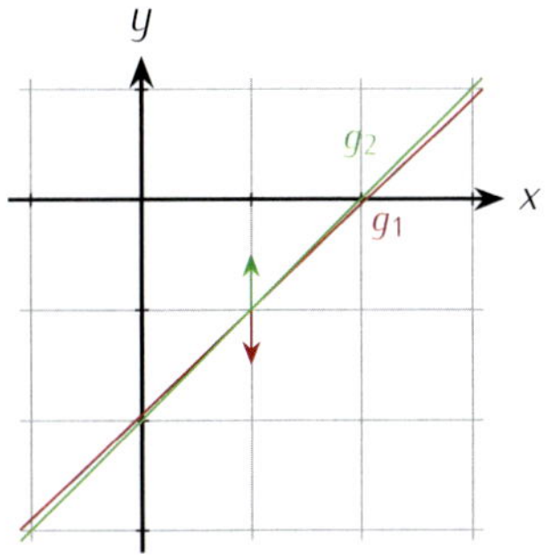

Bild 40.5: Der Schnittpunkt zweier fast paralleler Geraden verschiebt sich weit weg, wenn die Geraden nur leicht verschoben werden.

Um die mögliche Auswirkung einer Störung abzuschätzen, wird die *Kondition* einer quadratischen Matrix A definiert.

$$\kappa(A) = \|A^{-1}\| \, \|A\| \quad \text{Kondition einer Matrix } A.$$

Ein großer Wert von $\kappa(A)$ ist von Nachteil, da für den relativen Fehler bei der Störung des linearen Gleichungssystem $\boldsymbol{A}\boldsymbol{x} = \boldsymbol{b}$ durch $\boldsymbol{A}\boldsymbol{y} = \boldsymbol{b} + \boldsymbol{r}$ gilt:

$$\frac{|\boldsymbol{y} - \boldsymbol{x}|}{|\boldsymbol{x}|} \leq \kappa(A)\,\frac{|\boldsymbol{r}|}{|\boldsymbol{b}|}.$$

Ein Gleichungssystem mit großer Kondition der Koeffizientenmatrix wird als *schlecht konditioniert* bezeichnet.

> **Beispiel.** Für das obige Beispiel ist $\|A\| = 4.002$. Die Matrixinverse ist $A^{-1} \approx \begin{pmatrix} -666.4445 & 333.5555 \\ -666.7777 & 333.2223 \end{pmatrix}$ mit $\|A^{-1}\| \approx 1333.56$. Somit ist $\kappa(A) \approx 5337.1$, das Gleichungssystem ist schlecht konditioniert.

Die Matrix des Beispiels hat vollen Rang und liefert eindeutige Lösungen für jeden Vektor auf der rechten Seite. Eine kleine Änderung der Matrix wie die Rundung der zweiten Nachkommastelle macht aus ihr aber eine Matrix vom Rang 1, für die es keine eindeutigen Lösungen gibt. Den Störterm haben wir nur für die rechte Seite betrachtet, aber bei den Koeffizienten der Matrix kann es ebenfalls Störungen geben. Im Beispiel des Fachwerks sind kleine Änderungen der Winkel mit Änderungen der Koeffizienten verbunden. Bei schlecht konditionierten Matrizen können kleine Störungen der Koeffizienten genau wie Störterme der rechten Seite unerwünscht starke Wirkung auf die Lösungen haben.

40.2 Lernziele

Nr	Ich kann	Aufgabe	√
	Matrix und lineares Gleichungssystem		
374	ein System linearer Gleichungen in Matrixform darstellen,	40.1, 40.2, 40.3, 40.4, 40.5, 40.6, 40.7	
	Lösungen eines LGS		
375	die allgemeine Lösung eines inhomogenen linearen Gleichungssystems aus dem homogenen System und einer speziellen Lösung bestimmen,	40.9, 40.11, 40.10	
376	die verschiedenen Möglichkeiten bei der Lösung eines LGS erkennen,	40.9, 40.12	
377	die Lösung eines LGS geometrisch interpretieren,	40.13, 40.14, 40.15	
378	aus Form und Rang der Koeffizientenmatrix eines LGS sowie ihrer erweiterten Koeffizientenmatrix auf die Lösungsmenge schließen,	40.12, 40.16, 40.17, 40.18, 40.19	
	Spezialfälle bei Lösungen des LGS		
379	die inverse Matrix nutzen, um verschiedene lineare Gleichungssysteme zu lösen,	40.20, 40.21, 40.22, 40.23, 40.24	
380	erkennen, ob ein Gleichungssystem „schlecht konditioniert" ist	40.25, 40.26, 40.27	
	Der Gauß-Algorithmus		
381	den Gauß-Algorithmus anwenden und merken, wann es keine Lösung gibt,	40.2, 40.4, 40.5, 40.6, 40.7, 40.8, 40.16	
382	die Variante Gauß-Jordan benutzen,	40.8, 40.9, 40.20, 40.21, 40.22	
383	geeignete Software benutzen, um die Lösung eines LGS zu berechnen.	40.26, 40.28	

40.3 Aufgaben

Aufgabe 40.1 (15 min) Ein Betrieb stellt drei verschiedene Produkte P_1, P_2 und P_3 her. Dazu werden die Rohstoffe R_1, R_2 und R_3 benötigt, und zwar mit folgenden Mengen: Zur Herstellung von einer Mengeneinheit (ME) von P_1 benötigt man je 1 ME von R_1 und R_3 sowie 2 ME von R_2. Zur Herstellung von 1 ME von P_2 werden je 2 ME von R_1 und R_2 sowie 3 ME von R_3 benötigt, bei der Herstellung von P_3 braucht man für eine ME zwei ME von R_1, drei von R_2 und eine von R_3.
Es stehen folgende Mengeneinheiten zur Verfügung R_1: 10, R_2: 13, R_3: 12. Wie viel kann von den Produkten P_1, P_2 und P_3 hergestellt werden, wenn die verfügbaren Rohstoffe vollständig verbraucht werden sollen?
Benennen Sie die Mengenvektoren, erstellen das LGS und lösen es.

Aufgabe 40.2 (10 min) Die drei Punkte $(0, -0.5)$, $(-1, 2)$, $(2, 2)$ bestimmen ein Polynom der Form $p(x) = a_0 + a_1\,x + \cdots + a_n\,x^n$.

a) Welchen Grad n hat das Polynom, damit dieses durch die drei Punkte verläuft und eindeutig bestimmt ist?
b) Erstellen Sie das Gleichungssystem und lösen es mit einem Algorithmus ihrer Wahl. Visualisieren Sie Punkte und Polynom.

Aufgabe 40.3 (5 min) Gegeben die Determinante $\begin{vmatrix} 8 & 2 \\ -4 & 7 \end{vmatrix}$. Berechnen Sie die Determinante und geben Sie ein lineares Gleichungssystem an, für das diese Determinante über die Lösbarkeit entscheidet.

Aufgabe 40.4 (15 min) Das Schema in Bild 40.6 demonstriert das Prinzip der Computertomografie. Das Gewebe hat neun Pixel mit Grauwerten x_i. Die Röntgenstrahlen summieren die Grauwerte der Pixel, die sie durchlaufen. Am Strahlenende ist die jeweilige Summe notiert. Erstellen Sie das Gleichungssystem zur Bestimmung der Grauwerte in Matrixform. Lösen Sie das Gleichungssystem, indem Sie passende Differenzen einzelner Gleichungen ausnützen.

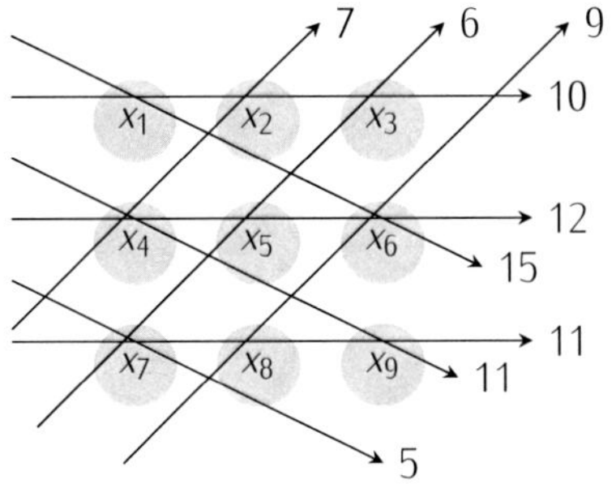

Bild 40.6: Computertomografie mit neun Pixeln

Aufgabe 40.5 (15 min) Stellen Sie für das nachstehende Rätsel ein passendes lineares Gleichungssystem auf und berechnen Sie die Determinante der darin vorkommenden Matrix sowie seine Lösung.

Ich hab mir drei Zahlen erdacht, aber verrat dir nur dreierlei: Das Doppelte der zweiten ist drei größer als die erste, das Dreifache der dritten drei größer als das Doppelte der zweiten und zählst du die dritte, die zweite und eins zusammen, hast du drei mehr als die erste.

Aufgabe 40.6 (15 min) Bestimmen Sie die Fläche zwischen x-Achse und der Parabel $p(x)$, die durch die Punkte $(-2, -30)$ und $(6, -10)$ geht und bei 1 die Ableitung $p'(1) = 5$ hat.

Aufgabe 40.7 (15 min) Gegeben die Matrix $\boldsymbol{A} = \begin{pmatrix} p & q & r \\ r & p & q \\ q & r & p \end{pmatrix}$.

a) Für welche p, q, r hat das Gleichungssystem $\boldsymbol{A}\boldsymbol{x} = \boldsymbol{b}$ mit $\boldsymbol{b} = (-2, 8, 0)^\top$ genau die Lösung $\boldsymbol{x} = (1, -1, 2)^\top$?
b) Für welche p, q und $r = p + q$ ist $\boldsymbol{A}$ nicht invertierbar?

Aufgabe 40.8 (25 min) Der Gauß-Algorithmus ist in Pseudocode zu notieren.

a) Notieren Sie eine Version, bei der nirgendwo Null als Matrix-Element auftaucht. Sie kommen dafür ohne das Tauschen von Zeilen aus.
b) Erweitern Sie den Algorithmus jetzt so, dass Null vorkommen kann und sowohl das Tauschen von Zeilen wie die Suche nach einem Pivot in der nächsten Spalte vorkommt.
c) Ergänzen Sie den Algorithmus so, dass daraus die Variante Gauß-Jordan wird.

Aufgabe 40.9 (15 min) Bringen Sie dieses Gleichungssystem in reduzierte Zeilenstufenform. Geben Sie die vollständige Lösungsmenge in parametrisierter Form an.

$$\begin{pmatrix} 1 & -2 & 4 & 3 & 1 \\ 0 & 1 & -1 & -3 & 2 \\ -2 & 3 & -5 & -4 & -1 \\ 0 & -3 & 5 & 8 & -3 \end{pmatrix} \boldsymbol{x} = \begin{pmatrix} 3 \\ -2 \\ -5 \\ 5 \end{pmatrix}$$

$$\begin{pmatrix} 1 & 0 & 4 \\ 0 & 3 & -5 \\ 0 & -3 & 5 \end{pmatrix} \boldsymbol{x} = \begin{pmatrix} -2 \\ -5 \\ 5 \end{pmatrix}$$

Aufgabe 40.10 (10 min) Gegeben das nebenstehend notierte, inhomogene Gleichungssystem.

a) Was bedeutet *inhomogen*? Wie lautet das *homogene* Gleichungssystem zum gegebenen?
b) Bestimmen Sie die vollständige Lösung des homogenen Systems.
c) Bestimmen Sie vollständige Lösung des inhomogenen Systems.

Aufgabe 40.11 (10 min) Eine erweiterte Koeffizientenmatrix ist wie folgt umgeformt worden:

$$\left(\begin{array}{cccccc|c} 1 & 0 & 2 & 0 & 1 & 0 & 3 \\ 0 & 1 & -2 & 0 & -1 & 0 & -7 \\ 0 & 0 & 0 & 1 & 5 & 0 & 4 \\ 0 & 0 & 0 & 0 & 0 & 1 & 2 \end{array}\right).$$

a) Welches sind die führenden und welches die freien Variablen?
b) Welche Dimension hat die Lösungsmenge?
c) Geben Sie die vollständige Lösung des Gleichungssystems in vektorieller Form an.

Aufgabe 40.12 (10 min) Beantworten Sie für die in Bild 40.7 gegebenen linearen Gleichungssysteme jeweils die folgenden Fragen:

▷ Wie sieht die Koeffizientenmatrix aus?
▷ Ist sie quadratisch?
▷ Ist sie symmetrisch?
▷ Ist sie eine obere oder untere Dreiecksmatrix?
▷ Ist sie eine Diagonalmatrix?
▷ Ist das Gleichungssystem besonders einfach lösbar?

I:

$$\begin{array}{rrrl} x_1 & +4x_2 & +8x_3 & = -1 \\ & 2x_2 & -11x_3 & = -4 \\ & & 3x_3 & = 121 \end{array}$$

II:

$$\begin{array}{rrrl} 7x_1 & +4x_2 & +6x_3 & = -2 \\ 4x_1 & +12x_2 & -5x_3 & = 109 \\ 6x_1 & -5x_2 & +3x_3 & = -1 \end{array}$$

III:

$$\begin{array}{rrrl} 5x_1 & +2x_2 & +61 & = 70 \\ 9x_1 & +4x_2 & -53 & = 90 \\ 13x_1 & +8x_2 & +38 & = 31 \end{array}$$

IV:

$$\begin{array}{rrl} 4x_1 & +7 & = 13 \\ -3x_2 & +18 & = 31 \end{array}$$

Bild 40.7: Vier Gleichungssysteme

Aufgabe 40.13 (20 min) Ein lineares Gleichungssystem $\boldsymbol{A}\boldsymbol{x} = \boldsymbol{b}$ lässt sich als mehrere Skalarprodukt-Gleichungen interpretieren oder als Suche nach der Linearkombination aus Vektoren, die den Vektor der rechten Seite ergeben.

a) Veranschaulichen Sie sich beide Interpretationen anhand eines Gleichungsystems mit einer 3×4-Koeffizientenmatrix $\boldsymbol{A}$. Welches sind die beteiligten Vektoren, welche Dimension haben sie?

Lösen Sie dann die beiden folgenden Aufgabenstellungen für die Vektoren

$$\boldsymbol{u} = \begin{pmatrix} 0.6 \\ 0.8 \\ 0 \end{pmatrix}, \boldsymbol{v} = \begin{pmatrix} 0.8 \\ 0 \\ 0.6 \end{pmatrix}, \boldsymbol{w} = \begin{pmatrix} 0 \\ -0.8 \\ 0.6 \end{pmatrix} \text{ und } \boldsymbol{r} = \begin{pmatrix} 10 \\ 4 \\ -2 \end{pmatrix}$$

b) Finden Sie die Koeffizienten der Linearkombination aus $\boldsymbol{u}, \boldsymbol{v}$ und $\boldsymbol{w}$, die den Vektor $\boldsymbol{r}$ ergibt.
c) Finden Sie einen Vektor $\boldsymbol{x}$, der zu $\boldsymbol{u}, \boldsymbol{v}$ und $\boldsymbol{w}$ den gleichen Winkel hat. Tipp: Sehen Sie sich die cos-Formel für den Winkel an.

Aufgabe 40.14 (10 min) Bestimmen Sie die Lösung des linearen Gleichungssystems $\boldsymbol{A}\boldsymbol{x} = \boldsymbol{b}$ in Abhängigkeit von λ und interpretieren Sie das Ergebnis. Es ist

$$\boldsymbol{A} = \begin{pmatrix} 0 & 4 & 10 \\ -3 & 1 & 5 \\ 1 & 2 & -4 \end{pmatrix} \text{ und } \boldsymbol{b} = \begin{pmatrix} 0 \\ \lambda \\ 0 \end{pmatrix}.$$

Aufgabe 40.15 (5 min) Interpretieren Sie das homogene Gleichungssystem mit einer 3×4-Koeffizientenmatrix $\boldsymbol{A}$ geometrisch im $\mathbb{R}^3$ wie im $\mathbb{R}^4$.

Aufgabe 40.16 (10 min) Gegeben ist das lineare Gleichungssystem

$$\begin{pmatrix} 1 & 4 & -1 \\ -2 & 4 & a \\ 3 & 6 & 0 \end{pmatrix} \begin{pmatrix} x_1 \\ x_2 \\ x_3 \end{pmatrix} = \begin{pmatrix} 0 \\ -6 \\ 3 \end{pmatrix}$$

Für welchen Wert von a hat das lineare Gleichungssystem keine eindeutige Lösung? Finden Sie die Antwort durch elementare Zeilenumformungen.

Aufgabe 40.17 (5 min) Welche der nachfolgenden Aussagen zum linearen Gleichungssystem $\boldsymbol{Ax} = \boldsymbol{b}$ ist richtig, wenn $\boldsymbol{A}$ eine quadratische Matrix ist?

- ☐ Das Produkt von $\boldsymbol{A}^{-1}$ mit Vektor $\boldsymbol{b}$ ist die gesuchte Lösung $\boldsymbol{x}$.
- ☐ Wenn $\boldsymbol{A}$ vollen Rang hat, gibt es immer mehrere Lösungen.
- ☐ Wenn $\boldsymbol{A}$ nicht den vollen Rang hat, kann es genau eine Lösung geben oder keine.

Aufgabe 40.18 (10 min) Für welche reellen Zahlen a besitzt das Gleichungssystem

$$\begin{array}{rrrcl} x & +y & -z & = & 1 \\ x & +2y & +az & = & 2 \\ 2x & +ay & +2z & = & 3 \end{array}$$

a) genau eine Lösung,
b) keine Lösung,
c) unendlich viele Lösungen?

Aufgabe 40.19 (10 min) Gegeben die Matrix $\boldsymbol{A} = \begin{pmatrix} 1 & 4 & -1 \\ 1 & -3 & 2 \\ 5 & -1 & 4 \end{pmatrix}$.

Geben Sie mindestens drei verschiedene Begründungen an, dass ein lineares Gleichungssystem mit Matrix $\boldsymbol{A}$ als Koeffizientenmatrix nicht eindeutig lösbar ist.

Aufgabe 40.20 (5 min) Bestimmen Sie die inversen Matrizen zu:

a) $\boldsymbol{A} = \begin{pmatrix} 11 & 7 \\ 9 & 6 \end{pmatrix}$ b) $\boldsymbol{B} = \begin{pmatrix} 2 & -2 \\ -3 & 8 \end{pmatrix}$

Aufgabe 40.21 (10 min) Bestimmen Sie die inverse Matrix A^{-1} zu

$$A = \begin{pmatrix} -7 & 3 & 5 \\ 7 & -2 & -5 \\ 4 & 0 & -3 \end{pmatrix}.$$

Aufgabe 40.22 (15 min) Bestimmen Sie die inverse Matrix A^{-1} zur nebenstehenden Matrix A. Hinweis: Die Lösung ist ganzzahlig.

$$A = \begin{pmatrix} 1 & 1 & 2 & -1 \\ 3 & 2 & 1 & -1 \\ 8 & 1 & -8 & 2 \\ 3 & 2 & 4 & -2 \end{pmatrix}$$

Aufgabe 40.23 (10 min) Sei A eine 3×3-Matrix, mit

$$A^{-1} = \begin{pmatrix} 1 & 2 & 0 \\ -2 & -4 & 1 \\ 0 & 1 & 1 \end{pmatrix} \text{ und } A \begin{pmatrix} 1 \\ a \\ b \end{pmatrix} = \begin{pmatrix} 1 \\ 0 \\ b \end{pmatrix}.$$

Bestimmen Sie $a - b$.

□ −2 □ −1 □ 0 □ 1 □ 2

Aufgabe 40.24 (10 min) Finde die inverse Matrix der von der Konstanten a abhängigen Matrix $A = \begin{pmatrix} 1 & 2 & -1 \\ 2 & 3 & a \\ -1 & 2 & 0 \end{pmatrix}$.

Aufgabe 40.25 (10 min) In der Matrix $A = \begin{pmatrix} 2 & 2 & 0 & 0 \\ 4 & 1 & -3 & 2 \\ 0 & -1 & 2 & 1 \\ 1 & -1 & 0 & 0 \end{pmatrix}$

soll ein Element so abgeändert werden, dass sich die Kondition verschlechtert. Begründen Sie Ihr Vorgehen dabei und berechnen Sie die Kondition. Nutzen Sie ein Computeralgebrasystem (CAS) Ihrer Wahl dafür.

Aufgabe 40.26 (30 min) Gegeben sind die Matrizen

$$A = \begin{pmatrix} 10 & 7 & 8 & 7 \\ 7 & 5 & 6 & 5 \\ 8 & 6 & 10 & 9 \\ 7 & 5 & 9 & 10 \end{pmatrix} \text{ und } B = A - \lambda \begin{pmatrix} 1 & 0 & 0 & 0 \\ 0 & 0 & 0 & 0 \\ 0 & 0 & 0 & 0 \\ 0 & 0 & 0 & 0 \end{pmatrix} \text{ mit}$$

$\lambda = 0.05$.

a) Bestimmen Sie mit einem CAS Ihrer Wahl die Lösung der Gleichungssysteme $\boldsymbol{A}\boldsymbol{x} = \boldsymbol{b}$ und $\boldsymbol{B}\boldsymbol{y} = \boldsymbol{b}$ mit $\boldsymbol{b} = (1, 0, -1, 0)^T$.

b) Wie interpretieren Sie beide Ergebnisse?

c) Spielen Sie mit anderen Werten von λ. Für welchen Wert wird das Gleichungssystem unlösbar?

d) Benutzen Sie die Maximumsnorm, um mit den Normen der Matrizen $\boldsymbol{A}$ und $\boldsymbol{B}$ und ihrer Inversen die Konditionen $\kappa(\boldsymbol{A})$ und $\kappa(\boldsymbol{B})$ zu berechnen.

$$C = \begin{pmatrix} 100 & 100 \\ 100 & 101 \end{pmatrix} \text{ und}$$
$$D = \begin{pmatrix} 99 & 100 \\ 100 & 101 \end{pmatrix}$$

Aufgabe 40.27 (15 min) Berechnen Sie die Normen der nebenstehenden Matrizen $\boldsymbol{C}$ und $\boldsymbol{D}$. Mit $\boldsymbol{b} = (5, 4)^\top$ vergleichen Sie dann die Lösungen der linearen Gleichungen $\boldsymbol{C}\,\boldsymbol{x} = \boldsymbol{b}$ und $\boldsymbol{D}\,\boldsymbol{y} = \boldsymbol{b}$. Erklären Sie die Unterschiede beider Ergebnisse.

Aufgabe 40.28 (20 min)

a) Falls Sie noch kein Computeralgebrasystem (CAS) nutzen, installieren Sie Euler, J, Matlab, Maple, R, SAGE o.ä.
b) Finden Sie heraus, wie eine Matrix erstellt wird.
c) Lösen Sie $\boldsymbol{A}\,\boldsymbol{x} = \begin{pmatrix} 1 & -2 & 0 \\ 3 & 4 & -1 \\ 3 & 1 & 2 \end{pmatrix} \begin{pmatrix} x_1 \\ x_2 \\ x_3 \end{pmatrix} = \begin{pmatrix} 9 \\ -3 \\ 2 \end{pmatrix} = \boldsymbol{b}$.
d) Lassen Sie das CAS die inverse Matrix A^{-1} berechnen.
e) Die Elemente von A^{-1} sind rationale Zahlen. Finden Sie heraus, wie A^{-1} exakt geschrieben werden kann.
f) Finden Sie die exakte Lösung der obigen linearen Gleichung.

40.4 *Lösungen*

Lösung 40.1 Bezeichne p_i die herzustellende Menge von P_i und r_j die benötigte Menge von R_j. Zur Produktion von einer ME P_1 ist der Vektor der notwendigen Rohstoffmengen $\boldsymbol{r} = (r_1, r_2, r_3)^\top = (1, 2, 1)^\top$. Für P_2 sind die Rohstoffmengen $(2, 2, 3)^\top$, für P_3 sind sie $(2, 3, 1)^\top$. Diese drei Vektoren werden als Spaltenvektoren zur Bedarfsmatrix $\boldsymbol{B}$ zusammengesetzt, siehe nebenstehend.

$$B = \begin{pmatrix} 1 & 2 & 2 \\ 2 & 2 & 3 \\ 1 & 3 & 1 \end{pmatrix}$$

Wenn mit $\boldsymbol{p}$ der Vektor der produzierenden Mengen der Endprodukte bezeichnet wird, ergeben sich die für die Produktion benötigten Rohstoffmengen als $\boldsymbol{B}\,\boldsymbol{p} = \boldsymbol{r}$, da die benötigten Mengen linear von den Produktionsmengen abhängen. $\boldsymbol{r}$ ist gegeben, $\boldsymbol{p}$ gesucht, zu lösen ist daher das Gleichungssystem $\boldsymbol{B}\,\boldsymbol{p} = \boldsymbol{r}$, das mit dem Gauß-Algorithmus gelöst wird:

1	2	2	10	
2	2	3	13	$II - 2I$
1	3	1	12	$III - I$
1	2	2	10	
0	−2	−1	−7	$II(-\frac{1}{2})$
0	1	−1	2	$III + \frac{1}{2} II$
1	2	2	10	
0	1	$\frac{1}{2}$	$\frac{7}{2}$	
0	0	$-\frac{3}{2}$	$-\frac{3}{2}$	$(-\frac{2}{3})\,III$
1	2	2	10	
0	1	$\frac{1}{2}$	$\frac{7}{2}$	
0	0	1	1	

Es ergibt sich als Lösung der Produktionsvektor $\boldsymbol{p} = (2, 3, 1)^\top$, der durch die Multiplikation $\boldsymbol{B}\,\boldsymbol{p}$ überprüft werden kann.

Lösung 40.2

a) Bei drei Punkten muss das Polynom vom Grad $n = 2$ sein, da dieses drei Parameter hat.

b) Das Gleichungssystem wird erstellt. Das Polyom $p(x) = a_0 + a_1x + a_2x^2$ geht durch die drei Punkte. Es ergeben sich drei Gleichungen für die unbekannten Polynomkoeffizienten.

$$\begin{array}{llll} p(0) & = a_0 & +a_1 \cdot 0 & +a_2 \cdot 0^2 & = & -0.5 \\ p(-1) & = a_0 & +a_1 \cdot (-1) & +a_2 \cdot (-1)^2 & = & 2 \\ p(2) & = a_0 & +a_1 \cdot 2 & +a_2 \cdot 2^2 & = & 2 \end{array}$$

Die Gleichungen werden in der erweiterten Koeffizientenmatrix notiert und mit dem Gauß-Jordan-Algorithmus gelöst.

a_0	a_1	a_2	r.S.	Zeilenumformungen
1	0	0	$-1/2$	I
1	-1	1	2	$II - I$
1	2	4	2	$III - I$
1	0	0	$-1/2$	I
0	-1	1	$5/2$	$-II$
0	2	4	$5/2$	$III + 2II$
1	0	0	$-1/2$	I
0	1	-1	$-5/2$	$II + 1/6III$
0	0	6	$15/2$	$1/6III$
1	0	0	$-1/2 = -0.5$	
0	1	0	$-5/4 = -1.25$	
0	0	1	$5/4 = 1.25$	

Damit ist $p(x) = -0.5 - 1.25x + 1.25x^2$, wie in Bild 40.8 gezeigt.

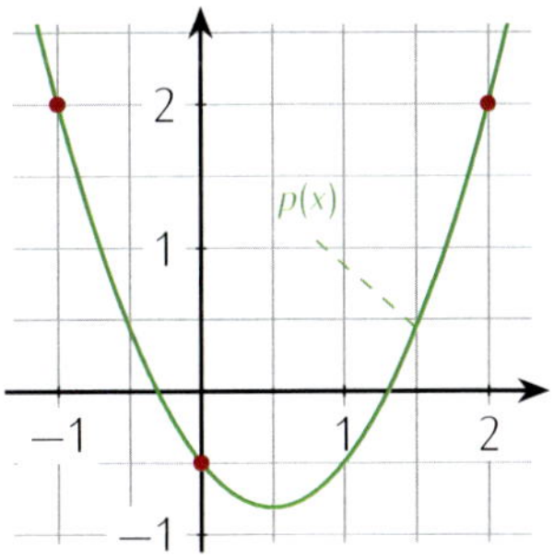

Bild 40.8: Polynom 2. Grades $p(x) = 1.25x^2 - 1.25x - 0.5$, das durch die drei Punkte $(-1, 2), (0, -0.5)$ und $(2, 2)$ verläuft.

Lösung 40.3 $\begin{vmatrix} 8 & 2 \\ -4 & 7 \end{vmatrix} = 8 \cdot 7 - 2 \cdot (-4) = 56 + 8 = 64.$

Das Gleichungssystem hat die Form $\begin{array}{rl} 8\,x_1 + & 2\,x_2 = a_1 \\ -4\,x_1 + & 7\,x_2 = a_2 \end{array}$

Es ist unabhängig von der Wahl der rechten Seite immer eindeutig lösbar, da die Determinante nicht 0 ist.

Lösung 40.4 Mit den Gleichungen $x_1 + x_2 + x_3 = 10$ ergeben sich nacheinander neun Gleichungen, in denen nur die Koeffizienten 0 und 1 vorkommen. Werden die Gleichungen zunächst für die waagrechten Strahlen, dann die aufsteigenden und schließlich die absteigenden von oben nach unten notiert, ergibt sich das Tableau:

Nr	x_1	x_2	x_3	x_4	x_5	x_6	x_7	x_8	x_9	r.S.
I	1	1	1	0	0	0	0	0	0	10
II	0	0	0	1	1	1	0	0	0	12
III	0	0	0	0	0	0	1	1	1	11
IV	0	1	0	1	0	0	0	0	0	7
V	0	0	1	0	1	0	1	0	0	6
VI	0	0	0	0	0	1	0	1	0	9
VII	1	1	0	0	0	1	0	0	0	15
VIII	0	0	0	1	1	0	0	0	1	11
IX	0	0	0	0	0	0	1	1	0	5

Gelöst wird es, indem der Reihe nach Differenzen von Gleichungen gebildet werden. Aus *III* − *IX* ergibt sich $x_9 = 6$, aus *II* − *VIII* dann $x_6 = 7$, usf. Die gesamte Lösung ist $(5, 3, 2, 4, 1, 7, 3, 2, 6)$.

Lösung 40.5 Die Umsetzung ins Gleichungssystem ist in dieser Tabelle dargestellt. Dabei werden die Gleichungen für die Matrixform umgeschrieben

Gl.	Aussage	Umsetzung
	Ich hab mir drei Zahlen erdacht,	*drei Unbekannte* x_1, x_2, x_3
	aber verrat dir nur dreierlei:	*drei Gleichungen* I, II, III
I	*Das Doppelte der zweiten ist drei größer die erste*	$2x_2 = 3 + x_1$ $\Leftrightarrow$ $-x_1 + 2x_2 = 3$
II	*das Dreifache der dritten ist drei größer als das Doppelte der zweiten*	$3x_3 = 3 + 2x_2$ $\Leftrightarrow$ $-2x_2 + 3x_3 = 3$
III	*und zählst du die dritte, die zweite und eins zusammen, hast du drei mehr als die erste.*	$x_3 + x_2 + 1 = 3 + x_1$ $\Leftrightarrow$ $-x_1 + x_2 + x_3 = 2$

Die Determinante der Koeffizientenmatrix wird durch Entwicklung nach der ersten Zeile bestimmt:

$$\begin{vmatrix} -1 & 2 & 0 \\ 0 & -2 & 3 \\ -1 & 1 & 1 \end{vmatrix} = +(-1)\begin{vmatrix} -2 & 3 \\ 1 & 1 \end{vmatrix} - 2\begin{vmatrix} 0 & 3 \\ -1 & 1 \end{vmatrix} + 0\begin{vmatrix} 0 & -2 \\ -1 & 1 \end{vmatrix} =$$

$$-1 \cdot (-2 \cdot 1 - 3 \cdot 1) - 2 \cdot (0 \cdot 1 - 3 \cdot (-1)) = 5 - 6 = -1$$

Die Lösung wird zum Beispiel mit dem Gauß-Verfahren berechnet. Sie ist $x_1 = 9, x_2 = 6, x_3 = 5$.

Lösung 40.6 Ansatz: $p(x) = a_0 + a_1 x + a_2 x^2$, dann ist die Ableitung $p'(x) = a_1 + 2a_2 x$. Für die Koeffizienten a_0, a_1, a_2 gelten diese Bedingungen:

- ▷ Der Graph läuft durch den Punkt $(-2, -30)$: $a_0 - 2a_1 + 4a_2 = -30$,
- ▷ der Graph läuft durch den Punkt $(6, 10)$: $a_0 + 6a_1 + 36a_2 = 10$,
- ▷ $p(x)$ hat die Ableitung bei 1 : $a_1 + 2a_2 = 5$.

Daraus ergibt sich das Gleichungssystem, das mit Gauß-Jordan gelöst wird.

a_0	a_1	a_2	*r.S.*	*Zeilenoperation*
1	−2	4	−30	I
1	6	36	−10	$II - I$
0	1	2	5	III
1	−2	4	−30	$I + \frac{1}{4} II$
0	8	32	20	$\frac{1}{8} II$
0	1	2	5	$III - \frac{1}{8} II$
1	0	12	−25	$I + 6\, III$
0	1	4	$\frac{5}{2}$	$II + 2\, III$
0	0	−2	$\frac{5}{2}$	$-\frac{1}{2} III$
1	0	0	−10	
0	1	0	$\frac{15}{2}$	
0	0	1	$-\frac{5}{4}$	

Die Parabel hat die Gleichung $p(x) = -10 + \frac{15}{2}x - \frac{5}{4}x^2 = -1.25\,(x^2 - 6x + 8)$. Ihre Nullstellen sind $x_{1,2} = 3 \pm 1$ d.h. $x_1 = 2, x_2 = 4$. Da die Parabel nach unten geöffnet ist, verläuft sie zwischen 2 und 4 im positiven Bereich. Die gesuchte Fläche A ist

$$A = \int_2^4 (-10 + \tfrac{15}{2}x - \tfrac{5}{4}x^2)\,dx = \left[-10x + \tfrac{15}{4}x^2 - \tfrac{5}{12}x^3\right]_2^4 = \tfrac{5}{3}.$$

Lösung 40.7

a) Das LGS $\boldsymbol{A}\boldsymbol{x} = \begin{pmatrix} p & q & r \\ r & p & q \\ q & r & p \end{pmatrix} \begin{pmatrix} 1 \\ -1 \\ 2 \end{pmatrix} = \boldsymbol{b} = \begin{pmatrix} -2 \\ 8 \\ 0 \end{pmatrix}$ wird umgeschrieben für die Unbekannten p, q, r:

$$\begin{pmatrix} 1 & -1 & 2 \\ -1 & 2 & 1 \\ 2 & 1 & -1 \end{pmatrix} \begin{pmatrix} p \\ q \\ r \end{pmatrix} = \begin{pmatrix} -2 \\ 8 \\ 0 \end{pmatrix}.$$

Es hat die Lösung $(p, q, r)^\top = (-1, 3, 1)^\top$.

b) Es gilt $\det|\boldsymbol{A}| = p^3 + q^3 + r^3 - 3pqr$. Für $r = p + q$ wird das zu $\det|\boldsymbol{A}| = 2p^3 + 2q^3$. Es ist $p^3 + q^3 = 0 \Leftrightarrow p = -q$, d.h. r ist dann Null.

Lösung 40.8

a) Der Pseudocode umfasst die in Tabelle 40.7 schwarz gezeigten Zeilen.
b) Es kommen die in rot gezeigten Zeilen hinzu.
c) Die in grün gezeigten Zeilen ergänzen zur Variante Gauß-Jordan.

Tabelle 40.7: Pseudocode für den Gauß-Algorithmus. Mit den rot dargestellten Zeilen wird das Vertauschen von Zeilen erledigt, wenn an der Position des nächsten Pivot-Elements eine Null steht. Die grün dargestellten Zeilen erweitern den Algorithmus zur Variante Gauß-Jordan.

```
m, n := Anzahl Zeilen und Spalten
i, k := 1, 1
while i ≤ m and k ≤ n do
    if a_ik = 0 then
        j := i
        do j := j + 1 until j > m or a_jk ≠ 0
        if j > m then
            k:=k+1
        else
            Vertausche Zeilen i und j
        end if
    else
        Multipliziere Zeile i mit 1/a_ik
        for j := 1 to i − 1 do
            Addiere −a_jk mal Zeile i zur Zeile j
        end for
        for j := i + 1 to m do
            Addiere −a_jk mal Zeile i zur Zeile j
        end for
        i := i + 1
        j := j + 1
    end if
end while
```

Lösung 40.9 Reduzierte Zeilenstufenform mit Gauß-Jordan:

1	−2	4	3	1	3	
0	1	−1	−3	2	−2	
−2	3	−5	−4	−1	−5	$III + 2I$
0	−3	5	8	−3	5	
1	−2	4	3	1	3	$I + 2II$
0	1	−1	−3	2	−2	
0	−1	3	2	1	1	$III + II$
0	−3	5	8	−3	5	$IV + 3II$
1	0	2	−3	5	−1	$I - III$
0	1	−1	−3	2	−2	$II + \frac{1}{2} II$
0	0	2	−1	3	−1	$\frac{1}{2} III$
0	0	2	−1	3	−1	$IV - III$
1	0	0	−2	2	0	
0	1	0	−3.5	3.5	−2.5	
0	0	1	−0.5	1.5	−0.5	
0	0	0	0	0	0	

Die reduzierte Zeilenstufenform ist erreicht. Die Gleichungen lauten jetzt ausgeschrieben:

$$\begin{array}{llllll} x_1 & & & -2x_4 & +2x_5 & = 0 \\ & x_2 & & -3.5x_4 & +3.5x_5 & = -2.5 \\ & & x_3 & -0.5x_4 & +1.5x_5 & = -0.5 \end{array}$$

x_1, x_2, x_3 sind die führenden Variablen. Die freien Variablen x_4 und x_5 werden s und t genannt. Dann lautet die Lösung:
$x_1 = 2\,s - 2\,t$,
$x_2 = -2.5 + 3.5\,s - 3.5\,t$,
$x_3 = -0.5 + 0.5\,s - 1.5\,t$,
$x_4 = s$,
$x_5 = t$.

Als Vektoren geschrieben ist die parametrisierte Lösung:

$$\boldsymbol{x} = \begin{pmatrix} 0 \\ -2.5 \\ -0.5 \\ 0 \\ 0 \end{pmatrix} + s \begin{pmatrix} 2 \\ 3.5 \\ 0.5 \\ 1 \\ 0 \end{pmatrix} + t \begin{pmatrix} -2 \\ -3.5 \\ -1.5 \\ 0 \\ 1 \end{pmatrix} \quad \text{für alle } s, t \in \mathbb{R}.$$

Lösung 40.10

a) Inhomogen ist ein lineares Gleichungssystem, wenn dessen rechte Seite der Nullvektor ist. Das zugehörige homogene LGS lautet:

$$\begin{pmatrix} 1 & 0 & 4 \\ 0 & 3 & -5 \\ 0 & -3 & 5 \end{pmatrix} \boldsymbol{x} = \begin{pmatrix} 0 \\ 0 \\ 0 \end{pmatrix}.$$

b) Für die Lösung muss der Nullvektor auf der rechten Seite nicht aufgeführt werden, da er sich bei dem Umformungen nicht ändert.

$$\begin{array}{rrrl} 1 & 0 & 4 & \\ 0 & 3 & -5 & II\,\frac{1}{3} \\ 0 & -3 & 5 & III + II \\ \hline 1 & 0 & 4 & \\ 0 & 1 & -\frac{5}{3} & \\ 0 & 0 & 0 & \\ \hline \end{array}$$

Damit sind x_1, x_2 führende Variable und x_3 freie Variable. Mit Parameter $t = x_3$ folgt als homogene Lösung $\boldsymbol{x} = t\,(-4, \frac{5}{3}, 1)^\top$.

c) Eine spezielle Lösung des inhomogenen Systems ist $x_1 = -2, x_2 = -\frac{5}{3}, x_3 = 0$. Die allgemeine Lösung des inhomogenen Systems ist daher $\boldsymbol{x} = t\,(-2 - 4t, -\frac{5}{3} + \frac{5}{3}t, t)^\top$ für $t \in \mathbb{R}$.

Lösung 40.11

a) Führende Variablen sind x_1, x_2, x_4, x_6, freie Variablen sind x_3, x_5.

b) Die Anzahl der freien Variablen ist zwei, also ist die Lösungsmenge zweidimensional.

c) Mit $s = x_3$ und $t = x_5$ ist die Lösung:

$$\begin{pmatrix} x_1 \\ x_2 \\ x_3 \\ x_4 \\ x_5 \\ x_6 \end{pmatrix} = \begin{pmatrix} 3 \\ -7 \\ 0 \\ 4 \\ 0 \\ 2 \end{pmatrix} + s \begin{pmatrix} -2 \\ 2 \\ 1 \\ 0 \\ 0 \\ 0 \end{pmatrix} + t \begin{pmatrix} -1 \\ 1 \\ 0 \\ -5 \\ 1 \\ 0 \end{pmatrix}$$

I:

$$\begin{pmatrix} 1 & 4 & 8 \\ 0 & 2 & -11 \\ 0 & 0 & 3 \end{pmatrix}$$

II:

$$\begin{pmatrix} 7 & 4 & 6 \\ 4 & 12 & -5 \\ 6 & -5 & 3 \end{pmatrix}$$

III:

$$\begin{pmatrix} 5 & 2 \\ 9 & 4 \\ 13 & 8 \end{pmatrix}$$

IV:

$$\begin{pmatrix} 4 & 0 \\ 0 & -3 \end{pmatrix}$$

Bild 40.9: Vier Koeffizientenmatrizen zu Gleichungssystemen

Lösung 40.12 Die Koeffizientenmatrizen sind in Bild 40.9 gezeigt.

	quad.	symm.	ob. Drei.	Diag.	lösbar	einfach
I:	ja	nein	ja	nein	ja	ja
II:	ja	ja	nein	nein	ja	nein
III:	nein	nein	nein	nein	nein	nein
IV:	ja	ja	ja	ja	ja	ja

Lösung 40.13

a) Bei der Skalarprodukt-Interpretation werden die drei Zeilenvektoren aus dem $\mathbb{R}^4$ aus A jeweils mit dem unbekannten Vektor $\boldsymbol{x} \in \mathbb{R}^4$ multipliziert und ergeben den jeweiligen Wert auf der rechten Seite. Jede einzelne Gleichung bestimmt eine Hyperebene im $\mathbb{R}^4$, also eine 3-dimensionalen Teilmenge. Der Durchschnitt von drei Hyperebenen im $\mathbb{R}^4$ ergibt in der Regel eine Gerade.

Bei der Interpretation als Linearkombination werden die vier Spaltenvektoren aus dem $\mathbb{R}^3$ mit den unbekannten Koeffizienten x_1, x_2, x_3, x_4 so kombiniert, dass ihre Linearkombination den Vektor der rechten Seite ergibt.

b) Das Gleichungsystem lautet $\boldsymbol{Ax} = \boldsymbol{b}$ mit $\boldsymbol{A} = (\boldsymbol{u}, \boldsymbol{v}, \boldsymbol{w})$ und $\boldsymbol{b} = \boldsymbol{r}$. Ausgeschrieben ist das Gleichungssystem $\boldsymbol{Ax} = \begin{pmatrix} 0.6 & 0.8 & 0 \\ 0.8 & 0 & -0.8 \\ 0 & 0.6 & 0.6 \end{pmatrix} \boldsymbol{x} = \begin{pmatrix} 10 \\ 4 \\ -2 \end{pmatrix} = \boldsymbol{b}$. Das Ergebnis ist: $x_1 = -\frac{130}{3}$, $x_2 = 45$, $x_3 = -\frac{145}{3}$.

c) Die drei Vektoren sind Einheitsvektoren, deshalb muss das Skalarprodukt von Vektor $\boldsymbol{x}$ mit jedem der drei Vektoren den gleichen Wert ergeben, nämlich $\boldsymbol{u} \cdot \boldsymbol{x} = |\boldsymbol{u}|\,|\boldsymbol{x}|\cos(\varphi) = |\boldsymbol{x}|\cos(\varphi)$.

Zu lösen ist daher das Gleichungssystem:

$$\boldsymbol{Ax} = \begin{pmatrix} 0.6 & 0.8 & 0 \\ 0.8 & 0 & 0.6 \\ 0 & -0.8 & 0.6 \end{pmatrix} \boldsymbol{x} = \begin{pmatrix} 1 \\ 1 \\ 1 \end{pmatrix}$$

Lösung: $x_1 = -5$, $x_2 = 5$, $x_3 = \frac{25}{3}$, Winkel $\varphi \approx 84.75°$.

Anmerkung: Der Lösungsvektor ist in der Länge nicht festgelegt, jedes skalare Vielfache erfüllt die Anforderungen ebenfalls.

Lösung 40.14 $x = \lambda \begin{pmatrix} -\frac{18}{49} \\ \frac{5}{49} \\ -\frac{2}{49} \end{pmatrix}$. Alle Lösungen liegen auf einer Geraden durch den Ursprung, denn für $\lambda = 0$ liegt das homogene Gleichungssystem vor.

Lösung 40.15 Interpretation im $\mathbb{R}^3$: Die Matrix $\boldsymbol{A}$ hat vier Spaltenvektoren aus dem $\mathbb{R}^3$. Gesucht wird eine Linearkombination dieser vier Vektoren, die den Nullvektor ergibt. Da vier Vektoren aus dem $\mathbb{R}^3$ linear abhängig sein müssen, gibt es eine solche Linearkombination, bei der nicht alle skalaren Faktoren Null sind.

Interpretation im $\mathbb{R}^4$: Gesucht ist ein Normalenvektor zur Hyperebene, die die drei Zeilenvektoren aufspannen. Der Lösungsvektor steht auf jedem Zeilenvektor senkrecht.

Lösung 40.16

x_1	x_2	x_3	*r.S.*	*Plan*
1	4	-1	0	I
-2	4	a	-6	$II + 2I$
3	6	0	3	$III - 3I$
1	4	-1	0	I
0	12	$a-2$	-6	$\frac{1}{12} II$
0	-6	3	3	$III + \frac{1}{2} II$
1	4	-1	0	
0	1	$\frac{a-2}{12}$	$-\frac{1}{2}$	
0	0	$2+\frac{a}{2}$	0	

Die letzte Zeile wird eine Nullzeile, wenn $2 + \frac{a}{2} = 0 \Leftrightarrow a = -4$ ist. Da der Wert der rechten Seite in dieser Zeile 0 ist, hat das Gleichungssystem dann viele Lösungen, mit $x_3 = t$, $x_2 = \frac{t}{2} - \frac{1}{2}$, $x_1 = 2 - t$.

Lösung 40.17 Keine Aussage ist richtig!

- □ Das Produkt von $\boldsymbol{A}^{-1}$ mit Vektor $\boldsymbol{b}$ ist die gesuchte Lösung $\boldsymbol{x}$. *$\boldsymbol{A}^{-1}$ $\boldsymbol{b}$ ist nur eine Lösung, wenn $\boldsymbol{A}^{-1}$ existiert, also $\boldsymbol{A}$ vollen Rang hat.*
- □ Wenn $\boldsymbol{A}$ vollen Rang hat, gibt es immer mehrere Lösungen. *Dann gibt es genau eine Lösung!*
- □ Wenn $\boldsymbol{A}$ nicht den vollen Rang hat, kann es genau eine Lösung geben oder keine. *Dann gibt es entweder unendlich viele Lösungen oder gar keine.*

$$
\begin{array}{ccc|c}
1 & 1 & -1 & 1 \\
1 & 2 & a & 2 \\
2 & a & 2 & 3 \\
\hline
1 & 1 & -1 & 1 \\
0 & 1 & a+1 & 1 \\
0 & a-2 & 4 & 1 \\
\hline
1 & 0 & -a-2 & 0 \\
0 & 1 & a+1 & 1 \\
0 & 0 & 6+a-a^2 & 3-a
\end{array}
$$

Bild 40.10: Ausräumen der ersten beiden Spalten mit Gauß-Jordan.

Lösung 40.18 Im Gleichungssystem können mit Gauß-Jordan die ersten beiden Spalten ausgeräumt werden. In der dritten Zeile bleibt dann der Koeffizient $6 + a - a^2$ und auf der rechten Seite $3 - a$ stehen, siehe Bild 40.10. Ersteres hat die Nullstellen $a = -2$ und $a = 3$, die rechte Seite dagegen nur $a = 3$.

a) Für $a \in \mathbb{R} \setminus \{-2, 3\}$ gibt es genau eine Lösung,
b) Für $a = -2$ gibt es keine Lösung.
c) Für $a = 3$ gibt es unendlich viele Lösungen.

Lösung 40.19 Es kann jeweils nachgerechnet werden, dass die folgenden Aussagen gelten:

▷ Der Rang der 3×3-Matrix ist 2, sie hat einen Rangdefekt. (In Zeilenstufenform umformen).
▷ Es ist $\det(\boldsymbol{A}) = 0$. (Determinante berechnen.)
▷ Die Matrix $\boldsymbol{A}$ besitzt keine inverse $\boldsymbol{A}^{-1}$. (Matrix zu invertieren versuchen!)
▷ Die Zeilen der Matrix sind linear abhängig. Die Zeilenvektoren lassen sich nicht-trivial zum Nullvektor kombinieren, nämlich $(2\,\mathbf{z}_1 + 3\,\mathbf{z}_2 - 1\,\mathbf{z}_3 = \mathbf{0})$.
▷ Die Spalten der Matrix sind linear abhängig. Die Spaltenvektoren lassen sich nicht-trivial zum Nullvektor kombinieren, nämlich $(5\,\mathbf{s}_1 - 3\,\mathbf{s}_2 - 7\,\mathbf{s}_3 = \mathbf{0})$.

Lösung 40.20 Berechnung mit Gauß-Jordan

a)
$$
\begin{array}{cc|ccl}
11 & 7 & 1 & 0 & \frac{1}{11}\,I \\
9 & 6 & 0 & 1 & II - \frac{9}{11}\,I \\
\hline
1 & \frac{7}{11} & \frac{1}{11} & 0 & I - \frac{7}{3}\,II \\
0 & \frac{3}{11} & -\frac{9}{11} & 1 & \frac{11}{3}\,II \\
\hline
1 & 0 & 2 & -\frac{7}{3} & \\
0 & 1 & -3 & \frac{11}{3} &
\end{array}
\qquad
\begin{array}{rr|rr}
\text{Probe:} & & 2 & -\frac{7}{3} \\
 & & -3 & \frac{11}{3} \\
\hline
11 & 7 & 1 & 0 \\
9 & 6 & 0 & 1
\end{array}
$$

b)
$$
\begin{array}{cc|ccl}
2 & -2 & 1 & 0 & \frac{1}{2}\,I \\
-3 & 8 & 0 & 1 & II + \frac{3}{2}\,I \\
\hline
1 & -1 & 0.5 & 0 & I + \frac{1}{5}\,II \\
0 & 5 & 1.5 & 1 & \frac{1}{5}\,II \\
\hline
1 & 0 & 0.8 & 0.2 & \\
0 & 1 & 0.3 & 0.2 &
\end{array}
\qquad
\begin{array}{rr|rr}
\text{Probe:} & & 0.8 & 0.2 \\
 & & 0.3 & 0.2 \\
\hline
2 & -2 & 1 & 0 \\
-3 & 8 & 0 & 1
\end{array}
$$

Alternativ mit der Formel für 2x2-Matrizen: $\det(\boldsymbol{A}) = a_{11}\,a_{22} - a_{12}\,a_{21}$ und $\boldsymbol{A}^{-1} = \begin{pmatrix} a_{11} & a_{12} \\ a_{21} & a_{22} \end{pmatrix}^{-1} = \frac{1}{\det(\boldsymbol{A})} \begin{pmatrix} a_{22} & -a_{12} \\ -a_{21} & a_{11} \end{pmatrix}$.

Lösung 40.21 Berechnung der Inversen mit Gauß-Jordan:

-7	3	5	1	0	0	$-\frac{1}{7}\,I$
7	-2	-5	0	1	0	$II + I$
4	0	-3	0	0	1	$III + \frac{4}{7}\,I$
1	$-\frac{3}{7}$	$-\frac{5}{7}$	$-\frac{1}{7}$	0	0	$I + \frac{3}{7}\,II$
0	1	0	1	1	0	II
0	$\frac{12}{7}$	$-\frac{1}{7}$	$\frac{4}{7}$	0	1	$III - \frac{12}{7}\,II$
1	0	$-\frac{5}{7}$	$\frac{2}{7}$	$\frac{3}{7}$	0	$I - 5\,III$
0	1	0	1	1	0	II
0	0	$-\frac{1}{7}$	$-\frac{8}{7}$	$-\frac{12}{7}$	1	$-7\,III$
1	0	0	6	9	-5	
0	1	0	1	1	0	
0	0	1	8	12	-7	

Probe:

			6	9	−5
			1	1	0
			8	12	−7
−7	3	5	1	0	0
7	−2	−5	0	1	0
4	0	−3	0	0	1

Lösung 40.22 Berechnung der Inversen mit Gauß-Jordan:

1	1	2	-1	1	0	0	0	I
3	2	1	-1	0	1	0	0	$II - 3\,I$
8	1	-8	2	0	0	1	0	$III - 8\,I$
3	2	4	-2	0	0	0	1	$IV - 3\,I$
1	1	2	-1	1	0	0	0	$I + II$
0	-1	-5	2	-3	1	0	0	$-1\,II$
0	-7	-24	10	-8	0	1	0	$III - 7\,II$
0	-1	-2	1	-3	0	0	1	$IV - II$
1	0	-3	1	-2	1	0	0	$I + \frac{3}{11}\,III$
0	1	5	-2	3	-1	0	0	$II - \frac{5}{11}\,III$
0	0	11	-4	13	-7	1	0	$\frac{1}{11}\,III$
0	0	3	-1	0	-1	0	1	$IV - \frac{3}{11}\,III$
1	0	0	$-\frac{1}{11}$	$\frac{17}{11}$	$-\frac{10}{11}$	$\frac{3}{11}$	0	$I + 11\,IV$
0	1	0	$-\frac{2}{11}$	$-\frac{32}{11}$	$\frac{24}{11}$	$-\frac{5}{11}$	0	$II + 2\,IV$
0	0	1	$-\frac{4}{11}$	$\frac{13}{11}$	$-\frac{7}{11}$	$\frac{1}{11}$	0	$III + 4\,IV$
0	0	0	$\frac{1}{11}$	$-\frac{39}{11}$	$\frac{10}{11}$	$-\frac{3}{11}$	1	$11\,IV$
1	0	0	0	-2	0	0	1	Probe
0	1	0	0	-10	4	-1	2	mit
0	0	1	0	-13	3	-1	4	Falk-
0	0	0	1	-39	10	-3	11	Schema
1	1	2	-1	1	0	0	0	
3	2	1	-1	0	1	0	0	
8	1	-8	2	0	0	1	0	
3	2	4	-2	0	0	0	1	

Lösung 40.23 Es muss $A^{-1}\begin{pmatrix}1\\0\\b\end{pmatrix}=\begin{pmatrix}1\\a\\b\end{pmatrix}$ sein. Daraus ergeben sich die Gleichungen $1=1$, $-2+b=a$ und $b=b$. Aus der zweiten Gleichung folgt $a-b=-2$.

Lösung 40.24 Die inverse Matrix ist nur für $a\neq-\frac{7}{4}$ definiert:

$$A^{-1}=\frac{1}{4a+7}\begin{pmatrix}2a & 2 & -2a-3\\ a & 1 & a+2\\ -7 & 4 & 1\end{pmatrix}$$

Lösungen mit Mathlab zu den Aufgaben 40.25 bis 40.28 finden Sie in den Download-Materialien unter plus.hanser-fachbuch.de, siehe ganz vorne im Buch.

Lösung 40.25 Die Berechnung wird hier mit R durchgeführt.

```
> A<-matrix(c(2,2,0,0, 4,1,-3,2, 0,-1,2,1, 1,-1,0,0), 4, 4, byrow=TRUE)
> A
[,1] [,2] [,3] [,4]
[1,] 2 2 0 0
[2,] 4 1 -3 2
[3,] 0 -1 2 1
[4,] 1 -1 0 0
> solve(A)
[,1] [,2] [,3] [,4]
[1,] 0.25 1.850372e-17 0.0000000 0.50000000
[2,] 0.25 -1.850372e-17 0.0000000 -0.50000000
[3,] 0.25 -1.428571e-01 0.2857143 0.07142857
[4,] -0.25 2.857143e-01 0.4285714 -0.64285714
> B<-A
> B[1,2]<- -2.01
```

Erklärung: Ich modifiziere b_{12} so, dass erste und letzte Zeile fast parallel sind.

```
> solve(B)
[,1] [,2] [,3] [,4]
[1,] -100 -8.223833e-16 1.600314e-15 201.0000
[2,] -100 -8.182919e-16 1.592352e-15 200.0000
[3,] -100 -1.428571e-01 2.857143e-01 200.5714
[4,] 100 2.857143e-01 4.285714e-01 -201.1429
```

Die Maximumsnormen der Matrizen sind: $\|A\|=4\cdot4=16$, $\|A^{-1}\|\approx 4\cdot0.6429\approx2.571$, $\|B\|=4\cdot4=16$, $\|B^{-1}\|\approx4\cdot201.14\approx804.57$.

Daraus ergeben sich die Konditionen $\kappa(A)\approx41.143$ und $\kappa(B)\approx 12873$.

Lösung 40.26

a) $x = (15, -24, 5, -3)^\top$, $y = (-60, 99, -25, 15)^\top$.

b) Der Unterschied ist für die kleine Änderung an der Matrix sehr groß, die Matrizen sind schlecht konditioniert.

c) Für $\lambda = 0.04$ wird die Matrix singulär, das Gleichungssystem ist nicht lösbar.

d) Es ist $\|A\| = \|B\| = 4 \cdot 10 = 40$. Die inversen Matrizen sind
$$A^{-1} = \begin{pmatrix} 25 & -41 & 10 & -6 \\ -41 & 68 & -17 & 10 \\ 10 & -17 & 5 & -3 \\ -6 & 10 & -3 & 2 \end{pmatrix} \text{ und}$$
$$B^{-1} = \begin{pmatrix} -100 & 164 & -40 & 24 \\ 164 & -268.2 & 65 & -39.2 \\ -40 & 65 & -15 & 9 \\ 24 & -39.2 & 9 & -5.2 \end{pmatrix}.$$ Die Matrix B^{-1} ist in etwa das negative Vierfache von A^{-1}, ihre Maximumsnormen sind $\|A^{-1}\| = 272$ und $\|B^{-1}\| = 1072.8$. Damit ist $\kappa(A) = 10880$ und $\kappa(B) = 42912$ auch etwa viermal so groß.

Lösung 40.27 Es ist $\|C\| = \|D\| = 202$, und
$$x = \begin{pmatrix} 1.05 \\ -1 \end{pmatrix} \text{ aber } y = \begin{pmatrix} -105 \\ 104 \end{pmatrix}.$$

Der Unterschied ergibt sich aus der Norm der inversen Matrix. Es ist $C^{-1} = \begin{pmatrix} 1.01 & -1 \\ -1 & 1 \end{pmatrix}$, $D^{-1} = \begin{pmatrix} -101 & 100 \\ 100 & -99 \end{pmatrix}$ und daher $\|C^{-1}\| = 2.02$, $\|D^{-1}\| = 202$.

Die Kondition von D ist also um den Faktor 100 schlechter als die von C.

Lösung 40.28 Mit R wird zur Lösung des linearen Gleichungssystems der Befehl *solve(A,b)* aufgerufen, für die Berechnung der Inversen *solve(A)*. Mit der Determinante *det(A)* wird der Nenner der rationalen Zahlen bestimmt. Es ist $A^{-1} = \frac{1}{27} \begin{pmatrix} 9 & 4 & 2 \\ -9 & 2 & 1 \\ -9 & -7 & 10 \end{pmatrix}$ und $x = \frac{1}{27}(73, -85, -40)$.

41 Die Methode der kleinsten Quadrate

41.1 Einleitung

Die *Methode der kleinsten Quadrate*, engl. *least squares*, ist ein Verfahren der Ausgleichsrechnung: Höher-dimensionale Sachverhalte werden niedrig-dimensional approximiert!

Dabei ist eine durch s, t, ... parametrisierte Familie von (Modell-) Funktionen $\left(f_{s,t,\ldots}(x, y, \ldots)\right)_{s\in S, t\in T,\ldots}$ gegeben sowie Daten $d(x, y, ..) \in D$ etwa einer Messung. Gesucht ist die Modell-Funktion f, für die die Summe der *Fehlerquadrate*, der quadratischen Abweichungen, d.h. die Summe der quadratischen Differenzen $\sum_{d\in Daten}\left(f_{s,t,\ldots} - d\right)^2$ minimal ist – eine Extremwert-Aufgabe. Die Abweichungen zwischen Beobachtung und Modell heißen auch *Residuen*. Die Methode wird eingesetzt überall da, wo gemessen wird, wo Daten extrapoliert werden oder Sätze von Modell-Funktionen verglichen werden sollen. Sie findet aber Anwendungen auch in der Statistik. s.a. Abschnitt 9.4 in Brauch et al. (2006) und Abschnitt 3 in M. T. Heath (2018), aus dem auch das folgende hübsche Beispiel stammt.

W. Brauch, H.J. Dreyer, und Haake W. *Mathematik für Ingenieure*. Teubner Verlag, 11. Auflage, 2006

M. T. Heath. *Scientific Computing: An Introductory Survey*. SIAM, Society for Industrial and Applied Mathematics, 2. Auflage, 2018

Beispiel. Eine Vermesserin ermittelt die Höhe von drei Hügeln $x_1 = 1237$ ft, $x_2 = 1941$ ft und $x_3 = 2417$ ft über NN. Zur Absicherung ermittelt sie die Höhen relativ zueinander: $x_2 - x_1 = 711$ ft, $x_3 - x_1 = 1177$ ft und $x_3 - x_2 = 475$ ft. Sie stellt die Ergebnisse zusammen:

$$\boldsymbol{Ax} = \begin{pmatrix} 1 & 0 & 0 \\ 0 & 1 & 0 \\ 0 & 0 & 1 \\ -1 & 1 & 0 \\ -1 & 0 & 1 \\ 0 & -1 & 1 \end{pmatrix} \begin{pmatrix} x_1 \\ x_2 \\ x_3 \end{pmatrix} \cong \begin{pmatrix} 1237 \\ 1941 \\ 2417 \\ 711 \\ 1177 \\ 475 \end{pmatrix} = \boldsymbol{b}$$

Es handelt sich um ein überbestimmtes System von sechs linearen Gleichungen in drei Unbekannten. Offensichtlich sind die Gleichungen aufgrund von Messfehlern inkonsistent: Aus den direkt gemessenen Höhen ergibt sich etwa $x_2 - x_1 = 1941 - 1237 = 704$, während die Messung der Differenz $711 \neq 704$ ergeben hat. Das System linearer Gleichungen $\boldsymbol{Ax} = \boldsymbol{b}$ hat keine Lösung. Die Methode der kleinsten Quadrate erzielt nun eine Fehler minimierende Lösung $\boldsymbol{x}$, die die Messfehler ausgleicht, s. Aufgabe 41.5, was die Schreibweise $\boldsymbol{Ax} \cong \boldsymbol{b}$ ausdrücken soll.

41.1.1 Kleinste Quadrate und die Normalengleichung

Beispiele führen schrittweise auf das allgemeine Verfahren hin.

Beispiel. Um einen unbekannten elektrischen Widerstand $R = \frac{U}{I}$ zu bestimmen, wurden für Ströme $(\iota_j)_{j=1..n}$ die jeweils am Widerstand abfallenden Spannungen $(u_j)_{j=1..n}$ gemessen. Die Familie der Modell-Funktionen besteht aus den Ursprungsgeraden $u_r(\iota) = r\,\iota$. Nun ist $\text{SSE} = \text{SSE}(r) = \sum_{j=1}^{n}\big(u_j - u_r(\iota_j)\big)^2 = \sum_{j=1}^{n}\big(u_j - r\iota_j\big)^2$. In einer Extremwert-Stelle von SSE verschwindet $\frac{d}{dr}\,\text{SSE} = -2\sum_{j=1}^{n}\big(u_j - r\iota_j\big)\iota_j = 0 \Leftrightarrow \sum_{j=1}^{n} u_j\iota_j = r\sum_{j=1}^{n}\iota_j^2$ mit $r_{ext} = \frac{\sum_{j=1}^{n} u_j\iota_j}{\sum_{j=1}^{n}\iota_j^2} > 0$. Die Extremwert-Stelle r_{ext} ist eine Minimumsstelle, weil $\frac{d^2}{dr^2}\,\text{SSE}(r_{ext}) = 2r_{ext}\sum_{j=1}^{n}\iota_j^2 > 0$, s. Bild 41.1.

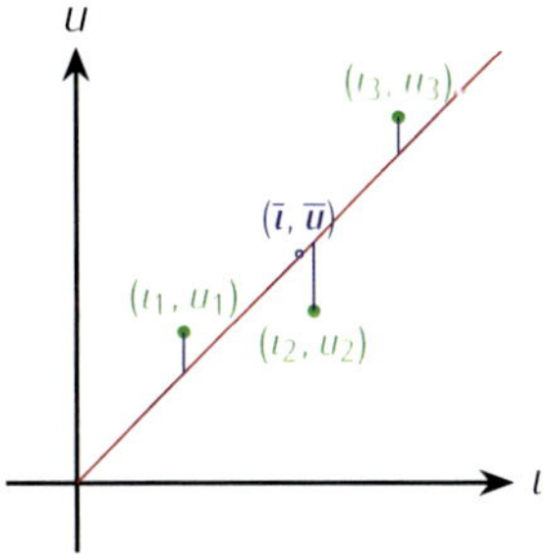

Bild 41.1: Die Steigung der Ausgleichsgeraden $u(\iota) = r_{ext}\iota$ durch den Ursprung zu den Mepunkten $(\iota_j, u_j)_{j=1,2,3}$ entspricht dem Widerstand r_{ext}, der die Summe der Fehlerquadrate minimiert. Das Beispiel zeigt auch: Ausgleichsursprungsgeraden verlaufen nicht notwendig durch $(\bar\iota, \bar u)$.

Wenn die Modell-Funktionen Geraden sind, bestimmt das Verfahren die sogenannte *Ausgleichs-* oder *Regressionsgerade*.

Beispiel. Gegeben sind (Mess-) Punkte $(t_j, y_j)_{j=1..n}$. Und gesucht ist die Ausgleichs- oder Regressionsgerade $y = f_{m,b}(t) = mt + b$, die die Summe $\text{SSE} = \text{SSE}(m,b) = \sum_{j=1}^{n}\big(y_j - f_{m,b}(t_j)\big)^2 = \sum_{j=1}^{n}\big(y_j - mt_j - b\big)^2$ der quadratischen Fehler minimiert. In einer Extremwert-Stelle (m^*, b^*) von $\text{SSE}(m,b)$ verschwindet der Gradient grad(SSE) von $\text{SSE}(m,b)$, d.h.

$$\text{grad(SSE)} = \begin{pmatrix} \frac{\partial\,\text{SSE}}{\partial m} \\ \frac{\partial\,\text{SSE}}{\partial b} \end{pmatrix} = -2\begin{pmatrix} \sum_{j=1}^{n}\big(y_j - mt_j - b\big)t_j \\ \sum_{j=1}^{n}\big(y_j - mt_j - b\big) \end{pmatrix} = \mathbf{0}$$

Zur Abkürzung seien die arithmetischen Mittel $\bar{t} = \frac{1}{n}\sum_{j=1}^{n} t_j$ und $\bar{y} = \frac{1}{n}\sum_{j=1}^{n} y_j$ definiert. Dann liefert die zweite Gleichung $\bar{y} = m\bar{t} + b$ oder $b = \bar{y} - m\bar{t}$. Eingesetzt in die erste Gleichung, ergibt sich $\sum_{j=1}^{n}\big(y_j - b\big)t_j = \sum_{j=1}^{n}\big(y_j - \bar{y} + m\bar{t}\big)t_j = m\sum_{j=1}^{n} t_j^2$ $\Leftrightarrow \sum_{j=1}^{n}\big(y_j - \bar{y}\big)t_j = m\sum_{j=1}^{n}\big(t_j - \bar{t}\big)t_j$. Die Ausgleichsgerade im Bild 41.3 ist also charakterisiert durch

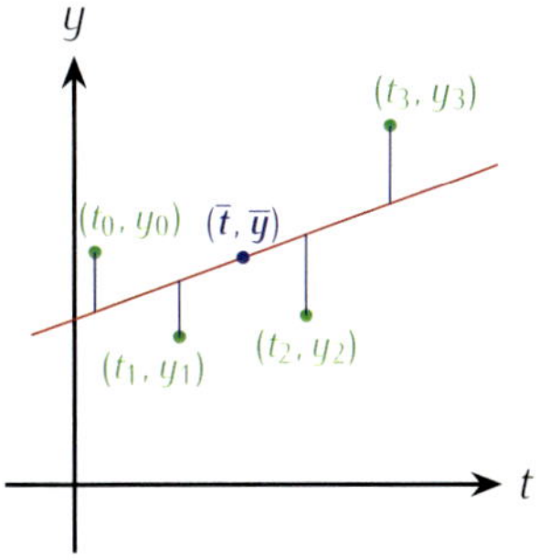

Bild 41.2: Die Ausgleichsgerade $y = m^*t + b^*$ zu den Messpunkten $(t_j, y_j)_{j=0,...,3}$ minimiert die Summe der Fehlerquadrate und verläuft durch $(\bar{t}, \bar{y})$.

$$m^* = \frac{\sum_{j=1}^{n}(y_j - \overline{y})t_j}{\sum_{j=1}^{n}(t_j - \overline{t})t_j} \qquad \text{und} \qquad b^* = \overline{y} - m^*\overline{t}.$$

Wegen $\sum_{j=1}^{n}(y_j - \overline{y})(t_j - \overline{t}) = \sum_{j=1}^{n}(y_j - \overline{y})t_j - n\overline{t}\sum_{j=1}^{n}\frac{y_j-\overline{y}}{n} = \sum_{j=1}^{n}(y_j - \overline{y})t_j - n\overline{t}(\overline{y} - \overline{y}) = \sum_{j=1}^{n}(y_j - \overline{y})t_j$ und entsprechend $\sum_{j=1}^{n}(t_j - \overline{t})(t_j - \overline{t}) = \sum_{j=1}^{n}(t_j - \overline{t})t_j - n\overline{t}\sum_{j=1}^{n}\frac{t_j-\overline{t}}{n} = \sum_{j=1}^{n}(t_j - \overline{t})t_j - n\overline{t}(\overline{t} - \overline{t}) = \sum_{j=1}^{n}(t_j - \overline{t})t_j$ ergibt sich die in der Statistik übliche Darstellung der Steigung der Regressionsgeraden

$$m^* = \frac{\sum_{j=1}^{n}(y_j - \overline{y})t_j}{\sum_{j=1}^{n}(t_j - \overline{t})t_j} = \frac{\frac{1}{n-1}\sum_{j=1}^{n}(y_j - \overline{y})(t_j - \overline{t})}{\frac{1}{n-1}\sum_{j=1}^{n}(t_j - \overline{t})^2} = \frac{\mathrm{Cov}(\boldsymbol{t}, \boldsymbol{y})}{\mathrm{Var}(\boldsymbol{t})}$$

mit empirischer Varianz $\mathrm{Var}(\boldsymbol{t})$ und empirischer Kovarianz $\mathrm{Cov}(\boldsymbol{t}, \boldsymbol{y})$.

Die Modell-Funktionen $f_{\boldsymbol{x}}$ seien nun zu Polynomen $f_{\boldsymbol{x}}(t) = x_1 + x_2 t + \ldots + x_m t^{m-1}$ vom Grad $m-1$ mit Koeffizienten-Spalten-Vektoren $\boldsymbol{x} \in \mathbb{R}^m$ verallgemeinert. Die Modell-Funktionen $f_{\boldsymbol{x}}(t)$ sind also durch die Polynom-Koeffizienten parametrisiert. Die Auswertung eines solchen Polynoms $f_{\boldsymbol{x}}$ in t kann als Skalar-Produkt $\left(t^o, t^1, t^2, \ldots, t^{m-1}\right)\boldsymbol{x}$ aufgefasst und die Auswertung in $\left(t_j\right)_{j=1..n}$ als Matrizen-Produkt geschrieben werden:

$$f_{\boldsymbol{x}}(\boldsymbol{t}) = \begin{pmatrix} f_{\boldsymbol{x}}(t_1) \\ f_{\boldsymbol{x}}(t_2) \\ \vdots \\ f_{\boldsymbol{x}}(t_n) \end{pmatrix} = \begin{pmatrix} t_1^o & t_1^1 & \ldots & t_1^{m-1} \\ t_2^o & t_2^1 & \ldots & t_2^{m-1} \\ \vdots & \vdots & \ldots & \vdots \\ t_n^o & t_n^1 & \ldots & t_n^{m-1} \end{pmatrix} \boldsymbol{x} = \boldsymbol{A}\boldsymbol{x}$$

Alexandre-Théophile Vandermonde (1735-1796)

Die Matrix $\boldsymbol{A}$ ist eine *Vandermonde-Matrix*, vgl. Aufgabe 39.16.

Mit der kompakten Schreibweise $\boldsymbol{y} - f_{\boldsymbol{x}}(\boldsymbol{t}) = \begin{pmatrix} y_1 - f_{\boldsymbol{x}}(t_1) \\ y_2 - f_{\boldsymbol{x}}(t_2) \\ \vdots \\ y_n - f_{\boldsymbol{x}}(t_n) \end{pmatrix}$ ist also $|\boldsymbol{y} - f_{\boldsymbol{x}}(\boldsymbol{t})|$ oder genau so gut $|\boldsymbol{y} - f_{\boldsymbol{x}}(\boldsymbol{t})|^2$ zu minimieren, vgl. Aufgabe 41.6. Wie für jeden Spalten-Vektor gilt für $\boldsymbol{y} - f_{\boldsymbol{x}}(\boldsymbol{t}) = \boldsymbol{y} - \boldsymbol{A}\boldsymbol{x}$ nun

$$\begin{aligned} |\boldsymbol{y} - \boldsymbol{A}\boldsymbol{x}|^2 &= \left(\boldsymbol{y} - \boldsymbol{A}\boldsymbol{x}\right)^\top\left(\boldsymbol{y} - \boldsymbol{A}\boldsymbol{x}\right) \\ &= \boldsymbol{y}^\top\boldsymbol{y} - \boldsymbol{y}^\top\boldsymbol{A}\boldsymbol{x} - (\boldsymbol{A}\boldsymbol{x})^\top\boldsymbol{y} + (\boldsymbol{A}\boldsymbol{x})^\top\boldsymbol{A}\boldsymbol{x} \\ &= \boldsymbol{y}^\top\boldsymbol{y} - 2x^\top\boldsymbol{A}^\top\boldsymbol{y} + x^\top\boldsymbol{A}^\top\boldsymbol{A}\boldsymbol{x} \end{aligned}$$

weil der Skalar $\boldsymbol{y}^\top\boldsymbol{A}\boldsymbol{x}$ mit seinem Transponierten übereinstimmt, d.h. $\boldsymbol{y}^\top\boldsymbol{A}\boldsymbol{x} = (\boldsymbol{y}^\top\boldsymbol{A}\boldsymbol{x})^\top = (\boldsymbol{A}\boldsymbol{x})^\top\boldsymbol{y}$. Bleibt $\phi(x) = |\boldsymbol{y} - \boldsymbol{A}\boldsymbol{x}|^2$ zu minimieren.

$$\nabla\phi = \frac{\partial\,\phi(x)}{\partial\,x} = -2x^\top\boldsymbol{A}^\top\boldsymbol{y} + 2\boldsymbol{A}^\top\boldsymbol{A}\boldsymbol{x} = \boldsymbol{0} \iff \boldsymbol{A}^\top\boldsymbol{A}\boldsymbol{x} = \boldsymbol{A}^\top\boldsymbol{y}$$

Aus geometrischen Gründen heißt das lineare Gleichungssystem

$$\boldsymbol{A}^\top\boldsymbol{A}\boldsymbol{x} = \boldsymbol{A}^\top\boldsymbol{y}$$

das System der *Normalengleichungen*, auch Gauß'sche Normalengleichung. Es ist *eindeutig* lösbar, wenn $\boldsymbol{A}$ vollen Rang hat, d.h. $\mathrm{rg}(\boldsymbol{A}) = m$.

Johann Carl Friedrich Gauß (1777–1855)

Beispiel. Gesucht ist die Parabel (drei Koeffizienten, $m = 3$), die die vier Datenpunkte $\left(t_j, y_j\right)_{j=1..4} = \left(t_j, -\sqrt{1-t_j^2}\right)_{j=1..4}$ für $\boldsymbol{t} = \left(-1, -\frac{\sqrt{2}}{2}, \frac{\sqrt{2}}{2}, 1\right)$ auf dem unteren Einheitskreis approximiert.

Mit $\boldsymbol{A} = \begin{pmatrix} 1 & -1 & 1 \\ 1 & -\frac{\sqrt{2}}{2} & \frac{1}{2} \\ 1 & \frac{\sqrt{2}}{2} & \frac{1}{2} \\ 1 & 1 & 1 \end{pmatrix}$, $\boldsymbol{A}^\top \boldsymbol{A} = \begin{pmatrix} 1 & 1 & 1 & 1 \\ -1 & -\frac{\sqrt{2}}{2} & \frac{\sqrt{2}}{2} & 1 \\ 1 & \frac{1}{2} & \frac{1}{2} & 1 \end{pmatrix} \begin{pmatrix} 1 & -1 & 1 \\ 1 & -\frac{\sqrt{2}}{2} & \frac{1}{2} \\ 1 & \frac{\sqrt{2}}{2} & \frac{1}{2} \\ 1 & 1 & 1 \end{pmatrix} =$

$\begin{pmatrix} 4 & 0 & 3 \\ 0 & 3 & 0 \\ 3 & 0 & \frac{5}{2} \end{pmatrix}$, $\boldsymbol{A}^\top \boldsymbol{y} = \begin{pmatrix} 1 & 1 & 1 & 1 \\ -1 & -\frac{\sqrt{2}}{2} & \frac{\sqrt{2}}{2} & 1 \\ 1 & \frac{1}{2} & \frac{1}{2} & 1 \end{pmatrix} \begin{pmatrix} 0 \\ -\frac{\sqrt{2}}{2} \\ -\frac{\sqrt{2}}{2} \\ 0 \end{pmatrix} = \begin{pmatrix} -\sqrt{2} \\ 0 \\ -\frac{\sqrt{2}}{2} \end{pmatrix}$

haben die Normalengleichung $\boldsymbol{A}^\top \boldsymbol{A} \boldsymbol{x} = \boldsymbol{A}^\top \boldsymbol{y}$ dann die Lösung

$\boldsymbol{x} = \begin{pmatrix} -\sqrt{2} \\ 0 \\ \sqrt{2} \end{pmatrix}$, was $f_{\boldsymbol{x}}(t) = \sqrt{2}(t^2 - 1)$ bedeutet: Hier interpoliert die Ausgleichsparabel die symmetrisch angeordneten Messpunkte sogar.

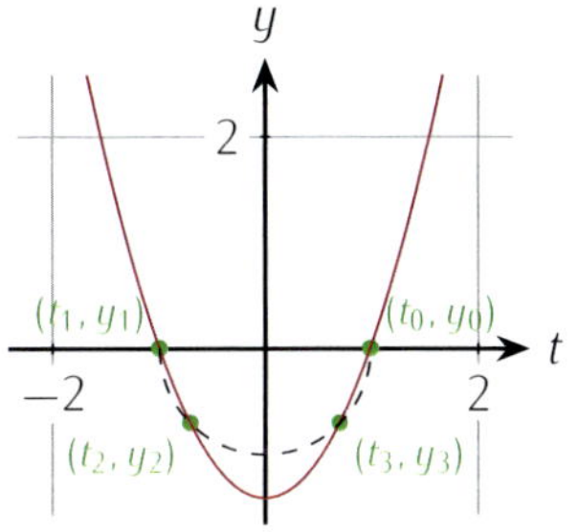

Bild 41.3: Die Ausgleichsparabel $y = f_{\boldsymbol{x}}(t)$ zu den Messpunkten $\left(t_j, y_j\right)_{j=1,\ldots,4}$ auf dem Einheitskreis minimiert die Summe der Fehlerquadrate.

41.1.2 Kleinste Quadrate anwenden

Beispiel. Wachstumsvorgänge von Zellen oder Populationen, Temperaturen bei Abkühlung o.ä. werden häufig durch Exponential-Funktionen beschrieben. Die Modell-Funktionen haben dann typischerweise die Gestalt $f_{c,d}(t) = c\, e^{d\,t}$. Beobachtet werden die Datenpunkte $\left(t_j, y_j\right)_{j=1..n}$. Logarithmieren linearisiert den beobachteten Vorgang, d.h. die logarithmierten Datenpunkte werden durch eine Gerade approximiert. Die Modellfunktionen sind $\ln\left(f_{c,d}(t)\right) = \ln\left(c\, e^{d\,t}\right) = \ln(c) + d\,t$ und die Daten $\left(t_j, \ln(y_j)\right)_{j=1..n}$.
Die Methode kleinster Quadrate approximiert den logarithmierten Datensatz durch die Ausgleichsgerade $\ln(y) = m^* t + b^*$ mit $m^* = \frac{\sum_{j=1}^n \left(\ln(y_j) - \overline{\ln(\boldsymbol{y})}\right) t_j}{\sum_{j=1}^n \left(t_j - \bar{t}\right) t_j}$ und $b^* = \overline{\ln(\boldsymbol{y})} - m^* \overline{\ln(\boldsymbol{t})}$, so dass mittelbar die Exponential-Funktion $y = y(t) = e^{b^*} e^{m^* t}$ den originalen Datensatz approximiert, s. Bild 41.4. Wie Aufgabe 41.9 zeigt, ist die Lösung suboptimal. Immerhin liefert die Lösung Startwerte für verbessernde Verfahren.

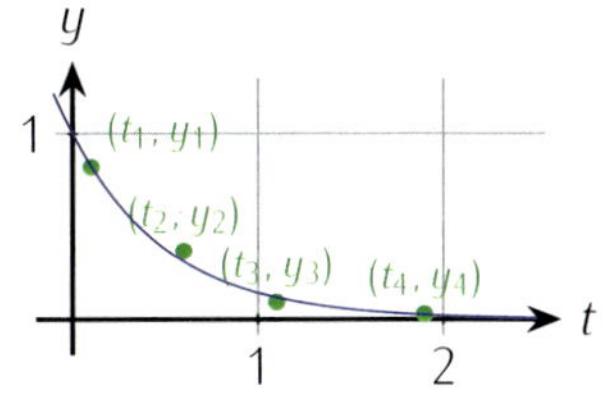

Bild 41.4: Die Ausgleichsgerade $y = m^* t + b^*$ zu den logarithmierten Messpunkten $\left(t_j, \ln(y_j)\right)_{j=1\ldots4}$ führt auf die Approximation von $\left(t_j, y_j\right)_{j=1\ldots4}$ durch die Funktion $y(t) = e^{b^* + m^* t}$.

41.1.3 *Kleinste Quadrate und die Projektionsmatrix*

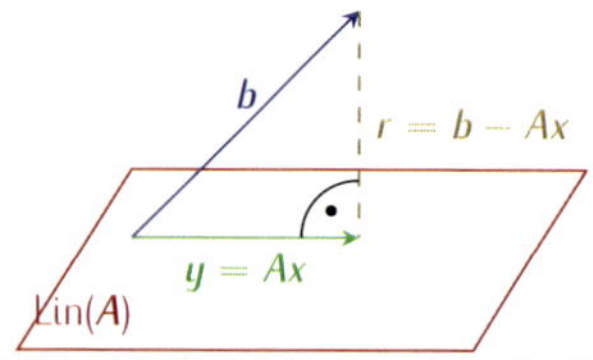

Bild 41.5: Projektion von $\boldsymbol{b}$ in Lin(A), dem von den Spalten von $\boldsymbol{A}$ aufgespannten Unter-Vektorraum

Neben der analytischen gibt es auch eine geometrische Begründung der Lösung von $\boldsymbol{Ax} \cong \boldsymbol{b}$ für eine $m \times n$-Matrix $\boldsymbol{A}$ mit $m > n$, also für eine überbestimmte Gleichung $\boldsymbol{Ax} = \boldsymbol{b}$.

Gesucht ist $\boldsymbol{Ax} \in \text{Lin}(\boldsymbol{A})$, also die Linearkombination der Spalten von $\boldsymbol{A}$, möglichst nahe bei $\boldsymbol{b}$, d.h. das Residuum $\boldsymbol{r} = \boldsymbol{Ax} - \boldsymbol{b}$ ist Betragsmäßig möglichst klein.

Wie Bild 41.5 illustriert, wird $|\boldsymbol{r}|$ minimal $\Leftrightarrow \boldsymbol{r} = \boldsymbol{Ax} - \boldsymbol{b} \perp \text{Lin}(\boldsymbol{A})$, m.a.W. $\boldsymbol{r}$ steht senkrecht auf jeder Spalte von $\boldsymbol{A} \Leftrightarrow \boldsymbol{0} = \boldsymbol{A}^\top \boldsymbol{r} = \boldsymbol{A}^\top(\boldsymbol{b} - \boldsymbol{Ax}) = \boldsymbol{A}^\top \boldsymbol{b} - \boldsymbol{A}^\top \boldsymbol{Ax} \Leftrightarrow \boldsymbol{A}^\top \boldsymbol{Ax} = \boldsymbol{A}^\top \boldsymbol{b}$, was somit die Normalengleichung geometrisch begründet.

Bild 41.5 illustriert, dass $\boldsymbol{b}$ in den von den Spalten von $\boldsymbol{A}$ aufgespannten Unterraum Lin($\boldsymbol{A}$) projiziert wird. Sei nämlich $\boldsymbol{P}$ die orthogonale Projektionsmatrix auf Lin($\boldsymbol{A}$) und $\boldsymbol{P}^\perp = \boldsymbol{E} - \boldsymbol{P}$ diejenige auf den Komplementärraum $\text{Lin}(\boldsymbol{A})^\perp = \{\boldsymbol{v} : \boldsymbol{v} \perp \boldsymbol{u} \forall \boldsymbol{u} \in \text{Lin}(\boldsymbol{A})\}$. Dann gilt

$$|\boldsymbol{b} - \boldsymbol{Ax}|^2 = \left|\boldsymbol{P}(\boldsymbol{b} - \boldsymbol{Ax}) + \boldsymbol{P}^\perp(\boldsymbol{b} - \boldsymbol{Ax})\right|^2$$

$$= |\boldsymbol{P}(\boldsymbol{b} - \boldsymbol{Ax})|^2 + \left|\boldsymbol{P}^\perp(\boldsymbol{b} - \boldsymbol{Ax})\right|^2 \qquad \text{Pythagoras}$$

$$= |\boldsymbol{Pb} - \boldsymbol{Ax}|^2 + \left|\boldsymbol{P}^\perp \boldsymbol{b}\right|^2 \qquad \text{wegen } \boldsymbol{PA} = \boldsymbol{A} \text{ und } \boldsymbol{P}^\perp \boldsymbol{A} = \boldsymbol{0}$$

Die rechte Seite ist dann minimal, wenn der erste Summand verschwindet. $|\boldsymbol{Pb} - \boldsymbol{Ax}| = 0 \Leftrightarrow \boldsymbol{Ax} = \boldsymbol{Pb} \Rightarrow \boldsymbol{A}^\top \boldsymbol{Ax} = \boldsymbol{A}^\top \boldsymbol{Pb}$, wobei $\boldsymbol{A}^\top \boldsymbol{P} = \boldsymbol{A}^\top \boldsymbol{P}^\top = (\boldsymbol{PA})^\top = \boldsymbol{A}^\top$, was erneut die Normalengleichung $\boldsymbol{A}^\top \boldsymbol{Ax} = \boldsymbol{A}^\top \boldsymbol{b}$ zur Folge hat.

Dabei ist $\boldsymbol{P} = \boldsymbol{A}(\boldsymbol{A}^\top \boldsymbol{A})^{-1}\boldsymbol{A}^\top$ die *Projektionsmatrix*, die jedes $\boldsymbol{b}$ auf $\boldsymbol{Pb} \in \text{Lin}(\boldsymbol{A})$ projiziert, s.a. Aufgabe 41.10 und die erlaubt, das Konzept der Methode kleinster Quadrate in zwei Schritte aufzubrechen: Zunächst wird $\boldsymbol{b}$ durch $\boldsymbol{Pb}$ in Lin($\boldsymbol{A}$) projiziert und dann das System linearer Gleichungen $\boldsymbol{Ax} = \boldsymbol{Pb}$ gelöst.

Eliakim H. Moore (1862-1932)

Roger Penrose (*1931)

Mit der sogenannten *Pseudoinversen* oder auch *Moore-Penrose-Inverse* $\boldsymbol{A}^+ = (\boldsymbol{A}^\top \boldsymbol{A})^{-1}\boldsymbol{A}^\top$ kann die Lösung als $\boldsymbol{x} = \boldsymbol{A}^+\boldsymbol{b}$ geschrieben werden.

41.2 *Lernziele*

Nr	Ich kann	Aufgabe	√
	Kleinste Quadrate und Normalengleichung		
384	das kleinste Quadrate Kriterium zum Anpassen einer Punktmenge durch eine Gerade formulieren und anwenden,	41.2, 41.3	
385	die Normalengleichung $\boldsymbol{A}^\top \boldsymbol{Ax} = \boldsymbol{A}^\top \boldsymbol{b}$ aufstellen und lösen,	41.1	
	Kleinste Quadrate anwenden		
386	die Methode auf polynomiale Modelle erweitern,	41.8	
387	geeignete Software benutzen, um eine Gerade einer Punktmenge anzupassen,	41.11	
	Die Projektionsmatrix		
388 *	die Projektionsmatrix für einen Unterraum bestimmen und zur Rechnung benutzen.	41.10	

41.3 Aufgaben

Aufgabe 41.1 (2 min) Lösen Sie das überbestimmte System linearer Gleichungen $\boldsymbol{Ax} = \boldsymbol{b}$ wobei $\boldsymbol{A} = \begin{pmatrix} 1 & 0 \\ 0 & 1 \\ 1 & 1 \end{pmatrix}$ und $\boldsymbol{b} = \begin{pmatrix} 1 \\ 1 \\ 0 \end{pmatrix}$ mithilfe der Methode kleinster Quadrate: Stellen Sie die Normalengleichung auf und lösen Sie das System linearer Gleichungen.

Aufgabe 41.2 (5 min) Als Modell-Funktionen seien die konstanten Funktionen $f_c(t) = c$ für $c \in \mathbb{R}$ gegeben. Die Methode kleinster Quadrate approximiert die Daten-Punkte $\left(t_j, y_j\right)_{j=1\ldots n}$ mit welcher Modell-Funktion?

Aufgabe 41.3 (1 min) Was bedeutet $\overline{\boldsymbol{y}} = m\overline{\boldsymbol{t}} + b$ für die Ausgleichsgerade?

Aufgabe 41.4 (5 min) Wie im ersten Beispiel von Abschnitt 41.1.1 seien die Modell-Funktionen $f_c(t) = ct$ für $c \in \mathbb{R}$, ihre Graphen also Ursprungsgeraden. Zeigen Sie an einem möglichst kleinem Beispiel, dass die Ausgleichsgerade nicht notwendig durch $(\overline{\boldsymbol{t}}, \overline{\boldsymbol{y}})$ verläuft, wobei $\overline{\boldsymbol{t}}$ das arithmetische Mittel der Argumente $\boldsymbol{t} = \left(t_j\right)_{j=1\ldots n}$ und $\overline{\boldsymbol{y}}$ das arithmetische Mittel der Werte $\boldsymbol{y} = \left(y_j\right)_{j=1\ldots n}$ bezeichne. Mutmaßen Sie den Grund.

Aufgabe 41.5 (10 min) Wenden Sie die Methode der kleinsten Quadrate auf das Beispiel am Anfang dieses Kapitels an.

$$\boldsymbol{Ax} = \begin{pmatrix} 1 & 0 & 0 \\ 0 & 1 & 0 \\ 0 & 0 & 1 \\ -1 & 1 & 0 \\ -1 & 0 & 1 \\ 0 & -1 & 1 \end{pmatrix} \begin{pmatrix} x_1 \\ x_2 \\ x_3 \end{pmatrix} \cong \begin{pmatrix} 1237 \\ 1941 \\ 2417 \\ 711 \\ 1177 \\ 475 \end{pmatrix} = \boldsymbol{b}$$

Aufgabe 41.6 (5 min) Begründen Sie, wieso eine überall positive, differenzierbare Funktion f und ihr Quadrat f^2 dieselben Extremwertstellen haben.

Aufgabe 41.7 (10 min) Zeigen Sie an dem Beispiel des Datensatzes $(t_1, y_1) = (-2, -1)$, $(t_2, y_2) = (-1, 3)$ und $(t_3, y_3) = (3, -2)$, dass sich bei Vertauschung der Rollen von t und y eine andere Ausgleichsgerade ergibt. Visualisieren Sie beide Geraden und markieren Sie die jeweiligen Fehler(quadrate).

Aufgabe 41.8 (15 min) Bestimmen und visualisieren Sie die Regressionspolynome ersten, zweiten und dritten Grades zu den Daten-Punkten $(t_1, y_1) = (-1, -1)$, $(t_2, y_2) = (0, 0)$ und $(t_3, y_3) = (1, 1)$ und $(t_3, y_3) = (2, 1.5)$. Markieren Sie zudem den Punkt $(\overline{t}, \overline{y})$.

Aufgabe 41.9 (20 min) Bei exponentialen Modell-Funktionen linearisiert Logarithmieren das Problem, so dass das Verfahren kleinster Fehlerquadrate eingesetzt werden kann. Die gewonnene Lösung ist *nicht* die beste Lösung für das Original-Problem, wie folgendes numerische Gegenbeispiel zeigt. Gegeben die drei Datenpunkte $(t_o, y_o) = (0, 1), (t_1, y_1) = (1, e^{1+\delta})$ und $(t_2, y_2) = (2, e^2)$ mit $\delta = 0.1$. Bestimmen Sie die Regressionsgerade $z = z(t)$ zu den logarithmierten Datenpunkten $(t_i, z_i)_{i=0,1,2} = \big(t_i, \ln(y_i)\big)_{i=0,1,2}$ und berechnen Sie einerseits die Summe der Fehlerquadrate $\big(y_i - exp(z(t_i))\big)^2$ und andererseits diejenige der Fehlerquadrate $\big(y_i - f(t_i)\big)^2$ mit $f(t) = e^{0.2+t}$. Vergleichen und interpretieren Sie Ihre Ergebnisse.

Aufgabe 41.10 (20 min) Eine $n \times n$-Matrix $\boldsymbol{P}$ ist eine *Projektionsmatrix* auf den Unterraum U genau dann, wenn $\boldsymbol{Pv} \in U$ für alle $\boldsymbol{v} \in \mathbb{R}^n$ gilt und $\boldsymbol{P}$ symmetrisch ($\boldsymbol{P}^\top = \boldsymbol{P}$) sowie *idempotent* ($\boldsymbol{P}^2 = \boldsymbol{P}$) ist.

a) Bestimmen Sie die Projektionsmatrizen für die Projektionen der Ebene bzw. des Raumes auf die Koordinaten-Achsen.
b) Verifizieren Sie, dass $\boldsymbol{P_w} = \frac{1}{\boldsymbol{w}^\top \boldsymbol{w}}(\boldsymbol{ww}^\top)$ (mit Spalten-Vektor $\boldsymbol{w}$) die Projektionsmatrix $\boldsymbol{P_w}$ der Projektion auf den eindimensionalen Unterraum $\text{Lin}(\boldsymbol{w})$ ist.
c) Die Matrix $\boldsymbol{A}$ und der Vektor der rechten Seite $\boldsymbol{b}$ erfüllen die Normalengleichung $\boldsymbol{A}^\top \boldsymbol{Ax} = \boldsymbol{A}^\top \boldsymbol{b}$. Zeigen Sie, dass $\boldsymbol{P} = \boldsymbol{A}(\boldsymbol{A}^\top \boldsymbol{A})^{-1}\boldsymbol{A}^\top$ eine Projektionsmatrix ist.

Aufgabe 41.11 (15 min) Gegeben die n Datenpunkte $\big(t_i, y_i\big)_{i=0,1,..,n-1}$ mit $t_i = i\frac{2\pi}{n-1}$ und $y_i = \sin(t_i)$ für $i = 0, 1, \ldots, n-1$.

a) Berechnen Sie die Regressionspolynome $r_m = r_m(t)$ vom Grad $m = 0, 1, 2, 3$ mit einem Computer-Algebra-System Ihrer Wahl und visualisieren Sie die Datenpunkte $\big(t_i, y_i\big)_{i=0,1,..,n-1}$ zusammen mit den vier Regressionspolynomen. Was fällt auf? Erklären Sie Ihre Beobachtungen.
b) Untersuchen Sie den Einfluß des Grades m auf die Summe $\text{SSE} = \sum_{i=o}^{n} \big(y_i - r_m(t_i)\big)^2$ der quadratischen Fehler.

41.4 Lösungen

Lösung 41.1 Die linke Seite der Normalengleichung $A^\top Ax = A^\top b$ lautet hier $A^\top Ax = \begin{pmatrix} 1 & 0 & 1 \\ 0 & 1 & 1 \end{pmatrix} \begin{pmatrix} 1 & 0 \\ 0 & 1 \\ 1 & 1 \end{pmatrix} x = \begin{pmatrix} 2 & 1 \\ 1 & 2 \end{pmatrix} x$ und die rechte Seite $A^\top b = \begin{pmatrix} 1 & 0 & 1 \\ 0 & 1 & 1 \end{pmatrix} \begin{pmatrix} 1 \\ 1 \\ 0 \end{pmatrix} = \begin{pmatrix} 1 \\ 1 \end{pmatrix}$. Die Lösung der Normalengleichung $\begin{pmatrix} 2 & 1 \\ 1 & 2 \end{pmatrix} x = \begin{pmatrix} 1 \\ 1 \end{pmatrix}$ ist dann $x = (A^\top A)^{-1} A^\top b = \frac{1}{3} \begin{pmatrix} 2 & -1 \\ -1 & 2 \end{pmatrix} \begin{pmatrix} 1 \\ 1 \end{pmatrix} = \frac{1}{3} \begin{pmatrix} 1 \\ 1 \end{pmatrix}$.

Lösung 41.2 Die Summe $\mathrm{SSE} = \mathrm{SSE}(c) = \sum_{j=1}^{n} \left(y_j - f_c(t)\right)^2 = \sum_{j=1}^{n} (y_j - c)^2$ ist zu minimieren: $\frac{d}{dc} \mathrm{SSE} = -2 \sum_{j=1}^{n} (y_j - c) = 0 \Leftrightarrow \sum_{j=1}^{n} y_j = \sum_{j=1}^{n} c = nc \Leftrightarrow c = \frac{1}{n} \sum_{j=1}^{n} y_j$. Die Funktion $f_{\overline{y}}(t) = \overline{y}$, die konstant gleich dem arithmetischen Mittel $\overline{y}$ der Werte $y = \left(y_j\right)_{j=1..n}$ ist, ist also die beste Approximation der Datenpunkte durch Konstanten.

Lösung 41.3 Die Ausgleichsgerade im Beispiel verläuft durch den Punkt $(\overline{t}, \overline{y})$ des arithmetischen Mittels $\overline{t}$ der Argumente $t = (t_j)_{j=1..n}$ und des arithmetischen Mittels $\overline{y}$ der Werte $y = (y_j)_{j=1..n}$.

Lösung 41.4 Der kleinste Datensatz hat zwei Punkte, etwa $(t_1, y_1) = (1, \frac{1}{2})$ und $(t_2, y_2) = (2, \frac{3}{2})$. Wie im ersten Beispiel von Abschnitt 41.1.1 minimiert $f_{c^*}(t) = c^* t$ mit $c^* = \frac{\sum_{j=1}^{2} y_j t_j}{\sum_{j=1}^{2} t_j^2} = \frac{\frac{1}{2}+3}{1+4} = \frac{7}{10}$ die Summe der Fehlerquadrate und für $\overline{y} = \frac{1}{2}(\frac{1}{2} + \frac{3}{2}) = 1$ und $\overline{t} = \frac{1}{2}(1+2) = \frac{3}{2}$ gilt $\overline{y} = 1 \neq \frac{21}{20} = \frac{7}{10}\frac{3}{2} = c^* \overline{t}$.
Der Grund liegt darin, dass Ursprungsgeraden ein Freiheitsgrad fehlt, um sowohl die Summe der Fehlerquadrate zu minimimeren als auch die Anforderung $\overline{y} = c^* \overline{t}$ zu erfüllen.

Lösung 41.5 Mit $A^\top A = \begin{pmatrix} 3 & -1 & -1 \\ -1 & 3 & -1 \\ -1 & -1 & 3 \end{pmatrix}$ und $A^\top b = \begin{pmatrix} -651 \\ 2177 \\ 4069 \end{pmatrix}$ wird das lineare Gleichungssystem $A^\top Ax = A^\top b$ auf obere Dreiecksgestalt gebracht: $\begin{pmatrix} 3 & -1 & -1 \\ 0 & \frac{8}{3} & -\frac{4}{3} \\ 0 & -\frac{4}{3} & \frac{8}{3} \end{pmatrix} \begin{pmatrix} x_1 \\ x_2 \\ x_3 \end{pmatrix} = \begin{pmatrix} -651 \\ 1960 \\ 3852 \end{pmatrix}$ und

$\begin{pmatrix}3 & -1 & -1\\ 0 & \frac{8}{3} & -\frac{4}{3}\\ 0 & 0 & 2\end{pmatrix}\begin{pmatrix}x_1\\ x_2\\ x_3\end{pmatrix} = \begin{pmatrix}-651\\ 1960\\ 4832\end{pmatrix}$. Rücksubstitution liefert nacheinander x_3, x_2 und x_1, also die Lösung $\boldsymbol{x} = \begin{pmatrix}x_1\\ x_2\\ x_3\end{pmatrix} = \begin{pmatrix}1236\\ 1943\\ 2416\end{pmatrix}$.

Lösung 41.6 Die differenzierbare Funktion f habe eine Extremwertstelle in x_o. Dann gilt $f'(x_o) = 0$ und die erste in x_o nicht verschwindende höhere Ableitung $f^{(n)}(x_o) \neq 0$ ist von gerader Ordnung. Dasselbe gilt dann auch für $g = f^2$ mit $g'(x_o) = (f^2)'(x_o) = 2\,f(x_o)\,f'(x_o) = 0$ und $g^{(m)}(x_o) = \sum_{k=0}^{m}\binom{m}{k} f^{(k)}(x_o)\,f^{(m-k)}(x_o) = 0$ für $m < 2n$ und $g^{(2n)}(x_o) = \sum_{k=0}^{2n}\binom{2n}{k} f^{(k)}(x_o)\,f^{(2n-k)}(x_o) = \binom{2n}{n}\left(f^{(n)}(x_o)\right)^2 \neq 0$.

Sei umgekehrt x_o Extremwertstelle von $g = f^2$. Wegen $g'(x_o) = 2f(x_o)\,f'(x_o) = 0$ und $f > 0$ gilt $f'(x_o) = 0$ und x_o ist kritischer Punkt von f. Dann ist x_o aber auch Extremwertstelle von $f = \sqrt{g}$, weil die Quadratwurzel eine monotone (wachsende) Funktion ist: Wenn g in einer Umgebung $U_\varepsilon x_o \setminus \{x_o\}$ echt kleiner (Maximum) oder größer (Minimum) als $g(x_o)$ ist, so gilt genau dies eben auch für $f = \sqrt{g}$. Diese Argumentation vermeidet übrigens die komplizierte Formel von Faà di Bruno für die Kettenregel für höhere Ableitungen von f.

Francesco Faà di Bruno (1825–1888)

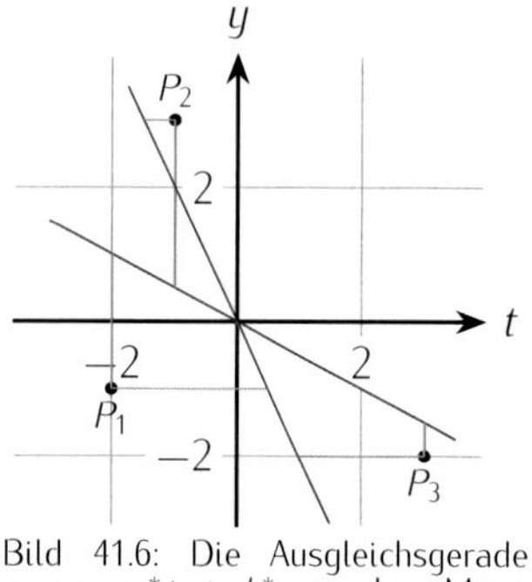

Bild 41.6: Die Ausgleichsgerade $y = m^*t + b^*$ zu den Messpunkten $P_j = (t_j, y_j)$ für $j = 1, 2, 3$ minimiert die Summe der Fehlerquadrate. Die Ausgleichsgerade $t = m'^*y + b'^*$ zu denselben Messpunkten $(P_j)_{j=1,2,3}$ minimiert die Summe der Fehlerquadrate.

Lösung 41.7 Mit $\overline{t} = 0$ und $\overline{y} = 0$ lautet mit $m = \frac{\sum_{j=1}^{3} y_j t_j}{\sum_{j=1}^{3} t_j^2} = \frac{-7}{14} = -\frac{1}{2}$ und $b = \overline{y} - m\overline{t} = 0$ die Ausgleichsgerade $y = mt + b = -\frac{1}{2}t$, s. Bild 41.6.

Für die Ausgleichsgerade $t = m'y + b'$ gilt $m' = \frac{\sum_{j=1}^{3} t_j y_j}{\sum_{j=1}^{3} y_j^2} = \frac{-7}{14} = -\frac{1}{2}$ und $b' = \overline{t} - m'\overline{y} = 0$, zusammen also $t = m'y + b' = -\frac{1}{2}y$, s. Bild 41.6.

Der zweite Fall wird gelegentlich auch *inverse* Ausgleichsgerade genannt.

Lösung 41.8 Aus $A_1^\top A_1\boldsymbol{x} = A_1^\top\boldsymbol{b}$ mit $A_1 = \begin{pmatrix}1 & -1\\ 1 & 0\\ 1 & 1\\ 1 & 2\end{pmatrix}$ und $\boldsymbol{b} = \begin{pmatrix}-1.0\\ 0.0\\ 1.0\\ 1.5\end{pmatrix}$ ergibt sich die Regressionsgerade $y(t) = -\frac{1}{20} + \frac{17}{20}t$, s. Bild 41.7.

Aus $A_2^\top A_2\boldsymbol{x} = A_2^\top\boldsymbol{b}$ mit $A_2 = \begin{pmatrix}1 & -1 & 1\\ 1 & 0 & 0\\ 1 & 1 & 1\\ 1 & 2 & 4\end{pmatrix}$ ergibt sich die Regressionsparabel $y(t) = \frac{3}{40} + \frac{39}{40}t - \frac{1}{8}t^2$, s. Bild 41.7.

Aus $A_3^\top A_3 x = A_3^\top b$ mit $A_3 = \begin{pmatrix} 1 & -1 & 1 & -1 \\ 1 & 0 & 0 & 0 \\ 1 & 1 & 1 & 1 \\ 1 & 2 & 4 & 8 \end{pmatrix}$ ergibt sich das kubisches Regressionspolynom $y(t) = \frac{13}{12}t - \frac{1}{12}t^3$ mit vier Koeffizienten, das daher die vier Datenpunkte interpoliert, s. Bild 41.7.

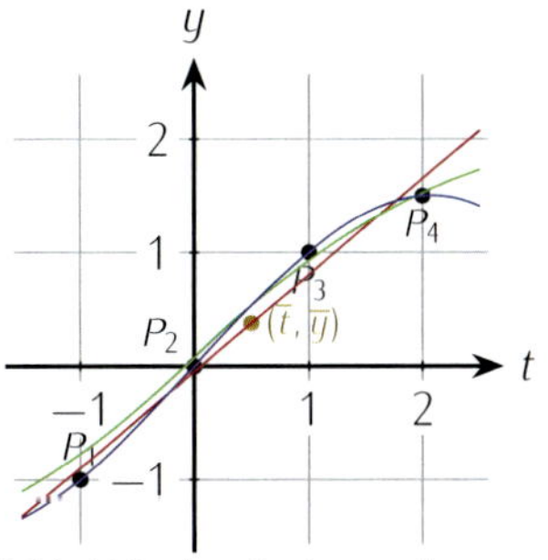

Bild 41.7: Ausgleichsgerade $y = m\,t + b$ durch $(\bar{t}, \bar{y})$, Ausgleichsparabel $y = c_o + c_1 t + c_2 t^2$, kubisches Ausgleichspolynom $y = d_o + d_1 t + d_2 t^2 + d_3 t^3$ zu den vier Daten-Punkten P_1, P_2, P_3, P_4.

Lösung 41.9 Die Normalengleichung für die logarithmierten Datenpunkte $(t_o, z_o) = (0, 0)$, $(t_1, z_1) = (1, 1+\delta)$ und $(t_2, z_2) = (2, 2)$ lautet $A^\top A x = A^\top z$ mit $A = \begin{pmatrix} 1 & 0 \\ 1 & 1 \\ 1 & 2 \end{pmatrix}$, $z = \begin{pmatrix} 0 \\ 1+\delta \\ 2 \end{pmatrix}$, $A^\top A = \begin{pmatrix} 3 & 3 \\ 3 & 5 \end{pmatrix}$ und $A^\top z = \begin{pmatrix} 3+\delta \\ 5+\delta \end{pmatrix}$ und Lösung $z = \begin{pmatrix} x_o \\ x_1 \end{pmatrix} = \begin{pmatrix} \frac{\delta}{3} \\ 1 \end{pmatrix}$. Die Originaldaten werden also durch $f(t) = e^{\delta/3+t}$ mit der Summe der Fehlerquadrate $\mathrm{SSE}(f) = \left(1 - f(0)\right)^2 + \left(e^{1+\delta} - f(1)\right)^2 + \left(e^2 - f(2)\right)^2 = \left(1 - e^{\delta/3}\right)^2 + \left(e^{1+\delta} - e^{\delta/3+1}\right)^2 + \left(e^2 - e^{\delta/3+2}\right)^2 \approx 0.10141$ approximiert. Allerdings hat die Funktion $g(t) = e^{0.02+t}$ mit $\mathrm{SSE}(g) \approx 0.076037$ eine kleinere Summe der Fehlerquadrate. Dass es noch besser geht, zeigt übrigens die Funktion $h(t) = e^{0.126+0.938t}$ mit $\mathrm{SSE}(h) \approx 0.0295$, s. Bild 41.8.

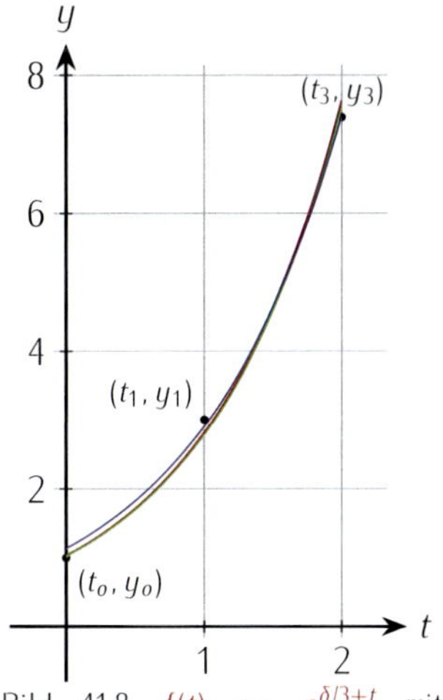

Bild 41.8: $f(t) = e^{\delta/3+t}$ mit $\mathrm{SSE}(f) \approx 0.10141$, $g(t) = e^{0.02+t}$ mit $\mathrm{SSE}(g) \approx 0.076037$ und $h(t) = e^{0.126+0.938t}$ mit $\mathrm{SSE}(h) \approx 0.0295$.

Lösung 41.10

a) Im Folgenden sind alle Matrizen P_x, P_y und P_z offensichtlich symmetrisch und idempotent.

$$v = \begin{pmatrix} x \\ y \end{pmatrix} \mapsto P_x v = \begin{pmatrix} 1 & 0 \\ 0 & 0 \end{pmatrix} \begin{pmatrix} x \\ y \end{pmatrix} = \begin{pmatrix} x \\ 0 \end{pmatrix},$$

$$v = \begin{pmatrix} x \\ y \end{pmatrix} \mapsto P_y v = \begin{pmatrix} 0 & 0 \\ 0 & 1 \end{pmatrix} \begin{pmatrix} x \\ y \end{pmatrix} = \begin{pmatrix} 0 \\ y \end{pmatrix},$$

$$v = \begin{pmatrix} x \\ y \\ z \end{pmatrix} \mapsto P_x v = \begin{pmatrix} 1 & 0 & 0 \\ 0 & 0 & 0 \\ 0 & 0 & 0 \end{pmatrix} \begin{pmatrix} x \\ y \\ z \end{pmatrix} = \begin{pmatrix} x \\ 0 \\ 0 \end{pmatrix},$$

$$v = \begin{pmatrix} x \\ y \\ z \end{pmatrix} \mapsto P_y v = \begin{pmatrix} 0 & 0 & 0 \\ 0 & 1 & 0 \\ 0 & 0 & 0 \end{pmatrix} \begin{pmatrix} x \\ y \\ z \end{pmatrix} = \begin{pmatrix} 0 \\ y \\ 0 \end{pmatrix},$$

$$v = \begin{pmatrix} x \\ y \\ z \end{pmatrix} \mapsto P_z v = \begin{pmatrix} 0 & 0 & 0 \\ 0 & 0 & 0 \\ 0 & 0 & 1 \end{pmatrix} \begin{pmatrix} x \\ y \\ z \end{pmatrix} = \begin{pmatrix} 0 \\ 0 \\ z \end{pmatrix}.$$

b) Für jedes v gilt wegen der Assoziativität der Matrizen-Multiplikation $P_w v = \frac{1}{w^\top w}(ww^\top)v = \frac{1}{w^\top w} w(w^\top v) = \frac{w^\top v}{w^\top w} w \in \mathrm{Lin}(w)$.
Wegen $P_w^\top = \frac{1}{w^\top w}(ww^\top)^\top = \frac{1}{w^\top w}(ww^\top) = P_w$ ist P_w symmetrisch.
Wegen der Assoziativität der Matrizen-Multiplikation und $P_w^2 =$

$\frac{1}{(w^\top w)^2}(ww^\top)(ww^\top) = \frac{1}{(w^\top w)^2}\big(w(w^\top w)w^\top\big) = \frac{1}{w^\top w}(ww^\top) = P_w$ ist P_w idempotent.

c) Für jedes $\boldsymbol{b}$ liefern die Normalengleichung $\boldsymbol{Pb} = A(A^\top A)^{-1}A^\top \boldsymbol{b}$ $= A(A^\top A)^{-1}(A^\top A)x = \boldsymbol{Ax} \in \text{Lin}(A)$.
Wegen $\boldsymbol{P}^\top = \big(A(A^\top A)^{-1}A^\top\big)^\top = A\big((A^\top A)^{-1}\big)^\top A^\top = A(A^\top A)^{-1}A^\top$ $= \boldsymbol{P}$ ist $\boldsymbol{P}$ symmetrisch.
Wegen $\boldsymbol{P}^2 = \boldsymbol{P}\,\boldsymbol{P} = \big(A(A^\top A)^{-1}A^\top\big)\big(A(A^\top A)^{-1}A^\top\big)$ $= A(A^\top A)^{-1}\big(A^\top A\big)(A^\top A)^{-1}A^\top = A(A^\top A)^{-1}A^\top = \boldsymbol{P}$ ist $\boldsymbol{P}$ idempotent.

Lösung 41.11

a) MATLAB oder Octave bieten den backslash-Operator $\boldsymbol{x} = A\backslash\boldsymbol{b}$, der sowohl Systeme linearer Gleichungen wie auch überbestimmte Systeme anhand der Normalengleichung löst, siehe `LLS.m` und die Ausgabe in Bild 41.9.
Bei über eine Periode gleichverteilten Abszissen der Daten-Punkte fallen Regressionsgerade und Regressionsparabel zusammen, weil der quadratische Term in der Taylor-Reihe $\sin(t) = 0 - (t-\pi) + 0 + \frac{1}{6}(t-\pi)^3 \mp \ldots$ des Sinus bei Entwickelung um π ja auch verschwindet.

b) Erwartungsgemäß fällt die Summe $\text{SSE} = \sum_{i=o}^{n}\big(y_i - r_m(t_i)\big)^2$ der quadratischen Fehler umso kleiner aus umso größer der Grad des Regressionspolynoms ist. Die Funktion $\text{SSE}(m)$ ist also monoton fallend, aber nicht streng monoton fallend, wie das Beispiel hier zeigt.

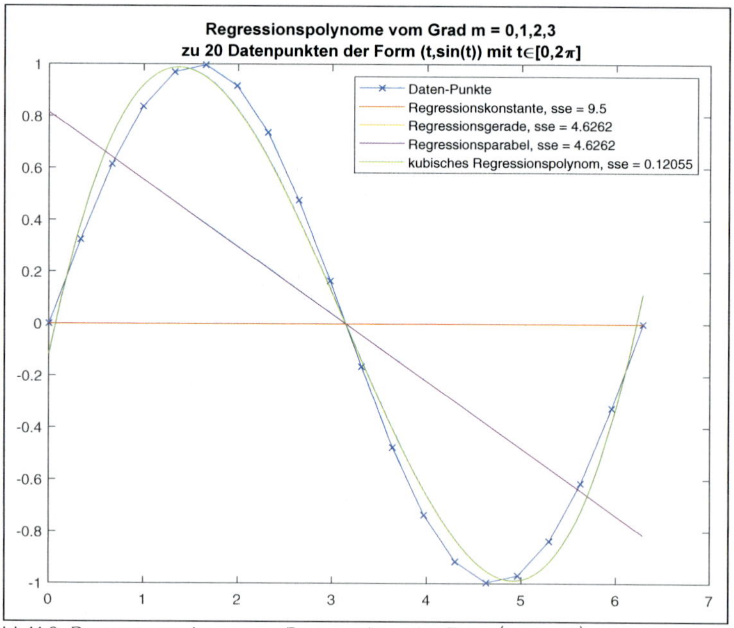

Bild 41.9: Regressionspolynome zu Datenpunkten der Form $\big(t_i, \sin(t_i)\big)$

42 Vektorräume und lineare Transformationen

42.1 Einleitung

Rechenregeln, wie sie für Vektoren des $\mathbb{R}^n$ gelten, lassen sich in anderen Kontexten anwenden. Addition und Multiplikation mit einem Skalar, mit denen lineare Operationen definiert sind, gibt es auch bei Matrizen oder Funktionen. Der Begriff *Vektorraum* ist eine abstrakte Verallgemeinerung, die eine Fülle neuer Anwendungen erlaubt. Endliche Teilmengen des Vektorraums können den Vektorraum oder einen Unterraum *aufspannen*. Ist dabei kein Element entbehrlich, heißen sie *linear unabhängig*. Daraus leitet sich der wichtige Begriff der *Basis* ab, mit deren Kardinalität die *Dimension* eines Vektorraums definiert wird. Wie für die Vektoren des $\mathbb{R}^n$ in Kapitel 37 und 38, lassen sich für beliebige Vektorräume eine Norm und ein Skalarprodukt definieren, mit dem geometrische Begriffe wie Distanzen und Winkel auf den Raum anwendbar sind. Mit dieser Grundlage werden lineare Abbildungen zwischen Vektorräumen betrachtet, wie zum Beispiel geometrische Transformationen in der Ebene und im Raum. Mit einer gegebenen Basis der Räume lassen sich lineare Abbildungen zwischen ihnen als Matrizen verstehen. Für diese werden Fundamentalräume und die Wirkungen von Transformationen der Basis untersucht. Schließlich sind orthonormale Abbildungen bzw. Matrizen Thema dieses Kapitels. Eine gründliche Darstellung findet sich im Buch von Günter Gramlich[1].

[1] G. Gramlich. *Lineare Algebra: Eine Einführung*. Hanser, 5. Auflage, 2021

42.1.1 Der Vektorraum

Ein *Vektorraum* ist eine Menge V von Vektoren, auf der Addition von Vektoren und eine skalare Multiplikation definiert sind. Das bedeutet für zwei Elemente $\boldsymbol{u}, \boldsymbol{v} \in V$ ist die Summe $\boldsymbol{u} + \boldsymbol{v} \in V$ und für jeden Skalar $\lambda \in K$ ist $\lambda\, \boldsymbol{v} \in V$. Der *Skalarkörper* K ist in der Regel die Menge der reellen Zahlen $\mathbb{R}$, er kann aber ebenso aus komplexen Zahlen bestehen. Auch endliche Mengen wie die Restklassenmengen zu Primzahlen sind mögliche Skalarkörper. Für die Addition und die skalare Multiplikation müssen die Regeln aus Tabelle 42.1 gelten.

Sprechweise: V ist ein Vektorraum über K.

Zu endlichen Körpern vergleiche Aufgabe 39.23.

Vergleiche die Regeln aus Tabelle 37.2.

Tabelle 42.1: Definition des Vektorraums V über K mit Addition und skalarer Multplikation

Name	Formel $\forall \boldsymbol{u}, \boldsymbol{v}, \boldsymbol{w} \in V, \forall \lambda, \mu \in K$
	Addition
Assoziativität	$(\boldsymbol{u}+\boldsymbol{v})+\boldsymbol{w}=\boldsymbol{u}+(\boldsymbol{v}+\boldsymbol{w})$
Kommutativität	$\boldsymbol{u}+\boldsymbol{v}=\boldsymbol{v}+\boldsymbol{u}$
Existenz des neutralen Elementes $\mathbf{0}$	$\boldsymbol{v}+\mathbf{0}=\boldsymbol{v}$
Existenz inverser Elemente	Zu $\boldsymbol{v} \exists -\boldsymbol{v} \in V$ mit $\boldsymbol{v}+(-\boldsymbol{v})=\mathbf{0}$
	Skalare Multiplikation
Assoziativität	$\lambda(\mu \boldsymbol{v})=(\lambda\mu)\boldsymbol{v}$
Existenz des neutralen Elementes 1	$1\,\boldsymbol{a}=\boldsymbol{a}$
	Distributivität
für die Addition	$\lambda(\boldsymbol{u}+\boldsymbol{v})=\lambda\boldsymbol{u}+\lambda\boldsymbol{v}$
für die skalare Addition	$(\lambda+\mu)\boldsymbol{v}=\lambda\boldsymbol{v}+\mu\boldsymbol{v}$

Die vier Regeln für die Addition machen eine *kommutative Gruppe* für eine Menge mit einer Verknüpfung aus. Ein *Körper* K ist eine Menge mit zwei Verknüpfungen, Addition und Multiplikation, sodass K mit der Addition und $K\backslash\{0\}$ mit der Multiplikation jeweils kommutative Gruppen sind und zusätzlich das Distributivgesetz gilt.

Es folgen Eigenschaften von Vektorräumen in Tabelle 42.2.

Tabelle 42.2: Eigenschaften von Vektorräumen mit einer Herleitung in Kurzform

Eigenschaft	Herleitung
▷ Ein Vektorraum ist nicht leer.	Existenz des neutralen Elementes $\mathbf{0} \in V$.
▷ Die skalare Multiplikation mit 0 ergibt den Nullvektor.	$0\,\boldsymbol{v}=(0+0)\,\boldsymbol{v}=0\,\boldsymbol{v}+0\,\boldsymbol{v}$. Es folgt $0\,\boldsymbol{v}=\mathbf{0}$.
▷ Eine skalare Multiplikation des Nullvektors ergibt den Nullvektor.	$\lambda\,\mathbf{0}=\lambda\,(\mathbf{0}+\mathbf{0})=\lambda\,\mathbf{0}+\lambda\,\mathbf{0} \Rightarrow \lambda\,\mathbf{0}=\mathbf{0}$.
▷ Der Nullvektor $\mathbf{0}$ ist eindeutig.	Angenommen $\mathbf{0}$ und $\mathbf{0}'$ sind zwei Nullvektoren, dann ist $\mathbf{0}'=\mathbf{0}'+\mathbf{0}=\mathbf{0}+\mathbf{0}'=\mathbf{0}$.
▷ Ergibt eine skalare Multiplikation den Nullvektor, also $\lambda\,\boldsymbol{v}=\mathbf{0}$, ist entweder $\lambda=0$ oder $\boldsymbol{v}=\mathbf{0}$.	Angenommen $\lambda\,\boldsymbol{v}=\mathbf{0}$ aber $\lambda \neq 0$, dann ist $\boldsymbol{v}=1\,\boldsymbol{v}=(\frac{1}{\lambda}\cdot\lambda)\,\boldsymbol{v}=\frac{1}{\lambda}\,(\lambda\,\boldsymbol{v})=\frac{1}{\lambda}\,\mathbf{0}=\mathbf{0}$.
▷ Die skalare Multiplikation mit -1 ergibt den inversen Vektor.	$\boldsymbol{v}+(-1)\,\boldsymbol{v}=1\cdot\boldsymbol{v}+(-1)\,\boldsymbol{v}=(1+(-1))\,\boldsymbol{v}=0\,\boldsymbol{v}=\mathbf{0} \Rightarrow (-1)\,\boldsymbol{v}=-\boldsymbol{v}$.
▷ Der negative Vektor ist eindeutig.	Gilt $\boldsymbol{v}+\boldsymbol{a}=\mathbf{0}$ sowie $\boldsymbol{v}+\boldsymbol{b}=\mathbf{0}$ ist $\boldsymbol{a}=\boldsymbol{a}+\mathbf{0}=\boldsymbol{a}+(\boldsymbol{v}+\boldsymbol{b})=(\boldsymbol{a}+\boldsymbol{v})+\boldsymbol{b}=(\boldsymbol{v}+\boldsymbol{a})+\boldsymbol{b}=\mathbf{0}+\boldsymbol{b}=\boldsymbol{b}+\mathbf{0}=\boldsymbol{b}$.

Beispiel. Beispiele für Vektorräume

- ▷ Das Paradebeispiel eines Vektorraums ist der reelle n-dimensionale Raum $\mathbb{R}^n$ mit koordinatenweiser Addition und skalarer Multiplikation. Spezialfälle aus der Geometrie wie der $\mathbb{R}^2$ oder der $\mathbb{R}^3$ fallen darunter, ebenso wie $\mathbb{R}^1$, der Körper und Vektorraum ist.
- ▷ Als Vektorraum über dem Körper der komplexen Zahlen $\mathbb{C}$ gibt es den entsprechenden Raum $\mathbb{C}^n=\{(z_1, z_2, \dots, z_n)^\top : z_i \in \mathbb{C}\}$.
- ▷ Zum endlichen Skalarkörper $K=\mathbb{Z}_p$ also der Restklasse bei Division durch eine Primzahl p, gibt es den Vektorraum $K^n=\{(k_1, k_2, \dots, k_n) : k_i \in K\}$.

- ▷ Die Menge aller $m \times n$-Matrizen $\mathbb{R}^{m \times n}$ ist ein Vektorraum.
- ▷ In der Mathematik sind *Funktionenräume* besonders wichtig. Die Menge aller Funktionen von $\mathbb{R}$ nach $\mathbb{R}$ oder eine Teilmenge mit einer besonderen Eigenschaft wie der Stetigkeit bildet einen Vektorraume, da die Summen oder skalaren Vielfachen stetiger Funktionen wieder stetig sind. Gleiches gilt für n-fach differenzierbare Funktionen, die Menge aller Polynome bis zum Grad n oder solche beliebigen Grades.

42.1.2 Unterräume und Linearkombinationen

Beispiel. Es sei $P = \{p : \mathbb{R} \to \mathbb{R}, p \text{ ist Polynom}\}$ die Menge aller reellen Polynome mit reellen Koeffizienten. Untersucht wird, ob die drei Teilmengen $S, T, U \subset P$ einen Vektorraum bilden. Es ist $S = \{p \in P : p(0) = 1\}$, $T = \{p \in P : \exists x \in \mathbb{R}\, p(x) = 0\}$ und $U = \{p \in P : p(2) = 0\}$.

Lösung: Alle drei Teilmengen sind nichtleer. Für das Polynom $p_0(x) = 1 - \frac{1}{2}x$ gilt: $p_0(0) = 1$ und $p_0(2) = 0$, also $p_0 \in S \cap T \cap U$. Ohne diese Voraussetzung könnten sie kein Vektorraum sein. S bildet keinen Vektorraum, da die skalare Multiplikation mit $\lambda \neq 1$ ein Polynom p mit $p(0) = \lambda \neq 1$ ergibt. T bildet keinen Vektorraum, da es zwei Polynome in T gibt, deren Summe keine Nullstelle hat, z.B. $p_1(x) = 1 + x, p_2(x) = 2 - x$ mit Nullstellen $p_1(-1) = 0, p_2(2) = 0$ aber $p_1 + p_2 = 3$ ohne Nullstelle. U bildet einen Vektorraum, da Summe und skalare Vielfache von Polynomen mit der Nullstelle $x = 2$ dort ebenfalls eine Nullstelle haben. Alle Regeln, die ein Vektorraum erfüllen muss, gelten, da es sich um reelle Polynome handelt, die einen Vektorraum bilden. U ist ein Beispiel für einen *Unterraum* von P.

Ein *Unterraum* U eines Vektorraums V ist eine nichtleere Teilmenge $U \subset V$, die selbst wieder ein Vektorraum ist. Eine Teilmenge U heißt *abgeschlossen* gegenüber der Addition, wenn für alle $\boldsymbol{u}_1, \boldsymbol{u}_2 \in U$ auch $\boldsymbol{u}_1 + \boldsymbol{u}_2 \in U$ gilt. Entsprechend heißt die Teilmenge U *abgeschlossen* gegenüber der skalaren Multiplikation, wenn für alle $\boldsymbol{u} \in U$ und alle $\lambda \in K$ auch $\lambda \boldsymbol{u} \in U$ gilt.

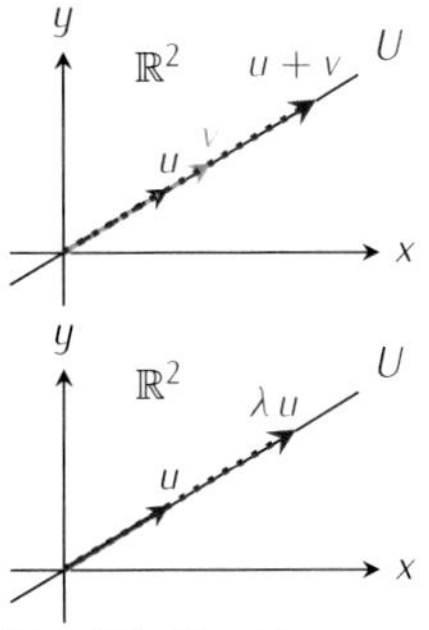

Bild 42.1: Der Unterraum $U \subset \mathbb{R}^2$ als Gerade durch den Ursprung: Summen $\boldsymbol{u} + \boldsymbol{v}$ und Vielfache $\lambda\, \boldsymbol{u}$ liegen wieder auf der Gerade.

Wie im Beispiel gesehen, ist eine Teilmenge U eines Vektorraums V ebenfalls ein Vektorraum, wenn sie abgeschlossen gegenüber der Addition und der skalaren Multiplikation ist.

Beispiel. Unterräume des $\mathbb{R}^2$

Jeder Vektorraum V hat zwei triviale Unterräume: V selbst und die Menge $\{\mathbf{0}\}$, die nur aus dem Nullvektor besteht. Weitere Unterräume des $\mathbb{R}^2$ sind alle Ursprungsgeraden. Summen von Vektoren auf der Geraden liegen wieder auf der Gerade, wie in Bild 42.1 dargestellt.

Kann es weitere Unterräume geben? Angenommen U enthält außer dem Nullvektor $\mathbf{0}$ und einem Vektor $\boldsymbol{u}$ einen weiteren Vektor $\boldsymbol{v}$, der nicht auf der durch $\boldsymbol{u}$ bestimmten Geraden liegt. Sei jetzt $\boldsymbol{b}$ ein beliebiger Vektor des $\mathbb{R}^2$. Gezeigt wird jetzt, dass $\boldsymbol{b} \in U$ gilt. Das Gleichungssystem $\begin{pmatrix} u_x & v_x \\ u_y & v_y \end{pmatrix} \begin{pmatrix} \lambda \\ \mu \end{pmatrix} = \begin{pmatrix} b_x \\ b_y \end{pmatrix}$ hat eine eindeutig bestimmte Lösung, denn $\boldsymbol{u}$ und $\boldsymbol{v}$ sind nicht kollinear, also ist $u_x v_y \neq u_y v_x$. Das bedeutet $\lambda \boldsymbol{u} + \mu \boldsymbol{v} = \boldsymbol{b}$. Jeder beliebige Vektor $\boldsymbol{b} \in \mathbb{R}^2$ lässt sich aus $\boldsymbol{u}$ und $\boldsymbol{v}$ kombinieren, weil U ein Vektorraum ist. Somit ist $U = \mathbb{R}^2$.

Die Unterräume des $\mathbb{R}^2$ sind daher $\{\mathbf{0}\}$, alle Geraden durch den Ursprung und der $\mathbb{R}^2$ selbst, vergleiche Tabelle 42.3.

Tabelle 42.3: Unterräume U zu $\mathbb{R}^1, \mathbb{R}^2, \mathbb{R}^3$. Geraden und Ebenen haben beliebige Richtungen, gehen aber immer durch den Ursprung.

dim(U)	Unterraum zu $\mathbb{R}^1$	$\mathbb{R}^2$	$\mathbb{R}^3$
0	$\{\mathbf{0}\}$	$\{\mathbf{0}\}$	$\{\mathbf{0}\}$
1	$\mathbb{R}^1$	Geraden	Geraden
2	-	$\mathbb{R}^2$	Ebenen
3	-	-	$\mathbb{R}^3$

Der Durchschnitt $U_1 \cap U_2$ von zwei Unterräumen eines Vektorraums V ist wieder ein Unterraum. Das wird in drei Schritten begründet.

▷ $\mathbf{0} \in U_1 \cap U_2$ da der Nullvektor in beiden Unterräumen enthalten ist. Der Durchschnitt ist nicht leer.

▷ Mit zwei Vektoren $\boldsymbol{u}_1, \boldsymbol{u}_2$ die beide zum Durchschnitt gehören, gehört die Summe auch zu beiden Unterräumen U_1 und U_2, also wiederum zum Durchschnitt.

▷ Mit einem Vektor $\boldsymbol{u}$, der zum Durchschnitt gehört, gehört auch ein skalares Vielfaches zu beiden Unterräumen und damit auch zum Durchschnitt.

Für eine endliche Menge $\boldsymbol{v}_1, \boldsymbol{v}_2, \ldots, \boldsymbol{v}_m \in V$ von m Vektoren eines Vektorraums V bezeichne die *lineare Hülle* die Menge aller möglichen Linearkombinationen der m Vektoren:

$$\operatorname{Lin}(\boldsymbol{v}_1, \boldsymbol{v}_2, \ldots, \boldsymbol{v}_m) = \left\{ \sum_{i=1}^{m} \lambda_i \boldsymbol{v}_i : \lambda_i \in K \right\}.$$

Sind $\boldsymbol{a}_1, \boldsymbol{a}_2, \ldots, \boldsymbol{a}_m \in V$ Vektoren eines Vektorraums V, so ist die lineare Hülle $\operatorname{Lin}(\boldsymbol{v}_1, \boldsymbol{v}_2, \ldots, \boldsymbol{v}_m)$ ein Unterraum von V. Sie wird auch als der von $\boldsymbol{v}_1, \boldsymbol{v}_2, \ldots, \boldsymbol{v}_m$ *aufgespannte Raum* bezeichnet. In Aufgabe 42.2 zeigen Sie, warum $\operatorname{Lin}(\boldsymbol{v}_1, \boldsymbol{v}_2, \ldots, \boldsymbol{v}_m)$ einen Unterraum von V bildet. Für eine unendliche Teilmenge $A \subset V$ wird die lineare Hülle $\operatorname{Lin}(A)$ als Menge aller Linearkombinationen von beliebigen endlichen Teilmengen von A bezeichnet. Damit gelten die in Tabelle 42.4 zusammengestellten Mengeneigenschaften. Für die leere Menge $\emptyset$ wird $\operatorname{Lin}(\emptyset) = \{\mathbf{0}\}$ definiert.

Tabelle 42.4: Mengeneigenschaften von linearen Hüllen mit Teilmengen A und B eines Vektorraums V.

$A \subset B \Rightarrow \operatorname{Lin}(A) \subset \operatorname{Lin}(B)$
$A \subset \operatorname{Lin}(B) \Rightarrow \operatorname{Lin}(A) \subset \operatorname{Lin}(B)$
$\operatorname{Lin}(A) \cap \operatorname{Lin}(B) = \operatorname{Lin}(\operatorname{Lin}(A) \cap \operatorname{Lin}(B))$
$\operatorname{Lin}(A \cup B) = \operatorname{Lin}(\operatorname{Lin}(A) \cup \operatorname{Lin}(B))$

Zur Überprüfung, ob ein Vektor zur linearen Hülle einer endlichen Vektormenge gehört, werden die Koeffizienten λ_i bestimmt.

Beispiel. Gegeben sind die Vektoren $\boldsymbol{a}_1 = (1, -2, 3)^\top, \boldsymbol{a}_2 = (-2, 3, 1)^\top, \boldsymbol{a}_3 = (1, -1, -4)^\top$. Bestimmen Sie, ob die Vektoren $\boldsymbol{u} = (-4, 7, -5)^\top$ und $\boldsymbol{v} = (1, -4, 6)^\top$ in der lineare Hülle $\operatorname{Lin}(\boldsymbol{a}_1, \boldsymbol{a}_2, \boldsymbol{a}_3)$ enthalten sind.

Lösung: Die Vektoren, deren Linearkombinationen die lineare Hülle aufspannen, bilden als Spaltenvektoren die Koeffizientenmatrix des Gleichungssystem für $\lambda_1, \lambda_2, \lambda_3$. Die zu prüfenden Vektoren bilden die rechte Seite.

λ_1	λ_2	λ_3	u	v	Zeilenumformung
1	−2	1	−4	1	
−2	3	−1	7	−4	$II + 2I$
3	1	−4	−5	6	$III - 3I$
1	−2	1	−4	1	$I - 2II$
0	−1	1	−1	−2	$-1\,II$
0	7	−7	7	3	$III + 7\,II$
1	0	−1	−2	5	
0	1	−1	1	2	
0	0	0	0	−11	

Für $\boldsymbol{u}$ gibt es eine Linearkombination, z.B. $\boldsymbol{u} = -2\,\boldsymbol{a}_1 + 1\,\boldsymbol{a}_2 + 0\,\boldsymbol{a}_3$ wie der Lösungsspalte zu entnehmen ist. Da die Koeffizientenmatrix jedoch einen Rangdefekt hat, sind die Koeffizienten der Linearkombination nicht eindeutig. Es gibt viele weitere Lösungen. z.B. $\boldsymbol{u} = -1\,\boldsymbol{a}_1 + 2\,\boldsymbol{a}_2 + 1\,\boldsymbol{a}_3$.

Zum Rangdefekt vergleiche Abschnitt 40.1.2.

Für $\boldsymbol{v}$ gibt es keine Linearkombination, da in der erweiterten Koeffizientenmatrix neben der Nullzeile $-11 \neq 0$ steht. Es ist also $\boldsymbol{u} \in \mathrm{Lin}(\boldsymbol{a}_1, \boldsymbol{a}_2, \boldsymbol{a}_3)$ aber $\boldsymbol{v} \notin \mathrm{Lin}(\boldsymbol{a}_1, \boldsymbol{a}_2, \boldsymbol{a}_3)$.

Jeder Vektor des $\mathbb{R}^n$ ist eine Linearkombination der n standardmäßigen *Einheitsvektoren* $\boldsymbol{e}_1, \ldots, \boldsymbol{e}_n$, also der Spalten der Einheitsmatrix von Typ $n \times n$. Die Koordinaten des Vektors sind die Koeffizienten zu den Einheitsvektoren, andere Koeffizienten sind nicht möglich, da jede Komponente durch genau einen Einheitsvektor bestimmt ist. Der $\mathbb{R}^n$ ist somit die lineare Hülle dieser n Einheitsvektoren.

Beispiel. $\boldsymbol{a} = (-1, 3, 0)^\top = (-1)\,\boldsymbol{e}_1 + 3\,\boldsymbol{e}_2 + 0\,\boldsymbol{e}_3$

42.1.3 Lineare Unabhängigkeit

Die beiden vorigen Beispielen verdeutlichen den wichtigen Unterschied zwischen *linearer Abhängigkeit* und *linearer Unabhängigkeit*.

Die Vektoren $\boldsymbol{a}_1, \boldsymbol{a}_2, \ldots, \boldsymbol{a}_k$ heißen *linear unabhängig*, wenn für eine Linearkombination $\lambda_1\boldsymbol{a}_1 + \lambda_2\boldsymbol{a}_2 + \ldots\lambda_k\boldsymbol{a}_k = \boldsymbol{0}$, die den Nullvektor ergibt, $\lambda_1 = \lambda_2 = \ldots = \lambda_k = 0$ gilt. Die Vektoren $\boldsymbol{a}_1, \boldsymbol{a}_2, \ldots, \boldsymbol{a}_k$ heißen *linear abhängig*, wenn es eine solche Linearkombination des Nullvektors gibt, bei der mindestens ein $\lambda_i \neq 0$ ist. Äquivalent dazu ist die Formulierung, dass es unter linear abhängigen Vektoren mindestens einen Vektor gibt, der eine Linearkombination der restlichen ist: Für ein $i \in \{1, \ldots, n\}$ ist

$$\boldsymbol{a}_i = \lambda_1\,\boldsymbol{a}_1 + \ldots + \lambda_{i-1}\boldsymbol{a}_{i-1} + \lambda_{i+1}\boldsymbol{a}_{i+1} + \ldots\lambda_k\boldsymbol{a}_k = \sum_{\substack{j=1\\ j\neq i}}^{k} \lambda_j\, a_j.$$

Beispiel. Die Vektoren $\boldsymbol{a}_1 = (1, -2, 3)^\top, \boldsymbol{a}_2 = (-2, 3, 1)^\top, \boldsymbol{a}_3 = (1, -1, -4)^\top$ sind linear abhängig, da $\boldsymbol{a}_1 + \boldsymbol{a}_2 + \boldsymbol{a}_3 = \mathbf{0}$ ist.

Beispiel. Ist einer der Vektoren $\boldsymbol{a}_1, \boldsymbol{a}_2, ..., \boldsymbol{a}_k$ der Nullvektor, sind $\boldsymbol{a}_1, \boldsymbol{a}_2, ..., \boldsymbol{a}_k$ linear abhängig. Ist z.B. $\boldsymbol{a}_1 = \mathbf{0}$, gilt $1\,\boldsymbol{a}_1 + 0\,\boldsymbol{a}_2 + ... + 0\boldsymbol{a}_k = \mathbf{0}$.

Eine Menge, die nur aus einem Vektor $\boldsymbol{v}$ besteht, wird in der Konsequenz genau dann als linear abhängig bezeichnet, wenn $\boldsymbol{v} = \mathbf{0}$, sonst ist sie linear unabhängig. Offenbar gilt auch: ist eine Teilmenge einer Menge M von Vektoren linear abhängig, so ist auch M linear abhängig.

Beispiel. Einheitsvektoren als Spalten der Einheitsmatrix

Im $\mathbb{R}^n$ sind die Einheitsvektoren $\boldsymbol{e}_1, \boldsymbol{e}_2, ..., \boldsymbol{e}_n$ linear unabhängig. Keiner der Einheitsvektoren lässt sich als Linearkombination der anderen Vektoren darstellen.

Es gilt: Ist $\boldsymbol{a}$ eine Linearkombination von k linear unabhängigen Vektoren $\boldsymbol{a}_1, \boldsymbol{a}_2, ..., \boldsymbol{a}_k$ so sind alle Koeffizienten λ_i eindeutig. Wenn es anders wäre, könnte aus der Differenz zweier verschiedener Kombinationen von Koeffizienten der Nullvektor kombiniert werden, was der linearen Unabhängigkeit widerspricht.

Tabelle 42.5: Die Maximalanzahl linear unabhängiger Vektoren $\mathbb{R}^n$ ist n. Für n Vektoren des $\mathbb{R}^n$ wird der Test auf lineare Unabhängigkeit angegeben.

n	Test lin. Unabh.
1	$\boldsymbol{a}_1 \neq 0$
2	$\boldsymbol{a}_1 \times \boldsymbol{a}_2 \neq 0$
3	$(\boldsymbol{a}_1 \times \boldsymbol{a}_2) \cdot \boldsymbol{a}_3 \neq 0$
beliebig	$\mathrm{rg}\,(\boldsymbol{a}_1, ..., \boldsymbol{a}_n) = n$

Für die lineare Unabhängigkeit gilt: k Vektoren $\boldsymbol{a}_1, \boldsymbol{a}_2, ..., \boldsymbol{a}_k \in \mathbb{R}^n$ sind genau dann linear unabhängig, wenn die $k \times n$-Matrix A, deren Zeilen diese Vektoren sind, $\mathrm{rg}(A) = k$ hat. Wenn sich bei Zeilenumformungen der Matrix eine Nullzeile ergibt, ist diese eine Linearkombination der k Zeilenvektoren. Da aufgrund der Eigenschaften der zulässigen Zeilenoperationen mindestens einer der Koeffizienten der Linearkombination ungleich 0 ist, sind die Vektoren also linear abhängig. Sind umgekehrt die k Vektoren linear abhängig, gibt es Zeilenoperationen, die eine Zeile zum Nullvektor macht. Zulässige Zeilenoperationen ändern nicht den Rang der Matrix, dieser ist somit kleiner als k. Tabelle 42.5 fasst die Testmöglichkeiten auf lineare Unabängigkeit zusammen. Tabelle 42.6 fasst äquivalente Formulierungen der linearen Unabhängigkeit zusammen.

Tabelle 42.6: Äquivalente Aussagen zur linearen Unabhängigkeit von Vektoren $\boldsymbol{a}_1, \boldsymbol{a}_2, ..., \boldsymbol{a}_k$ mit der Matrix $\boldsymbol{A} = (\boldsymbol{a}_1, ..., \boldsymbol{a}_k)$, deren Spalten die k Vektoren sind, und der linearen Hülle $H = \mathrm{Lin}\,(\boldsymbol{a}_1, \boldsymbol{a}_2, ..., \boldsymbol{a}_k)$

Die Vektoren $\boldsymbol{a}_1, \boldsymbol{a}_2, ..., \boldsymbol{a}_k$ sind linear unabhängig.
$\Leftrightarrow$ $\mathrm{rg}(\boldsymbol{A}) = k$
$\Leftrightarrow$ Kein Vektor $\boldsymbol{a}_i$ lässt sich als Linearkombination der übrigen Vektoren schreiben.
$\Leftrightarrow$ Für das homogene Gleichungssystem $A^\top\,\boldsymbol{x} = \mathbf{0}$ gibt es nur die triviale Lösung $\boldsymbol{x} = \mathbf{0}$.
$\Leftrightarrow$ Die Koeffizienten λ_i in $\boldsymbol{v} = \sum_i \lambda_i\,\boldsymbol{a}_i$ sind für alle $\boldsymbol{v} \in H$ eindeutig.

42.1.4 Basis

Eine *Basis* eines Vektorraumes V ist eine Menge von Vektoren, die linear unabhängig sind und V aufspannen. Für den $\mathbb{R}^n$ bilden die n Einheitsvektoren $\boldsymbol{e}_1 = (1, 0, ..., 0)^\top, \boldsymbol{e}_2 = (0, 1, ..., 0)^\top, ..., \boldsymbol{e}_n = (0, 0, ..., 1)^\top$ die natürliche Basis. Es gibt viele andere Basen. Ist $\boldsymbol{B}$ eine $n \times n$-Matrix mit $\mathrm{rg}(\boldsymbol{B}) = n$, sind die Spalten von $\boldsymbol{B}$ ebenfalls eine Basis des $\mathbb{R}^n$. Das homogene Gleichungssystem $\boldsymbol{B\lambda} = \boldsymbol{0}$ wird nämlich eindeutig mit der inversen Matrix $\boldsymbol{B}^{-1}$ gelöst: $\boldsymbol{\lambda} = \boldsymbol{B}^{-1}\boldsymbol{0} = \boldsymbol{0}$, das heißt die einzige Linearkombination für die Spalten von $\boldsymbol{B}$, die den Nullvektor ergibt, besteht nur aus Nullen. Somit sind die Spalten von $\boldsymbol{B}$ linear unabhängig. Jeder beliebige Vektor $\boldsymbol{u} \in \mathbb{R}^n$ wird durch die Spalten von $\boldsymbol{B}$ aufgespannt, was sich durch die Lösung des Gleichungssystems $\boldsymbol{B\lambda} = \boldsymbol{u}$ ergibt.

Die Anzahl der Basisvektoren heißt *Dimension* des Vektorraums. Es gilt nämlich: Besteht eine Basis eines Vektorraums V aus n Vektoren, so besteht jede andere Basis ebenfalls aus n Vektoren. Angenommen für zwei verschiedene Basen $\boldsymbol{v}_1, ..., \boldsymbol{v}_n$ und $\boldsymbol{w}_1, ..., \boldsymbol{w}_m$ von V gelte $m < n$. Da jeder Vektor $\boldsymbol{v}_i \in V$ ist und die $\boldsymbol{w}_j$ eine Basis bilden, gibt es Koeffizienten $\lambda_{i1}, ..., \lambda_{im}$, so dass $\boldsymbol{v}_i = \sum_{j=1}^{m} \lambda_{ij}\boldsymbol{w}_j$. Solche Koeffizienten gibt es für alle $i = 1, ..., n$. Die Koeffizenten-Matrix $\Lambda = \left(\lambda_{ij}\right)$ ist vom Typ $n \times m$. Da $m < n$, ist $\mathrm{rg}(\Lambda) \leq m < n$. Damit sind die Zeilen linear abhängig, denn in der Zeilenstufenform entsteht mindestens eine Nullzeile, die nichts anderes als eine nicht triviale Linearkombination der Zeilen von Λ ist. Die gleiche Linearkombination der Vektoren $\boldsymbol{v}_i$ ergibt $\boldsymbol{0}$ im Widerspruch zur linearen Unabhängigkeit der Basisvektoren $\boldsymbol{v}_1, ..., \boldsymbol{v}_n$.

42.1.5 Norm und Skalarprodukt

Sei V ein Vektorraum über dem Skalarkörper K. Eine Funktion

$\|\cdot\| : V \to \mathbb{R}_0^+, \boldsymbol{v} \to \|\boldsymbol{v}\|$ heißt eine *Norm* auf V, wenn sie diese vier Eigenschaften erfüllt:

- ▷ *Nichtnegativität*: Für alle $\boldsymbol{v} \in V$ gilt $\|\boldsymbol{v}\| \geq 0$,
- ▷ *Definitheit*: Für alle $\boldsymbol{v} \in V$ gilt $\|\boldsymbol{v}\| = 0 \Leftrightarrow \boldsymbol{v} = \boldsymbol{0}$,
- ▷ *Homogenität*: Für alle $\boldsymbol{v} \in V$ und alle $\lambda \in K$ gilt $\left\|\lambda\boldsymbol{v}\right\| = |\lambda| \cdot \|\boldsymbol{v}\|$,
- ▷ *Dreiecksungleichung*: Für alle $\boldsymbol{v}, \boldsymbol{w} \in V$ gilt $\|\boldsymbol{v} + \boldsymbol{w}\| \leq \|\boldsymbol{v}\| + \|\boldsymbol{w}\|$.

Der Vektor-Betrag aus Kapitel 37 ist eine Norm. Seine einfachen Betragsstriche bleiben für den Vektor-Betrag reserviert, für andere Normen wird der Doppelstrich verwendet. Genauso wie für die beschriebene Funktion auf V wird der Begriff *Norm* auch für den Wert $\|\boldsymbol{v}\|$ der Norm des Vektors $\boldsymbol{v}$ verwendet.

Beispiel.

- ▷ Die *reelle Betragsfunktion* $\mathbb{R} \to \mathbb{R}, x \mapsto |x|$ ist eine Norm auf $\mathbb{R}$.
- ▷ Die *komplexe Betragsfunktion* $\mathbb{C} \to \mathbb{R}, z \mapsto |z|$ ist eine Norm auf $\mathbb{C}$.

- ▷ Für eine natürliche Zahl n ist auf $\mathbb{R}^n$ die *euklidische Norm* $||\cdot||_2$ durch den Vektor-Betrag definiert

$$\mathbb{R}^n \to \mathbb{R}, \boldsymbol{x} = (x_1, x_2, \dots x_n)^\top \mapsto ||\boldsymbol{x}||_2 = |\boldsymbol{x}| = \sqrt{\sum_{i=1}^{n} x_i^2}$$

- ▷ Auf C^n wird die euklidische Norm entsprechend definiert, summiert wird über die Betragsquadrate: $||\boldsymbol{z}||_2 = |\boldsymbol{z}| = \sqrt{\sum_{i=1}^{n} |z_i|^2}$

  Im Summenzeichen stehen dann die Betragsquadrate der Komponenten z_i.
- ▷ Auf K^n wird die *Betragssummennorm, Eins-Norm* bzw. *1-Norm* definiert als

$$||\boldsymbol{x}||_1 = \sum_{i=1}^{n} |x_i|$$

- ▷ Auf K^n wird die *Maximumsnorm, Unendlich-Norm* bzw. *∞-Norm* definiert als

$$||\boldsymbol{x}||_\infty = \max_{i=1,\dots,n} |x_i|$$

- ▷ Auf $\mathbb{R}^n$ wird für $1 \leq p \in \mathbb{R}$ die *p-Norm* definiert durch

$$||\boldsymbol{x}||_p = \left(\sum_{i=1}^{n} |x_i|^p \right)^{1/p}$$

  Für $p = 1$ entspricht sie der Betragssummennorm, für $p = 2$ der euklidischen Norm.

Für einen Vektorraum V über einem Skalarkörper K mit einer Norm $||\cdot||$ wird das Paar

$$(V, ||\cdot||)$$

als *normierter Raum* über K bezeichnet. Vektorräume können mit verschiedenen Normen versehen werden. Falls nichts anderes gesagt, wird der $\mathbb{R}^n$ standardmäßig mit der euklidischen Norm versehen. Eine Norm auf einem Vektorraum induziert eine *Metrik* d, d.h. eine Abstandsfunktion. So ist mit $d(\boldsymbol{v}, \boldsymbol{w}) = ||\boldsymbol{v} - \boldsymbol{w}||$ der *Abstand* zwischen zwei Vektoren $\boldsymbol{v}, \boldsymbol{w}$ definiert.

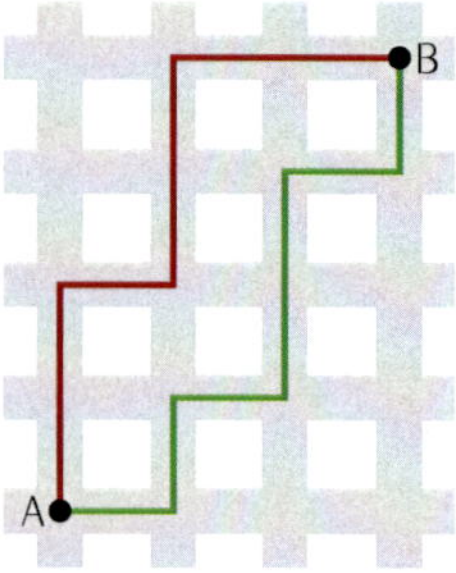

Bild 42.2: Jeder Weg in Manhattan von A nach B, der keinen Umweg nimmt, ist die Summe $|B_x - A_x| + |B_y - A_y|$.

Eine Metrik hat folgende Eigenschaften, die für alle $\boldsymbol{u}, \boldsymbol{v}, \boldsymbol{w} \in V$ und bei jeder zugrunde liegenden Norm gelten:

- ▷ $d(\boldsymbol{v}, \boldsymbol{w}) \geq 0$ wegen der Nichtnegativität der Norm,
- ▷ $d(\boldsymbol{v}, \boldsymbol{w}) = 0 \Leftrightarrow \boldsymbol{v} = \boldsymbol{w}$ wegen der Definitheit der Norm,
- ▷ $d(\boldsymbol{w}, \boldsymbol{v}) = d(\boldsymbol{v}, \boldsymbol{w})$ wegen der Homogenität der Norm,
- ▷ $d(\boldsymbol{v}, \boldsymbol{w}) \leq d(\boldsymbol{v}, \boldsymbol{u}) + d(\boldsymbol{u}, \boldsymbol{w})$ wegen der Dreiecksungleichung der Norm.

Beispiel. Der Abstand als zu fahrende Distanz zwischen zwei Orten im orthogonalen Straßengitter Manhattans ist die Summe der vertikalen und horizontalen Abstände. Die durch die Eins-Norm induzierte Metrik heißt deshalb *Manhattan-Metrik*, siehe Bild 42.2.

Mit der Metrik können Sphären und Kugeln definiert werden:
- ▷ Eine *Sphäre* mit Radius r um das Element a ist die Menge der Elemente x, für die $d(a, x) = r$ gilt.
- ▷ Eine *offene Kugel* mit Radius r um a ist die Menge der Elemente x, für die $d(a, x) < r$ gilt.
- ▷ Eine *abgeschlossene* Kugel ist durch $d(a, x) \leq r$ definiert.
- ▷ Die *Einheitskugel* hat $r = 1$.

Beispiel. Mit der euklidischen Norm ist
- ▷ im $\mathbb{R}^2$ die Sphäre um einen Punkt $\boldsymbol{v}$ die Menge $\{\boldsymbol{w} : \|\boldsymbol{v} - \boldsymbol{w}\| = r\}$ also ein *Kreis* mit Radius r um den Mittelpunkt $\boldsymbol{v}$,
- ▷ im $\mathbb{R}^3$ eine Kugel das, was auch geometrisch Kugel genannt wird.

In Aufgabe 42.17 zeichnen Sie die Einheitssphären im $\mathbb{R}^2$ auch für andere Normen.

Für einen reellen Vektorraum V heißt eine reellwertige Funktion

$$V \times V \to \mathbb{R}, (\boldsymbol{v}, \boldsymbol{w}) \mapsto \langle \boldsymbol{v}, \boldsymbol{w} \rangle$$

ein *Skalarprodukt* oder *inneres Produkt*, wenn diese Eigenschaften für alls $\boldsymbol{v}, \boldsymbol{v}_1, \boldsymbol{v}_2, \boldsymbol{w}, \boldsymbol{w}_1, \boldsymbol{w}_2 \in V$ und alle $\lambda \in K$ gelten:
- ▷ *Nichtnegativität*: $\langle \boldsymbol{v}, \boldsymbol{v} \rangle \geq 0$,
- ▷ *Definitheit*: $\langle \boldsymbol{v}, \boldsymbol{v} \rangle = 0 \Leftrightarrow \boldsymbol{v} = \boldsymbol{0}$,
- ▷ *Symmetrie*: $\langle \boldsymbol{u}, \boldsymbol{v} \rangle = \langle \boldsymbol{v}, \boldsymbol{u} \rangle$ und
- ▷ *Bilinearität*: $\begin{cases} \langle \boldsymbol{v}_1 + \boldsymbol{v}_2, \boldsymbol{w} \rangle &= \langle \boldsymbol{v}_1, \boldsymbol{w} \rangle + \langle \boldsymbol{v}_2, \boldsymbol{w} \rangle \\ \langle \lambda \boldsymbol{v}, \boldsymbol{w} \rangle &= \lambda \langle \boldsymbol{v}, \boldsymbol{w} \rangle \\ \langle \boldsymbol{v}, \boldsymbol{w}_1 + \boldsymbol{w}_2 \rangle &= \langle \boldsymbol{v}, \boldsymbol{w}_1 \rangle + \langle \boldsymbol{v}, \boldsymbol{w}_2 \rangle \\ \langle \boldsymbol{v}, \lambda \boldsymbol{w} \rangle &= \lambda \langle \boldsymbol{v}, \boldsymbol{w} \rangle \end{cases}$.

Beispiel.
- ▷ Die Multiplikation in $\mathbb{R}$, also $\mathbb{R} \times \mathbb{R} \to \mathbb{R}, (u, v) \mapsto u \cdot v$ ist ein Skalarprodukt.
- ▷ Ein Skalarprodukt im $\mathbb{R}^n$ ist das von Vektoren bekannte: $\boldsymbol{u} \cdot \boldsymbol{v} = \sum_i u_i v_i$
- ▷ Für $(w_1, w_2, ..., w_n)^\top \in \mathbb{R}^n$ mit positiven Gewichten $w_i > 0$ für alle $i = 1, ..., n$ ist ein *gewichtetes* Skalarprodukt durch $\langle \boldsymbol{u}, \boldsymbol{v} \rangle_w = \sum_{i=1}^n w_i u_i v_i$ gegeben. Für $w = (1, 1, ...1)$ ergibt sich gerade das bekannte Skalarprodukt.

Ein Vektorraum V, in dem ein Skalarprodukt definiert ist, heißt *Euklidischer Vektorraum*. Soweit nichts anderes vereinbart, wird im $\mathbb{R}^n$ das Standard-Skalarprodukt $\langle \boldsymbol{u}, \boldsymbol{v} \rangle = \boldsymbol{u} \cdot \boldsymbol{v}$ verwendet.

Ein reeller, euklidischer Vektorraum V wird V mit der Norm $\|\boldsymbol{v}\| = \sqrt{\langle \boldsymbol{v}, \boldsymbol{v} \rangle}$ versehen. Sie wird als die vom Skalarprodukt $\langle \cdot, \cdot \rangle$ *induzierte* Norm bezeichnet.

Für alle $\boldsymbol{v}, \boldsymbol{w} \in V$ gelten

- Binomische Formeln:

$$\begin{aligned} \|\boldsymbol{v}+\boldsymbol{w}\|^2 &= \|\boldsymbol{v}\|^2 + 2\langle \boldsymbol{v}, \boldsymbol{w}\rangle + \|\boldsymbol{w}\|^2 \\ \|\boldsymbol{v}-\boldsymbol{w}\|^2 &= \|\boldsymbol{v}\|^2 - 2\langle \boldsymbol{v}, \boldsymbol{w}\rangle + \|\boldsymbol{w}\|^2 \\ \langle \boldsymbol{v}+\boldsymbol{w}, \boldsymbol{v}-\boldsymbol{w}\rangle &= \|\boldsymbol{v}\|^2 - \|\boldsymbol{w}\|^2 \end{aligned}$$

- Betragsungleichung: $|\langle \boldsymbol{v}, \boldsymbol{w}\rangle| \leq \frac{1}{2} \cdot (\|\boldsymbol{v}\|^2 + \|\boldsymbol{w}\|^2)$
- Cauchy-Schwarzsche Ungleichung: $|\langle \boldsymbol{v}, \boldsymbol{w}\rangle| \leq \|\boldsymbol{v}\| \cdot \|\boldsymbol{w}\|$
- Dreiecksungleichung: $\|\boldsymbol{v}+\boldsymbol{w}\| \leq \|\boldsymbol{v}\| + \|\boldsymbol{w}\|$
- Parallelogrammgleichung: $\|\boldsymbol{v}+\boldsymbol{w}\|^2 + \|\boldsymbol{v}-\boldsymbol{w}\|^2 = 2\,(\|\boldsymbol{v}\|^2 + \|\boldsymbol{w}\|^2)$
- Skalarproduktgleichung: $\langle \boldsymbol{v}, \boldsymbol{w}\rangle = \frac{1}{4}\left(\|\boldsymbol{v}+\boldsymbol{w}\|^2 - \|\boldsymbol{v}-\boldsymbol{w}\|^2\right)$

Mit einem Skalarprodukt sind die euklidische Länge $|\mathbf{v}| = \sqrt{\mathbf{v} \cdot \mathbf{v}}$ und Winkel zwischen Vektoren durch $\cos(\angle(\boldsymbol{u}, \boldsymbol{v})) = \frac{\boldsymbol{u} \cdot \boldsymbol{v}}{|\boldsymbol{u}|\,|\boldsymbol{v}|}$ definiert.

Zwei Vektoren $\boldsymbol{u}, \boldsymbol{v}$ heißen *orthogonal*, wenn $\boldsymbol{u} \cdot \boldsymbol{v} = 0$ ist. Für orthogonale Vektoren gilt der *Satz des Pythagoras*: Sind $\boldsymbol{u}$ und $\boldsymbol{v}$ orthogonal, dann gilt: $\|\boldsymbol{u}+\boldsymbol{v}\|^2 = \|\boldsymbol{u}\|^2 + \|\boldsymbol{v}\|^2$.

Eine Menge von Vektoren heißt *orthonormal*, wenn sie paarweise orthogonal sind und alle die Länge 1 haben.

42.1.6 Lineare Abbildungen zwischen Vektorräumen und Matrizen

Eine Abbildung $f : D \to B$ heißt *lineare Abbildung*, wenn f mit der Addition und der skalaren Multiplikation vertauschbar ist, d.h. $f(x+y) = f(x) + f(y)$ für alle $x, y \in D$ und $f(\lambda x) = \lambda f(x)$ für alle $x \in D$ und $\lambda \in K$ gilt.

Offenbar macht diese Definition insbesondere dann Sinn, wenn D und B Vektorräume sind. Dann ist mit $\boldsymbol{x}, \boldsymbol{y} \in D$ auch $\boldsymbol{x}+\boldsymbol{y} \in D$ und ebenso $\lambda \boldsymbol{x} \in D$ für $\lambda \in K$. Ebenso sind in B die Ergebnisse linearer Verknüpfungen, also $f(\boldsymbol{x}) + f(\boldsymbol{y}) \in B$ und $\lambda f(\boldsymbol{x}) \in B$.

Beispiel. Ist $f : \mathbb{R} \to \mathbb{R}$ eine lineare Abbildung und $m = f(1)$, dann gilt wegen $f(\lambda x) = \lambda f(x)$ und $f(x) = f(x \cdot 1) = x\,f(1) = m\,x$. Die linearen Abbildungen von $\mathbb{R}$ nach $\mathbb{R}$ sind somit die Funktionen $f(x) = m\,x$, deren Graph durch den Ursprung verläuft.

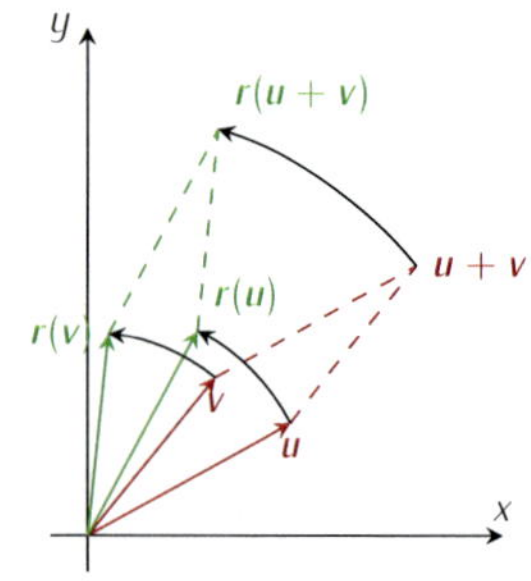

Bild 42.3: Eine Drehung r um den Ursprung ist als lineare Abbildung mit der Addition vertauschbar. Es gilt $\boldsymbol{r}(\boldsymbol{u}+\boldsymbol{v}) = \boldsymbol{r}(\boldsymbol{u}) + \boldsymbol{r}(\boldsymbol{v})$.

Beispiel. Eine Drehung um den Ursprung stellt offenbar eine lineare Abbildung dar, die mit der Addition und der skalaren Multiplikation vertauschbar ist, vergleiche Bild 42.3. Die Drehung $\boldsymbol{r}(\boldsymbol{v})$ um einen Winkel α wird durch die Drehmatrix $\boldsymbol{D}_\alpha = \begin{pmatrix} cos(\alpha) & -sin(\alpha) \\ sin(\alpha) & cos(\alpha) \end{pmatrix}$ definiert. Es ist $\boldsymbol{r}(\boldsymbol{v}) = \boldsymbol{D}_\alpha\, \boldsymbol{v}$.

So wie im Beispiel der Drehung im $\mathbb{R}^2$, lässt sich jede lineare Abbildung zwischen Vektorräumen mit gleichem Skalarkörper K als Matrix repräsentieren. Sei U ein n-dimensionaler Vektorraum mit einer Basis $\boldsymbol{u}_1, \ldots, \boldsymbol{u}_n$

und V ein m-dimensionaler Vektorraum mit einer Basis $v_1, \dots, v_m$ und $f : U \to V$ eine lineare Abbildung von U nach V. Dann definiert die Matrix $\boldsymbol{M}$ vom Typ $m \times n$ mit den Spalten $f(\boldsymbol{u}_i)$ - also genauer mit seinen Koordinaten zur Basis $v_1, \dots, v_m$ - gerade die lineare Abbildung f definiert durch $f(\boldsymbol{u}) = \boldsymbol{M}\,\boldsymbol{u}$.

Beispiel. Es sei P_3 die Menge der reellen Polynome bis zum Grad 3. Dann definiert die Ableitung $D : P_3 \to P_3$ mit $D(p) = p'$ eine lineare Abbildung. Mit der Basis x^i für $i = 0, \dots, 3$ ergibt sich $D(a_0 + a_1 x + a_2 x^2 + a_3 x^3) = a_1 + 2a_2 x + 3a_3 x^2$ durch die Matrix

$$M = \begin{pmatrix} 0 & 1 & 0 & 0 \\ 0 & 0 & 2 & 0 \\ 0 & 0 & 0 & 3 \\ 0 & 0 & 0 & 0 \end{pmatrix}.$$

Für geometrische *Transformationen* des $\mathbb{R}^2$ sind neben der *Rotation* noch *Skalierungen* wichtig. Die zugehörigen Matrizen sind Diagonalmatrizen mit den Skalierungsfaktoren als Diagonalelementen. Negative Skalierungsfaktoren schließen eine *Spiegelung* ein. Die geometrisch wichtige *Translation* ist keine lineare Transformation im $\mathbb{R}^2$. Durch die Verwendung von *homogenen Koordinaten* kann auch die Translation als Matrix repräsentiert werden. Der Punkt (x, y) des $\mathbb{R}^2$ wird in homogenen Koordinaten als $(x, y, 1)$ angegeben. Die Abbildungsmatrizen werden um eine Spalte mit dem Vektor der Translation und eine Nullzeile erweitert. Transformationen, die in homogenen Koordinaten als lineare Abbildung darstellbar sind, werden *affin* genannt.

Tabelle 42.7: Matrizen zu affinen Transformationen des $\mathbb{R}^2$ in homogenen Koordinaten. Siehe auch Abschnitt 39.1.2.

Translation um (t_x, t_y)
$\begin{pmatrix} 1 & 0 & t_x \\ 0 & 1 & t_y \\ 0 & 0 & 1 \end{pmatrix}$
Rotation um den Winkel α
$\begin{pmatrix} \cos(\alpha) & -\sin(\alpha) & 0 \\ \sin(\alpha) & \cos(\alpha) & 0 \\ 0 & 0 & 1 \end{pmatrix}$
Skalierung mit (s_x, s_y)
$\begin{pmatrix} s_x & 0 & 0 \\ 0 & s_y & 0 \\ 0 & 0 & 1 \end{pmatrix}$
Scherung der x-Achse um Winkel β
$\begin{pmatrix} 1 & 0 & 0 \\ \tan(\beta) & 1 & 0 \\ 0 & 0 & 1 \end{pmatrix}$
Scherung der y-Achse um Winkel γ
$\begin{pmatrix} 1 & \tan(\gamma) & 0 \\ 0 & 1 & 0 \\ 0 & 0 & 1 \end{pmatrix}$

Neben Translation, Rotation und Skalierung gehören auch *Scherungen* zu den geometrischen Transformationen. Bei einer Scherung der x-Achse werden die Punkte in y-Richtung um einen zum x-Wert proportionalen Wert verschoben, also $(x, y) \mapsto (x, y + \tan(\beta)\,x)$. Die x-Achse wird auf eine Gerade mit Winkel β zur Horizontale abgebildet, während die y-Achse unverändert bleibt. Bei einer Scherung der y-Achse werden Punkte (x, y) in x-Richtung um einen dem y-Wert proportionalen Wert verschoben. Die y-Achse wird auf eine Gerade mit Winkel γ zur Vertikalen abgebildet, die x-Achse bleibt unverändert.

Tabelle 42.7 stellt die Abbildungsmatrizen in homogenen Koordinaten dar.

42.1.7 *Fundamentalräume*

Für das Verständnis einer linearen Abbildungen sind die vier *Fundamentalräume* ihrer Abbildungsmatrix wesentlich. Für eine $m \times n$-Matrix $\boldsymbol{A}$, die eine Abbildung von $\mathbb{R}^n$ in den $\mathbb{R}^m$ definiert, ist der *Nullraum* die Menge von Vektoren $\boldsymbol{x} \in \mathbb{R}^n$, für die $\boldsymbol{A}\boldsymbol{x} = \boldsymbol{0}$ gilt, also die Menge der Lösungen des homogenen Gleichungssystems zur Matrix $\boldsymbol{A}$. Der Nullraum von $\boldsymbol{A}$ wird auch der *Kern* der zu $\boldsymbol{A}$ gehörigen linearen Abbildung von $\mathbb{R}^n \to \mathbb{R}^m$ genannt und mit $N(\boldsymbol{A})$ bezeichnet.

Die vier Fundamentalräume von $\boldsymbol{A}$:

- der Nullraum $N(\boldsymbol{A})$ von $\boldsymbol{A}$,
- der Zeilenraum $Z(\boldsymbol{A})$ von $\boldsymbol{A}$,
- der Spaltenraum $S(\boldsymbol{A})$ von $\boldsymbol{A}$ und
- der Nullraum $N(\boldsymbol{A}^\top)$ der transponierten Matrix $\boldsymbol{A}^\top$.

Beispiel. Die Koeffizientenmatrix zum homogenen Gleichungssystem $\begin{matrix} x - 2y = 0 \\ 4x - 8y = 0 \end{matrix}$ ist $A = \begin{pmatrix} 1 & -2 \\ 4 & -8 \end{pmatrix}$. Mit der zweiten Gleichung als Vielfaches der ersten ist das Gleichungssystem äquivalent zu $x - 2y = 0$.

Die allgemeine Lösung ergibt sich mit x als führender und y als freier Variable, die als Parameter $y = t$, $t \in \mathbb{R}$ gewählt wird durch $\begin{pmatrix} x \\ y \end{pmatrix} = t \begin{pmatrix} 2 \\ 1 \end{pmatrix}$. Der Nullraum ist somit $N(A) = \text{Lin}\left((2,1)^\top\right)$. Die Gleichung beschreibt eine Ursprungsgerade.

Kein Zufall ist, dass die Teilmenge $N(A) \subset \mathbb{R}^n$ ein Unterraum des $\mathbb{R}^n$ darstellt. Natürlich ist immer $\mathbf{0} \in N(A)$. Wird die Matrix $\boldsymbol{A}$ auf Summen von zwei Elementen von $N(A)$ oder skalare Vielfache angewandt, ergibt sich natürlich ebenfalls der Nullvektor.

Der *Zeilenraum* $Z(\boldsymbol{A}) \subset \mathbb{R}^n$ ist die lineare Hülle der Zeilen von $\boldsymbol{A}$, also $Z(\boldsymbol{A}) = \text{Lin}\left(\boldsymbol{a}_{1,}, \boldsymbol{a}_{2,}, \ldots, \boldsymbol{a}_{m,}\right)$. Als lineare Hülle ist er ein Unterraum des $\mathbb{R}^n$. Ist $\boldsymbol{x} \in N(\boldsymbol{A})$, gilt wegen $\boldsymbol{A}\boldsymbol{x} = \mathbf{0}$ offenbar $\boldsymbol{a}_{i,} \perp \boldsymbol{x}$ für $i = 1, 2, \ldots, m$. Der Nullraum und der Zeilenraum sind orthogonal zueinander.

Der *Spaltenraum* $S(\boldsymbol{A}) \subset \mathbb{R}^m$ ist die lineare Hülle der Spalten von $\boldsymbol{A}$, also $S(\boldsymbol{A}) = \text{Lin}\left(\boldsymbol{a}_{,1}, \boldsymbol{a}_{,2}, \ldots, \boldsymbol{a}_{,n}\right)$. Da die Spalten von $\boldsymbol{A}$ die Zeilen von $\boldsymbol{A}^\top$ sind, gilt $S(\boldsymbol{A}) = Z(\boldsymbol{A}^\top)$. Der Spaltenraum von $\boldsymbol{A}$ wird auch das *Bild* der zu $\boldsymbol{A}$ gehörigen linearen Abbildung von $\mathbb{R}^n \to \mathbb{R}^m$ genannt, denn er enthält alle Vektoren $\boldsymbol{y} \in \mathbb{R}^m$, auf die ein $\boldsymbol{x} \in \mathbb{R}^n$ durch $\boldsymbol{y} = \boldsymbol{A}\boldsymbol{x}$ abgebildet wird. Anders formuliert:

$$\boldsymbol{b} \in S(\boldsymbol{A}) \Leftrightarrow \text{ das Gleichungssystem } \boldsymbol{A}\boldsymbol{x} = \boldsymbol{b} \text{ ist lösbar.}$$

Der Spaltenraum der Transponierten ist natürlich identisch zum Zeilenraum $S(\boldsymbol{A}^\top) = Z(\boldsymbol{A})$. Schließlich ist der Nullraum der transponierten Matrix $N(\boldsymbol{A}^\top)$ ein Unterraum des $\mathbb{R}^m$.

Die Dimensionen dieser vier Räume ergeben sich direkt aus dem Rang der Matrix $\boldsymbol{A}$. Ist $r = \text{rg}(\boldsymbol{A})$ so hat die Matrix nach den Zeilenumformungen des Gauß-Algorithmus r führende Einsen oder führende Variablen und damit r linear unabhängige Zeilen. Es ist somit $\dim(Z(\boldsymbol{A})) = r$. Es bleiben $n - r$ freie Variablen oder $n - r$ unabhängige Parameter, mit denen der Nullraum aufgespannt wird. Damit ist $\dim(N(\boldsymbol{A})) = n - r$. Entsprechend ergeben sich die Dimensionen der andern beiden Fundamentalräume wie in Tabelle 42.8 aufgeführt.

Tabelle 42.8: Dimensionen der Fundamentalräume einer Matrix $\boldsymbol{A}$ vom Typ $m \times n$ mit Rang $r = \text{rg}(\boldsymbol{A})$.

Raum	Dimension
$N(A)$	$n - r$
$Z(A) = S(A^\top)$	r
$S(A) = Z(A^\top)$	r
$N(A^\top)$	$m - r$

Beispiel. Es werden die Fundamentalräume der 2×3-Matrix $\boldsymbol{A} = \begin{pmatrix} 1 & 1 & 0 \\ 0 & 1 & 1 \end{pmatrix}$ bestimmt.

Der Nullraum von $\boldsymbol{A}$ ist $N(\boldsymbol{A}) = \text{Lin}\left((1, -1, 1)^\top\right)$. Der Vektor ergibt sich als Vektorprodukt beider Zeilenvektoren von $\boldsymbol{A}$ und steht damit

senkrecht auf diesen.
Der Zeilenraum ist $Z(A) = \text{Lin}\left((1,1,0)^\top, (0,1,1)^\top\right)$. Das ist die Ebene im $\mathbb{R}^3$, die durch die Winkelhalbierende zwischen x- und y-Achse, sowie die Winkelhalbierende zwischen y- und z-Achse aufgespannt wird. Zeilenoperationen der Matrix verändern nicht den Zeilenraum, es ist also auch $Z(A) = \text{Lin}\left((1,0,-1)^\top, (0,1,1)^\top\right)$.
Der Spaltenraum ist $S(A) = \mathbb{R}^2$, da die Spalten den $\mathbb{R}^2$ aufspannen.
Der Nullraum der Transponierten ist $N(\boldsymbol{A}^\top) = \{\mathbf{0}\}$, da $\boldsymbol{A}^\top$ vollen Rang hat.

Am besten können Nullraum und Zeilenraum mithilfe der Matrix in reduzierter Zeilenstufenform angegeben werden. Der Nullraum wird dann von den Vektoren aufgespannt, die sich zu den Parametern der homogenen Lösung ergeben. Der Zeilenraum wird von den verbleibenden Zeilen aufgespannt, die führende Einsen enthalten. Elementare Zeilenoperationen lassen Nullraum und Zeilenraum unverändert. Anders beim Spaltenraum und dem Nullraum der Transponierten. Hier braucht es die entsprechenden Zeilenumformungen auf der transponierten Matrix.

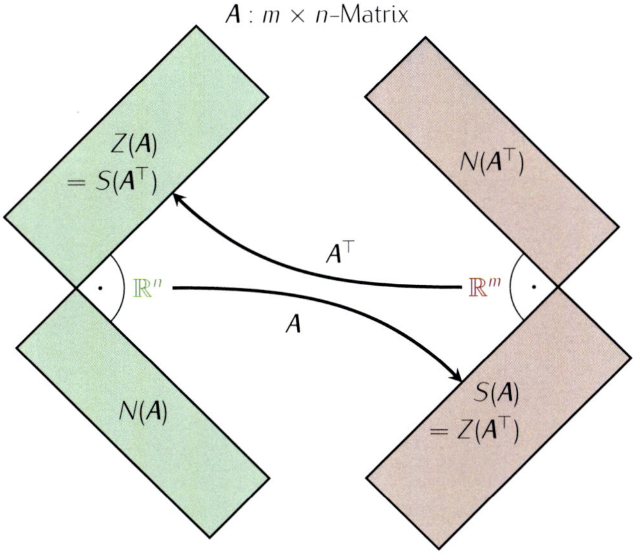

Bild 42.4: Darstellung der vier Fundamentalräume zur $m \times n$-Matrix $\boldsymbol{A}$ nach G. Gramlich. Nullraum und Zeilenraum zerlegen jeweils die Definitions- und Bildmenge der durch $\boldsymbol{A}$ definierten Abbildung. Sie haben stets nur den Nullvektor gemeinsam. Sie sind orthogonal zueinander, das heißt jeder Vektor des Nullraums steht senkrecht auf jedem Zeilenvektor. Der Spaltenraum von $\boldsymbol{A}$ und $\boldsymbol{A}^\top$ ist das Bild der jeweiligen Abbildung.

Die Zerlegung von Bild- und Definitionsmenge der linearen Abbildung in die orthogonalen Fundamentalräume wird in Bild 42.4 dargestellt. Bei der transponierten Matrix vertauschen sich die Rollen von Definitions- und Bildraum. Die Matrix $\boldsymbol{A}^\top$ ergibt aber in der Regel keine inverse Abbildung zu $\boldsymbol{A}$. Dies gilt nur für orthogonale Matrizen.

Zu orthogonalen Matrizen siehe Abschnitt 42.1.10.

42.1.8 *Basistransformation*

Für die Praxis ist ein *Basiswechsel* von besonderer Wichtigkeit. Zum Beispiel wird für die Bauplanung auf einem rechteckigen Grundstück das Koordinatensystem so gewählt, dass die Achsen auf zwei Grundstücksgrenzen liegen. Andererseits sollen wichtige Bezugspunkte des Plans in Geo-Koordinaten angegeben werden. Bezeichne $\boldsymbol{B} = (\boldsymbol{b}_1, \dots, \boldsymbol{b}_n)$ die Matrix, deren Spalten die neuen Basisvektoren sind. Bezeichne weiter $\boldsymbol{v} = \boldsymbol{v}_E$ einen Vektor des Raums, der in den Koordinaten der Standard-Basis, also den Spalten der Einheitsmatrix $\boldsymbol{E}$ gegeben ist. Dann gilt für die Darstellung $\boldsymbol{v}_B$ des Vektors $\boldsymbol{v}$ in der Basis $\boldsymbol{B}$ die Gleichung $\boldsymbol{v}_E = \boldsymbol{B}\boldsymbol{v}_B$. Die Koordinaten in der neuen Basis sind folglich durch $\boldsymbol{v}_B = \boldsymbol{B}^{-1}\boldsymbol{v}_E$ gegeben.

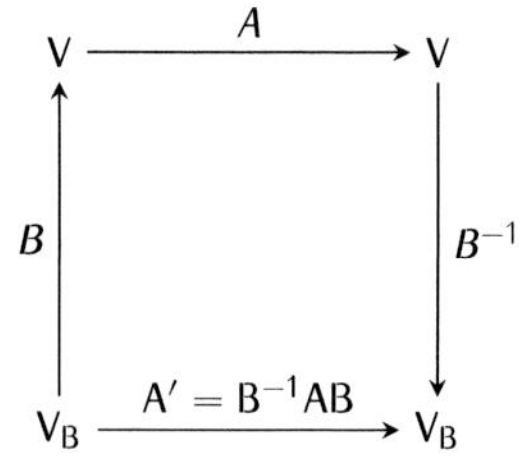

Bild 42.5: Die Transformation mit Matrix $\boldsymbol{A}$ des Vektorraums V bei einer Basistransformation. Die Spalten der Matrix $\boldsymbol{B}$ sind die neuen Basisvektoren und der Raum V_B ist mit der neuen Basis ausgestattet. Ist $\boldsymbol{v}_B$ ein Vektor in neuer Basis, wird durch $\boldsymbol{B}\,\boldsymbol{v}_B$ der Vektor in den Koordinaten der Ausgangsbasis berechnet. Die Transformationsmatrix $\boldsymbol{A}'$ unter der neuen Basis ist daher $\boldsymbol{A}' = \boldsymbol{B}^{-1}\boldsymbol{A}\boldsymbol{B}$.

Beispiel. Seien die Spalten der Matrix $\boldsymbol{B}$ eine neue Basis des $\mathbb{R}^2$. Zu einem Vektor $\boldsymbol{v}_E$ zur Standardbasis $\boldsymbol{E}_2 = (\boldsymbol{e}_x, \boldsymbol{e}_y)$ werden seine neuen Koordinaten $\boldsymbol{v}_B$ zur durch $\boldsymbol{B}$ gegebenen Basis berechnet. Mit $\boldsymbol{v}_E = (3, 2)^\top$ und $\boldsymbol{B} = \begin{pmatrix} 1 & 1 \\ 1 & -1 \end{pmatrix}$ ist $\boldsymbol{v}_B = \begin{pmatrix} 2.5 \\ 0.5 \end{pmatrix}$, da $\boldsymbol{B}\,\boldsymbol{v}_B = \begin{pmatrix} 3 \\ 2 \end{pmatrix} = \boldsymbol{v}_E$. Folglich ist auch $\boldsymbol{v}_B = \boldsymbol{B}^{-1}\,\boldsymbol{v}_E$.

Wie wirkt sich ein Basiswechsel auf die lineare Transformation eines Vektorraums aus? Dies wird in Bild 42.5 erläutert.

Beispiel. Gegeben ist die lineare Transformation des $\mathbb{R}^2$ durch die Matrix $\boldsymbol{A} = \begin{pmatrix} 1.25 & -0.75 \\ -0.75 & 1.25 \end{pmatrix}$. Ein Basiswechsel mit Basisvektoren in Richtung der Winkelhalbierenden und senkrecht dazu zeigt, wie die Transformation wirkt. Zur Basis $\boldsymbol{b}_1 = (1, 1)^\top, \boldsymbol{b}_2 = (1, -1)^\top$ gehört die Matrix $\boldsymbol{B} = \begin{pmatrix} 1 & 1 \\ 1 & -1 \end{pmatrix}$. Mit $\boldsymbol{B}^{-1} = \frac{1}{2}\boldsymbol{B}$ ergibt sich die Transformationsmatrix in der neuen Basis als $\boldsymbol{A}' = \boldsymbol{B}^{-1}\,\boldsymbol{A}\,\boldsymbol{B} = \begin{pmatrix} 0.5 & 0 \\ 0 & 2 \end{pmatrix}$. Nach dem Basiswechsel ist die Transformationsmatrix eine Diagonalmatrix. Das macht die Berechnung der Transformation in der neuen Basis einfacher und ihre Wirkung verständlicher als in der Ausgangsbasis. Die Transformation ist eine Skalierung, die in Richtung der Winkelhalbierenden um den Faktor $\frac{1}{2}$ staucht und in der senkrechten Richtung mit dem Faktor 2 streckt.

Ein Basiswechsel kann Berechnungen vereinfachen. Was bei einer 2×2-Matrix nicht relevant ist, kann bei hochdimensionalen Problemen von entscheidender Bedeutung sein. Numerisch ist es dann von Vorteil, wenn die Basis *orthogonal* ist, wenn also alle Basisvektoren paarweise senkrecht aufeinander stehen.

42.1.9 *Orthonormalisierung mit dem Verfahren von Gram-Schmidt*

Jørgen Pedersen Gram (1850-1916), Erhard Schmidt (1876-1959)

Mit dem Orthonormalisierungs-Verfahren von Gram-Schmidt wird zu einer gegebenen Basis eines Euklidischen Vektorraumes V eine orthonormale Basis berechnet. Die Spalten der Matrix $\boldsymbol{B} = \{\boldsymbol{b}_1, ..., \boldsymbol{b}_n\}$ sollen die gegebene Basis bezeichnen, die Spalten von $\boldsymbol{Q} = \{\boldsymbol{q}_1, ..., \boldsymbol{q}_n\}$ die orthonormale Basis. Die Basis $\boldsymbol{Q}$ hat die Eigenschaft, dass für alle $k = 1, ..., n$ die ersten k Vektoren aus $\boldsymbol{Q}$ den gleichen Unterraum aufspannen wie die ersten k Vektoren aus $\boldsymbol{B}$.

Der Algorithmus normiert im ersten Schritt den ersten Vektor
$\boldsymbol{q}_1 = \frac{1}{\|\boldsymbol{c}_1\|}\boldsymbol{c}_1$ mit $\boldsymbol{c}_1 = \boldsymbol{b}_1$
und in allen nächsten Schritten
$\boldsymbol{q}_k = \frac{1}{\|\boldsymbol{c}_k\|}\boldsymbol{c}_k$ mit $\boldsymbol{c}_k = \boldsymbol{b}_k - \sum_{i=1}^{k-1} P_{\boldsymbol{q}_i}(\boldsymbol{b}_k)$.
Es werden also jeweils die Projektionen des aktuellen Vektors auf die vorher bestimmten Vektoren der orthonormalen Basis subtrahiert, sodass der Rest senkrecht auf den vorigen Vektoren steht. Anschließend wird $\boldsymbol{c}_k$ normiert. Dabei wird ausgenutzt, dass sich die Projektion $P_{\boldsymbol{u}}(\boldsymbol{v}) = \frac{\boldsymbol{u}\cdot\boldsymbol{v}}{\|\boldsymbol{u}\|^2}\boldsymbol{u}$ für einen normierten Vektor $\boldsymbol{u}$ zu $P_{\boldsymbol{u}}(\boldsymbol{v}) = (\boldsymbol{u}\cdot\boldsymbol{v})\,\boldsymbol{u}$ vereinfacht, d.h. $P_{\boldsymbol{q}_i}(\boldsymbol{b}_k) = (\boldsymbol{q}_i \cdot \boldsymbol{b}_k)\,\boldsymbol{q}_i$.

Beispiel. Gegeben ist die Basis $\boldsymbol{B}$ des $\mathbb{R}^3$ mit $\boldsymbol{B} = (\boldsymbol{b}_1, \boldsymbol{b}_2, \boldsymbol{b}_3) = \begin{pmatrix} 0 & 3 & 4 \\ 3 & 5 & 0 \\ -4 & 0 & 7 \end{pmatrix}$.

Schritt 1: $\boldsymbol{c}_1 = \boldsymbol{b}_1 = (0, 3, -4)^\top$, $\boldsymbol{q}_1 = (0, 0.6, -0.8)^\top$,

Schritt 2: $P_{\boldsymbol{q}_1}(\boldsymbol{b}_2) = \left((0, 0.6, -0.8) \cdot (3, 5, 0)^\top\right)(0, 0.6, -0.8)^\top = (0, 1.8, -2.4)^\top$

$\boldsymbol{c}_2 = \boldsymbol{b}_2 - P_{\boldsymbol{q}_1}(\boldsymbol{b}_2) = (3, 3.2, 2.4)^\top$ mit $\|\boldsymbol{c}_2\| = 5$ und $\boldsymbol{q}_2 = (0.6, 0.64, 0.48)^\top$,

Schritt 3: $P_{\boldsymbol{q}_1}(\boldsymbol{b}_3) = \left((0, 0.6, -0.8) \cdot (4, 0, 7)^\top\right)(0, 0.6, -0.8)^\top = -5.6 \cdot (0, 0.6, -0.8)^\top = (0, -3.36, 4.48)^\top$ sowie

$P_{\boldsymbol{q}_2}(\boldsymbol{b}_3) = \left((0.6, 0.64, 0.48) \cdot (4, 0, 7)^\top\right)(0.6, 0.64, 0.48)^\top = 5.76 \cdot (0.6, 0.64, 0.48)^\top = (3.456, 3.6864, 2.7648)^\top$,

$\boldsymbol{c}_3 = \boldsymbol{b}_3 - (P_{\boldsymbol{q}_1}(\boldsymbol{b}_3) + P_{\boldsymbol{q}_2}(\boldsymbol{b}_3)) = (0.544, -0.3264, -0.2448)^\top$ mit $\|\boldsymbol{c}_3\| = 0.68$, also $\boldsymbol{q}_3 = (0.8, -0.48, -0.36)^\top$.
In einer Matrix geschrieben ist die orthonormale Basis
$\boldsymbol{Q} = (\boldsymbol{q}_1, \boldsymbol{q}_2, \boldsymbol{q}_3) = \begin{pmatrix} 0 & 0.6 & 0.8 \\ 0.6 & 0.64 & -0.48 \\ -0.8 & 0.48 & -0.36 \end{pmatrix}$. Bei Matrix $\boldsymbol{Q}$ sind nicht nur die Spalten sondern auch die Zeilen orthogonal zueinander, es handelt sich um eine *orthogonale* Matrix.

Da die Spalten einer orthogonalen Matrix orthogonal *und* normiert sind, könnte die Matrix auch *orthonormal* genannt werden, dieser Begriff hat sich aber bisher nicht durchgesetzt.

42.1.10 Orthogonale Transformationen

Eine quadratische Matrix $\boldsymbol{A}$ heißt *orthogonal*, wenn ihre Spalten orthonormale Vektoren sind, also jeweils senkrecht aufeinander stehen und die Länge 1 haben.

Beispiel. $A = \begin{pmatrix} 0.8 & -0.6 \\ 0.6 & 0.8 \end{pmatrix}$ ist orthogonal. Verschiedene Spalten sind orthogonal: $\begin{pmatrix} 0.8 \\ 0.6 \end{pmatrix} \cdot \begin{pmatrix} -0.6 \\ 0.8 \end{pmatrix} = -0.48 + 0.48 = 0$. Die Spalten sind normiert: $\left|\begin{pmatrix} 0.8 \\ 0.6 \end{pmatrix}\right| = \sqrt{0.8^2 + 0.6^2} = 1 = \left|\begin{pmatrix} -0.6 \\ 0.8 \end{pmatrix}\right|$

Hat eine Matrix $\boldsymbol{A}$ paarweise orthogonale Spalten, ist das Produkt $\boldsymbol{A}^\top \boldsymbol{A}$ eine Diagonalmatrix. Die Zeilen von $\boldsymbol{A}^\top$ sind die Spalten von $\boldsymbol{A}$. Da verschiedene Spalten orthogonal sind, ist die Matrix $\boldsymbol{A}^\top \boldsymbol{A}$ außerhalb der Diagonalen jeweils 0.

Beispiel. Mit $A = \begin{pmatrix} 2 & 1 & -2 \\ -1 & 2 & 1 \\ 1 & 0 & 5 \end{pmatrix}$ ist $A^\top A =$
$\begin{pmatrix} 2 & -1 & 1 \\ 1 & 2 & 0 \\ -2 & 1 & 5 \end{pmatrix} \begin{pmatrix} 2 & 1 & -2 \\ -1 & 2 & 1 \\ 1 & 0 & 5 \end{pmatrix} = \begin{pmatrix} 6 & 0 & 0 \\ 0 & 5 & 0 \\ 0 & 0 & 30 \end{pmatrix}$. Beachte: Die Matrix $\boldsymbol{A}$ ist *nicht* orthogonal, da Spalten zwar senkrecht zueinander sind, aber nicht die Länge 1 haben. Ihre Zeilen sind nicht orthogonal zueinander, deswegen ist auch $\boldsymbol{A}\boldsymbol{A}^\top$ keine Diagonalmatrix.

Sei $\boldsymbol{A}$ eine orthogonale Matrix, dann ist die Matrix $\boldsymbol{A}^\top \boldsymbol{A}$ diagonal. Da die Spalten von $\boldsymbol{A}$ auch normiert sind, ist $\boldsymbol{A}^\top \boldsymbol{A} = \boldsymbol{E}$ sogar die Einheitsmatrix $\boldsymbol{E}$. Die inverse Matrix kann einfach durch Transponierung berechnet werden.

$$\boldsymbol{A} \text{ orthogonal} \Leftrightarrow \boldsymbol{A}^\top = \boldsymbol{A}^{-1}.$$

Beispiel. Es werden die orthogonalen Matrizen vom Typ 2×2 bestimmt. Da die Spaltenvektoren einer orthogonalen Matrix normiert sind, kann die erste Spalte als $(\cos(\vartheta), \sin(\vartheta))^\top$ für einen Winkel $\vartheta \in [0, 2\pi)$ geschrieben werden. Die zweite Spalte muss senkrecht auf der ersten stehen, sie ist daher entweder $(-\sin(\vartheta), \cos(\vartheta))^\top$ oder $(\sin(\vartheta), -\cos(\vartheta))^\top$.

Im ersten Fall ist die Matrix $\boldsymbol{R} = \begin{pmatrix} \cos(\vartheta) & -\sin(\vartheta) \\ \sin(\vartheta) & \cos(\vartheta) \end{pmatrix}$ eine Rotation um den Winkel ϑ.

Im zweiten Fall ist die Matrix $\boldsymbol{S} = \begin{pmatrix} \cos(\vartheta) & \sin(\vartheta) \\ \sin(\vartheta) & -\cos(\vartheta) \end{pmatrix}$ eine Spiegelung an der Ursprungsgeraden, die zur x-Achse den halben Winkel $\alpha = \frac{\vartheta}{2}$ hat. Für $\vartheta_1 = 0$, $\vartheta_2 = \frac{\pi}{2}$ und $\vartheta_3 = \pi$ wird die Matrix $\boldsymbol{S}$ einmal $\begin{pmatrix} 1 & 0 \\ 0 & -1 \end{pmatrix}$, dann $\begin{pmatrix} 0 & 1 \\ 1 & 0 \end{pmatrix}$ und schließlich $\begin{pmatrix} -1 & 0 \\ 0 & 1 \end{pmatrix}$, also Spiegelung an der x-Achse, an der Winkelhalbierenden und an der y-Achse.

Mit der Doppelwinkelformel und $\vartheta = 2\alpha$ aus Kapitel 19 von Band 2 wird die Matrix $\boldsymbol{S} = \begin{pmatrix} \cos^2(\alpha) - \sin^2(\alpha) & 2\sin(\alpha)\cos(\alpha) \\ 2\sin(\alpha)\cos(\alpha) & -\cos^2(\alpha) + \sin^2(\alpha) \end{pmatrix}$.

Dann ist

$\boldsymbol{S}\begin{pmatrix} \cos(\alpha) \\ \sin(\alpha) \end{pmatrix} = \begin{pmatrix} \cos^3(\alpha) - \sin^2(\alpha)\cos(\alpha) + 2\sin^2(\alpha)\cos(\alpha) \\ 2\sin(\alpha)\cos^2(\alpha) - \sin(\alpha)\cos^2(\alpha) + \sin^3(\alpha) \end{pmatrix} =$

$\begin{pmatrix} \cos(\alpha)\,(\cos^2(\alpha) + \sin^2(\alpha)) \\ \sin(\alpha)\,(\cos^2(\alpha) + \sin^2(\alpha)) \end{pmatrix} = \begin{pmatrix} \cos(\alpha) \\ \sin(\alpha) \end{pmatrix}$. Der Vektor in Richtung der Spiegelungsgeraden ändert sich also nicht. Die entsprechende Rechnung mit dem dazu senkrechten Vektor $(-\sin(\alpha), \cos(\alpha))^T$ ergibt, dass dieser gerade auf den entgegengesetzten Vektor abgebildet wird.

Dass orthogonale Matrizen einfach zu invertieren sind, wird vielfältig bei der Lösung linearer Gleichungssysteme genutzt. Anwendung sind die Untersuchungen auf *Eigenvektoren* wie in Aufgabe 42.29 oder die QR-Zerlegung wie in Aufgabe 42.33.

42.2 Lernziele

Nr	Ich kann	Aufgabe	√
	Vektorräume und ihre Basen		
389	einen Vektorraum bestimmen,	42.1, 42.2, 42.3, 42.8, 42.11	
390	lineare Unabhängigkeit erkennen,	42.4, 42.3	
391	eine Menge an Vektoren als Basis eines Vektorraums bestimmen oder eine Basis finden,	42.5, 42.6, 42.7, 42.32-b	
392	den Teilraum eines Vektorraums bestimmen und eine Basis für ihn finden,	42.5, 42.8, 42.9, 42.10, 42.12	
	Euklidische Vektorräume		
393	ein Skalarprodukt in einem Vektorraum bestimmen,	42.13, 42.14, 42.15, ??, 42.27-a	
394	verschiedene Normen berechnen und unterscheiden,	42.16, 42.17, 42.19	
395	eine euklidische Norm bestimmen,	42.18	
	Lineare Abbildungen zwischen Vektorräumen		
396	eine lineare Abbildung zwischen zwei Vektorräumen bestimmen, Bild und Kern bestimmen,	42.21-ab, 42.22-a, 42.28	
397	die Matrix zu einer linearen Abbildung bestimmen,	42.20, 42.22-c, 42.23-a	
398 *	die Fundamentalräume einer linearen Abbildung bestimmen,	42.21-bcd, 42.22-bc, 42.23-bc	
399	eine Basistransformation durchführen,	42.24, 42.25, 42.32-d	
	Orthogonale Transformationen		
400	eine orthogonale Transformation erkennen,	42.25, 42.32-e	
401	die zu linearen Abbildungen gehörigen Matrizen in der Ebene und im Raum anwenden,	42.29	
402	zu euklidischen und affinen Abbildungen gehörige Matrizen erkennen (Identität, Translation, Spiegelung, Rotation und Skalierung),	42.30	
403 *	das Verfahren von Gram-Schmidt zur Berechnung einer Orthonormalbasis benutzen.	42.27-b, 42.31, 42.32-c, 42.33	

42.3 Aufgaben

Aufgabe 42.1 (15 min) Mit $(a_n)_{n\in\mathbb{N}_0}$ werde eine reellwertige Folge $a_0, a_1, a_2, a_3, \dots$ bezeichnet. Es sei S die Menge aller reellwertigen Folgen (sequences) $S = \{(a_n)_{n\in\mathbb{N}_0} : a_n \in \mathbb{R} \text{ für alle } n \in \mathbb{N}_0\}$.

a) Es soll untersucht werden, ob S ein Vektorraum ist. Überlegen Sie zunächst, wie die Addition für reellwertige Folgen definiert ist. Hinweis: Wie berechnen Sie die Summe der Folgen (a_n) und (b_n) mit $a_0 = 1, a_1 = \frac{1}{2}, a_2 = \frac{1}{4}, \dots$ und $b_0 = 1, b_1 = 2, b_2 = 3, \dots$? Geben Sie eine Vorschrift an.

b) Definieren Sie entsprechend die skalare Multiplikation in S.

c) Untersuchen Sie jetzt, ob S ein Vektorraum ist. Welche Eigenschaften von S müssen überprüft werden?

d) Ist die Teilmenge $S_k \subset S$ der konvergenten Folgen

$S_k = \{(a_n) : \text{Es gibt ein } a \in \mathbb{R} \text{ mit } \lim_{n\to\infty} a_n = a\}$ ebenfalls ein Vektorraum?

e) Ist die Teilmenge $S_d \subset S$ der divergenten Folgen ebenfalls ein Vektorraum?

Aufgabe 42.2 (5 min) Begründen Sie, warum die lineare Hülle $\text{Lin}(\boldsymbol{v}_1, \boldsymbol{v}_2, \ldots, \boldsymbol{v}_m)$ von m Vektoren eines Vektorraums V ein Unterraum von V ist.

Aufgabe 42.3 (5 min) Beenden Sie jeweils den Satz.

a) Drei Vektoren, die sich zu Null addieren, sind linear ....
b) Ein Ausdruck der Form $\lambda_1\boldsymbol{v}_1 + \lambda_2\boldsymbol{v}_2 + \lambda_3\boldsymbol{v}_3$ heißt ....
c) Die Aussage $(\lambda + \mu)\boldsymbol{a} = \lambda\boldsymbol{a} + \mu\boldsymbol{a}$ ist das ....

Aufgabe 42.4 (5 min) Es seien $\boldsymbol{v}_1, \boldsymbol{v}_2, \boldsymbol{v}_3$ und $\boldsymbol{v}_4$ Vektoren im $\mathbb{R}^3$. Welche der folgenden Aussagen ist richtig? Kreuzen Sie an.

□ Die Vektoren $\boldsymbol{v}_1, \boldsymbol{v}_2, \boldsymbol{v}_3$ und $\boldsymbol{v}_4$ sind linear unabhängig.
□ Die Vektoren $\boldsymbol{v}_1, \boldsymbol{v}_2, \boldsymbol{v}_3$ und $\boldsymbol{v}_4$ sind linear abhängig.
□ Die Vektoren $\boldsymbol{v}_1, \boldsymbol{v}_2, \boldsymbol{v}_3$ und $\boldsymbol{v}_4$ können sowohl linear unabhängig als auch linear abhängig sein.

Aufgabe 42.5 (5 min) Wie wird dieser Satz richtig fortgesetzt? Kreuzen Sie an.

Die Basis eines Vektorraums besteht aus einer ...

□ festen Anzahl linear abhängiger Vektoren.
□ beliebigen Anzahl linear abhängiger Vektoren.
□ festen Anzahl linear unabhängiger Vektoren.
□ beliebigen Anzahl linear unabhängiger Vektoren.

Aufgabe 42.6 (5 min) Welche der folgenden Aussagen über eine Teilmenge B eines Vektorraums V sind richtig? Kreuzen Sie an.

□ B ist eine Basis von V, wenn sich aus Elementen von B jeder beliebige Vektor aus V linear kombinieren lässt.
□ Wenn sich aus Elementen von B jeder beliebige Vektor aus V linear kombinieren lässt, muss B nicht unbedingt eine Basis sein.
□ B ist eine Basis von V, wenn sich aus Elementen von B jeder beliebige Vektor aus V mit einer eindeutigen Linearkombination linear kombinieren lässt.
□ Wenn sich aus Elementen von B jeder beliebige Vektor aus V mit einer eindeutigen Linearkombination linear kombinieren lässt, muss B nicht unbedingt eine Basis sein.
□ Wenn B eine Basis von V ist, ist B eine endliche Menge.
□ Wenn B eine Basis von V ist, ist B eine unendliche Menge.
□ Wenn B eine Menge von linear abhängigen Vektoren ist, ist B eine Basis von V.
□ Wenn B eine Menge von linear abhängigen Vektoren ist, muss B nicht unbedingt eine Basis von V sein.
□ Wenn B eine Menge von linear unabhängigen Vektoren ist, ist B eine Basis von V.
□ Wenn B eine Menge von linear unabhängigen Vektoren ist, muss B nicht unbedingt eine Basis von V sein.

Aufgabe 42.7 (10 min) Gegeben sind diese Vektoren des $\mathbb{R}^4$:

$$\boldsymbol{a} = \begin{pmatrix} 1 \\ 0 \\ 0 \\ 1 \end{pmatrix}, \boldsymbol{b} = \begin{pmatrix} 0 \\ -1 \\ -1 \\ 0 \end{pmatrix}, \boldsymbol{c} = \begin{pmatrix} 1 \\ 0 \\ -1 \\ 0 \end{pmatrix}, \boldsymbol{d} = \begin{pmatrix} 0 \\ 1 \\ 0 \\ -1 \end{pmatrix},$$

$$\boldsymbol{e} = \begin{pmatrix} 1 \\ -1 \\ 0 \\ 0 \end{pmatrix}, \boldsymbol{f} = \begin{pmatrix} 0 \\ 1 \\ -1 \\ 0 \end{pmatrix} \text{ und } \boldsymbol{g} = \begin{pmatrix} 0 \\ 0 \\ 1 \\ -1 \end{pmatrix}.$$

Untersuchen Sie, ob die folgenden Mengen eine Basis des $\mathbb{R}^4$ sind.

a) $A = \{\boldsymbol{a}, \boldsymbol{b}, \boldsymbol{c}, \boldsymbol{d}, \boldsymbol{e}\}$
b) $B = \{\boldsymbol{a}, \boldsymbol{b}, \boldsymbol{c}, \boldsymbol{d}\}$
c) $C = \{\boldsymbol{e}, \boldsymbol{f}, \boldsymbol{g}\}$
d) $D = \{\boldsymbol{b}, \boldsymbol{e}, \boldsymbol{f}, \boldsymbol{g}\}$

Aufgabe 42.8 (10 min) Die Teilmenge M des $\mathbb{R}^3$ ist wie folgt definiert: $M = \{(x, y, z) : x - y = 2z\}$.

Zeigen Sie, dass M ein Unterraum des $\mathbb{R}^3$ ist. Um welches geometrische Objekt handelt es sich?

Aufgabe 42.9 (5 min) Welche der folgenden Mengen ist ein Unterraum des $\mathbb{R}^2$? Kreuzen Sie an.

□ $U = \{(x_1, x_2) \in \mathbb{R}^2 : x_2 = 1\}$
□ $U = \{(x_1, x_2) \in \mathbb{R}^2 : x_1 - x_2 = 2\}$
□ $U = \{(x_1, x_2) \in \mathbb{R}^2 : x_1 = -3x_2\}$

Aufgabe 42.10 (5 min) Wie viele verschiedene eindimensionale Unterräume hat $\mathbb{R}^3$? Kreuzen Sie an.

□ einen,	□ drei,	□ sechs,
□ zwei,	□ vier,	□ unendlich viele.

Aufgabe 42.11 (10 min) Es soll gezeigt werden, dass die Menge U kein Unterraum des $\mathbb{R}^2$ ist. Es ist

$$U = \{(x, y)^\top : \frac{x}{y} \geq 1, y \neq 0\} \cup \{(0, 0)^\top\}.$$

a) Skizzieren Sie die Menge U in einem kartesischen Koordinatensystem.
b) Untersuchen Sie, ob mit $(x, y)^\top$ auch $\lambda(x, y)^\top$ zu U gehört. Finden Sie gegebenenfalls ein Gegenbeispiel.
c) Untersuchen Sie, ob mit $(x_1, y_1)^\top$ und $(x_2, y_2)^\top$ auch $(x_1, y_1)^\top + (x_2, y_2)^\top$ zu U gehört. Finden Sie gegebenenfalls ein Gegenbeispiel.

Aufgabe 42.12 (10 min) Der Durchschnitt $U_1 \cap U_2$ von zwei Unterräumen $U_1, U_2 \subset V$ ist wieder ein Unterraum des Vektorraums V. Untersuchen Sie, ob dasselbe auch für die Vereinigung $U_1 \cup U_2$ der beiden Unterräume gilt.

Aufgabe 42.13 (10 min) Für zwei Vektoren $\boldsymbol{a}, \boldsymbol{b} \in \mathbb{R}^2$ sei die Verknüpfung $\boldsymbol{a} * \boldsymbol{b}$ definiert durch $\boldsymbol{a} * \boldsymbol{b} = a_x\, b_x - a_x\, b_y + a_y\, b_x + a_y\, b_y$ in $\mathbb{R}$ definiert. Prüfen Sie, inwieweit die Verknüpfung $*$ die Eigenschaften eines Skalarproduktes hat.

Aufgabe 42.14 (10 min) Gegeben ist die Abbildung f auf $\mathbb{R}^2 \times \mathbb{R}^2$ mit $f\left((x_1, x_2)^\top, (y_1, y_2)^\top\right) = 2x_1y_1 + x_1y_2 + x_2y_1 + 2x_2y_2$.

a) Zeigen Sie, dass f ein Skalarprodukt auf $\mathbb{R}^2$ definiert.
b) Bestimmen Sie die durch dieses Skalarprodukt definierten Winkel zwischen $\boldsymbol{u} = (1, 0)^\top$ und $\boldsymbol{v} = (1, 1)^\top$ sowie zwischen $\boldsymbol{w} = (-1, 1)^\top$ und $-\boldsymbol{u}$.
c) Notieren Sie f als Multiplikation mit einer Matrix.

Aufgabe 42.15 (10 min) Sei durch $f(\boldsymbol{x}, \boldsymbol{y})$ eine bilineare, skalarwertige Abbildung auf dem $\mathbb{R}^n$ gegeben. Dann gibt es eine $n \times n$-Matrix A, so dass $f(\boldsymbol{x}, \boldsymbol{y}) = \boldsymbol{x}^\top \boldsymbol{A}\, \boldsymbol{y}$ ist.
Zeigen Sie diese Aussage für den $\mathbb{R}^2$, indem Sie f auf die Einheitsvektoren $\boldsymbol{e}_x$ und $\boldsymbol{e}_y$ anwenden. Wie kann $\boldsymbol{A}$ mithilfe von f bestimmt werden?

Aufgabe 42.16 (5 min) Gegeben die vier Vektoren des $\mathbb{R}^3$:

$$\boldsymbol{a} = \begin{pmatrix} 5 \\ -1 \\ 2 \end{pmatrix}, \boldsymbol{b} = \begin{pmatrix} 0 \\ 0 \\ 1 \end{pmatrix}, \boldsymbol{c} = \begin{pmatrix} 1 \\ -1 \\ 1 \end{pmatrix} \text{ und } \boldsymbol{d} = \begin{pmatrix} 3 \\ 0 \\ -4 \end{pmatrix}.$$

Berechnen Sie jeweils die Norm jedes Vektors in

a) der euklidischen Norm,
b) der Maximumsnorm,
c) in der Eins-Norm.

Aufgabe 42.17 (5 min) Skizzieren Sie die Einheitssphären S_1 um den Ursprung im $\mathbb{R}^2$ bezüglich der Eins-Norm, der euklidischen Norm und der Maximumsnorm.

Aufgabe 42.18 (5 min) Sei $\boldsymbol{v}$ ein Vektor des Raum $\mathbb{R}^n$, der mit einer Norm $\|\cdot\|$ versehen ist, und A eine orthogonale Matrix. Welche der folgenden Bedingungen muss erfüllt sein, damit diese Gleichheit besteht: $\left\|A\,\boldsymbol{v}\right\| = \|\boldsymbol{v}\|$. Kreuzen Sie an.

- ☐ Die Gleichheit ist ohne weitere Bedingungen immmer gegeben.
- ☐ Die Gleichheit gilt, wenn $\|\cdot\|$ die euklidische Norm ist.
- ☐ Die Gleichheit gilt, wenn $\|\cdot\|$ die euklidische Norm ist und $\boldsymbol{v}$ ein Einheitsvektor ist.

Aufgabe 42.19 (5 min) Es geht um die *Homogenität* einer Norm. Was bedeutet es, dass die Norm $\|\cdot\|$ homogen ist? Kreuzen Sie an.

- ☐ Es ist $\|\boldsymbol{v}\| \geq 0$ für alle Vektoren $\boldsymbol{v}$ des Vektorraums.
- ☐ Es ist $\|\lambda\, \boldsymbol{v}\| = \lambda\, \|\boldsymbol{v}\|$ für alle Vektoren $\boldsymbol{v}$ und alle Skalare λ des Skalarkörpers.
- ☐ Es ist $\|\lambda\, \boldsymbol{v}\| = |\lambda|\, \|\boldsymbol{v}\|$ für alle Vektoren $\boldsymbol{v}$ und alle Skalare λ des Skalarkörpers.
- ☐ Die rechte Seite b der Gleichung $\|\lambda\, \boldsymbol{v}\| - \|\boldsymbol{v}\| = b$ ist gleich Null.

Aufgabe 42.20 (10 min) Im $\mathbb{R}^3$ wird die lineare Abbildung f als Projektion aller Vektoren auf die Ebene definiert, die durch die Winkelhalbierenden der x-y- und der y-z-Ebene aufgespannt wird. Bestimmen Sie die zu der Abbildung f gehörende Matrix $\boldsymbol{A}$.

Aufgabe 42.21 (15 min) Gegeben ist die Matrix $\boldsymbol{A} = \begin{pmatrix} 1 & 2 & 0 \\ 3 & 5 & 0 \end{pmatrix}$.

a) Geben Sie Definitions- und Zielmenge der zu $\boldsymbol{A}$ gehörigen Abbildung an.

b) Erläutern Sie die Begriffe *Bild* und *Kern* einer linearen Abbildungen und setzen Sie sie in Beziehung zu den vier Fundamentalräumen von $\boldsymbol{A}$.

c) Bestimmen Sie die Dimensionen der Fundamentalräume und stellen Sie sie graphisch dar.

d) Geben Sie jeweils eine Basis für die vier Fundamentalräume von $\boldsymbol{A}$ an.

Aufgabe 42.22 (10 min) Gegeben ist eine lineare Abbildung vom $\mathbb{R}^4$ in den $\mathbb{R}^5$.

a) Geben Sie den Typ der zugehörigen Matrix $\boldsymbol{A}$ an.

b) Welche Dimensionen haben die Fundamentalräume von $\boldsymbol{A}$, wenn $\text{rg}(\boldsymbol{A}) = 3$?

c) Geben Sie ein Beispiel für eine solche Matrix an und jeweils eine Basis der vier Fundamentalräume.

Aufgabe 42.23 (10 min) Gegeben ist die lineare Abbildung von $\mathbb{R}^3$ nach $\mathbb{R}^3$, die die Einheitsvektoren $\boldsymbol{e}_1$ und $\boldsymbol{e}_2$ auf die Differenzen der Einheitsvektoren $\boldsymbol{e}_1 - \boldsymbol{e}_2$ bzw. $\boldsymbol{e}_2 - \boldsymbol{e}_3$ abbildet und $\boldsymbol{e}_3$ auf die Differenz $\boldsymbol{e}_1 - \boldsymbol{e}_3$.

a) Notieren Sie die zur linearen Abbildung gehörige Matrix $\boldsymbol{A}$.

b) Bestimmen Sie den Rang von $\boldsymbol{A}$.

c) Geben Sie jeweils eine Basis für die Fundamentalräume von $\boldsymbol{A}$ an.

Aufgabe 42.24 (5 min) Gesucht sind die Koordinaten (u_1, u_2) eines Vektors $\boldsymbol{v} \in \mathbb{R}^2$ in der durch $\boldsymbol{b}_1, \boldsymbol{b}_2$ gegebenen Basis. $\boldsymbol{b}_1$ und $\boldsymbol{b}_2$ sind die Spalten der Matrix $\boldsymbol{B} = \begin{pmatrix} 1 & -1 \\ 1 & 1 \end{pmatrix}$ und $\boldsymbol{v} = \begin{pmatrix} 3 \\ -1 \end{pmatrix}$. Veranschaulichen Sie die Basistransformation in einer Skizze.

Aufgabe 42.25 (10 min) Gegeben die Matrix $\boldsymbol{B} = \frac{1}{7}\begin{pmatrix} -6 & 2 & 3 \\ 2 & -3 & 6 \\ 3 & 6 & 2 \end{pmatrix}$.

Berechne für die Vektoren $v_1 = (0, 1, 2)^\top, v_2 = (0, 2, 1)^\top, v_3 = (1, 0, 2)^\top, v_4 = (2, -1, 0)^\top$ jeweils die Koordinaten der durch die Spalten von $\boldsymbol{B}$ gegebenen Basis. Welche Besonderheit weist die Matrix $\boldsymbol{B}$ auf?

Aufgabe 42.26 (10 min) Betrachten Sie den Vektorraum P_n der Polynome vom Grad kleiner gleich n, also aller *Polynome* der Form $a_0 + a_1 x + ... + a_n x^n$. Eine Basis dieses Vektorraums sind die *Monome* $1, x, ..., x^n$, da sich jedes Polynom mit Grad kleiner gleich n als Linearkombination dieser Monome schreiben lässt. Bestimmen Sie das Skalarprodukt $\langle p, q \rangle$ für $p, q \in P_n$, mit dem diese Basis eine Orthonormalbasis wird, in der alle Monome normiert und paarweise orthogonal zueinander sind.

Aufgabe 42.27 (20 min) Im Vektorraum P_3 der reellen Polynome vom Grad 3 bilden die Funktionen $p_0(x) = 1, p_1(x) = x, p_2(x) = x^2$ und $p_3(x) = x^3$ eine Basis. Zwischen zwei Polynomen sei die Verknüpfung $f \otimes g = \int_0^1 f(x)\, g(x)\, dx$ definiert.

a) Zeigen Sie, dass durch $f \otimes g$ ein Skalarprodukt definiert ist.
b) Bestimmen Sie mit dem Gram-Schmidt Verfahren eine orthonormale Basis des Vektorraums.

Aufgabe 42.28 (15 min) Durch eine $m \times n$-Matrix $\boldsymbol{A}$ wird eine lineare Abbildung definiert.

a) Geben Sie den Definitionsbereich D von $\boldsymbol{A}$ an.
b) Geben Sie die Zielmenge von $\boldsymbol{A}$ an.
c) $S(\boldsymbol{A})$ ist das *Bild* der Abbildung, also die Menge $\{\boldsymbol{A}\boldsymbol{x} : \boldsymbol{x} \in D\}$. Ist $S(\boldsymbol{A})$ ein Vektorraum?
d) Es seien die Dimensionen gegeben $d = \dim(D)$ und $b = \dim(S(\boldsymbol{A}))$. Ergänzen Sie in dem Kästchen zwischen den Variablen das passende Ungleichheitszeichen $<, \leq, \geq, >$, ein Gleichheitszeichen $=$ oder das Zeichen $\lesseqgtr$, wenn keine Aussage möglich ist.
$b \square d, \quad b \square n, \quad d \square n, \quad b \square m, \quad d \square m, \quad m \square n.$
e) $\boldsymbol{A}$ habe einen Rangdefekt. Welche Aussagen gelten jetzt? Ergänzen Sie mit den gleichen Zeichen zwischen den Variablen
$b \square d, \quad b \square n, \quad d \square n, \quad b \square m, \quad d \square m, \quad m \square n.$

Aufgabe 42.29 (20 min) Gesucht ist die orthonormale Transformation des $\mathbb{R}^3$ in sich selbst, bei dem der erste Einheitsvektor $\boldsymbol{e}_1 = \boldsymbol{e}_x = (1,0,0)^\top$ in die Richtung des Vektors $(4,0,3)^\top$ und der zweite Einheitsvektor $\boldsymbol{e}_2 = \boldsymbol{e}_y = (0,1,0)^\top$ in die Richtung des Vektors $(3,12,-4)^\top$ abgebildet wird.

a) Bestimmen Sie die Abbildungsmatrizen $\boldsymbol{A}$ und $\boldsymbol{A}'$ der beiden möglichen Transformationen.
b) Zeigen Sie, dass die Abbildung zu $\boldsymbol{A}$ einen *Eigenvektor* $\boldsymbol{v}$ besitzt, d.h. einen Vektor, für den $\boldsymbol{A}\boldsymbol{v}$ $\boldsymbol{v}$. Tipp: $\boldsymbol{v}$ ist Lösung des homogenen Gleichungssystems zu einer der beiden Matrizen $\boldsymbol{E} - \boldsymbol{A}$ bzw. $\boldsymbol{E} + \boldsymbol{A}$.
c) Beschreiben Sie die durch $\boldsymbol{A}$ bewirkte Transformation geometrisch.
d) Finden Sie einen entsprechenden Eigenvektor zur Matrix $\boldsymbol{A}'$ und beschreiben Sie die Geometrie dieser Transformation.

Aufgabe 42.30 (5 min) Folgende Matrizen vom Typ 2×2 sind gegeben: $\boldsymbol{A} = \begin{pmatrix} 2 & 0 \\ 0 & 2 \end{pmatrix}$, $\boldsymbol{B} = \begin{pmatrix} 1 & 0 \\ 0 & 3 \end{pmatrix}$, $\boldsymbol{C} = \begin{pmatrix} 1 & 0 \\ 0 & -1 \end{pmatrix}$, $\boldsymbol{D} = \begin{pmatrix} 0.8 & -0.6 \\ 0.6 & 0.8 \end{pmatrix}$, $\boldsymbol{E} = \begin{pmatrix} 1 & 0 \\ 0 & 1 \end{pmatrix}$, $\boldsymbol{F} = \begin{pmatrix} -1 & 0 \\ 0 & -1 \end{pmatrix}$.

Welche Transformation führt die jeweile Matrix durch?

Aufgabe 42.31 (15 min) Gegeben die Vektoren

$$\boldsymbol{a} = \begin{pmatrix} 9 \\ -12 \\ 20 \end{pmatrix}, \boldsymbol{b} = \begin{pmatrix} 18 \\ 16 \\ 9 \end{pmatrix} \text{ und } \boldsymbol{c} = \begin{pmatrix} -5 \\ 715 \\ 525 \end{pmatrix}.$$

Berechnen Sie die Projektion $P_{\boldsymbol{a}}(\boldsymbol{b})$ und den Vektor $\boldsymbol{d} = \boldsymbol{b} - P_{\boldsymbol{a}}(\boldsymbol{b})$. Welche Eigenschaft hat dieser Vektor in Bezug auf $\boldsymbol{a}$? Berechnen Sie die Projektionen $P_{\boldsymbol{a}}(\boldsymbol{c})$ und $P_{\boldsymbol{d}}(\boldsymbol{c})$ sowie den Vektor $\boldsymbol{f} = \boldsymbol{c} - P_{\boldsymbol{a}}(\boldsymbol{c}) - P_{\boldsymbol{d}}(\boldsymbol{c})$. Wie stehen die Vektoren $\boldsymbol{a}, \boldsymbol{d}$ und $\boldsymbol{f}$ zueinander? Berechnen Sie die Einheitsvektoren zu diesen drei Vektoren. Erklären Sie die Rechnung und Ihr Ergebnis. Tipp: Gram-Schmidt-Verfahren.

$$A = \begin{pmatrix} 0 & 0 & -1 & -1 \\ 0 & -1 & 0 & 0 \\ -1 & 0 & 0 & 1 \\ -1 & 0 & 1 & 0 \end{pmatrix}$$

Aufgabe 42.32 (25 min) Untersucht wird die lineare Transformation des $\mathbb{R}^4$, die durch die nebenstehende Matrix $\boldsymbol{A}$ gegeben ist.

a) Berechnen Sie die Multiplikation $\boldsymbol{A}\boldsymbol{b}_1$ mit dem Vektor $\boldsymbol{b}_1 = (1,0,-1,-1)^\top$.
b) Ergänzen Sie den Vektor $\boldsymbol{b}_1$ mit geeigneten Vektoren der Standardbasis des $\mathbb{R}^4$ zu einer neuen Basis. Wie viele Vektoren enthält diese Basis?
c) Überführen Sie die gefundene Basis mit dem Gram-Schmidt-Verfahren in eine Orthonormal-Basis.
d) Berechnen Sie die Abbildungsmatrix $\boldsymbol{A}'$ unter der neuen Basis.
e) Beschreiben Sie die Abbildung aufgrund der gefundenen Abbildungsmatrix.

Aufgabe 42.33 (20 min) Die *QR-Zerlegung* zerlegt die Matrix $\boldsymbol{A}$ vom Typ $n \times n$ in eine orthogonale Matrix $\boldsymbol{Q}$ und eine obere Dreiecksmatrix $\boldsymbol{R}$, sodass $\boldsymbol{Q}\,\boldsymbol{R} = \boldsymbol{A}$ gilt.

a) Die Spalten der Matrix $\boldsymbol{Q}$ werden als orthonormale Basis aus den Spalten von $\boldsymbol{A}$ mit dem Gram-Schmidt-Verfahren berechnet. Begründen Sie, dass dann mit $\boldsymbol{R} = \boldsymbol{Q}^\top \boldsymbol{A}$ eine obere Dreiecksmatrix entsteht.

b) Berechnen Sie die QR-Zerlegung für Matrix $\boldsymbol{A} = \begin{pmatrix} -4 & 4 & -2 \\ 4 & 1 & 4 \\ 7 & 3 & -6 \end{pmatrix}$.

42.4 Lösungen

Lösung 42.1

a) Die Addition der beiden Beispielfolgen ist die Summe der jeweiligen Folgenglieder: $1+1, \frac{1}{2}+2, \frac{1}{4}+3, \dots$. D.h. die Addition von zwei Folgen (a_n) und (b_n) ist die Folge $(a_n + b_n)$.

b) Die skalare Multiplikation der Folge (a_n) mit $\lambda \in \mathbb{R}$ ist die Folge $(\lambda\, a_n)$.

c) *Assoziativität* und *Kommutativität* ergeben sich aus den entsprechenden Eigenschaften der Addition. Es ist etwa $(a_n) + (b_n) = (a_n + b_n) = (b_n + a_n) = (b_n) + (a_n)$. Der *Nullvektor* ist die Folge, bei der alle Folgenglieder 0 sind - der Begriff *Nullfolge* passt nicht, da dieser gegen 0 konvergierende Folgen bezeichnet. Das *inverse Element bezüglich der Addition* ist $(-a_n)$. Das *Assoziativgesetz* folgt entsprechend, das *neutrale Element der skalaren Multiplikation* ist 1. Die *Distributivgesetze* werden durch elementweise Rechnung von $\mathbb{R}$ geerbt.

Vgl. die Regeln bei der Definition des Vektorraums in Tabelle 42.1

d) Alle Eigenschaften des Vektorraums werden von S geerbt. Zu zeigen ist nur, dass die Teilmenge S_d konvergenter Folgen bezüglich der Addition und der skalaren Multiplikation abgeschlossen ist.
Mit $(a_n), (b_n) \in S_k$ gibt es Grenzwerte a und b, sodass $a_n \to a$ und $b_n \to b$. Dann ist die Folge $(a_n) + (b_n) = (a_n + b_n)$ nach den Regeln für konvergente Folgen ebenfalls konvergent und es gilt $a_n + b_n \to a + b$, also $(a_n) + (b_n) \in S_k$. Entsprechend gilt mit $a_n \to a$ auch $\lambda\, a_n \to \lambda a$, also $\lambda\,(a_n) \in S_k$.

e) Die Teilmenge der divergenten Folgen bildet keinen Vektorraum, denn sie hat weder einen Nullvektor, noch ist sie bezüglich der Addition oder der skalaren Multiplikation abgeschlossen: $(a_n) = (n + \frac{1}{n})$ ist divergent, ebenso $(b_n) = (1 - n)$, aber $(a_n) + (b_n) = (n + \frac{1}{n}) + (1 - n) = 1 + \frac{1}{n}$ ist konvergent gegen 1. Ebenso ist $0\,(a_n)$ konvergent.

Lösung 42.2 Die lineare Hülle $H = \mathrm{Lin}\,(\boldsymbol{v}_1, \boldsymbol{v}_2, \dots, \boldsymbol{v}_m)$ ist nicht leer, da der Nullvektor in H ist: $\boldsymbol{0} = \sum_i 0\,\boldsymbol{v}_i \in H$. Die lineare

Hülle H ist abgeschlossen gegenüber der Addition: Sind $\boldsymbol{u}, \boldsymbol{w}$ zwei Vektoren aus der linearen Hülle, gibt es Koeffizienten $\lambda_1, \ldots, \lambda_m$ und $\mu_1, \ldots, \mu_m$, so dass $\boldsymbol{u} = \sum_i \lambda_i \boldsymbol{v}_i$ und $\boldsymbol{w} = \sum_i \mu_i \boldsymbol{v}_i$. Dann ist $\boldsymbol{u}+\boldsymbol{w} = \sum_i (\lambda_i + \mu_i)\, \boldsymbol{v}_i$ ebenfalls eine Linearkombination der Vektoren $\boldsymbol{v}_i$ und damit Element der linearen Hülle. Die lineare Hülle H ist ebenfalls abgeschlossen gegenüber der skalaren Multiplikation, wie aus $\lambda\, \boldsymbol{w} = \sum_i (\lambda \mu_i)\, \boldsymbol{v}_i$ folgt. Die lineare Hülle H ist eine nichtleere Teilmenge von V, die gegenüber der Addition und der skalaren Multiplikation abgeschlossen ist, und damit ein Unterraum von V.

Lösung 42.3
a) Drei Vektoren, die sich zu Null addieren sind linear *abhängig*.
b) Ein Ausdruck der Form $\lambda_1 \boldsymbol{v}_i + \lambda_2 \boldsymbol{v}_2 + \lambda_3 \boldsymbol{v}_3$ heißt *Linearkombination*.
c) Die Aussage $(\lambda + \mu)\boldsymbol{a} = \lambda \boldsymbol{a} + \mu \boldsymbol{a}$ ist das *Distributivgesetz*.

Lösung 42.4 Richtig ist: Mehr als drei Vektoren aus dem $\mathbb{R}^3$ können nicht linear unabhängig sein. Die vier Vektoren sind also immer linear abhängig.

Lösung 42.5 Die Basis eines Vektorraums besteht aus einer ...
- ☐ festen Anzahl linear abhängiger Vektoren. *Vektoren einer Basis sind immer linear unabhängig.*
- ☐ beliebigen Anzahl linear abhängiger Vektoren.
- ☒ festen Anzahl linear unabhängiger Vektoren.
- ☐ beliebigen Anzahl linear unabhängiger Vektoren. *Für einen endlich-dimensionalen Vektorraum der Dimension n besteht jede Basis aus genau n Vektoren.*

Beachten Sie dazu diese Anmerkungen:
- ▷ Das Gesagte gilt nur für endlich-dimensionale Vektorräume.
- ▷ Die maximale Anzahl linear unabhängiger Vektoren heißt die Dimension des Vektorraums.
- ▷ Die Basis selbst ist nicht eindeutig.
- ▷ In einem Vektorraum der Dimension n ist jede Teilmenge von n linear unabhängigen Vektoren eine Basis.

Lösung 42.6
- ☐ B ist eine Basis von V, wenn sich aus Elementen von B jeder beliebige Vektor aus V linear kombinieren lässt.
- ☒ Wenn sich aus Elementen von B jeder beliebige Vektor aus V linear kombinieren lässt, muss B nicht unbedingt eine Basis sein.
- ☒ B ist eine Basis von V, wenn sich aus Elementen von B jeder beliebige Vektor aus V mit einer eindeutigen Linearkombination linear kombinieren lässt.
- ☐ Wenn sich aus Elementen von B jeder beliebige Vektor aus V mit einer eindeutigen Linearkombination linear kombinieren lässt, muss B nicht unbedingt eine Basis sein.

- ☐ Wenn B eine Basis von V ist, ist B eine endliche Menge. *Ebenso falsch wie die nächste Möglichkeit: Es gibt endlich- und unendlichdimensionale Vektorräume.*
- ☐ Wenn B eine Basis von V ist, ist B eine unendliche Menge.
- ☐ Wenn B eine Menge von linear abhängigen Vektoren ist, ist B eine Basis von V.
- ☐ Wenn B eine Menge von linear abhängigen Vektoren ist, muss B nicht unbedingt eine Basis von V sein. *Eine Basis muss immer aus linear unabhängigen Vektoren bestehen, deswegen kann eine Menge linear abhängiger Vektoren niemals eine Basis sein.*
- ☐ Wenn B eine Menge von linear unabhängigen Vektoren ist, ist B eine Basis von V.
- ☒ Wenn B eine Menge von linear unabhängigen Vektoren ist, muss B nicht unbedingt eine Basis von V sein. *Richtig, denn B muss außerdem V aufspannen können.*

Lösung 42.7

a) A enthält fünf Vektoren. Fünf Vektoren im $\mathbb{R}^4$ sind linear abhängig. Deswegen kann A keine Basis sein.

b) B ist keine Basis, denn die Vektoren sind linear abhängig $\boldsymbol{a} + \boldsymbol{b} - \boldsymbol{c} + \boldsymbol{d} = \boldsymbol{0}$.

c) C ist keine Basis des $\mathbb{R}^4$, da C nur drei Vektoren enthält.

d) D ist eine Basis des $\mathbb{R}^4$. Dazu wird die Matrix S mit den Spaltenvektoren $\boldsymbol{b}, \boldsymbol{e}, \boldsymbol{f}$ und $\boldsymbol{g}$ auf Zeilenstufenform gebracht. Es ist $S = (\boldsymbol{b}, \boldsymbol{e}, \boldsymbol{f}, \boldsymbol{g}) = \begin{pmatrix} 0 & 1 & 0 & 0 \\ -1 & -1 & 1 & 0 \\ -1 & 0 & -1 & 1 \\ 0 & 0 & 0 & -1 \end{pmatrix}$. Die Rechnung ist unten notiert und ergibt vier Stufen. Damit sind die vier Vektoren linear unabhängig und D ist somit eine Basis des $\mathbb{R}^4$.

0	1	0	0	II vertauschen
−1	−1	1	0	I
−1	0	−1	1	
0	0	0	−1	
−1	−1	1	0	$(-1) \cdot I$
0	1	0	0	II
−1	0	−1	1	$III - I$
0	0	0	−1	IV
1	1	−1	0	I
0	1	0	0	II
0	1	−2	1	$III - II$
0	0	0	−1	IV
1	1	−1	0	I
0	1	0	0	II
0	0	−2	1	$(-\frac{1}{2}) \cdot III$
0	0	0	−1	$(-1) \cdot IV$
1	1	−1	0	Vier Stufen
0	1	0	0	Rang ist 4
0	0	1	$-\frac{1}{2}$	
0	0	0	1	

Lösung 42.8 Es reicht zu zeigen, dass M unter der Addition und der skalaren Multiplikation abgeschlossen ist: Seien $\boldsymbol{u}, \boldsymbol{v} \in M$ dann gilt $u_x - u_y = 2u_z$ und $v_x - v_y = 2v_z$. Der Vektor $\boldsymbol{u} + \boldsymbol{v} = (u_x + v_x, u_y + v_y, u_z + v_z)$ erfüllt $(u_x + v_x) - (u_y + v_y) = 2(u_z + v_z)$ wie sich aus der Addition beider Gleichungen ergibt. Damit ist auch $\boldsymbol{u} + \boldsymbol{v} \in M$. Ebenso ergibt sich aus der Multiplikation der Gleichung $u_x - u_y = 2u_z$ mit $\lambda \in \mathbb{R}$, dass mit $\boldsymbol{u}$ auch $\lambda\boldsymbol{u} \in M$.

Lösung 42.9

- ☐ $U = \{(x_1, x_2) \in \mathbb{R}^2 | x_2 = 1\}$, es ist $(0,1) \in U$ aber $2 \cdot (0,1) = (0,2) \notin U$.
- ☐ $U = \{(x_1, x_2) \in \mathbb{R}^2 | x_1 - x_2 = 2\}$, es ist $(3,1) \in U$ aber $2 \cdot (3,1) = (6,2) \notin U$.
- ☒ $U = \{(x_1, x_2) \in \mathbb{R}^2 | x_1 = -3x_2\}$, mit (x_1, x_2) und $(y_1, y_2) \in U$ gilt $x_1 = -3x_2$ und $y_1 = -3y_2$ also auch $x_1 + y_1 = -3 \cdot (x_2 + y_2)$ d.h. $(x_1, x_2) + (y_1, y_2) = (x_1 + y_1, x_2, y_2) \in U$. Entsprechend bei skalarer Multiplikation.

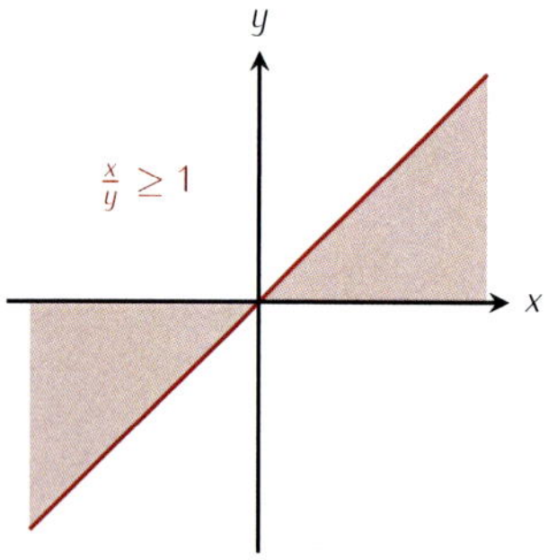

Bild 42.6: U ist die Fläche zwischen der Winkelhalbierenden und der x-Achse.

Lösung 42.10 Da jede Gerade durch den Ursprung ein Unterraum von $\mathbb{R}^3$ ist, gibt es unendlich viele eindimensionale Unterräume.

Lösung 42.11

a) Die Fläche ist in Bild 42.6 skizziert. Die Winkelhalbierende gehört zu U, die x-Achse nicht. Außer den trivialen Unterräumen hat $\mathbb{R}^2$ nur Geraden, die durch den Ursprung gehen, als Unterräume. Offenbar handelt es sich nicht um einen Unterraum.

b) Es gilt $\boldsymbol{u} = (x, y)^\top \in U \Rightarrow \lambda\boldsymbol{u} = (\lambda x, \lambda y)^\top \in U$, da für $\lambda \neq 0$ in der Bestimmungsungleichung $\frac{x}{y} \geq 1$ von U gekürzt werden kann, und für $\lambda = 0$ die explizite Hinzunahme des Ursprungs in der Definition von U wirkt.

c) Es muss also Vektoren $\boldsymbol{u}_1 = (x_1, y_1)^\top, \boldsymbol{u}_2 = (x_2, y_2)^\top \in U$ geben, sodass $\boldsymbol{u}_1 + \boldsymbol{u}_2 = (x_1 + x_2, y_1 + y_2)^\top \notin U$.
U enthält nur Vektoren, deren beide Komponenten gleiches Vorzeichen haben, wenn sie nicht 0 sind. Es gilt also entweder $x \geq y > 0$ oder $x \leq y < 0$.
Für nichtnegative x_1, x_2, y_1, y_2 gilt offenbar $x_1 \leq y_1$ und $x_2 \leq y_2 \Rightarrow x_1 + x_2 \leq y_1 + y_2$. Summen von zu U gehörigen Vektoren aus dem ersten Quadranten liegen somit wieder in U. Analog ist das Argument für im dritten Quadranten liegende Vektoren $x_1 \leq 0, x_2 \leq 0, y_1 \leq 0, y_2 \leq 0$.
Das gesuchte Gegenbeispiel hat also verschiedene Vorzeichen für y_1 und y_2, z.B. $x_1 \geq y_1 > 0 > y_2 \geq x_2$. Zudem muss $\frac{x_1+x_2}{y_1+y_2} < 1$ gelten. Damit ist das Gegenbeispiel leicht konstruiert $x_1 = 3 \geq y_1 = 2 > 0 > y_2 = -1 \geq x_2 = -4$ mit $\frac{x_1}{y_1} = \frac{3}{2} > 1$, $\frac{x_2}{y_2} = \frac{4}{1} = 4 > 1$ aber $\frac{x_1+x_2}{y_1+y_2} = \frac{-1}{1} = -1 < 1$.

Lösung 42.12 Das Problem bei der Vereinigung entsteht nicht bei skalarer Multiplikation, sondern bei der Addition. Dazu seien $\boldsymbol{u}_1, \boldsymbol{u}_2$ Vektoren mit $\boldsymbol{u}_1 \in U_1 \backslash U_2, \boldsymbol{u}_2 \in U_2 \backslash U_1$. Dann sind $\boldsymbol{u}_1, \boldsymbol{u}_2 \in U_1 \cup U_2$. Angenommen $\boldsymbol{u}_1 + \boldsymbol{u}_2 \in U_1 \cup U_2$ dann ist $\boldsymbol{u}_1 + \boldsymbol{u}_2$ mindestens in einem der beiden Vektorräume U_1 oder U_2. Angenommen $\boldsymbol{u}_1 + \boldsymbol{u}_2 \in U_1$. Dann folgt $\boldsymbol{u}_2 = \boldsymbol{u}_2 + \boldsymbol{0} = \boldsymbol{u}_2 + \boldsymbol{u}_1 + (-\boldsymbol{u}_1) = (\boldsymbol{u}_1 + \boldsymbol{u}_2) + (-\boldsymbol{u}_1)$ Nach Annahme ist der erste Teil der Summe in U_1, der zweite und damit auch die Summe ist es wegen der Vektorraumeigenschaft von U_1. Also ist $\boldsymbol{u}_2 \in U_1$ im Widerspruch zu $\boldsymbol{u}_2 \in U_2 \backslash U_1$.

Die Vereinigung $U_1 \cup U_2$ kann daher nur dann Vektorraum sein, wenn entweder $U_2 \backslash U_1$ oder $U_1 \backslash U_2$ leer ist, also eine Menge eine Teilmenge der andern ist.

Lösung 42.13 Die Eigenschaften eines Skalarprodukts werden für die Verknüpfung $*$ überprüft. Geprüft werden die Eigenschaften des Skalarprodukts.

- *Bilinearität*. Es ist $\boldsymbol{a} * (\boldsymbol{b} + \boldsymbol{c}) = a_x (b_x + c_x) - a_x (b_y + c_y) + a_y (b_x + c_x) + a_y (b_y + c_y) = a_x b_x - a_x b_y + a_y b_x + a_y b_y + a_x c_x - a_x c_y + a_y c_x + a_y c_y = \boldsymbol{a} * \boldsymbol{b} + \boldsymbol{a} * \boldsymbol{c}$ und $\boldsymbol{a} * (\lambda \boldsymbol{b}) = a_x (\lambda b_x) - a_x (\lambda b_y) + a_y (\lambda b_x) + a_y (\lambda b_y) = \lambda \boldsymbol{a} * \boldsymbol{b}$. Die entsprechenden Rechnungen für $(\boldsymbol{a} + \boldsymbol{c}) * \boldsymbol{b}$ und $(\lambda \boldsymbol{a}) * \boldsymbol{b}$ ergeben das Gewünschte.
- *Positive Definitheit*. Es ist $\boldsymbol{a} * \boldsymbol{a} = a_x a_x - a_x a_y + a_y a_x + a_y a_y = a_x^2 + a_y^2 > 0$ wenn $\boldsymbol{a} \neq \boldsymbol{0}$. Der Verknüpfung ist daher positiv definit.
- *Symmetrie*. Für $\boldsymbol{a} = \begin{pmatrix} 1 \\ 0 \end{pmatrix}, \boldsymbol{b} = \begin{pmatrix} 0 \\ 1 \end{pmatrix}$ ist $\boldsymbol{a} * \boldsymbol{b} = 1 \cdot 0 - 1 \cdot 1 + 0 \cdot 0 + 1 \cdot 0 = -1$ aber $\boldsymbol{b} * \boldsymbol{a} = 0 \cdot 1 - 0 \cdot 0 + 1 \cdot 1 + 0 \cdot 1 = 1$. Die Verknüpfung ist damit nicht kommutativ, erfüllt keine Symmetrie. Sie definiert kein Skalarprodukt auf $\mathbb{R}^2$.

Anmerkung: $*$ ist die Differenz des standardmäßigen Skalarprodukts und des Kreuzproduktes im $\mathbb{R}^2$: $\boldsymbol{a} * \boldsymbol{b} = \boldsymbol{a} \cdot \boldsymbol{b} - \boldsymbol{a} \times \boldsymbol{b} = a_x \cdot b_x + a_y \cdot b_y - (a_x \cdot b_y - a_y \cdot b_x)$. Beide sind linear, das Kreuzprodukt eines Vektors mit sich selbst ergibt Null. Deswegen ergibt sich die positive Definitheit aus der positiven Definitheit des Standard-Skalarproduktes. Letzteres ist symmetrisch, das Kreuzprodukt jedoch antisymmetrisch, deswegen kann die Differenz keine Symmetrie aufweisen.

Lösung 42.14 Zur Abbildung $f\left((x_1, x_2)^\top, (y_1, y_2)^\top\right) = 2x_1y_1 + x_1y_2 + x_2y_1 + 2x_2y_2$ soll gezeigt werden, dass sie ein Skalarprodukt ist. Sei zur Abkürzung $\boldsymbol{x} = (x_1, x_2)^\top, \boldsymbol{y} = (y_1, y_2)^\top$ und $\boldsymbol{z} = (z_1, z_2)^\top$ gesetzt.

a) Zu zeigen sind diese Eigenschaften:
   - *Bilinearität*. Die Rechnung $f(\boldsymbol{x}, \boldsymbol{y} + \boldsymbol{z}) = 2x_1(y_1 + z_1) + x_1(y_2 + z_2) + x_2(y_1 + z_1) + 2x_2(y_2 + z_2) = 2x_1y_1 + x_1y_2 + x_2y_1 + 2x_2y_2 + 2x_1z_1 + x_1z_2 + x_2z_1 + 2x_2z_2 = f(\boldsymbol{x}, \boldsymbol{y}) + f(\boldsymbol{x}, \boldsymbol{z})$ sowie

$f(\boldsymbol{x}, \lambda \boldsymbol{y}) = 2x_1(\lambda y1) + x_1(\lambda y_2) + x_2(\lambda y_1) + 2x_2(\lambda y_2) = \lambda \cdot (2x_1y_1 + x_1y_2 + x_2y_1 + 2x_2y_2) = \lambda f(\boldsymbol{x}, \boldsymbol{y})$ belegt die Linearität im zweiten Argument der Funktion. Im ersten Argument geht die Rechnung ebenso, daher gilt die Bilinearität.

- ▷ *Positive Definitheit.* Es ist $f(\boldsymbol{x}, \boldsymbol{x}) = 2x_1^2 + 2x_1x_2 + 2x_2^2 = x_1^2 + x_2^2 + (x_1 + x_2)^2 > 0$, wenn $\boldsymbol{x} \neq \boldsymbol{0}$.
- ▷ *Symmetrie.* Sowohl $2x_1y_1 + 2x_2y_2$ als auch $x_1y_2 + x_2y_1$ ergeben beim Vertauschen von $\boldsymbol{x}$ und $\boldsymbol{y}$ den gleichen Ausdruck. Die Symmetrie ist daher gegeben.

b) Der über das Skalarprodukt f definierte Winkel zwischen Vektoren $\boldsymbol{x}$ und $\boldsymbol{y}$ erfüllt: $\cos(\angle(\boldsymbol{x}, \boldsymbol{y})) = \frac{f(\boldsymbol{x},\boldsymbol{y})}{\sqrt{f(\boldsymbol{x},\boldsymbol{x})}\sqrt{f(\boldsymbol{y},\boldsymbol{y})}}$.

Für $\boldsymbol{u} = (1, 0)^\top$, $\boldsymbol{v} = (1, 1)^\top$ und $\boldsymbol{w} = (-1, 1)^\top$ ist

$f(\boldsymbol{u}, \boldsymbol{v}) = 2 \cdot 1 \cdot 1 + 1 \cdot 1 + 0 \cdot 1 + 2 \cdot 0 \cdot 1 = 3,$
$f(\boldsymbol{u}, \boldsymbol{u}) = 2 \cdot 1 \cdot 1 + 1 \cdot 0 + 0 \cdot 1 + 2 \cdot 0 \cdot 0 = 2,$
$f(\boldsymbol{v}, \boldsymbol{v}) = 2 \cdot 1 \cdot 1 + 1 \cdot 1 + 1 \cdot 1 + 2 \cdot 1 \cdot 1 = 6.$
Damit ist $\cos(\boldsymbol{u}, \boldsymbol{v}) = \frac{3}{\sqrt{2}\sqrt{6}} = \frac{\sqrt{3}}{2}$, also $\angle(\boldsymbol{u}, \boldsymbol{v}) = \frac{\pi}{6} = 30°$.

$f(\boldsymbol{w}, -\boldsymbol{u}) = 2 \cdot (-1) \cdot (-1) + (-1) \cdot 0 + 1 \cdot (-1) + 2 \cdot 1 \cdot 0 = 1,$
$f(\boldsymbol{w}, \boldsymbol{w}) = 2 \cdot (-1) \cdot (-1) + (-1) \cdot 1 + 1 \cdot (-1) + 2 \cdot 1 \cdot 1 = 2,$
$f(-\boldsymbol{u}, -\boldsymbol{u}) = f(\boldsymbol{u}, \boldsymbol{u}) = 2.$
Damit ist $\cos(\angle(\boldsymbol{w}, -\boldsymbol{u})) = \frac{1}{2}$, also $\angle(\boldsymbol{w}, -\boldsymbol{u}) = \frac{\pi}{3} = 60°$.

c) $f(\boldsymbol{x}, \boldsymbol{y}) = \boldsymbol{x}A\boldsymbol{y}$ mit der Matrix $A = \begin{pmatrix} 2 & 1 \\ 1 & 2 \end{pmatrix}$.

Lösung 42.15 Mit der Standard-Basis aus den Vektoren $\boldsymbol{e}_i$ für $i = 1, \ldots, n$ des $\mathbb{R}^n$, definiere $a_{ij} = f(\boldsymbol{e}_i, \boldsymbol{e}_j)$. Dann ist die durch die Elemente a_{ij} definierte Matrix $\boldsymbol{A}$ die gesuchte Matrix zur bilinearen Abbildung f. Es ist nämlich $f(\boldsymbol{x}, \boldsymbol{y}) = f\left(\sum_i x_i\boldsymbol{e}_i, \boldsymbol{y}\right) = \sum_i x_i f(\boldsymbol{e}_i, \boldsymbol{y}) = \sum_i x_i f\left(\boldsymbol{e}_i, \sum_j y_j\boldsymbol{e}_j\right) = \sum_i \sum_j x_i a_{ij} y_j$ wegen der Bilinearität von f und der Definition der a_{ij}. Ebenso ist $\boldsymbol{x}^\top \boldsymbol{A}\boldsymbol{y} = \sum_i \sum_j x_i a_{ij} y_j$.

Lösung 42.16

a) $|\boldsymbol{a}| = \sqrt{30}$, $|\boldsymbol{b}| = 1$, $|\boldsymbol{c}| = \sqrt{3}$, $|\boldsymbol{d}| = 5$,
b) $|\boldsymbol{a}|_\infty = 5$, $|\boldsymbol{b}|_\infty = 1$, $|\boldsymbol{c}|_\infty = 1$, $|\boldsymbol{d}|_\infty = 4$,
c) $|\boldsymbol{a}|_1 = 8$, $|\boldsymbol{b}|_1 = 1$, $|\boldsymbol{c}|_1 = 3$, $|\boldsymbol{d}|_1 = 7$.

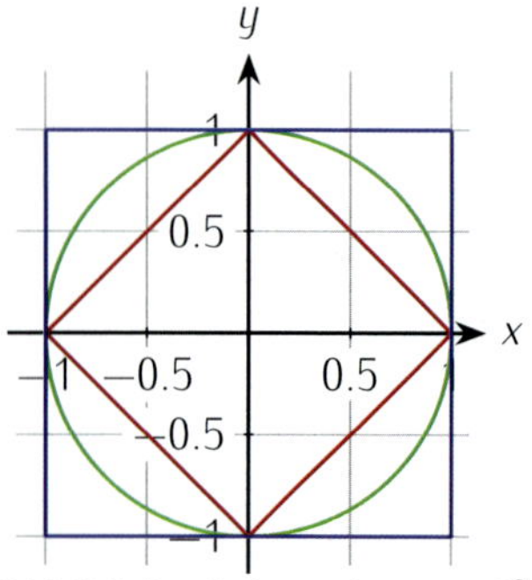

Bild 42.7: Die Einheitssphären im R^2 für die Eins-Norm ($\|\cdot\|_1$), die euklidische Norm ($\|\cdot\|_2$) und die Maximumsnorm ($\|\cdot\|_\infty$).

Lösung 42.17 Die Einheitssphäre in der Eins-Norm ist eine Raute, da sich vertikale und horizontale Abstände addieren. Siehe auch das Bild 42.2 zur Manhatten-Metrik. Die Maximums- oder Unendlich-Norm rechnet nur den größeren Abstand einer Richtung, deswegen ist ihre Einheitssphäre das Quadrat. In der euklidischen Norm ist die Einheitssphäre der Einheitskreis, siehe Bild 42.7.

Lösung 42.18

- ☐ Die Gleichheit ist ohne weitere Bedingungen immmer gegeben. *Gegenbeispiel ist eine Drehung im* $\mathbb{R}^2$ *um einen Winkel* $0 < \alpha < \frac{\pi}{2}$. *Ist jetzt* $\boldsymbol{v} = (1,0)^\top$, *dann ist in der Maximumsnorm* $\|\boldsymbol{v}\|_\infty = 1$, *aber* $\|A\,\boldsymbol{v}\|_\infty < 1$.
- ☒ Die Gleichheit gilt, wenn $\|\cdot\|$ die euklidische Norm ist.
- ☐ Die Gleichheit gilt, wenn $\|\cdot\|$ die euklidische Norm ist und $\boldsymbol{v}$ ein Einheitsvektor ist.

Lösung 42.19

- ☐ Es ist $\|\boldsymbol{v}\| \geq 0$ für alle Vektoren $\boldsymbol{v}$ des Vektorraums. *Das ist richtig, aber bezeichnet nicht die Homogenität.*
- ☐ Es ist $\|\lambda\,\boldsymbol{v}\| = \lambda\,\|\boldsymbol{v}\|$ für alle Vektoren $\boldsymbol{v}$ und alle Skalare λ des Vektorraums. *Das kann für negatives* λ *nicht gelten.*
- ☒ Es ist $\|\lambda\,\boldsymbol{v}\| = |\lambda|\,\|\boldsymbol{v}\|$ für alle Vektoren $\boldsymbol{v}$ und alle Skalare λ des Vektorraums.
- ☐ Die rechte Seite b der Gleichung $\|\lambda\,\boldsymbol{v}\| - \|\boldsymbol{v}\| = b$ ist gleich Null. *Hier liegt eine Verwechslung der Homogenität der Norm mit der Homogenität einer linearen Gleichung vor. Letztere heißt homogen, wenn die rechte Seite Null ist.*

Lösung 42.20 Die Ebene, auf die projiziert werden soll, wird durch die Vektoren $\boldsymbol{u} = (1,1,0)^\top$ und $\boldsymbol{v} = (0,1,1)^\top$ aufgespannt. Senkrecht zur Ebene steht der Vektor $\boldsymbol{w} = (1,-1,1)^\top$. Daher gelten die Gleichungen $A\,\boldsymbol{u} = \boldsymbol{u}, A\,\boldsymbol{v} = \boldsymbol{v}, A\,\boldsymbol{w} = \boldsymbol{0}$. Mit den durch die Spaltenvektoren definierten Matrizen $\boldsymbol{B} = (\boldsymbol{u},\boldsymbol{v},\boldsymbol{w}), \boldsymbol{C} = (\boldsymbol{u},\boldsymbol{v},\boldsymbol{0})$ ergibt sich die Matrixgleichung $A\,\boldsymbol{B} = \boldsymbol{C}$ und damit $A = \boldsymbol{C}\,\boldsymbol{B}^{-1}$. Es ist $\boldsymbol{B}^{-1} = \frac{1}{3}\begin{pmatrix} 2 & 1 & -1 \\ -1 & 1 & 2 \\ 1 & -1 & 1 \end{pmatrix}$ und $A = \frac{1}{3}\begin{pmatrix} 2 & 1 & -1 \\ 1 & 2 & 1 \\ -1 & 1 & 2 \end{pmatrix}$.

Lösung 42.21

a) A ist eine 2×3-Matrix und beschreibt daher eine Abbildung von der Definitionsmenge $\mathbb{R}^3$ in die Zielmenge $\mathbb{R}^2$.

b) Das *Bild von* A ist der Spaltenraum $S(A)$. Er besteht aus allen möglichen Ergebnisvektoren $A\,\boldsymbol{x}$ und ist ein Unterraum des $\mathbb{R}^2$. Er ist identisch zum Zeilenraum $Z(A^\top)$ der transponierten Matrix.

   Das *Bild* von $A^\top$ ist analog der Spaltenraum $S(A^\top) = Z(A)$ oder der Zeilenraum von A.

   Der *Kern von* A ist der Nullraum $N(A)$. Er besteht aus allen Vektoren $\boldsymbol{x} \in \mathbb{R}^3$, die auf den Nullvektor abgebildet werden: $A\,\boldsymbol{x} = \boldsymbol{0}$. Diese stehen senkrecht auf allen Zeilen von A.

   Der *Kern von* $A^\top$ ist der Fundamentalraum $N(A^\top)$.

c) Durch elementare Zeilenumformung kann A in die reduzierte

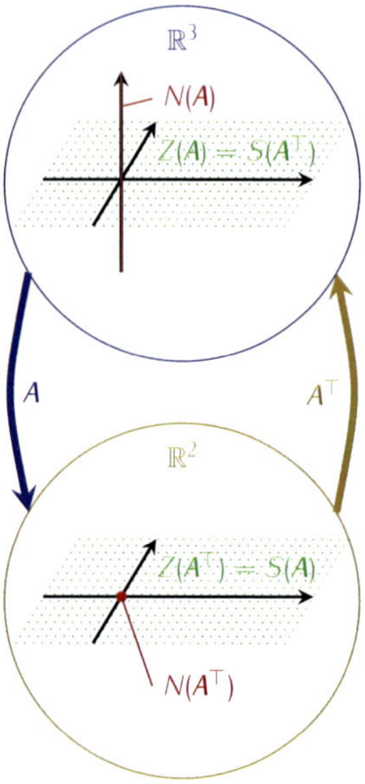

Bild 42.8: Darstellung zu den Fundamentalräumen der Matrix A. Zeilenraum $Z(A)$ und Nullraum $N(A)$ sind in der Definitionsmenge der Abbildung A enthalten, der Spaltenraum $S(A)$ in der Zielmenge. Der Nullraum wird als der *Kern*, der Spaltenraum als das *Bild* der Abbildung bezeichnet.

Zeilenstufenform gebracht werden $\boldsymbol{R} = \begin{pmatrix} 1 & 0 & 0 \\ 0 & 1 & 0 \end{pmatrix}$. Damit ist $\text{rg}(A) = \text{rg}(\boldsymbol{R}) = 2$. Die Dimensionen sind tabellarisch gegeben:

Teilraum	Dimension
$Z(A) \subset \mathbb{R}^n = \mathbb{R}^3$	$dim(Z(A)) = \text{rg}(A) = 2$
$S(A) \subset \mathbb{R}^m = \mathbb{R}^2$	$dim(S(A)) = \text{rg}(A) = 2$
$N(A) \subset \mathbb{R}^n = \mathbb{R}^3$	$dim(N(A)) = n - \text{rg}(A) = 1$
$N(A^\top) \subset \mathbb{R}^m = \mathbb{R}^2$	$dim(N(A^\top)) = m - \text{rg}(A) = 0$

Die Fundamentalräume sind in Bild 42.8 graphisch veranschaulicht.

d) Der Zeilenraum von $\boldsymbol{A}$ wird durch die Zeilen von $\boldsymbol{A}$ aufgespannt. Er bleibt durch Zeilenoperationen unverändert. Die Zeilen von $\boldsymbol{A}$ sind eine Basis von $Z(A)$, sofern sie linear unabhängig sind, was hier der Fall ist. Ebenso sind die Nichtnullzeilen von $\boldsymbol{R}$ eine Basis.

Da $\boldsymbol{A}$ Rang 2 hat, ist $S(A)$ der gesamte $\mathbb{R}^2$. Jede Basis des $\mathbb{R}^2$ ist eine Basis von $S(A)$.

Da der Nullraum der Transponierten die Dimension 0 hat, ist $N(A^\top) = \{\boldsymbol{0}\}$. $N(A^\top)$ hat eine leere Basis.

Die Basis des Nullraums von $\boldsymbol{A}$ bleibt durch Zeilenoperationen unverändert. Es ist $N(A) = N(\boldsymbol{R})$. Der Nullraum besteht aus den Lösungen des Gleichungssystems $\boldsymbol{R}\boldsymbol{x} = \boldsymbol{0}$. Mit $s = x_3$ als freier Variable lautet es $x_1 = 0$, $x_2 = 0$, $x_3 = s$ oder $\boldsymbol{x} = \begin{pmatrix} x_1 \\ x_2 \\ x_3 \end{pmatrix} = \begin{pmatrix} 0 \\ 0 \\ s \end{pmatrix}$. Der Vektor $\boldsymbol{e}_z = (0, 0, 1)^\top$ ist daher eine Basis von $N(A)$.

Lösung 42.22

a) $\boldsymbol{A}$ ist eine 5×4-Matrix.

b) $\dim(S(A)) = \dim(Z(A)) = \text{rg}(A) = 3$, $\dim(N(A)) = n - r = 4 - 3 = 1$, $dim(N(A^\top)) = m - r = 5 - 3 = 2$.

c) $\boldsymbol{A} = \begin{pmatrix} 1 & 0 & 0 & 0 \\ 0 & 1 & 0 & 0 \\ 0 & 0 & 1 & 0 \\ 0 & 0 & 0 & 0 \\ 0 & 0 & 0 & 0 \end{pmatrix}$.

Eine Basis von $S(A)$ sind die ersten drei Spalten, eine Basis von $Z(A)$ die ersten drei Zeilen. Eine Basis von $N(A)$ ist der vierte Einheitsvektor $(0, 0, 0, 1)^\top$ aus dem $\mathbb{R}^4$. Die beiden Einheitsvektoren $(0, 0, 0, 1, 0)^\top$ und $(0, 0, 0, 0, 1)^\top$ des $\mathbb{R}^5$ bilden eine Basis von $N(A^\top)$, da die letzten beiden Spalten der transponierten Matrix $\boldsymbol{A}^\top$ diese auf den Nullvektor abbilden.

Lösung 42.23

a) Die Differenz $\boldsymbol{e}_1 - \boldsymbol{e}_2$ ist $\begin{pmatrix}1\\0\\0\end{pmatrix} - \begin{pmatrix}0\\1\\0\end{pmatrix} = \begin{pmatrix}1\\-1\\0\end{pmatrix}$, die andern beiden Differenzen berechnen sich entsprechend.
Die Bilder der Einheitsvektoren sind die Spalten der Matrix
$\boldsymbol{A} = \begin{pmatrix}1 & 0 & 1\\-1 & 1 & 0\\0 & -1 & -1\end{pmatrix}$.

b) $\boldsymbol{A}$ wird mit elementaren Zeilenumformungen auf reduzierte Zeilenstufenform gebracht. $\begin{pmatrix}1 & 0 & 1\\0 & 1 & 1\\0 & 0 & 0\end{pmatrix}$. Daher ist $\text{rg}(\boldsymbol{A}) = 2$.

c) Der Zeilenraum besteht aus zwei linear unabhängigen Zeilen von $\boldsymbol{A}$. Da die Zeilenumformungen den Zeilenraum nicht verändern, sind die Nichtnullzeilen der Zeilenstufenform ebenfalls eine Basis. $Z(\boldsymbol{A}) = \text{Lin}\left((1,0,1)^\top, (0,1,1)^\top\right)$.
Der Nullraum steht senkrecht auf dem Zeilenraum. Ein Vektor, der auf beiden Zeilen in der Zeilenstufenform senkrecht steht, ist $(1,1,-1)^\top$. Es ist daher $N(\boldsymbol{A}) = \text{Lin}\,((1,1,-1)\top)$.

Zur Berechnung des Nullraums der transponierten Matrix wird die reduzierte Zeilenstufenform der transponierten Matrix $\boldsymbol{A}^\top = \begin{pmatrix}1 & -1 & 0\\0 & 1 & -1\\1 & 0 & -1\end{pmatrix}$ berechnet. Sie ergibt sich zu $\begin{pmatrix}1 & 0 & -1\\0 & 1 & -1\\0 & 0 & 0\end{pmatrix}$.
Mit einem auf den Zeilen von $\boldsymbol{A}^\top$ senkrechten Vektor ergibt sich $N(\boldsymbol{A}^\top) = \text{Lin}\left((1,1,1)^\top\right)$.

Der Spaltenraum kann mit zwei linear unabhängigen Spalten von $\boldsymbol{A}$ angegeben werden. Mit den obigen beiden Nichtnullzeilen ist $S(\boldsymbol{A}) = \text{Lin}\left((1,0,-1)^\top, (0,1,-1)^\top\right)$.

Lösung 42.24 Es muss $u_1\,\boldsymbol{b}_1 + u_2\,\boldsymbol{b}_2 = \boldsymbol{v}$ gelten, anders geschrieben
$\boldsymbol{B}\begin{pmatrix}u_1\\u_2\end{pmatrix} = \boldsymbol{v} \Rightarrow \begin{pmatrix}u_1\\u_2\end{pmatrix} = \boldsymbol{B}^{-1}\,\boldsymbol{v} = \frac{1}{2}\begin{pmatrix}1 & 1\\-1 & 1\end{pmatrix}\begin{pmatrix}3\\-1\end{pmatrix} = \begin{pmatrix}1\\-2\end{pmatrix}$.
Bild 42.9 zeigt die Zerlegung von Vektor $\boldsymbol{v}$ in der Basis $\boldsymbol{B}$. Hinweis: $|\boldsymbol{b}_1| = |\boldsymbol{b}_2| = \sqrt{2}$, die beiden Basisvektoren sind nicht normiert. Die Matrix $\boldsymbol{Q} = \frac{1}{\sqrt{2}}\,\boldsymbol{B}$ ist eine orthgonale Matrix, für die $\boldsymbol{Q}^{-1} = \boldsymbol{Q}^\top$ gilt.

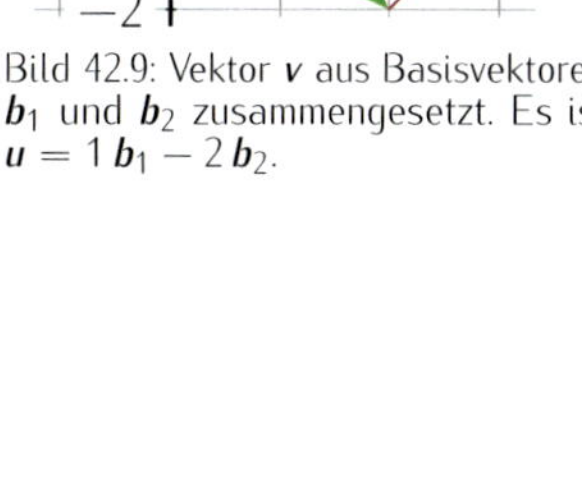

Bild 42.9: Vektor $\boldsymbol{v}$ aus Basisvektoren $\boldsymbol{b}_1$ und $\boldsymbol{b}_2$ zusammengesetzt. Es ist $\boldsymbol{u} = 1\,\boldsymbol{b}_1 - 2\,\boldsymbol{b}_2$.

Lösung 42.25 Die Koordinaten der neuen Basis werden durch Multiplikation mit der inversen Matrix zu $\boldsymbol{B}$ berechnet. Die Spalten von $\boldsymbol{B}$ sind orthonormal. Sie haben Länge 1, z.B. $\frac{1}{7^2}\cdot((-6)^2+2^2+3^2) = 1$. Sie stehen senkrecht aufeinander, z.B. $\boldsymbol{b}_1\cdot\boldsymbol{b}_2 = -6\cdot 2+2\cdot(-3)+3\cdot 6 = 0$. $\boldsymbol{B}$ ist somit eine orthogonale Matrix und $\boldsymbol{B}^{-1} = \boldsymbol{B}^\top$. Darüberhinaus ist $\boldsymbol{B}$ symmetrisch, also $\boldsymbol{B}^{-1} = \boldsymbol{B}^\top = \boldsymbol{B}$. Somit berechnet sich $\boldsymbol{k}_1 = \boldsymbol{B}^{-1} v_1 = \boldsymbol{B} v_1 = (\frac{8}{7}, \frac{9}{7}, \frac{10}{87})^\top$ und entsprechend $\boldsymbol{k}_2 = (1, 0, 2)^\top, \boldsymbol{k}_3 = (0, 2, 1)^\top, \boldsymbol{k}_4 = (-2, 1, 0)^\top$.

Lösung 42.26 Sind die Polynome $p(x) = a_0 + a_1 x + ... + a_n x^n x^n$ und $q(x) = b_0 + b_1 x + ... + b_n x^n$ gegeben, so ist deren Skalarprodukt wegen der Bilinearität $\langle p, q\rangle = \langle \sum_{i=0}^n a_i x^i, \sum_{j=0}^n b_j x^j\rangle = \sum_{i=0}^n \sum_{j=0}^n a_i b_j \langle x^i, x^j\rangle$. Da das Skalarprodukt aus den Monomen eine Orthonormalbasis macht, ist $\langle x^i, x^j\rangle = 0$ für $i \neq j$ und $\langle x^i, x^j\rangle = 1$ für $i = j$. Damit wird das Skalarprodukt $\langle p, q\rangle = \sum_{i=0}^n a_i b_i$.

Lösung 42.27

a) Zu zeigen ist die *Symmetrie* $f \otimes g = g \otimes f$ des Ausdrucks, die sich sofort ergibt. Aus der Linearität des Integrals ergibt sich die *Bilinearität* der Verknüpfung. Wegen $f^2(x) \geq 0 \Rightarrow \int_0^1 f(x) f(x)\, dx \geq 0$ ergibt sich die *Nichtnegativität*. Schließlich folgt die *Definitheit*, da $f^2(x)$ ein stetiges, nichtnegatives Polynom ist. Ist $f(x) \neq 0$, gibt es im Intervall $(0, 1)$ ein Argument x_0 mit $f(x_0) \neq 0$, da das Polynom $f(x)$ nur endlich viele Nullstellen haben kann. Damit ist $f^2(x_0) > 0$ und aufgrund der Stetigkeit gibt es einen Wert $\delta > 0$ mit $f^2(x) \geq \frac{1}{2} f^2(x_0)$ für alle $x \in [x_0 - \delta, x_0 + \delta]$. Damit ist $\int_0^1 f^2(x)\, dx \geq \int_{x_0-\delta}^{x_0+\delta} f^2(x)\, dx \geq 2\delta\, \frac{1}{2} f^2(x_0) = \delta\, f^2(x_0) > 0$.

b) Die Monome $p_0(x) = 1, p_1(x) = x, p_2(x) = x^2$ und $p_3(x) = x^3$ bilden eine Basis von P_3, da sie linear unabhängig sind. Dies folgt aus dem *Identitätssatz* für Polynome, nach dem zwei Polynome genau dann gleich sind, wenn Grad und alle Koeffizienten gleich sind. Der Identitätssatz wird beim Koeffizientenvergleich benutzt, wie er z.B. bei der Partialbruchzerlegung gebraucht wird, siehe Band 2, Kapitel 28.

$c_0(x) = p_0(x) = 1$ mit $\|c_0\|^2 = c_0 \otimes c_0 = \int_0^1 1^2\, dx = 1$.

$c_1 = p_1 - \frac{c_0 \otimes p_1}{\|c_0\|^2} c_0$ mit

$c_0 \otimes p_1 = \int_0^1 x\, dx = \frac{1}{2}$ also

$c_1(x) = x - \frac{1}{2}$ mit

$\|c_1\|^2 = \int_0^1 (x - \frac{1}{2})^2\, dx = \int_0^1 \left(x^2 - x + \frac{1}{4}\right)\, dx = \frac{1}{3} - \frac{1}{2} + \frac{1}{4} = \frac{1}{12}$.

$c_2 = p_2 - \frac{c_0 \otimes p_2}{\|c_0\|^2} c_0 - \frac{c_1 \otimes p_2}{\|c_1\|^2} c_1$ mit

$c_0 \otimes p_2 = \int_0^1 x^2\, dx = \frac{1}{3}$,

$c_1 \otimes p_2 = \int_0^1 \left(x^3 - \frac{1}{2}x^2\right)\, dx = \frac{1}{4} - \frac{1}{6} = \frac{1}{12}$ also

$c_2(x) = x^2 - \frac{1}{3} - (x - \frac{1}{2}) = x^2 - x + \frac{1}{6}$ mit

$\|c_2\|^2 = \int_0^1 \left(x^4 - 2x^3 + \frac{4}{3}x^2 - \frac{1}{3}x + \frac{1}{36}\right)\, dx = \frac{1}{5} - \frac{1}{2} + \frac{4}{9} - \frac{1}{6} + \frac{1}{36} = \frac{1}{180}$.

$c_3 = p_3 - \frac{c_0 \otimes p_3}{\|c_0\|^2} c_0 - \frac{c_1 \otimes p_3}{\|c_1\|^2} c_1 - \frac{c_2 \otimes p_3}{\|c_2\|^2} c_2$ mit
$c_0 \otimes p_3 = \int_0^1 x^3\,dx = \frac{1}{4}$,
$c_1 \otimes p_3 = \int_0^1 \left(x^4 - \frac{1}{2}x^3\right) dx = \frac{1}{5} - \frac{1}{8} = \frac{3}{40}$,
$c_2 \otimes p_3 = \int_0^1 \left(x^5 - x^4 + \frac{1}{6}x^3\right) dx = \frac{1}{6} - \frac{1}{5} + \frac{1}{24} = \frac{1}{120}$ also
$c_3(x) = x^3 - \frac{1}{4} - \frac{3/40}{1/12}\left(x - \frac{1}{2}\right) - \frac{1/120}{1/180}\left(x^2 - x + \frac{1}{6}\right) = x^3 - \frac{1}{4} - \frac{9}{10}x + \frac{9}{20} - \frac{3}{2}x^2 + \frac{3}{2}x - \frac{1}{4} = x^3 - \frac{3}{2}x^2 + \frac{3}{5}x - \frac{1}{20}$ mit $\|c_3\|^2 = \frac{1}{2800}$.

Eine orthogonale Basis des Polynomraums P_3 bis Grad 3 ist dann $\{c_0, c_1, c_2, c_3\}$. Werden die einzelnen Funktionen noch normiert, ergibt sich die orthonormale Basis

$$\{q_0 = 1\,c_0, q_1 = \sqrt{12}\,c_1, q_2 = \sqrt{180}\,c_2, q_3 = \sqrt{2800}\,c_3\} = \{1, \sqrt{3}\,(2x-1), \sqrt{5}\,(6x^2-6x+1), \sqrt{7}\,(20x^3-30x^2+12x-1)\}.$$

Lösung 42.28

a) Der Definitionsbereich D von $\boldsymbol{A}$ ist $D = \mathbb{R}^n$.
b) Die Zielmenge von $\boldsymbol{A}$ ist $\mathbb{R}^m$.
c) $S(\boldsymbol{A})$ ist ein Unterraum von $\mathbb{R}^m$, also ein Vektorraum.
d) Es ist $d = n$ und $b = \text{rg}(\boldsymbol{A})$, die Dimension des Bildes kann nicht größer sein als die der Definitionsmenge, und der Bildbereich ist in der Zielmenge enthalten. Zum Vergleich von m und n ist keine Aussage möglich.

$$b \leq d\,,\quad b \leq n\,,\quad d = n\,,\quad b \leq m\,,\quad d \lesseqgtr m\,,\quad m \lesseqgtr n\,.$$

e) Der maximale mögliche Rang einer $m \times n$-Matrix ist $min(m, n)$. Bei einem Rangdefekt wird dieser Wert nicht erreicht. Deshalb gelten:

$$b < d\,,\quad b < n\,,\quad d = n\,,\quad b < m\,,\quad d \lesseqgtr m\,,\quad m \lesseqgtr n\,.$$

Lösung 42.29

a) Bezeichne t die gesuchte Transformation. Da t orthonormal sein soll, werden die angegebenen Bildvektoren normiert. Es sind also $t(\boldsymbol{e}_1) = \frac{1}{5}(4, 0, 3)^\top$ und $t(\boldsymbol{e}_2) = \frac{1}{13}(3, 12, -4)^\top$ die ersten beiden Spalten der zugehörigen Abbildungsmatrix. Die dritte Spalte muss orthogonal zu $t(\boldsymbol{e}_1)$ und $t(\boldsymbol{e}_2)$ sein und kann mit dem Vektorprodukt $t(\boldsymbol{e}_1) \times t(\boldsymbol{e}_2)$ bzw. $t(\boldsymbol{e}_2) \times t(\boldsymbol{e}_1) = -t(\boldsymbol{e}_1) \times t(\boldsymbol{e}_2)$ bestimmt werden. Es ist $t(\boldsymbol{e}_3) \pm (\frac{-36}{65}, \frac{25}{65}, \frac{48}{65})^\top$. Damit ist

$$\boldsymbol{A} = \frac{1}{65}\begin{pmatrix} 52 & 15 & -36 \\ 0 & 60 & 25 \\ 39 & -20 & 48 \end{pmatrix} \text{ und } \boldsymbol{A}' = \frac{1}{65}\begin{pmatrix} 52 & 15 & 36 \\ 0 & 60 & -25 \\ 39 & -20 & -48 \end{pmatrix}.$$

b) Das homogene Gleichungssystem $(\boldsymbol{E} - \boldsymbol{A})\,\boldsymbol{x} = \boldsymbol{0}$ ist zu lösen. Zeilenumformungen führen auf eine Nullzeile. Die Koeffizienten ihrer Linearkombination aus den ursprünglichen Zeilen sind die die Koordinaten der Lösung.

$\frac{1}{5}$	$-\frac{3}{13}$	$\frac{36}{65}$	$I' = 5\,I$
0	$\frac{1}{13}$	$-\frac{25}{65}$	II
$-\frac{3}{5}$	$\frac{4}{13}$	$\frac{17}{65}$	$III' = III + 3\,I$
1	$-\frac{15}{13}$	$\frac{36}{13}$	I'
0	$\frac{1}{13}$	$-\frac{25}{65}$	$II' = 13\,II$
0	$-\frac{5}{13}$	$\frac{25}{13}$	$III'' = III' + 5\,II$
1	$-\frac{15}{13}$	$\frac{36}{13}$	
0	1	-5	
0	0	0	$\mathbf{0} = 3\,I + 5\,II + III$

Der Vektor $\boldsymbol{v} = (3, 5, 1)^\top$ ist somit Eigenvektor der Matrix $\boldsymbol{A}$ zum *Eigenwert* $\lambda = 1$, da $(\boldsymbol{E} - \boldsymbol{A})\,\boldsymbol{v} = \mathbf{0} \Leftrightarrow \boldsymbol{A}\,\boldsymbol{v} = 1 \cdot \boldsymbol{v}$.

c) Die Transformation ist eine Drehung um die durch den Eigenvektor $\boldsymbol{v}$ gegebene Achse. Mit der Transformation eines zu $\boldsymbol{v}$ senkrechten Vektors z.B. $\boldsymbol{w} = (0, 1, -5)$ und seiner Transformation $t(\boldsymbol{w}) = \boldsymbol{A}\,\boldsymbol{w} = (3, -1, -4)^\top$ kann der Drehwinkel φ berechnet werden: $\cos(\varphi) = \frac{\boldsymbol{w} \cdot t(\boldsymbol{w})}{\|\boldsymbol{w}\| \cdot \|t(\boldsymbol{w})\|} = \frac{19}{26} \Rightarrow \varphi \approx 49.05°$.

d) Das homogene Gleichungssystem zur Matrix $\boldsymbol{E} + \boldsymbol{A}'$ hat eine nichttriviale Lösung $\boldsymbol{v}' = (-\frac{1}{3}, \frac{1}{5}, 1)$. Wegen $(\boldsymbol{E} + \boldsymbol{A}')\,\boldsymbol{v}' = \mathbf{0} \Leftrightarrow \boldsymbol{A}'\,\boldsymbol{v}' = (-1) \cdot \boldsymbol{v}'$ ist der Eigenwert -1. Geometrisch handelt es sich um eine Rotation um die durch $\boldsymbol{v}'$ gegebene Achse und eine anschließende Spiegelung an der Ebene, die durch den Ursprung verläuft und orthogonal zu $\boldsymbol{v}'$ ist. Der Rotationswinkel beträgt etwa 7.11°.

Lösung 42.30 Die Diagonalmatrix $\boldsymbol{A}$ stellt eine Skalierung um den Faktor 2 in alle Richtungen dar. Auch die Matrix $\boldsymbol{B}$ ist eine Diagonalmatrix. Entsprechend ihrer Diagonalelemente lässt sie die Abstände in x-Richtung unverändert und skaliert in y-Richtung um den Faktor 3. Matrix $\boldsymbol{C}$ beschreibt eine Spiegelung an der x-Achse, da die y-Komponente von Vektoren durch die Multiplikation mit $\boldsymbol{C}$ negativ umgekehrt wird. Matrix $\boldsymbol{D}$ ist eine Rotation um den Winkel arccos(0.8) $\approx$ 36.87°. Die Einheitsmatrix $\boldsymbol{E}$ ist die identische Transformation. Matrix $\boldsymbol{F}$ multipliziert mit -1 und ist daher die Punktspiegelung am Ursprung.

Lösung 42.31 Es ist $P_{\boldsymbol{a}}(\boldsymbol{b}) = \begin{pmatrix} 2.16 \\ -2.88 \\ 4.8 \end{pmatrix}$, $\boldsymbol{d} = \boldsymbol{a} - P_{\boldsymbol{a}}(\boldsymbol{b}) = \begin{pmatrix} 15.84 \\ 18.88 \\ 4.2 \end{pmatrix}$.

$\boldsymbol{a}$ und $\boldsymbol{d}$ stehen senkrecht aufeinander. Die Projektionen von $\boldsymbol{c}$ und der um diese bereinigte Vektor $\boldsymbol{f} = \boldsymbol{c} - P_{\boldsymbol{a}}(\boldsymbol{c}) - P_{\boldsymbol{d}}(\boldsymbol{c})$ sind

$$P_a(\boldsymbol{c}) = \begin{pmatrix} 27 \\ -36 \\ 60 \end{pmatrix}, \; P_d(\boldsymbol{c}) = \begin{pmatrix} 396 \\ 472 \\ 105 \end{pmatrix}, \; \boldsymbol{f} = \begin{pmatrix} -428 \\ 279 \\ 360 \end{pmatrix}.$$

$\boldsymbol{a}, \boldsymbol{d}$ und $\boldsymbol{f}$ stehen senkrecht aufeinander. Ihre Einheitsvektoren sind

$$\boldsymbol{e}_a = \begin{pmatrix} 0.36 \\ -0.48 \\ 0.8 \end{pmatrix}, \; \boldsymbol{e}_d = \begin{pmatrix} 0.6336 \\ 0.7552 \\ 0.168 \end{pmatrix}, \; \boldsymbol{e}_f = \begin{pmatrix} -0.6848 \\ 0.4464 \\ 0.576 \end{pmatrix}.$$

Von den Vektoren werden sukzessive die Komponenten in Richtung der vorigen Vektoren subtrahiert, so dass die neuen Vektoren orthogonal zu einander sind. Durch die Normierung ist das Ergebnis eine *Orthonormal-Basis* des $\mathbb{R}^3$, also eine Menge auf Länge 1 normierter Vektoren, die paarweise orthogonal sind. Der erste Vektor zeigt in Richtung $\boldsymbol{a}$, die ersten beiden Vektoren liegen in der durch $\boldsymbol{a}$ und $\boldsymbol{b}$ aufgespannten Ebene und der dritte steht senkrecht auf den beiden ersten Vektoren. Die Menge $\{\boldsymbol{e}_a, \boldsymbol{e}_d, \boldsymbol{e}_f\}$ ist die mit dem Gram-Schmidt Verfahren ermittelte Orthonormal-Basis zur Ausgangsbasis $\{\boldsymbol{a}, \boldsymbol{b}, \boldsymbol{c}\}$.

Lösung 42.32

a) Es ist $A\,\boldsymbol{b}_1 = (2, 0, -2, -2)^\top = 2\,\boldsymbol{b}_1$. Der Vektor $\boldsymbol{b}_1$ ist somit Eigenvektor der Matrix A zum Eigenwert $\lambda = 2$.

b) Es werden noch drei Vektoren benötigt, da jede Basis des $\mathbb{R}^4$ aus vier Vektoren besteht. $\boldsymbol{b}_2 = (1, 0, 0, 0)^\top$, da $\boldsymbol{b}_1$ und $\boldsymbol{b}_2$ linear unabhängig sind,

$\boldsymbol{b}_3 = (0, 1, 0, 0)^\top$, da $\boldsymbol{b}_1, \boldsymbol{b}_2$ und $\boldsymbol{b}_3$ linear unabhängig sind,

$\boldsymbol{b}_4 = (0, 0, 1, 0)^\top$, da alle vier Vektoren linear unabhängig sind.

c) $\boldsymbol{q}_1 = \frac{1}{\|\boldsymbol{c}_1\|}\boldsymbol{c}_1 = \frac{1}{\|\boldsymbol{b}_1\|}\boldsymbol{b}_1 = \frac{1}{\sqrt{3}}\boldsymbol{b}_1 = \frac{\sqrt{3}}{3}(1, 0, -1, -1)^\top$.

Das Gram-Schmidt-Verfahren liefert dann
$\boldsymbol{c}_2 = \boldsymbol{b}_2 - (\boldsymbol{q}_1 \cdot \boldsymbol{b}_2)\boldsymbol{q}_1 = \boldsymbol{b}_2 - (\frac{\sqrt{3}}{3})\boldsymbol{q}_1 =$
$(1, 0, 0, 0)^\top - \frac{1}{3}(1, 0, -1, -1)^\top = (\frac{2}{3}, 0, \frac{1}{3}, \frac{1}{3})^\top$ und damit
$\boldsymbol{q}_2 = \frac{1}{\|\boldsymbol{c}_2\|}\boldsymbol{c}_2 = \frac{1}{\sqrt{\frac{2}{3}}}(\frac{2}{3}, 0, \frac{1}{3}, \frac{1}{3})^\top = \frac{\sqrt{6}}{6}(2, 0, 1, 1)^\top$.

Dann ist $\boldsymbol{c}_3 = \boldsymbol{b}_3 - (\boldsymbol{q}_1 \cdot \boldsymbol{b}_3)\boldsymbol{q}_1 - (\boldsymbol{q}_2 \cdot \boldsymbol{b}_3)\boldsymbol{q}_2 =$
$\boldsymbol{b}_3 - 0 \cdot \boldsymbol{q}_1 - 0 \cdot \boldsymbol{q}_2 = (0, 1, 0, 0)^\top$. Da $\boldsymbol{c}_3$ bereits ein Einheitsvektor ist, wird $\boldsymbol{q}_3 = \boldsymbol{c}_3 = \boldsymbol{b}_3$.

Schließlich wird $\boldsymbol{c}_4 = \boldsymbol{b}_4 - (\boldsymbol{q}_1 \cdot \boldsymbol{b}_4)\boldsymbol{q}_1 - (\boldsymbol{q}_2 \cdot \boldsymbol{b}_4)\boldsymbol{q}_2 - (\boldsymbol{q}_3 \cdot \boldsymbol{b}_4)\boldsymbol{q}_3 =$
$\boldsymbol{b}_4 - (-\frac{\sqrt{3}}{3})\boldsymbol{q}_1 - \frac{\sqrt{6}}{6}\boldsymbol{q}_2 - 0 \cdot \boldsymbol{q}_3 = (0, 0, 1, 0)^\top + (\frac{1}{3}, 0, -\frac{1}{3}, -\frac{1}{3})^\top -$
$(\frac{2}{6}, 0, \frac{1}{6}, \frac{1}{6})^\top = (0, 0, \frac{1}{2}, -\frac{1}{2})^\top$. Damit ist $\boldsymbol{q}_4 = \frac{\sqrt{2}}{2}(0, 0, 1, -1)^\top$.

d) Mit den Vektoren $\boldsymbol{q}_i$ als Spalten der neuen Basis-Matrix ist

$$\boldsymbol{Q} = \begin{pmatrix} \frac{\sqrt{3}}{3} & \frac{\sqrt{6}}{3} & 0 & 0 \\ 0 & 0 & 1 & 0 \\ -\frac{\sqrt{3}}{3} & \frac{\sqrt{6}}{6} & 0 & \frac{\sqrt{2}}{2} \\ -\frac{\sqrt{3}}{3} & \frac{\sqrt{6}}{6} & 0 & -\frac{\sqrt{2}}{2} \end{pmatrix}.$$

Da die Spalten von $\boldsymbol{Q}$ orthonormal sind, ist $\boldsymbol{Q}^{-1} = \boldsymbol{Q}^{\top}$. Die Abbildungsmatrix unter der neuen Basis ist $A' = \boldsymbol{Q}^{-1}\boldsymbol{A}\boldsymbol{Q} =$

$$\begin{pmatrix} \frac{\sqrt{3}}{3} & 0 & -\frac{\sqrt{3}}{3} & -\frac{\sqrt{3}}{3} \\ \frac{\sqrt{6}}{3} & 0 & \frac{\sqrt{6}}{6} & \frac{\sqrt{6}}{6} \\ 0 & 1 & 0 & 0 \\ 0 & 0 & \frac{\sqrt{2}}{2} & -\frac{\sqrt{2}}{2} \end{pmatrix} \begin{pmatrix} 0 & 0 & -1 & -1 \\ 0 & -1 & 0 & 0 \\ -1 & 0 & 0 & 1 \\ -1 & 0 & 1 & 0 \end{pmatrix} \boldsymbol{Q} =$$

$$\begin{pmatrix} \frac{2}{3}\sqrt{3} & 0 & -\frac{2}{3}\sqrt{3} & -\frac{2}{3}\sqrt{3} \\ -\frac{\sqrt{6}}{3} & 0 & -\frac{\sqrt{6}}{6} & -\frac{\sqrt{6}}{6} \\ 0 & -1 & 0 & 0 \\ 0 & 0 & -\frac{\sqrt{2}}{2} & \frac{\sqrt{2}}{2} \end{pmatrix} \begin{pmatrix} \frac{\sqrt{3}}{3} & \frac{\sqrt{6}}{3} & 0 & 0 \\ 0 & 0 & 1 & 0 \\ -\frac{\sqrt{3}}{3} & \frac{\sqrt{6}}{6} & 0 & \frac{\sqrt{2}}{2} \\ -\frac{\sqrt{3}}{3} & \frac{\sqrt{6}}{6} & 0 & -\frac{\sqrt{2}}{2} \end{pmatrix} =$$

$$\begin{pmatrix} 2 & 0 & 0 & 0 \\ 0 & -1 & 0 & 0 \\ 0 & 0 & -1 & 0 \\ 0 & 0 & 0 & -1 \end{pmatrix}.$$

e) Die mit $\boldsymbol{A}$ definierte Transformation des $\mathbb{R}^4$ lässt sich so beschreiben: in Richtung des als $\boldsymbol{b}_1$ gegebenen Vektors wird um den Faktor 2 gestreckt und in der zu $\boldsymbol{b}_1$ orthogonalen Hyperebene wird gespiegelt, also alle Vektoren in ihre entgegengesetzten Vektoren abgebildet.

Lösung 42.33

a) Die ersten k Spaltenvektoren von $\boldsymbol{Q}$ spannen jeweils den gleichen Raum auf wie die ersten k Spalten von $\boldsymbol{A}$. Da $\boldsymbol{Q}$ eine orthogonale Matrix ist, stehen alle übrigen $n-k$ Spalten senkrecht auf $\text{Lin}(\boldsymbol{a}_1, \boldsymbol{a}_2, \dots, \boldsymbol{a}_k)$. Diese Spalten sind aber genau die unteren Zeilen der Matrix $\boldsymbol{Q}^\top$. Deswegen sind alle Elemente unter der Diagonalen von $\boldsymbol{R} = \boldsymbol{Q}^\top \boldsymbol{A}$ gleich Null.

b) $\boldsymbol{q}_1 = \frac{\boldsymbol{c}_1}{\|\boldsymbol{c}_1\|} = \frac{\boldsymbol{a}_1}{\|\boldsymbol{a}_1\|} = (\frac{-4}{9}, \frac{4}{9}, \frac{7}{9})^\top$. Dann ist
$\boldsymbol{c}_2 = \boldsymbol{a}_2 - (\boldsymbol{q}_1 \cdot \boldsymbol{a}_2)\boldsymbol{q}_1 = (4,1,3)^\top - (-\frac{16}{9} + \frac{4}{9} + \frac{21}{9})\boldsymbol{q}_1 = (4,1,3)^\top - 1 \cdot (\frac{-4}{9}, \frac{4}{9}, \frac{7}{9})^\top = (\frac{40}{9}, \frac{5}{9}, \frac{20}{9})^\top$ und
$\boldsymbol{q}_2 = \frac{\boldsymbol{c}_2}{\|\boldsymbol{c}_2\|} = (\frac{8}{9}, \frac{1}{9}, \frac{4}{9})^\top$. Schließlich ist
$\boldsymbol{c}_3 = \boldsymbol{a}_3 - (\boldsymbol{q}_1 \cdot \boldsymbol{a}_3)\boldsymbol{q}_1 - (\boldsymbol{q}_2 \cdot \boldsymbol{a}_3)\boldsymbol{q}_2 =$
$(-2,4,-6)^\top - (-2)\boldsymbol{q}_1 - (-4)\boldsymbol{q}_2 =$
$(-2,4,-6)^\top + (\frac{-8}{9}, \frac{8}{9}, \frac{14}{9})^\top + (\frac{32}{9}, \frac{4}{9}, \frac{16}{9})^\top = (\frac{6}{9}, \frac{48}{9}, -\frac{24}{9})^\top$ und
$\boldsymbol{q}_3 = (\frac{1}{9}, \frac{8}{9}, -\frac{4}{9})^\top$.

Nun ist $\boldsymbol{R} = \boldsymbol{Q}^\top \boldsymbol{A} = \frac{1}{9}\begin{pmatrix} -4 & 4 & 7 \\ 8 & 1 & 4 \\ 1 & 8 & -4 \end{pmatrix} \begin{pmatrix} -4 & 4 & -2 \\ 4 & 1 & 4 \\ 7 & 3 & -6 \end{pmatrix} =$
$\frac{1}{9}\begin{pmatrix} 81 & 9 & -18 \\ 0 & 45 & -36 \\ 0 & 0 & 54 \end{pmatrix} = \begin{pmatrix} 9 & 1 & -2 \\ 0 & 5 & -4 \\ 0 & 0 & 6 \end{pmatrix}$ und $\boldsymbol{A} =$
$\begin{pmatrix} -4 & 4 & -2 \\ 4 & 1 & 4 \\ 7 & 3 & -6 \end{pmatrix} = \frac{1}{9}\begin{pmatrix} -4 & 8 & 1 \\ 4 & 1 & 8 \\ 7 & 4 & -4 \end{pmatrix} \begin{pmatrix} 9 & 1 & -2 \\ 0 & 5 & -4 \\ 0 & 0 & 6 \end{pmatrix} = \boldsymbol{Q}\boldsymbol{R}.$

Literaturverzeichnis

B. Alpers. *A Framework for Mathematics Curricula in Engineering Education*. European Society for Engineering Education (SEFI), 3. Auflage, 2014. URL `http://sefi.htw-aalen.de`.

W. Brauch, H.J. Dreyer, und Haake W. *Mathematik für Ingenieure*. Teubner Verlag, 11. Auflage, 2006.

A. Fetzer und H. Fränkel. *Mathematik 1*. Springer Vieweg, 11. Auflage, 2012.

G. Gramlich. *Lineare Algebra: Eine Einführung*. Hanser, 5. Auflage, 2021.

P. Hartmann. *Mathematik für Informatiker*. Springer Vieweg, 7. Auflage, 2019.

D. Hoffmann. *Grundlagen der technischen Informatik*. Hanser, 6. Auflage, 2020.

M. T. Heath. *Scientific Computing: An Introductory Survey*. SIAM, Society for Industrial and Applied Mathematics, 2. Auflage, 2018.

R. M. Roth. *Introduction to Coding Theory*. Cambridge University Press, 2. Auflage, 2012.

G. McGuire, B. Tugemanny, und G. Civarioz. There is no 16-clue sudoku: Solving the sudoku minimum number of clues problem via hitting set enumeration. *arXiv:1201.0749v2 [cs.DS] 1 Sep 2013*, 2013.

H. Peters. *Wirtschaftsmathematik*. Kohlhammer, 5. Auflage, 2022.

G. Teschl und S. Teschl. *Mathematik für Informatiker - Band 1: Diskrete Mathematik und Lineare Algebra*. Springer Spektrum, 2013.

V. Turau und C. Weyer. *Algorithmische Graphentheorie*. De Gruyter, 4. Auflage, 2015.

Stichwortverzeichnis